印迹

——西部大地人居环境规划设计廿年

邱建 等/著

西南交通大学出版社

·成都·

图书在版编目（CIP）数据

印迹：西部大地人居环境规划设计廿年 / 邱建等著
. 一成都：西南交通大学出版社，2021.4
ISBN 978-7-5643-8012-0

Ⅰ. ①印… Ⅱ. ①邱… Ⅲ. ①居住环境－环境规划－
研究－中国②居住环境－环境设计－研究－中国 Ⅳ.
①TU982.2

中国版本图书馆 CIP 数据核字（2021）第 069012 号

Yinji——Xibu Dadi Renju Huanjing Guihua Sheji Niannian

印迹——西部大地人居环境规划设计廿年

邱 建 等 著

责任编辑	何明飞
封面设计	原创动力

出版发行	西南交通大学出版社
	（四川省成都市金牛区二环路北一段 111 号
	西南交通大学创新大厦 21 楼）
邮政编码	610031
发行部电话	028-87600564　028-87600533
网址	http://www.xnjdcbs.com
印刷	成都市金雅迪彩色印刷有限公司

成品尺寸	210 mm×285 mm
印张	36.75
字数	856 千
版次	2021 年 4 月第 1 版
印次	2021 年 4 月第 1 次
定价	268.00 元
书号	ISBN 978-7-5643-8012-0

谨以此著献给

参与西部大开发战略的国内外人居环境领域专家学者、规划设计同仁与实施建设者

本著作得到以下基金资助：

1. 国家自然科学基金面上项目：成渝地区城市重大疫情传播与脆弱性空间耦合机理及规划应对研究，项目批准号：52078423。

2. 国家自然科学基金面上项目："三生"空间耦合机理及规划方法研究——以四川地震灾区为例，项目批准号：51678487。

3. 四川省科技计划重点研发项目：公园城市的韧性协同规划设计研究及示范，项目批准号：2020YFS0054。

4. 四川省科技支撑计划项目：汶川地震灾后重建规划关键技术集成及规程研究，项目批准号：2013FZ0009。

序言一

　　我和邱建是天大校友，我77级，他是79级。由于77级春季入学，实际上比79级也就早一年半，加上我后来考研两年多，所以我们一起在母校有差不多五年的时间。邱建天性热情随和，又和我的好同学杨昌鸣是四川老乡，所以我们很快就认识了，碰到一起就嘻嘻哈哈地聊个没完，挺熟的。

　　毕业后我到北京部院（现中国院的前身）工作至今，基本没动地方，而听说他却是多地辗转，先是留校，后又调回成都西南交大教书，再后又出国留学。在英国谢菲尔德大学读了个景观建筑学博士学位，毕业后又去加拿大曼尼托巴大学做博士后，并在加拿大一个公司工作。刚好我们班同学张萍也在那工作，所以得知他的消息。再后来听说西南交大执意请他回校工作，担任建筑系主任。我为他能学成回国为家乡教书育人很高兴，尤其那时候国内景观设计专业刚刚起步，真心祝愿他能安心创业，辟出一片新天地！之后也就更关注他的消息了。

　　时隔不久，一个个好消息传来：交大建筑学专业通过评估了；成立了学院，他出任首任院长，他还创办了国内第一个景观建筑设计专业，还设立了景观工程硕士点和博士点。在设计实践方面也迅速打开局面，他带领团队赢得了成都十陵郊野公园规划设计国际招标，峨眉山金顶景区规划设计也获得好评，并在专业杂志上发表。但正为他逐步实现专业抱负而高兴的时候，竟又听说他跑到政府工作去了，我着实有点儿为他担忧：他的性格能适应政府工作环境吗？会不会就此荒废了学术，走上仕途呢？当然我也同时为他高兴，因为领导岗位上也的确需要有学术水平的技术干部，可能还会发挥更大的作用呢！

　　果然不出所料，他当省住建厅总规划师没多久就赶上汶川大地震，他总体负责四川灾区的城乡规划编制技术组织和实施管理工作，压力巨大，非常辛苦，我们在灾区多次见面，但他都异常忙碌，说不了几句话就马不停蹄地组织专家奔跑于各灾区现场踏勘，收集一手资料研究灾情、制订方案，有力地支撑了省委省政府相关重大决策。我此时感到：灾区还真需要他这样既拼命，又懂专业并善于组织管理的学者型领导，当然我也为他担心，如此频繁地穿梭于地质次生灾害频发的山地灾区一定十分危险。后来听说他还真经历不少险情，好在一切都过来了，好人应该一生平安！

其实在那几年震后重建中，邱建不仅很好地履行了如此重大行政职责，而且还不忘学术初心，边实践边总结、边研究边应用，把地震重建过程中的实践经验进行了系统的总结和学术提炼，形成理论，汶川地震十周年时正式出版了《震后城乡重建规划理论与实践》专著，他以此著为基础主持的《汶川地震灾后城乡重建规划理论、关键技术及应用》项目获得四川省2019年度科技进步奖一等奖，在建筑、规划领域获此殊荣十分不易！最近得知该著还翻译成了英文，即将由外文出版社出版向世界推介，可喜可贺！

前几年邱总荣升了副厅长，他在天府之国这片沃土上继续辛勤耕耘，从城乡规划、风景园林到建筑设计、文化遗产以及城市安全及生态保护等众多领域，他都亲力亲为。我去过他的办公室，那里面桌上地下堆满了各种报告和方案文本，都下不去脚，可见他管事儿之多，工作之忙！

我近几年在四川设计了几个项目，也多次得到邱建学弟的支持，也十分钦佩他坚持原则、雷厉风行的工作作风，而且特别应提到的是无论他的岗位怎么变，都始终保持那种质朴热情的为人做事的风格，完全看不出一点官气，实话说做到这点很不容易，领导可不是好当的！每当听到别的领导或同行人前人后夸赞他，我都由衷地为他感到高兴！

前些天去成都开川藏铁路咨询会期间，他告诉我下个月就要"到点"了，但不会真退休，将重新回到学校去教书做科研。光阴似箭，岁月如梭！从学生时代算起，我们已经认识40多年了！我们遇到了一个好时代，每个人都以不同的方式在大地上留下了自己的印迹。而学弟在天府大地上留下的有形和无形人生印迹，更具有特殊的价值与意义。他的这本"印迹"不仅记录了他的事业历程，更从一个侧面代表了我们国家改革开放的发展历史，能把个人和一个时代联系起来，这无疑是他"完美"的人生"印迹"吧！

崔　愷

中国建筑设计研究院副院长、总建筑师，中国工程院院士

2021年4月

序言二

很高兴为邱建教授《印迹——西部大地人居环境规划设计廿年》著作作序。邱建教授团队二十年来针对西部大开发人居环境建设问题，持之以恒、富有成效地开展了城乡规划、建筑设计、风景园林等多学科领域的学术研究与实践探索，内容广泛，成果丰硕，实践成就显著。

邱建在国内外接受了很好的建筑设计专业教育，世纪之初留学归来扎根西部，曾经担任西南交通大学建筑学院教授、院长。记得，在当时年度的全国建筑学院院长交流会等多种场合经常碰面，探讨学科建设问题。我对他结合欧美建筑设计学科教育理念，根据我国实际情况建立的"规划-建筑-景观"三位一体的人才培养体系印象深刻。后来他调任四川省住房和城乡建设厅总规划师、副厅长，但初心不忘，仍然坚持在教学科研一线，将专业知识服务于社会的同时，又以西部大开发战略为平台，不断总结人居环境建设实践经验，完善规划设计理论，实现了理论与实践的统一。

与经济发达的东部地区不同，我国西部幅员广袤，资源丰富、风光秀丽，民族众多、文化多元，但地理、地质条件十分特殊，不仅山势陡峭、河谷纵横、灾害频发，而且土地盐碱化、荒漠化、水土流失等问题突出。如何依托生态环境资源禀赋，珍视并传承地域历史遗产，切实改善西部地区城乡人居环境？是一个必须破解的重大命题！实施西部大开发战略以来，全国乃至全球的设计团队、专家学者都以不同方式参与到西部人居环境建设中，以多维视角，努力从规划设计途径探索解决上述诸多问题之道。

四川面临着多种自然灾害带来的人居环境挑战，震惊世界的汶川地震后，又发生了芦山、九寨沟等大地震。本书反映了他们联合地质、环境等专业科研人员在地震灾后应急规划设计理论、技术应用创新和重建实施机制等方面取得的成果，这些成果被有效应用于重建实践，支撑了灾后城乡住房建设、城镇功能恢复、文化遗产保护及项目实施管理等重建工作。

首先，在城乡规划设计方面提出了在四川地区具有战略性、基础性和指导性的思路，在城镇化发展、城乡统筹、"多规合一"及开发边界划定、城市绿道建设等研究领域成果显著；其次，在风景园林方面，经过大量的史料分析与实地踏勘，深度挖掘了古蜀园林遗产价值，为四川现代景观规划设计如何传承地域文化提供了理论支撑；同时，建筑设计方面，从不同视角对建筑创作进行分析，并对传统村镇聚落空间特征及文化传承进行了研究。

书稿辑录的人才培养成就尤为可喜：邱建教授在教育理念、学科建设、教学方法等方面躬身耕耘、积极探索，将巴蜀大地作为"大课堂"，不仅为实施西部大开发战略培养了一批批高层次的规划、建筑、景观设计人才，而且通过干部培训、科普讲座等方式提高了西部地区干部、市民的设计科学素养，同时还对口帮助西藏大学建立了建筑学专业，为缓解西部地区设计人才紧缺问题做出了重要贡献。

邱建教授这一著作是他率领团队对其在西部大开发二十年来人居建设规划设计实践经验的总结，是他及其团队集灾后重建规划理论创新、管理实施机制构建及"规划-建筑-景观"三位一体设计、就地人才培养等于一体探索成果的具体体现，其科学性得到包括地震灾后重建、天府新区建设在内的实践检验。我相信在西部大开发进入新时代、新格局的背景下，本书将丰富我国城乡规划方法、拓展人居环境学科的应用场景、助力西部贫困地区脱贫后的乡村振兴工作，同时本书也是对参与西部大开发战略的国内外人居环境领域专家学者、规划设计同仁与实施建设者的共勉与回赠。

王建国

东南大学建筑学院教授、城市设计研究中心主任，中国工程院院士

2021年4月

前　言

　　经过二十年的大开发，西部地区经济建设获得显著成果，社会发展取得历史性成就，这不仅为全面建成小康社会奠定了坚实基础，而且为国家总体发展战略拓展了回旋空间。

　　保护生态环境、传承地域文化是西部大开发战略的重要任务，国内外众多人居环境领域的专家学者、规划设计人员与西部地区同仁一道，积极投身西部大开发，针对特殊自然环境条件、多元民族文化特质、差异化经济发展水平，探索西部人居环境建设的科学路径，有力支撑了西部人居环境的品质提升，为西部大开发伟大成就的取得做出应有贡献。

　　地处西部的四川历史悠久、文明璀璨，巴蜀文明源远流长，是中华文明的发祥地之一，自古就被誉为"天府之国"；四川物华天宝、人文荟萃，是人才辈出的钟灵毓秀之地，独特秀丽的山水环境形成多彩多姿的人居文化形态，拥有丰富的自然文化遗产，具有特色鲜明的人居环境特质；四川地大物博、民族众多，人文资源富集，文化构成多元，居住有56个民族同胞，包括11个世居少数民族，是全国唯一羌族聚居区、最大彝族聚居区和第二大藏族聚居区，民族信息保持相对原始，保存较为完整、真实。另外，四川是我国的人口大省、经济大省，区位条件独特，承担着守卫长江、黄河上游生态屏障的职能，肩负着青藏高原东部生态涵养的重任，对西部大开发而言代表性突出，在战略格局形成中优势明显、地位特殊、责任重大。

　　我于20世纪70年代末至80年代中离开家乡四川北上求学，接受了系统的建筑学科专业训练，90年代远赴欧美留学，在这期间生态伦理设计观念逐渐形成、人本设计思想逐步树立。世纪之交回到故土、扎根巴蜀，依托西部大开发战略，联合相关教育和科研设计机构组建了由城乡规划、建筑设计、风景园林及生态、地质等多学科专业人员构成的学术研究团队，作为服务西部大开发人居环境建设学术大军的一支本土小分队，在规划、建筑、景观等设计领域深耕不辍、砥砺前行，不断践行人本设计理念。通过理论联系实际，开展了从规划设计到教学科研到政策制定再到管理实施的全方位、全过程理论与实践探索，其成果在四川人居环境建设中发挥了应有作用，尤其在汶川、芦山两次地震灾后重建及天府新区规划设计实践时得到深度应用。

　　经过20年的两轮西部大开发，四川人居环境已发生巨变。团队生长于斯、廿载同行，见证了这片热土上的沧海桑田，在参与以四川为主阵地的西部人居环境建设过程中，发生了许多感人的故事、留下了无数精彩的瞬间，本书记录了这一艰辛探索历程中思想碰撞的火花、智慧交流的硕果，借此纪念西部大开发战略实施20周年，期望为进入新时代、形成新格局阶段的西部大开发提供有益借鉴和参考，同时为建党100周年献上一份小小的学术礼物。

本书由6篇58章构成，辑录了团队在灾后重建、城乡规划、风景园林、建筑设计和人才培养等方面取得的主要教学科研和实践应用成果，包括从我公开发表的100多篇学术论文中遴选的58篇论文，其中，我作为第一作者（含独著）的24篇，第二作者的34篇（32篇第一作者为本人指导的研究生，2篇第一作者为成都市规划设计研究院同事，是我们开展相关课题研究后共同总结撰写的论文）。

本书是学术团队集体智慧的结晶。同门唐由海副教授、韩效副教授协助我进行了书稿的构思与组织工作，崔珩教授、贾玲利副教授、毛良河讲师、曾帆讲师、贾刘强副院长等参与了讨论，博士生陈思裕、刘丽娟和硕士生王晋、李佳滢同学具体负责了文献资料整理工作，团队成员给予了大力支持。书稿写作完善的过程也是回顾思考、总结归纳的过程，让我感到欣慰的是：各位弟子进入这个团队后，都能够在一个充满学术生态环境的氛围中接受教育、从事研究，在收获学业，为自身学术、职业生涯奠定基础的同时，也为团队的建设"添砖加瓦"、做出贡献。纳入书中的前期研究基础及其成果的出版，得到国家自然科学基金面上项目（"'三生'空间耦合机理及规划方法研究——以四川地震灾区为例"批准号：51678487）及四川省科技支撑计划项目（"汶川地震灾后重建规划关键技术集成及规程研究"批准号：2013FZ0009）的资助，后期又得到四川省科技计划重点研发项目（"公园城市的韧性协同规划设计研究及示范"批准号：2020YFS0054）和国家自然科学基金面上项目（"成渝地区城市重大疫情传播与脆弱性空间耦合机理及规划应对研究"批准号：52078423）的资助；集结的58篇学术论文都分别在《城市规划》《建筑学报》《中国园林》《城市发展研究》《规划师》《世界建筑》《西部人居环境学刊》《南方建筑》《新建筑》《中国安全学学报》等杂志和出版机构第一次发表；西南交通大学出版社为书稿最终付梓付出了辛勤劳动，在此一并致谢！

作者经历有限、学识不足，加之团队地处西部，实践范围主要在四川，尽管在研究过程中不断加强国际国内交流，但学术视野仍然不够宽、眼界仍然不够高、格局仍然不够大，书中纰漏、不足之处在所难免，恳望规划设计同行和读者不吝赐教！另外，书中所参考的图表和文献资料，都尽力详尽标注在文中及列入各章参考文献，在此对原作者表示谢意！如有疏漏，敬请指出以便补遗！

邱　建
2021年2月于西南交大锦园

目　录

灾后重建

城 乡 规 划

风 景 园 林

建 筑 设 计

学 科 拓 展

人 才 培 养

灾后重建

　　四川是地震多发省份，2008年以来先后发生了汶川、攀枝花、芦山、康定、九寨沟、长宁6次6级及以上强震，石渠县被纳入玉树地震重灾区。每次地震灾区群众生命财产都遭受重大损失。

　　城乡重建规划是整个重建工作的"龙头"，是有力有序有效推进灾后重建的重要依据，事关灾区社会秩序恢复和经济振兴大局。四川汶川、芦山地震灾后重建期间，邱建教授担任住房和城乡建设厅（原建设厅）总规划师，两次兼任省抗震救灾指挥部灾后重建规划组办公室副主任，并任芦山地震灾后重建规划指挥部总顾问，全程参与重建规划建设相关政策制定和重大事项决策过程，全面负责组织震后城乡重建规划设计技术编制与实施管理工作。在此工作平台上，邱建教授践行以人为本的理念，围绕受灾群众的应急需求和长远关切，探究震后重建规划设计科学规律，在组织灾区一线技术攻关的同时，带领学术团队聚焦灾区人居安全、生态保护和文化传承，持之以恒在震后城乡重建规划设计领域开展研究。

　　汶川、芦山地震受灾范围广，灾区自然条件差异大，大部分地区地处深山峡谷，藏、羌、回、汉等多民族聚居其间，加之重建具有应急性强、安全性要求高、组织难度大等突出特点，震后城乡规划设计面临空前挑战，需要理论与技术创新予以应对。

　　本篇遴选的15篇论文，是团队结合重建过程中面临的规划设计问题，从规划设计理论、技术应用创新和重建实施管理三方面进行的学术和技术探讨与总结，涉及规划思路、区域发展、遗产保护、避难空间等方面内容，如从重建现场实践总结提炼出震后规划体系、思维模型等规划设计理论创新成果；又如，从一线经验和教训中探索出防灾减灾建设、文化遗产保护等规划设计技术创新成果；再如，针对重建项目实施面临的巨大挑战，创建了灾后重建规划应急并行实施机制模型管理创新成果，为重建项目协同高效推进提供了管理技术保障。

这些研究取得了重大的社会效益和显著的经济效益：编制并发布了《震后城乡重建规划编制管理标准》，实现了理论成果的应用转换；在国际国内学术会议做特邀报告或主旨报告数十次，产生了较为深刻的学术影响；培训四川、甘肃、云南等灾区重建干部和技术人员2000多人次，在汶川及芦山、九寨沟、长宁等地震灾后受灾群众安置、城乡住房建设、基础设施恢复、文化遗产保护、城镇安全建设以及社会秩序恢复与产业发展振兴中发挥了重要作用，为玉树、鲁甸、尼泊尔等地震重建规划提供了技术支持，显示了研究成果具有的重建理论指导价值和广阔应用前景。

4个附录展示了学术交流、学术著作、奖励及行业标准等团队成果，充分体现了团队成果得到社会的高度认可，如主要成果"汶川地震灾后城乡重建规划理论、关键技术及应用"项目获2019年度四川省科技进步奖一等奖；参与的其他灾后重建规划设计项目曾获住房和城乡建设部全国优秀勘察设计奖金奖、中国城市规划协会全国优秀城乡规划设计奖特等奖、中国勘察设计行业协会优秀勘察设计奖一等奖等。

1 "5·12" 汶川地震灾后恢复重建城乡规划设计①

1.1 背景简介

"5·12" 汶川特大地震给灾区人民的生命财产带来巨大损失。面对突如其来的巨大灾难，全党全军全国各族人民众志成城，各级政府表现出强大的危机应对能力和政治动员能力：在灾区广大干部群众奋起自救的同时，国家各部委按照职能分工迅速投入抢险救灾和灾后恢复重建工作，国内各界和国际社会积极施援，对口援建省市组织数十万建设大军奔赴灾区。经过顽强努力，在抢救人员、安置群众和灾后重建等方面取得举世瞩目的重大胜利。

"凡事预则立，不预则废。"作为汶川地震灾后恢复重建的前提条件，规划设计具有先导性、基础性、全局性、科学性等属性，但灾后重建规划设计时间之紧、任务之重、难度之大、内容之广、要求之高，史无前例。面对前所未有的巨大挑战，无论是各级政府在运用社会主义制度优越性所进行的政治动员与人员组织，还是在大政方针的制定、指导思想的确立、规划原则的明确、目标体系的设计方面，以及规划设计人员在规划体系的设置、建筑设计的创新等方面，都积累了丰富的实践经验，形成了丰硕的规划设计理论成果，对尽快安置受灾群众，恢复灾区生产、生活条件，引导科学重建起到决定性作用，为重建美好家园，夺取抗震救灾斗争的全面胜利奠定了坚实而科学的基础（图1-1）。

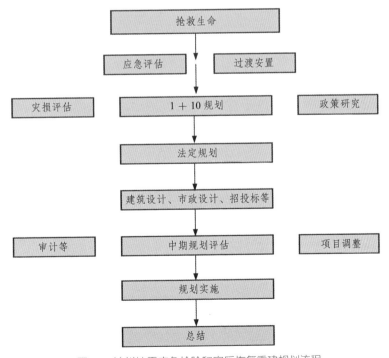

图1-1 汶川地震应急抢险和灾后恢复重建规划流程

---

① 本章内容由邱建第一次发表在《建筑学报》2010 年第 9 期第 5 至 11 页。

据此，总结汶川地震灾后恢复重建规划设计的经验和教训，对于丰富灾后重建规划设计理论，应对今后可能发生的类似四川汶川特大地震、青海玉树地震、甘肃舟曲特大山洪泥石流这样的大灾大难具有重要借鉴意义。

1.2 组织系统

汶川地震发生后，我国迅速成立了国务院抗震救灾总指挥部灾后恢复重建规划组，在国务院的直接领导下负责灾后恢复重建"1+10规划"方案的组织、协调与编制工作，规划组组长单位为国家发展和改革委员会，副组长单位为四川省人民政府、住房和城乡建设部，成员单位包括陕西省人民政府、甘肃省人民政府以及教育部、科学技术部、民政部、财政部、国土资源部、环境保护部等受灾省和30多个中央部门[1]。受灾三省分别成立了相对应的灾后恢复重建规划组。四川省于5月19日启动了规划工作，随后成立了由省长任组长的汶川地震灾后恢复重建规划组，下设挂靠在省发展和改革委员会的规划组办公室，全面负责协调灾后恢复重建规划工作[2]。这一架构为灾后恢复重建规划的顺利开展提供了坚强的组织保障。

在规划编制和设计人员的组织动员方面，灾区各级政府集中所在地区的规划设计力量，大力弘扬自力更生、艰苦奋斗的优秀品质，全力为重建家园编制各级规划、设计各类项目。但是，大灾之后仅凭受灾地区的力量远远不能满足如此特殊的规划设计工作要求，急需成千上万的规划设计人员参与其中。为此，中央政府充分发挥社会主义制度的优越性，一方有难，八方支援，举全国之力，有效利用各种资源，动员各路规划设计大军，共同参与这项规模浩瀚的规划设计"工

程"。由中央、省和地方各级政府相关部门工作人员以及各专业规划专家组成的规划设计队伍，与灾区原有技术力量形成合力，共克难艰，发挥了我国集中力量办大事的制度优势，为规划设计的及时完成提供了强有力的技术支撑。

城乡规划建设系统不辱使命，全系统总动员，全力投入到地震灾后恢复重建规划设计之中。四川省住房和城乡建设厅（原建设厅）于灾后第一时间启动了抢险救灾预案，立即组织省内专家赶赴灾区一线进行城镇基础设施和受灾建筑安全性应急评估；住房和城乡建设部紧急动员并迅速调集全国规划设计力量汇集灾区，开展现场调查工作，其成果不仅有助于稳定受灾群众情绪，而且还为房屋鉴定和灾损评估以及灾后恢复重建规划设计提供了宝贵的原始资料。

城乡规划是法定规划，是"落地"的规划，对于灾区城乡规划的管理、空间布局的调整、人居环境的修复、经济社会的恢复及其可持续发展具有至关重要的作用。四川省住房和城乡建设厅于地震当日开始谋划并于次日部署了灾后恢复重建城乡规划工作；住建部调集全国顶级城乡规划专家赴灾区参加过渡安置板房选址规划的同时，还与四川省组成"部省联合规划编制组"，集中力量编制"1+10规划"的3个关键性专项规划（图1-2），北京、上海、天津、重庆、广州等地的一流规划专家云集成都，各援建省市的规划精兵强将"成建制"地直赴受援灾区一线，数千名国内外著名规划专家和规划"志愿者"紧急加盟，与灾区规划专业人员一道形成了空前的、蔚为壮观的规划"大集结"，在政府的统一组织下迅速而有条不紊地开展了现场踏勘、资料收集、规划编制等工作。

各路建筑师、结构工程师、设备工程师、

监理工程师等工程技术人员鼎力相助，在灾区13万多平方千米的大地上，奇迹般地形成了历史上规格最高、规模最大的"设计事务所"。国内外建设领域的院士、大师也心系灾区。例如，震中汶川县映秀镇灾后恢复重建工作受到了世界范围的特别关注[4]，针对一个规划区范围仅168.5公顷、建设用地规模仅74公顷的小镇规划设计，来自美国、英国、德国、意大利、加拿大、日本和我国台湾、香港等国家和地区以及国内的规划、设计、结构、地震、地质等领域的专家到现场充分论证，贡献智慧和力量。美国的贝聿铭、法国的保罗·安德鲁和我国的吴良镛、彭一刚、郑时龄、何境堂等院士、大师都亲自参与映秀镇的建筑设计（图1-3）。在北川，崔恺、孟建民、庄惟敏、周恺等年轻一代建筑大师亲自担纲新县城的主要标志性建筑设计。

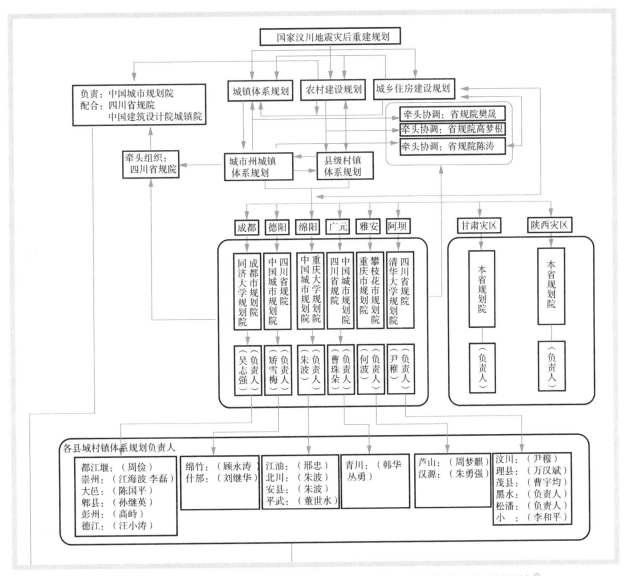

图1-2　"部省联合规划编制组"编制力量部署原始框架图（中国城市规划设计研究院绘制）①

① 随着规划范围等因素的变化，编制力量也在适时地进行局部调整。

图1-3　同济大学设计的汶川县映秀镇民居

1.3　规划设计思路

规划设计思路主要体现在灾后恢复重建的大政方针、指导思想、规划原则、目标设计等方面。

《汶川地震灾后恢复重建条例》（以下简称《条例》）制定了"坚持以人为本、科学规划、统筹兼顾、分步实施、自力更生、国家支持、社会帮扶"的大政方针[5]，成为统领整个灾后恢复重建各个环节的总纲。

《汶川地震灾后恢复重建总体规划》（以下简称《总体规划》）根据《条例》而编制，确立的指导思想以科学发展观为统领，坚持以人为本、尊重自然、统筹兼顾、科学重建；优先恢复灾区群众的基本生活条件和公共服务设施；合理调整城镇乡村、基础设施和生产力的空间布局，逐步恢复生态环境；以灾区各级政府为主导、广大干部群众为主体，在国家、各地区和社会各界的大力支持下，精心规划、精心组织、精心实施，又好又快地重建家园[6]。指导思想统揽汶川地震灾后恢复重建规划设计全局，为各地和各个专项规划的编制指明了方向，突出了重点，明确了责任。

四川灾后恢复重建规划基本上沿用了《总体规划》的指导思想[7]，并在此基础上结合省情，在各专项规划中予以深化，如《四川汶川地震灾后恢复重建城镇体系规划》提出了"推进工业化、城镇化和新农村建设，引导人口与经济合理布局""统筹兼顾，科学规划，分步实施，努力把灾区建设成为人与自然和谐相处、城乡经济共荣、人民安居乐业的社会主义新家园"的指导思想[8]。

《条例》明确的6个"相结合"灾后恢复重

建原则，处理好了受灾地区自救与国家支持和对口支援、政府主导与社会参与、就地恢复重建与异地新建、确保质量与注重效率、立足当前与兼顾长远以及经济社会发展与生态环境资源保护的关系[5]。《总体规划》以"以人为本，民生优先""尊重自然，科学布局""统筹兼顾，协调发展""创新机制，协作共建""安全第一，保证质量""厉行节约，保护耕地""传承文化，保护生态"和"因地制宜，分步实施"为总体原则并予以落实[6]。各个专项规划则在此基础上根据自身特点提出其有所侧重的规划原则，如《汶川地震灾后恢复重建城镇体系规划》侧重于灾后城镇与乡村的体系构架，根据资源环境承载能力与工程地质条件评价，充分考虑不同地区的发展基础和条件，结合新型工业化、城镇化、新农村建设，统筹城乡与区域的人口安置、产业布局和基础设施建设以及合理确定城镇规模，促进城镇优化布局的要求，提出了"尊重科学，突出重点""因地制宜，分类指导"和"城乡统筹，协调发展"等规划原则[8, 9]；《四川省汶川地震灾后恢复重建农村建设规划》强调了"城乡统筹、因地制宜""远近结合、发展提高传承文化""注重特色创新机制、协作共建"等原则[10, 11]。有些特殊而敏感的地域，还提出更加有针对性的规划原则，如卧龙特别行政区的灾后恢复重建规划除了遵循"科学规划，保护优先""统筹建设，质量优先"原则以外，特别制定了针对世界自然遗产地"保护生物的多样性、保证生态系统的完整性、保持遗产地的真实性"的规划原则。

《总体规划》确立了重建总体目标，用三年左右时间完成恢复重建的主要任务，基本生活条件和经济社会发展水平达到或超过灾前水平，奠定灾区

经济社会可持续发展的坚实基础。这些目标被具体为："家家有房住、户户有就业、人人有保障、设施有提高、经济有发展、生态有改善。"①

各专项规划分解、落实总体目标，如《城镇体系规划》明确了"完成城镇居民住房、主要公共服务设施、基础设施的恢复重建。生态环境得到逐步恢复，完成城镇周边各类重大地质灾害的初步治理，城镇防灾减灾能力得到加强"等目标[8, 9]；《农村建设规划》提出了"一至两年完成农村住房恢复重建，三年完成村庄基础设施、公共服务设施、农业生产设施恢复建设；农业综合生产能力、农业科技支撑能力、农村公共服务能力基本达到同期全省平均水平"的目标[10, 11]。

这样的总体思路保证了城乡规划的科学性，项目设计的合理性，在城乡规划建设领域实现"家家有房住、设施有提高"等目标，灾区的住房、公共服务设施和市政基础设施质量得到质的提升（图1-4）。

1.4 规划建设成果

地震发生后，国家迅速起草并颁布的一系列法规和文件，使灾后恢复重建很快步入法制化轨道。"1+10规划"工作在三个月编制完成并颁布实施。随着灾后恢复重建工作的推进，国家于2009年下半年对"1+10规划"开展了中期评估，及时对规划实施过程中出现的各种问题进行分析，特别是对重大项目安排进行甄别，予以适当的调整，使规划更加符合灾后重建的实际情况。四川省39个极重灾和重灾县（市、区）灾后恢复

---

① 参见参考文献[6]。随后在实施中改为用两年左右时间基本完成恢复重建任务，以国务院批准《汶川地震灾后恢复重建总体规划》的2008年9月底为起点，下同。

图1-4　福建省援建的彭州市磁峰镇自来水厂（彭州市提供）

重建规划中期调整后，地方、省直管以及中央直管项目总投资8600多亿元，项目数量29700个，规划建设行政主管部门组织编制的4类城乡规划和相应的项目设计在规定的时间内得以保质保量完成，其成果使整个灾后恢复重建在科学的规划设计指导下重建。

其一是过渡安置房的选址规划和活动板房设计。四川省住房和城乡建设厅下发了《灾区过渡安置房规划导则》《四川省建设厅抗震应急指挥部关于四川地震灾后过渡安置房规划选址的通知》等多个文件，要求受灾市（州）规划建设行政主管部门立即开展相关规划选址和设计工作。住建部于5月20日紧急向全国23个省市和计划单列市下达了对口支援灾区过渡安置房的建设任务，并颁布了《地震灾区过渡安置房建设技术导则》（试行），对规划设计所涉及的选址、场地平整、建设规模、布局形式、室内配套、消防和

防火等问题予以规范[12]。灾后3个月在四川灾区完成了60多万套板房建设，使灾区人民住有所居，在人口集中的城镇，形成基本的生活与生产功能，提供诸如满足学校复学迫切需要的各类社会服务，进而稳定灾区局势，避免大灾之后出现大疫起到关键性作用（图1-5）。

其二是高质量地完成了"1+10规划"的三个专项规划，其中，城镇体系规划对于灾后恢复重建的总体空间布局具有基础性作用，如明确了汶川县城原地重建但功能疏解、灾后北川县城跨行政区域异地迁建（图1-6）等重大决策，也成为东方汽轮机厂从绵竹市汉旺镇整体搬迁到德阳市异地重建等重大项目立项的重要依据[8, 9]；农村建设规划为农村生产资料和生活设施的恢复重建提供了政策和空间保障[10, 11]；城乡住房建设规划则为灾区城乡住房这一优先恢复重建的民生工程提供了政策支撑和资金安排[13, 14]。

图1-5　广东省援建的汶川县映秀镇板房小学

图1-6　跨行政区域异地迁建北川县城（中国城市规划设计研究院绘制）

图1-7　灾后"统规统建"的汶川县银杏乡东界脑村农房

其三是"1+10规划"编制完成并颁布实施之后，省政府立即召开了全省地震灾区城乡规划专题会议并制发工作文件，对编制灾后恢复重建城乡规划的法定规划进行部署，地方各级政府根据《城乡规划法》迅速组织编制了大量的法定规划，包括城镇体系规划、城市规划、镇规划、乡规划和村庄规划等，并于2009年上半年全面、按期完成了39个重灾县（市、区）、631个镇乡、2043个村庄重建规划编制或修编工作[15]。

最后一类是相关专项规划，主要包括灾后恢复重建风景区规划、市政基础设施规划和地震遗址保护规划等。

灾后恢复重建在科学的规划设计指导下有序、有力、有效地实施，取得了重大胜利。现投资量和实物量均接近完工85%，三年重建任务两年基本完成的目标即将实现。其中，农房恢复重建成绩卓著，原核定需恢复重建的126.3万户农房，已于2009年底全部完工，因余震和地质次生灾害等因素影响陆续新增重建农房19.61万户，目

前也基本完工（图1-7）；四川灾区城镇住房需重建25.91万套、维修加固受损住房134.86万套，在城镇住房重建时，克服了如受灾群众意愿、利益诉求、基础设施配套等各种困难，现已经完工接近90%[15]；市政基础设施和学校、医院等公共服务设施恢复重建也有序推进，成效明显。

1.5　主要经验

汶川地震灾后恢复重建规划设计的基本经验可以总结为以下5个方面。

第一，必须尊重自然，科学规划。汶川特大地震及其随后发生的青海玉树地震、甘肃舟曲山洪泥石流等自然灾害给人们最大的启示是自然力量巨大无比、难于抗拒，其规律不可违抗，人们必须本着尊重自然的态度来探索、发现其规律，从而按照规律来从事人类活动，与自然和谐相处，一切违背自然规律的努力都将是徒劳的，都将受到自然的惩罚。

汶川地震灾后重建规划设计从指导思想到

项目设计，自始至终都体现了与自然和谐相处的基本原则，强调按照客观规律推进重建。例如，青川县是极重灾区之一，县城原址用地十分紧张，有3条地震断裂带穿过并且缺乏准确、详细的地震资料，同时还面临地质灾害的潜在威胁，无法承载原有县城的全部功能。灾后恢复重建总体规划采取了3项措施加以应对：一是缩小县城规模，疏解工业和部分教育功能到承载力相对较大的竹园镇；二是先期在综合安全评估较适宜的新区集中建设；三是将老城区（旧城片区）作为"待规划用地"（图1-8）。随后地震专家对断裂带做出了明确结论，地质专家制订出地质灾害治理方案并开始进行施工治理，旧城片区才依据上述结论，并以高于相关断裂带避让标准进行规划，其目的就是尊重自然，确保安全，体现了科学规划的精神（图1-9和图1-10）。

第二，牢记安全第一，精心设计。地震灾区同胞的生命和财产损失给城乡规划设计人员的另一启示是务必牢记安全第一，精心设计，百年大计，质量为先的设计原则。特别是学校、医院等人员集聚的建筑，任何规划、设计、施工安全方面的疏忽都会使人民群众付出巨大的生命代价。灾后恢复重建实实在在地吸取了汶川地震的教训，从规划、设计开始，坚持抗震设防标准，把工程质量作为生命线贯穿重建的全过程。

映秀镇在规划阶段就要求多学科合作，明确映秀中学、映秀小学、映秀幼儿园、中心卫生院、客运中心、映秀市场、地震纪念馆、行政办事中心等每栋公共建筑拟应用的抗震技术措施。图1-11所示是已经投入使用的汶川县第二小学，

图1-8　青川县城功能结构图（四川省城乡规划设计研究院绘制）

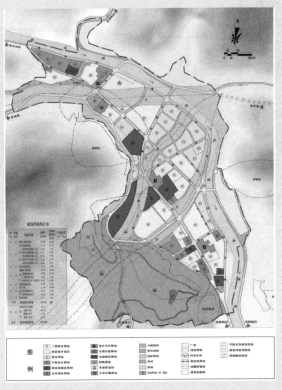

图1-9　高于相关断裂带避让标准的青川县城老城区规划（四川省城乡规划设计研究院绘制）

图1-10　避让断裂后的青川县城老城区风貌（四川省城乡规划设计研究院绘制）

图1-11　已经投入使用的汶川县第二小学

图1-12　汶川县第二小学采用的橡胶隔震支座新技术

采用了橡胶隔震支座消能减振支撑新技术（图1-12）。

农房量大面广，建设过程中技术力量十分薄弱，安全监管难以到位，地震造成的损失极其惨重。灾后围绕选址、设计、施工、质量监管等环节，四川省住房和城乡建设厅组织了全系统力量，制定了一系列技术规章和导则，先后出台了《地震灾区农房重建设计方案图集》《农村居住建筑抗震设计技术导则》等10多个指导性文件和技术规范，并逐级为农房建设培训工匠，彻底改变了千百年来农房建设没有抗震设防的历史。

严格把关使灾后重建建筑质量整体良好，经

图1-13　彭州市磁峰镇鹿鸣河畔灾后统规安置点（严永聪摄）

受住了2010年8月在地震灾区发生的"8·13"山洪泥石流等灾害的考验。

第三，把握因地制宜，协调布局。在制订规划的初期就有一个共识：灾后恢复重建不是简单的恢复重建，而是要结合新型工业化、城镇化、新农村建设，统筹城乡区域发展，在恢复重建的同时，为灾区的可持续发展奠定基础，使灾区人民在更加美好的环境中生产和生活。

针对灾前普遍存在的"千城一面、万乡一貌"问题，灾后重建与全省进行的城乡环境综合整治工作有机结合，灾区城乡环境和面貌发生了巨大的变化。在农村，结合新农村建设的总体部署，按照"三打破、三提高"的要求组织各类村庄设计、村落设计和建筑设计[①]，灾后恢复重建项目注重与自然和谐、依山就势，与环境协调、错落有致，与地域相融、特色突出，充分体现田园风情，使灾后重建的家园更加美丽（图1-13）；在城镇，结合新型城镇化的推进，各级政府在法定规划的基础上，按照"四注重、四提升"的要求组织各类城市设计[②]，很好地指导了具体项目的落实，并使城镇建设协调一致、特色突出（图1-14）。

第四，务必传承文明，呵护家园。汶川地震灾区主要地处龙门山脉，其间藏、羌、回、汉等多民族聚居，自然风光优美，民族风情浓郁。遵循"传承文化，保护生态"的规划原则，灾后恢复重建项目设计除了满足基本功能之外，还必

① "三打破、三提高"：在村镇建设规划中，打破"夹皮沟"，提高村庄布局水平；打破"军营式"，提高村落规划水平；打破"火柴盒"，提高民居设计水平。

② "四注重、四提升"：在城镇建设规划中，注重塑造风貌、提升城市整体形象，注重个性特色、提升单体建筑设计水平，注重色彩协调、提升建筑立面装饰美感，注重历史传承、提升城市文化品味。

图1-14　江苏省援建的绵竹市孝德镇水街

须继承民族文化传统，尊重当地民族的生产、生活方式，弘扬民族文化，恢复自然环境，担负起为流离失所的民族同胞重塑精神家园的责任（图1-15）[16]。在民族地区的城市公共空间设计中，这一设计指导思想也得到贯彻。如汶川县城灾前用地极其紧张，城市拥挤。按照规划进行功能疏解后，城市公共空间用地得到增加，不仅居民户外休闲娱乐活动得到保证、城市临时和永久避难空间得以建立，而且通过地方材料的应用、羌族聚落空间的营造、地方建筑符号的提炼，展现羌族独特民风民俗、彰显羌族传统文化底蕴的文化场所和的城市空间得以形成，成为传承羌族文化的物质载体（图1-16）[17]。

第五，恪守专家领衔，民主决策。由于重建工作是特定时期、特定背景下在灾区大地上进行的一项特殊"工程"，规划设计针对任务重、周期短、关注度高的特点，在"政府组织、专家领衔、部门合作、公众参与"的基础上，特别强调专家的领衔作用，民主化的决策程序，在确保科学性的同时，反映和尊重民意，对受灾群众和全国人民负责，使重建工程能经受住历史的检验。灾区采取的非常之举，在规划设计的组织和审查方式等方面积累了相应的经验。

在专家领衔、科学决策方面，尽管规划编制周期短，但在整个过程都积极发挥专家决策咨询作用，保障规划质量。都江堰灾后迅速在全球征集城市规划设计概念方案，国内外优秀设计机构、专家学者、社会各界都积极建言献策，绘制蓝图，为都江堰这一遗产地城市灾后恢复重建的准确定位及其下一步的规划编制、城市设计、建筑创作开阔了视野、奠定了基础[18]。

北川新县城是汶川特大地震之后唯一获批

图1-15 水磨镇灾后恢复重建：具有民族特色的物质空间为羌族同胞提供了更美好的精神家园

图1-16 羌风浓郁的汶川县城市公共空间

异地重建的县城，备受海内外关注，灾后恢复重建全国牵挂、举世瞩目。为此，住建部与四川省政府联合召开了北川新县城规划建设工作推进协调会，建立了新县城部、省、市、县四级联动机制；北川县成立了相互协调、有序推进的3个指挥部[①]；坚持以规划为龙头，成立了北川新县城城市规划委员会，在全国范围内邀请专家，比例超过50%，以规划为总的协调平台，对各项规划设计成果和重大建设项目全过程把关，在一个"漏斗"下实现理想与现实的无缝对接。另外，北川新县城灾后恢复重建总体规划技术审查会由住房和城乡建设部与四川省住建厅联合组织，并由两院院士周干峙主持，成为我国目前规划技术审查层次最高的县城；周干峙、宋春华、邹德慈、张锦秋、孟兆桢、江亿、张杰、崔恺、孟建民、庄惟敏等院士和国内建筑大师、教授就新县城规划设计所涉及的节能减排措施、城镇风貌控制、旅游规划和公共建筑设计、绿色建筑及老县城地震遗址博物馆与抗震纪念园建筑等方案多次深入灾区进行研讨，对新县城规划设计成果进行梳理论证，还就如何传承羌族文化、塑造独具特色的新县城城镇风貌与建筑风格进行"把脉"。

在公众参与、民主决策方面，确保在规划制订和决策过程中反映和尊重民意。四川省政府下发了《关于进一步加强地震灾后重建城镇规划公众参与工作的通知》，要求各地制订的灾后恢复重建城乡规划依法向社会公开，形成群众参与规划制订和支持规划实施的社会氛围，从而充分调动灾区群众重建美好家园的主观能动性。

结合灾后恢复重建规划编制的特点，除了常规的报纸、电视公布公告外，各地都通过举办规

① 山东对口援建北川工作指挥部、中国城市规划设计研究院北川新县城规划指挥部和北川新县城工程建设指挥部。

图1-17 规划设计人员在灾区就北川新县城建设与受灾群众座谈（中国城市规划设计研究院提供）

划展览的方式向社会公开展示本地区编制的恢复重建城乡规划成果，还在现场通过图板、模型、动画、规划展等直观形式来保障受灾群众的知情权和决策权，向社会广泛宣传灾后重建规划的成果，反响良好。成都市农村重建从最初的定居点选址到最终的方案审批，必须均要三分之二以上村民代表同意才能实施；北川针对县城搬迁的决策，通过发放调查表、座谈等形式主动征求群众意愿，了解民情（图1-17），结果显示：95.29%的群众愿意搬迁，88.55%的群众要求迁至平原，大部分群众关注地震、地质灾害等，这表明北川县城的搬迁工作具有良好的群众基础，这也是北川新县城建设得以顺利推进的基本保障。

1.6 结语

时值汶川地震灾后恢复重建即将基本完成之际，回眸两年多的实践过程，中华民族在灾难面前所表现出的强大危机应对能力和各级政府的政治动员能力，在灾后恢复重建规划设计领域得以充分体现。从规划设计实践的角度讲，汶川地震灾后重建取得巨大成绩的根本经验是在科学发展观统领下遵循了科学重建的基本原则，而科学的规划又是科学重建的根本前提，科学的设计成

为实施科学规划的技术保障，为顺利完成灾后各项恢复重建任务起到决定性作用，做出了突出的贡献，在规划设计历史上书写了崭新而光辉的篇章。值得一提的是，汶川地震重建规划设计所积累的经验和成果，已经被广泛应用到随后发生的青海玉树地震的抗震救灾和灾后恢复重建中，并发挥了重要作用。

（注：本书插图除注明外由作者绘制或拍摄）

■ 参考文献

[1] 国务院. 国务院关于做好汶川地震灾后恢复重建工作的指导意见（国发〔2008〕22号）[Z]. 2008.

[2] 四川省汶川地震灾后恢复重建规划组. 四川省汶川地震灾后恢复重建规划工作方案[Z]. 2008.

[3] 邱建，蒋蓉. 关于构建地震灾后恢复重建规划体系的探讨——以汶川地震为例[J]，城市规划，2009. （7）：11-15.

[4] 邱建. 汶川地震震中映秀镇灾后恢复重建规划思路[J]，规划师，2009（5）：55-56.

[5] 国务院. 汶川地震灾后恢复重建条例（国务院令第526号）[Z]. 2008.

[6] 国务院抗震救灾总指挥部灾后恢复重建规划组.汶川地震灾后恢复重建总体规划[Z]. 2008.

[7] 四川省汶川地震灾后恢复重建规划组. 四川省汶川地震灾后恢复重建总体规划纲要[Z]. 2008.

[8] 四川省汶川地震灾后恢复重建规划组. 四川省汶川地震灾后恢复重建城镇体系规划[Z]. 2008.

[9] 国家发展和改革委员会，住房和城乡建设部. 汶川地震灾后恢复重建城镇体系规划[Z]. 2008.

[10] 四川省汶川地震灾后恢复重建规划组. 四川省汶川地震灾后恢复重建农村建设规划[Z]. 2008.

[11] 国家发展和改革委员会，住房和城乡建设部，农业部，等. 汶川地震灾后恢复重建农村建设规划[Z]. 2008.

[12] 住房和城乡建设部副部长黄卫在关于进一步部署过渡安置房建设工作电视电话会议上的讲话，2008年6月4日.

[13] 国家发展和改革委员会、住房和城乡建设部，民政部，等. 汶川地震灾后恢复重建城乡住房建设规划[Z]. 2008.

[14] 四川省汶川地震灾后恢复重建规划组. 四川省汶川地震灾后恢复重建城乡住房建设规划[Z]. 2008.

[15] 邱建，李根芽. 四川汶川地震灾后城乡恢复重建规划和建设的新进展[M]//中国城市科学研究会，中国城市规划协会，中国城市规划学会和中国城市规划设计研究院. 中国城市规划发展报告（2009—2010）. 北京：中国建筑工业出版社，2010.

[16] 邱建. 汶川地震灾后恢复重建规划[M]//中共四川省委组织部. 新思路、新举措、新形象——全省基层干部灾后重建及集中培训集萃. 成都：四川党建音像出版社，2009.

[17] 邱建，彭代明，唐有海，等. 汶川县灾后恢复重建城乡布局形态研究[M]//汶川县灾后科学重建专家咨询组，四川出版集团. 崛起之路——汶川县"5·12"特大地震灾后科学重建研究. 成都：四川科学技术出版社，2010.

[18] 王骏，张樵，屈军. 都江堰灾后重建概念规划国际征集方案综述[J].城市规划学刊，2008（6）：100-107.

2 关于构建地震灾后恢复重建规划体系的探讨
——以汶川地震为例①

2.1 问题的提出

"5.12"汶川特大地震后，中央和地方各级政府在灾难面前表现出强大的危机应对能力和政治动员能力，国家迅速起草并颁布了《汶川地震灾后恢复重建条例》《国务院关于做好汶川地震灾后恢复重建工作的指导意见》以及《国家汶川地震灾后重建规划工作方案》等法规和文件，使灾后恢复重建很快步入法制化轨道。在国务院的直接领导下，一系列时间紧、任务重、难度大、内容广的灾后恢复重建规划工作全面紧急展开，并在三个月后颁布实施。规划架构完整、内容全面，无论是在指导思想的制定、规划原则的确立、目标体系的设计方面，还是在规划理论的探讨以及组织运作的创新方面都积累了相应的经验；规划工作对尽快安置灾区受灾群众，恢复灾区生产、生活条件，引导科学重建具有决定性影响，为"有力、有序、有效地做好灾后恢复重建工作，尽快恢复灾区正常的经济社会秩序，重建美好家园，夺取抗震救灾斗争的全面胜利"[3]奠定了基础。当然，作为特定时期、特定背景下在中国进行的一项史无前例、规模浩瀚的应急规划"工程"，规划的定位有待进一步明确、规划的前期储备有待进一步加强、规划的科学性有待进一步研究；同时，国家层面规划与地方层面规划、总体规划与专项规划之间以及专项规划与专项规划之间的关系也有待进一步协调。为此，回顾此次规划工作过程，及时总结其中的经验和教训，据此形成更加科学的地震灾后恢复重建规划体系，对应对今后可能发生的大灾大难具有重要意义。

2.2 汶川地震灾后恢复重建规划概况

2.2.1 规划的组织途径

汶川地震发生后，国家迅速成立了国务院抗震救灾总指挥部灾后恢复重建规划组，负责灾后恢复重建规划方案的组织与编制。四川省于2008年5月19日启动了灾后恢复重建规划工作，随后成立了由省长任组长的汶川地震灾后恢复重建规划组，全面负责协调灾后恢复重建规划工作。规划编制人员由中央、省和地方各级政府相关部门工作人员以及各专业规划专家组成。这一组织构架为规划的及时完成提供了强有力的组织保障和技术支撑。以规划建设部门牵头负责的城镇体系规划、农村建设规划、城乡住房建设规划3个专项规划的编制工作为例，北京、上海、天津、重庆、广州等地的一流规划专家于5月17日云集成都，数千名国内外著名规划专家和规划"志愿者"紧急加盟，与灾区规划专业人员一道形成了空前的、蔚为壮观的规划"大集结"，在政府的统一领导下，史上规模最大的"规划工作室"在13万多平方千米的灾区大地上迅速而有条不紊地开展了现场踏勘、资料收集、规划编制等工作，为3个专项规划的顺利完成做出了突出的贡献。

① 本章内容由邱建、蒋蓉第一次发表在《城市规划》2009 年第 7 期第 11 至 15 页。

2.2.2 总体思路

2.2.2.1 指导思想

《汶川地震灾后恢复重建总体规划》（以下简称《总体规划》）制定的指导思想明确了各个专项规划的方向。指导思想以科学发展观为统领，坚持以人为本、尊重自然、统筹兼顾、科学重建；要求优先恢复灾区群众的基本生活条件和公共服务设施，尽快恢复生产条件；在空间布局上强调合理调整城镇乡村、基础设施和生产力的布局，逐步恢复生态环境；要求灾后恢复重建必须坚持自力更生、艰苦奋斗，以灾区各级政府为主导、广大干部群众为主体，在国家、各地区和社会各界的大力支持下，精心规划、精心组织、精心实施，又好又快地重建家园。

2.2.2.2 规划原则

《总体规划》确定了"以人为本，民生优先""尊重自然，科学布局""统筹兼顾，协调发展""创新机制，协作共建""安全第一，保证质量""厉行节约，保护耕地""传承文化，保护生态"和"因地制宜，分步实施"的总体原则，各个专项规划则在此基础上根据自身特点提出其有所侧重的规划原则，如《汶川地震灾后恢复重建城镇体系规划》侧重于灾后城镇与乡村的体系构架，根据资源环境承载能力与工程地质条件评价，充分考虑不同地区的发展基础和条件，结合新型工业化、城镇化、新农村建设，统筹城乡与区域的人口安置、产业布局和基础设施建设以及合理确定城镇规模，促进城镇优化布局的要求，提出了"尊重科学，突出重点""因地制宜，分类指导"和"城乡统筹，协调发展"等规划原则。

2.2.2.3 重建目标

《总体规划》确立了"用三年左右时间完成恢复重建的主要任务，基本生活条件和经济社会发展水平达到或超过灾前水平，努力建设安居乐业、生态文明、安全和谐的新家园，为经济社会可持续发展奠定坚实基础"[3]的重建总体目标，并将这些目标具体为家家有房住、户户有就业、人人有保障、设施有提高、-经济有发展、生态有改善。专项规划将总体目标具体化，如《汶川地震灾后恢复重建农村建设规划》明确了"一至两年完成农村住房恢复重建，三年完成村庄基础设施、公共服务设施、农业生产设施恢复建设；农业综合生产能力、农业科技支撑能力、农村公共服务能力基本达到同期全省平均水平"[5]等目标。

2.2.3 灾后恢复重建规划的构成

《国家汶川地震灾后重建规划工作方案》明确了规划工作任务，包括专项评估、政策研究和规划编制。专项评估包括"两评估一评价"，"两评估"指灾害范围评估和灾害损失评估，"一评价"即资源环境承载能力评价；政策研究包括资金需求、财政政策、税收政策、金融政策、土地政策、援助机制和其他政策的研究；规划编制包括灾后恢复重建总体规划编制和一系列专项规划编制，即灾后恢复重建城镇体系规划、农村建设规划、城乡住房建设规划、基础设施建设规划、公共服务设施建设规划、生产力布局和产业调整规划、市场服务体系规划、防灾减灾和生态修复规划以及灾后重建土地利用规划等9个专项规划（后期补充了精神家园规划内容）。

2.3 汶川地震灾后恢复重建规划相关问题的讨论

2.3.1 规划的定位问题

灾后恢复重建规划是一项极其特殊的规划。在灾区人民弘扬中华民族自力更生、艰苦奋斗优秀品质重建家园的同时，我国政府充分发挥社会主义制度的优越性，一方有难，八方支援，举全国之力，有效利用各种资源，形成灾区社会经济全面重构的强劲外力，使灾区人民在恢复重建中赢得了新的发展机遇。各行各业的全方位介入以及资金、人力和物力的大量投入，无疑有利于实现《总体规划》确立的目标，为空间的修复与重构提供了强大的支撑。但是，从规划技术的角度讲，空间规划、各类事业规划与各项专业规划齐头并进，并要求在极短时间内统一完成，使得灾后恢复重建规划所强调的应急性与城乡规划所固有的全局性、综合性、战略性很难协调，容易造成规划定位不清，具体到实施层面时，在规划的总体思路、技术路线、重点以及规划统筹管理方面比较难以把握，特别是若以《城乡规划法》为依据，包括规划组织、编制、审查、实施和监督所必需的方法以及必要的程序均难以得到应用。例如，灾后恢复重建规划启动后一段时间，无论是规划管理人员还是规划设计人员都面临同样的问题：究竟我们要做什么规划？是一个什么性质的规划？如何做这个规划？定位不清不仅在理论上导致规划的认识缺位、难度加大，而且在实践中导致有些地方和部门甚至规划人员过分强调通过编制规划和实施规划实现灾区经济社会发展的"高标准""一步到位"，或希望通过规划借重建之机实现贫困地区"一步脱贫"的愿望，从而忽视了灾区资源、产业、环境、生态的承载力，

忽视了灾区发展的可持续性和重建目标落实的阶段性与渐进性[1]。

2.3.2 规划的前期储备问题

我国现有的救灾机制往往注重灾中应急和灾后救济，轻灾前防范和特殊人群救助。2008年年初，有关专家针对低温雨雪冰冻灾害建议加强救灾装备与信息系统建设、实现预案法制化。[2] 汶川地震再次暴露出我国应对突发灾难时在法律、法规和政策方面前期储备欠缺的问题，特别是在类似地震等重大灾难面前凸显出与规划相关和配套的政策法规准备明显不足。例如，汶川地震后面临极其艰巨的灾后恢复重建任务，之前并没有成熟的法律、法规依据，为此，国家迅速起草《汶川地震灾后恢复重建条例》，应急状况下颁布的条例虽然在总体上指导了灾后恢复重建的各项工作，但由于情况特殊、时间仓促，来不及深入调研、充分论证，无法很好地与其他法律、法规衔接，不尽完善之处为后续的具体工作带来依据不足的问题。又如，本次灾后恢复重建规划过程中，对公民财产的认定也缺乏前期知识储备。1976年唐山大地震时，几乎所有的财产都是"公家"的，国家就像一个"大企业"，重建过程中财产的灭失、恢复和交换，仅仅是在这个"大企业"内部核销或转移。而随着我国的经济体制由计划经济向社会主义市场经济转型，社会财富不再是国家单一拥有，居民和法人积累的财产占了社会财富的很大部分。因此，在本次地震灾难逐步平息之后，对公民财产和权益的保护等问题就逐步

---

① 灾后城乡重建规划的问题、方针和策略——仇保兴副部长在灾后恢复重建规划对口支援工作会议上的讲话. 2008-07-03, http://www.cin.gov.cn/ldjh/jsbfld/200807/t20080710_175207.htm。

② 新京报，2008-03-02, http://www.thebeijingnews.com。

显现出来，成为有的受灾地区特别是城镇地区的突出问题。灾前对这类政策的忽视或研究不足，容易影响灾区的空间安排，在很大程度上影响规划编制，抑制灾后恢复重建速度甚至导致灾后恢复重建规划难以实施，使规划处于被动地位。

2.3.3 规划的科学性问题

规划是一项科学性极强的工作。突如其来的特大地震使数万同胞不幸遇难、数百万家庭失去家园，面对遍体鳞伤的灾区大地，规划人员的心灵受到了巨大震撼。在这种情况下，如何在规划工作中将对灾区人民的深厚情感转化为理智科学的工作态度，保持灾后恢复重建规划的科学性，对规划人员来说是至关重要的。在实践中，灾后恢复重建规划存在以下几方面的问题。

2.3.3.1　关于规划前期"两个评估一个评价"工作的问题

灾后恢复重建规划的前置条件是认真做好灾害评估和地质地理条件、资源环境承载能力分析等。地震发生后，不仅评估需要一定时间，而且大地震发生后一定期间内还存在地质不稳定的情况，短时间完成规划前期评估的要求，使本次规划前期工作中存在着如何使"两个评估一个评价"相匹配的问题。如果这个工作不够深入，那么灾后恢复重建规划的科学性将很难保证。

2.3.3.2　关于"以人为本、民生优先"的问题

灾后恢复重建规划最重要的问题是人的问题。从本次灾后恢复重建规划来看，广泛了解公众对灾后重建的想法，是任何形式的灾后重建工作的群众基础。尤其是在农村地区，如果不广泛采纳当地农民的意见，规划很难得以落实。

2.3.3.3　关于"尊重自然、科学布局"的问题

在城镇规划和农村安置点规划中，应尊重当地居民的生产生活方式，尊重自然地形环境，突出就地就近、分散的原则，避免过分强调集中或直接把城市建设模式照搬到农村。实践证明，除少数山区村庄确实存在严重次生灾害威胁需要搬迁安置之外，对山区群众普遍实施下山集中安置或采取大规模移民的规划方式是不符合实际的。

2.3.3.4　关于对当地文化和习俗充分理解，保护传统建筑风貌和格局的问题

本次灾后恢复重建规划中出现了按照一个大城市模式来规划一个小城镇，农村安置点设计趋同，农房设计追求"现代化"、标准化的现象。这种做法不仅将会破坏当地整体风貌，浪费山区宝贵的耕地，也可能会毁坏旅游业发展的资源，消耗大量的建筑材料，扼杀人民群众用双手建设家园的积极性[4]。

2.3.3.5　关于集约节约用地，保护耕地的问题

灾难发生以后，为解决临时安置房选址的应急性以及尽快恢复受灾群众的生产生活，国家对灾区的土地政策给予了倾斜性支持，但随后的一些规划并未完全处理好临时安置点与永久安置点的关系，对保护耕地重视不够，同一类型的规划往往用地标准不统一，造成了土地资源的浪费。这个问题如果解决不好，很容易造成城镇建设用地发展失控，国家耕地保护政策难以落实。

2.3.4 规划间的协调问题

本次灾后恢复重建规划工作是一项具有开创性的工作，时间紧、任务重、涉及面广，基础条件不成熟，缺少现成的经验可供借鉴。实践中，采取国家、省和地方规划同步开展，总体规划与各个专项规划同时进行并互为依据的方法开展工作。在此过程中，国家、省级层面规划与地方

规划，总体规划与专项规划，专项规划与专项规划，灾后恢复重建规划与法定规划之间如何协调成了一个难题。总体而言，国家、省级层面的灾后恢复重建规划起到了一个统领的作用，具有一定指导性，但由于国家、省级层面的总体规划对地方实施层面的规划要求不具体，缺乏具体的实施准则，在此情况下，地方规划编制过程中出现对灾后恢复重建规划的理解不一，规划的重点与深度不同、标准不一、成果迥异的情况也就不足为奇了。

2.4 构建地震灾后恢复重建规划体系的设想

通过对以上问题进行反思不难看出，构建一个科学合理的地震灾后重建规划体系是做好灾后重建规划工作的基础，不仅关系到国家到地方层面规划的完整性和系统性，而且对规划的组织和配套实施有直接的影响。为保证这个体系的科学合理性，应充分考虑灾后重建的特点，明确规划的定位，系统研究灾后恢复重建规划的各个环节，协调不同规划之间的关系。结合汶川地震灾后恢复重建规划出现的问题，笔者对地震灾后恢复重建规划体系提出初步构想，以供进一步探讨。

2.4.1 体系构建的原则

2.4.1.1 系统性与协调性

灾后重建规划是一个系统工程，既涉及灾区的社会经济环境和物质设施建设的各个方面，也涉及国家、地方以及具体地点上各种力量的统筹安排，所涉及的内容可能比常规规划要更多、更广泛[9]。因此，在此系统中要明确规划各个层次的重点，协调各个规划间的关系，强调上下互动、相互支撑、相互服务。

2.4.1.2 政策性与实施性

灾后恢复重建规划区别于常规城乡规划之处在于，前者是在解决灾区短期灾后恢复建设紧迫问题的基础上编制的规划，更强调规划的可实施性。但同时，灾后恢复重建规划也必须建立在制度建设之上，尤其需要一定的法律法规框架进行规范，为灾后重建规划提供相应的支持。

2.4.1.3 人本性与科学性

编制灾后重建规划一方面需要倾听全社会特别是灾区群众的意见和建议，了解他们的需求，充分尊重民意；另一方面要通过规划来关注民众真正急需的东西，引导正确的政绩观，避免通过规划达到急功近利的目的或过分突出灾后政绩工程。在关注人的问题的同时，不能忽视规划的科学性，应注意结合综合评估，采用相应技术手段进行科学规划，避免过分感性。

2.4.1.4 时效性与发展性

地震灾后恢复重建规划具有应急的特性，但灾后重建规划的编制不应急于求成、一步到位，不同规划应有不同的目标和不同的完成时间。只有处理好恢复和发展建设的关系，以短期灾后恢复为基础，以长远可持续发展为本，才能真正实现规划的可持续。

2.4.2 体系构建的框架

根据以上原则，笔者设想提出地震灾后恢复重建规划体系的构建框架（图2-1）。

首先，灾后恢复重建规划体系要重视与规划配套的公共政策研究。灾后恢复重建的过程应当是制度化的重建过程，因此，应将制度建设作为灾后重建工作的重点。通过灾前政策的储备、灾难来临后结合实际情况的政策实施以及灾后总结工作，为规划工作提供有效保障。规划体系总体

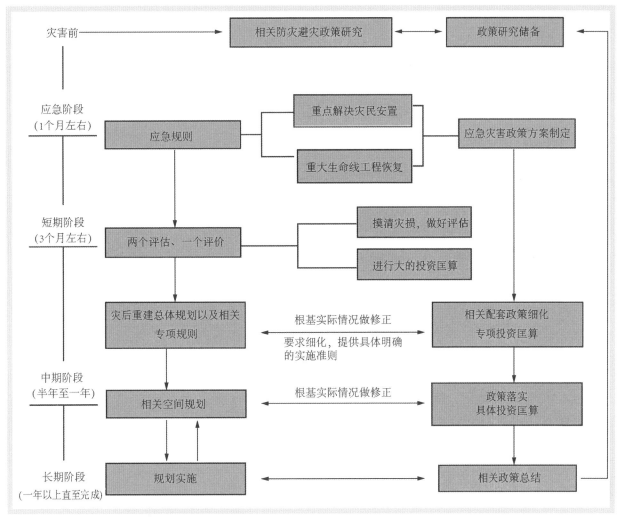

图2-1　地震灾后恢复重建规划体系构想

（Fig.2-1　A Tentative Framework of Post-earthquake Reconstruction Planning System）

上包括提前制定综合防灾减灾政策，做好应对特大灾害的危机管理对策机制的研究；灾后重建过程中需要根据实际情况进行大量的配套政策、法规与技术对策的研究制订工作；在规划实施中及其结束后应当注意对政策方面的总结，为今后的工作提供参考。政策性规划与空间规划应相对分离，不强求各个规划同步开展，同步完成。

其次，要处理好灾后恢复重建规划中短期救灾应急和中长期恢复重建的关系。从世界各国地震灾后重建工作的经验来看，救灾要急，而重建应注重科学性，不应过急。重建之路是漫长的，灾后恢复重建规划提出了有计划、分步骤地推进恢复重建工作的原则，因此，不应要求灾后恢复重建规划在短时间内全部完成。应区别对待不同性质的规划，类似灾民住房安置、重大生命线工程恢复等规划应作为应急规划来对待，必须要求在短时间内完成；而对于类似永久性住房安置一类的规划，应在科学评估和分析的基础上，与中长期发展目标相结合，不应强调应急性。

再次，强调科学合理的评估和规划体系。

规划前期的"两个评估一个评价"工作是保障规划科学合理的前提条件，这个工作应尊重自然规律，不能过分强调在短时间内完成。落实到空间层面的实施规划应加强规划的科学性，注意增强城镇的抗灾能力，提高城镇的安全性，严格遵循以人为本、尊重民意、与自然相结合的原则。同时，要注意充分保护地方文化和传统风貌，厉行节约、切实保护耕地。只有科学规划灾后生存和发展空间，才能促进灾区可持续发展。

最后，注重规划间的协调，保持规划的弹性。各项灾后重建规划是高度相关的，必须密切协作，上下配合。国家、省级层面的总体规划是对灾后重建进行的战略性谋划。而地方灾后恢复重建规划是在总体规划指导下结合各个地方实际情况进行的细化和空间落实。在编制国家、省级层面总体规划时，应特别注重对各地实施规划的指导作用，对下一步规划的要求应进一步细化明确，根据不同的地域差异制定不同的规划标准，指导各地的规划编制工作。同时，灾后重建规划绝对不是一次性的规划，而是需要在重建的过程中根据实际情况不断地修正，因此，建立灾后重建规划"编制—实施—反馈"的动态机制是十分必要的[10]。

2.5 结语

"5.12"汶川地震灾难的损失是惨痛的。痛定思痛，必须从中吸取教训和总结经验，为今后更好地抗震减灾提供借鉴。目前，汶川地震灾后恢复重建工作方兴未艾，规划还将在指导长期的灾后恢复重建实践的同时得到检验，许多问题还有待进一步的思考和系统的分析。本文提出构建地震灾后恢复重建规划体系的设想，旨在抛砖引玉，希望能引起更多的专家、学者对灾后恢复重建规划的进一步关注和更深入的研究。

■ 参考文献

[1] 国务院. 汶川地震灾后恢复重建条例（国务院令第526号）[Z]. 2008.

[2] 国务院. 国务院关于做好汶川地震灾后恢复重建工作的指导意见（国发〔2008〕22号）[Z]. 2008.

[3] 国务院抗震救灾总指挥部灾后恢复重建规划组. 汶川地震灾后恢复重建总体规划[Z]. 2008.

[4] 国家发展和改革委员会，住房和城乡建设部. 汶川地震灾后恢复重建城镇体系规划[Z]. 2008.

[5] 国家发展和改革委员会，住房和城乡建设部，农业部，等. 汶川地震灾后恢复重建农村建设规划[Z].2008.

[6] 国家发展和改革委员会、住房和城乡建设部、民政部，等. 汶川地震灾后恢复重建城乡住房建设规划[Z]. 2008.

[7] 四川省汶川地震灾后恢复重建规划组. 四川省汶川地震灾后恢复重建规划工作方案[Z]. 2008.

[8] 四川省汶川地震灾后恢复重建规划组. 四川省汶川地震灾后恢复重建总体规划纲要[Z]. 2008.

[9] 孙施文，胡丽萍. 灾后重建规划，为了现在和未来的责任[J]. 城市规划学刊，2008（4）：6-10.

[10] 沈清基，马继武. 唐山地震灾后重建规划：回顾、分析及思考[J]. 城市规划学刊，2008（4）：17-28.

[11] 邱建，江俊浩，贾刘强. 汶川地震对我国公园防灾减灾系统建设的启示[J]. 城市规划，2008（11）：72-77.

[12] 制定"救灾法"不能再拖延下去了[N]. 新京报，2008-03-02（A23）.

3 震后重建规划实践的系统辨析及思维模型①

引言

地震灾后恢复重建规划是一项复杂的系统工程，国内外对其理论及实践进行了大量的研究与探索，在地震灾后恢复重建的阶段划分、各阶段的规划任务及相关专业理论支撑等方面均形成了丰富的研究成果。纵观人类科学的发展历程，任何一个学科或研究领域发展到一定阶段，均需要进行理论层面的抽象和凝练，地震灾后恢复重建规划研究领域一样需要解答这一科学命题，本文基于震后重建规划的系统性特征，运用系统论的研究方法，构建一个高度简洁的理论模型，将震后重建规划的"生命周期、规划体系和学科支撑"三者的逻辑关系进行抽象表达，期望能更系统高效地指导灾后恢复重建规划工作，并提供理论研究层面的启示和探讨。

3.1 震后重建规划的系统性特征

3.1.1 系统概念与重建规划

系统是物质世界的一种存在方式。早在东西方古代，哲学家就意识到"整体与部分"②[1-3]的

关系并萌芽了系统思维。在西方近现代，哲学科学思维主要是以还原论为核心的部分与部分以及部分与环境割裂的机械认识论，忽略了事物之间复杂的相互关系，具有局限性和片面性[3]。系统观念作为一种认知范式的提出和建构，正是为了解决既往科学哲学研究的局限性，应对多元化世界日益涌现的复杂性问题的科学范式的转变。文献调查显示，迄今为止国内外对系统的定义有几十种，就其普遍性而言可将系统定义为相互作用的诸要素形成的具有一定整体性功能并处于一定环境中的综合体[4-9]，且构成系统的必要条件主要包括①两个及两个以上作为组成的部分，②各部分之间要素的关联性，③系统的边界，④系统的层次结构等，其实质是在系统各要素的耦合作用中形成部分所不具有的整体性功能。因此，对于一个问题能否以系统思维方式研究，首先取决于研究对象是否是一个系统；其次需要根据研究对象的系统属性及特征建构相应的系统方法。

根据我国《城乡规划法》（2008年），城乡规划是各级政府统筹安排城乡发展建设空间布局，保护生态和自然环境，合理利用自然资源，维护社会公正与公平的重要依据，具有重要公共政策的属性[10, 11]。以系统的思维视角来看，其实质是合理利用和改造自然环境建造人工物质空

---

① 本章内容由邱建、曾帆、贾刘强第一次发表在《城市发展研究》2017 年第 4 期第 14 至 21 页。

② 古希腊哲学家柏拉图曾提出了"整体大于部分的总和"。"全体大于部分吗？——当然。——部分小于全体吗？——是的。因此，哲学家显然应该统治城邦？——什么？——这很明显；让我们再来一遍。"[1]亚里士多德认识到了整体与部分的关系。"……元素和本原，是在从这些整体事物里把它们分析出来以后才为人们所认识的。因此，我们应该从具体的整体事物进到它的构成要素，因为感觉所易知的是整体事

物。"[2]15 "……离开了个组成部分，整体就不存在。"[2]97。中国古代朴素的整体性思维集中体现在儒、释、道等哲学名篇中。《周易》"天人合德"[3]426；《道德经》的有机整体论思想[3]428；庄子"天地与我并生，而万物与我为一。"[3]430；董仲舒"天人合一"[3]436 等。

间环境的一项有目的有组织的工程活动。而地震灾后重建规划是城乡规划活动的一次偶然事件过程，即在遭遇重大自然灾害后在特殊时空条件下进行的有目的、有组织的恢复建造活动，是城乡规划的特殊状态（片段）。就事件过程而言，恢复重建规划具有时间（项目周期）和空间（受灾范围）的范畴限定（系统边界）；就重建内容而言，为了高效组织和优化配置相关要素，重建过程的每个阶段都需要编制相应规划（系统组成部分），而各要素之间如何组织协作（系统层次及相互关系）是能否顺利科学重建的关键。可见，震后重建规划是复杂系统，需要以系统方法求解。而研究复杂系统问题的前提是要选择或建构与系统特征相匹配的系统方法论及模型，但系统思维演变至今形成了庞杂的系统哲学、系统科学的理论方法体系[12, 13]，对其甄别需要基于对研究对象系统属性和特征的充分认识。

3.1.2 重建规划系统特征

震后重建规划系统本质上是针对震后恢复城乡规划建设，统筹建设空间布局和实施建设的组织管理技术，通过跨学科跨领域各项规划的协同，实现重建规划编制和实施建设的最终目的。就重建规划系统的时空边界而言，是在一定时间和区域内进行的一项人工恢复灾区物质空间环境建造的工程活动，具有工程技术的鲜明属性；就重建这一偶然事件过程而言，是在一定时间和空间内进行的一系列工程建设的组织管理活动，具有典型社会组织管理属性，是系统工程[1]

（Systems Engineering）的典型命题。因此笔者从系统工程角度对震后重建规划系统进行分析，总结出如下特征：①整体性，震后重建规划需要在较短时间内完成大量规划编制任务，这就决定了重建规划需要从整体上引导各项工作有序开展，各类型规划的协同配合方能实现重建过程整体的功能倍增；②目的性，震后重建规划的特殊性需求导致了重建过程的"他组织"[2]目的明显，即重建过程的工程组织和建造需要以"他组织"的方法和手段主动应对灾变环境，以实现一定周期内重建任务的完成；③跨学科交叉性，整个重建规划过程涉及城乡规划、土木工程、市政工程、地质科学、生态学、社会人文等多学科交叉和多技术综合运用，需要以系统工程的跨学科方法求解；④"软"系统特征[3]，城乡规划除工程技术属性之外还涉及人文、艺术、经济、历史、社会、管理等诸多方面，较之于结构清晰的物理型"硬"系统[18]，城乡规划具有"软"系统特征。同理，震后重建规划系统作为城乡规划的特定时空片段，重建"他组织"过程中人的组织、管理和决策活动是重建过程的关键，属于"软"系统问题研究范畴。

综上，震后重建规划是一个典型的系统工程，而面临震后重建环境的动态多变性，恢复重建规划工程的应急性、复杂性和综合性，如何选

---

① 国际系统工程协会（INCOSE）将系统工程定义为一种建设系统的跨学科方法。它在开发周期早期就开始关注客户的需求、期望和约束，并按一定目的进行设计、开发、管理与控制的方法[14, 15]。

② 协同学创始人德国理论物理学家哈肯（H.Haken）将组织的进化形式分为两类：他组织和自组织。如果一个系统靠外部指令而形成组织，就是他组织；如果不存在外部指令，系统按照相互默契的某种规则，各尽其责而又协调地自动地形成有序结构，就是自组织[16-18]。

③ 硬系统或称良结构（well-structured）系统，是指机理清楚，能用明确数学模型描述的系统，主要针对工程就技术类问题。软系统（ill-structured）是指机理不清楚，很难用明确数学模型描述的系统[18]。

择或建构与震后重建规划开放复杂巨系统 [①] 相匹配的系统工程方法是系统求解的关键。因而尊重规划的系统性特征、对规划体系及其系统构成进行研究是非常必要的。

3.2 震后重建规划的系统构成

考察经典的系统工程方法和模型，如西方学者霍尔（A. D. Hall）三维结构（Three-Dimensional Morphology，1940s）[19] 的硬系统工程方法论典型，切克兰（P. B. Checkland）的软系统方法论（SSM，1980s）[20] 典型，日本学者椹木义一的Shinayakana（1980s）系统方法论[21]，中国学者钱学森的综合集成方法论（Metasynthesis，1990s）[22-24]，顾基发的物理—事理—人理（WRS，1990s）[25, 26] 系统方法论，等等。这些系统研究方法的共性是把真实世界的问题或现象抽象化，形成各类因素共同作用的一个整体系统，通过研究各类因素的逻辑关系，构建相应的定性或定量模型，用于描述整个系统的运行规律。针对震后重建规划系统的典型特征，本文将整个规划系统划分为"生命周期、规划体系、学科支撑和人理 [②] 体系"四类构成要素。其中，生命周期是时间维、规划体系是内容维、学科支撑是技术维、人理体系是组织管理和决策体系。本文研究的重点是考察时间、内容、技术三个维度

及维度内部之间的逻辑关系，以及在我国灾后恢复重建这一特定条件下的人工建造活动中，"人理"体系作用于其他系统要素的内在机制，以得到对震后重建规划系统抽象、简洁的表达，从而构建相应的系统论模型。

3.2.1 生命周期

灾后重建规划是城乡规划在特殊时空条件、特定状态的规划过程，论文借用了产品全生命周期管理（PLM）[③] 的概念，将灾后重建规划系统工程的生命周期定义为以自然灾害过程结束为起始，人类进行恢复重建城乡规划的组织编制、实施建设活动直至灾区人工建成环境及人民生产生活秩序的全面恢复为终止。而根据灾后重建规划系统鲜明的时间阶段性特征，依据灾后重建不同时间阶段规划内容、工作重点的不同，将其归纳和划分为应急救援阶段、过渡安置阶段和恢复重建阶段。

3.2.2 规划体系

灾后重建规划的特殊需求决定了其规划类型和规划内容相较于常规法定城乡规划体系更具针对性。回顾和分析四川两次（2008年汶川和2013年芦山）震后重建规划实践，重建规划体系主要包括应急（过渡）安置规划、灾后重建总体规划、灾后重建专项规划和灾后重建详细规划4大类。其中，应急（过渡）安置规划是专门针对受灾地区人民临时性住房规划和建设的过渡性安置规划；灾后重建总体规划可分为地震灾区恢复重建城市总体规划、镇乡总体规划和村域总体规划；专项规划是涉及灾后城乡规划恢复重建

---

① 根据钱学森的系统理论，根据组成系统的子系统以及子系统种类的多少和它们之间关联关系的复杂程度可把系统分为简单系统和巨系统两大类。若子系统种类多且有层次结构，关联关系复杂，就是复杂巨系统，若系统是开放的，就称为开放的复杂巨系统，如社会系统、生物体系统筹[22]。

② 人理：顾基发教授建立的"物理—事理—人理"（WRS）方法论中的"人理"概念，特指人、群体、为人处世的道理。针对震后重建实践过程，文章借用了"人理"的概念，拓展为泛指在重建过程中以人为主体的组织、管理、协调、反馈的运行和决策体系[26]。

③ 产品全生命周期管理（Product lifecycle management, PLM）是指管理产品从需求、规划、设计、生产、经销、运行、使用、维修保养、直到回收再用处置的全生命周期中的信息与过程[27]。

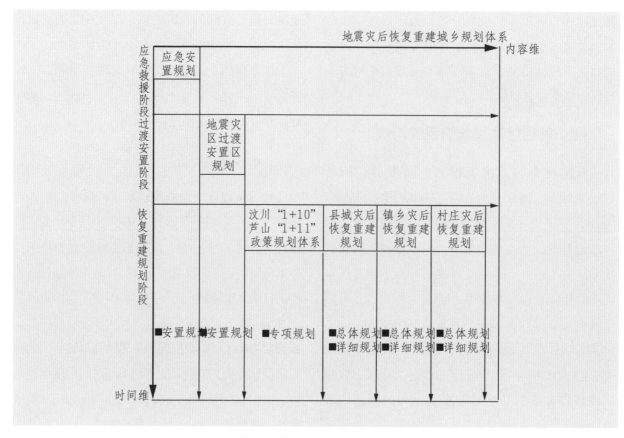

图3-1　地震灾后重建规划体系
Fig.1 Planning system of post-disaster reconstruction

的纲领性和指导性规划，属震后重建城乡规划体系中的政策性规划体系。如汶川震后恢复重建的"1+10"规划体系①，芦山震后恢复重建的"1+11"规划体系②，在政策性规划体系的宏观框架下才进行城乡规划体系中各类型相关专项规划的具体编制和实施；详细规划可分为城市灾后

恢复重建详细规划、镇乡灾后恢复重建详细规划、村庄建设规划等（图3-1）[28, 31]。

3.2.3　学科支撑

城乡规划是一门涉及政治、经济、文化、科学技术、建筑、历史、艺术等多学科知识的综合性学科，自身具有跨学科性。而震后重建规划的特殊性更增加了所需知识技术的多元性和广泛性，因此需要建立具有广泛知识基础的重建规划知识支撑系统。据此，论文以我国学科分类标准《学科分类与代码国家标准》（GB/T 13745—2009）[30]中的A—E：自然科学、农业科学、医药科学、工程与技术科学、人文与社会科学的学科大类为基础构建了震后重建规划系统的学科支撑

① 汶川"1+10"规划体系：建城镇体系专项规划、城乡住房建设专项规划、农村建设专项规划、基础设施建设专项规划、生态修复专项规划、防灾减灾专项规划、土地利用专项规划、市场服务体系专项规划、生产力布局与产业调整专项规划、文化设施专项规划[28, 31]。

② 芦山"1+11"规划体系：城乡住房建设专项规划、城镇体系建设专项规划、农村建设专项规划、公共服务设施建设专项规划、基础设施建设专项规划、生态环境修复专项规划、产业重建专项规划、防灾减灾专项规划、灾后重建土地利用专项规划、文化旅游专项规划、地址灾害防治专项规划[29]。

框架，并依据重建规划过程中技术知识的运用情况辨识出与重建规划工程联系最紧密的学科门类是自然科学、工程与技术科学和人文与社会科学三大类，由此形成了震后重建规划系统跨学科的知识技术支撑框架。

3.2.4　人理体系

城乡规划学科具有工程技术、人文艺术、社会文化等多元综合属性，规划编制设计的思维过程本身即是人的理性和感性思维、经验直觉综合集成、螺旋上升的交互过程。而恢复重建规划系统工程的技术组织"软"系统属性决定了人的组织决策在推进重建、保障重建项目实施中的关键作用。汶川和芦山重建规划实践[①][32]已实证了具有灾后重建经验的专家技术团队能为规划编制设计提供更为科学先进的技术支持；具有相关经验的组织管理和决策团队能够在有限的时空环境下做出更有效的组织管理和决策。由此可见，无论是震后重建规划的技术编制设计还是组织管理决策，毋庸置疑人的主体如何作用于系统，与系统各要素的耦合机制是系统整体效能的关键。由此本文以具有震后重建经验的专家、组织者、管理者、决策者、工程师、施工方、监理方、供应商等为主体，构建了震后重建规划系统的人理体系。

3.3　震后重建规划思维模型（ERPTM）

考察"生命周期、规划体系、学科支撑"三类因素各自的逻辑关系，并在三维的笛卡尔坐标

系中表达出来，加之以人理体系作为经验综合判断系统与三类因素的相互作用，即可形成一个概念模型或原型。进一步围绕震后重建规划这一具体问题，考察三类因素之间的逻辑关系，即可形成震后重建规划的方法论模型。

3.3.1　系统工程方法论模型基础

以三维的笛卡尔坐标系的 x 轴为时间轴、y 轴为技术轴、z 轴为内容轴，分别表达震后重建规划的生命周期、学科支撑和规划体系三类因素。从时间维度来看，应急救援、过渡安置和恢复重建的关系是简单的线性关系，可直接按时间序列表达在时间轴上。从技术维度来看，相关的4个学科门类是相对独立的知识体系，需要在技术轴上进行定义，本研究按《学科分类与代码国家标准》（GB/T 13745—2009）中A—E的顺序，在技术轴上由小到大表达A自然科学、B农业科学、C医药科学、D工程与技术科学、E人文与社会科学等5个学科门类。内容维度来看，按照规划编制的先后关系可将安置规划、总体规划、专项规划和容维度来看，按照规划编制的先后关系可将安置规划、总体规划、专项规划和详细规划依次表达在内容轴上，形成震后重建规划系统的概念模型。如图3-2所示的立方体可表达两种情形，一种是在应急救援阶段在工程与技术科学支撑下编制的安置规划（灰色立方体），可用空间坐标（1，4，1）来表示；一种是在恢复重建阶段在自然科学、工程与技术科学、人文与社会科学支撑下编制详细规划的行动方向（白色立方体），可用空间坐标（3，1，4），（3，4，4），（3，5，4）来表示。

---

① 如"4·20"芦山震后重建实践中，省规划行政主管部门组织了8家具有汶川震后重建经验的国内顶级规划设计院，分别负责雅安8个全部受灾县（区）的灾后重建规划，实践证明具有相关重建经验的技术专家团队能更直接有效地提供灾区所需的技术服务。

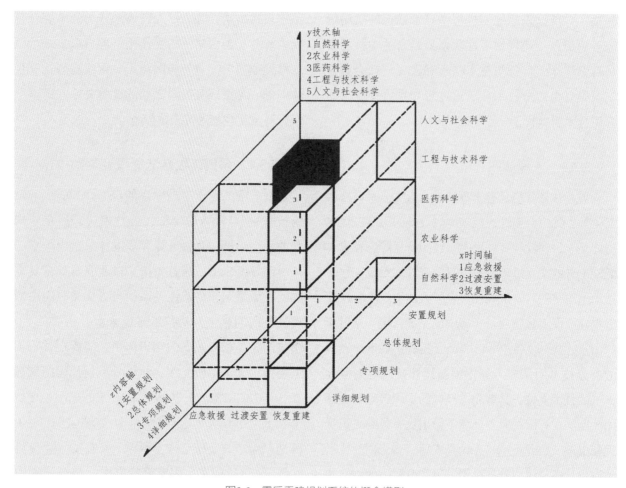

图3-2　震后重建规划系统的概念模型

Fig.2 Conceptual model of post-earthquake reconstruction planning system

3.3.2　震后重建规划系统的逻辑框架

　　进一步解析概念模型的内在逻辑关系，并未发现三维结构之间有可循的数学规律且可量化表达模型。因此本文借鉴软系统方法论建立了灾后重建规划系统的内在逻辑结构框架：以"人-机"经验综合研判系统作为震后重建规划系统运行、模型建构及应用的"指挥中枢"，并以震后重建规划系统的7个逻辑步骤作为重建规划项目运行的程序步骤（图3-3）。"人-机"经验综合研判系统是将人理体系的相关信息写入计算机数据库，形成以人理体系为主体，计算机提供运行

环境的"人-机"信息交互的"经验体"系统。该系统是震后重建规划项目运行的"首脑"中枢指挥，通过重建工程项目实践作用于震后重建规划系统的7个逻辑步骤，形成重建规划系统内在逻辑关系的运行机制，并构建了内部逻辑关系之间"决策—反馈—修正"的动态交互机制。7个逻辑步骤包括①问题及其情景环境认识；②目标设定；③思维模型建立；④ ①和③比较及修正；⑤模型细化形成技术指导或规划方案；⑥实施；⑦评估及反馈。由此，本文形成了震后重建规划项目运行和管控的内在逻辑框架。

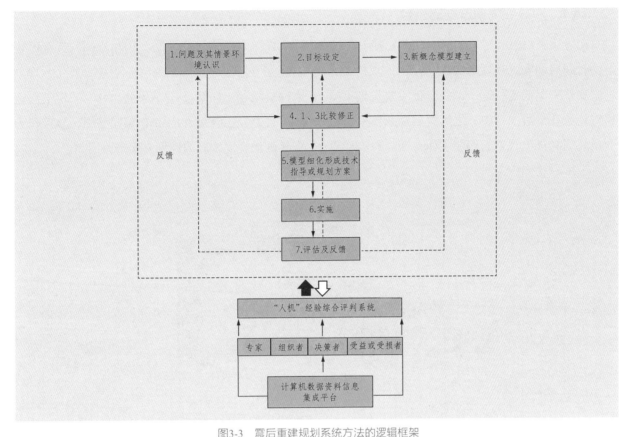

图3-3 震后重建规划系统方法的逻辑框架
Fig.3 Logical framework of post-earthquake reconstruction planning system

3.3.3 思维模型（ERTPM）建构

进一步对汶川和芦山两次震后恢复重建的实践经验分析研究，系统梳理生命周期、学科支撑和规划体系三类因素之间的逻辑关系，以时间轴为主线，笔者判识到在应急救援阶段和过渡安置阶段以安置规划为主，主要学科支撑为工程与技术科学；在恢复重建阶段以总体规划、专项规划和详细规划为主，学科支撑涉及自然科学、工程与技术科学和人文与社会科学。将可能的逻辑关系表达在概念模型中，即形成震后重建规划系统的思维模型（Earthquake Reconstruction Thought Planning Model，ERTPM），该模型可用3×11的空间矩阵来表示：（1，4，1），（2，4，1），（3，1，2），（3，1，3），（3，1，4），

（3，4，2），（3，4，3），（3，4，4），（3，5，2），（3，5，3），（3，5，4）（图3-4）。

3.4 思维模型（ERTPM）的应用

ERTPM模型以直观的方式对震后重建规划进行了抽象表达，显示了震后重建规划对现有学科知识的应用情况，也显示了震后重建规划的阶段性重点，可能的应用价值有三个：一是可以对地震灾后恢复重建规划过程进行直观控制和引导，二是可从系统论的高度提出震后重建规划的关键技术，三是每个立方体均可进一步细化形成新的技术模型并直接指导规划的编制。

3.4.1 对震后规划过程的引导

在地震灾后恢复重建规划过程中，应在震后第一时间启动安置规划的编制工作，一直持续到过渡安置方案确定，这一期间应把主要规划力量和重点放在安置规划中；之后再启动总体规划、专项规划和详细规划的编制工作，而应对震后重建问题，这3类规划在时间序列上与法定城乡规划存在差异，应同步编制、相互协调，甚至可将相应立方体进行归并，编制一个或少数几个规划来解决问题。如结合4.3节思路，针对某地某次地震，可绘制出针对性的ERPTM模型图，直接作为震后重建规划编制的计划方案来应用。

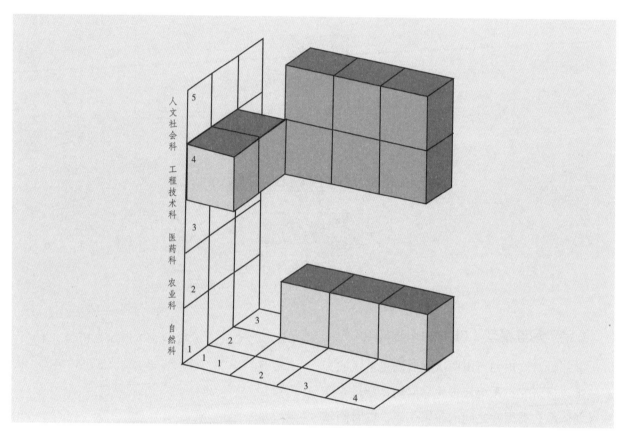

图3-4　震后重建规划系统的思维模型

Fig.4 The thought model of post-earthquake reconstruction planning system（Source：Authors）

3.4.2 技术集成框架

由ERPTM模型（图3-4）可直观看到，探究震后规划技术集成问题，可从系统论角度得出简单的结论，即每个立方体都可成为一个技术集成的方向，工程与技术科学领域有5个技术集成方向，自然科学、人文与社会科学领域各有3个集成方向，共计11个。每个集成方向中又可按学科划分形成若干个关键技术。图3-5显示了笔者对震后规划技术集成框架的设想。以总体规划为例，主要涉及工程与技术科学$y1$、人文与社会科学$y2$以及自然科学$y3$三个集成方向，所涉及的学科支撑如表3-1所示为$y1n+y2n+y3n$若干一级学科，在此基础上形成若干可能的关键技术提供选择。

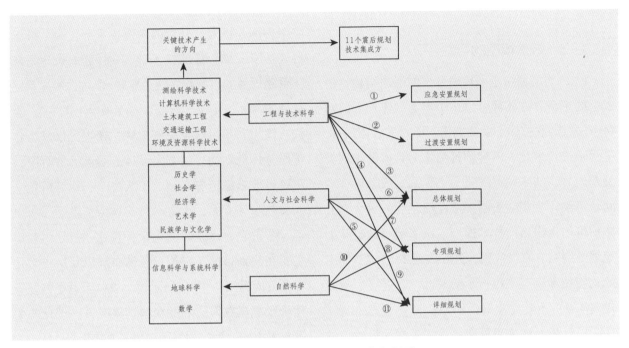

图3-5 震后重建规划系统的技术集成框架
Fig.3-5 Technology integration framework of post-earthquake reconstruction planning system

表3-1 恢复重建阶段总体规划关键技术集成框架
Table. 3-1 Technology integration framework of post-earthquake reconstruction general planning type

	集成方向		可能的关键技术
总体规划	工程与技术科学y1	测绘科学技术y11	3S技术 资源环境评估 选址 空间布局 基础设施 绿地系统 建筑技术 …
		计算机科学技术y12	
		土木建筑工程y13	
		交通运输工程y14	
		环境及资源科学技术y15	
		y1n	
	人文与社会科学y2	历史学y21	产业布局 历史文遗产保护 文物修复 地域文化 民族城镇风貌 建筑风貌 …
		社会学y22	
		经济学y23	
		艺术学y24	
		民族学与文化学y25	
		y2n	
总体规划	自然科学y3	信息科学与系统科学y31	重建信息库和评价体系 地质灾害评估 …
		地球科学y32	
		数学y33	
		y3n	

3.4.3 技术模型的衍生

ERPTM模型构建了重建系统的层次结构，模型中的每个立方体都可以按照本文的建构方法对每个层级的立方体子系统细化。即对三维体系3个坐标轴进行细化，内容轴可细化为具体的规划类型及内容，技术轴可细化为一级或二级学科，时间轴可细化为规划编制程序，细化后的每个立方体均可衍生出新的技术模型，该模型对指导某类规划的编制有直接效用，并在实践中与4.2节提出的关键技术相互支撑、不断改进，促进震后重建规划体系的不断完善和有序改进。

以汶川县城恢复重建总规在人文社科领域的应用为例，将人文社科的关键技术细化为一级学科表达于三维坐标的技术轴y，时间轴x表达为恢复重建规划的编制程序，内容轴x表达为恢复重建总规的目标、定位、布局、各专项等（图3-6）。针对汶川和芦山这类民族地区，在灾区恢复重建阶段总体规划构思、方案设计、编制等各阶段，需更多地考虑历史文化、民族特点、地域风貌、人文艺术等方面，主要学科支撑为艺术学、历史学、考古学、民族和文化学；在总体规划内容里主要在规划目标、定位、总体布局以及历史文化专项方面运用。图3-6所示的立方体示意了恢复重建阶段总规在人文和社会科学集成方向细化的关键技术方向，为规划编制提供了直接指导。

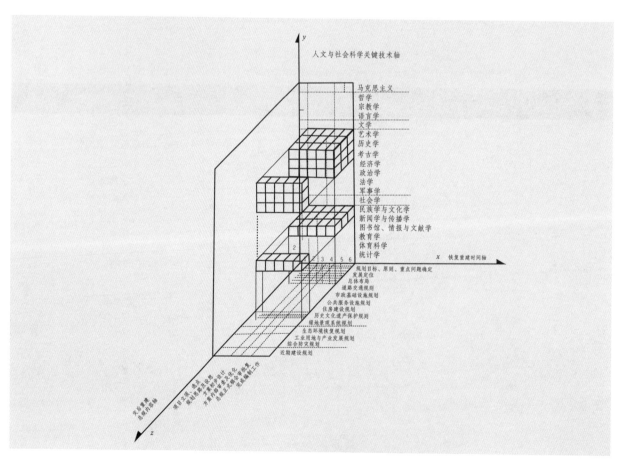

图3-6 思维模型应用：汶川恢复重建总体规划集成方向的技术模型

Fig.3-6 Application of the ERPTM：Technology integration model of general planning of Wenchuan post-disaster reconstruction.

3.5 结论与展望

本文从系统论的角度对震后重建规划这一系统进行了理论研究，构建的ERPTM模型探索了指导地震灾后恢复重建规划编制工作、丰富相关理论体系的新途径，ERPTM模型处于构思阶段，还需要在今后的研究和实践中进一步丰富完善，但正如钱学森在1986年8月6日一封信中所说："'系统观'是哲学，即科学技术的最高概括，科学的最一般、最普适的规律"，笔者同样期望本文基于系统论的方法和思路对城乡规划等相关领域的研究工作有借鉴作用。

■ 参考文献

[1] 杜特兰. 哲学的故事[M]. 北京：新星出版社，2013.

[2] 亚里士多德. 物理学[M]. 北京：商务印书馆，1982.

[3] 黄小寒. 世界视野中的系统哲学[M]. 北京：商务印书馆，2006.

[4] 贝塔郎菲. 一般系统论的基础、发展应用[M]. 北京：清华大学出版社，1987.

[5] 陈平，杨波，王利钢. 管理信息系统实践教程[M]. 南京：东南大学出版社，2015.

[6] 余敬著. 重要矿产资源可持续供给评价与战略研究[M].北京：经济日报出版社，2015.

[7] 何盛明. 财经大辞典（上卷）[M]. 北京：中国财政经济出版社，1990.

[8] 王慧炯. 社会系统工程方法论[M]. 北京：中国发展出版社，2015.

[9] DAVID JARY, JULIA JARY. Collins:Dictionary of Sociology[M]. New York: Harper Collins Publisher, 1991.

[10] 中华人民共和国城乡规划法[S]. 北京：中国法制出版社，2007.

[11] 黄建初. 中华人民共和国城乡规划法解说[M]. 北京：知识产权出版社，2008.

[12] 叶立国. 国内外系统科学文献综述[J]. 太原师范学院学报（社会科学版），2011，10（4），07：25-32.

[13] 叶立国. 国内系统科学内涵与理论体系综述[J]. 系统科学学报，2013，21（4），11：28-33.

[14] 乔非，沈荣芳，吴启迪. 系统理论、系统方法、系统工程——发展与展望[J]. 系统工程，1996，14（5）：5-10.

[15] INCOSE, What is Systems Engineering? [EB/OL]. [2016-07]: http://www.incose.org/AboutSE/WhatIsSE.

[16] 哈肯 H. 信息与自组织[M]. 成都：四川教育出版社，2010.

[17] 哈肯 H. 协同学及其最新应用领域[J]. 自然杂志，1983.（6）：403-410.

[18] 李学伟，吴今培. 系统科学发展导论[M]. 北京：清华大学出版社，2010.

[19] ARTHUR D HALL. Three-Dimensional Morphology of Systems Engineering[J]. IEEE Transactions on Systems Science and Cybernetics, 1696, 5（2）:156-160.

[20] PETER CHECKLAND, JOHN POULTER. Soft Systems Methodology[M]. Martin Reynolds,Sue Holwell. Systems Approaches to Managing Change: A Practical Guide. London: Springer London, 2010:191-243.

[21] SAWARAGI Y, MAKAMORI Y. "Shinayakana" Systems Approach in Developing an Urban Environment Simulator[J]. WP-89-008,ⅡASA, Austria, 1989（1）:1-20.

[22] 钱学森，于景元，戴汝为. 一个科学新领域——开放的复杂巨系统及其方法论[J]. 自然杂志，1990，13（01）：3-10.

[23] 于景元. 钱学森的现代科学技术体系与综合集成方法论[J]. 中国工程科学，2001，3（11）：10-18.

[24] 戴汝为. 从定性到定量的综合集成法的形成与现代发展[J]. 自然杂志，2009，31（6）：311-314.

[25] 顾基发. 物理事理人理系统方法论的实践[J]. 管理学报，2011，8（3）：317-322，355.

[26] 顾基发，唐锡晋，朱正祥. 物理-事理-人理系统方法论综述[J]. 交通运输系统工程与信息，2007，7（6）：51-60.

[27] 曹宝香，郑永果主编，计算机导论[M]. 东营：中国石油大学出版社，2009.

[28] 四川省住房和建设厅. 5·12汶川特大地震四川灾后重建城乡规划实践[M]. 北京：中国建筑工业出版社，2013.

[29] 四川省城乡规划编制研究中心. "4·20"芦山强烈地震灾后恢复重建规划编制技术集成[Z]. 2015.

[30] 学科分类与代码国家标准GB/T 13745—2009[S]. 北京：中国标准出版社，2009.

[31] 邱建，曾帆. 应急城乡规划管理理论模型及其应用[J]. 规划师，2015（9）：26-32.

[32] ZENGFAN, QIUJIAN, HANXIAO. The Planning Organization and Management of Post-disaster Reconstruction of the Lushan Earthquake Based on the Local as the Main Body[J]. Earthquake Research in China, 2016,30（1）:131-144.

4 汶川地震对我国公园防灾减灾系统
建设的启示[①]

随着城市化进程的加速，高强度开发活动急剧地改变着大地固有的自然生态格局，城市的运转越来越依赖于诸如城市供水、供电、燃气、交通、排污等生命线工程设施。作为巨型"承灾体"的城市，在面临地震、洪灾、台风等自然灾害以及战争、污染、恐怖活动等人为灾害的威胁时，整体抗灾能力往往十分脆弱。因此，如何在灾难来临之际最大限度地减少城市居民的生命财产损失，是各个研究领域关注的重要课题。城市公园具有突出的应急抗灾功能，无论是理论研究还是建设实践，国内外都积累了丰富的经验。然而，"5·12"汶川地震也表明受灾地区城市公园面临建设滞后、防灾空间体系缺乏等严峻问题，特别是重灾地区建筑密集，缺乏必要的开放空间，给紧急救援、临时安置和灾后重建工作造成了巨大的困难。为此，系统分析城市公园的防灾减灾功能，及时总结汶川特大地震后城市公园建设的经验和教训，具有明显的启示意义。

4.1 城市公园的防灾减灾功能

城市公园是人类思想中的大自然在城市空间的具体体现，不仅具有美化环境、为城市居民提供游憩、娱乐、健身的场所等作用，还具有阻止沙尘暴的危害、屏蔽瘟疫的入侵、延缓火灾的蔓延、减轻爆炸的损害等减灾功能；在防灾方面，城市公园可以净化空气，通过地表水渗透缓解洪涝灾害等。在发生诸如地震这样的严重灾害时，合理布局的城市公园空间可以迅速转变成安置受灾居民、开展医疗救助和集散救灾物资的安全避难救灾场所，以及救灾人员驻扎地和遇难人员临时掩埋地。当陆路救灾生命通道遭到摧毁时，大型公园空间还可以作为救援直升机的起降场地。

利用公共空间和城市公园进行避难场所建设最早可追溯到文艺复兴时期。当时欧洲许多建于地震断裂带的城市出于安全需要，将原来狭窄曲折的小巷改建为笔直宽阔、两旁有行道树的大道，并且配套建设一些特大型的广场与之相连，通过城市形态的改变和公共空间的组织形成相对完善的防灾救灾体系[1]。美国于1871年芝加哥大火灾后开始重视公共空间的防灾功能，在灾后重建规划中建设了"点、线、面"相结合的城市公园系统，以开阔的绿地空间分隔原来连成一片的市区，以提高城市的抗灾能力。

作为地震特别频繁而国土资源极其有限的日本，注重加强以城市公园为主体的避难场所建设并且从立法上加以保证。1889年在《东京市区改正设计》中就规划了以避难为重要目的的49处城市公园；1973年《城市绿地保全法》中将城市公园"防灾系统"的地位加以确认；1986年制定了"紧急建设防灾绿地计划"，把城市公园确定为具有避难地功能的场所；1993年修改了《城市公园法实施令》，把城市公园提到"紧急救灾对策所需要的设施"的高度，第一次把发生灾害时作为避难场所和避难通道的城市公园称为"防灾公

---

① 本章内容由邱建、江俊浩、贾刘强第一次发表在《城市规划》
2008 年第 11 期第 72 至 77 页。

园"；1995年阪神、淡路大地震发生后，首次把防灾列为城市公园的首要功能；政府从1996年开始实施"第六次城市公园建设计划"，建设省于1998年制定的《防灾公园计划和设计指导方针》把防灾公园划分为5种类型，促成了日本防灾公园体系的形成[2-4]。

城市公园的避难功能在国内外已经得到不断的印证：1923年日本关东大地震时，城市里的广场、公园等公共场所对灭火和阻止火势蔓延起到了积极的作用，其效力比人工灭火高出一倍以上，占当时东京人口的70%左右的157万名市民因为及时逃到公园等公共场所避难而得以幸存[5]；1976年唐山大地震时，唐山市区的各类公园绿地立即成为避灾、救灾的中心基地，北京市仅中山公园、天坛公园和陶然亭公园就涌入17.4万人避难[6]。相反的案例是伊朗巴姆城，由于缺少城市公园等公共开放空间，2003年地震时这个人数不多的小城有超过三分之一的人员死亡。

4.2 汶川地震所暴露出城市公园的防灾减灾系统建设问题

"5·12"汶川地震中，受灾地区城市公园同样发挥了相应作用：成都市人民公园迅速接纳了转移至此的市妇产医院的产妇和婴儿[7]；富乐山公园在绵阳市面临唐家山堰塞湖严重威胁时成为临时安置市民的理想场所；都江堰水文化广场（图4-1）、什邡市洛水镇永兴公园（图4-2）等一系列公园绿地也成为居民安身立命、应急避难的"生命绿洲"。然而，这次地震也暴露出我国城市公园系统建设方面存在防灾规划不受重视、数量总体不足、布局不合理以及防灾设施缺乏等突出问题，严重制约了公园防灾减灾功能的发挥。

在防灾规划和公园数量方面，近年来全国各地以经营城市、经营土地为手段推进城市化，面对寸土寸金的山地城镇和大城市，往往注重土地利用规划，采用高强度开发模式，而对绿地系统规划和防灾减灾规划等专项规划不够重视，城市公园建设举步维艰，无法形成有效的防灾空间

图4-1（a） 都江堰水文化广场震后立即成为医疗救助场所
Fig. 4-1（a）DuJiangYan City Water Culture Square becamea medical treatment place immediately after the earthquake；
（资料来源：新华社网站，张丽 拍摄）

图4-1（b） 2008年8月15日，广场上仍有许多避难帐篷
Fig. 4-1（b）There were on August 15, 2008 still a lot of refugee tents in DuJiangYan City Water Culture Square

图4-2　永兴公园震后成为灾民安身立命的场所

Fig.4-2　Yongxing park became a refuge area for the refugees to settle

（资料来源：新华社网站，陈仕川 拍摄）

图4-3　汶川地震后，成都市中心市民纷纷跑到街上避险，造成交通堵塞

Fig.4-3　The traffic jams caused by the residents of Chengdu City running out to the streets to take refuge

（资料来源：《东南快报》，2008年5月13日，A6版）

体系。从汶川地震的灾区城市来看，公园普遍偏少，数量总体不足。例如，地处城市中心的成都人民公园除中心广场外，并没有规划建设其他适合避难的场地，有效避难面积不足5 ha，但高峰时避难人数超过了5万人。成都市区由于不是主震区而免遭一劫，地震后人们也在普遍质疑：如果大的灾难真正发生，500万市民的避难空间在哪里？

城市公园的规划布局不合理同样令人担忧。客观地讲，结合园林城市、森林城市等的创建，各城市绿地系统建设得到重视，公园绿地指标得以提高。但是，目前创建的着力点在指标而不在质量，大量城市公园等公园绿地被布置在城市外缘甚至郊外非建设用地之上，城市市中心由于拆迁成本高、土地价格贵，成为城市高密度开发的集中地段，城市公园用地往往被忽视，造成人口急剧增长而公共空间极度匮乏，对于集中的城市市民应急疏散极其不利（图4-3）。

成都市已经获得国家园林城市和森林城市的称号，人均公园面积也超过相关评估指标，但全市大部分公园绿地面积分布在三环路和绕城高速路之间，二环路以内的城市核心区公园绿地比

例极低，并且分布不平衡，等级职能不明确，特别是缺少与居民生活密切相关的小型公园和带状公园，无法形成网络连接的有效防灾体系。这种"外大内小、外多内少、体系不全、可达性差"的规划布局，不利于发挥公园的整体避灾作用，一旦发生灾难，市民很难快速到达公园避难。例如，2008年5月19日晚四川省地震局发布地震预警后，蜂拥而出的市民立刻造成交通瘫痪，市区一片混乱，避难场所人满为患（图4-4）。更让

图4-4　2008年5月19日晚大量成都市民为了避难露宿街头

Fig. 4-4. A lot of the residents of Chengdu City stayed on May 19, 2008 over night in the streets

（资料来源：腾讯大成网，http://cd.qq.com）

人忧虑的是，成都市的现行城市规划并不利于解决这些问题（图4-5），规划理念不是通过增加诸如城市公园等公共空间来疏解密度已经很高的市中区功能，而是通过向高空、高密、高容积率集中发展来进一步提高其开发强度。笔者甚至忧虑：若照此模式发展下去，即使地震灾害能提前10分钟甚至更长时间准确预告，大量市民也会因为没有就近的公园避难空间及时疏散而将遭受不堪设想的巨大伤亡。

汶川地震暴露出城市公园建设的另一个问题是缺乏必备的防灾设备和应急的避难设施，如没有统一的标识系统和疏散通道，市民避难不能得到有效的引导和组织；缺乏应急医疗救护设施，伤员不能得到即时的救助；应急物资储备设施缺乏、应急供电供水设施不足以及应急垃圾与污水处理配套设施匮乏，人员安置困难；附属建

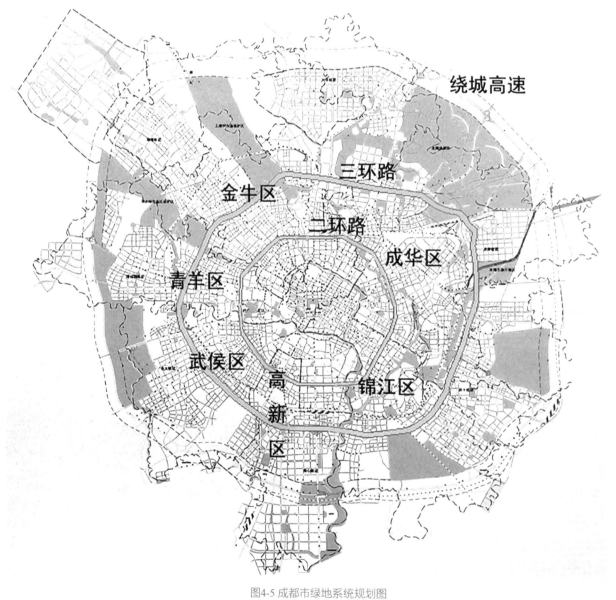

图4-5 成都市绿地系统规划图
Fig. 4-5 Chengdu Urban greenland system planning
（资料来源：成都市绿地系统规划，2003—2020）

筑建设失控，灾害隐患严重。例如，由于缺乏应急厕所，地震避难期间绵阳市在公共空间临时挖了100多个"土"厕所，给灾后防疫带来压力。笔者在成都市现场调查发现人民公园仅有的几块空地也栽植了灌木，避难帐篷只能在高大乔木下"栖身"，而地震后常伴有的雷雨天气使高大树木成为遭受雷击的"制高点"，安置在帐篷里的人员生命安全得不到保障（图4-6）。其他灾害

隐患也不容忽视：青少年科技公园只有一个出入口且四面环水，不仅可达性较差，灾情发生后出入口容易出现拥堵、踩踏现象；浣花溪公园多处空旷地（草坪、铺地）地势较低，不利于在洪涝灾后形成避难场地（图4-7）；新华公园被过多的商铺和其他设施所包围，不利于在公园四周形成防火林带防灾减灾（图4-8）。

图4-6　成都人民公园震后避难状况
Fig. 4-6 Circumstances of shelteringin Chengdu People'sPark after earthquakes
图4-7　成都浣花溪公园空旷地地势较低，不利于在洪涝灾后形成避难场地
Fig.4-7 Some open low-lying spaces of Chengdu HuanhuaxiPark are not benefit to form the refuge areas against flooding disasters
图4-8　成都新华公园被外围商铺包围的现状
Fig.4-8 The current situation of Chengdu Xinhua Park surrounded by the outer stores

4.3 分析与讨论

汶川地震所暴露出的城市公园防灾减灾系统建设问题归根结底是指导思想和规划理念问题，同时也与我国城市公园理论研究缺乏、规划设计水平不高、法规体系建设滞后、防灾减灾系统不健全以及投资渠道单一等现状密切相关。针对这些问题，下面结合国内外经验教训进行分析与讨论。

4.3.1 明确指导思想，更新规划理念

国内外专家学者对城市公园进行了长期的、多视角的研究，其概念也随着时代的变迁而适时演化、拓展与丰富。笔者经过较为系统的文献研究和现场调查，总结出城市公园是随着人类社会的发展，民主思想的进步而逐步产生、发展和成熟起来的，由政府或其他团体建设经营，以休闲游憩和改善城市生态环境为主要目的，同时又兼顾形象展示、科教健身、文化艺术、防灾避难等功能，向社会开放，有较完善的设施和良好的绿化环境的城市公共开放空间，其内涵具备公共性、游憩性、生态性、可达性和减灾性等多项属性。很明显，城市公园对城市的精神文明建设、生态环境保护和居民社会生活起着重要作用，科学地构建城市公园系统，将有助于实现"人与自然和谐发展"，有助于"使人民在良好生态环境中生产生活"①。为此，应坚持以人为本和科学发展观为指导思想，在公园规划理念中强化防灾减灾功能，具体措施如下。

---

① 摘自胡锦涛同志在中国共产党第十七次全国代表大会上的报告。

4.3.1.1 设立防灾公园体系专项规划

在日本城市公园规划理念中，防灾是城市公园的首要功能，"防灾公园"体系有合理明确的分级，并有相应的公园布局服务半径标准，大小不同的公园能在防灾、避灾、救灾及灾后重建过程中承担不同的任务，构成一个层级结构合理的防灾公园绿地网络。在我国，绿地系统分类中无专门的防灾绿地，实践中还往往将易发地质灾害和其他不安全地段规划建设为公园绿地，使得公园的防灾功能难以实现。因此，笔者建议设立防灾公园体系专项规划。防灾绿地以公园的形式出现有以下优点：一是易于识别，灾时可达性高；二是平灾结合，提高防灾绿地平时的利用效率；三是利于统筹，可以结合旧公园改造和新公园建设进行；四是便于装备，按照防灾公园的标准设计和建造应急避难设施。防灾公园体系专项规划应结合我国国情，在城市总体规划和绿地系统规划阶段，重点通过小公园和带状公园的建设，从战略的高度对防灾公园体系的布局做出安排，使其在城市各区域合理分布，形成完善的防灾公园网络体系。

4.3.1.2 明确不同规模公园相应的防灾功能

规模不同的城市公园具有不同的防灾功能。根据日本学者对阪神地震中公园受害程度的研究，街区公园（标准面积0.25 ha）在震中受害程度最小[8]，小型公园（在城市中数量最多，且最接近居民）适宜作为临时的紧急避难场所，作为市民在灾后自救的第一安全空间，为下一步人员的安全疏散和转移提供可能；带状公园由于较为狭长，可达性高，适宜作为临时的紧急避难场所和安全避难通道；灾后2～3周内，人员逐渐向规模较大的中型公园转移，进行有组织的救援、

避难及恢复等活动；而从灾难发生后开始，大型公园都可作为整个城市防灾减灾的中心[1]——救灾指挥中心、医疗抢救中心、救灾物资中转中心等，以及救灾部队、外援人员的营地等，在灾后较长时间内，大型公园内还可以搭建临时建筑以解决灾民生活和帮助灾后恢复。

4.3.2 加强理论研究，提高设计水平

20世纪90年代开始，我国以"国际减灾十年（IDNDR）"为契机，开始了城市综合防灾方面的研究，主要研究成果集中在理论和方法的探讨，国外先进经验的介绍方面[9-11]。进入21世纪后，以中国城市科学研究会发表的《21世纪城市综合防灾减灾战略思考》为标志，以苏幼坡和初建军等学者为代表的我国学术界开展了对城市防灾公园的大量研究，明确了城市防灾公园的防灾避难功能[12, 13]，形成了安全评价体系[14]，引入了GIS等先进的信息管理系统[15]，进行了以北京元大都遗址公园为代表的实践探索，使得规划思想和方法趋于成熟[16, 17]，在理论和实践上都取得了丰硕的成果。然而目前我国对于城市公园系统防灾的研究还局限于少数高校和科研机构，鉴于严峻的形势，研究的广度和深度都亟待加强。我国幅员辽阔，各地地域差异较大，灾害发生的种类、强度、频率和形式也各不相同。各地应结合自身的地域特点（如山地城市、滨海城市等），以各种方式支

持当地高校和科研机构进行对城市防灾公园选址、植物选择、系统布局等方面的理论研究，有条件的地区可以建立专门的研究机构与地震局、气象局等部门密切合作，把城市灾害减少到最低水平。

同时，应结合我国实际情况，借鉴日本和欧美国家的先进经验，在加强理论研究的基础上提升我国城市防灾公园的规划和设计水平。如与成都市（图4-5）相比，英国伦敦市虽同为"蜘蛛网"式圈层发展的大型城市，但经过一百多年的城市环境发展和公园绿带政策的保护，形成了较为完善的公园系统布局和城市公园防灾体系（图4-9）：①公园的标准化建设，公园按级别和服务半径布置，即区域性（Regional）公园、都市（metropolitan）公园、区级（district）公园、地方（local）公园；②重视小型公园的建设，小游园和社区公园所占数量比例接近于90%；③重视环城绿带的保护，在近郊和远郊形成多层环状公园绿带；④发达的绿道（绿链）设置，重视绿色空间的可达性和公园的连接性，不同类型的绿道（步行绿色通道、自行车绿色通道和生态绿色通道）提供花园（garden）到公园（park）、公园到公园路（parkway）、公园路到绿楔（green wedge）、绿楔到绿带（Green Belt）的通道，从而形成布局较为合理的网络化结构，利于应急通行和市民的迅速避难。

---

① 公园规模越大，人均有效避难面积越大，越有利于救灾物资集中性储备，救灾设施与设备的集中性配置，也有利于对避难者的集中性救援和保障避难者的安全生活。

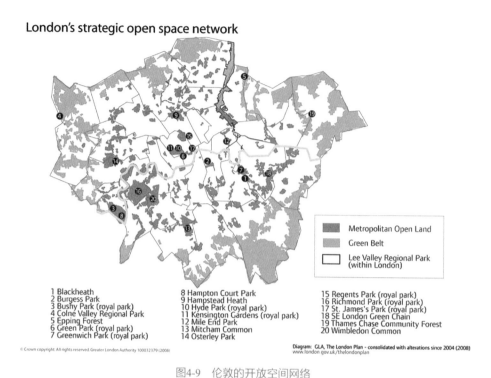

London's strategic open space network

Metropolitan Open Land
Green Belt
Lee Valley Regional Park (within London)

1 Blackheath
2 Burgess Park
3 Bushy Park (royal park)
4 Colne Valley Regional Park
5 Epping Forest
6 Green Park (royal park)
7 Greenwich Park (royal park)

8 Hampton Court Park
9 Hampstead Heath
10 Hyde Park (royal park)
11 Kensington Gardens (royal park)
12 Mile End Park
13 Mitcham Common
14 Osterley Park

15 Regents Park (royal park)
16 Richmond Park (royal park)
17 St. James's Park (royal park)
18 SE London Green Chain
19 Thames Chase Community Forest
20 Wimbledon Common

© Crown copyright. All rights reserved. Greater London Authority 100032179 (2008)

Diagram: GLA, The London Plan - consolidated with alterations since 2004 (2008)
www.london.gov.uk/thelondonplan

图4-9　伦敦的开放空间网络
Fig.4-9 London's strategic open space network
资料来源：http://www.london.gov.uk/thelondonplan/maps-diagrams/map-3d-03.jsp

4.3.3　健全法规体系，强化减灾功能

虽然我国已经先后颁布了一系列有关防灾减灾的法律、法规，对促进我国防灾减灾、保护公民生命财产安全、调整防灾减灾活动中各种社会关系等提供了法律保障，但从总体上来看，我国的防灾减灾立法还处于相对落后的状况[18]。笔者建议可以结合《城乡规划法》，在《城乡规划法实施办法》中细化城市防灾规划的相关规定，参照日本的相关规范法规，因地制宜，组织编制国家级和省级（部分特殊城市还可编制市级）的城市防灾公园专项规划规范和标准，强化城市公园的减灾功能，明确各项技术指标（布局、面积以及设施标准），依法进行城市防灾公园的规划建设工作。

4.3.4　建立激励机制，鼓励多元投资

随着经济的快速发展和城市化水平的快速提升，城市向高密化发展，公园被随意侵占的问题日益突出。为此，有必要建立城市防灾公园的激励与补偿机制，支持、维护城市防灾公园的建设。通过制定相应政策，控制城市建设强度，保护现有城市公园不受建设性破坏，鼓励个人、企事业单位投入资金或者利用自身土地建设防灾公园，从而逐步提高城市整体的防灾能力。例如，可以参照美国各地方政府的"公共援助的动机和策略"（表4-1），制定相应的优惠政策，吸引各类开发者参与到城市防灾公园体系的建设中来。

表4-1 美国的"公共援助的动机和策略"

Tab. 4-1 Motivations and strategies of the public assistance applied in the United States

直接援助	间接援助	融资策略
● 土地储备	● 规划方面	● 拨款援助
征用 拆除 安置	密度奖励 减少减轻限制 开发权转移	私营建筑成本分担 直接支付开发前研究费用 国家经济发展专用拨款
● 资本改良投资	● 程序方面	● 债务融资
基础设施 停车库 公共空间和便利设施 娱乐设施	缩短项目批准时间 征用权快速取得 可能纠纷的仲裁 政府承诺租用空间	直接给予贷款 贷款利率低于市场一般水平 提供贷款担保 提高信用等级

资料来源：参考文献[19]。

4.3.5 结合灾后恢复重建，启动试点城镇

汶川地震虽然震垮了大量建筑，但也为防灾公园的建设提供了契机。在灾后恢复重建中，可以合理利用大量废墟建设防灾公园，形成完善的防灾公园网络。笔者建议可以在灾区城镇中选取都江堰市（原址重建）、北川县（异地重建）和绵竹市汉旺镇三个点作为各级城镇防灾公园体系建设的试点，通过试点城镇的建设形成示范区并向全国推广。

此外，防灾公园体系要与产业布局、城镇体系、城市防灾空间体系（包括交通体系）、城市生命线体系、应急防灾工作体系（包括应急指挥机构与应急反应机制、预案等）、预警体系、防灾地理信息体系（包括防灾数据库）等相关功能体系形成有机协调与整合，共同建构完善的城市综合防灾体系。例如，可以结合城市公交站点地图，标示应急避难场所的分布图，并形成统一的避难标识系统，整体协同，提升单个公园的防灾减灾能力。

4.4 结语

汶川地震虽然已经过去，但其造成的巨大生命和财产损失仍然历历在目，刻骨铭心。因此，必须从汶川地震中吸取教训和总结经验，为今后更好地抗震减灾提供启示。本文结合在一线抗震救灾和灾后恢复重建规划的感受，从城市公园的角度，分析了其在防灾减灾中的功能和发挥的作用，详细研究了在汶川地震中城市公园的防灾减灾系统所暴露的问题，并在系统总结国外先进经验的基础上提出了设立防灾公园体系专项规划等建设性意见，期望引起更多的学者对城市公园防灾系统建设问题的关注和研究，进一步完善和提高我国城市防灾公园的规划建设水平。

■ 参考文献

[1] 张敏. 国外城市防灾减灾及我们的思考[J]. 城市规划师. 2000（2）：101-104.

[2] 郭美锋, 刘晓明. 构建具有"柔性结构"的防灾城市[J]. 北京林业大学学报（社会科学版）. 2006, 5（1）：20-23.

[3] 洪金祥, 崔雅君. 城市园林绿化与抗震防灾——唐山市震后绿地作用与建设的思考[J]. 中国园林. 1999（3）：57-58.

[4] 柏原士郎, 上野淳, 森田孝夫. 阪神·淡路大震灾における避难所の研究[M]. 大阪：大阪大学出版社, 1998.

[5] 曹鹏程. 绿化带阻止火灾蔓延日本公园都能防灾[N]. 环球时报, 2004-06-28（14）.

[6] 李柳林. 城市防灾公园抗震减灾功能浅析[J]. 四川林业科技. 2008, 29（2）：78-79.

[7] 杨俊. 成都妇产科医院病人转移至附近公园. [EB/OL]（2008-05-12）[2008-07-04]http://v.youku.com/v_playlist/f1771227o1p16. html.

[8] 清水正之. 公园绿地与阪神·淡路大地震[J]. 城市规划. 1999, 23（10）：56-58.

[9] 金磊. 城市综合防灾系统工程的理论与方法[J]. 系统工程. 1991, 09（2）：18-23.

[10] 李振东. 城市综合防灾减灾战略与对策[J]. 城市发展研究. 1996（3）：1.

[11] 陈刚. 从阪神大地震看城市公园的防灾功能[J]. 中国园林. 1996, 12（4）：59-61.

[12] 苏幼坡, 刘瑞兴. 防灾公园的减灾功能[J]. 防灾减灾工程学报. 2004, 24（2）：232-235.

[13] 李洪远, 杨洋. 城市绿地分布状况与防灾避难功能[J]. 城市与减灾. 2005（2）：9-13.

[14] 马亚杰, 苏幼坡, 刘瑞兴. 城市防灾公园的安全评价[J]. 安全与环境工程. 2005, 12（1）：50-52.

[15] 刘海燕, 武志东. 基于GIS的城市防灾公园规划研究——以西安市为例[J]. 规划师. 2006, 22（10）：55-58.

[16] 李延涛, 苏幼坡, 刘瑞兴. 城市防灾公园的规划思想[J]. 城市规划. 2004, 28（5）：71-73.

[17] 卢秀梅. 城市防灾公园规划问题的研究[D]. 唐山：河北理工大学, 2005.

[18] 李景奇, 夏季. 城市防灾公园规划研究[J]. 中国园林.2007（7）：16~22.

[19] 芦原义信. 外部空间设计[M]. 尹培桐, 译. 北京：中国建筑工业出版社, 1985.

5 汶川地震前成都市避难场所应急能力评估[①]

2008年5月12日汶川地震爆发后，紧邻汶川县仅55千米的成都市中心城数百万人拥上街头紧急避难，不仅造成交通拥堵甚至瘫痪–且通信不畅，而且街头广场、公园绿地内人满为患，场面十分混乱。突发的大地震暴露出成都市应急避难场所资源供给与需求的矛盾十分突出。近年来，国内外一些城市在地震灾害发生后由于缺乏足够的应急避难场所而造成人员伤亡的也不乏其例。在地震灾害发生时，城市应急避难所能够在最短的时间内最快、最直接地接受受灾市民，保证居民安全避难。因此，采用科学的分析方法研究城市中心区有效避难空间供给与居民的避难需求在空间上的对应关系，开展避难场所资源的应急能力评估，对科学规划城市应急避难场所以及制定有效应急减灾对策具有重要意义。

目前，国内外学者对应急避难场所的综合防灾能力和应急避难能力开展了相关的研究。如国外学者Pine[1]等介绍了墨西哥湾地区飓风避难场所安全性和适应性的综合评价过程，给出首选、可接受、勉强3类的选择结果，评价结果可以为地方政府判断避难场所在飓风时是否可用提供依据。Xu，W.OKADA[2]等建立了基于居民问卷调查数据的应急避难场所规划评价模型。国内叶明武等基于防震避难的内涵，从安全性、可达性和有效性三方面，以模糊优选、信息熵和综合指数模型构建避难适宜性评价指标体系[3]。黄典剑、

吴宗之针对应急避难场所应急适应能力，建立了包含规划设计、内部设施及外部环境因素的评价指标，分别以模糊集值方法和层次分析方法进行评价[4]。陈志芬等提出基于有界数据包络分析（DEA）方法以服务性、可达性、安全性为输出指标的效率评价指标体系，分层次对应急避难场所的投入产出效率进行评价[5]。关于场所规划布局、避难场所可达性及避难场所覆盖范围问题的研究[6-8]。目前，国内北京、上海、广州、重庆等城市应急避难场所的规划中主要采用以避难场所为中心应用覆盖半径划定、加权voronoi图、空间网络分析或缓冲区分析等方法作为避难场所的服务范围，评估分析避难场所是否满覆盖居民需求点。如叶明武，王军等采用2SFCA模型和ArcGIS集成技术，定量研究上海中心城区公园的应急避难服务与居民避难需求之间的平衡关系[9]。李刚等以应急避难场所覆盖半径为权重，运用加权voronoi图方法在GIS平台上对固定避难场所责任区域进行了空间划分[10]。又如广州市地震应急避难场所专项规划中，利用ARCGIS软件的统计功能及缓冲区分析功能对各类场所的实际数量及空间分布情况进行评价。由以上分析可见，国内外对城市避难场所理论方法的研究主要集中在应急避难场所综合应急能力的评价和避难场所覆盖率等方面，针对地震避难场所紧急避难能力的研究还不多，研究的方法也存在一定的改进之处。首先，综合应急能力评价方法不完全适用于对其紧急避难能力的分析；其次，避难场所覆盖率的研究方

---

① 本章内容由蒋蓉、邱建、邓瑞第一次发表在《中国安全科学学报》2011年第10期第170至176页。

法只能从宏观上反映大城市中心区的总体避难水平，这种方法人均指标虽然在总体上可能满足需求，但由于人口密度分布不均及避难场所容纳能力存在差异，局部区域可能会出现避难场所容纳能力不足或人员至避难场所疏散距离较远而无法安全疏散等问题，不适用于紧急避难阶段的评估分析；最后，目前一些研究方法中采用空间网络方法确定避难场所的服务范围，虽然其考虑了疏散路径，但其分析过程对居民需求及避难场所容量这两个重要因素还没有做相应的考虑。

地震避难场所应急能力是指在紧急避难阶段地震避难场所容纳能力满足应急避难需求的程度。避难场所应急能力主要考虑在紧急避难阶段应能够保证一定区域内受灾人员在短时间内到达并安全避难，因此其影响因素主要取决于避难人员到达避难场所的紧急疏散路径、避难场所容量、居民空间分布状况等几个方面，笔者充分考虑避难场所容量、紧急疏散路径和居民需求之间的关系，采用空间网络分析法建立了基于L-A模型评估方法，采用区域未接纳人数、避难场所利用率作为评价地震避难场所紧急避难能力的重要因素。

5.1 研究思路与方法

5.1.1 研究思路

针对现有研究的不足，本文首先应用GIS空间网络分析方法，建立了网络距离约束的L-A模型，确定避难场所覆盖范围。通过最短路径算法搜索应急避难需求点至邻近避难场所的最短路径，若应急避难需求点距离该避难场所距离最短且满足时间约束为5 min，则认为该应急避难需求点包含在该避难场所的服务范围内。其次，根据确定的避难场所服务范围，应用GIS进行空间统计确定避难场所的服务人数。再次，评估避难场

所应急能力，根据避难场所的覆盖范围及服务人数确定避难场所利用率和未接纳人数两个评估指标。最后，基于GIS实现研究区内所有避难场所应急能力空间分布情况的可视化。

5.1.2 分析方法——基于空间网络分析方法的评估模型

本研究的技术支持主要应用GIS的分析决策功能，它是集中计算机科学、地理学、测绘遥感学、环境科学、城市科学、空间科学、信息科学和管理科学为一体的新型边缘科学[11]。空间分析是GIS的核心功能之一，它特有的对地理信息的提取、表现和传输特征，是其区别于一般信息系统的主要功能特征。本文应用以时间和距离为约束条件的空间网络分析方法，并结合避难场所容量进行应急能力评估，这种方法较以往的缓冲分析等方法更具适用性和有效性。

5.1.2.1 覆盖范围确定

建立网络距离约束的L-A（定位-配置）模型，确定避难场所覆盖范围。根据人口和避难场所数据的可获取性，以大城市社区为人口的最小统计单元，模型假设单元内人口集中于其几何中心点，灾时居民选取能在5 min内到达场所的最短路径为避难路径。以避难场所的有效面积为基准，按照紧急避难阶段人均1 m²用地换算可容纳避难人数，利用GIS提取居民和城市避难空间单元的几何质心，搜索避难场所的覆盖范围。

基于社区居民点、道路网络、避难场所的矢量数据集构建空间几何网络模型。避难疏散网络主要由路段和节点构成，定义避难场所、避难需求点及避难疏散道路构成疏散网络 $G = (V, E, T)$，其中 $V = \{I, J\}$ 为网络节点，$I(i \in I)$ 为避难需求节点，$J(j \in J)$ 为避难场所节点，T 为节点间的步行

逃生时间，模型的目的为搜索避难场所*J*覆盖避难需求点*I*的范围，*E*为网络节点间路段数据。以网络距离为约束条件构造L–A模型意味着实体间的临近关系是由其在路网中进行所需要的代价来测度的，这与现实情况更为接近。模型约束为：

a. 网络距离指资源提供者与接受者间的最短路径距离即*I*到*J*的最短步行逃生时间，模型规定避难需求点至避难场所的步行逃生时间限定为5 min范围内。

b. 若有两个或以上的避难场所对某避难需求点提供资源，则选择网络距离最短者作为该避难需求点的服务避难场所，即 $D_{ij} = \min\{d_{ij}\}$；基于最短路径问题经典的Dijkstra算法，分别计算各个避难需求点到避难场所的最短距离 d_{ij}。

5.1.2.2 服务人数确定

避难场所的服务人数可由避难场所的覆盖范围确定，满足约束条件a、b的避难需求节点 的集合即为避难场所节点 的覆盖范围，避难场所的服务人数即为该避难场所服务范围内包含的人口总数，可表示为

$$F_j = \sum_{i \in I} \alpha_{ij} \cdot P_i \qquad (1)$$

式中，P_i 为第 个居民用地的人口数量；α_{ij} 表示需求点 i 与避难场所 j 之间归属关系，$\alpha_{ij} = 1$ 表示避难需求点不归属与避难场所 j；$\alpha_{ij} = 1$ 表示避难场所 i 归属于避难场所 j。避难需求点与避难场所的归属关系是由避难需求点与避难场所的疏散距离 d_{ij} 确定，满足约束条件a，b，即 $D_{ij} = \min\{d_{ij}\}$ 且满足疏散时间在5 min范围内的避难需求点 i 归属于避难场所 j。

5.1.2.3 评估分析

笔者选取区域未接纳人数及避难场所利用率两个分析指标对地震避难场所的应急能力进行评

估，反映避难场所的应急能力。区域未接纳人数包括由于受灾人员距离避难场所较远无法在安全疏散时间内到达避难场所的人员及受灾人员到达其最近的避难场所但由于该场所容量限制无法满足而不能进入避难场所的人员；避难场所的利用率即指避难场所服务范围内服务人数与避难场所的容量比值。

（1）避难场所利用率。

避难场所利用率这一指标能够较为清晰的表明避难场所的容量是否满足要求，其空间分布可以反映避难场所资源的均衡程度。避难场所利用率可用下式进行表达：

$$B_i = F_i / C_i \qquad (2)$$

式中，B_i 为第 i 个避难场所利用率；F_i 为第 i 个避难场所服务人数；C_i 为第 i 个避难场所的容量，以紧急避难阶段人均1㎡避难空间为标准，避难场所容量可由避难场所面积换算得出。

（2）区域未接纳人数。

区域未接纳人数可以较为明确地反映出紧急避难阶段未满足应急需求的避难场所，避难场所安全避难人数和未接纳人数可以根据避难场所容量及避难场所服务范围求得。

当避难场所 j 的服务人数超过避难场所容量 C_j 时，安全避难人数为避难场所的容量 C_j；当避难场所 j 的服务人数小于避难场所容量时，避难场所 j 的安全避难人数为其服务人数 F_j。避难场所 j 的安全避难人数 A_j 可以表示为

$$A_j = \begin{cases} C_j, & F_j \geq C_j \\ F_j, & F_j < C_j \end{cases} \qquad (3)$$

式中，C_j 为第 j 个避难场所的容量，F_j 为第 j 个避难场所的服务人数。

未接纳人数为区域内总人口数与安全避难人数的差值，故评估区域未接纳人数可用下式表示：

$$U = S - \sum_{j=1}^{n} A_j \qquad (4)$$

式中，U 为评估区域内未接纳人数，A_j 为安全疏散至紧急避难场所 j 的人数，S 为评估区域总人口数，$N = \{1,2,\cdots,n\}$ 为区域内应急避难场所的集合，U 值可以反映避难场所的应急能力。

5.2 案例研究 成都市中心城现状场所资源避难能力分析

根据前文论述的评估分析方法，本次研究以成都市中心城震前应急避难场所资源为研究对象，基于GIS空间网络分析方法的定位配置功能，以5 min步行距离作为安全疏散时间计算地震避难场所的服务范围，并以住宅用地面积为权重将其反算到震前每块住宅用地内确定避难

场所服务人数；各个应急避难场所的容纳能力以场所有效避难面积，以人均1 m²为标准计算得到各个场所的人口接纳能力；通过GIS空间统计方法得出成都市中心城应急避难场所利用率及区域未接纳人数，从而得出成都市中心城区避难场所的应急能力，并通过空间分布图直观地反映成都市中心城的现有应急避难场所资源的能力。

5.2.1 震前中心城人口分布

据《成都市统计年鉴》（2007年）[12]，中心城震前总人口约510万人，因统计资料原因，流动人口无法分到各个社区，因此本次研究采用了中心城震前社区统计户籍人口作为研究数据。2007年成都市中心城社区数量达到466个，其中城市社区295个，中心城户籍人口达到347万人（详见表5-1和图5-1）。

表5-1 中心城震前社区人口情况统计表（2007年）
Tab. 5-1 The statistics of the population in Chengdu central city before earthquakes（2007）

行政区	辖区面积 / km²	街道 / 个	人口 / 万人	社区			社区平均人口 / （人/个）
				社区	涉农社区	合计	
锦江区	64.88	16	36.69	40	19	59	7 043
青羊区	66.52	14	55.53	53	22	75	8 275
金牛区	112.07	14	79.40	53	42	95	10 068
武侯区	75.5	13	92.98	55	33	88	7 850
成华区	108.63	14	121.42	75	36	111	8 659
高新区	47.28	4	15.54	19	19	38	8 142
合 计	474.88	76	401.56	295	171	466	8 340

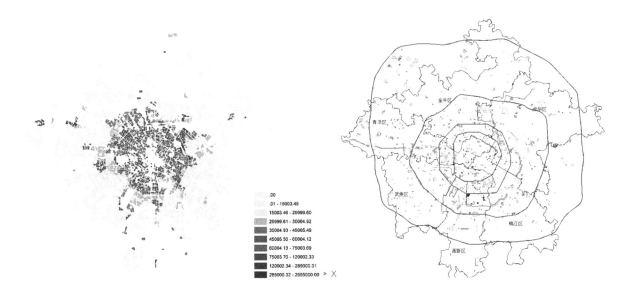

图5-1　成都市中心城人口密度分布示意图
Fig.5-1　The population density distribution schemes in Chengdu central city

图5-2　成都市中心城现状避难场所用地资源分析图
Fig.5-2　the land for shelter resources distribution of Chengducentral city

5.2.2　震前中心城场所资源分布

本研究选取了《成都市中心城应急避难场所布局规划（2008—2020）》的基础数据[13]，将能够作为避难场所的用地包括绿地、广场、停车场用地、体育设施（体育场）、大专院校以及中小学校内的绿地、运动场、空地、广场等均作为应急避难场所资源，并将用地面积在2 000㎡以上的场所纳入统计（详见表5–2和图5–2）。

表5-2　成都市中心城各区避难场所用地资源汇总表
Tab. 5-2 The emergency shelters resources of Chengdu city

圈层	绿地、广场/ha	公园/ha	体育场/ha	小学	中学	高校、专科	停车场/ha	合计	人均指标/m²
一环路	23.25	22.34	9.57	7.24	11.56	34.25	3.6	111.81	1.23
一二环路间	36.2	40.39	9.59	9.28	20.9	52.14	7.4	175.9	1.93
二三环间	148.38	89.856	25.3	22.07	22.49	57.4	16.89	382.39	3.13
三环至四环	135.03	119.178	9.2	23.12	40.99	128.48	8.53	464.53	10.9
合计	342.86	271.764	53.66	61.71	95.94	279.53	36.42	1134.62	3.33

5.2.3 避难场所利用率

从场所利用率来看，中心城现有场所资源共1 146个，避难场所利用率85%以上的场所342个，其中一环路以内利用率85%以上的场所104

个，利用率达59.4%，一环至二环间场所利用率85%以上的场所136个，占总量的72.2%，三环路以外利用率85%以上的场所46个，仅占总量的13.4%（详见表5-3和图5-3）。

表5-3　成都市中心城现状场所资源利用率统计表
Tab. 5-3 the statistics of place resource utilization in Chengdu city

圈层	利用率大于85%	利用率 50%~85%	利用率 20%~50%	利用率 小于20%	合计
一环内	104	35	20	16	175
一环至二环	136	44	35	27	242
二环至三环	56	61	78	197	392
三环外	46	65	74	152	337
总计	342	194	187	417	1 146

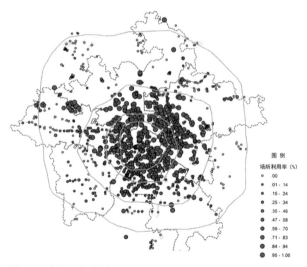

图5-3　成都市中心城现状避难场所资源利用率分析示意图
Fig.5-3　The emergency shelters resources Utilization which cannot of Chengdu center city

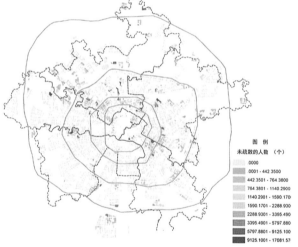

图5-4　成都市中心城未接纳人群空间分布示意图
Fig.5-4　The Spatial distribution of the people accepted in Chengdu center city

5.2.4 未接纳人数

从未接纳人群来看，中心城区震前347万户籍人口约90.8万人难以紧急疏散，比例高达26%，其中二环路内现有户籍人口181万人，未接纳人群约55万人，占未接纳人口的60.7%。可

见，无法满足紧急避难需求的区域主要分布在二环路以内，其中内环范围、一环至二环的西北部、东南部区域问题最为严重，部分社区设置未接纳人口比例达到90%。而三环路以外未接纳人口约8.19万人，仅占未接纳人口的9%（详见表5-4和图5-4）。

表5-4　成都市中心城震前疏散模拟情况统计表
Tab.5-4 the simulation statistics of evacuation in Chengdu city before earthquake

圈层	震前户籍人口总数	占总人口比例／（％）	疏散人口数量	未接纳人口数量	未接纳人口占总人口的比例／（％）
一环内	908 216	26.1	638 113	270 103	29.7
一环至二环	911 701	26.6	630 626	281 075	30.8
二环至三环	1 220 401	35.6	948 464	271 937	22.3
三环外	432 408	12.6	350 438	81 970	18.9
总计	3 472 726	100	2 567 641	905 085	26.1

5.2.5　评估结果

从统计以及模拟数据可见，现状应急避难场所仅满足户籍人口约71.6%的需求，而考虑流动人口，现状场所资源仅能满足中心城总人口的60%左右的需求。这说明成都市中心城应急避难场所资源总量不足且分布不尽合理，现状紧急避难场所资源的利用效率呈现从中心向外围辐射递减的形态。矛盾主要集中在人口密集的二环路内，紧急避难场所不够，规模小，容量几乎被耗尽，难以满足人口在灾时紧急避难的需求，而在稍外围的区位则有较大的容量剩余。该结论与原有规划中采用场所350 m及1400 m空间服务半径进行缓冲分析，得出能满足中心城总人口80%的需求需要的结论有一定差异。

5.3　结论

通过以上分析和研究，可以得到如下结论：

（1）基于L-A模型的评估分析方法充分考虑了居民空间分布状况、避难场所容量、紧急疏散路径，该方法与紧急疏散过程更为贴近，有效反映了紧急避难阶段场所容纳能力与应急需求之间的关系，较为客观地评估了地震避难场所的紧急避难能力。

（2）采用区域未接纳人数和避难场所利用率作为评估分析指标，应用GIS平台对成都市中心城区避难场所进行模拟分析，较为直观地表示了区域未接纳人数和避难场所利用率空间分布情况。

（3）利用GIS技术对成都市中心城区的1 146个避难场所进行模拟分析，证明了该方法原理简单且评估方法合理可行，对大城市地震避难场所紧急避难能力的评估具有一定的应用价值。

需要指出的是，本文在对成都市震前应急避难场所资源选择是以面积为2 000㎡以上的避难场所作为分析对象，对面积在2 000㎡以下避难场所的紧急避难作用，在本文中没有研究。同时，场所容纳能力除了场所有效避难面积以外，其他考虑因素还需要进一步深入研究。

■ 参考文献

[1] PINE, J C,et a1. Comprehensive assessment of hurricane shelters: lessons from hurricaneGeorges[J]. Natural Hazants Reviews, 2003,4（4）:997-205.

[2] XU, W OKADA, N TAKEUCHI Y,et a1. A diagnosis model for disater shelter planning from the viewpoint oflocal peopleCase study of Nagata ward in Kobe city[J]. Annuals of Disas. Prev. Res. Inst. Kyoto Univ, 2007, 50B: 233-239.

[3] 叶明武，王军，陈振楼，等．基于3S的城市绿地公园防震避难适宜性评价[J]．自然灾害学报 2010，19（5）：156-163.
YEMing-wu, WANG Jun, CHEN Zhen-lou, et a1. Suitability evaluation of urban green park for earthquakedisa -ster prevention and refuge based on3S technology[J]. Journal of Natural Disasters, 2010, 19（5）:156-163.

[4] 吴宗之，黄典剑，蔡嗣经，等．基于模糊集值理论的城市应急避难所应急适应能力评价方法研究[J]．安全与环境学报，2005，5（6）：100-103.
WU ZONG-ZHI, HUANG DIAN-JIAN, On assessment method to emergency shelteradaptation by using the statistic theory for fuzzycentralization[J]. Journal of Safety and Environment, 2005, 5（6）: 100-103.

[5] 陈志芬，李强，王瑜，等．基于有界数据包络分析（DEA）模型的应急避难场所效率评价[J]．中国安全科学学报，2009，19（11）：152-159.
CHEN ZHI-FEN, LI QIANG, WANG YU, et a1. EfficiencyAssessmentofEmergency ShelterBased onBoundedVariablesDEAModel[J]. China Safety Science Journal, 2009, 19（11）:152-159.

[6] 曹彦波，李永强，曹刻，等．基于GIS技术的地震应急异地疏散接受能力判断模型研究[J]．地震研究 2008，31：623-628.

CAO YAN-BO, LIYONG-QIANG, CAO KE, et a1. GIS-based Earthquake Emergency EvacuationModel[J]. Journal of Seismological Research, 2008, 31: 623-628.

[7] 谢军飞，李延明，李树华．北京城市公园绿地应急避险功能布局研究[J]．中国园林，2007，7：23-27.
XIE JUN- FEI, LI YAN- MING, LI SHU-HUA.The Layout Study on the Emergency and Disaster- prevention Functions of the Green Space of BeijingCity Parks[J]. Chinese Landscape Architecture, 2007, 7: 23-27.

[8] 张军，张炜．郑州市地震等重大自然灾害应急避难场所规划研究[J]．华北地震科学=2010，28（4）：27-30.
ZHANG JUN, ZHANG WEI. Study on Earthquakes and Other Major Natural Disasters Emergency ShelterPlanning of Zhengzhou City[J]. North China Earthquake Sciences, 2010, 28（4）: 27-30.

[9] 叶明武，王军，刘耀龙，等．基于GIS的上海中心城区公园避难可达性研究[J]．地理与地理信息科学，2008，24（2）：96-98.
YE MING-WU, WANG JUN, LIU YAO-LONG, et a1. Study on Refuge Accessibility of, Park in Inner-City of Shanghai Based on GIs Technique[J]. Geography and Geo-Information Science, 2008, 24（2）: 96-98.

[10] 李刚，马东辉，苏经宇，等．城市地震应急避难场所规划方法研究[J]．北京工业大学学报，2006，32（10）：901-905.
LI GANG, MA DONG-HUI, SU JING-YU. Study ofUrbanEarthquakeEmergencySheltersPlanning[J]. Journal of Beijing university of technology. 2006, 32（10）: 901-905.

[11] RADKEJ, MU L.Spatial decomposition, modeling and mappingservice region to predict access to social programs[J]. Geographic Information Sciences, 2000

（6）：105-112.

[12] 成都市统计局. 成都统计年鉴 2007[M]. 北京：中国统计出版社，2008.
Chengdu City Bureau of Statistics. Chengdu Statistical Yearbook 2007[M]. Beijing:China Statistics Publishing House, 2008.

[13] 成都市规划设计研究院. 成都市中心城应急避难场所布局规划（2008—2020）[Z]. 2008.
Chengdu Institute of Planning & Design The Planning of Emergency Shelters in Chengdu Central City（2008—2020）[Z]. 2008.

6 Protection Planning of Historical and Cultural City Based on the Concept of Disaster Prevention and Reduction[①]

6.1 Disaster prevention and reduction concept of city planning in China

China's disaster prevention and reduction work started comparatively late, the breadth and depth of research were needed, and the practical experience was lacked. From city planning perspective, existing laws and regulations involving disaster prevention and reduction have been listed as the Table 6-1. Summarized reasons are mainly shown in two aspects. Firstly, based on the consideration of site, avoid earthquake activity faults. Secondly, based on the requirements of fortification, take the appropriate anti-seismic measures in the planning and design. The common problem is that less consideration is taken in historical and culture content. At present, only one norm of "*Urban planning standards of earthquake disaster prevention*" list on special protection planning of anti-seismic for historical and cultural city. However, there were not any contents about disaster prevention and reduction in the most important two laws and regulations, "*Law of the people's republic of china on the protection of cultural relics*" and "*Historical and cultural city, town and village protection regulations*" in China.

Tab. 6-1 Related regulations and standards of disaster prevention and reduction in China

Name	Implementation time	The main content about the planning
Law of protecting against earthquake and relief of disaster	2009-05-01	Transitional placement and recovery to make the arrangements after an earthquake
Law of urban-rural planning	2008-01-01	Urban-rural planning shall conform to the needs of the disaster prevention and reduction. Disaster prevention and reduction shall be as mandatory content for urban master planning and town master planning
Provinces and cities regulations of disaster prevention and reduction	Not identical	Combined with the provinces and cities conditions, mainly relating to the two contents: actual earthquake disaster prevention, after-disaster disaster relief and reconstruction
Regulations on post-Wenchuan earthquake rehabilitation and reconstruction	2008-06-08	Regulations made clear the main content of the after-earthquake reconstruction planning[①]determined the implementation principle of reconstruction, emphasized to the earthquake site and remains defined range, established the earthquake ruins museum
Urban planning standards of earthquake disaster prevention GB 50413—2007	2007-11-01	The basic rules, turban land use, urban infrastructure, urban construction, post-earthquake disaster prevention, shock absorber evacuation, and information system management
Standard of buildings aseismic design GB50011—2010	2010-12-01	Summarized the Wenchuan earthquake damage experience in 2008, and adjusted fortification intensity of the disaster area

① 本章内容由第一次发表在会议 "2011 International Conference on Civil Engineering and Transportation, ICCET", 2011 年 10 月, 中国济南（EI 收录, 编号：20114114408108）。

6.2 Experience of disaster prevention and reduction applied in advanced countries

Advanced countries started earlier disaster prevention and reduction, with relatively complete legal laws and regulations, and practice experience, with great importance attached to the protection of historical and cultural city. Japan's disaster prevention and reduction of legal system used *"The basic law on disaster countermeasures"* as main item counter measures, which include the 52 laws system[1]. The main earthquake prevention and disaster reduction law of American is *"National Earthquake Hazards Reduction Program Reauthorization Act"*. Its main content is national earthquake disaster prevention and reduction planning. *"Robert T. Stafford disaster relief and emergency assistance law"* is a comprehensive disaster relief and emergency management law in 1974. These laws detailed regulations should be taken before a disaster occurred to prevent the various measures and to deal with post-disaster affairs with various ways. And the improved system of laws and regulations provides legal protection and basis to make well disaster prevention and reduction operation mechanism.

6.3 Losses of historical and cultural cities by Wenchuan earthquake

After super-large 5.12 Wenchuan earthquake, almost all historical and cultural cities were greatly damaged in the disaster areas. Historical buildings were structurally damaged or even completely ruined. A large number of historical street blocks were destructed. Historical and cultural surroundings were seriously destoyed. In addition, activity places needed for intangible culture were demolished and large appliances were broken up. More heartbreakingly, some inheritance people of intangible cultural heritage, such as Shibi who historically inherit Qiang Nation culture through an oral communication, were also killed.

In Mianzhu city, one of ten most serious disaster area, for example, 70% of the twenty units of cultural protection relics were wiped out with different degree, of which, one is the key unit of cultural relics protection at national level, another is at provincial level, and four at Deyang city level. The damaged statistical data is listed as Fig. 6-1A[2]. In Dujiangyan city, another most serious disaster area, almost all historic and cultural sites were interrupted, including inner Yihuan road zone, in which historical and cultural blocks and historical features are most concentrated in this ancient city. The damaged statistical data is shown as Fig. 1B[3]. The disaster losses remind of us the immediate need in terms of disaster prevention and reduction for historical and cultural cities as the fragile quality.

6.4 An analysis of relevant post-earthquake reconstruction planning

Four categories of post-earthquake reconstruction planning in relation to urban and rural have been quickly completed after the disaster, leading fruitfully the whole reconstruction and laying a solid foundation to the overall success[4, 5]. The planning helped to house the people affected by the disaster, to build urban infrastructure and public facilities, and to solve people's other livelihood issues. At the same time, it also has given a lot of good consideration for disaster prevention and reduction of historical and cultural city[6, 7] (Fig. 6-2). Planning made it clear that the historical and cultural protection is the organic component of post-disaster reconstruction. Planning proposed the corresponding requirements to strengthening, repair or reconstruction of historic district and historical architecture, and to the reuse of original construction material or building component. Planning prepared the measures for repair, control and renovation of the environment surrounding cultural heritage. Planning also emphasized on intangible cultural heritage and national culture characteristic protection, especially restoration and rescues the historical and cultural heritage in Qiang nation peoples' habitation. And have actively carried out earthquake site protection planning and earthquake

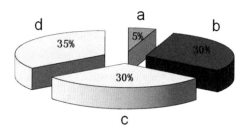

a-Completely collapsed, need to recovery

b-Structural damage, some parts are still in existence

c-Local damage, need to undertake repair reinforcement

d-Basic well-preserved

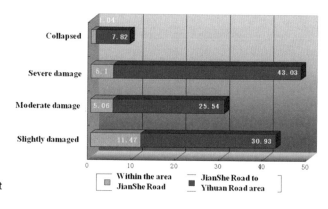

A　　　　　　　　　　　　　　　　　B

Fig. 6-1 （A）Damaged data of all cultural relics' protection units in Mianzhu city on Wenchuan earthquake;
（B）Building damaged data in the ancient city area of Dujiangyan city on Wenchuan earthquake.

memorial building design.

While the reconstruction work has basically completed, we look at the historical and cultural city in Wenchuan disaster area once more, the protection system is unfortunately weak and still exists many problems and contradictions. Firstly, the original city planning system failed to take into account the effect of disaster, lack of consciousness on disaster prevention and reduction. Secondly, historical and cultural cities after the earthquake have been greatly different from the city before earthquake and need to be adjusted according to the actual situation. Therefore, it should be scientific concept of disaster prevention and reduction to guide disaster area city construction immediately.

6.5 The next step protection planning advice

On the one hand, we must quickly make the special protection planning for the historical and cultural city using scientific method. At present, this work still has not been carried out on many cities. However this special planning for the historical and cultural city is different from the conventional protection planning before earthquakes, should join in more disaster prevention and reduction contents. The content of suggestions are as follows:

（1）The whole city fortification concept for historical and cultural city; the specific earthquake-resistance technology measures for historical buildings and historical and cultural blocks; and ideas of disaster prevention and reduction for intangible culture heritages.

（2）With reasonable planning means solving the historical and cultural elements from the present situation of that can't prevention disaster and emergency evacuation.

（3）The earthquake memorial sites, themselves being a kind of new historical and cultural resource, should be added in the special planning as the supplementary of the original historical and cultural elements.

（4）We should develop comprehensive reassessment to the post-disaster reconstruction, and join existing post-earthquake planning achievements into the new city planning system.

On the other hand, existing disaster prevention and reduction regulations are obvious lack of attention to historical and cultural city protection in China. We should revise and perfect the existing regulations, and to strengthen the protection of historical and cultural status.

Further more, China's architecture cultural heritage disciplinary system of disaster prevention and reduction should be created[8], and special regulations of disaster prevention and reduction established for

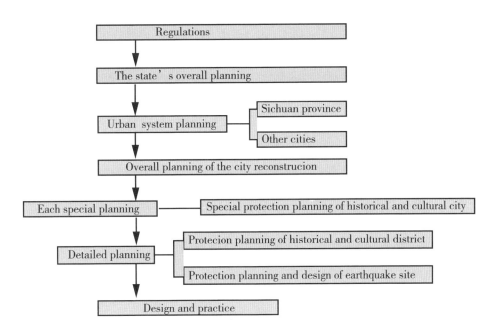

Fig. 6-2 Planning system framework related to historical and cultural city

historical and cultural city. Historical and cultural city protection shoulder heavy responsibilities in China,

disaster prevention and reduction were a wake–up call for us.

■ References

[1] ZHANG S: Characters and Inspiration from the Regeneration Planning of Great Hanshin- Awaji Earthquake in Japan. Urban Planning Forum, 2008, 176: 34–39（In Chinese）.

[2] Planning Bureau of Mianzhu City. Protection Planning on Mianzhu Historical and Cultural City, 2011（In Chinese）.

[3] Planning Bureau of Dujiangyan City. Regulatory Detailed Planning on Dujiangyan Old City District，2008（In Chinese）.

[4] QIU J: Urban and Rural Planning and Design of Post-earthquake Reconstruction for Wenchuan Earthquake of Sichuan. Architectural Journal, 2010, 9: 5–11（In Chinese）.

[5] QIU J, JIANG R: Exploration of Building a Planning System of Post-earthquake Reconstruction with the case of Wenchuan Earthquake. City Planning Review, 2009, Vol.33: 11–15（In Chinese）.

[6] The Sate Council. Regulations on Post-Wenchuan Earthquake Rehabilitation and Reconstruction, 2008（In Chinese）.

[7] Post disaster recovery and reconstruction planning group of the general headquarters for earthquake relief under the State Council. General Planning on Post-Wenchuan Earthquake Rehabilitation and Reconstruction, 2008（In Chinese）.

[8] JIN L: Creation of Disaster Prevention and Mitigation of Chinese Architectural Cultural Heritage—Thinking of the third anniversary of the Wenchuan "5·12" catastrophe. China Construction News, 2011, 31（5）: 12（In Chinese）.

7 汶川地震震中映秀镇灾后重建规划思路[①]

映秀是汶川县的一个建制镇，城镇规划区范围仅168.5 ha，中心镇区规划城镇人口规模为5700人（其中包括中学寄宿人口1 500人），建设用地规模为72.08 ha。由于映秀镇地处"5·12"汶川特大地震震中，人员伤亡极其惨烈，财产损失极其惨重，其灾后恢复重建工作得到特殊的关心和特别的关注，温家宝总理多次亲临映秀，并指示"要把映秀镇建设成为全国灾后恢复重建的样板"；广东省委省政府提出"要把映秀镇建设成为广东援建典范"；四川省委省政府要求"认真做好映秀镇恢复重建规划，不求大，突出小而美、现代化。要征集世界一流的设计师设计学校、医院、商店、机关、民居等建筑，采用最先进的设计理念，最先进的抗震结构，最先进的建筑材料，最先进的施工技术，把映秀镇建设成为集中全世界最先进的抗震建筑、具有最佳抗震性能的抗震建筑示范点"。

7.1 映秀镇灾后重建规划目标

映秀镇的重建要全面贯彻落实科学发展观，坚持以人为本、尊重自然、科学规划、统筹兼顾、民生优先的原则，从映秀镇的实际出发，考虑其地处震中的特殊性，在综合社会各界意见和建议的基础之上，提出把映秀镇建设成为灾后恢复重建的样板、抗震建筑的示范区、防灾减灾的示范工程和民族特色精品小城镇的目标。

在映秀镇的恢复重建中，首先要总结国内外防灾减灾的先进经验，充分体现可持续发展的理念，运用先进理论，积极推广应用新技术、新工艺、新设备、新材料等现代科技成果，将其建设成全国乃至世界性的防灾减灾和现代抗震建筑示范区。

映秀镇区将成为防灾减灾示范区，各种类型的建筑物和构筑物共同构成现代抗震建筑群，在映秀镇就可以找到各种防灾减灾技术、各种抗震建筑技术应用的范例工程。通过各种防灾减灾和抗震技术的实践运用，对未来应对地震等自然灾害提供借鉴，起到示范作用。

映秀镇通过安全家园的恢复重建，将重构经济发展、传承社会脉络、体现地域文化、彰显人文关怀、弘扬抗震精神，实现人与自然和谐发展，塑造羌、藏、汉多民族特色的精品小城镇，突出映秀镇灾后恢复重建的"典型性"与"示范性"，为城镇灾后重建树立典范。

7.2 映秀镇灾后重建的示范意义

作为"5·12"汶川地震的震中，映秀镇受到极重破坏，中心镇区几乎被夷为平地，其在抗震救灾前期备受关注。目前开展的灾后恢复重建工作全国牵挂、举世瞩目。映秀镇是国家《汶川地震灾后恢复重建城镇体系专项规划》确定的恢复重建重点镇，明确要求重点扶持，起到示范作用，其恢复重建具有重要的象征意义。

（1）做好映秀镇灾后恢复重建工作，实现

---

① 本章内容由邱建第一次发表在《规划师》2009 年第 5 期第 55 至 56 页。

建设目标,是落实党中央和国务院关于推进灾区科学重建、弘扬伟大的抗震救灾精神的重要举措,是广东、四川两省党委、政府和人民的共同愿望,也是全国人民的共同期盼,对夺取抗震救灾斗争全面胜利具有重要的意义。

(2)做好映秀镇灾后恢复重建工作,实现建设目标,是映秀镇受灾群众的迫切期盼,对尽快安置灾区受灾群众,恢复灾区生产、生活条件,在灾后重建中赢得新的发展机遇,建设安全、宜居的美好家园具有重要现实意义。

(3)做好映秀镇灾后恢复重建工作,实现建设目标,是集中展示人类抗击特大自然灾害智慧结晶的重要平台。映秀具有震中地的不可替代性,在这个特殊地点,在大地震留下的废墟上,凭借人类的智慧与毅力重建美好家园,是体现人类抵御自然灾害破坏力的示范场所,是告慰地震遇难者的最好形式,同时也具有铭记历史、启示后人的历史意义。

7.3 映秀镇灾后重建设想

映秀镇灾后重建将采用先进的规划设计理念、先进的抗震结构、先进的建筑材料和先进的施工技术,邀请最好的设计师进行设计,选择最好的施工管理队伍进行施工,把映秀镇建设成为灾后恢复重建的样板、抗震建筑的示范区、防灾减灾的示范工程和民族特色精品小城镇。

(1)尽快恢复映秀镇的基本功能,按照确保质量与注重效率相结合的原则,抓好关系民生的重建工程的实施。优先恢复灾区群众的基本生活条件,包括居民住房和学校、医院等公共服务设施以及水、电、路等市政基础设施。

(2)要建立完善的安全体系。核实地震断裂带并进行合理避让,确定防灾分区并建立防灾避难系统,建设完善的防灾指挥系统,建立生命线工程,各类建筑要采取先进的抗震措施,加强地质灾害防治,全面提升城镇的综合防灾减灾能力。

(3)加强"四新"科技的应用。在城镇重建中,要注重选择适用的新技术、新工艺、新设备、新材料,实现"四新"科技与建设工程设计施工的有机结合,为映秀镇建设目标的实现提供有力的保障。

(4)建立完善、有效、系统的纪念体系。对地震遗址进行详细调查与分类,系统地组织相关的纪念性资源,划分纪念体系的层次和控制级别,分别采取不同的保护措施,为后代保留一份关于地震灾害以及抗震救灾的精神档案,为警醒和教育人类建立物质媒介。

(5)建设生态宜居、民族特色小城镇。要着力优化环境设施布局、公众游憩系统和生态安全格局,并注重传承和弘扬民族特色,突出安居乐业宜人家园、山水风光温情小镇的主题。

7.4 结语

任何巨大的历史灾难,都将以历史的进步为补偿。有党中央、国务院的坚强领导,有全国人民的大力支持,有广东人民的对口援建,通过科学的规划,四川人民有信心、有能力把映秀镇建设成抗震建筑示范区。相信在不久的将来,展现在世界面前的,将是一个坚强的、凝结世人智慧的美好新映秀,她也将是人类补偿这次历史灾难的有力见证。

■ 参考文献

[1] 汶川地震灾后恢复重建条例（国务院令第526号）[Z]. 2008.

[2] 国务院关于做好汶川地震灾后恢复重建工作的指导意见（国发〔2008〕22号）[Z]. 2008.

[3] 国务院抗震救灾总指挥部灾后恢复重建规划组. 汶川地震灾后恢复重建总体规划[Z]. 2008.

[4] 国家发展和改革委员会，住房和城乡建设部. 汶川地震灾后恢复重建城镇体系规划[Z]. 2008.

[5] 四川省汶川地震灾后恢复重建规划组. 四川省汶川地震灾后恢复重建规划工作方案[Z]. 2008.

[6] 四川省汶川地震灾后恢复重建规划组. 四川省汶川地震灾后恢复重建总体规划纲要[Z]. 2008.

[7] 东莞市城建规划设计院，汶川县映秀镇人民政府. 汶川县映秀镇灾后恢复重建规划[Z]. 2009.

[8] 孙施文、胡丽萍. 灾后重建规划，为了现在和未来的责任[J]. 城市规划学刊. 2008（4）：6-10.

[9] 邱建、江俊浩、贾刘强. 汶川地震对我国公园防灾减灾系统建设的启示[J]. 城市规划. 2008（11）：71-77.

8 灾后重建的历史文化名城保护：汶川地震的经验及其对芦山地震的启示①

汶川"5·12"特大地震发生后，根据《城乡规划法》《文物保护法》《历史文化名城名镇名村保护条例》和《汶川地震灾后恢复重建条例》等法律法规，有效地抢救了历史文物，修复了文物建筑，历史文化名城（以下简称名城）得到相应保护。时值汶川地震五周年之际，在灾后重建任务全面完成，灾区群众生产生活步入正轨并进入发展振兴之时，发生在同一断裂带南段的芦山"4·20"7.0级强烈地震不期而至。灾区群众生命财产再次遭受巨大损失的同时，历史文化名城名镇及文化遗存也损失严重。灾后重建规划范围包括雅安的6个县（区）和成都市下属邛崃市的6个乡镇，其中，震中芦山县以及荥经县、邛崃市都是省级历史文化名城，雨城区为雅安历史文化名城的主城区。芦山地震灾后恢复重建规划正在编制，及时总结汶川地震重建名城保护经验和不足，对于此次灾区名城的科学规划和保护性重建具有十分重要的启示作用。

8.1 汶川地震名城保护规划及重建

汶川地震灾区地处龙门山脉北段，属于藏、羌、回、汉等民族聚居地，是我国唯一羌族聚居地区，10个极重灾区和41个重灾区中有都江堰、阆中2个国家级名城及10个省级名城。这些名城极具历史和地方特色，主要体现历史价值高、文化遗存丰富、地理区位独特、历史影响深远、地域特征明显等几个方面。例如，都江堰市拥有世界文化遗产都江堰水利工程，广汉市因"三星堆古蜀文化遗址"而闻名，广元市是女皇武则天的诞生地，江油市则是诗仙李白的故里。

汶川地震使灾区名城深受重创，大量古建筑严重受损甚至垮塌。具体表现在文物保护单位损毁严重、历史文化街区完整性和真实性遭受破坏、历史文化赖以生存的生态环境遭受严重破坏。如世界文化遗产地都江堰损失惨重，二王庙古建筑群中秦堰楼下沉；汶川姜维城古文化遗址点将台完全坍塌；绵竹民主巷历史街区传统建筑大部分倒塌损毁，几乎成为废墟。

国务院颁布的《汶川地震灾后恢复重建条例》十分重视灾区历史遗存保护，在恢复重建规划一章中明确：地震灾后恢复重建规划应当包括"有科学价值的地震遗址、遗迹保护，受损文物和具有历史价值与少数民族特色的建筑物、构筑物的修复，实施步骤和阶段等主要内容"[1]，规定了历史文化保护是灾后恢复重建规划的有机组成部分；在恢复重建实施一章中指出：对文物保护单位和具有历史价值与少数民族特色的建筑物、构筑物以及历史建筑，应当明确保护对象和保护区域，采取正确的保护措施，并依照国家有关法律、法规的规定执行[2]。

《汶川地震灾后恢复重建总体规划》对名城名镇名村的恢复重建提出明确要求："要尽可能保留传统格局和历史风貌，明确严格的保护措施、开发强度和建设控制要求"[2]，对历史街区

---

① 本章内容由余慧、邱建第一次发表在《城市发展研究》2013年第9期第32至36页。

建筑的加固、修缮或重建、原有建筑材料或构件
的利用、街区内损毁的现代建筑的恢复以及拟申
报的历史文化名城、名镇、名村历史文化特色和
价值的保护提出了要求[2]。

　　各类灾后恢复重建城乡规划保障了灾后各项
恢复重建任务顺利完成，并在空间安排上起到了
决定性作用[3]。在历史文化名城保护方面，《汶
川地震灾后恢复重建城镇体系规划》对名城名镇
名村保护进行了专章表述，要求恢复重建规划区
内的12座国家和省级历史文化名城，12座国家和
省级历史文化名镇（村）[4]；提出应按照《历史
文化名城名镇名村保护条例》对历史文化名城、
名镇、名村进行恢复重建，对历史文化街区、历
史建筑及优秀近现代建筑、各类非物质文化遗产
的保护方法进行了规定，强调制定对文化遗产本
体周边自然和历史环境的修复、控制和整治措
施；并就灾区名城、名镇、名村破坏状况的评
估、保护专项规划、保护详细规划、羌文化的抢
救等具体措施进行了规定。

　　《四川汶川地震灾后恢复重建城镇体系
规划》从技术层面提出了历史文化遗产修复的
原则、措施与保护策略，并将其作为规划目的
之一，还具体规定"尽快完成编制或修订都江
堰市、汶川县、绵竹市和什邡市名城保护专项
规划。尽快科学修复汶川县西羌第一村、雁门
萝卜羌寨、布瓦群碉和瓦寺土司官寨、都江堰
市西街、什邡市罗汉寺和鼓楼街等历史文化街
区"[5]。同时，成都、绵阳、阿坝等市（州）编
制的灾后重建城镇体系规划都结合各地的特点，
突出了名城名镇名村、少数民族城镇地方传统、
民族文化特色的保护，特别强调了羌族聚居地等
羌族历史文化遗产的恢复与抢救。

　　名城属性在灾后城市总体规划中加以明确。

图8-1　灾后恢复重建的阆中历史文化名城华光楼
Fig.8-1　Huaguang Tower in the historic and cultural city of
Langzhong upon the post-disaster reconstruction

如汶川县将城市性质定位为省级历史文化名城，
阿坝州的交通枢纽，全县的政治、文化中心，岷
江河谷山水生态城[6]；都江堰市规划城市性质为
以世界遗产为特色的国际旅游休闲城市、国家历
史文化名城、灾后重建典范城市[7]。所有名城城
市总体规划还包括历史文化保护专章内容。

　　在详细规划编制层面均强调古城区的重要
性，新老城区的合理布局，历史文化街区的专项
规划，如都江堰西街历史街区保护规划[8]等。此
外，开展了地震遗址保护纪念地规划设计并得到
实施，如映秀震中纪念馆、汶川地震博物馆、汉
旺镇工业遗址等。

　　由此可以看出，灾后重建各类规划都遵循了
"传承文化，保护生态"的原则，十分强调灾区
地域文化的传承、民族家园的呵护。在实施规划

图8-2 在北川老县城地震遗址旁修建的汶川特大地震博物馆
Fig.8-2 Wenchuan Earthquake Memorial Museum built outside the old Beichuan County City ruined site

过程中，不仅满足了灾后恢复重建项目的基本要求，而且通过规划引导、建筑创作和景观设计，在继承民族文化传统，尊重当地民族的生产、生活方式，弘扬民族文化，恢复自然环境等方面进行了不懈的努力，在一定程度上担当起了为流离失所的灾区同胞重塑精神家园的责任，保护了名城的价值（图8-1），充实了灾区的文化内涵（图8-2），其成就得到受灾群众和社会各界的肯定。

8.2 汶川地震灾区名城保护的再认识

8.2.1 同步开展名城保护

《汶川地震灾后恢复重建条例》明确了名城规划与名城保护是整个灾后恢复重建的有机组成部分[1]，各类重建规划对于历史文化高度重视，并在实施中取得显著成效。但是，灾后恢复重建具有特殊性，工作整体安排上首先要解决急迫的民生问题，住房、城镇公共服务设施和基础设施等必须被列入优先重建项目，城镇基本功能的恢复也是群众的急迫期盼。因此，如何进一步强化保护意识，同步编制历史文化名城专项保护规划，在灾后恢复重建之初即纳入名城保护内容，系统地、科学地开展历史文化名城保护，避免由于重建与保护工作的"时间差"使名城保护陷入被动局面，甚至出现重建项目与名城保护要求相互矛盾的现象，值得及时总结。芦山地震灾后恢复重建规划在思路形成阶段即考虑到灾区历史文化资源富集的特点，并结合生态保护功能，提出了"国家级文化旅游试验区"的规划内容，为灾后重建的名城保护奠定了基础。

8.2.2　及时评估名城价值

灾区名城情况极其特殊，无论是在保护理念还是在操作层面，保护工作都不能完全按照常规思路和做法进行，必须具有很强的针对性。值得强调的是重新审视灾区名城，及时梳理并系统开展价值再评估是保护工作的起点，事关全局，至关重要。

灾区名城价值评估特别要关注两方面的内容：一方面，经历了地震的巨大破坏之后名城受到巨大影响，历史价值发生了不同程度的变化[9]。必须立足现状采取特殊措施，从继承中华民族优秀历史文化遗产的高度来认识抢救民族文化、呵护地域特色，这项工作具有重要性和紧迫性。地震中免遭劫难的历史遗存格外珍贵，名城价值评估时要倍加珍惜，全面纳入评估范围并提高其价值权重。另一方面，灾难特别是特大灾难本身也是一种历史资源。《历史文化名城名镇名村保护条例》将发生过重要历史事件，历史上建设的重大工程对本地区的发展产生过重要影响等作为名城的申报条件之一[10]。震惊中外的汶川地震是新中国成立以来破坏性最强、波及范围最广、灾害损失最大的一次地震灾害，从历史长河来讲，无疑是一件以巨大灾难为特征的历史事件，将长期激发人们对生命的价值、意义和人文精神的思考，因此纳入了名城评估内容，从而对名城价值形成完整的认识[9]。

8.2.3　运用防灾减灾理念

灾前名城保护非常强调历史遗存的原真性，注重对历史建筑、文物保护单位和历史文化街区及其周边环境的维护与保护，并特别关注新建建筑对其影响，但鲜有从防灾避灾的角度进行名城专项保护，缺乏名城整体性抗震防震思维。

两次地震给名城保护工作敲响了警钟：作为千百年遗留下来的优秀历史文化遗产，名城抵御灾害的能力尤其脆弱，遗产价值极易丧失，历史文化名城保护任重道远，对于地处具有潜在自然灾害影响区域的历史文化名城来讲，必须遵循安全第一的原则，及时运用城市防灾理论成果，以防灾减灾理念来指导保护规划编制，在专项保护规划中补充防灾减灾内容，针对历史建筑、历史街区提出具体抗震技术措施，明确物质遗产和非物质文化遗产的防灾避灾思路，通过科学的保护手段，尽量减少灾害给遗产造成的损失。

8.3　芦山地震灾区名城保护的几点建议

8.3.1　名城概况

芦山地震灾区的四座历史文化名城距今都有2000多年历史，例如，雅安市地处四川盆地向高原过渡的生态阶梯，是原西康省省会，是沟通川、藏、滇各民族的边缘走廊，也是国宝熊猫的故乡、世界茶文化的源头，素有川西咽喉、西藏门户、民族走廊之称[11]；震中芦山县历史上为西部都尉，蜀郡属国都尉，汉嘉郡、县的治地，是西南丝绸之路西道（青衣道、牦牛道、零关道）重镇和控驭交往西南民族的边郡，亦是红军建立的川康革命根据地中心[11]。

8.3.2　总体要求

要借鉴汶川地震名城保护经验，立足于抢救历史遗存，弘扬民族文化，强化地域特色，突出名城内涵，全力保护文物古迹、科学修缮历史建筑、精心维护传统格局、有效传承历史风貌、着力改善景观环境，保留并延续历史文化名城赖以生存和发展的土壤[12]。为此，重点要完善对各级文物保护单位、历史地段与优秀近现代建筑实施震后修复与重建，特别要原真性修复汉代高颐阙、唐代古刹金凤寺、汉姜侯祠平襄楼、芦山姜维墓等受损文物。古建筑群和主要附属建筑、构筑物在保持历史文化遗存完整性的同时，安全防护应满足防震、防火、防爆、防洪的技术要求。

8.3.3　保护规划

对名城直接而有效的保护措施是及时将名城保护工作纳入法定规划并依法实施。由此，要第一时间编制历史文化名城专项保护规划，将灾难这一历史事件纳入名城的评估内容，技术层面要在宏观上提出控制要求，制定保护原则，除了明确历史文化名城属性外，尊重原有城市肌理和历史文脉，划定历史文化街区保护范围，在城市用地布局和发展方向上做出有利于名城保护的空间安排，这对于需要在较短时间内完成民生工程和城市功能恢复的灾后重建工作尤其重要。

8.3.4　重建模式

在名城的恢复重建中，切忌简单采用"拆旧城、建新城"的"推倒重来"模式，建议充分吸纳云南丽江的重建经验，积极保护旧城。例如，芦山县要整体保护老城区，注重恢复历史原貌，重建中加大对局部老城区拥挤地段的梳理，对不合理功能进行疏解，对历史建筑严格保护，强化抗震避难场所和疏散通道的规划。汶川地震灾区名城汶川县城也采取这一功能疏解措施，不仅有效弥补了灾前城市避难场所建设的不足，而且通过民族文化的挖掘，为藏族和羌族同胞营造出文化底蕴深厚的城市休憩场所和精神交往空间（图8-3）[9]。

图8-3　功能疏解后在汶川县城中心修建的具有地域民族特色的公共开放空间

Fig.8-3　A public open space built with local and national characteristics in the city centre of Wenchuan after a functional dispersal

8.4 名城保护相关法律法规的完善

两次地震都暴露出我国缺乏应对突发灾难的法律、法规和政策的前期储备，与规划配套的政策法规准备明显不足[13]。一方面，现行有关防灾减灾的法律法规对历史文化名城重视不够，没有制定针对名城特殊性的保护规定；另一方面，在与历史文化名城保护相关的法律法规建设方面，注重对人为破坏的防止，轻视对自然灾害的防范，防灾减灾内容严重不足。以《历史文化名城名镇名村保护条例》为例，条例规定名城应当遵循科学规划、严格保护的原则，保持和延续其传统格局和历史风貌，维护历史文化遗产的真实性和完整性；在保护规划要求方面，明确了编制保护原则、内容、范围、措施以及开发强度和建设控制等内容，努力规范人们的活动特别是开发行为，减少人类活动对名城的负面影响[10]。但是面对自然灾害对名城造成的破坏，该条例规定甚少，应对类似地震等重大自然灾难方面，防灾减灾内容没有列入其中，明显缺失。全国还有其他名城地处地震断裂带，汶川地震和芦山地震造成的灾难性破坏警示：亟须应用防灾减灾理论，修改完善现有法律法规体系，形成名城的抗震保护制度，以适应名城的特殊保护要求，提高历史文化的保护地位，并适时启动并制定针对地处高设防地区的历史文化名城防灾减灾的地方条例或规章。

近期颁布的《历史文化名城名镇名村保护规划编制要求（试行）》，围绕总则、编制基本要求、历史文化名城保护规划编制、历史文化街区保护规划编制、历史文化名镇名村保护规划编制、成果要求、附则、附件（保护规划制图标准）八大板块内容[14]，为科学合理地做好历史文化遗产类保护的规划做了详细阐述。遗憾的是，经过汶川地震，该文件仍然没有涉及防灾减灾保护的相关内容，结合两次地震给灾区名城造成的实际影响，建议增加以下内容：保护规划的主要内容还应包括历史文化名城、名镇、名村的防灾专项规划；编制规划前，对现有的防灾状况进行调研与评估，包括历史灾情、致灾因子（震灾、地震次生灾害，还有火灾、洪灾、风灾、地质灾害、雪灾等其他灾种）、自然灾变强度、承灾体易损性等，评估社会经济、救援队伍、工程抗震、恢复重建、生命线工程能力等各项防灾减灾能力；确定具体的防灾对象，尤其针对历史文化街区、文物保护单位提出防灾保护要求、规划编制内容，明确各项技术指标及措施。该防灾保护规划注重历史文化载体的本体防灾保护，以及历史空间避难场所和疏散通道规划，与城市总体防灾规划相协调。

8.5 结语

汶川地震灾区历史文化名城在灾后进行了重建，不仅在经济恢复和社会发展方面取得了巨大的成就，也在较短时期内修复了良好的区域和城市形象。名城保护专项规划的编制，灾后重建规划体系的完善，必将有效地对名城进行更加科学的重建和全方位的保护。同时，汶川地震对人类的启示、抗震救灾的精神以及灾后重建的伟大实践，使灾区实现了凤凰涅槃，使名城的内涵和外延得以丰富与拓展，并赋予时代意义。芦山地震名城保护工作，无论在理念创新还是在规划编制技术上都将面临新的挑战，也必将在迎接挑战过程中不断展现自身价值，在芦山地震灾区重建时期发挥更加重要的作用。值得一提的是，除名城外，还有相当数量的历史文化名镇、名村，也易遭受地震的破坏和影响，希望本文的思考对名城、名镇、名村的灾后恢复重建和振兴发展具有直接的借鉴和参考价值。

■ 参考文献

[1] 国务院. 汶川地震灾后恢复重建条例（国务院令第526号）[Z]. 2008.

[2] 国务院抗震救灾总指挥部灾后恢复重建规划组. 汶川地震灾后恢复重建总体规划[Z]. 2008.

[3] 邱建. "5·12"汶川地震灾后恢复重建城乡规划设计[J].建筑学报，2010（9）：11-17.

[4] 国家发展和改革委员会，住房和城乡建设部. 汶川地震灾后恢复重建城镇体系规划[Z]. 2008.

[5] 四川省汶川地震灾后恢复重建规划组. 四川省汶川地震灾后恢复重建城镇体系规划[Z]. 2008.

[6] 广州市城市规划勘测设计研究院. 汶川县县城[威州镇]灾后恢复重建总体规划（2008—2020）[Z]. 2008.

[7] 都江堰市人民政府，上海同济城市规划设计研究院. 都江堰市总体规划（2008—2020）[Z]. 2008.

[8] 上海同济城市规划设计研究院. 都江堰市西街历史文化街区保护与整治修建性详细规划[Z]. 2010.

[9] 余慧. 汶川地震灾区历史文化名城灾后价值分析与保护研究[D]. 成都：西南交通大学，2012.

[10] 国务院法制办农业资源环保法制司. 历史文化名城名镇名村名城保护条例释义[M]. 北京：知识产权出版社，2009.

[11] 应金华，樊丙庚. 四川历史文化名城[M]. 成都：四川人民出版社，2000.

[12] 舒波，邱建，石春初. 悉心呵护地域文化、多维并举重塑民族家园[J]. 建筑学报，2010（9）：100-104.

[13] 邱建，蒋蓉.关于构建地震灾后恢复重建规划体系的探讨——以汶川地震为例[J]. 城市规划，2009，33（7）：11-15.

[14] 住房城乡建设部，国家文物局. 历史文化名城名镇名村保护规划编制要求（试行）[Z]. 2012.

9 城乡统筹背景下的县域应急避难场所体系构建
——以成都市大邑县为例①

9.1 引言

地震应急避难场所是指为应对地震等突发事件，经规划建设，具有应急避难生活服务设施，可供居民紧急疏散、临时生活的安全场所②。通常，地震室外应急避难场所主要利用城市公园、绿地、广场、学校操场等城镇开敞空间而构建。从目前我国城乡规划研究和实践成果来看，国内应急避难场所规划建设主要在大中城市，且集中在大城市中心城区，这对于提高人口高度密集地区的防灾减灾能力、减少群死群伤来讲，无疑是必须的。但是2008年"5·12"汶川特大地震以及随后发生的青海玉树地震显示，受灾严重区域集中在量大面广的乡镇以及更为广阔的农村灾区。由于建筑质量较差，防灾意识薄弱，导致抗击地震等灾害的能力较低，灾害来临时这些地区往往成为重灾区③。大地震暴露出来农村地区灾损严重与城镇布局不合理，农村建筑质量不过关等原因直接相关，但也与大多数乡镇缺乏场所规划和财力支撑，在应急避险场所的建设方面滞后不无关系。因此，随着我国城乡一体化进程的整体推进，中小城镇及农村地区的安全问题需要引起高度重视，需要城市规划工作者基于城乡统筹的思想，确立城乡安全发展的系统观，开展城乡巨灾综合管理与技术对策研究，将维护安全的基础设施的建设进一步向乡镇地区延伸，使城市与乡村的居民均能享受到同等的基础设施保障与服务，保障城乡居民安全④。

本文通过对现有应急避难场所规划标准进行分析解读，借鉴国外的成功经验，并以《成都市大邑县应急避难场所布局规划》为案例，分析县域层面应急避难场所规划与大中城市的避难场所体系规划的区别，希望能对统筹城乡的应急避难场所规划编制以及下一步相关规范和标准建设提供一定借鉴。

9.2 我国应急避难场所规划标准对县域的适用性分析

2007年，我国颁布的《城市抗震防灾规划标准》（GB 50413—2007）主要适用于地震动峰值加速度大于或等于0.05 g（地震基本烈度为6度及以上）地区的城市抗震防灾规划。对城市避震疏散场所划分为紧急避震疏散场所、固定避震疏散场所和中心避震疏散场所三级，其中紧急避震疏散场所用地面积不小于1 000 ㎡，人均有效避难面积不小于1 ㎡；固定避震疏散场所用地面积不小于10 000 ㎡，人均有效避难面积不小于2 ㎡；

① 本章内容由蒋蓉、邱建、陈俞臻第一次发表在《规划师》2011 年第 10 期第 61 至 65 页。

② 《地震应急避难场所场址及配套设施》（GB 21734—2008）

③ 根据《汶川县县城灾后恢复重建总体规划》资料显示，汶川地震造成汶川全县直接经济损失超过 1 000 亿元，遇难人数达 15 941 人，失踪人口 7 295 人，房屋倒塌 20 余万间，损坏 30 余万间，基础设施受损严重，全县多年发展的存量几乎全部被毁。

④ 金磊：《加强我国城乡综合减灾规划的建议——写在汶川"5·12"大地震后的科学思考》，《安全》，2008 第 6 期，第 1-3 页。

中心避震疏散场所用地面积不小于50 hm²。

目前国内北京、上海、重庆、成都等大中城市的应急避难场所规划大多参考以上标准建立了三级体系（表9-1）。

从现行乡镇规范来看，目前《镇规划标准》（GB 90188—2007）要求"避震疏散场地应根据疏散人口的数量规划，疏散场地应与广场、绿地等综合考虑，并应符合下列规定：①应避开次生灾害严重的地段，并应具备明显的标志和良好的交通条件；②镇区每一疏散场地的面积不宜小于4 000㎡；③人均疏散场地面积不宜小于3㎡；④疏散人群至疏散场地的距离不宜大于500 m；⑤主要疏散场地应具备临时供电、供水并符合卫生要求。"

由以上分析可见，我国现行《城市抗震防灾规划标准》三级标准主要适用于大中城市抗震防灾规划，由于城市和乡镇地区居民避震疏散方式和需求情况不同，因此，该标准对乡镇地区应急避难场所规划的指导性不强。而在《镇规划标准》（GB 90188—2007）中城镇综合防灾部分对避震疏散场地规定比较原则，缺乏比较详细的规定，虽然在《村镇规划标准》（GB 50188—1993）中，对村镇安全选址有一定规定，但针对村镇综合安全偏重防洪规划内容，对防震规划的内容涉及较少。在城乡统筹背景下，城乡公共服务设施均等化并不等于配置标准的完全一致，而是应该客观分析城市与乡村地区对基础设施服务

表9-1 应急避难场所指标比较表

	分级数	分级名称	人均有效面积/㎡		用地规模/㎡
规范标准	3	紧急避震疏散场所	≥3.0	≥1.0	≥1 000
		固定避震疏散场所		≥2.0	≥10 000
		中心避震疏散场所		—	≥500 000
北京	2	紧急避难场所	3.5～5.0	1.5-2.0	≥2 000
		长期避难场所		2.0-3.0	≥4 000
上海	3	Ⅰ级避难场所	3.0	2.0	≥20 000
		Ⅱ级避难场所		1.0	≥4 000
		Ⅲ级避难场所			≥2 000
重庆	3	市级避难场所	15.0	9.0	≥100 000
		区级避难场所		4.0	≥20 000
		社区级避难场所		1.0	≥2 000
台湾	3	紧急避难场所	1.8～3.0	0.5	
		临时避难场所		0.5	
		中长期避难场所		0.8-2.0	

注：1.规范标准摘自《城市抗震防灾规划标准》（2007）。

2.北京、上海、重庆标准来源于各个城市相关规划。

3.台湾标准摘自互联网。

需求的差异性，统一规划、分类指导。因此，有必要加强全域范围内城乡应急避难场所规划指标的研究分析。

9.3 基于城乡统筹的成都市大邑县应急避难场所规划内容分析

"5·12"汶川特大地震发生后，成都市一些重灾县（市）随即开展了应急避难场所规划编制，大邑县是重灾区之一，其应急避难场所的规划编制按照城乡统筹思想进行了一定探索，较好地引导了灾后重建的应急避难场所建设。

9.3.1 相关概况

大邑县位于成都市市域西部（图9-1），面积1 327km²，2008年，大邑县域人口约51.67万人，其中农业人口32.42万，占62.7%，非农人口19.25万，占37.3%。该县地处成都平原和邛崃山脉过渡地带，地形复杂，山区、低山丘陵区以及平原区分别占全县面积的53%、18%、29%。

图9-1 大邑县在成都市的位置示意图

根据《成都地区地质构造暨震中分布图》，大邑县域范围内自西向东分布的龙门山断裂带包括青川茂汶断裂带、北川中滩断裂带、江油灌县断裂带、天台山断裂带和大邑郫县隐伏断裂带。这些断裂带多是东北—西南走向，而且主要分布于县域内的西部山地及丘陵地区（图9-2）。

在"5·12"汶川地震中，大邑县城由于离地震断裂带相对较远，且属于平原地区，仅出现了房屋倒塌和受损，人员受伤的现象，受灾相对

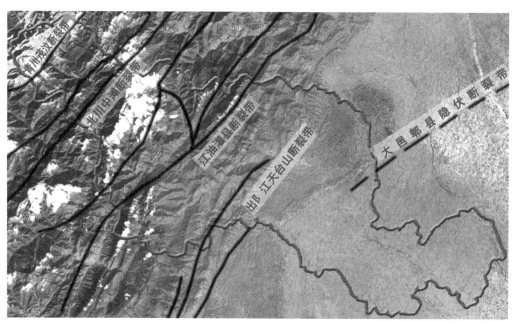

图9-2 大邑县地形地貌及地震断裂带分布示意图

较轻。县域西部山区的西岭镇、雾山乡、金星乡、邮江镇等乡镇出现大量农房倒塌，约两百名人员伤亡，受地震灾害影响较为严重，居民生活与社会生产受到极大威胁。

9.3.2 震前大邑县城乡应急避难场所存在问题

（1）城区应急避难场所的有效性差和功能性较差。

虽然大邑县城（晋原镇）人均避难场所用地指标达到5.9 ㎡/人，满足《城市抗震防灾规划标准》（GB 50413—2007）中人均不低于4㎡的要求。但县城旧城区的公共绿地、广场等开敞空间的建设主要是见缝插针布置，面积偏小，且多数被建筑围合，实际有效避险面积低。同时，现状场所大多数有空间、无功能、无设施、无标识。给水、排水、供电、通信等基础工程比较缺乏，难以满足城区居民的安全防灾需求。

（2）乡镇和农村地区应急避难场所匮乏。

由于很多乡镇位于山区，大邑县19个镇区除了蔡场镇人均避难场所用地达到1.1㎡，其余镇均不足1㎡，而类似花水湾镇和雾山乡属于山地型城镇，镇区几乎没有可以作为避难场所的资源，不能满足灾害发生时乡镇地区人们长期避险需要。农村地区缺乏应急避难场所，灾后多数村民采取搭简易棚就近避难，生活条件差且安全性很差。

（3）应急避难通道不足。

灾后大邑县对外交通主要依靠成温邛高速公路，其承担了大邑和成都中心城疏散转移和救援任务，但疏散通道过于单一，安全性较低。而且县域内各乡镇之间的联系通道主要是乡村公路，等级低，通达性不高。同时，由于城区和各乡镇内主干道存在占道经营的现象，灾后难以发挥快速疏散救援的功能。

（4）缺乏系统高效的救灾信息指挥系统。

灾害发生后，大邑县救灾物资、人员调配，相关信息的收集和传播等方面出现一定困难，暴露出大邑县从县城—乡镇—农村地区的救灾信息指挥系统还未形成，缺乏系统高效的救灾信息指挥体系。

9.3.3 应急避难场所等级体系与标准

规划以构建安全的城乡防灾体系为指导，突出城乡统筹的基本思想，以预防为主，将防御与救助相结合，满足城乡居民应急疏散和避难的基本需求，建立一个与大邑县城乡体系相适应的避难场所及配套设施体系。

9.3.3.1 考虑因素

（1）城乡居民应急避难行为。

一般来说，城市居民在灾后应急阶段的避难一般分为紧急避难、临时避难以及长期避难等几个阶段。在紧急避难阶段，城市居民一般选择5～10 min可以到达的场所，主要是就近的安全空间，如绿地、公园、广场、院落等。而在紧急避险阶段后考虑次生灾害可能接连发生，人们一般要求在离家1km以内，找到1天到2周内暂住的场所。若在灾害连续多日、多周、多月发生时，短暂的几日躲避已经不能解决生活中的若干问题，因此需要汇集到一个规模较大、各类基础设施相对完善的地方进行驻扎，做好长期避难的准备。此类场所也是驻扎受灾人员和救援人员的场所。

结合"5·12"汶川特大地震实际情况，规划对大邑县城区、乡镇以及农村地区的居民分别进行了问卷调查和访谈交流。结果显示，对紧急避难场所的选择方面，大邑县城区"5·12"汶川地震时受灾较轻,大部分城区居民以就近选择绿地、宽敞道路、广场、体育场、城郊农家乐内避难为主,而离断裂带较近的乡镇和农村地区由于场镇区规模小、周边农田地广阔,则以在房屋旁边的农田搭建帐篷避难为主(图9-3)。在长期避难场所的选择方面,城镇人口主要选择以政府安排的临时安置区为主,农村人口选择离家较近的地方和政府安排的临时安置区两种形式并存,其中选择离家较近的地方搭建临时居所的占37%(主要基于守候家庭财产的考虑),其余的主要安置在政府统一安排的临时安置区内(图9-4)。

(2)城乡震后疏散策略。

震后应急避难疏散策略指地震发生后采取一定的疏散方式使应急避难人口在不同时间和空间上的总体安排。疏散策略直接影响对应急避难场所的需求。根据"5·12"汶川地震经验,在

灾害发生后紧急避险阶段,大邑县域宜采用就近安置的策略,原则上应确保100%城镇居民和在当地旅游人口[①]的避难场地需求,农村地区居民基本就近疏散到周边开敞空间,不需要单独考虑紧急避难场所。此阶段以居民自发救助和自行疏散为主,政府力量主要用于救援和其他应急处理事项。而到中长期避难阶段,由于灾害可能会持续发生,旅游人口基本已经疏散到安全区域,而当地居民需要长期避难的空间。考虑到居民的就近避难的心理,长期避难策略采取以镇为单位平衡,预留足够的用地空间。因此,城镇的长期避难场所应满足100%的城镇人口需求,农村地区的长期避难场所结合当地的调研情况应至少满足60%的农村人口需求,主要结合村中小学、村政府等公共服务设施考虑。

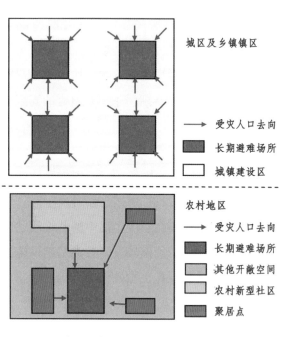

图9-3　大邑受灾人口临时避难去向分析示意

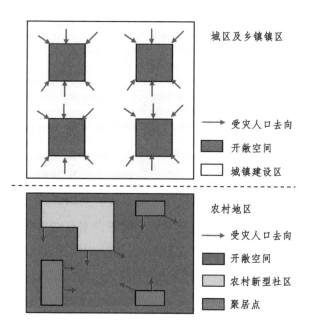

图9-4　大邑受灾人口长期避难去向分析示意

---

① 大邑县是成都市西部一个重要旅游县,2009年全县旅游人口约300万人次,在西部龙门山西岭雪山、花水湾温泉等风景旅游区有一定数量的旅游人口。

9.3.3.2场所等级设置

根据城乡居民的避难行为特点，同时结合大邑县灾后指挥服务系统，规划对大邑城区、乡镇和农村三个层次在避难场所的等级、建设标准进行了不同的划分：大邑城区主要是参照《城市抗震防灾规划标准》的标准构建三级避难场所体系，乡镇为两级，农村地区则采用一级体系。

（1）紧急避难场所。

城区和各乡镇建设规模相对较大，受灾人口无法快速疏散到外围开敞地区避难逃生，因此，需要在城区（镇区）内利用绿地、广场等开敞空间设置紧急避难场所。城区和各乡镇所设紧急避难场所应满足当地居住人口和旅游人口的紧急避难阶段（1~3天）要求。

农村地区因建设用地规模小，周边开敞空间资源丰富，受灾人口可就近利用周边农田、林地等开敞空间进行紧急避难，不需要单独设置紧急避难场所。

（2）中长期避难场所

中长期避难阶段（4~30天），旅游人口一般选择对外疏散，其对避难场所的需求比较小，主要应考虑当地受灾居民长期生活需要。

场所设置应便于设施的平灾结合使用和共享，城区和各乡镇可依托城镇地区的绿地、学校、体育用地等开敞空间，配置一定的必要设施形成长期避难场所，为受灾人口长期避难使用。城区和各乡镇设长期避难场所应满足当地居住人口的长期避难要求。

农村地区原则上以村为单位，利用村小或者村政府等设置中长期避难场所，便于组织和管理。

9.3.4 应急避难场所布局规划

按照以上标准，规划布局分为三个层次（图9-5和图9-6，表9-2）：

（1）城区：规划人口25万人，规划紧急避难场所37处，合计有效避难面积26.3 hm²，人均约1 m²，固定避难场所11处，合计有效避难面积66.7

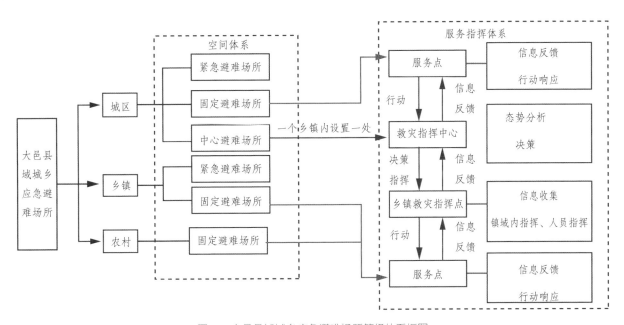

图9-5 大邑县域城乡应急避难场所等级体系框图

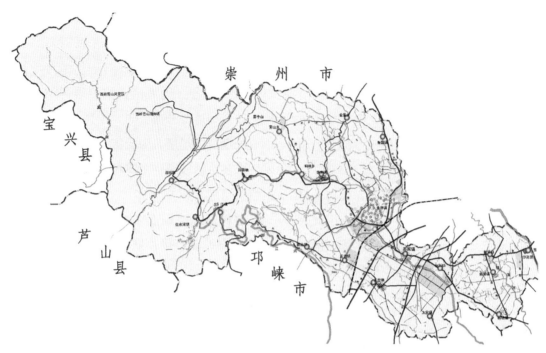

图9-6 大邑县域应急避难场所布局规划

表9-2 大邑县域地震应急避难场所分类及用地标准

分类	分级	功能	用地面积/m²	人均有效面积/m²	服务半径/m
城区	紧急避难场所	主要为灾害发生当天紧急避难	≥1 000	≥1	500以内
	固定避难场所	主要为城区居民提供长期避难，设置服务点	≥10 000	≥4	3 000
	中心避难场所	主要为城区居民提供长期避难，设置救灾指挥中心	≥5×10⁵	—	—
乡镇镇区	紧急避难场所	主要为灾害发生当天紧急避难	≥1 000	坝区不小于1，丘区不小于0.5	500以内
	固定避难场所	主要为城镇居民提供长期避难，设置服务点，且要求以乡镇为单位，至少设置一处救灾指挥点	≥3 000	坝区不小于4，丘区不小于2	3 000
农村	—	以村为单位，至少设置1处固定避难场所	—	2	—

ha，中心避难场所1处，有效避难面积51.7 ha。人均约4.7 ㎡。

（2）外围乡镇：19个乡镇规划城镇人口约37.46万，规划紧急避难场所38.83 ha，人均约1 ㎡，固定以及中心避难场所154.3 ha，人均4.1 ㎡。

（3）农村地区：规划农村人口约19.54万人，没有单独设置紧急避难场所，规划固定避难场所（主要依托村小或者村政府）23.51 ha，人均约2 ㎡，并且基本达到了每个村设置一处固定避难场所的要求。

9.3.5 应急避难通道规划

规划大邑县域从道路等级及其对外、对内承担的交通联系功能将避难通道（图9-7）分为以下几类：

（1）避难主通道。

大邑县向外疏散以及外界救援力量进入大邑实施紧急救援的综合性通道，机动车出行的紧急救援、紧急疏散等均可选择避难主通道。规划形成两横四纵避难主通道。主要为大邑县对外联系的交通干道，包括高速公路、市级干线公路和部分县级干线公路。

（2）避难次通道。

大邑县内部的相互救援、疏散的联系通道。主要为各镇之间的交通连线通道，包括县级干线公路、一般县级公路和城区部分干道。

（3）避难支路。

与紧急避难场所和固定避难场所的联系通道。主要包括乡道、各镇内部的次干路、支路等。

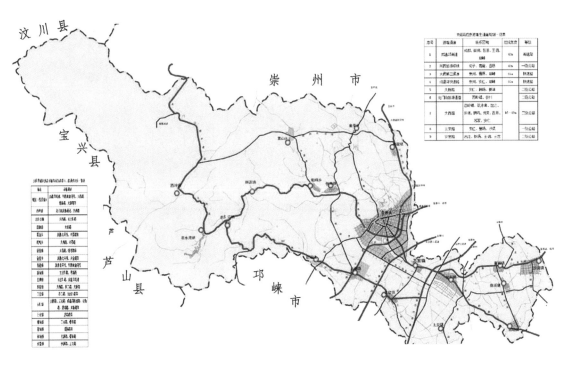

图9-7　大邑县域应急避难通道规划

9.4 结语

目前，我国县域城镇应急避难场所建设较少，与我国当前在此领域理论研究缺乏、法规体系不健全以及财政支撑缺乏等因素密切相关。在城乡统筹背景下，县域城镇安全应该提高到一个新的认识高度，改变重城市、轻镇村的思想，以全域的视角进行统筹考虑。《成都市大邑县应急避难场所布局规划》结合灾区震后经验，围绕应急避难的全过程，根据城区、乡镇以及农村地区的不同特点，提出了城乡应急避难场所体系标准，在此方面做了一个新的尝试，为下一步场所建设提供了依据，其科学性和合理性还有待实践验证。

■ 参考文献

[1] 邱建，江俊浩，贾刘强. 汶川地震对我国公园防灾减灾系统建设的启示[J]. 城市规划，2008（11）：72-77.

[2] 成都市规划设计研究院. 成都市大邑县应急避难场所布局规划[Z]. 2009.

[3] 成都市规划设计研究院. 大邑县县域总体规划（2007-2020），[Z]. 2007.

[4] GB 50413—2007 城市抗震防灾规划标准[S]. 北京：中国标准出版社，2007.

[5] GB 21734—2008 地震应急避难场所场址及配套设施[S]. 北京：中国标准出版社，2008.

10 悉心呵护地域文化 多维并举重塑民族家园①

"5·12"汶川特大地震给我国唯一羌族聚居地区的四川省汶川县、理县、茂县以及北川县造成巨大人员伤亡和财产损失，大量羌族人民世世代代生存的家园被夷为平地，历史文化价值极高的羌族民居遭受灭顶之灾。对此，各级政府高度重视，社会各界慷慨相助，形成了共同拯救和保护濒危的羌族文化遗产，重建羌族家园的合力，在短短的两年多时间内，一系列羌族聚落、集镇的规划设计得以完成，一栋栋地域特色鲜明的羌族建筑相继建成。

10.1 羌族聚居区灾后恢复重建项目的特殊性

羌族是我国最古老的民族之一，数千年的历史积淀馈赠给世人以底蕴深厚、内容丰富的文化遗产：独具风情的民风民俗，特色鲜明的手工艺术，与自然环境有机交融的聚落形态，风格质朴、施工技艺精湛的羌碉、民居等，这些独特的物质文化形态和非物质文化成果被称为民族演化史上的"活化石"，是中华文明的有机组成部分。作为羌族地区的灾后恢复重建项目，具有许多特殊性，除了意义重大、时间紧迫之外，还有多重目标属性：第一，要为灾区的人民群众提供舒适的生产、生活空间，使其能尽快恢复正常的生产与生活；第二，要继承民族文化传统，尊重羌族人民的生产、生活方式；第三，要弘扬民族

文化，将民族文化展示和民族生活体验的功能有机地融入规划设计当中，发展文化产业，促进民族文化的可持续发展；第四，要延续当地建筑自古以来就融入自然的理念，设计中要注重对自然环境的保护，还原地域建筑赖以生存的真实自然环境。因而，在四川羌族地区进行的灾后重建项目都担负着特殊的历史使命——在为震后流离失所的羌族同胞重建一座座物质空间的同时，还要为他们重塑一处处精神家园，使其成为传承羌族文化的物质载体，以保证羌族人民的生产生活方式得以延续发展，羌族的传统文化得以活态保护。基于此，四川省在羌民族地区灾后重建的一系列规划设计中始终以羌族群众的人居环境改善和长期的可持续发展为指导思想，把对自然环境的尊重、对地域文化的呵护、对民族精神的弘扬作为设计原则（图10-1）。在地震之后两年多的时间里，灾区的茂县、北川、汶川县的映秀镇、绵虒镇、水磨镇等地区都设计、建成了富有民族

图10-1 余震中构思的羌寨设计
（图片由李路提供）

---

① 本章内容由舒波、邱建、石春初第一次发表在《建筑学报》
2010年第9期第100至104页。

特色和彰显传统文化底蕴的羌族聚落。多维并举即是在这样的背景下形成的一种设计思路。

10.2　多维并举的设计思路

以往民族地区的许多规划设计项目存在片面追求形式的倾向，主要体现在过分注重建筑的外部特征而不是强调其内在的空间逻辑关系（如建筑的群落空间、街巷空间、室内空间等），容易忽略民族文化赖以生存的自然环境和文化环境，在羌族聚居地区难以与其传统的生产、生活方式相适应，从而不能"活态"地保护和延续民族文化，属于形而上的设计方法。事实上，"物质空间作为聚居生活的空间场所和载体，是一定的聚居生活结合一定的社会、经济、技术等条件形成的，是聚居生活的空间表现形式"[①]，一个民族的文化附着于建筑之上，同时蕴藏在生活模式、生产方式及其赖以衍存的环境之中。千百年来，独特的生活、生产模式产生了独特的建筑空间，并与其周边的自然环境相适应，最终形成建筑与地域特征。基于此，在羌城灾后恢复重建规划设计中力求还原真实的生态环境和当地居民的生产、生活方式，探索一种"活态"的保护方法，通过这种方式构筑起具有鲜明民族特征的建筑、空间形式，使羌族的文化能够"原生态"地得以延续和发展。

要再现秀丽繁荣的羌族聚居地，复兴古老深厚的羌族文化，处理好自然环境、文化环境以及社会环境的关系显得尤为重要。通过各方面综合考察、研究以及与地方政府、羌族群众和兄弟设计单位的交流，在羌城规划设计过程中总结并提出了多维并举的设计思路和方法，主要包括自然、文化和社会三维，即从尊重自然环境和生产

方式、保护羌族文化、持续发展三个角度综合考虑羌城的规划设计，不仅不偏废任何一个方面，而且要使这三个方面有机并存，其中，文化是灵魂、自然是依托、生产是保障，三者相辅相成，相互影响，协调发展。

茂县[②]是全国羌族人口最多的县，羌城项目基地位于茂县河西片区、岷江西岸，地势西高东低，金龟包和银龟包两个山坡南北相连，东向岷江，以坡地为主，占地约二平方公里，主要功能以居住、文化展示、商业、农牧业生产为主。

在规划设计过程中，运用多维并举设计思路综合考虑各种复杂的设计要素并且在规划中体现出来，借用了景观生态学上"千层饼"的设计方法，在自然、文化、社会等几个维度上将设计要素层层叠加，复合构筑出以有机网眼覆盖的"活态"羌族聚居区（图10-2是羌城规划中的设计要素叠加示意图）。

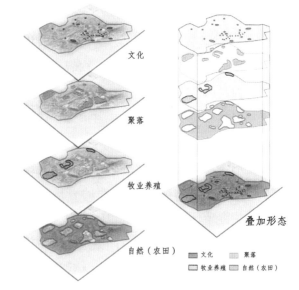

文化

聚落

牧业养殖

叠加形态

自然（农田）

▨ 文化　　▨ 聚落
▨ 牧业养殖　▨ 自然（农田）

图10-2　羌城规划中的设计要素叠加示意图

---

① 李立，《乡村聚落：形态、类型与演变——以江南地区为例》，东南大学出版社，2007年版。

② 《旧唐书》和《茂州志》载：茂州"以郡界茂湿山为名"，唐代至民国初期均用此名。1958年曾名茂汶，是因茂县大部分地区处于汶山地带，后阿坝州更名，始称茂县。茂县治凤仪镇，它作为全国羌族人口最多的县，完整保留了羌族的基本特征，民族文化浓郁，古风纯朴自然。

10.3 自然维

10.3.1 认识生存环境，保护自然生态

羌族先民迁至川蜀之地后，主要集聚在岷江中上游的崇山峻岭区域，属于干旱河谷地带，生态环境十分脆弱，其生产生活方式也由游牧业改变为以农牧业为主，加之聚落防御性的要求，建筑多选址于山腰，建筑群与自然环境紧密契合，不破坏山势，层层叠叠地展开，表达出聚落空间形态对自然环境的理解与尊重（图10-3）。羌城的规划设计中，也着力继承羌族尊重自然、保护生态的理念，着意体现羌族建筑与山水地貌有机融合的传统特点，力求做到在保护生态中适度开发，在开发中寻求对生态的积极保护。

10.3.2 集约节约用地，珍惜耕地资源

汶川地震使羌族聚居区大量耕地灭失，造成原本极其稀少的耕地资源更加稀缺，凸现出遵循集约节约用地、珍惜耕地资源原则在羌族地区灾后恢复重建项目的紧迫性和重要性。在规划设计中，必须注意保留幸存的农业用地，使居民不会因为新聚落的修建而失去赖以生存的土地和传统的生活方式。羌城的规划结合了基地的自然特点，尽量不占用耕地，尽量不改变地形地貌，同时考虑到防震避灾要求，对地形进行坡度、坡向分析，选择坡度25%以下，坡向东、南的河谷、半山或高山地带布置聚落，承袭了羌族的聚落形态和生态理念（图10-4 坡度坡向分析）。另外，灾区十分注重结合村落布局进行损毁土地复垦，如汶川县绵虒镇上官庙村不仅为羌族群众重建了美丽的新家园，还整理出186亩（12.4 ha）耕地，惠及137户结合542位村民（图10-5）。

图10-3 与干旱河谷环境相协调的汶川县布瓦村羌族聚落

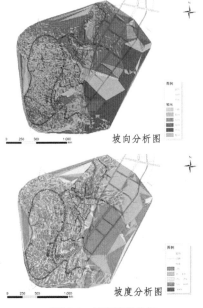

坡向分析图

坡度分析图

图10-4 坡度坡向分析

图10-5　灾后重建的绵虒镇上官庙村羌寨

10.3.3　尊重传统布局，再现聚落肌理

　　羌族聚居地区特有的地形地貌特征一般很难使聚落选址、布局具有明显的轴线、对称关系，往往紧密结合自然地形条件随地就势，在建筑物之间形成典型的离散型"街巷"聚落肌理（图10-6）。在灾后恢复重建中，这些传统布局得到尊重，聚落肌理再现。新建的北川吉娜羌寨中，聚落布局依照传统的处理手法，紧密结合地形，颇具古寨野趣，并使羌文化在原生态环境载体中加以延续和弘扬（图10-7）。

图10-6　典型的离散型羌寨聚落肌理

图10-7　新建的北川吉娜羌寨

10.3.4 就地采用绿色建材，应用传统的砌筑工艺

羌族民居就地取用当地丰富的片石加黄泥混合砌筑，形成了其传承至今粗犷、古朴厚重的特色（图10-8）。考虑到抗震防灾要求，灾后恢复重建项目设计时往往应用钢筋混凝土框架结构形式，外墙装饰采用片石与替代黄泥的黄色混凝土。灰黄色富有古朴的色彩肌理的墙体重现，上部设有木质结构的挑廊或坂墙，呈现石材的粗犷与木材的细腻之间的对比之美，同时，片石能够在白天吸收大量热能储存起来，晚间缓慢释放，使房间内冬暖夏凉，利用天然资源提升了居住的舒适度（图10-5）。

10.4 文化维

从文化维度设计的目标主要是重建精神家园，整合羌族物质文化与非物质文化资源，营造羌族的文化环境。因此，规划设计中常常以类型学的方法还原传统生活、交流、礼仪空间，并提取原有建筑风貌作为原型，为民风习俗的保持、祭祀礼仪的开展、生产和生活方式的延续提供理想的场所，体现羌文化的原生态风貌，保护和传承羌族生活、生产、民俗、工艺等文化特色。

10.4.1 尊重羌族建筑文化，还原民居生活空间

民居最能体现建筑的文化特征和地域特征。基于羌族人几千年来的生活模式和对自然、神灵的理解，形成了底层住牲畜，顶层住神灵，中间住人的居住习惯，羌城设计沿用了这一居住模式，在平面中保留了羌族民族传统的三大要素：火塘、中心柱和角角神（图10-9），它们被赋予了神的象征。屋顶设置罩楼，安放白石，并向两个维度敞开，使得建筑继续向上延伸，封闭的空间在最高层获得解放，成为家庭的文化空间。

10.4.2 延续羌族宗教文化，营造民族信仰空间

羌族的许多传统文化往往与图腾崇拜、先民崇拜有着密切的联系，尊重他们的先祖也是对羌族文化的尊重。在羌城项目中，以金龟包、银龟

图10-8　片石加黄泥混合砌筑形成原始粗犷、古朴厚重特色的汶川羌宅

图10-9　设有火塘、中心柱和角角神的平面

图10-10　金龟包与山脚聚落

图10-11　汶川县城为展示民族文化而规划建设的场所空间

包两个制高点作为祭祀祖先活动空间。金龟包山顶布置释比^①广场（图10-10），中心矗立作为民族建筑文化的标志十二角碉楼^②。由于借助了山势，碉楼显得威严雄壮，与广场共同营造了庄严神秘的空间氛围；银龟包神庙建筑布局按照羌族传统建筑中结合自然、尊重地形的营建思想，依山势展开，层层叠叠，高低错落。在神庙内部的建筑群组合上，加入了羌族的吉祥数元素，将文化和数字隐喻延续到建筑设计中。这两处信仰空间将成为羌民族祭祀文化的核心场所，使全国的羌族人民可以汇聚于此祭拜祖先。另一方面，设计中往往将羌族的白石崇拜体现在女儿墙、窗檐等装饰上（图10-6），建筑品质提高了，但是建筑中的"民族之魂"依然存留。

10.4.3　注重保护非物质文化，为其提供依存空间

羌族具有独特的民风民俗，其聚会仪式、音乐舞蹈、饮食文化、工艺美术等都极具魅力。为了保护羌族丰富的非物质文化遗产，使其得以传承和发展。在羌城的规划设计中，设计者特别注意营造各种承载非物质文化的公共空间，如设置有天火坪^③、勒色坪^④、议话坪^⑤等文化场所，它们是羌族定期举行传统文化活动或者集中表现传统文化的场所，是羌族社会极具文化传承价值的活动场所，许多民族文化在这里得以延续和展示。汶川县城的重建时，尽管用地十分紧张，但也沿岷江边规划建设了展示民族文化的场所和空间（图10-11）。

10.5　社会维

在羌族聚落的综合规划中，将社会各界的援助转化为可持续的发展理念，在使羌族文化永续发展的同时，促进羌族人民居住环境得到改善，生活水平得到提高。

---

① 释比是羌族释比文化的传承人，释比文化是古老的羌族遗留至今的一大奇特而原始的宗教文化现象，其内容相当丰富，蕴含着民族的哲学思想、民间文学、民族音乐、舞蹈、民俗等内容，是羌族非物质文化遗产的重要内容。

② 羌语称碉楼为"邛笼"，早在2000年前《后汉书·西南夷传》中就有羌族人"依山居止，垒石为屋，高者至十余丈"的记载。

③ 天火坪是举行祭火仪式、获猎欢庆仪式等的一片空旷的山野空间。

④ 勒色坪布置在金龟寨后的释比广场，其核心活动是释比主持的各种宗教仪式。

⑤ 议话坪则是羌族社会特有的类似议会、审判、法院等早期社会法制以及议话决定执行的社会政治文化空间。

10.5.1　改善生活环境，提高居住质量

借助灾后重建的契机，规划设计注重改善羌族同胞的生活环境，提高居住质量，在弘扬羌族文化传统、尊重羌族居民民俗习惯的基础上，经过详细调研，在规划中全面地考虑了用地指标、居住面积、建筑结构、功能安排、环境保护等因素，力求在各层面优化方案，优化民居的空间尺度，提高民居的建筑质量，使羌族同胞能够获得比灾前更舒适、方便的居住环境（图10-12）。

10.5.2　延续传统产业，合理规划羌族聚居区的业态布局

要使羌族新聚落呈现出生机，使羌文化的保护具有切实的保障，就必须使其发展获得内动力。在羌城的规划设计中，设计者清楚地认识到这一问题的重要性，并将其作为规划设计的核心理念之一。方案中保留了基地内现有的农田、果林，尊重传统产业，延续传统产业。并在保持羌族人民传统生产方式和保护生态环境的前提下，坚持保护优先、适度开发、永续利用的原则，运用现代经济学的新思维和新理念，对羌城进行了合理的产业规划，衍生多样业态，如特色农业、手工业等，同时规划了羌城的旅游业和以旅游业为依托的住宿、饮食、手工艺品制作等服务行业，形成丰富的产业链，将羌城打造成为高效运营的经济体，实现社会、经济和环境的可持续发展的目标。在汶川县的水磨镇，充分利用当地丰富的旅游资源和区位优势，通过颇具特色的羌族建筑风格、外部空间的有收有放，街道巷弄的时明时暗，彰显了羌族建筑的独特魅力，展示了羌族文化，发展了旅游，也提高了当地群众的经济收入（图10-13）。

图10-12　正在建设汶川县映秀镇民居

图10-13　汶川县水磨镇：适应旅游产业发展的街巷空间

10.5.3　追求富有生命力的场所精神

要塑造富有活力的羌族聚落，在设计时必须营造出强烈的场所精神，使羌族人民有精神的归属感。同时，羌族聚落也将是展示地域文化、民族文化的旅游区，鲜明的场所精神会使游客强烈地感受到羌文化特色与内涵。羌城设计在以农业文化为背景的场地内，依据多样地形中散布的聚落为载体的节点，设置了自然景观线与人文景观线（图10-14）。人文线导引人们游走于羌族聚落，深入体验羌族的石碉建筑、寨子民居、手工

图10-14　羌城流线分析

图10-15　羌城鸟瞰

作坊、日常生活、民风民俗、节日庆典与祭祀活动，了解和感受原生态的羌族文化；自然线将基地内的系列观景点组织起来，穿行蜿蜒山间的小路，跨越各色索桥栈道，伴随曲折流淌的水系，欣赏飘香的台地果林和特色农田，触摸鲜活的生态与田园风光。

规划运用生态网络结构概念，在水系和植被网络之上叠加文化网眼，完整了羌城有机、活力的结构，为羌族人民的精神文化生活和羌城的发展创造一个美好的平台，一个具有鲜明文化特质、蓬勃生命活力的可持续发展的绚丽羌城即由此诞生（图10-15）。

10.6　结语

在四川羌族聚居区灾后重建任务中，除了建设美好的物质家园外，重建精神家园是更为艰巨的任务。灾后恢复重建就是要建造出一座座既传统又鲜活的羌族聚居地，在这里，羌族人民传统的生活生产方式将得以延续，灿烂辉煌的历史文化也将得以挽救、保存和展现，为羌族人民的精神文化建设和地方经济发展做出贡献。为此，悉心呵护地域文化，多维并举设计的设计思路在重塑民族家园中发挥了积极的作用，得到了专家学者和群众的广泛认可。

■ 参考文献

[1] 季富政. 中国羌族建筑[M]. 成都：西南交通大学出版社，2002.

[2] 四川省阿坝藏族羌族自治州茂汶羌族自治县地方志编纂委员会. 茂汶羌族自治县志[G]. 成都：四川辞书出版社，1997.

[3] 斯心直. 西南民族建筑研究[M]. 昆明：云南教育出版社，1992.

[4] 原广司. 世界聚落的教示100[M]. 北京：中国建筑工业出版社，2003.

[5] 卢丁，工藤元男. 羌族历史文化研究[M]. 成都：四川人民出版社，2000.

[6] 任浩. 羌族建筑与村寨[J]. 建筑学报，2003（8）.

[7] 李立. 乡村聚落：形态、类型与演变——以江南地区为例[M]. 南京：东南大学出版社，2007.

[8] 王文章. 非物质文化遗产概论[M]. 北京：文化艺术出版社，2006.

11 汶川县灾后恢复重建城乡布局形态研究①

"5·12"汶川特大地震给汶川县城乡建设造成巨大损失，为尽快解决灾后城镇体系科学重建问题，2008年9月《汶川地震灾后恢复重建城镇体系规划》由广东省城乡规划设计研究院编制完成，在2008年9月通过专家评审，并获四川省政府批准。

该规划对汶川县地震前后的基本情况和灾损情况调查全面，思路正确，对县域城镇发展进行了系统规划，经过一年半的灾后重建工作，通过规划引导，援建项目落实，汶川县灾后新型城乡形态正在逐步形成。但由于当时规划主要针对恢复灾区生产、生活，安置灾区居民，编制时间紧迫，经过一段时间的实践检验，在重建实施过程中出现了若干问题，需要对规划所确定的城乡布局形态进行重新审视和进一步研究。

11.1 研究思路

11.1.1 调整规划理念

《汶川地震灾后恢复重建城镇体系规划》主要满足灾后应急性规划需求，而灾后重建应是长期过程，应急机制应逐渐转换为长效机制，转化为建设可持续发展的全新汶川。基于汶川县是此次大地震的震中，城乡布局形态必须有利于灾后重建示范区的建设。

11.1.2 更新指导思想

以科学发展观为指导，坚持以人为本，强化城乡统筹思路，降低环境压力，提出安全的、生态的、可持续发展的、富有地域民族特色、震中特色的汶川城乡统筹发展新模式。

11.1.3 明确研究目标

通过本研究，提出科学的、可持续的汶川新型城乡布局形态，为下一步城乡建设和法定的城镇体系规划修编提供理论依据和技术支撑。

11.2 城乡布局原则

11.2.1 安全性

重视地质灾害防治工作对城乡布局的影响；建立多种交通系统及多条对外联络通道；适当增加安全地区的开发强度。

11.2.2 示范性

汶川由于地处震中，且地质条件恶劣，人地矛盾突出，城乡建设必须面临各种困难与挑战。在如此艰巨条件下，建设全世界可借鉴的灾后重建案例，尤其为山地多灾地区提供示范模式。

11.2.3 可持续性

灾后重建除了采取应急措施，完成恢复重建工作外，还应立足于生态可持续性、经济可持续性和社会可持续性发展，立足于汶川的长期稳定发展。

① 本章内容由邱建、彭代明、唐由海、韩效、廖竞谦、邓生文第一次发表在2010年出版的《崛起之路——汶川县"5·12"特大地震灾后科学重建研究》第14至64页。

11.2.4 城乡统筹

突破城乡二元结构制约，突出城乡特色，缩小城乡差距，统筹城乡发展。

11.3 城乡布局形态

11.3.1 布局目标

构建等级有序、布局合理、结构完善、功能配套的县域城镇体系，建设以威州为核心的阿坝地区区域交通枢纽，形成具有世界知名的、国际影响力的灾后重建示范区。

11.3.2 统筹模式

通过城乡空间布局调整，转变经济增长方式，优化三次产业结构，集中资源优势、产业优势和政策优势，重点发展产业聚集区、乡镇政府所在地和中心村，加大对农业和旅游业的扶持力度，增加失地农民收入，改变就业结构，形成县城—乡镇—产业聚集区—中心村四个层面组成的梯度辐射、层次分明、布局合理、功能互补的新型城乡体系；同时配置完善新农村建设各项基础设施和公共服务设施，提高农村居民文化素质和社会医疗覆盖率，保障村民民主权利。

11.3.3 空间结构

汶川县域城镇空间布局结构由原来的"南北两心、纵横两轴、内外五片"的城镇空间布局，调整为"两心三轴三片区"的"干"字形空间结构。

11.3.3.1 南北两心

两心是指北部县城威州镇和南部映秀镇。

县城威州镇是全县的行政中心和物流中心，汶川北部的中心城镇，重要的交通枢纽。由于受

灾严重，地质条件限制，威州镇应控制人口和用地规模，调整城市功能，减弱部分教育职能，迁出工业职能。

映秀镇是本次地震的震中，灾损严重，震后成为世界关注的焦点，灾后恢复重建全国牵挂、举世瞩目。映秀镇还位于成都进入汶川以及阿坝州的交通节点，灾后恢复重建中具有代表性，应进行重点扶持，加强指导，使之成为灾后恢复重建的样板、抗震建筑的示范区、防灾减灾的示范工程和民族特色精品小城镇。

支撑南部中心的水磨镇受灾相对较轻，重点发展教育、安居、休闲、娱乐和旅游相关的房地产业和服务业等第三产业，成为汶川高品位的特色旅游城镇；漩口镇依托现有的工业基础，接收全县特别是县城搬迁后的工业安置，并利用优势区位发展会展休闲旅游业和商贸流通业，成为汶川县工业中心。

11.3.3.2 "三轴"形成"一纵两横"的"干"字形空间结构

一纵轴：依托213国道和水磨至三江西道路，贯穿汶川南北，连接汶川南北的两个中心，建设城镇集聚建设发展轴。

两横轴：一横轴依托317国道，建设城镇集聚建设发展轴，此轴为县域北部与成都地区联系的第二通道；另一横轴依托303省道，建设生态保护和遗址旅游发展轴，此轴为以目的地旅游为目标的熊猫家园和地震遗址旅游走廊。

11.3.3.3 三片区

北片区（历史文化保护及生态农业发展区）：主要包括威州镇、绵虒镇、克枯乡、龙溪乡、雁门乡和银杏乡等乡镇，以保护禹羌文化和三国文化为重点，规范和提升服务业，提升城市的整体形象。

南片区（文化教育及休闲会展旅游区和地震遗址旅游及纪念区）：主要包括映秀镇、水磨镇和漩口镇等乡镇，利用该地区的区位优势和用地优势，围绕教育和休闲旅游产业，重点发展与安居、休闲、会展、娱乐和旅游相关的房地产业和服务业等第三产业。

西片区（自然生态保护及生态旅游区）：主要包括卧龙镇、耿达乡、草坡乡和三江乡等乡镇。该片区以生态保护为前提，发展自然风光型生态旅游，切实促进大熊猫栖息地的生态恢复。

11.4 综合交通体系

考虑到汶川南北片区主要道路交通有因灾再次发生阻断的可能性，两片区均应分别建立多条对外通道，确保孤岛现象不再发生。

维护完善都汶高等级公路畅通，改造升级G213、G317，新建汶彭（威州镇—彭县龙门山镇）高速公路，完善改造S303（映小公路），构建与成都经济圈的双向联结通道。

川青铁路建议南移，在汶川境内设置站点，巩固汶川综合交通枢纽地位。

11.5 城乡风貌

尽可能修复地震中受到破坏的自然生态环境，为城镇风貌重塑提供良好的基质。生态环境的恢复是一个长期的过程。修复地震中受损的历史建筑、有价值的传统建筑、羌族民居，剖析原有聚落构成的机理，为重建提供参考。协调好重建建筑与现有自然环境的关系，避免重建中对生态环境造成第二次破坏。对于自身有历史街区或代表性历史人文景观的城镇，在重建中划分"风貌核心保护区—建设控制区—环境协调区"三个

层次，确定不同层次的区域不同的风貌保护和重塑的要求。

11.6 风景名胜区、自然保护区

在灾后重建进程中，风景名胜区、自然保护区应遵循"区域合作，优势互补"原则，打破行政界线，整合特色资源，以特定主题为纲领，以映秀镇作为交通集散中心和景区门户，串联组合提升若干特色景区（点），实施"版块式"集约开发和整合提升。

11.7 防灾体系

通过治理地质灾害和合理避让地震断裂带，保障城镇安全。根据地质灾害评估报告，提出防治方案和工程处理要求，制订防洪标准和相关措施，建设包括应急安全指挥系统、疏散救援通道、避难场所、生命线工程等为主体的防灾体系。

11.8 实施对策

11.8.1 政策扶持

一方面申请对汶川的倾斜性政策长期扶持，包括信贷、资金、技术、人才输入等方面，另一方面着眼于汶川自身内部造血功能建立。

11.8.2 建立新的城乡规划建设管理机制

根据汶川城乡建设特点，协调设计建设口的各部门，对于国土规划、城乡总体规划、专项规划、"十二五"规划、产业规划等，建立协调、衔接机制。

11.8.3 人才机制

建立人才培养与引进的长效机制，实现引进

来、走出去的措施，应特别关注规划建设及管理人才的培养和引进。

11.8.4　加强产业结构调整

加大农业产业和旅游、商贸等第三产业的扶持力度，争取外出务工岗位，为失地农民提供更多就业机会。

11.8.5　防灾机制

建立完善系统的综合防灾机制，加大防灾治理力度和资金投入。

11.9　结语

综上所述，有党中央、国务院和省委、省政府的坚强领导，有灾后政策扶持和资金倾斜，有全国人民特别是广东人民的大力支持，有汶川人民的自强不息、艰苦奋斗，通过灾后重建的长效机制理念的转变，通过以威州镇、映秀镇为中心，以主要交通廊道和生态旅游廊道为骨架，以功能突出的三大片区为支撑的城乡统筹的新型城乡形态的建设，一个布局合理、功能有序、安全生态、繁荣昌盛、独具魅力的新汶川必将展现在世人面前！

12 应急城乡规划管理理论模型及其应用
——以地震灾后重建规划为例[①]

城乡规划管理理论丰富，法制建设较为完善，应急管理理论则相对滞后，针对应急状态下的城乡规划管理研究尤其缺乏。在我国，为数不多涉及应急城乡规划管理要求多散见于法律法规和政府部门的工作文件[1]。1949年以来经历了邢台、唐山、台湾"9·21"、汶川"5·12"、玉树、芦山"4·20"等大地震恢复重建，积累了不少行之有效的灾后重建城乡规划组织管理经验。然而，文献调查及笔者直接参与组织的汶川地震和芦山地震灾后重建规划实践均显示：在管理和城乡规划学科领域，系统开展应急城乡规划管理研究的学术成果还不多见。应急城乡规划的特殊性决定其组织管理的模式、程序、内容与常规城乡规划管理显著不同，本文运用管理学相关理论对灾后城乡规划组织管理实践进行剖析、提炼，希望能够探讨出应急规划的管理理论模型和应用方法。

12.1 应急管理

管理有不同的定义，通常意义上，是通过计划、组织、领导、控制等手段和措施，合理而有效地组织资源以实现预定目标的过程[2,3]。应急管理是针对突发事件的应对和决策研究，是管理学领域的一门新兴学科，目前尚无统一定义。美国联邦应急管理署（FEMA）将其定义为面对紧急事件准备、缓解、反应和恢复的过程[4,5]。

完善的应急管理体制和机制对及时、科学地处理并控制突发事件，将损失和影响降到最低程度起着重要作用。美国、日本等发达国家在应急管理领域的研究起步较早，形成了较为成熟的灾害应对体制。我国应急管理的理论和技术研究起步相对较晚，一般认为始于2003年SARS疫情之后。2006年国务院颁布的《国家突发公共事件总体应急预案》和2007年通过的《中华人民共和国突发事件应对法》，标志着我国主要围绕应急预案、应急机制、体制和法制的应急管理体系框架基本建立[6]，理论研究也是围绕这"一案三制"开展，深度和广度不够，仍停留在起步阶段[7,8]。

我国应急城乡规划管理应地震灾后重建需要提出，2008年颁布的《汶川地震灾后恢复重建条例》，为科学有序实施重建提供了政策依据，但在灾害应急预案的规划措施，应急评估机制等方面的建设和研究仍然欠缺。相关文献研究也多局限于对援建管理模式、创新工作机制、重建中的公众参与等方面的归纳和总结[9-13]，尚未对应急城乡规划管理的体系构建和理论方法展开系统研究。

与国外发达国家政治体制、法律法规等相匹配的灾后应急管理着重于制度建设，重点在灾前防御，核心是进行灾前预测并制定应急政策，灾害发生后，就如何实施紧急救援做出安排。美国洛杉矶地震30 min后，就基于事前制定好的灾损评估先后顺序对重要设施进行快速评估，提出了受灾报告[7,14,15]。地震多发的日本和我国台湾也有

① 本章内容由邱建、曾帆第一次发表在《规划师》2015年第9期第26至32页。

类似的灾害应急管理体系[14, 16]。但是，这些国家和地区的应急管理特点是"救灾要快、重建要慢"，灾后重建城乡规划更加关注各方利益平衡，以自建为主，周期一般较长，"应急性"特征不太明显。日本阪神地震后，抢险救灾很快，但从避难场所、临时住宅修建到街区恢复，再到生活重建，耗时达10年之久[17]。汶川震后我国以中央政府领导下的纵向管理机制应对危机，举全国之力调配相应资源实施高效、快速的抢险救援和灾后重建。国外规划周期长、建设速度慢的重建模式不能与我国现阶段的应急和灾后重建体制机制相匹配。据此，在借鉴国外相关经验的基础上，探讨符合国情的应急城乡规划管理理论与方法，是汶川、芦山等地灾后重建提出的迫切需要。

12.2 应急城乡规划管理特点

城乡规划是政府保护和利用空间资源、调控城乡建设与经济社会发展的基本手段之一，在空间安排上属于全局性工作。根据《城乡规划法》，城乡规划管理是规划编制、审批和实施等管理工作的统称[18]，可以归结为城乡规划的制定和实施两个层面，制定城乡规划主要包括组织编制和审批管理，实施阶段主要包括发放行政许可和监督检查管理（图12-1）[19, 20]。

常规城乡规划管理是通过制定和执行规章制度管理城乡规划建设。政府职能部门按法定城乡规划体系和相应法律规范进行组织编制和审查审批，依据规划对建筑工程、市政交通、管线工程

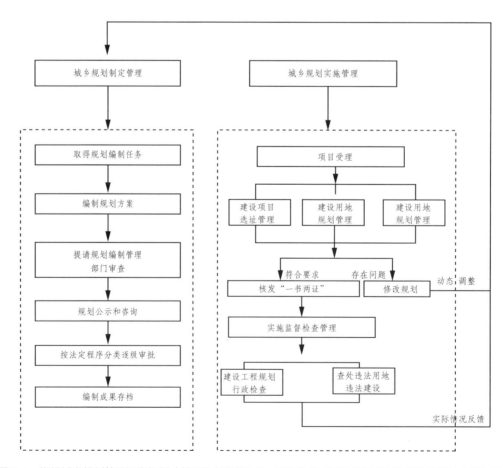

图12-1 常规城乡规划管理运作机制（基于参考文献[21]，结合参考文献[22]和城乡规划法等相关内容改绘）

等建设用地的规划实施行政许可；对违法用地、违章建设实施监督检查及查处[22]。这种做法具有周期长、程序性强以及管理机构的权责和职能分工明确等特点，管理实施的结果可预期，具有确定性。

然而，应急规划管理一般针对灾后恢复重建，规划周期短、重建任务重、实施强度大，管理目标、规划方法、编制程序、组织方式等方面具有明显特点。

12.2.1 管理目标指向明确

灾后重建规划是在特殊情况下开展的应急规划，尽管灾种、灾情、受灾地区可能不同，但重建规划都不可能解决常规城乡规划需要解决的所有问题，核心目标指向是在相对短的时间内编制出能够科学指导灾后重建的规划，以尽快恢复城镇基本功能，恢复灾区人民的生产生活条件和社会秩序，如城乡住房等民生工程和供水、供电等生命线市政工程以及对恢复生产和重建极其重要的道路交通工程，都需在第一时间启动恢复建设。

12.2.2 规划方法针对性强

管理目标的指向性决定了灾后重建规划工作方法必须具有针对性，以解决特地灾区出现的特殊问题。例如，汶川地震使灾区满目疮痍，大批规划人员进入灾区后由于没有现成经验可借鉴，一时显得无从下手，处理不当还极易影响灾区干部群众的救灾工作。为此，国家住房和城乡建设部（原建设部）与四川省住房和城乡建设厅（原建设厅）迅速组织规划专家研究，决定首先通过行政手段从灾区政府或规划设计单位收集灾前法定规划，规划人员再经过现场踏勘灾损，围绕地

震造成的破坏情况有针对性地对原有规划进行调整，把重新编制规划的范围局限在少量诸如北川新县城这样的异地建设的城镇。这一工作方法被实践证明有力、有序、有效，并在芦山地震灾后重建规划中得到成功运用。

12.2.3 编制程序非常规性

《城乡规划法》制定了法定的城乡规划编制程序，但灾后重建规划实施的紧迫性强调规划方案本身的可操作性以及规划组织管理方式的有效性，决定了灾后应急城乡规划组织编制、审查审批以及规划实施管理的非常规程序性，甚至在短时间内同时开展不同类型重建规划势必要打破常规城乡规划管理内容、程序和职能分工的固定性，要求应急状态下非常规程序性的规划管理。汶川地震灾后，规划人员即是在应急状态下针对不同地区、不同条件编制规划，三年重建工作结束后，各地重新审视、评估灾后重建规划实施效果，通过规划的修编，将其纳入法定规划。

12.2.4 组织方式协同紧密

重大灾害之后参与重建规划的单位数量众多，专业庞杂，负责规划范围不同；大量外来救援力量在短时间内的合作给管理带来了巨大挑战，若援建力量与当地政府、城乡规划管理部门、技术部门之间不能及时形成良好配合和协同工作机制，将影响灾后规划管理工作的运行，难以完成灾后重建任务。因此，对各类救援力量进行整合，形成多方协同工作的组织管理体系是灾后应急状态下城乡规划管理的要求。

由此可见，常规城乡规划固定的管理内容、规章化的管理程序、权责分明的部门职能分工不能很好地匹配应急状态下城乡规划管理

的需求，需要建立适应灾后应急需求的城乡规划管理机制。表12-1是汶川地震灾后恢复重建应急城乡规划管理呈现出的与常规城乡规划管理之间的差异。

12.3　CE管理原理

并行工程（Concurrent Engineering，CE）管理，是对产品及其相关过程实行同步综合设计的一种工程系统方法[26]，广泛应用于航空航天、机械、汽车、电子等工程领域，后被引入工程项目管理领域形成了并行建设（Concurrent Construction，CC）、并行建设工程（Concurrent Construction Engineering，CCE）等概念和理论方法[28, 29]。其原理是对产品全生命周期过程实施集成，通过跨部门、多学科合成小组协同工作，对设计、工艺、制造等环节进行并行交叉设计，及时评价、反馈和改进产品设计，达到缩短工期、提升质量的目的[23, 27]。针对应急城乡规划管理领域，四川两次大地震中大量切实有效的管理方法、手段和措施，很大程度上契合了并行工程原

理，如规划"一个漏斗"管理方式、联席会议审议及协调制度、"五总"重建模式等[38]。据此，本文定性归纳并分析了重建规划管理实践经验与CE原理的共性和匹配程度，将CE原理的方法和实施路径选择性地运用于灾后重建城乡规划管理。

CE管理实施途径是建立组织管理域、过程管理域、信息管理域和支撑域的体系框架（图12-2）[23]。第一是建立IPT管理组织机构（Integrated Project Team），即跨部门、多学科项目团队，统筹项目运行全过程；第二是管理过程的并行，即通过计划、协调和控制使项目任务并行交叉进行；第三是管理信息的集成，即整合并共享相关资料、数据，确保各环节信息流的畅通；第四是协同工作环境，即建立网络和计算机虚拟工作平台和面对面交流的实体工作空间，在协同工作基础上实现IPT管理[23, 33]。其中，在过程管理域中整合了质量管理领域的PDCA[24, 25]质检环，通过制定和执行计划，运行过程中纠偏改进的循环模式对并行过程实施动态调控，实现全过程的精细化管理（图12-3）。

表12-1　常规城乡规划管理与应急城乡规划管理对比
（根据城乡规划法、参考文献4、23、24、25等相关图文内容整理绘制）

分类	常规城乡规划	应急城乡规划
规划内容	城镇体系规划，城市规划（总体规划、控制性详细规划和修建性详细规划），镇规划（总体规划、控制性详细规划和修建性详细规划），乡规划，村庄规划	汶川地震灾后恢复重建条例，1+10规划，3+2规划；应急安置规划，过渡安置规划，恢复重建规划（灾后城镇体系规划、城镇总体规划、城镇详细规划、乡村、聚居点建设性规划）
特　征	程序化、规章化、固定性	非常规程序性、复杂性、动态变化性
程　序	阶段性、串行性	跨越性、交叉性
组　织	职能化的层级式纵向管理	横向交叉协调管理

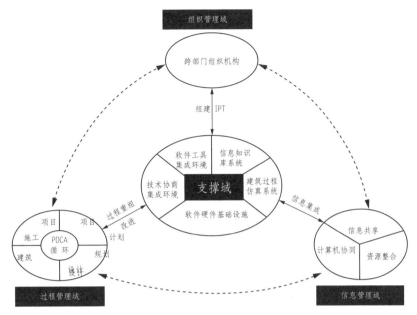

图12-2　CE管理原理实施方法模型（根据参考文献[23]图文内容，结合参考文献[30-32]相关图文内容整理绘制）

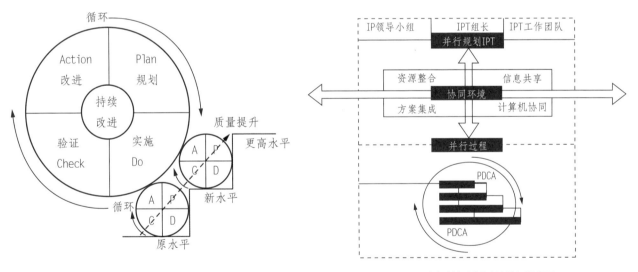

图12-3　PDCA循环（根据参考文献[31]相关插图，结合参考文献[30,32]相关图文内容改绘）

图12-4　应急并行城乡规划管理模型

12.4　应急并行城乡规划管理模型的建立

针对应急状态下城乡规划管理需求，本文将CE原理和PDCA模式运用于这一特殊的规划管理对象，重点在于建立适配性管理实施路径，构建了应急并行城乡规划管理模型（Emergency Concurrent Urban-rural Planning Management Model，ECUPMM），基本原理是建立并行规划IPT，形成应急规划管理的组织机构，在资源整合、信息共享等协同工作环境下实施规划项目全过程并行管理，以PDCA质检环调控（图12-4）。

12.4.1 应急并行规划管理IPT

建立并行规划IPT组织机构的四级结构。顶层是IPT组长,即顶层功能管理者,职责是制订工作计划、分配工作任务、明确任务承担人员责任、组织完成任务所需资源。第二层级是IPT领导小组及其所领导的功能管理者,职责是接受IPT组长的工作计划及任务分配,与功能部门协商确定IPT人员。第三层级是IPT核心工作团队,由功能部门授权的IPT成员构成跨专业项目小组,能代表功能部门决策,按计划执行工作任务。第四层级是底层团队,即IPT成员,具有专业技术能力,参与团队工作(图12-5)[34]。

应急并行规划管理IPT跨专业项目小组是涵盖多方利益主体、由多学科人员整合集成的协作团队,是全程参与灾后项目重建过程的实行主体,包括业主、管理、测绘、规划、建筑、结构、施工、监理、采购、承包商等涉及项目运行的人员。根据工作特点,大体分两个阶段变更相应功能主体:规划编制阶段,由规划设计团队主导,其他团队配合(图12-6);规划实施阶段则由施工建造团队主导(图12-7)。

应急并行规划管理以矩阵式制的组织形式建立IPT核心工作团队与工程项目交叉匹配的工作机制,并根据项目需求和跨专业项目小组的技术专长进行灵活匹配。以汶川地震灾后重建规划编制组织为例,四川省在国务院抗震救灾总指挥部灾后恢复重建规划组的领导下,成立了由省长任组长的灾后恢复重建规划组(IPT组长);针对城乡规划,住建部和住建厅组成共同规划指挥部(IPT领导小组及规划功能管理者);部省邀请的国内9家顶级规划设计单位形成了跨专业规划援助专家团队,成立了"部省联合规划编制组"(IPT核心工作团队);将阿坝、绵阳、德阳、广元、成都、雅安6个受灾市(州)规划任务作为工程项目,通过与临时联合规划团队的组织匹配,分

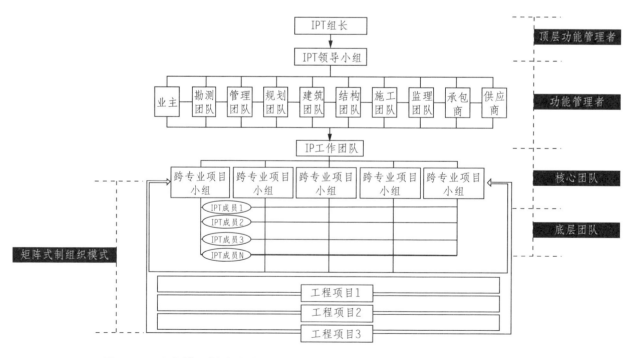

图12-5 IPT组织模型(根据参考文献[34]图文内容,结合灾后重建规划相关内容整理绘制)

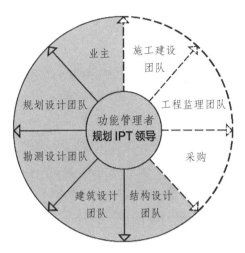

图12-6 规划阶段IPT组织模式（根据参考文献[23]图文内容，
结合并行规划IPT组织模型相关内容绘制）

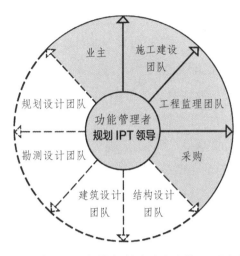

图12-7 施工阶段IPT组织模式（根据参考文献[23]图文内容，
结合并行规划IPT组织模型相关内容绘制）

别确定规划设计牵头单位（IPT成员团队），各IPT成员团队将规划人员分成若干规划小组奔赴各市（州）受灾县（市、区）开展工作。应急规划管理打破了常规规划系统流程和审签制度，实行集体负责的决策模式，IPT功能部门负责人和专家意见作为决策参考依据[34]，项目完成通过协同评审，重大规划由省灾后恢复重建规划组（IPT组长）最终确认。按照这一部署统一组织协调、调配规划力量，迅速而有条不紊地开展了现场踏勘、资料收集和规划编制等工作[35]，高质量完成了1+10规划中的3个关键性专项规划[35]，为随后开展对口援建的规划编制奠定了坚实基础，也为灾后重建工作的项目实施提供了良好的规划条件。

应急并行规划管理IPT是在应急状态下快速高效组建的临时组织机构，以矩阵式制的组织结构与工程项目之间建立了扁平、灵活的匹配方式，资源和信息的共享与反馈及时、直接。

12.4.2 应急并行规划管理协同环境

应急并行规划管理协同环境是在网络环境下通过计算机辅助设计系统，将涉及重建规划的相关资料和专业团队的相关信息集成在统一环境中，在信息集成的基础上实现设计——实施过程的控制和管理。

（1）专业团队信息集合。

在规划编制、建筑设计、建设施工等领域建立具有灾后应急管理组织经验的团队及专业人员的名单库，提供可供快速选择的专家信息库。例如，芦山地震灾后重建规划成功运用了汶川地震积累的规划专家团队信息资源，震后第一时间，住建部和住建厅就从北京、上海、江苏、广东、四川组织了8家具有汶川地震规划经验的专家团队，分别负责8个受灾县（区）的灾后重建规划，根据各县（区）规划需求匹配相应专长团队，如宝兴县大部分地区属于大熊猫栖息地世界遗产，其规划编制由具有遗产保护专长的同济大学承担[36]。

（2）规划实施项目库信息集合。

灾后恢复重建的紧迫性需要尽快启动道路交通、市政基础设施、公共服务设施、安居住宅建设等民生工程项目，梳理出优先实施建设的项目库，以项目的建设时序进行组织管理，对近、远

期重建项目实施的相关信息进行集成，便于在信息共享的平台上实现IPT跨专业项目小组与工程项目的灵活匹配。

（3）规划编制信息集合。

灾后重建的综合环境极其复杂，科学合理编制规划的基础在于各类灾损评估资料，同步开展重建项目的关联信息，以及灾区所在地城乡规划已编和在编规划信息的及时共享。汶川、芦山地震灾后重建规划编制都与政策研究、"两评估一评价"工作并行开展，实现各类信息的共享。

12.4.3 应急规划并行过程

应急规划并行过程是建立应急并行规划管理IPT，形成平行、高效的反馈和决策机制，在协同环境基础上，实现工程项目从规划设计到建设实施的全过程管理，通过对重建任务的统筹、组织、协调及控制，对资源整合优化，实现过程集成。北川新县城重建时，受援地绵阳市、北川县成立了政府联合指挥部，山东省成立了各级政府和施工企业组成的援建指挥部，中规院成立了规划指挥部，三个"指挥部"并行工作、三位一体，创造了项目集成并通过规划一个"漏斗"实施的管理经验。芦山地震灾区芦山、宝兴和天全三个重灾县的重建也成功运用了"漏斗"式规划管理。

应急并行规划必须实行全过程管理。IPT跨专业项目小组将规划设计、建筑设计、建设施工等结合起来，在规划阶段就考虑设计及后期施工工作。各专业人士及时交流、反馈和共享信息，确保规划在设计、审查、审批、报建、实施等各环节的无缝衔接和进度配合，并随不同阶段需求变更牵头负责的功能团队，保障并行过程组织管理的高效。都江堰援建中，"壹街区"综合商住

区项目组建了同济规划院、同济建筑院、上海建科管理公司、中建八局、市规划局等组成的联合工作团队（IPT核心工作团队），全程参与项目立项—方案规划设计—预审查—审批—报建—许可—施工过程[37]。规划阶段就提前介入了上述建筑设计、项目管理、施工、规划管理等力量，预先考虑建筑设计、建设施工的可操作性和实施效果，使设计、施工、管理部门在全过程的各阶段可直接交流，加速问题的反馈和解决。建筑设计、施工阶段，规划团队始终是建造业主决策团体中一员，负责对设计、施工进行规划复核，全程跟踪、监督和审查规划控制要素的落实，最大程度确保规划意图的实现。

为了确保重建质量，建立应急规划并行过程的PDCA质量环，即"计划—实施—纠错—改进"的动态调控循环机制。以IPT领导小组形成规划并行过程的调控主体，对项目的任务安排、规划编制、建筑设计、阶段性成果进行控制和反馈；对规划最终成果组织团队协同评审，提出评价及改进意见，并将意见和遗留问题纳入下次PDCA循环，在持续改进的循环中实现并行过程质量的不断提升（图12-8）。"壹街区"项目在设计阶段预审查后，通过的设计方案按建设程序进入实施阶段，而未通过的设计方案再次返回设计阶段，由上述联合工作团队协同提出评审意见并进行修改、调整，再次提请协同评审，直至通过。以"设计—审查—改进—再设计"的循环达到方案设计的最优化（图12-9）。在施工阶段，联合工作团队由施工建设团队主导，规划设计团队配合，设计方与施工方直接对话，施工中因各种问题无法落实的规划理念、控制要素等可立即反馈，在IPT领导小组整体协调下对规划设计方案进行合理改进。通过"规划—实施—改进—再规

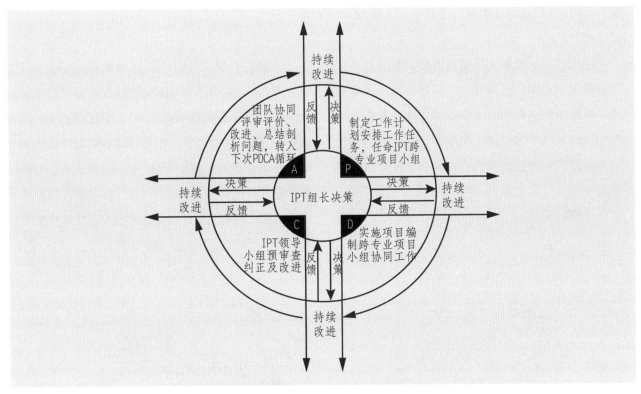

图12-8　应急并行规划管理PDCA质量调控机制
（整合PDCA管理循环[30-32]相关图文内容和ECUPMM模型相关内容绘制）

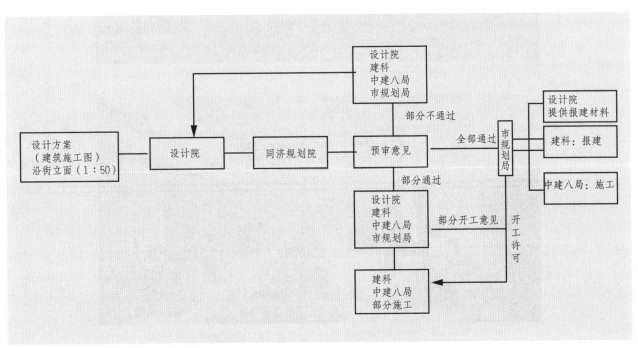

图12-9　"壹街区"重建规划建设工作流程
（引用同济大学周俭教授的"灾后重建视野下的城镇建设规划"幻灯片插图）

划"的PDCA质量环确保规划实施效果（图12-10和图12-11）。

汶川、芦山地震灾后重建规划高效实施的管理经验可以总结为周期缩短、程序不减；并联办公、依法重建。ECUPMM使重建资源在纵向和横向的运行系统中实现最优化配置，达到各运行阶段参与方高效的进度配合，以精细化的全过程管理实现了应急规划并行过程，缩短了重建工期，保障了重建质量。

12.5 结语

应急并行规划管理（ECUPMM）是运用CE管理原理，总结汶川、芦山地震等灾后重建规划经验而提炼出的理论模型和实施方法。其关键是通过规划IPT组织机构的建立，在并行规划协同环境的基础上实施应急城乡规划管理，并以PDCA质量循环对规划并行过程进行控制和反馈，保障管理过程的高效准确，希望为后续的应急城乡规划管理实施路径和规程制订提供理论基础和应用参考。

图12-10 "壹街区"重建项目中将废弃的工业厂房改造为居民的图书馆（外景）

图12-11 "壹街区"重建项目中将废弃的工业厂房改造为居民的图书馆（室内）

■ 参考文献

[1] 中华人民共和国突发事件应对法[Z]．2007-8-30．

[2] 张德，曲庆．管理[M]．北京：清华大学出版社，1999．

[3] 王利平．管理学原理[M]．北京：中国人民大学出版社，2000．

[4] 鞠彦兵．模糊环境下应急管理评价方法及应用[M]．北京：北京理工大学出版社，2013．

[5] 广东省安全生产监督管理局．安全生产应急管理实务[M]．北京：中国人民大学出版社，2009．

[6] 李美庆，李海江．我国应急管理的"一案三制"体系．[EB/OL]．[2009-9-4].http：//www.9764.com/Emergency/System/200909/29298. shtml..

[7] 钱秀槟．政府网络与信息安全事件应急工作指南[M]．北京：中国标准出版社，2012．

[8] 赵昌文．应急管理与灾后重建"5·12"汶川特大地震若干问题研究[M]．北京：科学出版社，2011．

[9] 田丽，李志伟．广州援建模式的具体做法[J]．经济研究参考，2011（14）：24-34．

[10] 孙彤，殷会良．北川新县城总体规划工作模式的实践与体会[J]．城市规划，2011（A02）：17-25，36．

[11] 贺旺．"三位一体"和"一个漏斗"——北川新县城灾后重建规划实施机制探索[J]．城市规划，2011（A02）：26-30．

[12] 荆锋，黄鹭．新北川新县城灾后重建规划中的公众参与[J]．城市规划，2011（A02）：53-60．

[13] 王妍．被动事件下的城镇设计策略[J]．小城镇建设，2011（4）：32-37，56．

[14] 滕五晓．日美地震灾害紧急对应对中国灾害应急体制建立的启示[J]．防灾减灾工程学报，2004，24（3）：323-328．

[15] 姚永玲．美国应急反应规划的管理[J]．国外城市规划，2006，21（1）：48-54．

[16] 曾旭正．灾后重建规划体制问题的分析与建议——以台湾9·21地震为例[J]．城市规划学刊，2008（4）：29-33．

[17] 广州日报．日本阪神大地震：重建耗费近10年[EB/OL]．[2008-5-22].http://intl.ce.cn/zhuanti/ggjj/zhcj/tszs/200805/22/t20080522_15577809. shtml.

[18] GB/T 50280—1998城市规划基本术语标准[S]．1998．

[19] 中华人民共和国城乡规划法[Z]．2007-10-28．

[20] 上海市城市规划管理局．上海城市规划管理与实践：科学发展观统领下的城市规划管理探索[M]．北京：中国建筑工业出版社，2007．

[21] 李侃桢．城市规划编制与实施管理整合研究[M]．北京：中国建筑工业出版社，2008．

[22] 耿毓修．城市规划管理[M]．北京：中国建筑工业出版社，2007．

[23] 李忠富．现代建筑生产管理理论[M]．北京：中国建筑工业出版社，2013．

[24] 孙斌．公共安全应急管理[M]．北京：气象出版社，2007．

[25] 四川省住房和建设厅．"5·12"汶川特大地震四川灾后重建城乡规划实践[M]．北京：中国建筑工业出版社，2013．

[26] 王黎涛，戚保明．装备研制走并行工程之路的思考[J]．国防技术基础，2002（5）：42-43．

[27] 朱江峰，黎震．先进制造技术[M]．北京：北京理工大学出版社，2007．

[28] 陈国权．并行工程管理方法与应用[M]．北京：清华大学出版社，1998．

[29] 赵利．并行建设工程项目管理模式研究[J]．项目管理技术，2011，9（1）：59-62．

[30] 中新环境管理咨询有限公司．PDCA管理基础知识及入门 ISO14001环境管理的活学活用[M]．北京：中国科学技术出版社，2002．

[31] 王红梅．现代工业企业管理[M]．南京：东南大学出版社，2007．

[32] 杨光．浅谈PDCA管理循环[M]//中国石油天然气管道工程有限公司．油气贮运技术论文集（第三卷）．北京：石油工业出版社，2007．

[33] 熊光楞．并行工程的理论与实践[M]．北京：清

华大学出版社，施普林格出版社，2001.

[34] 上海市企业信息化促进中心编. 构型管理[M].
上海：上海科学技术出版社，2010.

[35] 邱建. "5·12"汶川地震灾后恢复重建城乡规划
设计[J]. 建筑学报，2010（9）：5-11.

[36] 四川"4·20"芦山7.0级地震灾后恢复重建城乡

规划工作方案[Z]. 2013.

[37] 周俭. 灾后重建视野下的城镇规划与建设[Z].
2012-10-25.

[38] 四川省住房和城乡建设厅. 在"4·20"芦山地
震灾后恢复重建中发挥住房城乡建设部门作用的
实践与思考[Z]. 2015-04.

13　汶川地震灾后重建跨区域协调规划实践分析
——以威州、水磨、淮口三镇为例①

区域协调的概念由来已久，1995年"九五计划"就提出区域经济协调发展的基本方针，2015年"十三五"规划进一步明确区域协调发展机制，包括区域合作机制，对口支援制度，生态补偿机制，创新机制平台。区域协调发展也是学界共识，蒋清海[1]、蔡思复[2]、覃成林[3]、王文锦[4]等学者均对"区域协调"的概念和内涵做出过阐释。综合来看，其核心价值是互补、增长、发展，"互补"是发挥优势，"增长"是总量提升，"发展"是质量提高。但在"分灶吃饭、独立考核"的行政性分权背景下，区域协调发展仍面临着"形式化、缺乏统筹、要素壁垒依旧和公平性不足"[5]等问题，即使较早开展协调规划的珠三角地区和中央高度重视的京津冀地区，都存在规划"失灵"与"失效"的问题②。

汶川地震灾后重建规划是特殊历史背景下在特定地域开展的应急规划实践，有需求超越行政区划编制跨区域规划，有机会创新思路跨区域统筹协调各类资源要素，并有可能探索新的机制确保跨区域规划在重建工作中得到强有力实施。

成都是四川省省会，副省级城市，阿坝是四川省的一个民族自治州。汶川地震后，根据不同城镇资源、特色和政策条件，在阿坝州汶川县的威州镇、水磨镇和成都市金堂县的淮口镇（图13-1）启动了跨市州的三镇协调规划，实践了互利协调机制为基础、产业协调机制为引导，空间协调机制为保障的规划机制。该重建规划促进了区域经济互补，保障了区域发展速度，提升了区域发展质量。本文根据规划的十年实践，总结其机制、措施和成效，以促进灾区城镇更加科学发展，也为区域协调规划提供借鉴与参考。

13.1　三镇重建面临的主要问题

汶川地震灾区城镇普遍存在产业经济遭受重创、基础设施损失惨重、人居环境破坏极大、人地矛盾尖锐、内生动力缺乏等问题。但由于区位条件不同、发展基础各异、受灾程度不一，各城镇面临的重建问题也不尽相同。

13.1.1　威州镇空间承载能力不足

威州是汶川县城关镇，羌族聚居地，位于高山半干旱峡谷地带，资源与环境承载能力较弱、灾害风险大。除行政职能外，威州震前是阿坝州工业中心和教育中心，城镇用地2.4k㎡，人口超过3.0万，地震后因灾及安全退让共减少可用地96.6 ha，占建成区总面积的40%（图13-2、图13-3）。威州镇重建面临的最大问题是空间承载能力严重不足。按照"原址重建"要求，威州镇须"职能疏解、规模缩减"。

① 本章内容由邱建、唐由海第一次发表在《城市规划》2020年第8期第53至60页。

② 珠三角区域规划自1989年以来，已开展4轮，但规划与实践落差突出，如产业规划和产业转移达不到预期、实施机制难以保障、利益性问题难以触及等。珠三角区域规划面临其他地区普遍面临的困境（赖寿华 2015）。京津冀区域协调规划受到各级政府高度重视，经过多轮编制与实施，仍面临区域功能网络形成困难，发展协调仍受区域壁垒制约，规划理念与地方实施之间存在巨大落差等挑战（朱波 2014）。

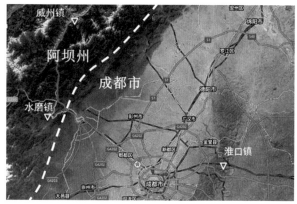

图13-1 威州、水磨、淮口三镇位置示意图
Fig.13-1 Location of Weizhou, Shuimo and Huaikou town

图13-2 震后汶川县城威州镇
Fig.13-2 County town of Wenchuan in Weizhou post- earthquake

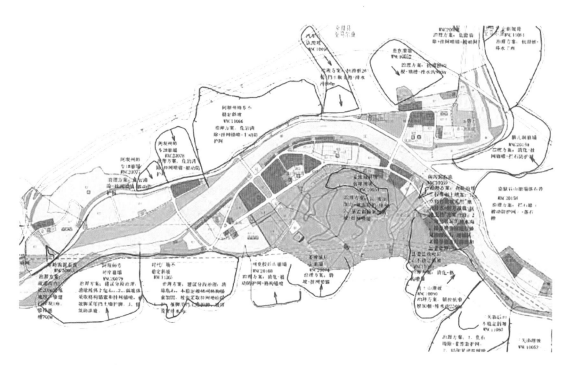

图13-3 威州镇地质灾害防治规划（局部）（资料来源：汶川县威州镇（县城）灾后恢复重建规划）
Fig.13-3 Plan for prevention and control of geological disaster of Weizhou town（part）（Data source：post-disaster recovery and reconstruction planning of Weizhou town of Wenchuan county）

13.1.2 岷江上游水磨镇产业污染严重

水磨镇位于岷江上游寿溪河畔，地形较平坦，城镇用地0.78 k㎡，人口0.8万，震前为工业型城镇，建有省级高耗能工业经济开发示范区，虽然地震中城镇用地损失不大（1.7 ha），但以钢铁、水泥等工业为代表的高耗能、高污染产业发展模式畸形，城镇生态环境恶劣，且工业企业的弃渣、废水顺流而下，严重污染下游20 km外的紫坪铺水库和都江堰水利工程，对包括成都平原在内的岷江流域生态环境和用水安全造成重大威胁（图13-4）。

图13-4　震前污染严重的水磨镇（数据来源：四川日报）
Fig.13-4　Heavily polluted Shuimo tomn earthquake（Data source: Sichuan Daily）

13.1.3　工业重镇淮口镇土地指标束缚

成都市龙泉山脉以东的金堂县淮口镇距离龙门山断裂带较远，地震损失相对较小。城镇地势较为平坦，交通发达，基础设施良好，以电力能源与纺织印染为主导的工业产业发展迅速，震前即以工业重镇著称，是成都市工业发展后备区和重点镇。但金堂全县城镇建设用地指标有限且向县城赵镇倾斜，淮口难以获得与产业相匹配的土地要素配给。

13.2　跨区域协调规划的思路、机制和措施

13.2.1　总体思路

汶川县城威州镇的去（异地重建）、留（原址重建）问题一度是灾后重建规划中的核心问题之一。经过灾害范围评估和灾害损失评估，资源

环境承载能力评价（两评估一评价）及结合居民意愿，最终确定了"原址重建、职能疏解、规模缩减"的重建原则。但重建规划仍需解决"去职能"与"保增长"平行，"近期成效"与"远期可持续发展"统筹等问题。由于威州镇和水磨镇是阿坝州震前工业经济的引擎所在，工业职能迁出，不但"户户有就业""人人有保障""经济有发展"的重建目标实现难度极大，州财政也面临断崖式下降的风险。另外，在对口援建期间"输血"体制下，培育长效的灾区城镇自我发展的内生动力也具有迫切性。

在此背景下，重建规划的视野与范式面临改变。一方面，灾后重建规划的视野需拓展到区域层面。灾后很多城镇面临的困难远远超过自身应对能力，无法很好解决"两难"问题。例如，"3·11"东日本大地震后，福岛、宫城历时数年重建，仍面临结构性失业、劳动力流出严重、

土地抛荒、基础设施欠账等问题，重建成效甚微，地震对城镇造成的创伤依然明显。灾区各市町重建需求难以统一、灾区重建缺乏区域合力是重要原因[6, 7]。另一方面，重建规划的基本范式更需从"技术文件"向"公共政策"转型，尤其是区域层面的规划，政策涉及面更广，"试图容纳物质空间规划以外的内容，统筹空间资源、制定公共政策，形成综合的规划框架"[8]，产业资源、生产要素、实施机制等同样进入了重建区域规划的视野。

与东日本大地震相对比，汶川灾后重建中，"协调发展"得到自上而下各级政府的高度重视，并在重建工作的体制机制上，得以体现①，这是"区域协调"思路能顺利实施的基本政策支撑。

由此，灾后重建跨区域协调规划总体思路可以总结为以区域协调为原则，以有效实施为导向，厘清区域城镇困难、资源与特色，统筹区域城镇不同发展目标，引导区域生产要素合理流动，创新区域协调规划机制，缓解单个城镇的重建困境，形成区域合力和活力，促成重建规划多元目标的实现。

13.2.2 机制建设

区域协调规划的机制是一系列相互联系、相互影响、相互促进的机制集成，从三镇重建的实践来看，笔者将其归纳为以互利协调机制为基

础、产业协调机制为引导，空间协调机制为保障的区域协调规划机制体系。

互利协调机制，指区域内各行政区在平等、互补、协商、发展的基础上，以互利为基本原则，共享区域资源、共享发展收益、共担潜在风险，建立要素流动、市场开放、产业互补、公平有效的区域横向合作。

以往的区域"协调"更多的存在在文件和通知上，实施效果不佳。"协调"失灵的"顽疾"追本溯源在"利"上。行政区是理性的经济人，竞争和博弈广泛存在，都渴望在"协调"中，吸引对方资源，守住己方利益，单纯行政手段无法协调错综复杂的区域利益关系，不能苛求某地长期成为利益损失方。要协调，须互利，要互利，须重新构建利益分配机制，彼利中有己利，助人即助己，甚至甚于助己。运用市场化思维、经济手段和公司化措施消除阿坝与成都之间的行政壁垒，是解决"协调"问题的长效机制。

协调机制中互利机制是基础。互利机制尊重现行的行政分权下独立考核制度，对产业转移成本（如用地指标、建设成本和征地成本）和转移收益（如相关联的税收和GDP、固定投资、增加值等经济产值）建立分担与分成制度，确保产业转出地能长期获益。

协调机制是补充。建立协调机制的重点，一是构建协商治理制度。包括构建府际联席制度和议事机构，建立区域协商交流平台，设立处理协商事务的专门部门。二是加强纵向扶持力度。获取区域上级政府或主管部门的纵向上的转移支付、专项扶持、政策支持和分歧调节。三是深化区域援助制度。应考虑欠发达地区（灾区）的实际困难，深化对口援助制度，采用技术扶持、生态补偿、援建等方式，引导发达地区对欠发达地

---

① 《汶川地震灾后恢复重建条例》（2008.6.4）第四条：各级人民政府应当加强对地震灾后恢复重建工作的领导、组织和协调，必要时成立地震灾后恢复重建协调机构，组织协调地震灾后恢复重建工作。《国务院关于做好汶川地震灾后恢复重建工作的指导意见》（2008.7.3）第十二条：省级人民政府对本地区的灾后恢复重建负总责，统一领导、组织协调。《汶川地震灾后恢复重建总体规划》（2008.9.19）第二章总体要求之基本原则第三条：统筹兼顾，协调发展。

区进行有效援助。

产业协调机制，指遵循市场规律，发挥产业比较优势，引导生产要素跨区域流动、优势产业跨区域集聚、产业分工跨区域深化，推动区域产业一体化发展，逐步形成合作、协调、一体的产业体系。

产业协调机制的重点，一是明确各城镇的主导功能。既体现各区域的发展权利和发展需求，又体现各区域资源禀赋（地质地貌特征、自然资源、交通条件等）和产业比较优势，以利于区域合理分工体系形成。二是推动优势产业转移。资源密集型、劳动密集型产业，更适合在产业配套完整、综合交通发达、生态容量大的地区落地发展，教育文化产业发展，也需要一定的城镇空间。三是配套关联措施。产业转移将产生多种关联效应，包括产业人口转移、公服设施转移，应给予充分政策响应。四是完善生产要素流动机制。尤其是对区域内土地指标、能源指标等进行要素价格化，对其流动建立市场化配置机制。

空间协调机制，指以区域产业体系、功能区划和城镇性质为依据，调整城镇空间发展模式，统筹用地指标配给，进行区域空间管制，对区域各城镇性质、规模、空间形态、功能布局、交通网络等进行宏观指引，确保生态安全，促进产业体系落地，提高区域城镇的空间开发效率。

产业的载体是空间。空间协调机制，一是关注土地、空间和用地规模等传统规划物质要素的优化配置。用地指标调配是空间规划的"主要矛盾"，空间协调的基础是建立跨区域层面的土地指标流转机制，脱离指标谈区域镇空间协调，易陷入空谈。二是开展空间布局规划，统筹区域发展空间，明确城镇性质和调配用地规模，重新制定城镇体系规划、城乡总

体规划，结合地质条件进行严格空间管制，合理预测城镇人口，安排近远期建设规划，划定城镇发展边界和生态红线。三是结合各镇地形地势、人文历史条件，形成不同景观特质与风貌，彰显城镇不同空间特色。

13.2.3 规划措施

灾后重建规划采取了大量"统筹兼顾，协调发展"的具体规划措施，根据区域协调规划机制视角的分析，其中涉及三镇区域协调的具体规划措施（图13-5），可总结为：

政策体系规划：建立跨区域的互利协调政策体系，一是跨区域的成本与收益分担政策，阿坝州出资40%，成都市出资60%，共同承担基础设施建设在内的成阿工业区早期投入。工业区税收上不但仍享受民族地区优惠政策，且打破"属地管理"惯例，"一个窗口、两张税票"，企业一次报税，成都和阿坝按照3.5∶6.5的比例（2019年调整为4∶6）分成；二是跨区域的生产要素流动机制，如阿坝州灾后重建土地指标，留存的电量匹配量向州外的成阿工业区转移，较低电价可吸引重大项目落户，阿坝州城投债券专项募集成阿工业区建设基金；三是跨区域的核算机制，产业转移后产生的税收、GDP均按比例纳入原属地。目前，成阿工业区年工业增加值（阿坝分成部分）占全州总额的1/3。

建立跨区域协调机制，一是议事机制，建立市州联席会议制和成阿工业区董事会，董事会成员成都、阿坝各占四席，对等协商；二是执行机制，成立平台公司，作为产业转移发展的运营机构，以公司作为实施区域协调的实体；三是纵向扶持机制，中央灾后重建基金拨款8亿元用于阿坝师专建设，国家住建部与省住建厅为协调各

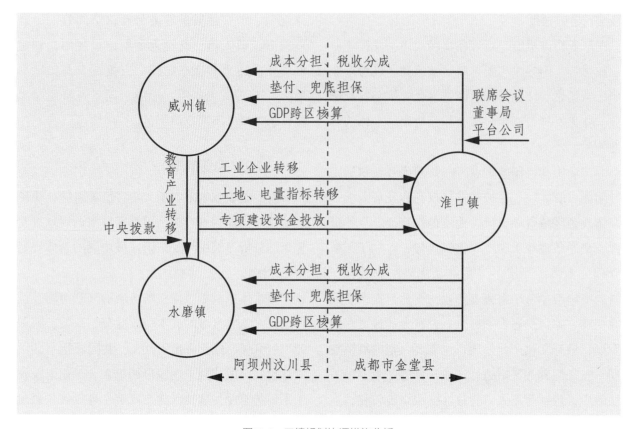

图13-5　三镇规划协调措施分析
Fig. 13-5 Coordinating planning measures with 3 towns

灾区重建规划，组建跨专业联合规划援助专家团队，成立"部省联合规划编制组"，发现、反馈和解决重建规划中的复杂问题[9]；四是援助机制，照顾灾区，是本次区域协调规划的特殊性。金堂县财政提供价值25亿元的土地使用权抵押担保，垫付初期建设资金1亿元，并对园区借款提供兜底担保。

跨区域产业布局：重新梳理调整区域城镇职能体系，跨区域进行产业布局。威州震后自然地质条件、用地规模均不再适合工业与教育产业布局，其工业迁至金堂县淮口镇，成立"飞地"型工业园区（成阿工业园）；水磨镇由原来工业强镇转变为文教中心，高能耗工业迁至淮口镇及茂县，腾挪用地承接阿坝师专为主的教育产业；淮口镇因平坝地貌、交通优势和能源优势，成为此次跨区域产业调整的主要承接地。

规模调整与城镇空间形态调整：结合灾后城镇职能优化，调整区域城镇性质及规模，在"两评估一评价"的基础上，构建城镇空间形态。威州城镇性质突出其城关镇职能，用地规模进行缩减。城镇"瘦身"后形成的沿岷江河谷组团式空间形态，不但有利于威州镇保持民族风貌，凸显地域特色，还有利于避难空间配置，提高城镇安全性，且缩减的用地指标可面向区域城镇有偿流转；水磨、淮口用地条件较好，适度增大规模，有利于产业扩容与集聚效应发挥，且水磨靠近青城山景区，宜突出山水城市形态，发挥旅游区位优势（表13-1）。

表13-1　威州、水磨、淮口镇震前震后城镇规划性质及主要指标对比

Tab.13-1　Comparison of urban planning characteristics and main indices before and after earthquake in Weizhou，
Shuimo and Huaikou Town（Data source：post-disaster recovery and reconstruction planning of 3 towns）

城镇	震前城镇规划性质	震前城镇规划规模（2020年）	震后城镇规划性质	震后城镇规划规模（2020年）
威州镇	省级历史文化名城，成都与川西北高原的商贸、交通、旅游接点，阿坝州的教育科研基地，全县政治、经济、文化中心	4.0万人，2.9 km²	省级历史文化名城，阿坝州的交通枢纽，全县的政治、文化中心，岷江河谷山水生态城	3.3万人，2.6 km²
水磨镇	建材工业、电子工业为主的工业型城镇	1.9万人，1.8 km²	以发展特色旅游、体系教育、绿色居住为主的山水环境宜人的服务型城镇	2.8万人，2.0 km²
淮口镇	金堂县经济副中心、县域东部中心	5.0万人，6.5 km²	县域副中心、综合物流中心、工业集中发展区	12万人，26.7 km²

注：根据威州、水磨灾后重建规划，淮口镇总体规划资料整理。

13.3　规划实施效果

十年来，在灾后重建跨区域协调规划的引领下，利用灾后重建所建立的协调机制，威州、水磨、淮口三镇的空间资源与城镇职能得以匹配，城镇空间形态呈现特色，产业发展得到协调。

13.3.1　空间资源与城镇职能匹配

重建规划实施以来，灾区城镇结合自身资源和发展特色，建立与自身国土空间资源相匹配的城镇职能，引导特征明显、优势互补、协调互通的区域城镇职能体系进一步形成。

威州镇城镇用地规模由震前规划的2.9 km²（2020年）缩减为2.6 km²，人口由4.0万缩减为3.3万，迁出了教育、工业职能，继续承担县城的行政、文化职能，扩大了交通区位优势[①]，更多承

担阿坝州交通物流枢纽，旅游集散地职能。

水磨镇因阿坝师专迁入，城镇规划人口与用地规模（2.8万人、2.0 km²）较震前规划（1.9万人、1.8 km²）有所扩大。依托"长寿之乡""山水羌城"的传统资源禀赋，水磨以特色旅游、教育职能替换震前的重工业职能，已从山区工业重镇转型为成都近郊旅游名镇。

淮口镇依托良好的国土空间资源和综合经济区位，城镇规划用地规模由震前的5.0 km²，扩大至26.7 km²，成长为金堂县域副中心，承担了物流中心与工业集中发展区的职能，城镇人口迅速增长，非农人口年均增长17%（2007—2019年），并被确立为成都东北部的区域中心城市。

13.3.2　城镇空间形态特色各异

通过区域空间协调机制，灾后重建规划结合各镇山水本底和传统格局，力图形成不同的城镇形态特色，提升城镇品质，改善人居环境。

威州镇缩减规模后，以组团（七盘沟组团、

---

① 威州镇作为州内的交通枢纽交通，是由于杂谷脑河与岷江交汇于此，G317和G213实质上是利用杂谷脑河与岷江的河谷修建，前者是汶川—理县—马尔康方向与藏地联络的主通道，后者是汶川—茂县—松潘方向与青海、甘肃联系的主通道。

图13-6威州镇总体规划（2008—2020）（资料来源：汶川县威州镇（县城）灾后恢复重建规划）
Fig.13-6Master planning of the town in Weizhou（2008-2020）（Data source：post-disaster recovery and reconstruction planning of Weizhou town of Wenchuan county）

图13-7 重建后的汶川县城威州镇
Fig.13-7 County town of Wenchuan in Weizhou after reconstruction

中部组团、雁门组团）形态沿岷江串珠式展开（图13-6），形成"江—城—山"为一体的空间格局（图13-7），组团界线更清晰，"岷江河谷山水生态城"的城镇风貌特色更突出，且城镇整体防灾减灾能力得到增强。串珠格局形成了连续的开敞空间，沿河已建成6 km长健康步道，串连多个市民广场与街头公园，组团间避让空间成为公园绿地（如灾前县政府、沿岷江密集拥挤的建筑物让位于公共广场、避难空间和绿化用地（图13-8、图13-9），人均绿地由震前0.4㎡提高到8.9㎡。

水磨镇重新组织城镇空间，以寿溪湖为核心，形成以水系和广场系统为核心的公共空间体系，提升水岸活力和公共空间亲水性（图13-10）。水磨本是滨水小城，夹水而生，重建规划顺应了山水格局，震后城镇形态有机、山水特色突出、民族特色浓郁（图13-11，图13-12），成为第二批全国特色小镇。

淮口镇城镇用地规模大幅扩大，公共空间和绿地空间大幅增加，人均绿地由地震前1.3㎡，提高到13.5㎡（2016年），新增城镇空间迅速在沱江两侧拓展（图13-13），东岸发展工业园区，西岸布局新城，初步形成老城、新城、园区三组团鼎立的城镇空间格局，组团之间以沱江、市政公园等相分隔。

图13- 8 县中心广场重建在原汶川县政府用地

Fig.13-8 A central public square was built in the previous county government site

图13-9 原沿岷江密集拥挤的建筑物用地变为公共空间、
避难空间和绿化用地

Fig.13-9The site of previous dense and bristling buildings along
the Minjiang River was turned into the public space, refuge space
and green land

图13-10水磨镇总体规划（2008—2011）

Fig. 13-10Master plan of Shuimo town（2008-2011）（Data source:
post-disaster recovery and reconstruction planning of Shuimo town）
资料来源：水磨镇地震灾后恢复重建规划

图13-11　污染严重的水磨镇重建后已经山清水秀

Fig.13-11Beautiful Shuimo town after reconstruction which
wasused to be heavily polluted

图13-12污染严重的水磨镇重建后已经变成民族
特色鲜明的旅游小镇

Fig.13-12Shuimo town has become a tourist town with national
characteristics

图13-13淮口镇总体规划（2014—2020）
（资料来源：金堂县规划局）
Fig. 13-13Master plan of Huaikou town（2014-2020）
（Data source：Jintang Planning Bureau）

图 13-14 成阿工业区全景（资料来源：金堂县规划局）
Fig. 13-14 A panoramic view of Chengdu-Aba industrial district
（Data source：Jintang Planning Bureau）

13.3.3　产业发展协调

震后重建中，汶川县逐步摆脱了资源型重工业依赖，在区域产业协调中，确立了以"大健康"为统领，康养旅游的全域发展思路，旅游收入（2019年）较震前增长52.9倍。工业园区搬迁到淮口后则获得长足发展，工业产值较震前增长5.2倍，2018年汶川县获批退出国家级贫困县序列。

威州镇致力发展文化、服务核心产业，由百废待兴的极重灾区，初步成长为阿坝州旅游集散中心及康养基地，全县旅游支撑中心。借助威州镇的带动作用，汶川县经济增速较快，GDP年增长率14.8%（2008—2019年）。

水磨镇凭借独特山水人文形态，发挥毗邻成都的交通区位优势，构建"高山生态康养、河谷观光游览"旅游产业格局，城镇旅游产业增长迅速，成为灾后重建的样板城镇，获得大

量殊荣[①]。相比工业产业，旅游产业更能"藏富于民"，水磨2018年人均收入达到17 899元，是2007年的5.0倍，全镇已无贫困村。

淮口镇承接汶川所转移的产业与生产要素后，城镇产业实力与特色逐渐加强，GDP年增长率21.0%（2007—2018年）；2016首次进入全国综合实力千强镇（2018年为全国第239位，四川省第3位）[10]，成为新兴工业型城镇。淮口镇成都与阿坝州共建的成阿工业园区（图13-14）累计分配回阿坝州工业总产值（规模以上）160亿元，税收4.3亿元（至2018年），为两地经济结构转型，产业基础夯实做出了较大贡献[②]。2017年，以淮口为核心，成都市确立了产业新城项目——"淮州新城"，淮口成为成都"东进"战

---

① 水磨镇 2010 年创建国家 4A 景区，并被全球人居环境论坛理事会和联合国人居署《全球最佳范例》杂志评为"全球灾后重建最佳范例"，2013 年创建 5A 景区，2017 年入选《全国红色旅游景点景区名录》、住建部国家级特色小镇，2019 年入选四川省文化旅游特色小镇、四川省省级森林小镇。
② 基础经济数据来自历年《汶川县统计年鉴》《金堂县统计年鉴》。

略的"主角"之一，实现了大发展与大跨越。

13.4 结语

城乡规划是实践性学科，由于行政藩篱，区域协调规划的实施困境一直是城乡规划的痛点所在。基于特殊时期、特定历史背景的灾后恢复重建规划，在特定地区利用难得的历史机遇，突出城镇资源与特色，协调多元主体，构建并在十年时间中落实"互利协调""产业协调""空间协调"等区域协调规划机制，初步形成分工明确、协同有力、互利发展的新型城镇关系，促进了灾后城镇合理重建，健康发展。正因如此，此次规划的成果如何为非灾正常时期所用，如何形成长效性、普适性的方法与理论，尚需进一步的研究与实践。本文旨在抛砖引玉，希望能为目前的"精准扶贫"规划和将来可能发生的大灾之后的重建行动，提供有价值的参考和建议，也希望更多专家、学者对"区域协调"规划的实施进行更深入的系统研究。

■ 参考文献

[1] 蒋清海. 区域经济协调发展的若干理论问题[J]. 财经问题研究，1995（06）：49-54.
JIANG QINGHAI.Several Theoretical Problems of Coordinated Development of Regional Economy[J]. Financial and Economic Issues Research,1995（06）：49-54.

[2] 蔡思复. 我国区域经济协调发展的科学界定及其运作[J]. 中南财经大学学报，1997（03）：21-25，109.
CAI SIFU. On the Scientific Defining and Operating of Regional Economic Coordinate Development[J]. Journal of Zhongnan University of Economics and Law, 1997（03）：21-25, 109.

[3] 覃成林. 区域协调发展机制体系研究[J]. 经济学家，2011（04）：63-70.
QIN CHENGLIN. Research on Regional Coordinated Development Mechanism System[J]. Economist, 2011（04）：63-70.

[4] 王文锦. 中国区域协调发展研究[D]. 北京：中共中央党校，2001.
WANG WENJING. Research on the Coordinated Development of China's Regions[D]. Beijing:Party School of the Central Committee of C. P. C, 2001.

[5] 孙斌栋，郑燕. 我国区域发展战略的回顾、评价与启示[J]. 人文地理，2014，29（05）：6.
SUN BIN-DONG, ZHENG YAN. Review, Evaluation and Inspiration of Regional Development Strategies in China[J]. Human Geography.2014,29（05）：6.

[6] 张涛. 中日地震恢复重建对比研究[J]. 自然灾害学报，2014，23（04）：1-12.
ZHANG TAO. Comparative study of earthquake recovery and reconstruction between China and Japan[J]. Journal of Natural Disasters,2014（04）:1-12.

[7] 张惠. 核泄漏重灾区灾后重建现状调查报告——日本福岛县南相马市实地调研[J]. 科技创新与应用，2015（12）：52-53.
ZHANG HUI. Investigation report on the post-disaster reconstruction in Minamisoma, Fukushima Prefecture, Japan[J]. Technology Innovation and Application, 2015（12）：52-53.

[8] 赖寿华，等. 珠三角区域规划回顾、评价及反思[J]. 城市规划学刊，2015（04）：14.
LAI SHOUHUA.A Review, Evaluation and Reflection of the Pearl River Delta Delta Regional

Plan[J]. Urban Planning Forum. 2015（04）: 14.

[9]　邱建. 震后重建城乡规划理论与实践[M]. 北京：中国建筑工业出版社，2018. 4：49.

QIU JIAN. The Theory and Practice of Post-Earthquake Urban and Rural Reconstruction Plan[M]. Beijing: China Architecture & Building Press,2018.4:49.

[10]　中国中小城市科学发展指数研究课题组. 2018 年中国中小城市科学发展指数研究成果发布（二）[N]. 人民日报，2018-10-09（010）.

Research Group on Scientific Development Index of Small and Medium Cities of China.The Science Development Index Research Results of 2018 China Small and Medium Cities[N]. People's Daily, 2018-10-09（010）.

14 四川汶川地震灾后城乡恢复重建规划和建设的新进展[①]

14.1 统筹规划，加强城乡规划对灾后重建的科学指导

为了加快城乡灾后恢复重建，灾区各级政府和规划建设行政主管部门，按照省委、省政府统一部署和安排，把做好地震灾后恢复重建城乡规划作为重建工作的优先任务，切实加强领导、精心组织，加快灾后重建城乡规划编制工作步伐，确保城乡恢复重建在科学规划的指导下顺利开展。

14.1.1 城乡灾后重建规划编制取得重要成果

城乡科学重建，规划必须先行。在《汶川地震灾后恢复重建总体规划》及其10个专项规划编制完成并颁布实施后，省政府立即召开了全省地震灾区城乡规划专题会议并制发工作文件，对编制灾后恢复重建城乡规划进行部署，迅速组织协调省内外上百家规划设计单位、数千名规划技术人员，在地震灾区集中开展了一次城乡规划编制"大会战"。针对灾后恢复重建的特殊性和紧迫性，我们积极创新规划工作机制，按照"政府组织、专家领衔、部门合作、公众参与"的要求，加强政府组织领导，落实工作目标责任，整合各方规划力量，强化行政效能督导，全力加快规划

编制工作进度，于2009年上半年全面、按期完成了39个重灾县（市、区）、631个镇乡、2043个村庄重建规划编制或修编工作。

在全面完成重灾县（市）、镇（乡）和村庄重建规划编制或修编的基础上，省住房和城乡建设厅（原省建设厅）组织对汶川、北川、青川、都江堰和映秀、汉旺等极重灾县（市、镇）重建总体规划的审查报批，灾区地方政府及时公布了经审查批准的城镇和乡村重建规划，为推进城乡灾后恢复重建提供了规划指导和建设依据。各地在制订重建城乡规划时都将规划编制成果公开，充分征求受灾群众和社会各界意见，成都、阿坝等市州政府还将本地区编制的恢复重建城乡规划成果，向社会公众集中展示和宣传，积极营造全社会关心和支持灾后重建的良好氛围。

14.1.2 城乡灾后重建规划工作措施和做法

14.1.2.1 加强领导，精心组织

领导高度重视、思想认识统一、责任明确落实、部门各司其职、各方通力合作、上下工作联动，为做好灾后恢复重建规划编制工作提供了重要的组织保障。省政府下发了《关于加快地震重灾区灾后恢复重建城乡规划编制工作的通知》，明确在各级政府组织领导下建立由城乡规划主管部门牵头，发改、国土、财政、地震、测绘、水利、环保等相关部门参与的工作联动机制。地震重灾区有关市（州）政府作为本地区灾后恢复重

[①] 本章内容由邱建、李根芽第一次发表在《中国城市规划发展报告（2009—2010）》第38至44页，中国城市科学学会等编，中国建筑工业出版社，2010.6.

建城乡规划工作的责任主体，纷纷建立了以分管市州长为组长、规划建设部门为主体、各相关部门配合参与的规划编制工作领导小组，结合地方实际，制订本地区灾后恢复重建城乡规划工作的具体方案，明确编制任务、进度安排和部门职责，将灾后恢复重建规划编制工作作为重建优先工作抓紧、抓实、抓好。同时，为了更好地为灾区一线的规划工作提供及时有效的工作指导和技术服务，省政府建立了规划编制督导机制，成立了由省住房建设厅牵头负责，国土、水利、地震等省直有关部门和相关专家共同参与的成都和阿坝、绵阳和德阳、广元和雅安3个督查组，分片对各地进行督查和指导，直至各地按期完成规划编制任务。市、州也成立了相应的督导工作机构，定期对县（市、区）灾后重建规划编制工作进行检查、督促和帮助。

14.1.2.2　因地制宜，突出重点

灾后恢复重建规划必须以《汶川地震灾后恢复重建条例》等有关法律法规为依据，满足住房和城乡建设部等部委的相关文件要求。同时，灾后恢复重建规划具有很强的针对性和实用性，在编制规划中认真贯彻落实温家宝总理在视察北川新县城规划建设时作出的关于"安全、宜居、繁荣、特色、文明、和谐"的重要指示精神，切实把握恢复重建这一工作主题，坚持因地制宜，各地根据不同地方的灾后恢复重建实际需要，突出规划编制工作的重点，重灾区应优先编制指导近三年城乡恢复重建的城镇近期建设规划、恢复重建项目所在地块的详细规划以及乡政府驻地和村庄建设规划先期实施，再纳入随后修编的城镇总体规划和乡规划；遭受地震极重破坏需原地或异地新建的城镇，应同步编制城镇的总体规划和恢复重建近期建设规划；地震破坏较轻的地方，

在充分考虑原有城镇规划和乡村规划的基础上，可通过采取对有关城乡规划进行局部调整的方式指导城乡灾后恢复重建。此外，还针对灾后重建项目的实际需求，对近期建设规划提出了具体规定，要求必须落实"近期建设项目库"，明确项目、投资来源、建设时序等相关内容，以切实提高规划的可操作性。

14.1.2.3　社会公开，公众参与

地震灾区灾后恢复重建规划编制工作社会关注、群众关心，为确保规划制定过程中反映和尊重民意，省政府为此还专门下发了《关于进一步加强地震灾后重建城镇规划公众参与工作的通知》，要求各地制定的灾后恢复重建城乡规划依法向社会公开，充分发挥当地各种媒体的宣传作用，在灾区努力营造群众参与规划制定和支持规划实施的良好社会氛围，调动灾区群众重建美好家园的积极性。成都市在编制农村重建规划过程中，从最初的定居点选址到最终的方案审批，均要通过三分之二以上村民代表同意、规划现场公布公告等形式来保障受灾群众的知情权和决策权，并举办了成都市灾后重建规划展，通过图板、模型、动画等直观形式，向社会广泛宣传灾后重建规划的成果，社会反响积极；阿坝州政府也通过举办规划展览的方式，将本地区编制的恢复重建城乡规划成果集中向社会公开展示；北川县在规划编制过程中，积极引导公众参与，发放调查表就社区管理、公共服务等多个方面向群众广泛征求意见，得到了很好的社会评价。

14.1.2.4　专家把关，科学决策

规划编制在加快速度的同时，更加注重规划质量，积极发挥专家决策咨询作用，在灾后恢复重建规划编制工作中竭力做到科学民主决策。在规划编制单位的选择上，除对口支援的50多家国

内甲级设计院外，四川省还组织了40多家省内规划单位和高等院校参与规划会战，数千名专业技术人员和一大批国内外知名规划大师云集灾区一线，为规划编制工作提供了强有力的技术支撑。在规划编制模式上，我们注重运用多方案比选择优的方法，如都江堰通过全球征集概念，广泛征求国内外优秀设计机构、专家学者等社会各界人士的意见和建议；映秀镇组织了华南理工院、同济大学院、清华大学院、广东省院、广州市院等全国著名的5家甲级规划院，进行了多方案规划设计比选。在规划方案技术审查中，我们本着科学严谨的态度，充分尊重专家意见，并积极发挥有关职能部门作用，广泛邀请各类专业领域的专家和相关部门的负责人参与技术评审，以切实保证规划质量。对社会广泛关注的北川新县城规划方案，邀请了两院院士周干峙等国内权威专家参加技术审查把关；对震中映秀镇重建规划，省建设厅与阿坝州政府共同合作主办了映秀镇灾后重建国际研讨会，组织国际、国内知名专家院士进行专题论证，出谋划策，从而进一步明确了映秀镇灾后重建的指导思想和规划定位，抗震技术的最新成果同时被应用到规划成果。

14.2 科学重建，加快建设地震灾后城乡美好新家园

在城乡灾后重建中，全面贯彻落实科学发展观和扩大内需的方针政策，将城乡灾后恢复重建与推进新型城镇化和新农村建设结合起来，科学重建。各地根据当地恢复重建的实际情况和发展需要，按照因地制宜、民生优先、分步实施、科学重建的要求，有计划、分步骤地组织实施灾后恢复重建城乡规划，优先安排关系民生的城乡居民住房、基础设施和公共服务设施建设。

14.2.1 城乡灾后恢复重建取得重大阶段性胜利

按照确保质量与注重效率相结合的原则，灾区各级政府坚持把三年重建任务两年基本完成的目标任务作为政治要求来落实、作为民生工程来推进、作为使命来履行，推进了城乡灾后恢复重建工作有序、有力、有效开展。一是农房恢复重建成绩卓著。原核定需恢复重建的126.3万户农房，已于2009年底全部完工。因余震和地质次生灾害等因素影响，我省又陆续新增重建农房19.61万户，2009年底累计已开工19.59万户，开工率99.9%，其中已完工15.1万户，完工率77%。我省灾后农房重建的整体规划、抗震设防、质量安全和风貌特色都发生了翻天覆地的巨变。二是城镇住房重建攻坚成效明显。经中期规划调整核定，我省需重建城镇住房25.91万套，需维修加固受损住房134.86万套。由于城镇住房重建面临的情况十分复杂，各种矛盾突出，受规划选址、受灾群众意愿和利益诉求、基础设施建设等因素影响，城镇住房重建前期进度受到很大影响。但通过各级政府和广大群众的共同努力，自2009年9月以来，前期困扰影响重建的各项突出问题基本得到解决，城镇住房恢复重建不断提速，取得重大进展，已转入全面建设、逐步安置阶段。截止到2009年底，全省城镇住房重建累计已开工25.4万套，开工率97.5%，其中已完工19.35万套，完工率74.7%。受损住房维修加固累计已完工134.78万套，完工率99.94%。三是市政基础设施恢复重建有序推进。38个重点重建城镇共需重建市政基础设施项目419个，截止到2009年底已开工287个，占总数的68.5%，完工65个，现已完成投资43.5亿元，占总投资的60.8%。城乡灾后恢复重建稳

步推进。

14.2.2 城乡灾后恢复重建实施工作的主要做法

14.2.2.1 加强组织领导，充分发挥集中力量办大事的优势作用

灾后重建是一项极其浩大的系统工程，任何时候、各个环节都需要完善各种机制、统筹各种资源、发动各方力量共同推进，这就必须依靠坚强有力的组织领导，发挥社会主义制度集中力量办大事的独特优势。为加快推进灾后恢复重建，我省着眼全局、结合实际、层层部署、层层组织、层层发动，层层落实，迅速建立健全了省、市（州）、县（市、区）、镇（乡）四级重建领导机构和执行机构，具体明确了各项各阶段目标任务，分解落实了各级政府、各部门、各人员的职能责任，组织和动员各方力量、调配各种资源，全力投入灾后重建工作。正是充分发挥了社会主义制度下集中力量办大事的最大优势，整合形成了各级党委政府强大的领导力、组织力、号召力和执行力，才使得各项重建工作有序展开、有效推进。

14.2.2.2 突出科学重建，充分发挥城乡重建规划的引导作用

在灾后重建工作中，我们始终坚持以规划为龙头，注重发挥规划对城乡灾后重建的引导提升作用。为加强对灾区重建城乡规划实施的指导，除了上述省政府下发的《关于进一步加强地震灾后重建城镇规划公众参与工作的通知》外，省住房和城乡建设厅也发出了《关于进一步做好重建城乡规划实施的通知》等指导文件。住房和城乡建设部还会同四川省政府共同组织召开了北川新县城灾后重建推进协调会。与此同时，省上加强

了对汶川、青川等其他极重灾区城镇规划和城市设计的指导与协调工作，多次深入重点城镇检查规划实施，并协调相关专家和技术人员深入灾区各地为城镇规划设计工作把脉，确保科学规划与科学重建，随着各地重建规划的实施和完成，地震灾区许多地方城乡建设发展比灾前向前推进了10到20年。另外，按照国家重建委和省政府的工作部署，我省适时组织开展了灾后重建中城镇体系、住房、农村建设专项规划和城乡重建规划实施的中期评估工作，为深入推进城乡科学重建做好基础性工作。

14.2.2.3 贯彻落实政策，充分发挥党和国家政策的激励作用

从灾后重建的实践看，重建的要素主要是政策、资金、物资、技术、施工力量、组织管理等，其中最重要的是政策因素。解决了政策的问题，也就相应解决了其他要素问题。更重要的是，科学合理的政策能有效激发广大受灾群众和基层单位的内动力和创造性，有效破解许多尖锐矛盾。在城乡住房重建中，资金补助政策的落实极大地加快了重建进度。农村建房也历来是农民自力更生，通常享受不到政府的优惠和扶持。灾后农房重建中，我省及时明确并迅速落实了户均2万元的补助政策，这极大地调动了受灾农民的重建积极性，农房重建进度一直排在各项重建工作之首。在城镇住房重建中，各地结合实施，积极完善和落实房改等相关政策。部分城镇受灾居民灾前居住的是公房，灾后不能享受资金补助及土地权益，导致许多危房不能拆除，规划的重建用地不能落实，这给重建推进造成极大障碍。如给这些受灾群众发放补助，需调整全省基本补助政策，还将引发新的矛盾，无法实施。为解决此问题，部分灾区通过落实房改政策，解决产权及

土地权益等问题，有效化解了主要矛盾。

14.2.2.4、注重依靠群众，充分发挥广大人民群众的主体作用

群众是灾后重建的主体，依靠群众和发动群众，充分发挥广大群众的主观能动性，这是我省住房重建的基本原则。灾后重建的大量事实表明，群众的主体作用发挥好了，积极性调动起来了，主要矛盾也就随之解决了。农房重建中，如果受灾农户不主动建房，一味等靠要，政府根本无力在一年半的时间里建设分散的上百万户农房。城镇住房情况更复杂，一个受灾居民的个人意愿影响的不仅是自己，而是几十户甚至几百户居民的重建。因此，在住房重建中，我省始终把群众的意愿放在重要位置，将群众的主体作用作为重建的重要支撑和保证。为了发挥群众的主体作用，调动他们的积极性，各级政府和部门深入基层、深入实际、深入群众，逐户了解情况、宣传和落实政策，帮助解决实际困难。通过逐家逐户深入细致地做工作，灾后重建得到了绝大多数群众的理解支持，他们的积极性、能动性也相应地调动发挥起来，促进了住房重建工作的快速推进。

14.2.2.5 加强指导帮扶，充分发挥政府机关的服务保障作用

在发挥受灾群众主体作用的同时，政府的支持和帮助必须及时到位，这是推进重建的必然要求。受灾群众的专业技能、经济条件和组织能力决定了他们仅依靠自身能力难以在短期内完成住房重建，实现安居梦想，这就需要政府及时提供足够的支持和帮助。农房重建，安全第一。为了保证质量并满足抗震设防的需要，受灾群众最需要的是建房技术上的支持，同时还需要资金和建材等方面的支持，着眼群众的迫切需要，我省

全力帮助受灾农户解决以上三方面的问题。为解决农房建设技术指导问题，住房和城乡建设厅组织制定了指导农房建设的14项指导性文件和技术规范，编制了《农房重建设计方案图集》和《农村居住建筑抗震构造图集》，提供了300多种农房设计方案供灾区农户选择。我省农房建设第一次有了规范系统的抗震设防要求和标准，改变了千百年来农村住房不设防的历史。为了提高农房建设水平，各级建设部门组织各方专业技术人员进村入户，指导农房重建，并培训农村建筑工匠近9万余人次。为解决资金问题，在及时核发补助的同时，积极落实金融支持政策，省政府专门安排了40亿专项资金帮助灾区建立担保基金，解决困难农户的贷款问题。为解决建材问题，建立建材特供机制，严格控制建材价格，保障充足供应。另外，在推进城镇住房重建方面，我们感到受灾居民更需要的则是联络沟通、组织和协调等方面的支持。对此，我们一是帮助受灾居民之间加强联络沟通，消除矛盾，促使各方统一重建意愿；二是搭建受灾居民和开发企业、设计单位、施工单位的联络平台，为受灾居民选择具备资质、符合条件的重建单位提供服务；三是为受灾居民争取优惠贷款创造条件，提供方便。从住房重建的实际来看，虽然重建个体千差万别，各有各的实际困难，但只要是根据受灾群众实际有针对性地进行帮扶，重建的困难是能得到有效解决的。

14.2.2.6 积极争取援建，充分发挥各方力量的支持作用

灾后重建投资巨大、任务艰巨、时间紧迫，仅仅依靠灾区政府和受灾群众的自身能力，很难圆满完成各项重建任务。在重建最困难时期，中央和各省市及时给予了我们最大的支持，使各项

重建工作顺利启动，有效实施。在住房和城乡建设部的积极协调、关心支持下，我省灾区各级建设部门加强与各对口援建省市建设部门的联系，建立了定期联络机制，落实专人做好对口支援的有关工作，积极争取把建设和修复城乡居民住房作为对口支援的重点，优先安排帮助受援灾区开展房屋安全鉴定及加固工作，将援助资金优先投入住房及相关的公共服务设施和基础配套设施建设，取得了明显成效。

14.2.2.7 坚持信息公开，充分发挥群众和社会的监督作用

在重建工作中，我们除了加强行政监督监管和监察外，始终坚持公开、公平、公正原则，做好信息公开工作，主动接受群众和全社会的监督。坚持信息公开内容的全面性，从政策的制定和执行、重建的计划和进展、资金的安排与使用，能公开的内容尽量公开，让群众充分了解信任，取得群众的理解支持。坚持信息公开范围的广泛性，不仅仅局限于受灾群众家庭，而且对重建涉及的其他群体进行公开，对全社会进行公开，既接受全社会的监督，又争取形成有利的舆论环境。坚持信息公开方式的多样性，既有张贴的公示，也有通过媒体发布的公告，还有通过张贴画、宣传手册等方式，通过各类群众可能接触和接受的渠道进行公开。通过有效做好信息公开工作，保证群众的知情权和监督权，有力引导受灾群众真正参与和融入重建。

综上所述，一年多来，在党中央、国务院和省委、省政府的坚强领导下，在全国人民的全力支援和国内外社会各界的关心支持下，建设战线的广大干部职工充分发挥生力军作用，大力弘扬伟大的抗震救灾精神，与灾区群众同甘苦、共患难，在城乡灾后恢复重建战线上奋力拼搏，为早日实现灾区群众安居乐业、城乡建设达到或超过灾前水平的重建目标做出了巨大贡献，取得了重大阶段性胜利。

15 The Planning，Organization and Management of Post-disaster Reconstruction of the Lushan Earthquake Based on the Local as the Main Body [1]

15.1 INTRODUCTION

A vertical managing mechanism，led by the central government，was used for a crisis response during the reconstruction of the "5·12" Wenchuan earthquake. The reconstruction pattern was: any county that had been severely affected by the earthquake received helps from a Central Government-nominated province；any town within the county received help from a province-nominated prefecture city（Qiu& Jiang 2009；Qiu 2010；Qiu&Zeng 2015）. The method was to allocate the resources in the country to rescue and reconstruct，which provided strong guarantee for manpower，material and financial resources and received a marked effect. However，this method also contains problems such as huge investment，high cost，and great wastes caused by the planned standards. The planned standards were set too high and resulted in reconstruction higher than the actual demands. Based on the experience of Wenchuan earthquake，the organization and management of post-disaster reconstruction of "4·20" Lushan earthquake executed a responding mechanism，

"guided by the central government as a whole，implemented by the local as the main body and widely participated by the masses in the disaster areas"（Zhang & Zhang 2015）. The mechanism with local government as the subject was set up to preserve local characteristics and developing rules，adjust measures to local conditions to a scientific reconstruction，which was explored thoroughly in relation to the post-disaster reconstruction of Lushan.

The post-disaster planning and reconstruction organization and management with the local government as the subject，according to the actual conditions of disaster areas，must distribute the responsibilities of party committees and governments at all levels such as of province，of city，of county，and of town. To get more specific in Yaan disaster area located in mountainous area around Sichuan Basin，it seriously lags in development of economy and society and has a severe shortage of planning and management powers and planning technology personnel. It would be impossible to undertake the arduous task of planning compilation and implementation and management of post-disaster reconstruction only by the disaster areas. The post-disaster planning and reconstruction management mechanism of Lushan has been searched out in Sichuan Province. It is showed that the party committee and government of the province work as the subject，with provincial planning administrative department in charge of urban planning assembling the manpower and coordinating and conducting on site. While，the party committees and governments at prefecture city，county，and town levels execute the main work and encourage the public participation in disaster areas. The mechanism achieved an initial effect in the reconstruction passed two years.

15.2 FULL COVERAGE OF PLNNING COMPILATION

The provincial planning administrative department mastered of disaster situations soon after the earthquake，won over the supports and helps from the State Ministry of Housing and Urban-rural Construction，and，accordingly，organized eight teams of experts with planning experiences of

---

[1] 本章内容由曾帆、邱建、韩效第一次发表在 Earthquake Research in China（Quarterly）《中国地震研究》（季刊），2016 年第 1 期第 131 至 144 页。

Wenchuan earthquake from Beijing, Shanghai, Jiangsu, Guangdong and Sichuan to take charge of eight completed disaster counties (or districts) of Yaan. A working cluster with the core of top-level planning institutes of China, close cooperation of several planning and design institutes in Sichuan Province for oriented assist to each county (or district) was built up. Then it was put into place to execute formulation and management with counterpart assistance for some worse-hit disaster areas such as 3 counties, that is, Lushan, Baoxing, Tianquan and their 7 towns and 19 villages (Fig. 15-1).

For example, Lushan county (of its towns and villages) were assisted by China Academy of Urban Planning and Design Institute, accordingly, 14 reconstruction plans were formulated, including the Master Plan for Post Lushan Earthquake Restoration and Reconstruction, the Site Plan of the Post-disaster Reconstruction for Lushan Old Ctiy, "Three

Points and One Line" Post-Reconstruction Plan for Lushan. In exactly the same way as Baoxing and Tianquan, specific to Baoxing, which was assisted by Tongji Urban Planning and Design institute, 14 plans of post-disaster reconstruction were formulated such as the Master Plan for Post Baoxing Earthquake Restoration and Reconstruction, the Site Plan of Civic Center for Lingguan town, the Master Plan for Wulong Township and as well as the plans and designs of Lingguan new district including all public buildings, residential buildings, landscape, infrastructure. And specific to Tianquan, which was assisted by Tsinghua Tongheng Urban Planning and Design Institute, 10 reconstruction plans were formulated such as the Master Plan for Post Tianquan Earthquake Restoration and Reconstruction, the Site Plan of Chengxiang District for Tianquan County, to execute full coverage of urban-rural planning compilation in post-disaster areas of county, of town, and of village and their

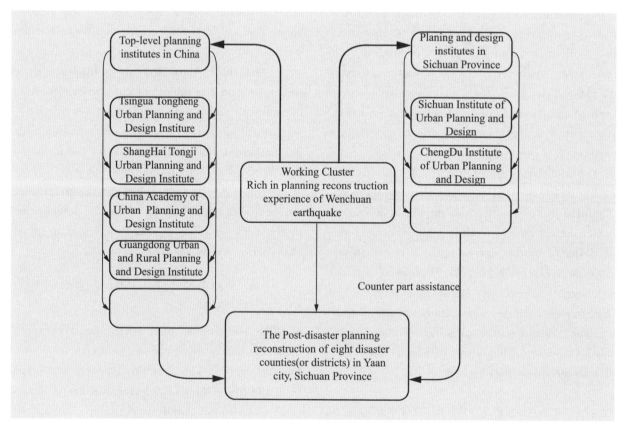

Fig.15-1　A working cluster of urban-rural planning in post-disaster reconstruction. (Source: according to "Sichuan Provincial Department of Housing and Urban Rural Construction 2015", illustration by the author).

jurisdictions. In the meanwhile, technical reviews of planning at provincial level were arranged for the worst–hit areas, Lushan, Baoxing, Tianquan and their 7 towns and 19 villages, which exemplified for other disaster areas to ensure the quality of planning compilation (Housing and Urban–rural Planning and Construction Bureau of Ya' an City 2015) (Fig. 15–2).

15.3   URBAN-RURAL PANNING AS THE TOTAL HEAD IN CHARGE

The post–disaster reconstruction work are characterized by heavy reconstruction tasks, diversified planning types, numerous department participants, urgent projects to be implemented, difficult spatial coordination and so on. Thus, the Post–disaster Reconstruction Committee of "4·20" Lushan Earthquake in Sichuan Province, on the basis of a "funnel–form" reconstruction experience from Beichuan in "5·12" Wenchuan earthquake (He 2011), approved to set up the Reconstruction Planning Command Headquarters Post–disaster of "4·20" LushanEarthquake in Yaan. The responsibilities involved in the Headquarters were in charge of coordinating post–disaster planning and reconstruction projects across cities or counties, inter–towns or inter–businesses, of reviewing the rationality of key reconstruction projects in terms of planning, and of advising and suggesting for other reconstruction planning implements. The Headquarter were composed of the mayor of Yaan City as the general commander, the chief planner of the Provincial Department of Housing and Urban–rural Construction as the general counselor. The experts from the most well–known planning and design institutes in China were designated as the committee members who served full–time to be responsible for the management of post–disaster reconstruction planning compilation, inspection and implementation in time and effectively (Fig. 15–3). The establishment of local Planning Command Headquarters provided the technique

specialists with a platform to execute conformance checking and technical coordination of project designs and construction implementing according to the plans, in which the different professional projects were represented by industry, transportation, architecture, landscape, infrastructure etc. Some space integration issues raised in implementing projects were addressed by an overall control of the planning technology as a "funnel–form" which ensured the planned reconstruction projects to be able to be landed without losing shape as a whole.

In addition, an organizational guarantee was provided to assure the reconstruction projects to be carried out in accordance with the plan. 3 deputy general planners from the Planning Command Headquarter were simultaneously appointed as the party committee standing members and vice magistrate in Lushan, in Baoxing, and in Tianquan, three the worst–hit counties, to participate directly in the execution and management of local reconstruction (Fig. 15–3). They participated in taking charge of the execution of reviewing more than three hundred important reconstruction projects in the main urban locations, sections, historic cities, towns and villages, such as Lingguan district, Feixianguan town, among the three counties, and of its in which a strict execution according to the plans was make certain as the local planning management was strengthened (Figs. 15–4~15–6).

15.4 INNOVATION CONSTRUCTION MANAGEMENT MODE OF "FIVE GENERALS PATTERN"

Specific to the projects planned to be landed and implemented, the Five Generals pattern in planning and construction management of post–disaster reconstruction in Lushan was innovated. The Five Generals involved in general charge of planning and design, general contractor of construction, general management of construction projects, general supervisor of projects, and general commander of the or ganizational leadership, in which the responsibility

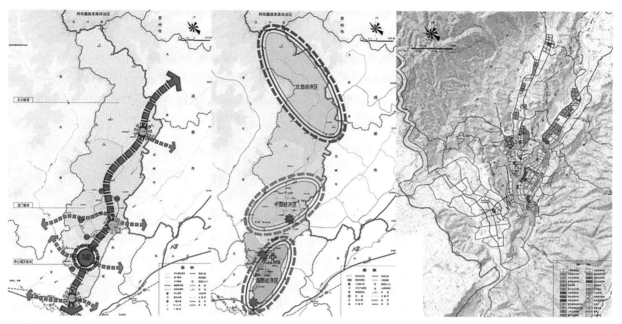

Fig.15-2 Relevant achivements of post-disaster reconstruction plan of Lushan County（Source： "Master Plan for Post Lushan Earthquake Restoration and Reconstruction（2013-2030）" ， China Academy of Urban Planning and Design Institute）.

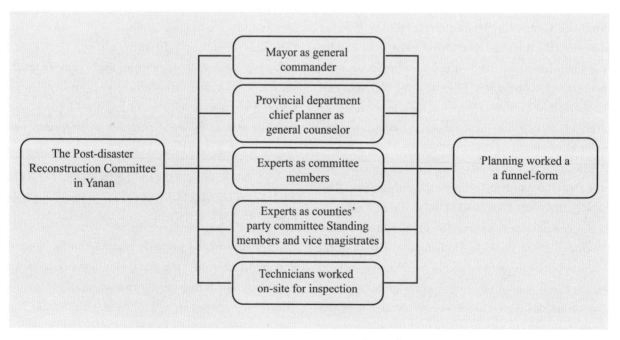

Fig.15-3 Planning Headquarter of Post-disaster Reconstruction in Yaan of "4·20" Lushan Earthquake.（Source：according to "Housing and Urban-rural Planning and Construction Bureau of Yaan City 2015" ， illustration by the author）.

Fig.15-4 Comparison of Hanjiang ancient city modified before and after，Luyang Town，Lushan County（Source："Three Points and One Line" Post-Reconstruction Plan for Lushan，China Academy of Urban Planning and Design Institute）.

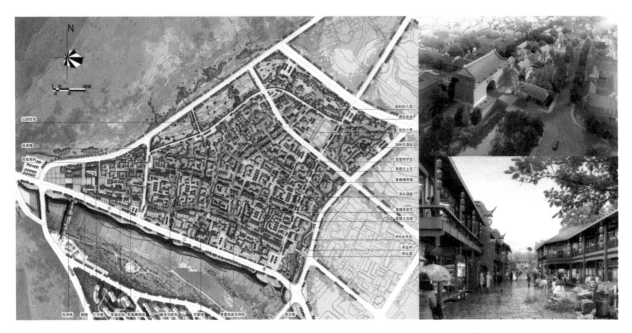

Fig.15-5 Site Plan of Diaomen Old Town in major part of Tianquan in Post-disaster Reconstruction（Source："Master Plan for Post Tianquan Earthquake Restoration and Reconstruction（2013-2030），TsingHua Tongheng Urban Planning and Design Institute"）.

Fig.15-6. Site plan of the Post-disaster Reconstruction for Jianganlin Village（Source:"Site plan of the Post-disaster Reconstruction for Jianganlin Village, Shangli Town, Yucheng District of Yaan City", Sichuan Institute of Urban Planning and Design）.

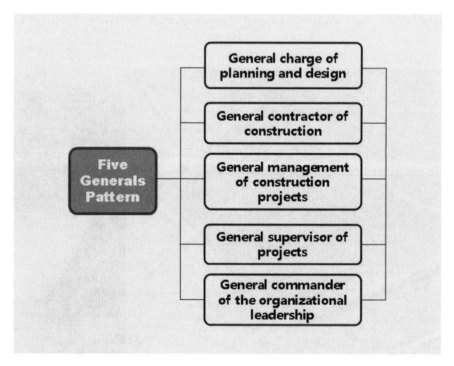

Fig.15-7 Construction management mode of "Five Generals Pattern" of "4·20" Lushan post-disaster reconstruction
（Source: according to "Sichuan Provincial Department of Housing and Urban Rural Construction 2015" and "He 2015",
illustration by the author）.

subjects of project execution were defined（Fig. 15-7）. The crux of the matter in terms of the Five Generals is general commander of the organizational leadership. On the basis of the whole disaster area as object to plan and manage，some important reconstruction zones，such as the Longmen township as the earthquake center，Lushan county town，Feixianguan town in Lushan，Lingguan district in Baoxing town，were recognized. A general director organization was respectively established. The duties of the organization were to take the whole situation into account and plan accordingly，to take the lead in coordinating various management affaires，to provide software and hardware working environments，to chair the periodic meeting for information sharing，and to bring the issues arisen together to be addressed. The party committee and government of county that a zone is located took the subject was responsible for the organization.

General charge of planning and design indicated that，with one important reconstruction zone，one Grade A planning and design institute with post-disaster reconstruction experience was invited to check on all the construction plans and architectural programs designed by other institutes. With this way，planning functioned as a "funnel-form" to provide technology support and guarantee for projects to be landed. The problems of incompatible design results caused by multi-institutes with qualities at various

Fig.15-8　Contract signing ceremony of General Contracting of Construction in post Lushan earthquake reconstruction（Source：Official Website of The People's Government of Yaan，URL：http：//www.yaan.gov.cn/mob/articview.aspx?ArticID=20141105153813225）.

levels working in isolation from each other were solved. Tongji Architecture and Design Institute，for example，served as the planning headquarter in Lingguan district in Baoxing town，to take charge of reviewing all the plans and designs completed by other institutes and to enable the project planning design，and construction to be qualified.

At the operational level in the construction stage，a mechanism was adopted to ensure the planned program execution by partition contracts to a construction company with Premium quality to build in one important reconstruction zone，Huaxi Construction Group responsible for Lushan county town for instance. In addition，a professional project management institute was introduced to take charge of general management of the projects in the zone and

Fig.15-9　Five Generals Pattern for General Supervision：the corresponding author supervises the rural housing site selection as a general counselor in post Lushan earthquake reconstruction.（Source：photo by the author）

a supervisory team directly sent by the planning and construction department of provincial government took a responsibility for on-site general supervising to make it certain that the projects move forward both quality and quantity (Figs. 15-8 and15-9) .

To sum up, Five Generals pattern with a five-in-one flattening management is a creative working mechanism to response to the urban-rural planning and management in post-disaster reconstruction execution, which is able to insure the reconstruction to be executed orderly, efficiently and successfully.

15.5 NEW MECHANISM OF RURAL HOUSING CONSTRUCTION MANAGEMENT

A need to rural house reconstruction as a significant livelihood issue should be met at the first time. In view of the fact that the rural houses built pre-disaster had never been taken seismic fortification into consideration, they were low in quality and had a huge reconstruction task. The local government widely encouraged villagers to participate in farmhouse self-built and renovated the management structure and mechanism of rural house construction system.

15.5.1   1Improving the supervision system of rural housing construction

Being as the deaths in Lushan earthquake were all caused by rural housing which reflected the absence of rural housing management of planning and construction system in China, the long-term rural housing construction supervision system was initiated. With the local government as the main body, the supervision institution of post-disaster rural housing reconstruction was established and the local regulation building was improved to insure the reconstruction to be normalized, institutionalized and made procedures. To the problem of lawless of rural housing construction management, "Regulation for independent reconstruction of rural housing after Lushan earthquake in Sichuan" was formulated first of all (He 2015) . For the first time in China, it broke the system of urban-rural binary separation

of construction management, brought the rural housing construction into quality supervisor system of government department of Housing and Construction, and executed urban-rural integrated management. The second factor was to apply the seismic fortification criterion by force. Relevant local regulations were released to put in place in relation to the rural housing construction procedures such as site selection, surveying and design, building construction, completion inspection and acceptance, in which anti-seismic measures got applied and the quality and safety of rural housing ensured.

15.5.2   Establishing the technology standard system of rural housing

The technology standard system was set up at first, which included many technical documents and drawings, such as "Technical specification for anti-seismic technique in rural houses of Sichuan Province", "Technical guidelines of construction techniques of rural residential architecture in Sichuan", "Anti-seismic construction drawings of rural residential architecture in Sichuan",

"Construction atlas of rural housing reconstruction of Lushan earthquake" (He 2015) .The governments from different regions established the "Completion acceptance methods of rural housing construction" according to self-conditions. The technical standards and enforcement basis of the whole process of rural housing reconstruction were created. The situations that the rural house design and construction management had no principle to rest on were corrected and therefore, the rural housing qualities of reconstruction were generally improved (Fig. 15-10) .

The second approach was to apply oriented assist mechanism in relation to construction techniques of rural housing. Six prefecture cities in Sichuan Province were nominated to help six severely affected counties, with the pattern of one-city-to-one-county. Over 5500 rural building workers and 1000 rural management staff were organized to be trained to meet the requirements of rural housing reconstruction. A technical guide mechanism of village–by–village and family–by–family was carried out. Over 200 experts from Huaxi Group were organized to give technical service on the spot in Lushan County, for instance, which provided a strong technical support and made sure the forced anti–seismic requirements executed in each family, and supervised the whole process of rural housing reconstruction (Housing and Urban–rural Planning and Construction Bureau of Yaan City 2015; He 2015) (Figs. 15–11and15–12).

15.5.3　Public participation in rural housing self-built at the grassroots level

The final approach was to encourage the rural masses to participate in their post–disaster rural housing reconstruction which is supervised and guided by local government at various levels. The subject role of peasants was fully respected. Furthermore, Self–built Committee was set up and composed of representatives from the rural masses. Based on this, rural masses involved in many links of post–disaster reconstruction, including planning, site selection, drawing design, contracting of projects, financial

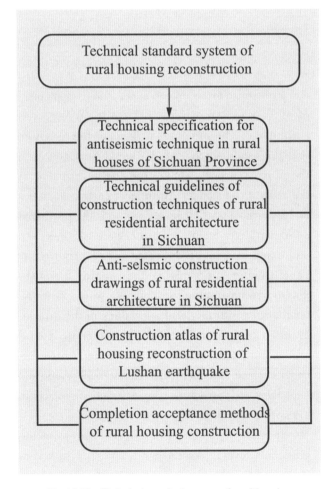

Fig.15-10　Technical standard system of rural housing reconstruction
(Source: according to "He 2015", illustration by the author).

Fig.15- 11　Special training session for cadres of Township and administrators of planning and construction department in post Lushan earthquake rural housing reconstruction (Source: Official Website of Sichuan College of Architectural Technology. URL: http: //www. scatc.net/ShowNews-2683-21. shtml).

Fig.15-12　Committee for construction drawing review of rural housing reconstruction in post Lushan earthquake (Source: Official website of Sichuan College of Architectural Technology. URL: http: //www.scatc.net/ ShowNews-26832-1. shtml).

Fig.15-13　Baihuo new settlements of Qinglongchang Village，Longmen Township，Lushan County.
（Source：photo by the author）

collecting and quality supervisor in terms of villagers' willingness and actual situation of disaster area. Then the various construction modes such as self-built by villagers，unified planning and co-operational construction were explored in order to organize and implement rural housing construction. And rightly to this，all those relevant specialized aspects that were taken into account and determined by the peasants themselves in relations to construction mode，site selection，scale and so on，avoided the problems occurred，exemplified by government taking care of everything，too much investment，too high cost.

To this end，a local mechanism of rural housing reconstruction was created through various exploratory approaches related to supervision institutes，local regulation，technical standard，mechanism of cultivating talents at the grassroots level in post-disaster areas（Fig. 15-13）.

15.6　CONCLUSION

The exploratory of planning organization and management mechanism with the local government as the main body applied in the post-disaster reconstruction of "4·20" Lushan earthquake is in

fact a reference to，a reflection of，and a supplement of the experience from "5·12" Wenchuan earthquake. The practices of Lushan have showed that the establishment of a leadership system with the provincial party committee and government as the general commander，with local party committees and governments at all levels and with the provincial administrative departments that perform their own duties and work in a coordinated and cooperative way benefit better to organizing and running the post-disaster reconstruction. In concrete work，with the familiarities with the local specialties in the disaster areas in relation to natural environment，social economy and folk customs，the leadership system has better enabled to scientifically and rationally guide and implement the post-disaster reconstruction projects in line with local conditions.

Second，considering the disaster areas at the grassroots level，like Lushan County，with severe shortage of professional and technical staff. It is an effective way that，borrowing from Wenchuan post-disaster reconstruction model，the management and technical resources with post-disaster reconstruction planning experiences nationwide are assembled in the disaster areas to conduct an on-site help. The experiences of Lushan post-disaster reconstruction have implied that a mechanism of organization and management in post-disaster reconstruction based on the local as the main body must be initiated, an emergency and reconstruction organizational institution with systematically considering the local situations must be established, a relevant local regulations and technical standard system must be built, and a local planning and management resource must be educated.

Third, the rural housing self-built model which is organized and guided by the local government and widely participated by the rural masses is more adapted to the rural housing reconstruction in mountain areas such as Lushan. As for the working model, it is proved effective that the rural masses participate in the entire rural housing reconstruction

process from planning and design to construction with peasant households as the subject. However, it is still in its infancy in many respects related to establishment of supervision institution, approaches of rural masses participation in rural housing self-built, which needs to be further explored.

To sum up, a series of exploratory practices with respect to organization and management modes of post-disaster reconstruction in Lushan, which is guided by local government as the main body, have been progressed two years in passed, and achieved some significant results. It is hoped that a practical experience is provided to formulate, modify and improve relevant emergency policies and regulation and to refer to planning organization and management approaches applied in the post-earthquake reconstructions possibly occurred afterwards.

■ 参考文献

[1] HE J. The practice and reflection for Post Lushan Earthquake Restoration and Reconstruction. http://www.sc.xinhuanet.com/content/2015-04/23/c1115070865.htm.

[2] HE W. "Trinity" and "A Funnel": Exploration of planning implementation mechanism for the post-disaster reconstruction of Beichuan new county town[J]. City Planning Review, 2011, 35（S2）: 26-30.

[3] Housing and Urban-rural Planning and Construction Bureau of Ya'an City. 2015. Housing and Urban-rural Planning and Construction Bureau for Ya'an City concerning the work summary of 4.20 Lushan Post-disaster Reconstruction in 2014.（Unpublished Report）.

[4] QIU J. Urban and rural planning and design of post-earthquake reconstruction for "5·12" Wenchuan Earthquake[J]. Architectural Journal, 2010, 09: 5-11.

[5] QIU J, Jiang R. Exploration of building a Planning system of post-earthquake reconstruction: A case study of Wenchuan Earthquake[J]. City Planning Review, 2009, 33（7）: 11-15.

[6] QIU J, ZENG F. The theory and practice of urban rural planning management at emergency: Reconstruction planning after Wenchuan Earthquake[J]. Planners 2015, 31（9）: 26-32.

[7] Sichuan Provincial Department of Housing and Urban Rural Construction.2015. The practice and reflection on the role of the Urban-rural Housing Construction Department in the Post-disaster Reconstruction after 4.20 Lushan Earthquake.[Z]（Unpublished Report）.

[8] ZHANG H P, ZHANG L D. Learning and Implementing the Spirit of Major Written Instructions and Comments by the General Secretary Xi Jinping Workshop for Exploring New Paths to the Post-disaster Reconstruction for LushanCounty. http://ziyang.scol.com.cn/zyzw/content/2015-04/21/content_51713072.htm?node=113424.

附录1.1 灾后重建学术交流

科研团队积极参加灾后重建的相关学术交流，数十次在国际国内学术会议做特邀报告或主旨报告，与同行分享学术成果，报告涉及震后重建规划总体思路构思、历史文化传承、自然遗产保护、震毁城镇选址、灾区发展振兴、实施组织管理等内容，产生了较为深刻的学术影响。附表1-1辑录了部分学术报告情况。

附表1-1 部分学术报告

序号	报告人	报告题目	会议及主题	主办方	时间	地点
1	邱建	羌族山地聚居环境分析及北川新县城规划选址再思考	第四届山地人居环境可持续发展国际学术研讨会，主题："未来的城市转型与治理"	重庆大学建筑城规学院	2019年12月7日	中国重庆市重庆大学水上报告厅
2	邱建	震后重建规划及十年跟踪研究（主旨报告）	2018年中国城市规划学会山地城乡规划学术委员会，主题："乡村振兴与山地城乡规划"	中国城市规划学会山地城乡规划学术委员会	2018年6月2—3日	中国山西省太原市农科院培训中心（瑞科酒店）
3	邱建	震后重建规划及十年跟踪研究（主旨报告）	中国工程科技论坛暨第十届防震减灾工程学术研讨会分会场——2018地震震后重建学术论坛主旨报告，主题："复兴路上的家园重建"	中国工程院、中国城市规划学会、西南交通大学承办	2018年4月22日	中国四川省成都市西南交通大学犀浦校区建筑与设计馆
4	邱建，文晓斐	羌族聚落的山地环境特征及重建规划分析	2016年中国城市规划学会山地城乡规划学术委员会，主题："山地城镇规划与文化遗产保护"（特邀报告）	中国城市规划学会山地城乡规划学术委员会	2016年5月12日	中国北京清华大学
5	邱建	四川两次地震灾后重建规划组织管理的实践探索（主旨报告）	主题："新视野、新规划：管理与实施下的城市规划"，2016第四届清华同衡学术周之"可持续的城市支撑系统——韧性城市、海绵城市与智慧共享交通城市的讨论"专场主旨报告	清华同衡规划设计研究院主办、中国城市规划学会学术支持	2016年5月12日	中国北京清华大学

续附表

序号	报告人	报告题目	会议及主题	主办方	时间	地点
6	曾帆，邱建，韩效	基于地方作为主体的芦山地震灾后重建规划组织管理（The Planning Organization and Management of Post-disaster reconstruction of Lushan Earthquake based on the Local as the Main Bod）	第四届土木工程与城市规划国际学术会议（The 4th International Conference on Civil Engineering and Urban Planning）		2015年10月20—23日	中国北京天伦松鹤酒店（CEUP 2015 2015, October 20, 2011 - October 23, 2011, Sunworld Hotel, Beijing, China）
7	邱建	基于地方作为主体的芦山地震灾后重建规划组织管理（The Planning Organization and Management of Post-disaster reconstruction of Lushan Earthquake based on the Local as the Main Body）（主旨报告）	第四届强震地质灾害及其后效应国际学术研讨会（The 4th International Symposium on Mega Earthquake Induced Geo-disasters and Long Term Effects）	成都理工大学地质灾害防治与地质环境保护国家重点实验室（SKLGP）主办，国际大滑坡协会（iRALL）、国际工程地质协会中国国家小组（IAEG-China Group）、国际减灾研究计划中国委员会（IRDR-China）以及四川省2011计划-地质灾害防控协同创新中心（CICGP）共同发起和协办	2015年5月9日	中国四川省成都市成都理工大学
8	邱建	灾后重建的历史文化名城保护：汶川地震的经验及其对芦山地震的启示（主旨报告）	中国西南地区民族聚居区建筑文化遗产国际研讨会	西南民族大学城市规划与建筑学院	2014年10月25日	中国四川省成都市西南民族大学武侯校区
9	邱建	灾后重建的历史文化名城保护：汶川地震的经验及其对芦山地震的启示（主旨报告）	新型城镇化进程中古城古镇古村落保护与利用高层论坛	中国文物保护基金会、联合国教科文组织亚太地区世遗中心古建筑保护联盟、中国博物馆小镇·安仁论坛理事会	2014年9月19日	中国四川省成都市大邑县安仁镇
10	邱建	汶川地震灾后重建规划设计的回顾（主旨报告）	建筑结构高峰论坛-汶川地震五周年工程抗震设计与新技术研讨会	中国建筑西南建筑设计研究院有限公司、中国建筑设计研究院、《建筑结构》杂志社	2013年4月14日	中国四川省成都市天邑国际酒店

续附表

序号	报告人	报告题目	会议及主题	主办方	时间	地点
11	邱建	汶川地震灾后重建中的可持续发展理念	2011年中国城市规划年会，主题："转型与重构"之"生态城市与可持续发展的国际经验"（特别论坛特邀报告）	中国城市规划学会、南京市政府	2011年9月20日	中国江苏省南京市国际博览中心
12	邱建	汶川地震灾后重建城乡规划设计	汶川地震灾后重建项目现场研讨班	中国工程咨询协会	2010年10月31日	中国四川省成都市金牛宾馆
13	邱建	汶川地震灾后恢复重建城乡规划设计	汶川地震灾后恢复重建规划设计研讨会	中国建筑学会	2010年10月22日	中国四川省成都市西藏饭店
14	邱建	汶川地震灾后恢复重建城乡规划设计	中美地震科学与减灾学术研讨会	国际欧亚科学院中国科学中心	2010年10月19日	中国北京市全国人大会议中心
15	邱建	四川汶川地震灾后恢复重建城乡规划设计	重生——汶川震后重建学术交流会暨作品展	中央美术学院、中国建筑设计研究院主办	2010年10月15日	中国北京市中央美术学院
16	邱建	构建安全的城乡规划体系——以汶川地震震灾后恢复重建规划为例	2009全国高等学校城市规划专业指导委员会第二届第五次会议，主题："城市安全.规划基点"	全国高等学校城市规划专业指导委员会	2009年9月19日	中国辽宁省沈阳市沈阳建筑大学
17	邱建	汶川地震灾后恢复重建中卧龙自然保护区的独特性	"卧龙未来发展的挑战工作坊"	香港发展局、四川省林业厅	2009年8月29日	中国广东省深圳市香格里拉大酒店
18	邱建	汶川地震灾后恢复重建规划的启示与思考	2008中国南京第四届世界城市论坛，主题"和谐的城镇化"之分议题"城市：安全的家园"	中国住房和城乡建设部与联合国人居署	2008年11月5日	中国江苏省南京市国际博览中心
19	邱建	映秀城镇恢复重建的思考	映秀镇灾后恢复重建国际研讨会	四川省建设厅、广东省建设厅、阿坝州政府、中国建筑科学研究院	2009年4月8日	中国四川省成都市会展中心

附录1.2　学术著作《震后城乡重建规划理论与实践》

西南交通大学邱建教授学术团队组织牵头，联合四川省城乡规划设计研究院、成都市规划设计研究院等设计机构，以及成都理工大学、四川农业大学、西南民族大学等相关高校共同撰写《震后城乡重建规划理论与实践》专著，由中国建筑工业出版社于2018年5月出版发行。

专著是对汶川地震、芦山地震城乡重建规划及实施为期10年跟踪研究的成果，首次对灾后重建规划活动进行高度抽象概括，凝练出符合我国国情的灾后城乡重建规划理论体系，集成出灾后重建规划需匹配的关键技术。核心学术价值是：提炼出震后城乡重建规划理论和技术体系，并在实践中加以验证；讨论了地质灾害防治、应急居民安置、城镇规划选址、文化遗产保护、避难场所规划、无障碍环境设计等关键规划技术；结合震后城镇体系规划、城市规划、镇乡规划、村规划进行了应用分析；在此基础上形成了城乡重建规划管理的地方标准。

中国工程院崔愷院士、吴志强院士和中国勘察设计大师李晓江为该著作序，对其理论价值和实践意义予以高度评价。

崔愷院士心系受灾群众，多次赴灾区参加诸如北川、映秀等极重灾区灾后重建规划设计专家咨询会，提出真知灼见；凭借一片爱心担纲设计的北川文化中心，用现代语汇和技术阐释出羌族村寨为主题的"本土建筑"，深受羌族同胞喜爱。他认为"汶川地震灾后恢复重建规划工作极其特殊复杂"，该著"涉及的重建规划内容之繁杂、编制与管理任务之繁重、各类机构配合之困难、人员组织之庞大，能在实践基础上提炼并形成这样科学理性、系统全面的震后城乡重建规划

理论和技术体系研究成果，实属不易，这不仅是对重建规划规律性认识的理论创新，而且为重建中出现的现实问题贡献了有效解决方案，为建筑设计落实落地创造了良好工作基础，为重建工作有力、有序开展提供了系统的理论基础和有力的技术支撑。""此书理论源于实践，并在实践中得到应用和校正，如果再发生类似灾难，定会胸有成竹！"

吴志强院士灾后迅速带领同济专家赶赴灾区参加汶川地震重建规划，负责成都地区重建规划工作，被任命为成都灾后安置规划总规划师，与上海市对口援建都江堰市团队一道现场踏勘，参与主持了震后都江堰城市总体规划、历史文化名城保护规划、西街历史文化街区保护规划、壹街区规划等各类灾后重建规划，见证了灾区从废墟上站立起来，城市面貌焕然一新的涅槃过程。该著面世之际，他十分感慨，评价道："基于四川两次大地震震后城乡重建规划实践，运用系统论的科学方法，首次对纷繁复杂的灾后重建规划活动进行高度抽象概括，揭示其内在规律，凝练出符合我国国情的震后城乡重建规划理论体系，集成出灾后重建规划需要匹配的关键技术。""系统总结了两次地震灾后重建规划管理经验，建构了适用于震后城乡重建规划管理的应急并行规划管理模型，并据此制订了相应的规划管理规程。这些理论、实践和管理研究成果，厘清了人们对地震灾后城乡重建规划的理论认识，弥补了系统指导震后城乡重建规划实践的理论空白，拓展了城乡规划学科体系，从规划理论与实践角度对汶川特大地震灾后重建这一世界惊殊的伟大成就进行了诠释，对推进我国城乡规划事业发展将起到

积极作用，也会为世界应对地震巨灾提供中国的规划经验。""邱建教授将灾区作为大课堂，在重建规划实践中为学生积累防灾技术、工程技术、环境科学、建筑学、经济学、管理学等规划专业必备知识，培养了数名博士和硕士研究生，人才梯队建设成绩斐然。我相信，这些同学在获得专业知识的同时，一定收获不少感恩奋进、责任担当等精神财富，对于规划人才来讲，弥足珍贵，可歌可贺！"

李晓江大师时任中国城市规划设计研究院院长，汶川特大地震后，立即抽调院技术骨干深入灾区，承担了绵阳市和德阳市灾后重建规划，牵头完成"汶川地震灾后恢复重建城镇体系规划"，尤其是组建了专门的专业团队参与北川新县城的选址论证工作，编制了北川新县城总体规划和各类专项规划，并形成新县城重建规划指挥部，履行了重建规划实施技术把关职责，现场工作3年从未间断，为新县城谋篇布局、拔地而起直至交付使用付出巨大努力，做出卓越贡献！芦山地震后又组织院内专家全程参与了芦山县灾后重建规划工作。两次地震机缘，晓江院长与邱建教授一次次冒着地震次生灾害危险共同在灾区一线踏勘现场、收集资料、分析灾情，为科学编制重建规划竭尽全力，建立了生死之交的缘分、并肩战斗的情谊。晓江院长还十分关注邱建教授团队灾后重建规划设计教学科研展情况，数次评阅研究生学位论文，亲自主持了曾帆同学题为《基于系统论的震后城乡重建规划理论模型及关键技术研究》的博士论文毕业答辩会。他在序言中写道："本书就是邱建教授在十年跟踪研究基础上形成的一部巨著。""核心学术价值在于理论方法的建构和技术实践的总结。其中，震后城乡重建规划的理论方法建构具有首创性和系统性，为

今后可能发生地震的灾区灾后重建提供了理论方法的指导。""为震后重建规划提供了重要的技术蓝本。""邱建教授的这一重要著作是他和团队长期跟踪、理性思考、严谨推理、科学规范研究的成果，也是我所见到的内容最全面的震后城乡重建规划研究成果，具有原创性、系统性和独特性，与众多规划专业人员在灾区积累的一线经验一样，弥足珍贵，是国内外经历了类似大灾大难所形成并共同拥有的重要精神财富。"

附：《震后城乡重建规划理论与实践》专著及目录（附图1-1）

附图1-1 《震后城乡重建规划理论与实践》

※《震后城乡重建规划理论与实践》目录

附录1.3　《四川省震后城乡重建规划编制管理标准》

根据四川省住房和城乡建设厅《关于下达四川省工程建设地方标准〈四川省震后城乡重建规划管理标准〉编制计划的通知》（川建标发〔2017〕790号）要求，西南交通大学邱建教授团队学术团队组织牵头，联合四川省城乡规划设计研究院、四川农业大学、成都理工大学、成都市规划设计研究院等设计机构专家，形成以邱建、张欣、高黄根、贾刘强、岳波、卓想、刘志彬、金涛、曾帆、阮晨、丁睿、李为乐为主要起草人

的编制组。经深入广泛的调查研究，认真总结了"汶川特大地震和芦山地震等多次地震的灾后城乡重建规划编制管理经验，结合四川省实际情况，并在广泛征求意见的基础上，制定出《四川省震后城乡重建规划编制管理标准》（附图1-2）。本标准由四川省住房和城乡建设厅于2018年4月12日发布，2018年8月1日实施，由西南交通大学出版社于2018年5月出版。

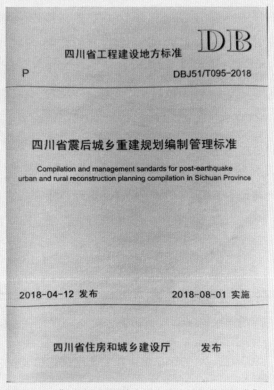

附图1-2　《四川省震后城乡重建规划编制管理标准》

附录1.4　科技奖励

西南交通大学邱建教授学术团队牵头研究的"汶川地震灾后城乡重建规划理论、关键技术及应用"项目，获得业内专家高度评价。2019年5月12日，由中国工程院吴志强院士等专家组成的科技成果评审组认为：该项目填补了震后城乡重建规划实践系统理论的空白，拓展了城乡规划学科体系，并完成了理论成果的应用转化，总体达到国际领先水平。

（1）该项目建构了震后城乡重建规划的系统理论，突破了震后城乡重建中安置点安全选址和规模匹配等技术瓶颈，建立了灾后城乡重建规划应急并行实施模型，指导了汶川地震灾后恢复重建工作。

（2）该项目揭示了震后城乡重建规划"三阶段"生命周期规律，创建了由5项通用技术和16项专用技术构成的灾后城乡重建规划关键技术，在国内开创了震后城乡重建规划工作的技术体系。

（3）形成了全国首部震后城乡重建规划编制管理标准，填补了国内该领域管理标准的空白。

（4）该项目提出的灾后城乡重建规划应急并行实施模型，通过在玉树、芦山、鲁甸、尼泊尔地震重建中的验证，显示了该模型的有效性和可靠性，证明其具有广阔的应用前景。

（5）多次被特邀在国内外学术会议上做主题报告，产生了深刻的学术影响。

该项目获2019年度四川省科技进步奖一等奖（证书编号：2019-J-25-R01）（附图1-3），完成人为邱建、黄润秋、曾帆、阮晨、李为乐、贾刘强、蒋蓉、余慧、文晓斐、韩效。

附图1-3　四川省科技进步奖一等奖获奖证书

团队成员参与其他灾后重建规划设计项目曾获多项嘉奖：

邱建教授作为第6完成人参与由中国城市规划设计研究院主持申报的"汶川地震灾后恢复重建城镇体系规划、汶川地震灾后恢复重建农村建设规划"项目，获国家住房和城乡建设部颁发的第十四届全国优秀工程勘察设计奖金奖（中华人民共和国住房和城乡建设部公告第911号，2015年9月10日）（附图1-4），完成人为李晓江、尹强、赵辉、张莉、方明、邱建、高潮、樊晟、冯新刚、朱思诚、高宜程、束晨阳；

附图1-4　第十四届全国优秀工程勘察设计奖金奖获奖证书

邱建教授作为第2完成人参与由中国城市规划设计研究院主持申报的"芦山地震灾后恢复重建规划、设计及工程技术统筹"项目，获中国勘察设计协会颁发的2019年度全国行业优秀勘察设计奖（优秀住宅与住宅小区设计）一等奖（证书编号：2019C02A0177）（附图1-5），完成人为张兵、邱建、樊晟、李岳岩、毛刚、方煜、彭小雷、蔡震、李晓江、王广鹏、李东曙、朱荣远、刘雷、王磊、钟远岳。

邱建教授作为第5完成人参与由中国城市规划设计研究院主持申报的"汶川地震灾后恢复重建城镇体系规划"项目，获中国城市规划协会颁发的2009年度全国优秀城乡规划设计奖特等奖（附图1-6），完成人为唐凯、李晓江、尹强、张莉、邱建、孙安军、樊晟、朱思诚、束晨阳、郭枫、朱郁郁、周乐、张兵、赵培根、赵海春、卯辉、张健、张岭峻、王莉莉。

另外，邱建、曾帆、贾刘强撰写的论文《震后重建规划实践的系统辨析及思维模型》获中国城市规划学会、金经昌城市规划教育基金颁发的2018金经昌中国城市规划优秀论文奖提名奖（附图1-7）。

附图1-5　2019年度全国行业优秀勘察设计奖一等奖获奖证书

附图1-6　2009年度全国优秀城乡规划设计奖特等奖获奖证书

附图1-7　2018金经昌中国城市规划优秀论文奖提名奖

城乡规划

　　本篇内容除了部分古人城市选址、传统民族聚落等基础性研究外，主要是结合实践需求在城乡规划技术理论、编制方法与实施管理等方面进行的探索，涉及多规合一、乡村振兴、城市绿道规划与建设等方面进行的长期跟踪研究结果，分别从理念、技术、产业等方面提出规划设计见解。多规合一规划是团队研究的重点，提出四川地区应首先完成战略性、基础性和指导性的"多规合一"规划，构建科学的区域空间保护利用格局，为下一步各部门的空间协调提供基础。在成都市城乡统筹、乡村规划与实践研究中，提出了产村融合的规划模式及技术框架；在绿道规划建设研究中，探讨了绿道满意度评价因子与绿道整体满意度、重游意愿之间的相互关系；在针对四川省开发边界划定的研究中，梳理了城市开发边界的难点，提出了城市开发边界的实施与管理建议，确保开发边界的划定具有可行性和强制性。

　　面对新冠肺炎疫情给人类社会带来的巨大挑战，团队联合公共卫生防疫专家启动了规划应对疫情的学术探讨，构思出城市规划与流行病学的交叉学科研究框架初步成果已公开发表，并首先辑录于本篇。

　　另外，篇尾附录了团队学术交流成果和规划设计获奖情况。

16 重大疫情下城市脆弱性及规划应对研究框架[①]

新冠肺炎（COVID－19） 疫情演化为世界性重大公共卫生事件，给人类社会带来巨大健康灾难。疫情导致武汉等多座国内外城市封城、运行一度"停摆"，表明城市规划应对健康灾害的实践成效问题不容忽视；重大疫情导致城市脆弱性暴露无遗[②]，而文献调查未发现相关研究成果报道，证明城市规划应对健康风险的理论认识问题亟待解决。疫病的发生、传播和防控都与空间密切相关，城市规划以统筹空间组织为核心使命，揭示疫病致灾背景下城市脆弱性的空间响应规律具有重要的理论创新价值；据此构建基于重大疫情的规划应对研究框架、探寻规划技术方法，更好地发挥规划抵御健康灾害的作用，对保障城市安全、建设"健康安全"人居环境具有急迫的现实指导意义。

16.1 相关研究回顾

16.1.1 疫情传播

疫情传播研究属于流行病学范畴，体系较为完善，一般通过建立疫情传播模型来研究传染病流行规律、预测时空流行趋势、制定防控策略。传播模型大致分为3类：单一群体模型、复合群体模型和微观个体模型。单一群体模型从宏观角度描述易感者、感染者等各类人群数量的变化，应用最广泛的是仓室模型，经典的仓室模型是SIR模型，由柯马克（Kermack）等人在1927年提出[1]。其他学者在SIR模型基础上采用不同仓室设置、综合考虑人口动力学因素等发展出SI、SIS、SIRS、SEIR、MSEIR、SEQIJR等模型。通过分析模型推导出的基本再生数R0和仿真模拟不同防控措施下的疾病流行趋势，有助于防控策略的制定和干预措施的效果评估。复合群体模型将人群划分为多个子群体，子群体之间因人员移动传播，适合研究具有空间异质性的跨地区传染病传播问题。微观个体模型出发点是个体状态和行为，所有个体形成接触网络，有理想网络和现实网络两个研究方向[2]，理想网络关注接触网络特性对传染病传播动力学的影响，现实网络致力于揭示社会接触的实际特征，构建足够真实的模拟网络，研究传染病的传播[3]。有学者借助元胞自动机（Cellular Automata）模拟传染病传播的复杂过程[4-6]，如余雷等以"非典"传播过程为例成功进行了北京的疫情模拟，得到了与实际数据相一致的结果，证明其在疫情空间传播模拟方面具有可行性[7]。

此次新冠肺炎疫情发生后，国内外学者沿用了上述模型原理和方法，但更多凭借互联网、大数据等技术手段，实现了疫情扩散时间和空间演化分布趋势的快速模拟预测。例如，香港大学梁卓伟教授（Gabriel M Leung）研究团队根据现有扩散病例数量，借助官方航班预定数据和腾讯数据库人员流动数据，及时预测了国内和全球流行

---

① 本章内容由邱建、李婧、毛素玲、李异第一次发表在《城市规划》2020 年第 44 卷第 9 期第 13 至 21 页。

② 本文中，重大疫情特指诸如新冠肺炎这种传染性疾病造成的突发重大公共卫生事件，表现为疫情在人群中迅速、大面积传播，并且严重危害公共健康、生命安全和经济发展。

病的公共卫生风险程度[8]。

16.1.2 脆弱性

脆弱性概念最早起源于自然灾害领域，1945年美国地理学家怀特（White）针对洪水灾害首先开展脆弱性研究[9]。最初脆弱性定义与"风险"概念相似，指系统暴露于不利影响或遭受损害的可能性①②。半个世纪后脆弱性逐渐发展为跨学科、多尺度的研究主题，变成暴露性、敏感性、适应性和恢复力等概念集合[10]。目前，学术界没有统一的"脆弱性"定义，国内外比较权威的是 IPCC（2001）《气候变化2001：影响、适应

---

① 风险的含义是未来结果的不确定性或损失，即发生不幸事件的概率，早期的脆弱性概念与之相关，并与自然灾害研究中的风险概念相似，指系统暴露于不利影响或遭受损害的可能性（Cutter，1993），着重于对灾害产生的潜在影响进行分析（李鹤等，2008）；随着研究的开展，脆弱性概念和内涵得到丰富和拓展，强调系统面对扰动的结果（Timmeman，1981；Tunner et al，2003）和系统承受不利影响的能力（Dow，1992；Vogel，1998），进而演变成暴露、敏感性、适应性和恢复力（韧性）的集合概念（Adger，2006；刘燕华等，2007），以及系统对扰动的敏感性和缺乏抵抗力而造成的系统结构和功能容易发生改变的一种属性（李鹤等，2008）[35]。脆弱性是一个相对概念，敏感性高、抵抗能力差和恢复能力低，是脆弱性事物的显著表征，可以看作系统内部风险的变量，其数值高低与暴露程度和易感性相关，也与系统自身的适应能力和恢复能力相关。

② "韧性（resilience）"是与"脆弱性"内涵有交叉而各有侧重的概念，两者都是系统自身的属性，先于干扰或暴露程度而存在，但是又与干扰或暴露程度的特征相关。韧性是系统在不同吸引域内的一种状态转换，而脆弱性倾向于指系统在同一稳定结构模式内的结构变化[33]。早期的"韧性"定义为"生态系统受到扰动后恢复到稳定状态的能力"（Holling，1973），"韧性"概念经历了工程韧性到生态韧性，再到演进韧性的演变，工程韧性是系统受到扰动偏离既定稳态后，恢复到初始状态的速度；生态韧性是系统改变自身结构之前所能够吸收的最大的扰动量级；演进韧性是和持续不断的调整能力紧密相关的一种动态的系统属性[66]，霍林的适应性循环（adaptive cycle）的扰沌模型（panarchy model）是研究演进韧性的代表性理论。各领域所指的韧性，多侧重于系统"吸收"和"适应"破坏性事件的能力，而"恢复"则被认为是韧性的关键部分[67]。

和脆弱性》报告中的定义[11]，"脆弱性指系统易受或没有能力应对气候变化不利影响的程度，包括多变的和极端的气候情形，是气候变化特征、变化幅度和变化速率的函数，表征系统暴露在此条件下的敏感性和适应能力。"[12]国内脆弱性研究起始于1951年，区至培分析了美国战争经济的脆弱性[13]；1980年代研究热点转向气候变化和生态环境，主要集中在灾害学和生态学两大学科领域[14]；进入21世纪后开始关注特定区域社会、人口、资源、贫困、经济、城市等脆弱性问题，对脆弱性概念、研究方法和研究内容等做了比较全面的总结，脆弱性逐渐扩展到经济学、社会学和管理学等领域，成为风险评估的重要组成部分以及衡量地区未来发展规划的依据。

16.1.3 城市脆弱性

城市脆弱性属于较新的研究方向，由于视角不同，概念也不尽相同，学者往往从自然灾害[15]、城市经济系统[16]、社会系统[17]、生态系统[18]等角度对其进行定义。国外关注外部环境影响的城市脆弱性分析，遵循"概念内涵—分析框架[19]—定量测度"的研究脉络[20]，已有的分析框架包括：风险-灾害分析框架（RH）[21]、压力释放分析框架（PAR）[22]、地方灾害脆弱性分析框架[23]、人-环境耦合系统分析模型[24]、MOVE框架[25]、UPE框架[26]、全球气候变化角度的脆弱性分析框架等[27]。定量测度基本模式为，首先构建测度指标体系，然后运用数学方法对指标进行赋值处理得到脆弱性指数，根据指数值判断城市脆弱性大小。已有城市脆弱性指数计算方法包括线性加权求和法、函数模型法、集对分析法[28]、数据包络分析法[29]、情景分析法、GIS图层叠加法等[20]。

国内更多在生态环境和自然灾害的脆弱性评估基础上研究城市脆弱性[20]，也有学者关注城市脆弱性的动态演化和综合调控[30-32]。近20年来出现从城市系统的角度开展脆弱性研究[33-34]。

城市脆弱性研究起步较晚，发展迅速，但针对城市安全风险预警的应用研究较少[35]，而尚未发现基于疫病致灾因子的城市脆弱性研究。由此，基于文中文献研究的脆弱性和城市脆弱性概念，本文所称重大疫情下城市脆弱性特指在传染病致灾条件下，城市"自然-社会"系统抵抗重大疫情干扰时表现出的敏感性和缺乏抵抗力而造成的系统结构和功能容易发生改变的一种属性。

16.1.4　防灾减灾规划

1950年，美国制定了第一部防灾计划，随后建立起以FEMA为核心的灾害防治管理体系，包含规划编制、实施、监督、评估、更新，并将其纳入城市规划体系，在规划编制之前需先进行灾害辨识、脆弱性评估、防灾目标确立等工作[36]。

在日本，防灾是城市规划的三大职能之一，防灾规划是有着与城市规划同等地位和法律效力的综合性规划，形成了"灾害评估-预防计划-应急对策"三位一体的循环危机管理模式[37]，注重防灾工作的系统性、综合性，不仅强调防灾物质基础设施的安排，更注重整个地域综合防灾系统的建设、软实力的提升[38]。

进入21世纪以来，我国各地灾害频发，不少学者在城市防灾基本概念、编制方法[39-42]、空间体系[43-45]、国内外比较[46]、建设模式[47]、困境与出路[48]、规划对策[49]等方面开展了创新性研究，致灾因子考虑了地震、火灾、洪水、风灾、地质破坏等，实践中分别针对这五大类灾害编制防灾减灾专项规划，另有专门的人防专项规划，其主

要内容纳入了城市总体规划。

16.1.5　问题辨识

针对疫病致灾背景下城市抵御灾害的脆弱性研究，国内外可资借鉴的直接理论成果十分缺乏，未见具有可操作性的规划实践应用研究成果[20]；基于重大疫情空间传播的城市脆弱性相关领域研究处于空白状态；传染病疫情在防灾减灾规划和医疗卫生专项规划中少有涉及，相关的公共卫生安全专项规划缺失[50]，更鲜有成功的实践案例。为充实防灾减灾规划理论体系，急需从空间视角开展应对重大疫情传播的规划基础理论与方法研究。

16.2　总体研究思路

基于疫情扩散与城市脆弱性所反映出的空间特征，以疫病致灾的城市脆弱性空间响应为研究内容，重点运用城市规划学与预防医学相关理论、方法和成果进行交叉学科探索，应用流行病学、灾害学、地理学、数学等学科知识，借助GIS、空间图谱、元胞自动机、血清流行病学调查等技术手段，探讨城市重大疫情与脆弱性的空间相互作用关系及规划应对策略，促进"健康安全"人居环境建设。研究框架总体思路如图16-1所示，研究框架一方面通过血清流行病学调查辨识重大疫情传播的时空特征，构建疫情扩散网格动力学模拟模型，奠定规划应对重大疫情研究的时空情景基础；另一方面，建构重大疫情下城市脆弱性评价体系及空间图谱模型，为重大疫情传播与城市脆弱性空间耦合模型建构提供城市空间图谱数据；在此基础上，对上述两个模型进行空间耦合，描述其耦合机理，揭示其耦合规律；最后据此形成城市协同应对重大疫情的规划调控技术方法。以下分别加以叙述。

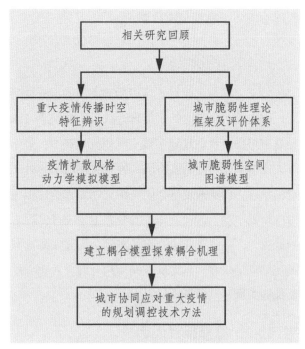

图16-1　研究框架总体思路示意
Fig.16-1 Schematic diagram of research framework

16.3　重大疫情传播时空模型模拟

疫情传播具有时间和空间两个维度，寻找不同时间点的空间分布特征和规律是建立与城市脆弱性空间相关性的基础。元胞自动机具备独特的自下而上、由局部到整体的建模方式和强大的并行计算能力，有空间特征的系统动态演变分析的优势，可模拟复杂系统的时空演化过程，从传染病的传播速度、空间范围、传播途径、动力学机理等方面建立重大疫情传播的时空模型。

具体而言，假设重大疫情在某个城市突发而呈现出混沌状态，发挥SEIR等模型预测疫情传播趋势的优势，引入疫情传播因子，运用元胞自动机探索主要空间、传播途径、地理特征表达，进行面向不同重大疫情的自适应元胞自动机转换规则设计，模拟不同种类的传染病的传播空间描述；再利用已有的新冠肺炎和甲型H1N1等数据样

本，结合开源时空大数据和历史区际人口流动数据，进行元胞的疫情空间传播模型仿真评估及参数调优，提高其性能、可用性和准确性；最后根据元胞自动机的动力学原理，建立基于重大疫情传播的城际时空相互作用网格动力学模拟模型，寻找重大疫情传播扩散时空规律，为规划应对重大疫情研究奠定时空情景基础[51-52]。

16.4　城市脆弱性评价体系及空间图谱建构

16.4.1　建立城市脆弱性理论框架及评价体系

评价体系的建立是脆弱性评价和空间图谱建构的基础。基于传染病致灾条件下城市抵抗重大疫情干扰所呈现的脆弱性这一演进过程，辨析城市"自然-社会"系统抵御重大疫情灾害能力的影响要素，建立重大疫情影响下城市脆弱性评价理论框架，为整个研究奠定理论基础。据此构建多因素、多层次的疫病致灾城市脆弱性评价指标体系，初步构想如下：将突发重大疫情影响城市脆弱性（Y）的4个要素设定为一级指标，包括易受攻击程度（$X1$）、敏感程度（$X2$）、应对能力（$X3$）和恢复能力（$X4$），函数关系为$y=f（X1，X2，X3，X4）$；根据国土空间规划编制所涉及的城市基础信息，将城市这一极其复杂的系统归纳为自然资源、生态环境、经济水平、社会发展4个子系统，并将其作为城市脆弱性评价的二级指标，均分别对应4个一级指标；二级指标由相关三级指标构成，如社会发展脆弱性下可能包括人类发展指数、基础设施脆弱性指数、传染病传播指数等；每个三级指标由若干个可以量化的四级指标构成，如人类发展指数指标包含平均寿命指数（LEI）、教育指数（EI）

等；传染病传播指数包含扩散强度、续发率、代间距等，由此形成"4+4+N+n"的4级城市脆弱性测度模型评价指标体系[①]。在此基础上，运用德尔菲法（专家评价法）、层次分析法（AHP）、熵权法等方法计算城市脆弱性相关指标权重[53-54]，参考城市脆弱性综合测度计量模型[55]对数据进行标准化处理，建立疫病致灾的城市脆弱性测度模型，形成城市脆弱性评价体系。在现场踏勘和资料收集基础上，借助大数据支撑将模型应用于所研究城市，进行应对重大疫情的脆弱性测度计算。

16.4.2　识别城市脆弱性空间图谱

城市脆弱性的空间表达及其规律探索是重大疫情传播与城市脆弱性空间耦合机理探寻的基础。图谱理论根据图论和组合数学方法研究图的结构性质及其与图的其他属性（如色度、形状、连通度）之间的关系，引入临接矩阵、关联矩阵、距离矩阵、拉普拉斯矩阵等数学概念后，图的性质可以通过这些矩阵的特征值加以描述和刻画，从而将复杂的空间问题转化为抽象的数理问题，基于图谱理论几何空间结构变换的核聚类算法，进一步将该理论的应用向大规模数据分类处理领域拓展[56-65]，其理论框架和技术方法有助于深化对城市脆弱性空间属性的认识，对重大疫情影响下城市脆弱性空间图谱识别具有直接参考价值。

通过对城市（城市群）开展大数据调查并补充现场踏勘资料，收集每个城市与脆弱性相关的年鉴数据和规划资料，应用上述城市脆弱性测度模型对城市脆弱性进行测度计算，形成评价结果；根据图谱理论建立城市脆弱性空间图谱数据库，运用类型学方法，探寻各城市脆弱性空间图谱结构特征，定义特征向量，以此来抽象表达空间图谱，并对空间图谱的识别、解析进行聚类分析，建立不同类别的城市脆弱性空间图谱与不同特征样本之间的对应关系，构建城市脆弱性空间图谱模型，为重大疫情传播与城市脆弱性空间耦合模型的建立提供城市空间图谱数据基础。

16.5　城市重大疫情传播与脆弱性空间耦合机理分析

城市重大疫情传播与脆弱性空间耦合的机理分析和规律探寻是规划技术调控及策略制定的科学依据。空间耦合涉及众多参数，具有偶然性和不确定性，表现在：一是疫情暴发时间、空间、状态都离散，疫情传播状态在时空改变上呈现出随机性；二是自然资源、生态环境、经济水平、社会发展等因素的差异性使每个城市在面对疫情时的易受攻击程度、敏感程度、应对能力和恢复能力都不相同，导致在预测重大疫情突发时，城市脆弱性各因素响应及其相互影响具有模糊性；三是各城市的规划及实施数据样本的数量可能不足或质量缺损，以及样本之间空间相似性、自组织性都会造成分形的不确定性。

地理图像信息模型是在地形模型、物理模

---

① 疫病致灾城市脆弱性测度模型指标体系建构基本原理如下：首先，基于对脆弱性概念的一般认知，即反映系统易受攻击程度、敏感程度、应对能力、恢复能力4个方面，设立疫病致灾城市脆弱性的4个一级指标。其次，城市系统极其复杂，国土空间规划编制时需要掌握城市自然资源、生态环境、经济水平、社会发展4个方面基础信息，由此构成城市的4个子系统并作为疫病致灾城市脆弱性评价的二级指标，当重大疫情发生时，各二级指标状况分别反映在每个一级指标上，与城市脆弱性有负相关关系。例如，针对一级指标易受攻击程度，一个城市自然资源越贫乏，或者生态环境承载力越低，或者经济水平越落后，或者社会发展越滞后，其遭受疫情攻击的程度就越高，脆弱性就越突显，反之亦然。再次，每个二级指标由若干个反映其内涵的三级指标构成，三级指标是二级指标概念的外延，二者逻辑上是从属关系，如三级指标传染病传播指数从一方面反映了社会发展程度；同理，每个三级指标也由若干个可以量化的四级指标构成，如三级指标传染病传播指数可能包含扩散强度、续发率、代间距等四级指标，相互同样形成从属关系。

型、数学模型基础上提出的一种新模型，该模型可基于独立变量将数理方程与数理统计结合起来，从而反映灰色和模糊问题的客观规律及其成因关系。

根据上述图谱理论和地理图像信息模型，针对所涉及自然资源、生态环境、经济水平、社会发展等因子无量纲限制、并允许开放地选择自变量的特点，希望在流行病学、数学、计算机科学、地理学与城市规划学科交叉领域探寻出新理论或新方法，应用前述重大疫情传播空间网格动力学模拟模型和城市脆弱性空间图谱模型，探讨两者的空间耦合规律及其与各因子的数理关系，提取城市脆弱性空间图谱中的优化基因，建立疫情传播与城市脆弱性的空间耦合模型。

在此基础上，将空间图谱由形象表达转换为抽象表达，并在抽象空间里探寻数理关系，以此研究空间耦合的一般规律；通过样本关联抽象城市空间图谱与具象的样本属性，将重大疫情传播空间和城市脆弱性空间特征与对应的属性指标联系起来，将抽象表达还原到形象空间，在图谱理论支撑下，探究重大疫情下城市（城市群）系统脆弱性各影响因素相互联系、相互作用的原理和运行规则，寻找出这些因素对空间耦合的影响程度和方向，确定关键影响因子，最终寻找、发现空间耦合机理，为探讨应对重大疫情的规划调控技术方法提供理论支撑。

16.6 应对疫情的规划调控策略探讨

在上述理论研究支撑下，提出国土空间规划改革及编制过程中城市（城市群）协同应对重大疫情的规划技术调控策略，以健全完善综合防灾减灾规划体系，科学弥补设施短板，增强城市、区域协同防灾（疫）能力。包括但不限于：

（1）城际协同防疫规划：针对城市群之间因规模大、密度高而疫情防控难度大的问题，通过调控城市群地区城市规模、空间结构和人口密度，构建城市群安全合理的疫病救灾空间格局，建立防疫信息城际共享平台，以实现各城市之间、城市各部门之间的信息传递和共享，促进防疫工作合作、协同开展。

（2）城市防疫专项规划：针对重大疫情致灾给城市规划理论和实践带来的巨大挑战，将城市应急预留空间纳入规划建设用地分类标准，确保诸如武汉火神山、雷神山医院用地的及时并合理、合规、合法供给；加强与城市绿地系统专项规划的技术协同，规划设计有利于城市通风的用地布局结构，缓解城市脆弱性短板效应；建构完善的绿色交通设施和应对机制，保障疫情发生时城市充足的生活物资、医疗物资供给，建构城市抗击疫情的绿色生命通道[65]；研究编制重大疫情定点救治、隔离的设施配置规划，确定医院的救治、隔离空间布局与既有公共设施改造，建立紧急医疗设备储备库，实现疫病救治的针对性、时效性和可实施性。

（3）平灾（疫）结合的空间布局及设施配置：针对重大疫情导致城市运行"停摆"现象，调配交通物流、大数据等基础设施和医疗、防疫等公共服务设施配置与城镇体系空间布局相适应，实现横向区域协同，城际分工协作、联防联控，纵向"区域–城–镇–村"合理配置，强化城市–社区公共卫生安全的保障；按照平灾（疫）结合的原则调整相关设施规划技术标准和规范，满足体育场馆、会展中心等设施及附属空间改造为如方舱医院时的应急功能需要。

（4）多灾种规划技术协同：针对多灾种综合风险评估中存在的忽略灾害间相互作用、对城市用地规划指导不足的问题，应用上述理论，进一步探讨地震、火灾、洪水等灾种致灾因子与城市脆弱性的关系，分别建立空间耦合模型，分析耦合机理，探寻关键影响要素及其作用方式，提出基于多灾种的空间脆弱性评估方法及城市用地协同规划技术，为多种灾害影响地区防灾减灾规划提供理论与技术支撑。

16.7 结语

以上从重大疫情防控视角对城市脆弱性及规划应对问题研究框架的建构进行了阐述，主要内

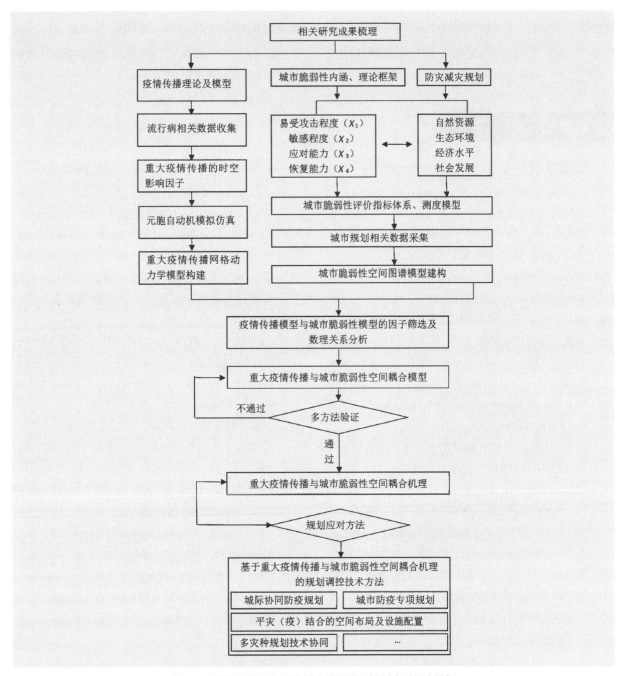

图16-2 重大疫情视角下的城市脆弱性及规划应对研究框架

Fig.16-2 Research framework of city vulnerability and planning response with a major epidemics perspective

容可以总结归纳为图16-2。

人类文明的进程始终伴随着人类与瘟疫之间的斗争，传染病防控的初衷和行动是建立公共卫生体制和开展现代城市规划活动的开端①。新冠肺炎疫情全球扩散，再次给人类社会生命财产造成惨重损失。城市在抵御疫情灾害时暴露出的脆弱性再次表明：传染病疫情防控必须尽快纳入以统筹空间组织为己任的城市规划并实施严格的规划管控，相关理论研究必须及时跟进。通过揭示疫病致灾背景下城市脆弱性的空间响应规律，基于城市重大疫情传播与脆弱性空间耦合机理提出城市规划调控应对技术的研究框架，即是为此目的而建立。随着后续工作的展开，该框架还会进一步充实完善，期望研究成果能够为丰富综合防灾减灾规划和空间规划治理体系提供新的研究视角和方法，为"健康安全"的人居环境建设实践

■ 参考文献

[1]　KERMACK W O, MCKENDRICK A G. A Contribution to the Mathematical Theory of Epidemics[J]. Proceedings of the Royal Society of London, 1927, 115（772）: 700-721.

[2]　KEELING M J, EAMES K T D. Networks and Epidemic Models[J]. Journal of the Royal Society Interface, 2005, 2（4）: 295-307.

[3]　张发，李璐，宣慧玉. 传染病传播模型综述[J]. 系统工程理论与实践，2011, 31（9）:1736-1744.
ZHANG FA, LI LU, XUAN HUIYU. Survey of Transmission Models of Infectious Diseases[J]. Systems Engineering-Theory&Practice, 2011, 31（9）:1736-1744.

[4]　杨青，杨帆. 基于元胞自动机的突发传染病事件演化模型[J]. 系统工程学报，2012, 27（6）: 727-738.
YANG QING, YANG FAN. Emergengcy Epidemics Spread Model Using Celluar Automata[J]. Journal of Systems Engineering, 2012, 27（6）: 727-738.

[5]　谭欣欣，戴钦武，史鹏燕，等. 基于元胞自动机的个体移动异质性传染病传播模型[J].大连理工大学学报，2013, 53（6）: 908-914.
TAN XINXIN, DAI QINWU, SHI PENGYAN, et al. CA-Based Epidemic Propagation Model with Inhomogeneity and Mobility[J]. Journal of Dalian University of Technology, 2013, 53（6）: 908-914.

[6]　陈长坤，王楠楠，席冰花. 行李携带人员疏散元胞自动机模型研究[J]. 中国安全科学学报，2014, 24（7）: 3-9.
CHEN CHANGKUN, WANG NANNAN, XI Binghua. Research on Evacuation Cellular Automata Model of Evacuees with Luggage[J]. China Safety Science Journal, 2014, 24（7）: 3-9.

[7]　余雷，薛惠锋，高晓燕，等. 基于元胞自动机的传染病传播模型研究[J]. 计算机工程与应用，2007（2）: 196-198+237.
YU LEI, XUE HUIFENG, GAO XIAOYAN, et al. Epidemic Spread Model Based on Cellular Automata[J]. Computer Engineering and Applications, 2007（2）:196-198, 237.

[8]　WU J T, LEUNG K, LEUNG G M. Nowcasting and Forecasting the Potential Domestic and International Spread of the 2019-nCoV Outbreak Originating in

---

① 世界第一部《公共卫生法》于1848年在英国诞生，规定了城市内卫生设施和住宅最低建设水准，改善自14世纪始即在包含英国在内的欧洲人口稠密地区城市造成大规模伤亡的传染病蔓延现象，1909年英国颁布了第一部《住宅与城市规划诸法》，城市规划正式成为政府管理职能，现代城市规划体系随之建立。

Wuhan, China: a Modelling Study[J]. LANCET, 2020, 395（10225）:689-697.

[9] SCHNEIDERBAUER S, EHRLICH D. Risk,Hazard and People's Vulnerability to Natural Hazards: A Review of Definitions, Concept and Data[M]. Brussels: European Commission-Joint Research Centre（EC-JRE）, 2004.

[10] ADGER W N. Vulnerability[J]. Global Environment Change, 2006, 16（3）: 268-281.

[11] 杨飞，马超，方华军. 脆弱性研究进展：从理论研究到综合实践[J]. 生态学报，2019，39（2）：441-453.
YANG FEI, MA CHAO, FANG HUAJUN. Research Progress on Vulnerability: from Theoretical Research to Comprehensive Practice[J]. Acta Ecologica Sinica, 2019, 39（2）: 441-453.

[12] IPCC. Climate Change 2001: Impacts, Adaptation, and Vulnerability[R]. Cambridge: Cambridge University Press, 2001.

[13] 区至培. 美国战争经济的脆弱性[J]. 世界知识，1951（23）：20.
OU ZHIPEI. The Fragility of American War Economy[J]. World Affairs, 1951（23）: 20.

[14] 唐波，邱锦安，彭永超，等. 基于CiteSpace国内脆弱性的知识图谱和研究进展[J]. 生态经济，2018，34（5）：172-178.
TANG BO, QIU JIN'AN, PENG YONGCHAO, et al. Knowledge Structure and Progress of China's Vulnerablity Research: An Analysis Based on CiteSpace Map[J]. Ecological Economy, 2018, 34（5）: 172-178.

[15] RUS K, KILAR V, KOREN D. Resilience Assessment of Complex Urban Systems to Natural Disasters: A New Literature Review[J]. INTERNATIONAL JOURNAL OF DISASTER RISK REDUCTION, 2018, 31: 311-330.

[16] 冯振环，赵国杰. 区域经济发展的脆弱性及其评价体系研究——兼论脆弱性与可持续发展的关系[J]. 现代财经-天津财经学院学报，2005

（10）：56-59.
FENG ZHENHUAN, ZHAO GUOJIE. Study of the Economic Development's Vulnerability and It's Appraise System[J]. Modern Finance and Economics（Journal of Tianjin University of Finance and Economics）, 2005（10）: 56-59.

[17] 苏飞，张平宇. 矿业城市社会系统脆弱性研究——以阜新市为例[J]. 地域研究与开发，2009，28（2）：71-74，89.
SU FEI, ZHANG PINGYU. Research on the Vulnerability of Mining Citie' Social System —— A Case Study of Fuxin City[J]. Areal Research and Development, 2009, 28（2）: 71-74, 89.

[18] 於琍，曹明奎，李克让. 全球气候变化背景下生态系统的脆弱性评价[J]. 地理科学进展，2005（1）：61-69.
YU LI, CAO MINGKUI, LI KERANG. An Overview of Assessment of Ecosystem Vulnerability to Climate Change[J]. Progress in Geography, 2005（1）:61-69.

[19] DIAZ-SARACHAGA J M, JATO-ESPINO D. Analysis of Vulnerability Assessment Frameworks and Methodologies in Urban Areas[J]. Natural Hazards, 2020, 100（1）: 437-457.

[20] 张晓瑞，张琳雅，方创琳.概念、框架和测度：城市脆弱性研究脉络评述及其拓展[J].地理与地理信息科学，2015，31（4）：94-99.
ZHANG XIAORUI, ZHANG LINYA, FANG CHUANGLIN. Concept, Framework and Measurement: Review on the Research Context of Urban Vulnerability and Its Development[J]. Geography and Geo-Information Science, 2015, 31（4）: 94-99.

[21] KATES R W, AUSUBEL J H, BERBERTAN M, et al. Climate Impact Assessment: Studies of the Interaction of Climate and Society[R]. ICSUISCOPE Report No. 27, John Wiley, 1985.

[22] BLAIKIE P, CANNON T, DAVIS I, et al. At Risk: Natural Hazards, People's Vulnerability and

Disasters[M]. London: Routledge, 1994.

[23] CUTTER S L. Vulnerability to Environmental Hazards[J]. Progress in Human Geography, 1996, 20（4）: 529-539.

[24] TURNER I L, KAEPERSON R E, MATSON P A, et al. A Framework for Vulnerability Analysis in Sustainability Science[J]. PNAS, 2003, 100（14）: 8074-8079.

[25] BIRKMANN J, CARDONA O D, CARRENO M L. Framing Vulnerability, Risk and Societal Responses: the MOVE Framework[J].Natural Hazards, 2013, 67（2）:193-211.

[26] RAHMAN M B, NURHASANAH T S, NUGRAHA E, et al. Applying the Urban Political Ecology（UPE）Framework to Re-Visit Disaster and Climate Change Vulnerability-Risk Assessments[J]. JOURNAL OF REGIONAL AND CITY PLANNING, 2019, 30（3）:224-240.

[27] LANKAO P R, QIN H. Conceptualizing Urban Vulnerability to Global Climate and Environmental Change[J]. Current Opinion in Environmental Sustainability, 2011, 3（3）: 142-149.

[28] 韩瑞玲，佟连军，佟伟铭，等. 基于集对分析的鞍山市人地系统脆弱性评估[J]. 地理科学进展，2012，31（3）: 344-352.
HAN RUILING, TONG LIANJUN, TONG WEIMING, et al. Research on Vulnerability Assessment of Human-Land System of Anshan City Based on Set Pair Analysis[J]. Progress in Geography, 2012, 31（3）: 344-352.

[29] 刘毅，黄建毅，马丽. 基于DEA模型的我国自然灾害区域脆弱性评价[J]. 地理研究，2010，29（7）: 1153-1162.
LIU YI, HUANG JIANYI, MA LI. The Assessment of Regional Vulnerability to Natural Disasters in China Based on DEA Model[J]. Geographical Research, 2010, 29（7）:1153-1162.

[30] 张晓瑞，程龙，王振波. 城市脆弱性动态演变的模拟预测研究[J]. 中国人口资源与环境，2015，25（10）: 95-102.
ZHANG XIAORUI, CHENG LONG, WANG ZHENBO. Simulation and Prediction on the Dynamic Evolution of Urban Vulnerability[J]. China Polulation·Resources and Environment, 2015, 25（10）: 95-102.

[31] 张路路，郑新奇，张春晓，等. 基于变权模型的唐山城市脆弱性演变预警分析[J]. 自然资源学报，2016，31（11）: 1858-1870.
ZHANG LULU, ZHENG XINQI, ZHANG CHUNXIAO, et al. Early-Warning of Urban Vulnerability in Tangshan City Based on Variable Weight Model[J]. Journal of Natural Resources, 2016, 31（11）: 1858-1870.

[32] 陈伟珂，闫超华，董静等. 城市脆弱性时空动态演变及关键致脆因子分析——以河南省为例[J]. 城市问题，2020（3）: 38-46.
CHEN WEIKE, YAN CHAOHUA, DONG JING, et al. Temporal and Spatial Dynamic Evolution and Key Fragility Factor Analysis of Urban Vulnerability: Taking Henan Province for Example[J]. Urban Problems, 2020（3）: 38-46.

[33] 方修琦，殷培红. 弹性、脆弱性和适应——IHDP三个核心概念综述[J]. 地理科学进展，2007（5）: 11-22.
FANG XIUQI, YIN PEIHONG. Review on the Three Key Concepts of Resilience, Vulnerability and Adaptation in the Research of Global Environmental Change[J]. Progress in Geography, 2007（5）: 11-22.

[34] 杨佩国，靳京，赵东升，等. 基于历史暴雨洪涝灾情数据的城市脆弱性定量研究——以北京市为例[J]. 地理科学，2016，36（5）: 733-741.
YANG PEIGUO, JIN JING, ZHAO DONGSHENG, et al. An Urban Vulnerability Study Based on Historical Flood Data: A Case Study of Beijing[J]. Scientia Geographica Sinica, 2016, 36（5）: 733-741.

[35] 王岩，方创琳，张蔷. 城市脆弱性研究评述与展望

[J]. 地理科学进展，2013，32（5）：755-768.

WANG YAN, FANG CHUANGLIN, ZHANG QIANG. Progress and Prospect of Urban Vulnerability[J]. Progress in Geography, 2013, 32（5）: 755-768.

[36] 冯浩，戴慎志，宋彦. 美国城市综合防灾规划编制经验研究[J]. 城市规划，2018，42（4）：100-106.

FENG HAO, DAI SHENZHI, SONG YAN. Research on the Plan-Making Experience of American Urban Multihazard Mitigation[J]. City Planning Review, 2018, 42（4）:100-106.

[37] 董衡苹. 东京都地震防灾计划：经验与启示[J]. 国际城市规划，2011，26（3）：105-110.

DONG HENGPING. Implications and Experiences from Tokyo's Earthquake Prevention Planning[J]. Urban Planning International, 2011, 26（3）:105-110.

[38] 阮梦乔，翟国方. 日本地域防灾规划的实践及对我国的启示[J]. 国际城市规划，2011，26（4）：16-21.

RUAN MENGQIAO, ZHAI GUOFANG. Japanese Regional Disaster Prevention Planning and Implication to China[J]. Urban Planning International, 2011, 26（4）: 16-21.

[39] 易立新，陈世杰，王晓荣，等. 城市综合防灾减灾规划方法研究——以廊坊市为例[J]. 中国安全科学学报，2008，18（12）：11-16，177.

YI LIXIN, CHEN SHIJIE, WANG XIAORONG, et al. Study on the Comprehensive Disaster Prevention and Mitigation Planning Method: A Case Study of Langfang[J]. China Safety Science Journal, 2008, 18（12）:11-16, 177.

[40] 张帆. 发挥规划特长营造安全城市——以北京为例探索城市综合防灾减灾规划的编制方法[J]. 城市规划，2012，36（11）：45-48，66.

ZHANG FAN. Exerting the Advantages of City Planning, Constructing A Safe City: Exploration on Compilation Method of Urban Comprehensive Disaster Prevention Planning with the Case Study of Beijing[J]. City Planning Review, 2012, 36（11）: 45-48, 66.

[41] 邱建 等. 震后城乡重建规划理论与实践[M]. 北京：中国建筑工业出版社，2018.

QIU JIAN et al. The Theory and Practice of Post-Earthquake Urban and Rural Reconstruction Plan[M]. Beijing: China Architecture & Building Press, 2018.

[42] 王江波，戴慎志，苟爱萍. 城市综合防灾规划编制体系探讨[J]. 规划师，2013，29（1）：45-49.

WANG JIANGBO, DAI SHENZHI, GOU AIPING. Urban Disaster Prevention Planning Compilation[J]. Planners, 2013, 29（1）: 45-49.

[43] 吕元，胡斌，李兵. 北京城市空间结构的防灾策略研究[J]. 新建筑，2009（4）：101-103.

LV YUAN, HU BIN, LI BING. Disaster-Prevention Strategy on the Urban Spatial Structure of Beijing[J]. New Architecture, 2009（4）: 101-103.

[44] 李云燕，赵万民. 基于空间途径的城市防灾减灾方法体系建构研究[J]. 城市规划，2017，41（4）：62-68.

LI YUNYAN, ZHAO WANMIN. Construction of City Disaster Control System Based on Spatial Approach[J]. City Planning Review, 2017, 41（4）: 62-68.

[45] 邱建，蒋蓉. 关于构建地震灾后恢复重建规划体系的探讨——以汶川地震为例[J]. 城市规划，2009，33（7）：11-15.

QIU JIAN, JIANG RONG. Exploration of Building a Planning System of Post-Earthquake Reconstruction: A Case Study of Wenchuan Earthquake[J]. City Planning Review, 2009, 33（7）:11-15.

[46] 张翰卿，戴慎志. 美国的城市综合防灾规划及其启示[J].国际城市规划，2007（4）：58-64.

ZHANG HANQING, DAI SHENZHI.Urban Comprehensive Disaster Prevention Plan in America and Its Enlightenment[J]. Urban Planning

International, 2007（4）：58-64.

[47] 金磊. 中国安全社区建设模式与综合减灾规划研究[J]. 城市规划，2006（10）：74-79.
JIN LEI. Construction Pattern of Safe Community and Comprehensive Calamity Relief Planning in China[J]. City Planning Review, 2006（10）：74-79.

[48] 王江波，戴慎志，苟爱萍. 试论城市综合防灾规划的困境与出路[J]. 城市规划2012，36（11）：39-44.
WANG JIANGBO, DAI SHENZHI, GOU AIPING. Exploration on The Problems and Solutions of Urban Comprehensive Disaster Prevention Planning[J]. City Planning Review, 2012, 36（11）：39-44.

[49] 王志涛，苏经宇，刘朝峰. 城乡建设防灾减灾面临的挑战与对策[J]. 城市规划，2013，37（2）：51-55.
WANG ZHITAO, SU JINGYU, LIU CHAOFENG. Challenges and Countermeasures for Disaster Prevention and Reduction in Urban-Rural Construction[J]. City Planning Review, 2013, 37（2）：51-55.

[50] 张帆. 传染病疫情防控应尽快纳入城市综合防灾减灾规划——应对2020新型冠状病毒肺炎突发事件笔谈会[J/OL]. 城市规划[2020-06-07]. http：//kns.cnki.net/kcms/detail/11.2378.TU.20200211.1757.008. html.
ZHANG FAN. The Prevention and Control of Infectious Diseases Should Be Included in the City's Comprehensive Disaster Prevention and Mitigation Plan as Soon as Possible——A Written Meeting in Response to the 2020 Novel Coronavirus Pneumonia Emergency[J/OL]City Planning Review[2020-06-07]. http：//kns.cnki.net/kcms/detail/11.2378. TU.20200211.1757.008. html.

[51] 石耀霖. SARS传染扩散的动力学随机模型[J]. 科学通报，2003，48（13）：1373-1377.
SHI YAOLIN. Dynamic Stochastic Model of SARS Infection Spread[J]. Chinese Science Bulletin, 2003, 48（13）：1373-1377.

[52] 曹志冬，曾大军，郑晓龙，等. 北京市SARS流行的特征与时空传播规律[J]. 中国科学：地球科学，2010，40（6）：776-788.
CAO ZHIDONG, ZENG DAJUN, ZHENG XIAOLONG, et al. The Characteristics and Temporal and Spatial Transmission Rules of SARS Epidemic in Beijing[J]. Scientia Sinica Terrae, 2010, 40（6）：776-788.

[53] SAATY T L. The Analytic Hierarchy Process[M]. New York: Mcgraw Hill, 1980.

[54] 方创琳. 区域发展规划论[M]. 北京：科学出版社，2000.
FANG CHUANGLIN. On Regional Development Planning[M]. Beijing: Science Press, 2000.

[55] 方创琳，王岩. 中国城市脆弱性的综合测度与空间分异特征[J]. 地理学报，2015，70（2）：234-247.
FANG CHUANGLIN, WANG YAN. A Comprehensive Assessment of Urban Vulnerability and Its Spatial Differentiation in China[J]. Acta Geographica Sinica, 2015, 70（2）：234-247.

[56] 邹汪平，方元康，吴伟. 基于图谱理论几何空间结构变换的大数据核聚类算法[J]. 计算机应用研究，2016，8：1-7.
ZOU WANGPING, FANG YUANKANG, WU WEI. Spectral Graph Geometric Transform Based Kernel Clustering Approach for Big Scale Data with High Computer Efficiency[J]. Application Research of Computers, 2016, 8：1-7.

[57] 陈燕，齐清文，杨桂山. 地学信息图谱的基础理论探讨[J]. 地理科学，2006（3）：306-310.
CHEN YAN, QI QINGWEN, YANG GUISHAN. Basic Theories of Geo-Info-TUPU[J]. Scientia Geographica Sinica, 2006（3）：306-310.

[58] 刘永锁，孟庆华，蒋淑敏，等. 相似系统理论用于中药色谱指纹图谱的相似度评价[J]. 色谱，2005（2）：158-163.
LIU YONGSUO, MENG QINGHUA, JIANG SHUMIN, et al. Similarity System Theory to

Evaluate Similarity of Chromatographic Fingerprints of Traditional Chinese Medicine[J]. Chinese Journal of Chromatography, 2005（2）:158-163.

[59] 骆剑承，周成虎，沈占锋，等．遥感信息图谱计算的理论方法研究[J]．地球信息科学学报，2009，11（5）：5664-5669.

LUO JIANCHENG, ZHOU CHENGHU, SEHN ZHANFENG, et al. Theoretic and Methodological Review on Sensor Information Tupu Computation[J]. Geo-Information Science, 2009, 11（5）: 5664-5669.

[60] 蔡丰明．中国非物质文化遗产资源图谱的编制实践及理论建设[J]．徐州工程学院学报（社会科学版），2016,31（1）：1-4.

CAI FENGMING. The Compilation Practice and Theoretical Construction of Resource Atlas of China's Intangible Cultural Heritage[J]. Journal of Xuzhou Istitute of Technology, 2016, 31（1）:1-4.

[61] 谷瑞敏．指纹图谱等同系数的理论、方法及应用[D]．天津：天津大学，2008.

GU RUIMIN. the Concept, Method and Application of Equivalent Coefficient of Chromatographic Figureprints[D]. Tianjin: Tianjin University, 2008.

[62] 郭瑛琦，齐清文，姜莉莉，等．城市形态信息图谱的理论框架与案例分析[J]．地球信息科学学报，2011，13（6）：781-787.

GUO YINGQI, QI QINGWEN, JIANG LILI, et al. Research on the Theoretic Method and Application of the Urban Form Information TUPU[J]. Geo-Information Science, 2011, 13（6）：781-787.

[63] 赵万民，汪洋．山地人居环境信息图谱的理论建构与学术意义[J]．城市规划，2014，38（4）：9-16.

ZHAO WANMIN, WANG YANG.Theoretical Construction of Mountain Human Settlements Info-Spectrum and Its Academic Significance[J].City Planning Review, 2014, 38（4）: 9-16.

[64] 马蔼乃，邬伦，陈秀万，等．论地理信息科学的发展[J]．地理学与国土研究，2002（1）：1-5.

MA AINAI, WU LUN, CHEN XIUWAN, et al. Development on Geographical Information Science[J]. Geography and Territorial Research, 2002（1）:1-5.

[65] 杨俊宴，史北祥，史宜，等．高密度城市的多尺度空间防疫体系建构思考[J]．城市规划，2020，44（3）：17-24.

YANG JUNYAN, SHI BEIXIANG, SHI YI, et al.Construction of a Multi-Scale Spatial Epidemic Prevention System in High-Density Cities[J]. City Planning Review, 2020, 44（3）:17-24.

[66] 黄晓军，黄馨．弹性城市及其规划框架初探[J]．城市规划，2015，39（02）：50-56.

HUANG XIAOJUN, HUANG XIN. Resilient City and Its Planning Framework[J]. City Planning Review, 2015, 39（2）:50-56.

[67] 吴良镛．规划建设健康城市是提高城市宜居性的关键[J]．科学通报，2018，63（11）：985.

WU LIANGYONG. The Key of Improving the Livability of a City through Planning and Building a Healthy City[J]. Chinese Science Bulletin, 2018，63（11）：985.

17　城市开发边界划定工作的难点及核心要求研究
——以四川省为例 [①]

17.1　研究背景

2013年底，中央城镇化工作会议提出"城市规划要由扩张性规划逐步转向限定城市边界、优化空间结构的规划，根据区域自然条件，科学设置开发强度、尽快划定每个城市特别是特大城市开发边界"的要求。

四川省住房和城乡建设厅为落实中央有关要求，于2014年8月起要求各个城市要及时开展城市开发边界划定工作，并把这部分内容作为专章纳入城市总体规划中。2015年1月，四川省住建厅正式出台了《城市开发边界划定导则（试行）》，为省内各城市的城市开发边界划定工作提供了依据，促进了该项工作科学有序地开展。

总体来看，四川省地域辽阔，人口总量大、区域发展不平衡、总体欠发达，省情较为复杂。同时，省内的地形条件十分复杂，包括山地、盆地、丘陵、平原和高原。这些因素交叠在一起，给四川省各城市的开发边界划定工作增加了难度（图17-1）。本文试图通过分析城市开发边界划定要求的核心内容，进一步明确划定的要求和方法，为四川省的城市开发、边界划定工作提供参考。

图17-1　四川省地形特征
Fig.17-1 Land form characteristics of Sichuan Province

17.2　城市开发边界划定工作中的难点

17.2.1　定义不明晰

目前对于城市开发边界的定义尚有学术争议，一些学者认为城市开发边界是城市建设用地拓展的边界范围，与城市总体规划期限一致，是动态的。而也有人认为城市开发边界是城市建设的最大边界范围，是永久的不能突破的刚性边界。

北京市提出城市开发边界是适宜进行城市开发和建设用地选址的空间边界，是城市集中连片开发建设的主体区域，也包含一定数量的耕地、林地和非建设用地；上海市则认为城市开发边界是促进城市空间集约高效、紧凑布局而划定的城市集中建设区范围的边界，包括已建区和拟拓展的建设用地范围；而中国土地勘测规划院将城市开发边界定义为区域资源和生态环境可承载或城镇化进程基本完成时的最大城市规模所对应的城

① 本章内容由范梦雪、邱建、陈涛、曾九利、唐鹏第一次发表在《城市规划》2018年第42卷第5期第100至105页。本文是基于课题《四川省城市开发边界划定与管控研究》形成的研究成果之一，项目组成员包括四川省住房和城乡建设厅邱建副厅长及陈涛总规划师、成都市规划管理局武侯分局张惜秒局长、成都市规划设计研究院曾九利院长、唐鹏所长、何为、范梦雪和田兴，该项目曾获2015年度全国优秀城乡规划设计奖（城市规划类）三等奖。

市空间边界。

如果不明确城市开发边界的定义，四川省内各个城市在划定边界时必将遇到各种问题，也会给城市总体规划和其他重要规划的编制和审批造成障碍。

梳理目前对城市开发边界定义的各种表述，核心包括两项内容：一是城市开发边界与城市建设用地的相互关系；二是究竟哪些区域应当划入城市开发边界内。

笔者认为城市开发边界的划定是为了防止城市无序扩张蔓延，因此边界内应当尽量囊括所有的集中连片城市建设用地，以这条边界线来引导城市合理集约布局，实现精明增长。而边界外除了镇村建设用地、必要的独立项目和区域性基础设施外，主要是城市生态空间，包括农田、林地和山地丘陵等，不适宜开展大规模城市开发与工业建设。四川省位于西部地区，地形涉及高原与山地，许多城市都具有良好的生态本底，更应在城市发展的同时兼顾区域生态环境保护，与自然和谐相处，把绿水青山留给子孙后代。

17.2.2　范围不明确

在现阶段各个城市在划定开发边界时，对范围的理解也各不相同，这也给四川省的城市开发边界划定工作造成了一定的困难。

按照住房城乡建设部与国土部下发的《城市开发边界划定试点工作方案》要求，城市开发边界应在城市规划区内划定。目前，成都、杭州均是在城市规划区内划定开发边界。而北京、上海、武汉和厦门则是在市域范围内划定开发边界。

考虑与已有空间规划体系的衔接，城市开发边界的划定范围应与城市总体规划一致。若在市域范围内进行划定，城市开发边界作为城市总体

规划中的编制内容，将对市域的全部区域都具有管控作用，是最为理想的结果。但四川省的城市情况差异较大，部分区域涉及大量山体、丘陵、林地等复杂地貌，在市域范围内开展划定工作，技术难度较大。根据《城乡规划法》，城市总体规划中最为重要的空间层次就是城市规划区，它是指城市市区、近郊区以及城市行政区域内因城市建设和发展需要实行规划控制的区域。此外，城市规划区还是一个城市规划行政主管部门直接行使规划管理事权的范畴。在现行城乡规划体系下，城市总体规划进行修编时，规划区的范围通常都会发生一定程度的变化。而城市开发边界是可进行城市开发建设和禁止进行城市开发建设的空间界线，一经确定原则上不宜再改变。

因此，笔者建议四川省各城市的开发边界划定范围在城市规划区范围内划定。若已形成连片发展的区域，开发边界已经超出原有城市规划区范围的，则应当调整城市规划区范围。部分大城市若已有工作基础和技术支撑，也可在市域范围内划定城市开发边界。

17.2.3　底图不统一

划定城市开发边界需确定一张空间规划底图，但目前各级政府和职能部门分别编制了不同类型的空间规划，这些规划中部分地块的用地性质和空间布局存在交叠和矛盾。以国土部门的土地利用规划和住建部门的城乡规划为例，"国土有指标而规划无用地"或"规划有用地而国土无指标"的现象比比皆是，进而导致在城市边缘地带很难划定建设用地的准确界线。此外，开发边界的划定工作还涉及环保部门的生态保护红线、林业部门的林地控制线等，需要通过部门协调获取相关生态要素的空间界线，将其排除在开发边界之外。

因此，笔者认为在开展城市开发边界划定工作之前，首先必须解决"底图"统一的问题，解决"多规"中的差异图斑，使城乡规划、土地利用规划及社会经济发展规划中的建设用地规模与空间布局相互吻合，同时需要排除的生态要素也应与相关职能部门达成一致，形成空间规划"一张图"。

17.3 基于四川省情的城市开发边界划定核心要求

通过前面的分析，可以明确城市开发边界是在市域或城市规划区内，明确可进行集中连片城市开发建设的空间界线，引导城市集约布局，避免无序蔓延，维护生态格局。基于四川省省情，进一步提出城市开发边界划定的三大核心要求如下。

17.3.1 筑牢底线，保护城市生态本底

城市开发边界最为核心的功能是保护四川省优质的生态资源和环境，故首先须明确城市生态底线区的空间范围，将其排除在开发边界之外。建议将以下4类必须进行控制的重要区域划入生态底线区范围内：①基本农田；②法律法规或上位规划要求保护的区域，包括世界遗产、风景名胜区、自然保护区、森林公园、地质公园和水源保护地，以及其他生态脆弱或敏感性较高的区域；③活动地震断裂带，以及滑坡、泥石流、崩塌点、洪水淹没区等灾害易发区或地质危险区；④其他需要控制、预留或不宜建设的区域。

若以上类别的生态底线区或其他禁止建设的区域位于集中连片的城市建设区内，不适宜单独划出城市开发边界，则应明确保护范围或避让距离。

在此基础上，有条件的地级市还应进行生态敏感性评价和生态系统服务价值评价，将其他生态保育价值较高的区域和维护城市良好生态格局确定的绿楔、绿廊、绿环等区域统一划入生态底线区，作为城市建设扩展的空间底线，进行严格保护，建设美丽和谐四川。

以遂宁市为例，在划定城市开发边界时，遂宁市首先将饮用水源保护区、基本农田、河湖湿地、风景名胜区、自然保护区和森林公园的核心区、地质灾害易发区、主要市域生态廊道及绝对高程大于340 m的山地区域划为刚性生态底线区，占规划区范围的40%。其次，将绝对高程在300～340 m且相对高差在50 m以上的深丘地区及一般农田地区、茂密山林区、绿化隔离地区及其他不适宜开发建设的区域划定为生态隔离区，严格控制建设用地性质、规模和开发强度，避免城市开发建设对区域优质环境的破坏（图17-2）。

总体来看，四川省内许多城市都位于丘陵、河谷之间，依山傍水，具有良好的生态本底，应当更加注重保护，在明确刚性生态底线的基础上，再将一些不适宜大规模开发建设区域确定为生态隔离区，引导城市组团式布局，让城市实现望山见水，融入自然。

17.3.2 确定规模，防止城市无序蔓延

如果仅以排除生态底线区后确定的适宜进行城市开发建设的区域作为最终的城市开发边界，很可能范围较大，难以发挥对城市空间的有序引导作用。本次四川省各城市划定城市开发边界时，应以满足区域可持续发展为前提，基于水资源承载力、土地资源承载力、大气环境容量、水环境容量等方法测算城市理论极限人口规模，再基于上位规划对区域人口进行校核，综合比较结果后确定达到城镇化终期阶段的城市终极人口规模，根据人均建设用地标准，计算出对应的城市

图17-2 遂宁市城市生态空间
Fig.17-2 Ecological space of Suining

四川省城镇体系规划（2014—2030年）

图17-3 相关规划
Fig.17-3 Related plans

成都平原城市群规划（2016—2030年）

终极建设用地规模（图17-3）。

考虑到各城市的自然环境条件和发展水平的不同，可在终极建设用地规模的基础上确定一定比例的弹性空间，以适应未来城市发展的不确定性。在不突破终极规模的前提下，城市的布局形态可在开发边界范围内适当调整。

城镇化发展水平高，现状建设规模已经较大，未来新增建设用地比较少的城市，建设用地布局发生弹性变化的可能性也相对较小，建议开发边界与终极规模之间的比率较小，可以接近1，如成都市。而对于现状城镇化发展水平低，未来建设用地规模还将大面积增加的地区，则未来城市空间布局发生弹性变化的可能性也较大，开发边界与终极规模之间的比例也相对较大。

2016年，四川省的城镇化率为48.9%，落后全国平均水平57.4%，因此未来四川省内诸多城市城镇化水平还将快速提升。但城镇化率不可能无极限增长，按照目前的城镇化发展趋势，有专家预测未来全国的终极城镇化率约为75%。极限状态下，四川省未来城镇化率增加约1.5倍，在人口总量不变的情况下，城市人口将增加1.5倍，按照一定的人均建设用地标准，则考虑终极建设

规模在现状建设用地基础上增加一倍。初步估算，目前城镇化率在40%以下的城市，开发边界和城市终极建设用地规模比例的最高水平应该在1.5左右。

因此，考虑城市之间发展水平的差异，开发边界与终极建设用地规模之间的比例关系应该进行差异化设定。针对不同规模和发展阶段的城市进行分类指导，具体分类见表17-1。

部分受地形或自然条件限制的城市，如川西部分分布在山间河谷地带的城市，建设空间扩展受自然条件影响较为明显，则城市开发边界与终极建设规模之间的比例应遵循自然规律，不宜过高，具体比例视可建设空间的大小确定。

德阳市根据城市规划区范围内城市、镇远景发展规模预测和资源环境承载能力，以建设宜居城市为目标，科学预测城市发展可能，预留发展弹性，综合确定规划区城市、镇人口和用地的终极规模。首先，德阳市通过大气环境容量、水环境容量等方法进行测算，德阳市中心城区基于资源环境承载力的人口理论极限规模约为240万人。2015年，德阳市中心城区总人口约为70万人，要达到240万人的理论极限值，需增加约3.4

表17-1 城市开发边界与城市终极建设规模比例分类
Tab.17-1 Classification of the proportion between urban development boundary and ultimate urban construction scale

现状城市化发展水平／（%）	城市开发边界与城市终极用地规模比例的极限值
<40	1.5
[40，50）	1.3
[50，70）	1.1
>70	1.0

倍，资源环境能承载的极限人口规模显然偏大。因此，需结合区域人口比重法，根据德阳市中心城区在四川省和成都平原城市群中所占的比例，预测得出终极人口规模约170万~190万人。而根据产业发展布局及城镇发展潜力，未来德阳市城市规划区的集镇人口将达到15万~20万人（表17-2）。

综合比较不同方法的测算结果，建议德阳市城市规划区城市、镇人口终极规模约为190万~210万人，根据集约化的城镇建设用地原则，形成200 k㎡城镇建设用地的终极用地规模。

德阳市中心城区城镇化率已达到61%，建议以城市建设用地终极规模的10%作为弹性预留空间，结合自身开发和保护的要求，在200 k㎡的终极用地规模基础上，划定城市开发边界范围约220 k㎡（图17-4）。

17.3.3 多规衔接，确定城市开发边界

城市开发边界最为理想的管理和实施手段是与法定空间规划和地方条例相互衔接，确保实施的可操作性和强制性。尤其是土地利用总体规划以保护基本农田为出发点，强调对建设用地指标的总量控制，与城市开发边界的核心内容密切相关。

因此，四川省各城市应在坚持生态优先的前提下，充分衔接主体功能区划和土地利用总体规划等对各类要素的控制要求，相互校核，划定具有实际可操作性的城市开发边界。

以成都市为例，成都市在"两规合一"的基础上开展城市开发边界划定工作。首先，建立了"两规"工作平台，形成"规划一张图"和"国土一张图"后相互叠合，分类统计了"两规"差异图斑约1.9万块。经过两部门不断沟通协商后，形成了统

表17-2 德阳中心城区远景人口发展区域协调
Tab.17-2 Regional coordination of long-term population development of Deyang central city

类别	现状（2015年）	远景
四川省城镇人口/万人	3 769	7 000~7 300
成都平原城市群城镇人口/万人	1 828	3 800~4 000
德阳中心城区占城市群比例/（%）	3.80	4.5~4.7
德阳中心城区城市人口规模/万人	70	170~190

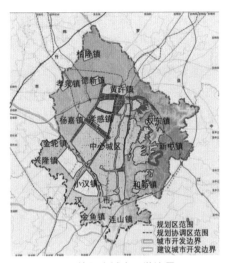

图17-4 德阳市城市开发边界Fig.
17-4 Urban development boundary of Deyang

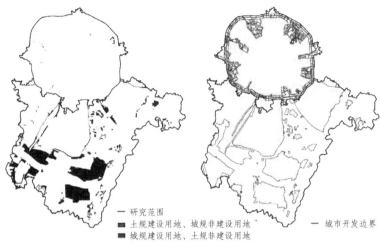

— 研究范围
■ 土规建设用地、城规非建设用地
■ 城规建设用地、土规非建设用地

— 城市开发边界

图17-5 成都市基于"两规合一"的城市开发边界划定
Fig.17-5 Urban development boundary demarcation based on the integration of masterplan and regulatory plan in Chengdu

一的数据和图底，与生态底线区和建设用地最大规模相互校核后，优化开发边界的形态布局，最终确定了城市开发边界的最终方案（图17-5）。

17.4 实施与管理建议

17.4.1 将城市开发边界作为总规强制性内容

2014年起，四川省住房和城乡建设厅已要求将城市开发边界纳入城市总体规划，并作为强制性内容。建议将城市开发边界的范围、面积和管控要求，在城市总体规划文本中以专章进行表述，而在说明书中对生态底线划定以及基于资源环境承载力和区域人口比重法的城市终极规模研究进行详细阐述（图17-6）。

为了确保城市开发边界的强制性，经过审批后的边界原则上不得更改。因国家和省重大政策变化、上位规划重大调整、重大自然灾害、行政区划调整等原因确需修改的，应编制专项评估报告并报城市总体规划原审批机关和四川省住房和城乡建设厅进行审查。

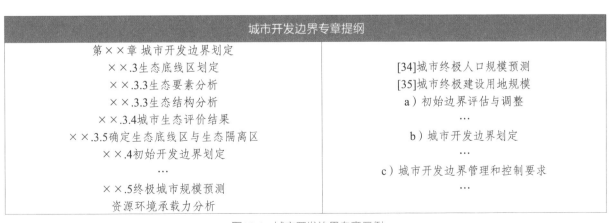

城市开发边界专章提纲	
第××章 城市开发边界划定	
××.3生态底线区划定	[34]城市终极人口规模预测
××.3.3生态要素分析	[35]城市终极建设用地规模
××.3.3生态结构分析	a）初始边界评估与调整
××.3.4城市生态评价结果	…
××.3.5确定生态底线区与生态隔离区	b）城市开发边界划定
××.4初始开发边界划定	…
…	c）城市开发边界管理和控制要求
××.5终极城市规模预测	…
资源环境承载力分析	

图17-6 城市开发边界专章示例
Fig.17-6 A sample chapter of urban development boundary

17.4.2　边界的确定应清晰

城市开发边界划定应尽可能利用道路、铁路、河流、林地、等高线、建构筑物、行政区划线等地形、地物、地理界限，做到清晰化，便于进行管理和接受公众监督。若无明确的地物参照，则需要确定空间坐标，后续进行立桩标识。

根据城市内部空间发展形态的差异，城市开发边界并不局限于一条集中连续的边界。多中心、组团式发展的城市，开发边界可以为相互分离的多个闭合范围。例如遂宁市为塑造组团式的空间发展形态，在组团之间划定生态绿隔区，避免城市粘连，"摊大饼"发展，开发边界的最终形态是由多条闭合的边界线构成。

17.4.3　构建省域"一张图"的管理平台

四川省统一制定城市开发边界绘制的基本要求，以及纸质、电子等各类成果表达形式。未来将推进省域一张图管理，采用GIS数据并统一坐标系，实现全省开发边界的数据集成、共享和共管，进而建立全省规划信息数据库，建立统一管理平台，作为指导各部门行政性管理的依据之一，并进行实时监控（图17-7）。

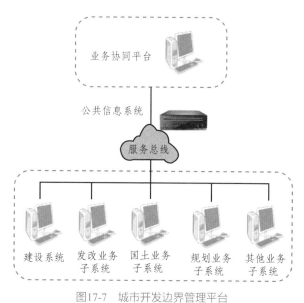

图17-7　城市开发边界管理平台
Fig.17-7　The management platform of urban development boundary

参考文献

[1]　王晨，成立. 我国城市开发边界设定与管理的思考[J]. 中国房地产，2014（3）：33-37.
WANG CHEN, CHENG LI. Reflection on the Demarcation and Management of Urban Development Boundary in China[J]. China Real Estate, 2014（3）：33- 37.

[2]　何为. 寻求界线与规模双重控制的结合——四川省城市开发边界划定的探索[C]//中国城市规划学会.新常态：传承与变革——2015中国城市规划年会论文集. 北京：中国建筑工业出版社，2015.
HE WEI. Seeking the Combination of Boundary and Scale Control: Exploration of Urban Development Boundary in Sichuan Province[C]//Urban Planning Society of China. The New Normal: Inheritance and Innovation: Proceedings of Annual National Planning Conference 2015, Beijing: China Architecture & Building Press, 2015.

[3]　姚南，范梦雪. 基于"两规合一"的城市开发边界划定探索[J]. 规划师，2015（12）：72-75.
YAO NAN, FAN MENGXUE. Urban Development Boundary Demarcation Base on the Unification of Master Plan and Regulatory Plan[J]. Planners, 2015（12）:72-75.

[4]　龙小凤，白娟，孙衍龙. 西部城市开发边界划定的思路与西安实践[J]. 规划师，2016（6）：16-22.
LONG XIAOFENG, BAI JUAN, SUN YANLONG. Western Chinese Urban Development Boundary Idea and Xi'an's Practice[J]. Planners, 2016（6）：16-22.

[5]　汪鹏，李冬雪，潘湖江，等. 基于城市开发边界的建设用地承载力研究[J]. 城市地理，2016（10）：118-119.

18 四川天府新区规划的主要理念①

18.1 前言

国务院于2011年5月正式批复的《成渝经济区区域规划》要求"规划建设天府新区"[1]。为了实施成渝经济区建设，四川省委、省政府决定高起点规划、高品质设计、高水平建设天府新区，省级各部门按照职能分工，组织相关领域专家，就天府新区发展定位及策略、产业发展与布局、交通与土地利用协调、水资源承载能力、生态环境保护等方面开展了专题研究，正式形成了10个专题研究报告。省住房和城乡建设厅牵头组织中国城市规划设计研究院、四川省城乡规划设计研究院和成都市规划设计研究院，综合运用多部门大量实地踏勘、多领域深入研究成果，共同编制完成了四川天府新区总体规划，在充分征求、采纳省人大、省政协、国内外专家和院士及公众意见并经省委常委会审查的基础上，于2011年10月获得四川省人民政府批准[2]。天府新区规划建设委员会规划组随后组织省级相关部门和成都、眉山、资阳三市人民政府，分别编制完成了天府新区专项规划、分区规划、控制性详细规划、重点地区城市设计，形成了体现集体智慧结晶的天府新区规划体系。

天府新区在选址论证过程中特别注重保护耕地和基本农田，将保护良田沃土作为选址的首

要原则，还依据国家宏观发展战略制定了"一门户、两基地、两中心"的核心功能，确定了"以现代制造业为主、高端服务业集聚、宜业宜商宜居的国际化现代新城区"的总体定位，制定了现代产业、现代生活、现代都市"三位一体"协调发展的建设模式[3]。规划创新理念主要体现在承载能力短板控制的城市规模、生态环境保护优先的规划路径、基于产城融合理念的城市形态、运用产城单元规划的创新思路、解决三大城市问题的支撑体系、保护地域田园文化的人居环境等方面。

18.2 承载能力短板控制的城市规模

天府新区规划面积1 578 km²，仅从经济学的"投入-产出"因素考虑，城市建设用地规模越大，获得的经济回报越多。但天府新区坚持以资源约束为前提条件、以承载能力为发展限制、以资源短板为用地控制的规划理念，选取土地承载能力、生态承载能力、水资源承载能力等多要素叠加，通过短板控制，合理确定天府新区的城市规模。

18.2.1 土地承载能力评价

根据住房和城乡建设部《城乡用地评定标准》技术要求[4]，结合天府新区实际用地条件，规划通过对工程地质、地形、水文气象、自然生态和人为影响等多要素叠加开展适宜性评价，确定天府新区的土地承载能力（表18-1）。

① 本章内容由邱建第一次发表在《城市规划》2014年第38卷第12期第84至89页。成都市规划设计研究院陈果同志在本文撰写过程中给予作者大力支持，在此表示感谢！

表18-1 天府新区用地适宜性评价要素及标准表
Tab.18-1 The Evaluation Elements and Standards of the Land Suitability of Tianfu New Area

	类别	不可建设用地	不宜建设用地	可建设用地	适宜建设用地
工程地质	地震断裂带	活动	不活动断裂带两侧500m内	其他	其他
	地质灾害危险性评估	危险区	高易发区	工程治理后可建	适建
地形	高程	>600 m	500~600 m	<500 m	<500 m
	坡度	>25%	25%~20%	20%~10%	<10%
	坡向	北	西北、东北	其他	其他
水文气象	水体	水体	水体两侧50m范围内	其他	其他
	洪水淹没区	淹没线内	淹没线内	其他	其他
自然生态	生态敏感度	高敏感度	中敏感度	低敏感度	低敏感度
	森林分布	森林集中地	森林较集中地	其他	其他
人为影响	控制区	风景名胜区核心区	风景名胜区范围内其他地区、森林公园、市政基础干管两侧50 m内	其他	其他
	保护区	水源一级保护区	水源地二级保护区	准保护区	其他

通过GIS综合叠加分析，确定不可建设用地包括水源一级保护地、风景名胜区核心区、水域洪水淹没线以内区域和主要山体（坡度大于25%、高程大于600 m）等，主要分布在龙泉山等山体区域和河流湖泊等水系区域；不宜建设用地包括地表水源二级保护区、风景名胜区的一级保护区和二级保护区、森林公园、坡度20%~25%的山体及其他山体保护区，主要呈带状分布在规划区中部鹿溪河两侧及牧马山周边（图18-1、表18-2）。

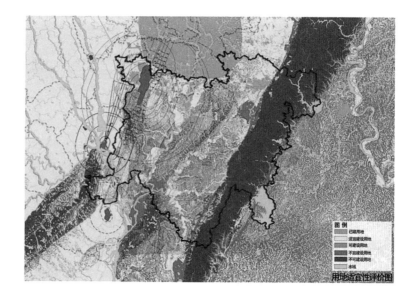

图18-1 建设用地适宜性评价（资料来源：中国城市规划设计研究院、四川省城乡规划设计研究院和成都市规划设计研究院）
Fig.18-1 The Construction Land Suitability Evaluation

表18-2 建设用地适宜性评价结果
Tab.18-2 The Evaluation Results of Construction Land Suitability

类别	比例／（%）	面积／km²
适宜建设用地	52.8	832
可建设用地	5.6	89
不宜建设用地	20.9	330
不可建设用地	20.7	327
合计	100	1 578

图18-1和表18-2显示：从土地承载能力角度看，天府新区区内总建设用地容量可达到900 km²左右，可承载人口900万以上。

18.2.2 生态承载能力评价

在四川省生态功能区划中，天府新区总体上属中度、轻度及不敏感生态区。为更严格地开展天府新区生态环境管理与保护，通过水土流失敏感性、生境敏感性、酸雨敏感性、城市热岛敏感性等四个要素的叠加综合评价，进一步把天府新区划分为：高度敏感、中等敏感、轻度敏感和不敏感。其中高度敏感区共285 km²，占全域面积的18%，中度敏感区为269 km²，占全域面积的17%，轻度敏感区为379 km²，占全域面积的24%，不敏感区为645 km²，占全域面积的41%（图18-2）。

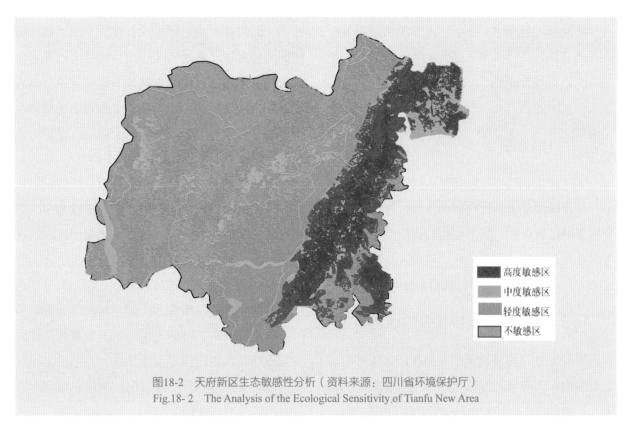

高度敏感区
中度敏感区
轻度敏感区
不敏感区

图18-2 天府新区生态敏感性分析（资料来源：四川省环境保护厅）
Fig.18-2 The Analysis of the Ecological Sensitivity of Tianfu New Area

通过分析，确定天府新区范围内总体生态承载力较高，其中轻度敏感和不敏感区总面积约1 024 km²，可承载人口超过1 000万以上。

18.2.3 水资源承载能力评价

天府新区规划对水资源承载能力开展了专题研究，按照一般、中等和高等三种不同节水水平进行划分，分别表示在成都现状用水水平下有一定程度的提高、达到或略高于北京和上海等缺水地区的现状用水水平以及基本达到目前世界领先水平。确定不同节水水平下主要用水指标见表18-3。

表18-3　天府新区主要用水指标一览表
Tab.18-3　Main Water Use Indexes of Tianfu New Area

用水指标	一般节水水平	中等节水水平	高等节水水平
污水回用率／（%）	10	20	30
雨水综合利用率／（%）	2	3	6
城镇人均综合生活用水量（L/人·d）	300	290	280
农村人均综合生活用水量（L/人·d）	180	160	150
亩均灌溉用水（m³/亩）	300	260	240
万元工业GDP用水量（m³/万元）	25	21	18
其他水量占生活生产水量的比例／（%）	10	8	6

根据省水利厅《天府新区水资源承载能力初步研究报告》，到2020年可供水量为13亿m³，能支撑建设规模550 km²，在高等节水水平下能支撑人口620万人。如采用引大济岷调水工程等区域调水工程，则新区水资源承载力将有较大提升[5]。

上述分析表明：天府新区水资源支撑能力最小。基于承载能力短板控制的原则，考虑到水资源可能随区域调水工程的实施会有所增加，同时考虑到城市发展的不确定性，城市人口规模控制在600万～650万左右，用地规模为650 km²。

18.3　生态环境保护优先的规划路径

如何将650 km²建设用地布局在1 578 km²的规划范围内？天府新区没有简单按照"投资省、见效快"的惯性思维采用沿现有建成区向外拓展的传统"摊大饼"布局方式，而是坚持生态环境保护优先的原则，运用"先规划不能建设用地、再规划建设用地"的理念，即首先辨识出区域内生态本底并将其作为非建设用地予以刚性保护，然后在保护范围以外寻找建设用地空间。

天府新区地貌特征丰富，总体生态环境良好，规划范围内用地条件以台地、丘陵为主，兼有山体、湖泊、平原等。按照上述规划理念，规划并刚性保护以"山、水、田、林"为生态本底的非建设用地范围，梳理出"三山、四河、两湖"的自然格局，形成"一带、两楔、九廊、多网"的生态网络，整体上保证了天府新区良好的生态格局。例如，位于天府新城和龙泉区之间区域、南侧文化休闲生态功能区域被优先划定为非城市建设用地范围，并被规划为两个大型楔形绿带（两楔生态服务区）实施刚性保护，作为特大城市的巨型"通风口"，为天府新区构建高品质的城乡人居环境提供了有利的条件（图18-3）。

18.4 基于产城融合理念的城市形态

《成渝经济区区域规划》的空间格局为"双核五带"，成都和重庆共同构成"双核"[1]。其中，成都"一核"由成都主城区和天府新区构成，两者都有各自的城市中心，形成"一核、两区、双中心"的空间结构（图18-4）。

对于在天府新区非建设用地范围之外辨识出的有效城市发展空间，按照组合型城市的理念，以系统方式进行空间布局，形成"大分散、小集

中"的整体格局，构建"一带两翼、一城六区"的新区空间结构，各片区功能互补、联系便捷、特色鲜明（图18-5）。

其中，"一城六区"的两湖一山国际旅游文化功能区规划为国际一流的旅游目的地，以生态环境保护为主，严格控制建设用地规模；一城和其他五区分别按照大城市或者特大城市进行功能配套。"一城"即指天府新城，是天府新区核心区，规划面积119 km²，相当于Ⅱ型大城市规模，与老城区既相互独立，又相互联系，空间上互为依托，功能上互为补充，主要承载成都"一核"的文化行政中心、会展博览中心和金融商务中心功能，同时强化与"六区"的便捷联系和功能关联，为天府新区乃至更大的区域提供商业、商

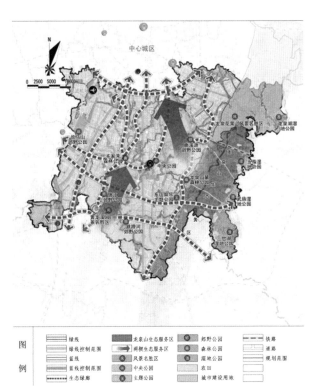

图18-3 天府新区生态网络
（资料来源：中国城市规划设计研究院、四川省城乡规划设计研究院和成都市规划设计研究院）
Fig.18-3 The Ecological Network of Tianfu New Area

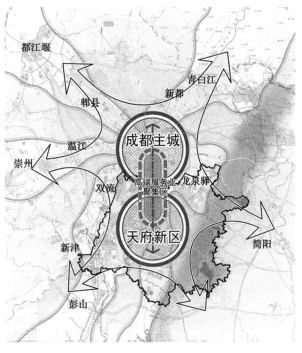

图18-4 天府新区与成都主城区形成的"一核、两区、双中心"结构（资料来源：中国城市规划设计研究院、四川省城乡规划设计研究院和成都市规划设计研究院）
Fig.18-4 The Structure of "One Core, Two Districts, Two Centers" Including Tianfu New Area and Main City Zone of Chengdu

图18-5　天府新区空间格局
（资料来源：中国城市规划设计研究院、四川省城乡规划设计研究院和成都市规划设计研究院）
Fig18-5　The Spatial Pattern of Tianfu New Area

务、金融、总部办公、教育、体育、文化、医疗等高端生产生活服务，促进高端服务业与先进制造业的互动发展。

"六区"是依据主导产业和生态隔离划定的六个产城综合功能区，集聚新型高端产业功能，并独立配备完善的生活服务功能。各功能区内部按照产城一体的模式，强化城市功能复合，生活区安排与产业区布局相匹配，形成产业用地、居住用地和公共设施用地组合布局。例如，成眉战略新兴产业功能区跨成都市和眉山市布局，将成都新能源产业功能区、物流园区以及成眉合作工业园区加以整合，形成以新材料、生物医药、节能环保等为代表的战略新兴产业集聚区，规划建设用地面积约71 km²，按照大城市规模进行完整配套。

基于产城融合理念形成的组合式城市形态和空间结构，加之刚性的非建设用地控制，不仅能够很好地发挥城市功能，而且有利于克服城市发展过程中经常出现的城市病。

18.5　运用产城单元规划的创新思路

天府新区规划创新思路，提出了产城一体单元的概念。产城一体单元是指在一定的地域范围内，把城市的生产及生产配套、生活及生活配套等功能，按照一定协调的比例，通过有机、低碳、高效的方式组织起来的，并能够相对独立承担城市各项职能的地域功能综合体。根据这一理念，天府新区在"一城六区"范围内规划了35个产城一体单元（图18-6）。

如图18-6所示，每个产城一体单元都相当于中等城市规模，有相应的功能定位和主导产业，实现产城融合、生产生活协调发展，居住人口就近就业，单元内部交通主要依靠步行和非机动车，具有功能复合、职住平衡、绿色交通、配套完善、布局融合的特征。

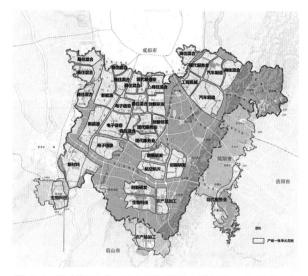

图18-6　天府新区"一城六区"范围内规划的35个产城一体单元（资料来源：四川省城乡规划设计研究院和成都市规划设计研究院）
Fig.18-6　35 Industry-City Integration-Cells Planned in the "One City and Six Regions" of Tianfu New Area

18.6 解决三大城市问题的支撑体系

针对特大城市普遍存在的"交通拥堵、城市内涝、环境污染"等问题，天府新区规划通过创新理念，提高城市基础设施和道路交通设施的建设标准，增强城市支撑能力和应对重大灾害能力。

18.6.1 关于"交通拥堵"问题

上述产城一体单元规划路径，在源头上减少了私人使用机动车通勤和跨单元交通出行的必要性。在此基础上，天府新区综合交通规划首先应用"绿色低碳、TOD交通发展"理念，坚持公交优先，构建以轨道线网为骨干，干线公交为主体，深入社区的支线公交和慢行系统为补充的绿色公交网络，实现无缝换乘，公交分担率达到国际先进水平的50%以上，形成功能合理、层次分明、交通资源合理配置的综合交通运输体系。

其次，规划了层次分明、功能合理的道路系统。按照"结构合理、便捷高效"的原则，针对"一带两翼、一城六区"的空间布局结构，充分与新区功能布局和土地利用相协调，建立了全线不设红绿灯的"五横十纵"骨干快速路网，通过立交与其他道路进行转换衔接，实现与成都主城区和"一城六区"及产城单元间之间的快速连接；生活性次干路、支路等按照"窄路幅、密路网"进行规划，结合慢行交通系统，满足人性化的交通需求。在交通量较大的重点区域，规划环形快速通道，在各级城市中心区内部通过加密路网、地上地下交通有机衔接，形成重点区域高效便捷的立体交通组织。

另外，按照动静结合的原则，高标准配建静态交通设施。一方面结合各级综合交通枢纽、地铁站点及规划的各级城市中心区，高标准配置公

共停车场，另一方面，在项目内部提高停车配建比，满足居民日常停车需求。

最后，构建独立、生态化的绿道系统。在传统道路两侧人行道的基础上，结合自然地形、河流水系和生态廊道，规划了独立、生态化的绿道系统，串联各单元绿心、开敞空间、田园以及各级历史文化资源等，使各产城单元、特色镇和农村新型社区有机紧密联系。

18.6.2 关于"城市内涝"问题

针对近年来北京、成都、南京、武汉等特大城市遭遇短时间强暴雨情况下引起的城市内涝灾害，国家正在研究极端气候条件下城市排水设计的新标准。对比成都及全球大城市的气候资料及规划排涝标准，规划构建了"支管收集、主干汇集、河流排放、湖泊调蓄"的雨水排放系统，采取合理布局用地、保留和改造自然河渠（冲沟）及新增暗渠、高标准规划管网系统、排蓄结合等多种措施，保障极端暴雨[①]发生时排水系统的有效性，提高天府新区抗内涝风险能力，实现天府新区基本不发生洪涝灾害的总体目标。

在用地选择与排放系统方面，充分考虑天府新区内的河道洪水水位因素，所有开发用地的高程都设置在200年一遇洪水水位线之上，保证开发用地不受洪水威胁，地块的雨水也能迅速排出，同时在低洼潜在内涝区考虑设置湖泊、绿地等开敞地块，让雨水直接渗入地下，不仅可以减少地表径流的产生，还可以补充地下水。

在管网系统设计方面，通过地形高程、坡度及现状水系综合分析，将天府新区范围划分为多个雨水汇集区，单个汇集区面积控制在5~10 km²，

---

① 成都历史最大暴雨发生于2011年7月3日，降雨量为4小时215毫米。

每个雨水汇集区根据自身雨水汇集特点分别采用暗渠、沟渠、雨水干管的其中一种方式规划主干（汇集）系统。其中，对自然沟渠或冲沟进行改造的汇集区域，通过沟渠实现雨水就近分散汇集，沟渠采用兼具排水和生态功能的复合式断面；对于地形坡度小、雨水流速慢或雨水汇集面积过大的汇集区域，通过新增暗渠实现雨水就近分散汇集。此外，按照高于国家标准，增大支管管径，在所有道路下均规划埋设雨水支管，提高雨水收集能力。

在雨水调蓄系统设计方面，天府新区规划了包括湖泊和集水池的雨水调蓄系统，以使出现极端暴雨时能有效削减洪峰流量，调节高峰期雨水，即首先设置雨水暂存雨水集水池，待暴雨过后将其净化并使用，以调蓄暴雨峰流量为核心，把排洪减涝、雨洪利用与城市的景观、生态环境和城市其他社会功能用水加以结合。雨水集水池还可以暂时贮存污水处理厂经深度处理之后的污水，以补充市政用水的需求。

总之，天府新区规划通过傍河设湖、河湖贯通等方法新增湖泊水面面积共计20 k㎡，加之将低洼地区规划为绿地，并在沟渠、暗渠、干管沿线结合低洼绿地设置集水池，形成调蓄系统，有效降低内涝风险（图18-7）。

图18-7　天府新区天府新城雨水调蓄系统规划（资料来源：成都市规划设计研究院）

Fig.18-7　The Rainwater Storage System Planning for Tianfu New Town of Tianfu New Area

18.6.3 关于"环境污染"问题

城市环境污染问题需要综合途径予以解决，天府新区整个规划理念及路径都致力于减少环境污染。规划还特别通过产业控制、水污染防治、垃圾处理、大气污染防治、噪声污染防治以及电磁辐射污染防治等六个方面降低环境污染。例如，天府新区总体规划定位决定了走一条环境友好型新区发展道路，要求招商引资和建设项目必须按照产业定位，严格企业环境准入标准，禁止污染型企业入驻；再如，规划加强水污染防治力度，在改造提升建成区内污水收集和处理系统的同时，新建城区建成雨污分流的城市排水系统，实现天府新区"污水全收集、全处理"，坚持将城市中水纳入水资源统一调配；规划将生活垃圾分类就近收集、分类清运和分类处理、全量焚烧，实现生活垃圾处理无害化、减量化、资源化。规划还进一步强化了电磁辐射污染防治，通过合理规划，提前布局，确保变电站、移动基站等辐射源不设置在居住区内，并规划相应的防护隔离带，达到电磁辐射安全要求。

18.7 保护地域田园文化的人居环境

天府新区规划深入发掘四川和成都地区优秀的人居文化传统，让地域历史文化在天府新区得到传承和体现。例如，运用大地景观规划设计方法，以两楔生态服务区为依托，充分利用现有的天然植被，尊重自然田园环境并与之和谐共存，保护农业用地内极具特色的村庄、林盘及其优美的周边环境格局，维持原有宜人的尺度、乡土的文化和田园的气息，集中连片体现田园风光，继承川西平原农业景观特征，将现代文明建立在传

图18-8　保护地域田园文化的天府新区人居环境示意图（资料来源：四川省城乡规划设计研究院）
Fig.18-8　The Schematic Diagram of Human Settlement Environment of Tianfu New Areain in the Context of Protecting Local Idyllic Culture

统的自然观上。即使在650 k㎡的建设用地安排上，同样高标准配置公园绿地、水面、城市广场等公共空间，保证居民能"500 m见公共绿地，1000 m见公共水体"。

由此，天府新区规划基于地域田园文化特征，突出生态田园城市特色，实现建设用地布局与自然生态资源、田园风光的有机相融，构建现代城市与现代农村和谐相处的新型城乡形态，创新性地探索了具有城乡融合发展模式的人居环境（图18-8）。

18.8　结语

落实国家发展战略的天府新区建设已经拉开大幕。再度眺望如火如荼的施工场景，掩卷而思规划会战的日日夜夜，整理提炼集聚智慧的规划理念，"不仅有助于铭记科研工作者、规划设计人员和行政决策者的历史贡献，而且有益于加深对天府新区规划建设的理解"[3]，更可以为其他的国家级新区规划建设提供可供借鉴的经验。

■ 参考文献

[1]　中华人民共和国国务院. 关于成渝经济区区域规划的批复（国函〔2011〕48号）[Z]. 2011.

[2]　四川省人民政府.关于四川省成都天府新区总体规划的批复（川府函〔2011〕240号）[Z]. 2011.

[3]　邱建. 天府新区的设立背景、选址论证与规划定位[J]. 四川建筑，2013，33（1）：4-6，9.

[4]　中华人民共和国住房和城乡建设部. 《城乡用地评定标准》（CJJ132-2009）[Z]. 2009.

[5]　四川省水利厅. 《天府新区水资源承载能力初步研究报告》[Z]. 2010.

19 产城一体单元规划方法及其应用
——以四川省成都天府新区为例[①]

伴随着城镇化进程的加快，我国"大城市病"正在不断发生，在一些特大城市问题尤其突出，其严重性甚至超过了西方发达国家大城市[②]，导致我国特大城市功能衰退、成本剧增、效率降低。从城市规划的视角分析，首先反映在城市过分强调功能分区，职能过度分离，职住距离明显偏大；其次是土地混合利用程度低，开发功能单一，居住-服务-就业功能剥离，活力不足；最后是城市级服务设施缺乏，城市结构不完善，形成以居住和产业单一功能规模化聚集的空间形态，导致各个城市的结构不完善。产城一体单元规划即是针对上述问题而进行的理论探索，其方法在四川省成都天府新区规划实践中得以应用[1]。

19.1 产城一体单元规划的内涵及理论基础

19.1.1 内涵

产城一体单元是实现城市产城一体发展的基本空间引导单元，是在一定的地域范围内，把城市的生产及生产配套、生活及生活配套等功能，按照一定协调的比例，通过有机、低碳、高效的方式组织起来，并能够相对独立承担城市各项

职能的地域功能综合体，需要在保障效率、提高活力、完善结构等多方面对城市空间进行优化，主要从职住平衡和通勤效率两方面来确定空间尺度。

对于产业发展而言，产城一体单元提供了一种现代产业发展的创新模式。随着城市产业发展逐步进入后工业化时代，智力和信息已经成为现代产业发展的根本推动力，城市提供的各项服务功能成为现代产业发展不可或缺的关键因素，产业和城市功能的融合是未来城市发展的主流，而产城一体单元正是寻求产业与城市各项服务功能相契合的一种方式。

对于社会发展而言，产城一体单元是构建一定地域的日常生活生产系统。在工业化社会，人与人之间的基本联系是基于产业所形成的业缘关系，而传统的血缘联系和地缘联系已经被极大地削弱。这种单一的社会联系很大程度上带来了社会道德精神发展的挑战，如亲情的疏远，地区精神的缺失，人群心理健康问题等。产城一体单元旨在建立日常的文化生活交流圈，增进人群之间的地缘联系，促进地区社会和谐发展。

对于环境保护而言，产城一体单元是建立城市低碳发展的微平衡系统单元。未来低碳生态城市不仅关注城市环境的总体平衡，更关注城市环境的局部平衡。产城一体单元建立了城市环境的次级微循环系统，单元内部倡导形成微产业、微能源、微冲击、微绿地、微社区等子系统，从而奠定了生态低碳城市发展的基本框架。

---

① 本章内容由胡滨、邱建、曾九利、汪小琦第一次发表在《城市规划》2013 年第 37 卷第 8 期第 79 至 83 页。

② 根据《2010 中国新型城市化报告》，中国主要的特大城市上班平均花费时间为：北京 52 min、广州 48 min、上海 47 min、深圳 46 min。各大城市远大于美国（最长的纽约为 38.4 min）和欧洲（最长的英国为 22.5 min）的主要大城市。

19.1.2 理论基础

20世纪60年代以来，西方国家从不同途径探讨了"大城市病"的解决办法，如简·雅格布斯系统地提出了"多样性"和"混合功能"的城市规划概念[2]；又如，"新城市主义"和"精明增长"理论提出以人为本，强调城市土地功能的混合利用，提倡步行和公共交通[3]，很多城市规划理论也在不同方面体现了产城一体单元规划思想。而田园城市、人类聚居学和簇群城市等学说对产城一体单元规划方法具有基础理论作用。

19.1.2.1 田园城市理论最早提出通过合理的职住平衡空间组团发展新城

产城一体单元规划思想最早可以追溯到19世纪末霍华德提出的"田园城市（Garden Cities）"理论。根据这一理论，疏散大城市人口，保持城市的合理规模是解决当时工业城市问题的关键，要求新城市内部要配备齐全的服务设施，就业和居住均衡分布，使居民的"工作就在住宅的步行距离之内"，每个城市之间设置永久的隔离绿带，并通过放射交织的道路、环形的市际铁路、城市运河来相互联系[4]。

19.1.2.2 人类聚居学提出城市是由功能和交通决定的基本单元通过动态网络形成的整体

人类聚居学创立人道萨迪亚斯认为人类聚居在宏观上是非人的尺度，在微观上是人的尺度。在宏观上尽管城市规模的不断扩大是不可回避的，但城市尺度应当同城市各种功能和现代交通工具相适应并体现出高效快捷。但城市本质上是为人服务的，因此在微观上城市应该是亲切宜人的，并保持着人情味，越接近人的层次越需要人的尺度。道氏认为，理想的城市应该是由静态单元和动态结构形成的整体，每个单元相对稳定，但整体上能实现动态发展。

道氏在对于不同层次的人类聚居空间评价指出应考虑人在每个空间单元中花费的时间，每个空间单元对于人的重要性和有多少人一起使用这个空间单元。在道氏倡导的安托邦发展模式的10个聚居层次中，"城市"人口大约在5千~20万人是系统中的一级社区[5]。

19.1.2.3 簇群城市理论主张的城市空间单元尺度取决于交通方式的发展

"十次小组"[①]提出的"簇群结构"理论主张城市结构应当像一串串的葡萄，有生长发展的可能。通过城市公共交通与城市服务设施的紧密结合构成核心结构，在核心结构之下形成动态和多样化的住区。住区是人们获得一个平衡环境的细胞单元，它给予聚居其中的人们充分的选择自由，即可享受安静社区生活，也可参与高节奏的社交城市生活。

"十次小组"认为"簇群城市"是可生长的多阶单元体系，每阶单元都构成相对完整的日常生活系统。随着交通工具速度的不断提升和交通体系的不断完善，人们日常生活的范围不断扩大，因此，不同阶级的单元规模尺度取决于不同的交通方式，如步行、非机动车、公交、小汽车以及轨道交通。

19.2 产城一体单元规划的基本特征

19.2.1 职住平衡

职住平衡即在产城一体单元内实现就业和居

---

① "十次小组"（Team 10）是活跃于20世纪50至80年代的一个松散的建筑组织团体，形成于1954年1月在杜恩召开的CIAM十次大会的准备会议，因在CIAM十次大会上公开倡导自己的主张，并对过去的方向提出创造性的批评而得名。"十次小组"提倡以人为核心的城市设计思想：建筑与城市设计必须以人的行为方式为基础，其形态来自生活本身的结构发展。

住的相对平衡，大部分居民可以就近工作；通勤交通可采用步行、自行车或者其他的非机动车方式；即使是使用机动车出行，时间也比较短，空间范围合理。职住平衡是产业和城市协调发展的重要保障。根据发达国家产业新城的经验，原则上达到单元内60%以上的就业人口（含带眷）在单元内部居住，即被认为达到职住平衡。

19.2.2 功能复合

产城一体的核心是把"宜居宜业"放在首位，优先满足居民的生产、生活需要，做到产业和生活功能相平衡，避免人为造成生产、生活割裂。生产、生产配套、居住、居住配套四大功能高度复合，并一体化发展，以转变原有过度功能分区带来的产业布局和城市功能隔离的固有模式。各功能区在空间上应该形成若干个产城一体单元，单元的内部功能应"和而不同"，按照特色多样的原则配置产业、产业配套、居住、居住配套。

19.2.3 配套完善

产城一体单元综合配套能力应相对较高，具备一定规模，满足公共服务配套的经济性，主要配置生产性服务设施和生活性服务设施。产城一体单元以综合体为中心，并配套城市片区级和居住区级的公共服务设施，合理组织居住和居住配套功能。综合体集中了商业、文化、娱乐、办公等服务业功能，通过集聚效应提高其服务价值。产城一体单元构建的大型社区由若干社区组成，社区保持小区级公共服务设施配套，从而形成大型社区——社区的空间结构体系。

19.2.4 绿色交通

产城一体单元内部倡导慢行交通，以步行、

自行车为主要交通方式，从而贯彻低碳、环保理念，并减少早晚上下班高峰时期形成的交通拥堵问题。单元与单元之间倡导大运量公共交通，以公交车、轨道交通为主要方式，方便单元之间的联系。

19.2.5 布局融合

单元的空间布局模式取决于城市功能和主导产业，产城单元内部的布局根据产业和居住功能之间的协调性、产业和产业配套的组织模式等采取不同的形式，但各类用地的选址强调功能之间的有机融合。对于生产配套具有较高空间要求的产业需要注重和产业配套的高效对接，对于与城市能够良好融合的产业需要注重与居住功能的充分融合等。

19.3 天府新区产城一体单元规划

19.3.1 天府新区规划概述

建设天府新区是实施《成渝经济区区域规划》、落实成渝经济区发展国家战略的关键内容之一，按照"再造一个产业成都"的目标，新区确定了"以现代制造业为主、高端服务业集聚、宜业宜商宜居的国际化现代新城区"的总体定位。新区位于成都市主城区东南，规划范围1 578 km²，其中建设用地面积650 km²，规划人口600万～650万人，届时成都市主城区总人口将超过1 100万人。

19.3.2 天府新区产城一体单元研究

19.3.2.1 产城一体单元规模研究

天府新区规划选取交通出行和公共服务作为产城一体单元的两项重要评价指标，并从这两方面对产城一体单元的空间规模进行研究。

（1）基于交通的规模研究。

研究选择以自行车为交通工具进行测算，根据30 min的可接受出行时间计算，产城一体单元内部工作出行距离不宜大于6 km，直线距离按照0.5折算，由此得出产城一体单元规模不宜大于30 km²（表19-1）。

表19-1 基于交通的产城一体单元规模测算
Tab.19-1 Scale of ICIC based ontransportation

内部出行主要方式	平均速度／（km/h）	最大出行时间／min	最大规模／km²
自行车	11～14	30	30

（2）基于公共服务的规模研究。

产城一体单元的公共服务设施水平将达到城市片区级，因此可以用片区级公共服务设施来确定产城一体单元的规模下限。根据对主要城市片区级公共服务设施的服务半径和服务面积的统计研究，产城一体单元规模不宜小于20 km²（表19-2）。

根据以上研究，产城一体单元适宜规模为20～30 km²，属于较小的中等城市规模。

19.3.2.2 产城一体单元划分原则

产城一体单元作为天府新区城市发展的完整空间单元，其边界划分除满足规模要求外，还应保证其功能和实际建设的可操作性，在天府新区的规划中，产城一体单元的划分遵从了功能完整、空间连续、与行政区划保持一致的原则。即在产城一体单元范围内，以特定产业为主导，有相应的生产服务配套，并集居住和生活配套功能为一体。在空间上必须是连续的整体，不宜有过

表19-2 片区级公共服务设施服务半径和服务面积统计
Tab.19-2 Statistics for service radius and area of public service Facilities

公共服务设施	服务半径／km	服务面积／km²
职业学校	2.3	17
综合医院	2.2	15
妇幼保健院	2.2	14
图书馆	2.4	18
展览馆	2.4	18
博物馆	2.5	20
文化活动中心	2.2	15
体育中心	2.5	20
酒店	2.2	15
影剧院	2.2	15
养老院	2.3	17

大的空间隔离，便于组织功能和交通。同时，尽量与行政界线结合，单元内部功能组织和社区管理与实施建设协调性更强。

19.3.2.3　天府新区产城一体单元划分

每个产城一体单元必然具有其主导的产业特征，产业与居住等功能的关系使单元空间功能的特征也有所不同，天府新区根据总体规划确定的主导产业和4类11种的产业细分布局，按照单元适宜规模和划分原则，对城市空间进行产城一体单元分类划分（表19-3）。

通过对国内外典型的产业和城市一体化发展的案例进行研究，得出生产功能与生产配套功能配比见表19-4。

表19-3　天府新区产城一体单元分类
Tab.19-3　Classification of ICIC in Tianfu New Area

产城一体单元大类	产城一体单元小类
商住混合类	以商业和居住为主的商住混合单元
现代服务业类	以现代服务业为主的单元
制造类	电子信息单元、工程机械单元、汽车制造单元、新能源单元、新材料单元、航空航天单元、生物科技单元、农产品加工单元
研发类	创新研发单元

表19-4　生产功能和生产配套功能配比
Tab.19-4　Ratio between production area and supporting area

产业门类	生产功能与生产配套功能配比
汽车制造/工程机械/航空航天/新能源/新材料	1.6：1
电子信息	7：1
创新研发	（1~1.5）：1
生物科技/农产品加工	（2~3.5）：1
商务/商住混合	7：1

按照职住平衡比60%的目标推算产业用地和居住用地的比例关系，计算公式为

$$\frac{Y}{X} = A \times B \times (1+C) \times D \times E$$

X—产业用地面积；

Y—居住用地面积；

A—产业就业密度；

B—带眷系数；

C—第三产业劳动力数量与第二产业劳动力数量比值；

D—职住平衡比；

E—人均居住面积。

经测算得出生产功能与居住功能配比（表19-5）。

表19-5 生产功能和居住功能配比
Tab.19-5 Ratio tetween prodution area and residentialare

产业门类	生产功能与居住功能配比
汽车制造/工程机械/电子信息	（2.5~3）：1
航空航天/新能源/新材料/生物科技/农产品加工	（3.5~4）：1
创新研发	0.9：1
现代服务业	2：1

原有《城市居住区规划设计规范》中的功能与居住配套配比为2.7：1。产城一体单元中增加片区级公共服务设施后，居住配套功能应适当增加。经过估算，天府新区居住功能和居住配套功能配比选择2：1。

19.3.3 产城一体单元布局模式

产城一体单元的空间布局应完整地融入产业、产业配套、居住、居住配套、生态等各种功能，其表现形式根据主导产业类型的不同而不同。研究根据天府新区未来产业发展特点，对创新研发、电子信息、现代服务、新能源/新材料、

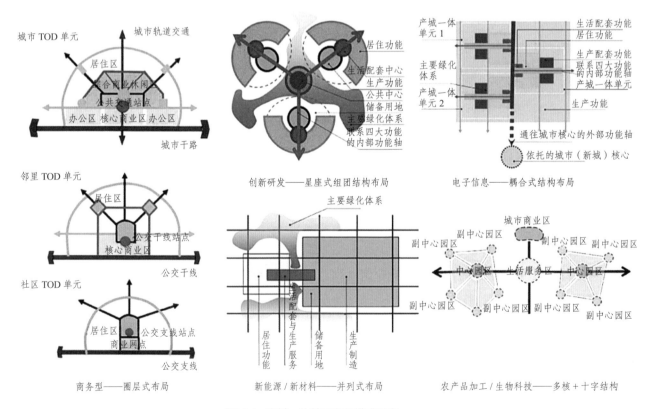

图19-1 产城一体单元布局模式示意
Fig.19-1 Layout mode of ICIC

农产品加工/生物科技等5种类型进行模式布局，提出了星座式、耦合式、圈层式、并列式和多核加十字结构式布局结构（图19-1）。

在空间组织上，依托中心的构建带动用地的拓展。产城一体单元的中心既是生态绿心和城市功能的核心，同时也是公共服务、交通和景观的节点。各单元根据地形和布局需求规划公园形成绿心，并围绕绿心布局公共服务设施和公交枢纽，结合公交和慢行系统，形成便捷的服务体系。

19.3.4 公共服务体系结构

天府新区按照产城一体单元形成的大型社区模式以及新区的组团化城市功能片区结构规划了五级中心体系，形成更为完善高效的公共服务结构。其中，城市主中心按特大城市等级进行配置，提供高水平国际化的生产生活配套；功能片区中心按大城市等级进行配置，为片区城市服务，提供高水平的生产生活配套；产城一体单元中心按20万～30万人规模进行配置，为产城一体单元服务；功能单元级中心按3万～5万人进行配置，提供生活配套；社区中心按1.5万～2万人进行均衡配置。在产城一体单元中配套设施按扁平模式分三级配置：单元级、功能单元级和基层社区级。单元级主要提供完善的生产生活服务，关注效率和水平；功能单元级主要提供较为大型和集中的生活配套；社区级满足基本的日常服务，关注便捷和公平。

19.3.5 绿色交通体系

天府新区的产业特性决定了产城一体单元用地将会高度混合、人们之间的交流更加频繁。天府新区规划构建以轨道交通为骨架、常规公交和慢行交通为主体的集约化、多元化、高标准的综合交通体系。在"一城六区"的功能区之间形成完善的高快速路网和轨道交通主干网的基础上，产城一体单元间形成主干路网和公交干线网，构建大运量公交系统，交通站点按照TOD的发展模式与产城一体单元中心结合。产城一体单元内部通过公交支线和次、支路网延伸至功能单元和社区，单元内通过绿道网络等构建独立的慢行廊道并覆盖整个天府新区，串联居住、文娱、工作及生态功能地区，以公交为主导，交通工具以自行车为主，主要为当地居民服务。各个社区内采用小尺度、高密度的路网布局，一来可以充分利用沿街界面，提高土地利用效率和街区活力；同时又有利于均衡分布各片区交通流量，提高各片区的可达性，并为人们沟通交流提供了良好的平台。

19.3.6 地系统

结合产城一体单元形成的城市空间结构，天府新区规划形成完善的城市绿地系统。按照城市中央公园、产城一体单元中心公园、功能单元中心绿地和社区级公园4级进行布局，实现天府新区500 m见绿。

19.4 结语

产城一体是避免"大城市病"的重要发展理念，产城一体单元的空间发展模式是产城融合的规划手段、完善配套的基本单元、布局融合的空间载体，也是规划管理的重要抓手。依托四川省成都天府新区的规划建设，将这一理念与天府新区的规划进行了融合，希望能在天府新区的建设中进行实践，也希望在实践的过程中对产城一体发展的规划路径进一步完善和创新。

■ 参考文献

[1] 成都市城市规划设计研究院. 四川省成都天府新区成都部分分区规划（2012—2030）[Z]. 2012.

[2] 简·雅各布斯. 美国大城市的生与死[M]. 金衡山，译. 南京：译林出版社，2006.

[3] 唐相龙. 新城市主义及精明增长之解读[J]. 城市问题，2008（1）：87-90.

[4] 埃比尼泽·霍华德. 明日的田园城市[M]. 金经元，译. 北京：商务印书馆，2000.

[5] 吴良镛. 人居环境科学导论[M]. 北京：中国建筑工业出版社，2005.

[6] 牛文元. 2010中国新型城市化报告[M]. 北京：科学出版社，2010.

20 城乡统筹背景下成都市村镇规划的探索与思考[1]

2003年中国提出了科学发展 、城乡统筹的新方针。为了扭转城乡差距扩大的趋势，中央决策把"三农问题"列为重中之重，城乡统筹发展成为破解"三农"问题的根本出路。在城乡统筹发展背景下，需要把城市和农村的经济和社会发展作为一个整体规划，通盘考虑。早在2003年，成都就把统筹城乡、走城乡协调发展之路作为地方政府的纲领，2007年，国家批准成都成为"全国统筹城乡综合配套改革试验区"。经过7年的实践，成都城乡统筹工作取得了较大进展，同时成都城乡规划也在逐步探索新的发展道路。本文通过分析成都城乡统筹工作中村镇规划的实践，总结提炼成都城乡统筹村镇规划模式与经验，并对成都新一轮发展战略中城乡统筹规划进行展望。

20.1 目前我国村镇规划存在的问题

长期以来，在传统城乡二元分治体制下，我国村镇规划普遍存在着以下问题：

20.1.1 法律法规不健全

2007年以前，我国城乡规划基本法律制度主要包括《城市规划法》与《村庄和集镇规划建设管理条例》。在这两个法律法规的指导下，我国城市规划和村镇规划都有了很大发展。但随着中国城市化的快速推进，原有法律法规的局限性也日益明显。2007年，《中华人民共和国城乡规划法》出台，提出城乡规划包括五大类，分别是城镇体系规划、城市规划、镇规划、乡规划、村庄规划。这是乡镇首次被列入规划范围内，同时也是村庄首次被列入整体规划的体系之中，标志着传统的城市规划正在逐步转向多位一体的城乡规划。但是我国城乡统筹规划的实现在村镇规划法律制度方面还存在很多缺陷，需要通过实践，不断地充实和完善。

20.1.2 编制技术标准滞后

现行的规划标准是《镇规划标准》（GB 90188—2007）和《村镇规划标准》（GB 50188—1993），与《城市规划用地分类标准》相比，村镇规划用地分类缩减和合并了部分用地性质，但相对来说，用地划分过细，容易引发太多规划调整，增加管理成本。同时，《镇规划标准》（GB 90188-2007）和《村镇规划标准》（GB 50188-1993）中对公共设施配套标准和用地规模没有明确规定，市政配套设施标准取值范围也比较大，因此规划编制单位在设施类型选择和规模的设置上存在一定的盲目性。由于技术标准不够细化，加上编制单位水平高低不齐，容易造成编制脱离实际，难以操作等问题[2]。

20.1.3 上下层次规划不协调

由于传统城市规划工作的重点在城市规划

① 本章内容由蒋蓉、邱建第一次发表在《城市规划》2012年第36卷第1期第86至91页。

② 姚亚辉：《成都市一般镇规划编制技术创新探索》。

区的土地利用，造成现状很多城市总体规划"重城市、轻乡镇"，侧重"扩大城市规模"，让城市加速发展，既有的规划体现在"城市多，农村少"，而对农村地区的规划往往"一笔带过"。在传统城镇体系规划中，镇往往以一个点位来表达，村庄规划难以深入，使得城、乡规划缺乏整体性。而在城市总体规划中，城市周边的区域往往作为城市生态绿地区域简单对待，以上情况就造成目前村镇规划存在覆盖面和深度不够，与上层次规划难以协调，同时规划受项目影响较大，稳定性较差，指导性和操作性需要进一步提高。

20.1.4 经济发展阶段性制约

由于镇、村的经济发展相对滞后，对村镇规划的重视和投入不足，导致许多地方村镇规划的编制和管理工作落后，人才缺乏。许多地方村镇规划缺乏，或者规划深度不够，重总体规划，轻建设规划，村镇规划最后表现为"墙上挂挂"的蓝图，无法实现对村镇建设的控制和引导作用。另外，由于目前各级城市规划管理部门的工作还难以真正深入到乡村地区，规划的缺位和管理不到位，导致城中村、滥占耕地等社会问题大量存在，由此造成了巨大的经济损失和资源浪费。

20.2 城乡统筹背景下成都市村镇规划探索

20.2.1 现状特点

类似中国其他特大城市，拥有一千多万人口的成都市市域面积的绝大部分在农村，半数以上的居民为农民。根据统计，成都市14个区（县、市）共有街道办事处、镇（乡）238个，除重点镇30个及县城总规所包含城镇40个外，共有一般镇乡168个（含27个乡）。一般镇中坝区

98个，丘区41个，山区29个。一般乡镇总人口398万人，其中非农人口39.6万人，乡镇城市化水平10%[①]。目前，除重点镇本身基础和条件较好并享受财税政策支持发展较好外，其余大量一般乡镇呈现出发展不足、特色缺失、分布广、差异大、密度大、规模小等问题。大部分村的发展大都要依靠特色农业或旅游业，但是在不具备条件的地区发展方向尚不明确。而乡镇由于缺乏资源条件，发展基础相对较弱，还没有形成自我造血的能力。在工业向园区集中后，一般乡镇不具有工业发展条件；缺乏人才、资金优势，基础设施落后，也不能发展生产性服务业，生产功能缺乏，乡镇消费功能不足。同时，由于部分城镇人员外流，常住人口以老人、妇女、儿童等体制性孤、寡人群为主，建设需求弱。乡镇在资源和政策的配置上处于劣势。公共服务设施和基础设施建设滞后，环境品质低；土地指标极为有限。

20.2.2 发展契机

由于我国农村经济社会发展的滞后，不断扩大的城乡差距，突出表现在农村发展方面，因此，至少在相当长的时间内，应把农村地区的经济社会发展放在更加重要的地位。因此中国要转向"以城市带动农村"的发展轨道，首先要启动大都会城市对自己农村地区的带动，2003年以来，成都市及时调整发展战略，深刻地认识到不能复制沿海地区先发城市简单以经济增长为中心的发展路径，必须正视和重视"三农问题"，较成功地实现了从城市增长走向城乡发展的转型。成都改革核心实际是力图破除城乡二元体制，让农民享有和城镇居民一样的权利、发展机会。

---

① 成都市城乡统筹村镇规划推进模式研究总结报告。

"成都实践的最大亮点是综合配套、统筹推进，以'全域成都'的理念统筹城乡规划、产业发展、社会管理等，冲破了长期以来城乡分割的二元制度框架，赋予农村和农民更为平等的分租权，传统农村赋权体系正在被重构。"[①]

20.2.3 规划探索

科学规划是科学发展和依法行政的基础。成都的城乡统筹发展战略一开始就鲜明地提出"以规划为龙头和基础"，以科学规划引领城乡统筹和城乡经济社会发展。因此，成都市率先实现由"城市规划"转变为"城乡规划"。针对村镇规划面临的困惑，成都努力探索新的编制思路，以适应村镇规划的实际。目前，结合灾后重建和农村土地综合整治，已在重点镇、城市近郊镇、旅游特色镇等资源条件较好镇的规划编制中取得了一定进展和成绩。成都市村镇规划主要做法如下：

20.2.3.1 制度创新探索

2009年10月，成都市颁布了《成都市城乡规划条例》，按照城乡规划的精神，明确成都市城乡规划包括城市规划、镇规划、乡规划和村规划，实现规划区城乡覆盖。成都市规划强化城乡规划统筹管理编制、实施、监督，逐步形成了"抓两头、放中间"的城乡规划管理新格局，强化规划编制和监督评估，简化并下放规划的审批和实施工作程序。以村镇规划的组织编制和审批管理为例，按照城乡规划法中规定，镇总体规划由镇人民政府组织编制，报上一级人民政府审批。而成都市城乡规划条例则提出了相对严格的要求：成都市的重点镇总体规划由区（市）县人

民政府组织编制，市城乡规划行政主管部门负责指导，由区（市）县人民政府报市城乡规划委员会审批后，报市人民政府批准。一般镇报区（市）县人民政府审批前，应当书面征求市城乡规划行政主管部门意见。以大邑新场镇总体规划为例（图20-1），按照以往的编制审批程序，该镇的总体规划由县人民政府审批后即可按照规划实施，而按照新的管理规定，作为城乡统筹试点镇，该镇总体规划完成县级的相关审查之后，需要提交成都市规划管理局组织的市规划委员会专委会进行审查，修改完善后才由大邑县人民政府审批，方能实施。在较以往更为严格的规划审批程序下，该镇的规划广泛吸收了各方的意见，不仅加强了与宏观区域规划的对接，还充分协调了市、县以及镇各方的利益，成果质量得到了进一步提升。

2010年11月，成都在全国率先设立成都乡村规划师岗位，选拔首批乡村规划师，派驻成都50个重点镇，以进一步强化农村地区的规划基础。乡村规划师是成都总结7年来统筹城乡规划实践，借鉴灾后重建成功经验基础上进行的制度创新，是建立和完善基层管理体制，解决基层规划基础薄弱问题的重要保障。

乡村规划师由区（市）县政府按照统一的标准选拔、任命，是专职乡镇规划负责人，需要从专业的角度为乡镇政府履行规划管理职能提供业务指导和技术支持。在灾后重建、农村产权制度改革后，随着不断对农民还权赋能，在新的背景下乡村规划师必须充分协调政府、农村居民、投资方以及各职能部门的意见和利益。在各个重点镇中，乡村规划师既是城市规划建设理念的宣传员，又是乡镇规划建设事务决策的参与者，也是乡镇规划编制的技术把关人。

---

① 温思美：《中国新型城市化报告》

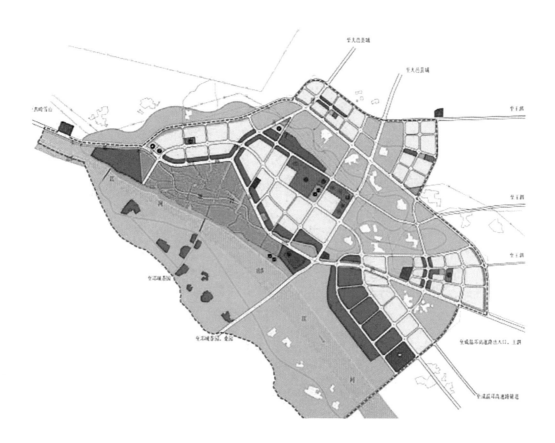

图20-1　成都大邑新场镇区总体布局图
Fig.20-1　Master plan of DaYi XinChang town in Chendu

20.2.3.2　编制技术与方法创新

（1）深化完善规划体系。

村镇是城乡统筹的重点，在成都市整个规划体系中，正在逐步打破行政区划、突破城乡界线、改变以往城市规划的着力点"只管城市"、甚至"只管中心城"的模式，对应国家的五级体系，成都的规划进一步丰富深化了城镇体系规划的内容，按照城乡规划法的精神，将镇和村庄纳入整体城镇规划的体系之中。实现了市域（全域）—都市区—中心城（特大城市）—新城（区市县）—小城市—镇—聚居点的规划空间满覆盖，按行政架构，结合成都自身市情，从各个开展工作，分级管理，弥补传统法定规划的不足。

（2）探索新的编制技术模式。

在既有的政策体制环境下制定出切合成都市村镇发展实际需要，有实际指导意义和应用价值的村镇规划，就必须探究一种村镇规划编制的新技术模式。成都市结合自身市情，制订并出台了《成都市小城镇规划建设技术导则》和《成都市社会主义新农村规划建设技术导则》，引导规划编制。两个规划导则对村镇规划编制的重点以及要求、编制内容与深度提出了明确的要求。在规划编制的手段上强调简化层级、突出重点、优化标准。以镇的规划编制为例，规划编制导则力求总体规划、详细规划和建设设计三位一体，把握重点，有针对性地提出了"五图一书一附件"，能够最大限度地满足一般镇的发展需要（图20-2）。对县级规划管理部门和乡镇政府和来说，

图20-2　成都龙泉驿区区域总体规划
Fig.20-2　Regional planning of Longquan in Chendu

导则是一次解放思想、统一认识、指明方向、提出要求的规划科普宣传和技术培训。对于规划编制单位来说，导则给出了一个规划编制必须依据的技术性文件，有了明确的指导思想和规划原则，就可以尽量避免在规划的编制过程中方向不明确、标准不统一。在导则的指导下，规划编制和审查可以少走弯路，集中力量重点解决核心问题，可以使规划编制质量在短期内得以大幅提升。

（3）创新规划内容。

成都村镇规划突破传统规划重镇区、轻镇域的思路，突出对村镇全域的产业、风貌、形态等进行全方位的规划，纳入法定规划体系中。

规划提出以"特色观"为乡镇规划编制的核心，因地制宜、突出产业、塑造特色。一方面，规划根据资源禀赋和发展条件，通过产业策划、新兴功能植入、农业产业化等措施探索农村地区持续发展长效动力，解决农民安居乐业的问题。比如，在崇州街子镇①的总体规划中，结合"5·12"汶川地震灾后对旅游体系恢复重建，规划确立了街子镇的旅游品牌定位、旅游文化元素、旅游线路设计及项目布局的系统策划，对乡镇品牌的打造、对外形象的树立创造了新形式，不仅提高了乡镇知名度，也提高的当地居民的归

---

① 崇州街子古镇为成都崇州地区的一个国家级历史文化名镇，也是"5·12"地震后灾后恢复重建的一个重点镇。

属感和认同感。结合该镇的特点，总体规划强化和深化了旅游规划的内容，使规划更具操作性。

为构建具有成都特色的新型城乡形态，成都村镇规划着重引导形成与自然环境和谐相融的村镇风貌，形成一镇一特色、一镇一风貌。规划突出近期建设规划部分，加强对城镇形态以及风貌的控制与引导。如蒲江县的朝阳湖镇，规划结合其旅游发展，对其重点街区进行城市设计和风貌整治规划，作为镇规划近期实施抓手（图20-3）。

在市政公共服务设施等配套设施规划方面，规划充分加强村镇地区与城市地区的对接，通过村镇规划，建立向广大农村地区延伸的公共服务设施体系，按不同层级、不同标准均等化配置，明确了建设标准。并通过规划明确控制要求、空间管制要求。成都市关于村（社区）及新居工程公共服务和社会管理配置提出了按照"1+13"标准进行配置，即一个村（社区）配置13项公

图20-3 成都新津兴义镇建设规划
Fig.20-3 Construction planning of Xinjin XinYi town in Chendu

表20-1 成都市村（社区）公共服务和社会管理配置标准
Tab.20-1 Public communityservice and social administration distribution standards in Chengdu

序号	项目名称		建筑面积／m²	备注
1	劳动保障站		100	新建
2	卫生服务站		160	新建
3	人口计生服务室		40	新建
4	社区综合文化活动室		200	新建
5	警务室		40	新建
6	全民健身设施（场地）		400	新建
7	农贸市场		800	新建
8	日用品放心店		40	新建
9	农资放心店		100	新建
10	垃圾转运站		60	新建
11	公厕		40	新建
12	污水处理设施		因地制宜地设置集中或分散的污水处理设施，并完善污水收集系统	--
13	教育设施	幼儿园	社区安置人口1000人以上原则上配置幼儿园1处，生均占地面积10㎡左右	新建

（a）金桥镇卫生院

（b）白沙镇卫生院

（c）三郎镇卫生院

（d）中和镇卫生院

图20-4 蒲江朝阳湖镇重点地段风貌整治意向

Fig.20-4 The style renovation intention of ChaoYangHu town in PuJiang in Chendu

共服务设施，同时，根据各自特色配套2项公共服务设施（表20-1和图20-4）。

20.2.3.3 规划实施创新

在新的推进模式下，成都村镇规划编制与规划实施保持了高度协调。以前的村镇规划是镇政府委托编制，主要体现镇政府或规划局的建设思路。新的推进模式下，规划师需要充分协调政府、农村居民、投资方以及各职能部门的意见和利益。因此，村镇规划更多是各方利益相协调的结果。特别是在灾后恢复重建以及结合农村土地综合整治的村镇规划的编制中，规划很快要指导实施，成果不再限于村镇的平面布局，还要在产业策划、投资测算、分期建设等方面做大量工作，为村镇项目实施提供明确指引。这些规划根据实际情况，需要对涉及农户户数，土地流转指标、户型设计等方面进行详细考虑，并与当地村民充分交流并征得当地居民的认可。规划正在由以前向农民告知或公示规划转变为协商规划。规划师全程参与到村镇规划技术编制、城市政策制定和设计方案实施的各个环节，在不同的工作阶段扮演了专业设计者、政府参谋和社区社会工作者等多重角色，做好跟踪服务，确保规划实施，并通过实施进一步总结了规划编制经验。

另一方面，成都村镇规划着眼实施，加大投入。2008年后，借助灾后重建的机遇，成都市政府财政不断加大向村镇倾斜力度，重点投向重

点地区风貌整治、公共服务设施标准化建设和基础设施建设。2008年开始，成都市各级政府每年新增的公共事业和公共设施建设政府性投资主要用于农村公共事业和公共设施建设。根据《成都市公共服务和公共管理村级专项资金管理暂行办法》规定，成都市市、县两级财政每年对每个村专项资金安排不少于20万元。除此之外，由于规划加强了产业策划，形象定位等内容，通过规划孵化项目，也为村镇吸引社会资金创造了有利条件。如灾后重建中龙门山镇国坪村村庄总体规划所策划的"龙门山香草浴吧"促成国坪村与安徽

茂生香草园达成种植及回购协议，引入社会资金参与村域产业发展。另一方面，通过政府融资平台对一些村镇进行整体打造。成都市各类融资平台如小城投、文旅集团、新城公司等也积极参与村镇建设。2009年6月，成都市政府与国家开发银行签署城乡统筹村镇规划合作框架协议，以政府组织优势和国开行融资优势相结合为基础，充分发挥银政合力，按照相互支持、共同发展、长期合作、分批实施的原则，进一步加强在规划领域的合作，探索银政合作城乡统筹村镇规划的新模式（表20-2）。

表20-2 成都村镇规划推进模式与传统模式对比分析
Tab.20-2 Differences of Countryside Planning mode between Chendu and other areas

	一般模式	城乡统筹下新模式
组织编制模式	政府委托	政府委托，项目实施方、开发性金融积极介入 协商式规划（政府、投资方、村镇居民等）
编制内容	按"城乡规划法"和"镇规划标准"进行编制	依据村镇规划导则进行编制，并体现"多样性、相容性、发展性和共享性"；有具体项目乡镇完成方案设计，重点地段完成城市设计，结合乡镇进行项目策划；公共设施"定点位、定规模、定标准、定投资"
实施机制	政府推动部分公共设施和新居工程建设	政府推动进行风貌整治、公共设施建设 政府融资平台整体打造 构筑"开发性金融+融资平台"，批量孵化项目，整体推进公共服务设施及基础设施建设，多样化金融工具介入产业化项目 规划孵化项目，引入社会资金

20.3 结语

在制度、技术和资金等"三大保障"的新型推进模式下，成都的村镇规划加强了与区域规划的对接，成为指引村镇发展，推动村镇城乡统筹发展的龙头，逐步实现城乡统筹规划一体化。

随着户籍制度改革的深入，资本、土地和劳动力三大要素将在城乡之间更加自由的流动，在继承原有城乡统筹路径的同时，成都还将从功能、结构、形态等多方面继续深化，在此背景之下，成都的村镇规划还有很多需要进一步探索。

■ 参考文献

[1] 成都市规划设计研究院. 成都市城乡统筹村镇规划推进模式研究总结报告[J]. 四川建筑，2010（5）.

[2] 赵钢，朱直君. 成都城乡统筹规划与实践[J]. 城市规划学刊，2010（6）：12-17.

[3] 李晓冰. 推进城乡统筹发展建设社会主义新农村的思考[J]. 经济问题探索，2007（11）：98-102

[4] 赵钢，科学规划与管理促进城乡统筹发展——成都实践[M]//《中国城市发展报告》编委会. 中国城市发展报告（2007）. 北京：中国城市出版社，2008.

[5] 中共成都市委政策研究室. 科学发展观指导下的成都实践——成都市推进城乡一体化的实践探索[M]. 成都：四川人民出版社，2007.

[6] 胡滨，薛辉，曾九利，等. 创新城乡统筹规划编制模式——成都城乡统筹规划编制经验探讨[J]. 成都规划，2009（1）.

[7] 梁小琴. 城乡统筹改革样本：成都推进城乡一体化调查报告[N]. 人民日报，2010-03-02.

[8] 中国城市规划设计研究院，成都市规划设计研究院. 成都市总体发展战略规划[Z].

[9] 国家信息中心. 西部大开发中的成都模式研究[Z].

[10] 叶裕民. 统筹城乡发展的战略架构与实施路径[C]. 2010年石家庄城乡统筹规划学术研讨会发言材料.

[11] 姚亚辉. 成都市一般镇规划编制技术创新探索——兼述《成都市一般城镇规划建设技术导则》[J]. 城市规划，2010（34）7：79-82.

[12] 成都市规划管理局. 成都市统筹城乡规划经验总结[Z].

21　成都市美丽乡村建设重点及规划实践研究①

我国长期存在的城乡二元结构，限制了城乡间人口、资源、资本等要素的自由流动，造成乡村地区发展的滞后。党的十六届五中全会提出按"生产发展、生活宽裕、乡风文明、村容整洁、管理民主"[1]。推进社会主义新农村建设，党的十七大报告提出"统筹城乡发展，推进社会主义新农村建设"[2]，是对我国"三农"问题和城镇化加速、大量乡村人口涌入城市新形势下的政策应对。美丽乡村建设是社会主义新农村建设的升级，在党的十八大首次提出[3]，对其概念、建设内容及标准仍在探索中。

成都市 2003 年启动城乡统筹，2007年获批统筹城乡综合配套改革试验区。乡村规划实践以土地综合整理及流转、归并农村居民点、城乡新型社区建设为路径，结合地方经济水平及地域环境在城乡统筹工作中全面推进，逐渐形成了一套较为成熟并具有地方特点的美丽乡村规划建设方法，在一定区域范围内具有普适意义。本文对此进行了回顾、总结和提炼，以期为全国其他地区统筹城乡、美丽乡村建设提供参考和借鉴。

21.1　国内外美丽乡村规划研究

国内外文献研究显示[4-8]，乡村是一个涉及经济、社会、文化、环境多方面高度关联的复杂共同体，尚未有统一概念或内涵界定，更多是不同学者就其学科背景和研究方向从不同角度如地理学、生态学、社会学、文化学等，对乡村内涵、价值的探讨以及对乡村问题的研究和实践。从国外发达国家乡村规划实践来看，韩国以"勤奋、自助、合作"为内涵分阶段开展乡村运动，重点在于基础设施建设及环境整治，产业结构调整及农业增效，兴建村民会馆等[9-11]；日本以"综合整治农村面貌，保持山川优美的农村特色，追寻魅力而又可持续的乡村生活"为内涵，分城乡统筹建设、乡村产业综合、乡村传统保持、自身组织农协、基础设施建设五大战略为重点建设方面[12-14]；德国以"等值化"理念为内涵，以土地整理、村庄革新方式就地实现村庄产业和物质环境建设的转型与提升，转变传统乡村为工商城镇，保持收入、社会服务等方面与城市居民等值[15, 16]；荷兰主要是以农地整理实现都市周边农地经营的规模化和农业产业结构调整[17]。可见，国外乡村规划实践着重于探索乡村产业结构调整和物质环境建设的多元路径。

我国美丽乡村建设起步较晚，长期城乡二元割裂的状态导致乡村基础研究极度薄弱。2008 年《城乡规划法》首次将乡规划和村庄规划纳入城乡一体化规划[18]。一系列乡村规划法规和技术标准[19-22]的相继出台开始构建起我国美丽乡村建设的技术支撑体系②。2013年，国家在浙江、安徽等 13 个省试点

---

① 本章内容由曾帆，邱建，蒋蓉第一次发表在《现代城市研究》2017 年第 1 期第 38 至 46 页。感谢成都市规划管理局乡村规划处原处长孙琪对成都市乡村规划实践经验的分享和资料提供！同时也感谢成都市规划设计研究院规划三所张毅副所长、二所原所长陈果对文章提供的资料帮助。

② 《村庄整治技术规范》（GB 50445—2008）、《镇（乡）域规划导则（试行）》（2010）、《村庄整治规划编制办法（2013）》、《村庄规划用地分类指南（2014）》等。

美丽乡村标准化建设实践，涌现了浙江安吉、福建长泰、贵州余庆等典型[23]，并于 2014 年出台了全国首个美丽乡村地方标准浙江省《美丽乡村建设规范》，随后福建省也出台了省级地方标准《美丽乡村建设指南》[24]。随后，全国首个美丽乡村建设的国家标准《美丽乡村建设指南》（GB/ T 32000—2015）在此基础上形成，并首次明确了"规划科学、生产发展、生活宽裕、乡风文明、村容整洁、管理民主，宜居、宜业的可持续发展乡村"[25]的社会主义美丽乡村概念及其建设要求。而文献研究显示，近年来国内学者对美丽乡村规划建设的相关研究也是在全国美丽乡村规划实践基础上，从不同地区规划建设实践角度探索美丽乡村建设的内涵、要

求、标准等，着重围绕产业发展、公服和基础设施、村庄规划、民居建设、基层组织管理等内容开展[17, 30–31]。可见，国内美丽乡村建设无论于制度体系、发展模式或是技术方法，均有大量空间可探索。

21.2 成都市美丽乡村建设核心内容及存在问题

21.2.1 核心内容回顾

成都市美丽乡村建设自 2003 年起在城乡统筹工作中全面推进，在三个集中、全域规划、灾后重建和世界生态田园城市建设[①]的阶段性战略路径下重点围绕乡村产业发展、基础设施建设和风貌塑造等方面探索（表21–1）。

表21–1　成都市美丽乡村建设核心内容

建设阶段	政策支撑	产业特征	空间布局	建筑风貌	基础设施	典型代表
第一阶段（2003—2007年）	土地整理及流转，以"三个集中"推进	以设施农业、工业、创意产业、乡村旅游等功能项目实现产业转型探索，郊区型乡村旅游发展模式	大集中居住模式，城市居住小区规划式布局	建筑多层化、绿化及风貌城市化	道路硬化，排灌渠建设，农村环境整治	蒲江县复兴乡新居工程
第二阶段（2008—2010年）	灾后重建，跨区（市）县土地整理及流转，"四性"原则	产业发展性，探索多元化产业发展模式	选址、新型社区布局上结合农村生产生活	逐渐突破农村新型社区小区化、园区化特征，在风貌多样性方面进行探索	按行政村基本公共服务设施1+N配套	鹿鸣河畔，都江堰天马向荣，国坪村
第三阶段（2011—2012年）	世界生态田园城市建设，市、县级新村规划建设示范点推进	探索产业门类与新村功能、空间形态的相融及配套建设	"四态合一"的战略下探索"小型化、组团化和生态化"的布局	规划因地制宜，溯源地域特色的建筑风貌多样性探索	按行政村基本公共服务设施1+N配套	九龙新村、杞泉新村
第四阶段（2013年至今）	"集中成片连线"推进；"小组生微"新村综合体市级示范点推进	区域整合形成产业集群，产业门类精细化导入，并主导空间规划建设和设施配套；产村相融模式	"小规模、组团式、生态化、微田园"的规划布局和建设	紧凑、低楼层、多元川西建筑风貌特色探索；保护和更新以林盘为典型的传统民居和院落	按行政村基本公共服务设施1+N配套；按产村单元配套设施	香林村、青杠树村、高何寇家湾、夹关镇周河扁

资料来源：参考文献[35]。

① "三个集中、全域规划、灾后重建、世界生态田园城市"是成都市城乡统筹的阶段性战略目标和途径。其中，灾后重建　　　　特指 2008 年"5·12"汶川地震震后城乡恢复重建。

21.2.1.1 乡村产业发展

新村建设发展首先面临的是传统农业产业的转型问题。成都市通过土地整理和流转，整合集体建设用地以工业、创意产业、乡村旅游、绿地公园等功能项目实现产业转型，探索适合川西地区新村产业发展的模式和路径。通过"产业发展性"原则展开产业多元化发展模式探索；通过产业和空间整合规划探索村庄产业门类与乡村生活及空间的匹配建设。

21.2.1.2 基础设施建设

农村地区因基础设施配套水平低下而导致生活条件较差。成都市分批次开展了农村环境综合整治工程，主要在于完善基础设施建设和整治村庄环境。如硬化和建设乡村道路、建设排灌渠；整治宅院围墙、标语广告等。另外，在技术编制层面，成都市以中心城市或周边小城市（镇）为服务中心，建立了辐射农村新型社区的公服和市政设施，按"1+N"标准配建[26]。

21.2.1.3 乡村风貌塑造

成都市创新了"四性"①"四态合一"②"小组生微"③等原则和理念，积极探索农村新型社区、农居建筑、景观风貌与地域环境的相融性和多样性。规划着重保护和有机更新以林盘为典型的传统民居及景观环境，并在尊重川西民居特色的基础上重点探索民居建筑形式的多样性。

21.2.2 存在问题

成都市着重围绕产业提升、基础设施建设、

---

① 产业发展性：成都市提出的针对 2008 年汶川灾后新农村重建的"四性"指导原则，即发展性、多样性、相融性、共享性。"产业发展性"是"四性"原则之一。
② 成都市新村建设的发展理念，"四态"包括生态、文态、业态、形态。
③ 成都市于 2012 年提出的新村建设理念，"小组生微"：小规模、组团化、生态化、微田园。

乡村风貌等方面推进美丽乡村建设，在实践初期出现了农村风貌缺失、新型社区对农村生产生活方式欠考虑、建设质量较差等诸多问题，笔者就其表现进一步分析内在原因归纳如下：

21.2.2.1 乡村基础研究的薄弱性

相较于成熟的城市规划理论方法体系，乡村规划理论及方法研究尚且起步。而对城乡关系及乡村价值的认知又直接影响着乡村发展方向及规划建设成效。对乡村内涵及价值等问题认识不清难以科学有效地引导乡村发展，容易导致政策制定、规划方法及措施采取的偏差，造成实践的误区。如成都市美丽乡村规划实践初期，新型社区建设着重关注土地集约利用，多以大集中方式布局，规模动辄上千人，导致耕作半径过大，不利于农业生产发展，甚至出现空心村现象等。

21.2.2.2 乡村产业发展的同质性

从成都市美丽乡村发展进程来看，产业转型主要是在土地整理及流转的基础上依托农业产业、农副产业、乡镇工业以及利用农业资源发展乡村旅游、创意产业的多元探索。产业类型仍是以农业为基础，这与沿海发达地区如珠三角以工业化城镇化驱动的乡村产业发展模式截然不同。在城乡统筹政策推进下完成农村土地整理及流转后，成都地区农村产业发展的后驱动力不足。另外，平原地区自然条件的相似性导致了产业发展的相对单一性和同质性，造成产业发展性不足。

21.2.2.3 乡村技术规范的不完善

就技术层面而言，乡村规划与城镇规划的基本原理不同，不能直接套用城镇规划的技术标准，而应该建立与乡村地方特点相匹配的技术方法体系。成都市乡村规划实践初期由于尚在探索乡村规划技术方法，且受城镇建设惯性思维影响，以城镇功能空间规划方式规划乡村，忽视了乡村系统的复杂性，导致了新村规划选址、布局、民居设计等对农村生产生活方式考虑不足。

21.2.2.4 乡村地域环境的割裂性

乡村规划建设初期对川西农村典型的林盘聚落研究不够，忽略了乡村的地域特征，以城市居住区规划原理及手法规划建设农村新型社区，或是简单移植其他地方的民居建筑形式，导致农村新型社区的街巷空间、建筑空间、形式与地域环境相割裂，传统乡村聚落、建筑、环境的整体有机性不再，乡土风貌丧失。

21.3 成都市美丽乡村建设模式创新

针对上述乡村规划建设中的问题，成都市不断反思、总结和修正，在灾后（2008年汶川地震）以城乡统筹的方法推进乡村重建，并在2011年开始的示范线①、示范点②的美丽乡村试点建设中逐渐探索出产村相融的乡村规划建设地方模式。

21.3.1 产村相融模式溯源

乡村发展模式是在特定自然、经济和技术条件的相互作用下形成的特殊地域乡村经济和建设发展的适应性方法模式[27]，具有外显的地域特征。成都市产村相融的整合规划模式正是因循平原地区特定的地理环境、历史成因、空间格局在实践中逐渐形成的适应于成都地区地域特征的规划方法。

21.3.1.1 地理环境

成都平原位于四川盆地西部，地势平坦，主要由岷江和沱江冲积平原组成，是一个相对独立和完整的地理单元。其优越的地理地貌、温润

的气候条件、肥沃的土壤以及良好的水利灌溉条件，形成了该区域传统以农耕为主导的生产生活方式[28]。

21.3.1.2 空间格局

早在先秦时期成都平原就形成了一系列大小乡村聚落围绕城市的"城市—场镇—林盘"的城乡聚落体系。分析其特征，大小聚落主要依托岷江水系、沱江水系以及各级陆路交通节点发展为分布较为均匀的城镇、林盘聚落[28]。这与成都平原作为一个相对独立的地理单元具有相似的自然条件和在此基础上形成的农耕为主的生产生活方式密切相关。这种传统产、居相融的聚居方式延续至今，形成了成都平原地区典型的"大城市带大农村"的城乡空间格局。

21.3.1.3 乡土聚落

林盘是成都平原典型的传统聚落，分析其空间构成主要包括两个层级：一是林盘体系，即不同规模林盘体系之间相互交织而形成的林盘组群或聚落，如图21-1（a）所示；二是林盘自身的功能及空间构成，如图21-1（b）所示，包括林盘宅院的居住空间，林木景观的生态空间和农田斑块的生产空间。可见，成都平原传统的乡土聚落空间构成即为产、居融合形态。

 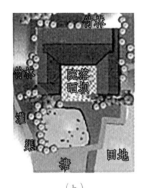

（a） （b）

图21-1 传统林盘聚落空间解析

[图片来源：（a）根据参考文献[29]的相关图纸改绘；

（b）笔者自绘]

---

① "示范线"建设是在2011年世界生态田园城市建设时提出的城乡统筹发展的战略途径，在全市范围内拟建11条示范线。"示范线"建设成为沿线村庄发展建设的有力推动。

② "示范点"是指成都市美丽乡村建设新农村综合体市级示范点。

21.3.2 产村相融规划模式及技术路径

综上，成都市产村相融规划模式是在充分遵循了地域特征和传统乡村发展客观规律，并对实践初期出现的乡村建设中的问题进行反思修正后提出的一种适应性规划模式，是对平原地区乡村传统生产生活方式的延续和提升。产村相融模式的核心在于以区域统筹规划的方式整合资源形成产业集群并以产业主导空间规划建设和设施配套。实施路径在于：

①规划编制打破既往以行政村界线为编制单元的传统方法，利用地域特征整合优势产业形成集群效应，并划定一定区域范围进行空间和设施规划建设；②通过多种规划技术手段如集中选址、成片连线规划建设、产村单元、小组生微布局等进行生产和生活空间的整合。

21.3.2.1 规划集中选址

成都市在市域内重要生态、交通廊道区域集中选址和规划建设农村新型社区，形成集聚效应和产业的规模化经营，并以此营造村庄集群的成片景观风貌，将其向景观或旅游资源发展的产业方向引导，探索产业的多元化发展路径。同时，针对实践初期生产和生活相脱离的状态，新型社区选址尽可能靠近城镇、旅游区或农业产业化地区，考虑农民耕作或是进镇就业的生产性需求[40]。如图 21-2 所示，成都市通过规划集中选址进行产业与村庄建设的整合，全域村庄规划布点"五走廊"示范带①，规划集中了 1 180 个，约 42.8% 的农村新型社区以及 52.4% 的农村聚居人口[30]。

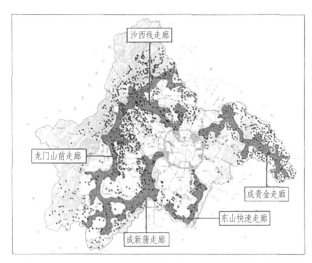

表21-2 "成新蒲"分段发展定位
（资料来源：参考文献[36]）

21.3.2.2 成片连线建设

除此之外，成都市在乡村规划编制上突破行政村界线，以水系、道路等要素为界，以产业发展的近似性划定一定区域范围进行产业和空间整合规划，以"点、线、面"成片连线的建设方式尽量形成规模效应和成片的乡村景观风貌，实施控制和建设引导。如"成新蒲"都市现代农业示范带②建设涉及了 22 个镇的统筹规划，在分段产业主导下引导特色镇村规划建设，并制定了相应段的村镇风貌建设模式，既形成了乡村区域沿主要道路的成片景观风貌，又具有"一村一品"的特色（图21-3，表 21-2、表21-3）。

21.3.2.3 构建"产村单元"

成都市创新了"产村单元"模式，打破了以行政村为单位组织生产生活的传统模式，转变为依托规模化产业基地布局新村聚居点，按生产出行距离和生活服务半径完善配套生产和生活设施，形成"产业园 + 农村聚居点"的产

---

① "五走廊"示范带：成都市全域统筹规划的重点建设廊道，包括沙西线走廊、龙门山前走廊、成新蒲走廊、成青金走廊、东山快速走廊。

② "成新蒲"都市现代农业示范带即为文中所述"五走廊"示范带之———成新蒲走廊。

图21-3 "成新蒲"都市农业示范带建设：翔升有机生态农场实施效果

表21-2 "成新蒲"分段发展定位

	形象定位	生态	产业		文态	城镇
			农业	旅游		
双流段	都市农庄、花香林苑	一河一湖一湿地（杨柳河、江安河）	都市观光农业（花木+水果+粮油+设施农业）	休闲体验（农业观光体验、休闲农庄）	农耕文化与休闲文化	4个特色镇+15个新农村聚居点
新津段（含大邑、崇州）	水韵田园、多彩乡村	三河（金马河、羊马河、西河）	田园现代农业（有机蔬菜+粮油+设施农业）	文化旅游（宝墩遗址、农业观光）	古蜀文化与美食文化	6个特色镇+20个新农村聚居点
邛崃段	丝路水乡、稻香田野	三河一湖两湿地（斜江河、南河、蒲江河、廻龙湖）	田园现代农业（粮油+设施农业+种养循环）	亲水旅游（南丝路水上旅游、廻龙湖、古城观光、休闲农庄）	南丝路文化	3个特色镇+16个新农村聚居点
浦江段	七彩果岭、风雅茶园	两河一湖两湿地（临溪河、蒲江河、寿安湖）	果岭特色农业（水果+有机蔬菜+茶）	乡村旅游（采摘体验基地、休闲农庄）	农耕文化与茶文化	28个新农村聚居点

资料来源：参考文献[36，38]。

表21-3 沿道路景观规划

模式分类	模式图	城镇与"成新蒲"快速路的关系	典型城镇代表	临"成新蒲"快速路界面的建筑高度	建筑后退距离	建筑与快速路间的景观处理	意象示意图
模式一		城镇平行快速路方向横向发展	九江镇、金桥镇	九江镇以低层为主，适当点缀小高层，其余段控制在10 m以内	≥20 m	快速路与两侧建筑外缘之间形成多层次的景观绿带	
模式二		城镇垂直快速路方向纵向发展	彭镇、安西镇、羊安镇	"成新蒲"快速路两侧100 m范围内控制在10 m以内	≥50 m	道路交叉口保持视角开敞，采用交通岛的模式进行交通组织，支路沿线两侧宜种植乔木，强化建筑的田园空间肌理	
模式三		城镇与快速路有一定距离	金桥镇、兴义镇、牟礼镇	低层为主，多层为辅，可适当点缀小高层保证形成高低起伏的天际线界面	≥200 m	快速路与城镇间种植低矮作物，形成开敞的空间界面	

村单元[38]。规划要素主要包括规模、产业类型、居住空间和配套设施（图21-4、表21-4）。

21.3.2.4　"小组生微"布局

成都市通过新村居、景、产三合一的空间整合[37]和因循传统乡村聚落林盘的空间形制创新了一种村庄规划布局模式，即"小规模、组团化、生态化、微田园"的"小组生微"布局模式。其以较小规模和组团间距离的适度控制实现对聚

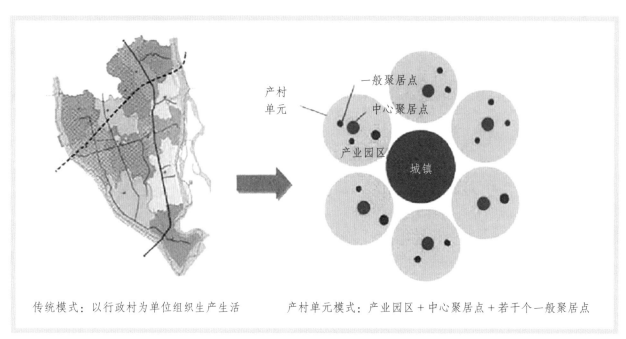

传统模式：以行政村为单位组织生产生活　　　产村单元模式：产业园区＋中心聚居点＋若干个一般聚居点

图21-4　产村单元模式示意
（图片来源：参考文献[36]的相关图纸）

表21-4　产村单元配套设施一览表

		配套要求
基本配套	生产配套	庄稼医院、农产品质量快速监测点、农资放心店、农民培训等
	生活配套	托幼、医疗站、文体中心、商业网点、市政设施、公交站、停车场等
扩展配套	旅游配套	公共停车场、零售服务网点、应急救助、自行车租赁点、星级农家乐等
	生产配套	农产品收集点、农产品展示、农产品销售

资料来源：参考文献[38]。

居组团环境容量的控制并缩减耕作半径，与产业发展匹配。同时保留林盘、水系、山林农田等要素形成生态化和田园化乡村景观格局，以小型化、组团式布局方式与现有乡村生态体系和生态肌理融合（图21-5）。"小组生微"布局把以农民安置为目的农村新型社区建设上升到历史文化资源与环境景观资源延续的高度[37]，进一步拓展了新村产业发展的路径，同时也实现了聚居形态的产村融合。

21.3.2.5 建筑风貌塑造

成都市开展了乡村建筑功能复合化和风貌多样化的探索实践，塑造了具有川西地域特色的"紧凑型、低楼层、川西式"乡村风貌。首先是建筑功能的复合化，主要在于：①对有价值的传统聚落和乡土建筑进行有机更新；②民居建筑融入晒台、农用具储藏间等农业生产性功能；③在溯源川西民居风格的统一基础上注重建筑风貌和形式多样性的探索，形成传统川西民居、现代川西民居、近现代川西民居等多种风格和形式[35]（图21-6）。

图21-5 "小组生微"理念下郫县三道堰镇青杠树美丽新村风貌

图21-6 成都市美丽新村川西建筑风貌探索

21.4 美丽乡村建设的关键因素及理想路径

类比我国其他地区美丽乡村标准化建设实践经验[30-33]，除珠三角或长三角发达地区的农村是几乎完全脱离了传统农村模式以工业化和城镇化的外驱发展外，如苏南模式、珠江模式等。其余地区如粤东、西、北地区，浙江安吉、永嘉，贵州余庆等地区的乡村发展大多和成都地区类似（表21-5），是以提升乡村本土资源以形成优势产业，探索产业及规划建设的多元化路径为核心的内涵式发展模式。成都模式正是这样一种提升传统农业的内涵式方式，并因其地域环境、资源条件、经济条件的不同而形成了不同于其他地区独有的地方路径。文章凝练出成都市美丽乡村建设的关键因素及实现路径：①产业体系：依托

表21-5 成都乡村模式与国内其他美丽乡村发展模式比较

地区	资源条件	产业特征	发展模式	规划路径
苏南	乡村经济条件富足，集体资金积累，地方政府支持	乡村工业化，劳动密集型，规模化生产	工业化城镇化外延式	提高土地利用效率，城镇空间集聚规划
珠江	外来资金注入，中央政府的开发政策	乡村工业化，劳动密集型，规模化生产	工业化城镇化外延式	提高土地利用效率，城镇空间集聚规划
浙江安吉	生态资源，地处沪宁杭核心区域	限制污染工业，利用生态资源优势，发掘乡村人文特色	传统农业转型升级内涵式	调整工业，环境整治，生态保护为优先主导规划建设
浙江永嘉	人文及自然资源	乡村生态旅游，现代农业，人文资源利用	传统农业转型升级内涵式	利用古村落保护优化空间布局
广州从化	大都市边缘乡村地带，生态自然资源，人文历史资源	农业产业化，乡村旅游，农业特色化	传统农业转型升级内涵式	依托产业、规模、区位的空间集群规划模式
贵州余庆	山区生物资源丰富，生态良好，民族文化遗产和民风民俗特色	利用生态、风景、民族特色资源发展乡村旅游，现代农业产业	传统农业转型升级内涵式	村庄建设结合民族文化特色，以乡村旅游为主导，营造山水村寨
成都邛崃	传统农业茶叶种植，生态自然资源	现代农业产业化，乡村度假旅游	传统农业转型升级内涵式	产村相融规划模式，产业门类与村庄功能、空间布局、设施建设匹配
成都蒲江	生态资源，传统农业	乡村体验式旅游，农业产业化经营	传统农业转型升级内涵式	产村相融规划模式，产业门类与村庄功能、空间布局、设施建设匹配

资料来源：根据参考文献[30-33]及网络资料整理编制。

当地资源条件进行产业结构调整，构建产业持续发展的多元路径；②空间布局：根据地理位置、地形条件、产业类型等因素进行土地利用、空间布局规划；③基础设施：支撑产业、村庄空间布局配建基础设施；④地域文脉：建筑、景观遗存，乡村物质及非物质文化遗产的保护传承及利用，乡村建筑风貌、景观风貌的传承。

可见，不论是成都模式或国内其他地区乡村发展模式，产业转型、空间布局及基础设施建设、乡村文脉的保持传承均为乡村可持续发展和乡村价值保持的关键因素，是在乡村发展实践中逐渐形成共识的实现乡村复杂系统规划发展的核心要素。而要获得一个地区乡村可持续健康发展的理想路径须在关键因素的各方面持续探索、反思和总结。于产业而言，随着经济技术条件提高和农业的规模化经营，以农业种植为主的传统乡村产业将会拓展更多的产业发展路径；而村庄空间布局规划和物质形态建设、基础设施及景观环境的整治建设则是当前和未来村庄转型提升必要的物质环境基础；而表征于传统聚落空间格局、建筑形式、景观环境等显性要素以及民风民俗等非物质文化隐形要素的地域文化特征，构成了乡村最重要的人文内涵，同时也深刻地影响着城市的文化内核以及乡村自身的发展价值，是当前乡村和未来乡村发展中极为重要的关键因素，需要在探索中不断创新乡村保护和传承的规划路径和技术手段。

21.5 结语

成都市提出了一种依托自身资源条件的内涵式美丽乡村规划模式，即围绕产业体系、空间布局、基础设施、地域文化的地方模式及路径的探索创新，为我国其他类似区域提供了借鉴参考。

作为一种当下的地方路径，成都模式具有先进性的同时也存在局限性，究其根本，是对乡村复杂系统认知和研究得不足。而对乡村系统结构和客观规律的逐渐明晰是我国各地美丽乡村建设发展模式和实施路径选择的先决条件和引导方向，仍然需要在实践探索中不断修正和完善。

■ 参考文献

[1] 王永霞. 中国共产党十六届五中全会公报[EB/OL]. 新华网，2012-07-10. http://news.xinhuanet.com/politics/2005-10/11/content_3606215.htm.

[2] 胡锦涛在党的十七大上的报告[EB/OL]. 新华网，2007-10-24. http://news.xinhuanet.com/newscenter/2007-10/24/content_6938568_4.htm.

[3] 2015年中央一号文件发布（全文）[EB/OL]. 新华网，2005-02-02. http://www.sh.xinhuanet.com/2015/02/02/c_133964284.htm.

[4] WOODS M. Performing rurality and practising rural geography[J]. Progress in Human Geography, 2010, 34（6）：835-846.

[5] HALFACREE K. Locality and social representation: Space, discourse and alternative definitions of the rural[J]. Journal of Rural Studies, 1993, 9（1）：23-37.

[6] WOODS M. Rural geography: Blurring boundaries and making connections[J]. Progress in Human Geography, 2009, 33（6）：849-858.

[7] 李红波，张小林. 乡村性研究综述与展望[J]. 人文地理，2015（1）：16-20, 142.

[8] 张小林. 乡村概念辨析[J]. 地理学报，1998，53（4）：365-370.

[9] 中华人民共和国驻釜山总领事馆经济商务室. 韩国新村运动[EB/OL]. 中华人民共和国商务部网站，[2007-04-26]. http://busan.mofcom.gov.cn/article/ztdy/200704/20070404614287.shtml.

[10] 朴昌根. 韩国新村运动成功经验简析[M]// 复旦大学韩国研究中心. 韩国研究二十年：经济卷. 北京：社会科学文献出版社，2012：171-180.

[11] "城乡统筹视野下城乡规划的改革研究"课题组. 走向整合的城乡规划：城乡统筹视野下城乡规划的改革研究[M]. 北京：中国建筑工业出版社，2013.

[12] 葛丹东. 中国村庄规划的体系与模式：当今新农村建设的战略与技术[M]. 南京：东南大学出版社，2010.

[13] 周维宏. 新农村建设的内涵和日本的经验[J]. 日本学刊，2007（1）：127-135.

[14] 刘平. 日本的创意农业与新农村建设[J]. 现代日本经济，2009（3）：56-64.

[15] 叶齐茂. 发达国家乡村建设考察与政策研究[M]. 北京：中国建筑工业出版社，2008.

[16] 中国市长协会. 现代·田园·持续：纪念中德合作举办市长研讨会二十周年[M]. 北京：中国城市出版社，2003.

[17] 黄杉，武前波，潘聪林. 国外乡村发展经验与浙江省"美丽乡村"建设探析[J]. 华中建筑，2013（5）：144-149.

[18] 中华人民共和国城乡规划法[S]. 北京：中国法制出版社，2007.

[19] 村庄整治技术规范（GB 50445—2008）[S]. 北京：中国建筑工业出版社，2008.

[20] 镇（乡）域规划导则（试行）（建村〔2010〕184号）[S]. 北京：中华人民共和国住房和城乡建设部，2010-11-04.

[21] 村庄整治规划编制办法（建村〔2013〕188
号）[S]. 北京：中华人民共和国住房和城乡建
设部，2013-12-17.

[22] 村庄规划用地分类指南[S]. 北京：中华人民共和
国住房和城乡建设部，2014-07-11.

[23] 国家标准起草组. 国家标准《美丽乡村建设指
南》编制说明[Z]. 2014-12.

[24] 美丽乡村建设国家标准[S/OL]. 百度文
库，[2016-06-01]. http://wenku.baidu.com/
view/0366c79d227916888586d741.html?
from=search.

[25] 美丽乡村建设指南（GB/T 32000—2015）[S]. 北
京：中国建筑工业出版社，2015-06-01.

[26] 成都市规划管理局，成都市城乡建设委员会. 成
都市社会主义新农村规划建设技术导则（2013）
[S]. 2010.

[27] 郭焕成. 黄淮海地区乡村地理[M]. 石家庄：河
北科学技术出版社，1991.

[28] 方志戎. 川西林盘文化要义[D]. 重庆：重庆大
学，2012.

[29] 成都市规划设计研究院. 崇州市桤泉镇荷风水村
示范点规划[Z]. 2011.

[30] 吴理财. 吴孔凡. 美丽乡村建设四种模式及
比较：基于安吉、永嘉、高淳、江宁四地的
调查[J]. 华中农业大学学报：社会科学版，
2014(1)：15-22.

[31] 姚龙. 从化乡村发展类型与模式研究[D]. 广州：
华南理工大学，2012.

[32] 张敏，顾朝林. 农村城市化："苏南模式"与
"珠江模式"比较研究[J]. 经济地理，2002，
22(4)：482-486.

[33] 赵子军. 美丽乡村标准化"余庆版本"[J]. 中国
标准化，2014(8)：30-34.

[34] 成都市规划设计研究院. 成都市全域村庄布局总
体规划[Z].

[35] 成都市规划管理局，成都市规划设计研究院.
成都优秀乡村规划案例解析汇报演示文件[Z].
2015.

[36] 陈果. 成都市乡村环境规划控制技术导则汇报演
示文件[Z]. 2015-04-16.

[37] 肖达. 四重视角看成都规划[EB/OL]. 中国城市
规划. (2015-08-04). http://www.planning.org.cn/
report/view? id=57.

[38] 成都市规划设计研究院. 成新蒲都市现代农业示
范带建设总体规划[Z]. 2013.

[39] 中国政务案例研究中心. 中农办点赞成都"小组
生微"[J]. 领导决策信息，2015，35(9)：18-19.

[40] 成都市规划管理局. 成都市社会主义新农村规划
建设技术导则（2013）[Z]. 2013.

22 西南丝绸之路与四川传统多民族聚落的生长和演变解析[①]

蜀地地形复杂，在历史上就是一个多民族聚居之地。丝绸很早就已成为民间交往的物资，"西南丝绸之路"[②]是由四川出发经云南，到印度再到波斯，是中国最早的贸易通道之一[1]。广义的"西南丝绸之路"并不只是一条简单的直线，而是以主干道[③]为依托形成的具有辐射性的四通八达的商道。因此，历史上的"西南丝绸之路"作为四川与外界沟通的主要纽带，对四川各民族历史文化的发展和传播起到了重要的作用，从古至今的古道也把散落的多民族地区逐渐地聚合，形成规模性的传统聚落。"西南丝绸之路"不仅是一条功能性的交通线路，而且还是一条丰富的"文化走廊"。古道的这种集功能性与文化性为一体的特性，对四川传统多民族聚落的生长和演变影响较大。

22.1 "西南丝绸之路"与传统多民族聚落的形成

① 本章内容由余慧，邱建第一次发表在《中国园林》2012年第28卷第7期第87至91页。

② 或称南方陆上丝绸之路、南方丝绸之路、蜀布之路等，对这条道路的名称至今还没有完全统一，但近来不少学者都赞同称为西南丝绸之路为宜。见申旭《西南丝绸之路概论》，载于《中国西南文化研究·1996》第1页，云南民族出版社，1996年9月。

③ 西南丝绸之路主要有两条线路：一条为西道，即"旄牛道"（又称"灵关道"），从成都出发，经临邛（邛州）、青衣（名山）、严道（荥经）、旄牛（汉源）、阑县（越西）、邛都（西昌）、叶榆（大理）到永昌（保山），再到密支那或八莫，进入缅甸和东南亚。另一条为东道，称为"五尺道"，从成都出发，到"僰道"（宜宾）、南广（高县）、朱提（昭通）、味县（曲靖）、谷昌（昆明），以后一途入越南，一途经大理与"旄牛道"重合。

22.1.1 聚落选址和分布

四川位于中国西南腹地，幅员辽阔、沃野千里、人口众多、物产丰富，号称"天府之国"，唯山高水险，交通极其不便[2]。历史上主要依靠水路交通，然而古道作为陆路交通的主要方式，逐渐被开辟出来。四川与西南、西北和中原地区的交通，早在夏朝即已开始。至战国时期，巴蜀先民采取绝壁凿孔，开辟石梯，突破巴山秦岭险阻，修成通往关中和西北的陈仓、褒斜等栈道，成为川陕交通的主要通道。四川与云南、贵州地区的联系则有石门、清溪2条古道，后被称作南方的"丝绸之路"[3]。

"西南丝绸之路"聚落广泛分布于四川的大部分地理区域（图22-1），由图22-1可见：古道沿线聚落密度增大，顺应道路呈带状分布。这些聚落多位于水陆通衢必经之要道，或见于险隘之处，或是国治、省治交界处，符合朝廷政治、军事部署以及商品经济交换需要，按一定的里程间距设置，并且古道聚落往往发展成为当时区域的政治、经济、文化、民族中心。

例如宜宾，在先秦时期，我国古代西南的一支少数民族僰人就在此聚居，东汉应劭注《汉书》称之为"僰侯国"，据《史记》和《华阳国志》记载，在秦昭王时，就命常頞筑"五尺道"以通"西南夷"，西汉高后六年（公元前182年），在今宜宾的位置上正式建僰道城，并置僰道县，初期的僰道城是西汉王朝为开发西南边陲创设条件，而在蜀郡边境设置了交通贸易"关

市"[4]。从僰侯国、僰道城、古戎州、叙州到今日的宜宾城，2000多年来都作为西南地区的一个重镇，几经变迁，城池不断扩大，建筑结构由土城变为石城。

再如，"西南丝绸之路"要津会理位于川滇之交的金沙江畔，西汉武帝设越嶲郡，置县跨越川滇[5]，成为川滇商旅物资的重要集散地，开通了西夷（今凉山地区）与南夷的交往通道，史称

"川滇锁钥"。此外，雅安、天全、名山、西昌等聚落也都因物资集市和转运而迅速兴起。

22.1.2　空间格局和景观形态

"特殊的聚落形态所散发出的强烈能量，能够使形态作为表象特征深深地印在人们的脑海里"[6]。四川城镇格局较稳定，城址位置变化不大。传统的聚居区乡村居民点，无论平坝、丘陵

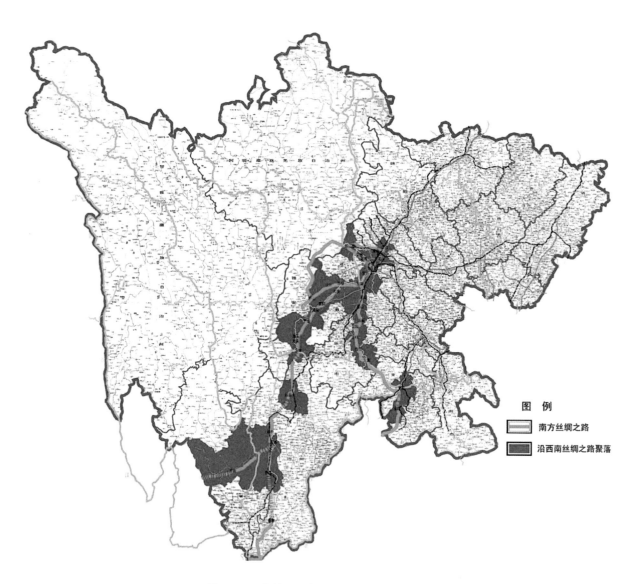

图22-1　西南丝绸之路线路与聚落分布示意图
（图片来自四川省城乡规划设计规划研究院）

还是山区，在规模上都较散、较小，村落布局以分散的院落为特征，以某一姓为主体的血缘关系为特色。传统聚落在布局与建设中，都很注意自然环境，因地制宜。

"西南丝绸之路"道路形成的过境交通有利于带动聚落的经济发展，在主要交通道路两侧形成一定的商业、市场等交换、消费场所，从而使道路沿线传统聚落形成带状布置，短者500 m，长者达3～5 km。沿主要的交通干道和商业干道形成商业、手工业、居住等功能空间。传统聚落的界域性与中心性变得模糊，聚落建筑造型也显出集镇化倾向，侧墙挨着侧墙。几百年的马蹄踏实了青石铺就的道路，道路上的建筑多是沿街店铺，楼上和后面居住的模式；有的房屋则是用一部分作店，其余仍为一般的合院。出现了驿站、堡等特殊的建筑类型。

都江堰（原名灌县）是"松茂古道"①的起点和重要关口，明洪武初开始正式筑城，西门与玉垒关扼松茂古道，南临内江，东北城垣建于平原，为都江堰通往成都和邻近州县的官马大道

（图22-2）。从城西西街口沿石阶上行，经宣威门、玉垒关、凤栖窝、禹王宫，经二王庙前石路，即是松茂古道起始段，贯穿了灌县城内的主要古迹，昔日曾骡帮成队，背脚、行人如织[5]。如今尚存的都江堰市西街就是"西南丝绸之路"的起点[7]。

会理是西南丝绸之路的要冲，古道从北向南贯穿全境（图22-3）。明清时经济发展达到顶峰，有江西、云南、广东、两湖等10大会馆，商业店铺集于南北大街；手工作坊和商栈汇于西成小巷和北关；四合院、复四合院、三厢一照壁、四合五天井等各种格局的民居院落，鳞次栉比，布满科甲巷、经元巷、西城巷和东西街等历史街区，城中心建成会理古城标志性建筑钟鼓楼。可谓"街街有庙宇，巷巷有寺观"[5]。

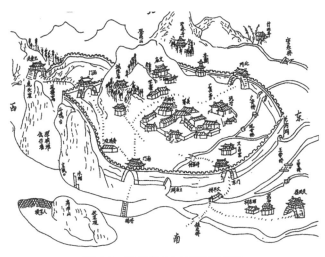

图22-2　清光绪二十年灌县治城图
（图片来自参考文献[5]）

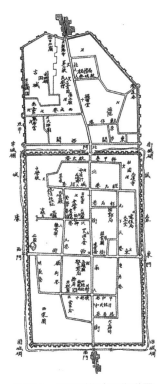

图22-3　民国时期会理街道图
（图片来自参考文献[5]）

① 松茂古道发端于四川都江堰，经汶川、茂县至松潘的道路，全长350千米，它自秦汉以来就是西通阿坝、南连川西平原的商旅通衢，是南方通往藏族聚居区的唯一商业通道。

22.1.3 聚落民族和文化

四川省内有汉族和彝、藏、羌、土家、回、苗、蒙古、满、白、纳西、布依、傈僳、傣、壮等14个世居少数民族，是一个多民族省份，各民族既聚居又杂居，或大杂居小聚居是比较鲜明的居住特点[8]。传统的民族聚落主要以游猎、游牧、游耕为标志的散居类型和以农耕为特征的聚居类型为典型代表。在历史上，"西南丝绸之路"不仅是一条商品交换的交通性道路，促进了沿线许多聚落的兴起和繁荣，同时还是各民族间进行文化交流和民族迁徙的走廊。时至今日，推动古道繁荣的商品贸易已经衰退，然而，"西南丝绸之路"沿线是民族文化最富集的地区之一。

"西南丝绸之路"是和不同部族集团及文化大板块之间文化交流的主渠道，道路网状贯通令各民族的文明相互渗透、相互影响、相互交融，使得西南地区成了丰富多彩的民族文化熔炉。如西昌、会理、名山等聚落中，既有喇嘛寺，也有清真寺、道观、关帝庙、会馆等其他民族的宗教建筑。"西南丝绸之路"集中了佛教文化、道教文化、彝族文化、回族文化、三国文化、石刻艺术文化、红军文化等川西南特色文化精华，历史悠久、内涵丰富，反映了各种古代文明及其建筑文化的交融过程。"西南丝绸之路"也是一条文化传播的纽带，它为西南与中原、印缅文化互相交流、互相融合创造了条件。民族迁徙、人口流动，各种文化在交流中沉淀、积存，民族间杂居、散居日益普遍。

22.2 "西南丝绸之路"传统聚落的演变

22.2.1 利用道路之便而继续发展

随着时间的流逝，交通运输的高速发展，古老的道路逐渐演化成现代化的公路，很多处于古代交通要塞上的聚落，往往借助良好的自然环境与便利的水陆交通而继续发展，因现代交通的顺达而转变为大型村镇乃至城市型聚落。如西南丝绸之路"旄牛道"和"五尺道"沿线的西昌、会理、邛崃、乐山、宜宾等。

宜宾位于四川盆地南部，东靠万里长江，西接大小凉山，南近滇、黔，北连川中腹地，素为川南形胜。自古以来，宜宾就是川南、滇东北和黔西北一带重要的物资集散地和交通要冲，素有"西南半壁古戎州"的美誉。如今宜宾依然利用良好的地理优势，成为长江上游川滇黔结合部经济强市。

22.2.2 偏离新的交通道路而衰败

某些曾经的道路经不住朝代的更替和时代的发展，渐渐消失在荒烟蔓草间。而古道聚落，随着现代道路的建设，慢慢偏离交通干道，孤独困守于大山中，逐渐走向衰败。一些古道聚落随"道"而生，随"道"而兴，却也随"道"而衰。

芦山历名青衣、汉嘉、阳嘉，曾是古青衣羌国①地盘，为"西南丝绸之路"西道重镇和控驭交往西南民族的边陲。东汉以后，"西南丝绸之路"转经雅安，芦山日渐衰落、封闭，停留在了汉代石刻之中，尔后数千年的王朝更迭在芦山全然看不到痕迹。芦山的历史，也就停留在了丝路路过它时那凝重的一刻[5]。

又如严道古城曾经是西南丝绸之路上的贸易交汇地，汉代重兵把守的边关。严道②消逝了，

---

① 秦朝时，羌族迫于秦穆公霸道，从青，甘，陕向蜀迁移，其一支"青衣羌"至天（全）芦（山）宝（兴）一带，建国于芦，号"青衣羌国"。

② 战国后期，秦灭蜀（公元前329年）后，秦国修筑了一条从临邛（今成都邛崃市）至今荣经的道路，并称之为"严道"。

严道古城也随之湮灭，留有遗址在今荥经县六合乡古城坪，原来方圆十几里的城墙只剩下几堆土丘，在一个叫城楼子的地方，还有一段几十米的残垣断壁[9]。

22.2.3 远离现代交通重心而保存

由于聚落的选址和聚落大体格局具有不易变更的客观性，远离交通重心使传统聚落受外在干扰较少，易于保存历史风貌。上里是"西南丝绸之路"经临邛进入雅安的驿站，是巴蜀平原通往外民族地区的关卡之一。清嘉庆十七年（1812年）立《桥路碑》云："自先贤开道，东通名邛，西达芦雅，往来经商士庶络绎不绝，亦为要道也。"[10]时光飞逝，随着川藏、川滇公路的修建，随着贸易道路的变迁，昔日的繁荣已成为过眼云烟。如今上里又回到了农业型的人居环境，驿道两侧的商铺驿馆已改作他用或废弃。然而秀丽的山川与悠游的生活方式，又赋予了它悠然自得的散漫气息，由于这里地处偏僻，受到自然和人为的破坏较少，至今仍然很好地保存着古镇的景观风貌（图22-4和图22-5）。

图22-4　上里古镇鸟瞰图
（图片来自四川省城乡规划设计院）

图22-5　今上里古镇向外延伸的道路

22.3　聚落生长和演变的内在动因和规律

22.3.1　交通原则下的集聚

聚落的形成因素有很多，有自然的也有社会的。聚落的发展也不是封闭的，它需要与外部环境进行物质和能量交换，从而与其他聚落有着各种各样的联系。传统聚落之间的社会联系通常是基于自然经济条件下的血缘联系。随着古道的发展，产生了地缘关系和基于商品经济条件下的业缘联系。古代陆路交通工具主要依赖马匹等动物，沿路需要中转和食物补给，因此，道路的居民点逐渐成为商品交换和客商消费的人流和物流集散地。聚落网络的发展也有了新的特点，有些村落进行较大规模的搬迁，向靠近道路的地域集聚，形成新的聚落，原有交通要塞上的聚落规模也越来越大。可见，交通区位优势对古代聚落的发展影响显

著，故而逐步形成了大量聚落沿道路分布，多民族聚居与杂居的格局。

22.3.2 文化的交流与融合

文化，作为观念形态的东西属于形而上的范畴，它一经形成便会渗透到人们生活的各个方面，并支配着人们的思想和行为。聚落是文化的一种物质存在形式，也是文化作用于区域最明显的标志之一。古道的交流带来大量的人口迁徙，由于与少数民族、原住民同处一个地区共同生活，多民族杂居，聚落表现为血缘、地缘和业缘关系兼有的特征，相对较单一的血缘聚落，它们表现出较大的开放性和复杂性，并且在与地区的融合和自身的发展过程之中产生很多异质性的特征，内含多种亚文化的交融整合而产生新的聚落文化，从而改变聚落单一的结构，形成丰富、独特并且有共融性特点的聚落（图22-6）。可见"西南丝绸之路"带来的民族和文化的交流与融合对聚落的空间演化进程有着不可忽略的影响，也从另一个方面揭示了聚落形态变迁的作用因素。

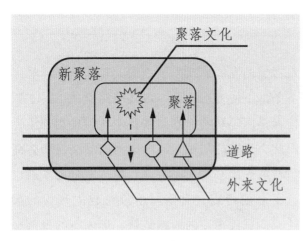

图22-6 聚落文化交流与融合示意图

22.3.3 对社会发展的再适应

传统聚落，表征了物化的空间、环境和建筑实体的建构，它随着外部环境、经济结构、物质资料的变化而有机演化、自我更新。聚落的形成与发展是一段漫长的演变过程，这个过程既无明确的起点，也没有明确的终结，一直处于发展变化的动态过程之中。"西南丝绸之路"上的聚落，在古道开通时，马帮穿梭、集市繁荣，带动了聚落的发展。随着古道的衰落，没有了经济支撑，聚落也随之衰落。同样，在今天，经济是决定聚落发展的根本因素，现代化的交通是带动经济发展的载体。对传统聚落而言，一方面，如果缺乏市场经济的根本性作用，传统聚落不可能持续发展；另一方面，传统聚落如果能够在结构、功能上发生转换，由"过去的聚落"转变为与现代社会和谐发展的聚落，那么传统聚落就能得到发展。

22.4 结语

综上所述，"西南丝绸之路"上作为交通要塞的聚落具有特别的空间格局、景观形态与民族文化特色，使得四川传统聚落在一般特征之外，呈现多样化和异质性的特点。考虑到历史上道路对聚落形成发展的影响和在沿线上的文化意识的相似性，将"西南丝绸之路"古道聚落整体进行研究，比单个聚落的研究意义要大。正确认识"西南丝绸之路"与传统聚落的发展所蕴含的历史价值，通过对传统聚落发展变化的适应性分析，揭示了这些城镇村落生长与演变的内在动因和规律，为城镇的有机更新提供了科学依据，为乡土聚落的研究提供了新的视角，同时丰富了宏观的地域景观研究。

■ 参考文献

[1]　路义旭. 论西南丝绸之路的研究状况[J]. 西南民族大学学报（人文社科版），2003（11）：221-224.

[2]　四川省地方志编纂委员会. 四川省志：民俗志[M]. 成都：四川人民出版社，2000.

[3]　四川省地方志编纂委员会. 四川省志：交通志[M]. 成都：四川科技出版社，1995.

[4]　四川宜宾县志编纂委员会. 宜宾县志[M]. 成都：巴蜀书社，1991.

[5]　应金华，樊丙庚. 四川历史文化名城[M]. 成都：四川人民出版社，2000.

[6]　藤井明. 聚落探访[M]. 北京：中国建筑工业出版社，2003.

[7]　上海同济城市规划设计研究院. 都江堰市西街历史文化街区保护与整治修建性详细规划[Z]. 2010.

[8]　四川省地方志编纂委员会. 四川省志：民族志[M]. 成都：四川科学技术出版社，2000.

[9]　严道[EB/OL]. http://baike.baidu.com/view/4465416.htm

[10]　涂国学，杨青. 上里，距都市最近的世外桃源[J]. 中国西部：2006（05）：56-61.

23　多视角下的中国古代城市选址研究①

自6 000年以前的澧县城头山古城以来，中华大地上出现过4 300余座城镇[1]，古代选址的城镇经过数千年的反复考验，绝大部分沿用至今，成为中国古代城市文明的重要积淀，古人选址的北川、青川老县城在汶川地震后损失不大即是例证。中国古代城市选址思想，有多个源头，从最开始先秦《考工记》的礼制规定、《管子》的实用主义，到魏晋之后风水的神秘主义、山水审美倾向，纷繁复杂，逐渐多元。而城市选址的实践，虽贯穿整个古代社会历程（主要在先秦及汉唐两个阶段），但记录并不完整，绝大多数选址过程只言片语于零星地沉于史料之中，梳理与总结相对缺乏。

近百年来，中国古代城市选址这一史学和城市地理学结合的分支学科，从无到有，逐渐壮大，形成了初步的体系框架，获得了大量积累和成就。各领域的学者从各自的研究视角做了相应的整理与研究，这些研究有的包含于史学、地理学、城乡规划学的著作内，有的则独立成文，但总体上大致可以分为：城市史学视角（包括通史型、重点朝代型）视角、环境适应性视角（包括防洪、气候适应性、风水）、区域城市群体视角（包括流域城市、特定区域城市等）、重点城市视角（包括都城、地方中心城市等）的城市选址研究。

23.1　城市史学视角的城市选址研究

23.1.1　通史型城市选址研究

此类研究试图系统梳理我国古城城市选址的全过程历史脉络，分析、归纳选址的普遍性问题，城镇案例众多，研究资料性很强。

张驭寰的《中国城池史》一书搜集上百个古城案例；曲英杰的《古代城市》[2]是古城考古的资料集成，涉及各时期的古代城址160余座。马正林将中国城市历史地理问题归纳为十大专题，包括城市起源，城址选择，城墙，城市的类型、形状、规模，城市平面布局，城市水源，城市园林，城市规划[3]；他总结，中国古代城市的城址具有"平原辽阔、水路交通便利、腹地广阔、地形有利、水源丰富、气候温和、物产丰盈"等若干原则，并以长安、北京、洛阳、临淄、芜湖等案例来说明在气候变化和城市发展双线过程中，为了争取有利条件，城址不断发生迁移。

李孝聪等的《历史城市地理》，跨越新石器晚期到20世纪中期的长时间维度，将我国古代城市建设分为四个历史阶段②；以考古和文献资料为基础，对历史时期各主要城市的地理环境、形成原因、演变过程以及相应的历史事件等做了阐述[4]；提出城址选择具有宏观、微观双重含义。宏观，即所谓"形胜"，微观，即所谓"相地"；对城市选址进行了阶段总结，认为先秦城

---

① 本章内容由唐由海，邱建第一次发表在《西部人居环境学刊》2019 年第 34 卷第 4 期第 97 至 105 页。

② 包括先秦的城市选址与形态、中国王朝时代前期的城市、中国王朝变革时代的城市、中国王朝时代后期的城市。

址多位于两种地貌的结合部，形成双城形态，外城拱卫宫城，修筑夯土城墙，重视军事防御及排水系统；秦至宋的城市，则选址于离河不远的阶地上，重视城市排水系统，风水观逐渐形成，但尚未根本影响城市选址营建。

成一农也认为选址存在宏观和微观两方面，"在城市选址研究中，有时也会用存在物产丰富的经济腹地来作为选址合理的证据，这同样概括的是一个宏观的地理环境，不能用于证明城址微观选址的合理性。在一个物产丰富的平原中，可能存在众多可以修建城市的地点"，他认为相当数量的城市选址研究"倒果为因"，为了寻找城址的地理合理性而论证，且忽略了"人"在选址过程中的作用[5]。

贺业钜描绘了我国城市规划体系传统的演进历程，认为我国古城选址的实践历程归于各阶段规划制度之中，如对于前期封建社会（春秋至西汉）的城市规划制度总结中，城址选择"宜充分发挥近水筑城的传统经验，切实做到确保城市水源，提高城市防护能力……合理利用地形……城址所在地区要有较好的农业基础……城址要选在水路交通干线上，特别是交通要冲处……"[6]。他提出中国城市发展的每一阶段，均有相应的城市规划制度，这是令人疑惑的。如成一农所言"作者将几乎所有内容都与'规划'联系在一起，而没有论证是否存在'规划'，结论和叙述显得过于理想化。"[7]

吴庆洲对中国古城选址的普遍性经验进行了总结[8]，提出，中国古代都城、府城、州城、县城等不同等级，政治中心、商业都会、军事重镇、手工业城市等不同类型的城市，选址尊崇"择中说""象天说""地利说"等思想。

23.1.2 重点时期城市选址研究

先秦及秦至唐是中国城市群体性形成的两个主要时期，前者是中国城市萌芽期，后者是城市集中建设期。据学者研究，五代之前建设的城市，占城市总数的79%，唐代之后，新建城市已不多见①。重点时期城市选址研究主要针对这两个时期。

第一，先秦时期。先秦时期从龙山时代到秦统一，时间跨度较长，实际上有两个阶段，前一阶段是先夏的史前和传说时代，后一阶段是夏商周的文明时代。张晓虹介绍考古与传说时代的城市，认为中国早期的城市建设主要目的是防御，而交通、经济区位优势，只是城市选址时的非必要条件而已[9]。马世之认为，中国的史前古城分为两类，夯筑的土城和垒砌的石城；在城市选址上有中国特色，包括：在河滨山麓选址、城的形制以方型居多，城墙主要为了军事防御功能而设置，城内多不设市，以宫室宗庙为主要内容[10]。张国硕、阴春枝认为，我国新石器时代城的功能主要是用于防御，当时人们已开始有意识地对城的地理位置进行选择。该阶段的城址可以分为四类，即缓岗、台地、山城、水城[11]。

赵立瀛、王军、陈方圆探讨了文明时代的夏商周时期的城市选址。赵立瀛对于这一阶段选址思想概括为"择中""形胜"、因地制宜三种；城市规划思想归纳为礼制规划、"象天法地规划"思想两种[12]；王军则认为先秦选址思想包括"择中""相土""形胜"三种，城市规划思想则归纳为"城乡统一""规模适度""合理布

---

① 根据陈正祥的研究，自周初到清末约3000年间，中国境内约筑城邑4300余座，其中周初到汉初所筑占总数的40%（城龄3000至2000年），汉初至五代，占39%（城龄2000至1000年），宋至明中叶，占15%（城龄1000至500年），明中叶至清末，占6%（城龄500年以下），陈正祥（1981）。

局"三方面。值得一提的是，他认为的"择中"思想，包括了"象天"的内容[13]。陈方圆提出商之都城受择中立都和方位崇拜思想共同左右，而方国城邑突出就是防御功能，且城址模仿都城向东北倾斜[14]。

许宏则研究了则两个阶段的城邑选址，提出从前仰韶时代到春秋战国时期，城邑分布地域并无太大变化，"定居与农耕"，是构成城邑立地两个重要条件，而城址的方（长方）形态，具有表达宇宙观和显现政治秩序的意味[15]。

第二，秦至唐时期。朱世光指出，与起源于关中的周、秦王朝不同，西汉、唐的统治集团选址长安作为首都，完全是出于这一地区在当时宏观地理环境和微观地理特征上所具有的有利条件做出的抉择。宏观上，关中地区具有关河之险，有利于军事上的攻守；有发达的经济与方便的水路交通，拥有优越的地理条件。微观上，西安地区具有山环水绕，利于防守；原野开阔，可建大城；八川分流，水源丰沛；原隰相间，便于建都；山川秀丽、景色宜人等核心优势，满足城市的防守安全、用水安全、粮食安全，是建都的不二选择。由于五代之后全国宏观地理形势发生了变化（王朝内部不再是东西对峙，而是南北争胜），西安小平原不再适合作为继起的各代都城[16]。姚草鲜认为秦汉都城的象天设计，体现了《周易》的天人观，中轴线布局体现了《周易》的尚中思想[17]。

宿白对隋唐城市城址划分为五个等级：京城、都城、大型州府城、中型州府城和县城，并分析得出几点结论：一是长安城规模宏伟，且仅此一例；二是除长安外，有宫的城市，宫的位置均在城的西北隅；三是隋唐城址等级制度（16个坊、4个坊、1个坊三个等级）；四是地方城市内

部布局有固定模式；五是县城是最小的城市；六是层层十字街划分是隋唐城市布局的特点[18]。

23.1.3　小结

城市史学视角的研究，时间和地域跨度较大，比较性研究较多，对城市选址的发展线索把握比较充分而准确。研究已经将选址分为了宏观"形胜"和微观"相地"两个层面，是一大贡献，但仍偏于静态观察选址思想的发展。

先秦研究中，讨论了史前城市主要功能，认为军事防御的较多。但在部落时代，"城"统御的腹地面积并不大，为了自保，城市的防卫功能或许是第一位。但进入氏族时代，部落的腹地很大，内部各"城"并不存在直接的军事冲突可能，"城"的防卫功能会弱化下来①。另外，择中和因地制宜思想，一直被认为是周朝城市选址主导思想。但这就简单化和片面化了这一时期城市选址的多元思想，尤其忽视了东周在"礼坏乐崩"的城市建设高潮中的各种僭制行为，且混淆了选址的宏观与微观两个层面。

汉至唐研究中，虽城址发掘的考古资料较多，但针对较长历史时期的城市群体研究不多，且研究重点多还是集中于两京，即长安和洛阳。

23.2　环境适应性视角的城市选址研究

此类研究从环境适应性视角展开，主要涉及防洪、气候适应性和风水等方面。

---

① 如良渚时遗址群的中心遗址，北侧发现的长达4.5千米的长墙，墙底宽30多米，顶部宽仅5米，墙体坡度很大，据推测只是防御山洪，并不具备军事防御功能（严文明2006）；又如古蜀文明的宝墩文化八座古城（新津宝墩古城、大邑高山古城等），城墙"均采用斜坡堆筑方法，并未采用此时已存在的修筑直立城墙的工艺。城墙斜度约为30°～40°，外侧斜坡较内侧缓和，这种城墙难以起到军事防御的作用"（唐由海2014）。

23.2.1 城址防洪研究

洪灾是古代城址的最大威胁，截至清末，中国共发生洪灾约4 600次 [①]。吴庆洲对中国古城防洪思想与技术的发展做了综合研究，对先秦典型古城、秦汉至明清历代京都、长江流域城市、黄河及淮河流域城市、珠江流域城市、沿海地区城市等系列古城群体的防洪经验进行了研究，总结为：法天、法地、法人、法自然的方法论；因地制宜，居安思危，趋利避害的规划布局；仿生象物、异彩纷呈的营造意匠；防敌防洪，一体多用的有机体系；维护管理城市水系运用了多种学说和理论[19]。武延海认为防洪是城市起源的客观需要和基本动力之一，由于洪水盛行，龙山时代的城址普遍较仰韶时期占据更高的地理位置[20]。

23.2.2城址气候适应性研究

曾忠忠从气候适应性的角度，对我国传统城市选址、城市水系、城市布局进行了考证，认为选址最先考虑因素是日照、通风等气候特征，并形成尊卑等级、礼治秩序等规制。基于气候适应性的城市选址可分为：平原型城市、山丘型城市、盆地型城市、高原型山水城市、山丘型山水城市，并认为最宜选址的三角形地区为华北平原及其邻近地区[21]。

田银生认为"气候温和，水土肥沃适宜耕作，物产丰富以及良好的山川河湖等自然条件是中国古代城市选址首先注重的因素"，以古三河（河内、河东、河南）地区的自然环境优越，关中地区富庶，故而产生了诸多重要都城为例证明这一观点[22]。

23.2.3 城市选址风水研究

风水是古人对景观生态安全格局的评价方式，是中国古代中后期城址，尤其是地方城市城址选择的暗线。杨柳的《风水思想与古代山水城市营建研究》，剖析了风水理论的思想源流、技术手段、精神力量以及它们对古代山水城市营建的具体影响，对选址原则进行了分级诠释，分析总结了若干城市选址的格局范式，是风水思想具体于城市选址的综合性研究[23]。他提出风水选址论具有边缘偏好的，宏观层面，风水首要关心的是所选区位的脉络源流与强弱状况；中观层面，需详察形成山水聚局的地方是否符合"藏风聚气"的格局要求，即龙脉、堂局、水量三个方面考察选址区域的环境容量，决定城市的等级与规模；微观层面，山水聚合的地方是生气凝融的地点，选址立城才能够乘生气最优发展，龙彬对三台县的城址格局进行了风水视角的描述，认为三台城址的朝向、环境、交通、防御和心理需求方面具有科学性[24]。

23.2.4 小结

环境适应性视角的选址研究中，城址防洪方面的研究已较为深入且系统；气候适应性方面现有研究较为主观，在聚焦一个要素的同时，屏蔽了太多的要素。城市选址有其文化、政治、历史上的基础性原因，并不只依据气候地理条件。气候适应性语境下，可以圈出气候温润，开阔平整的多个适宜城市选址的三角地区（如江汉地区、岭南地区，这些地区同样孕育了史前城市）。事实上以华北平原为地理核心的中原文明的崛起并成为主流文明，是有其偶然性的，气候决定论并不能在如此大的时空尺度上发挥作用。由于各种

[①] 根据《中国灾害通史》（袁祖亮 2008）各册数据统计。

原因，目前风水自身的和研究禁区的双重迷信仍未完全破除，庞杂、晦涩、鱼龙混杂的风水思想尚待进一步认识和分析。

23.3　区域城市群体视角的城市选址研究

所谓区域，即有着相类似的自然地理特征、相接近的人文经济特质以及行政疆界隶属相同的地域空间。研究中，流域城市、特定区域的城市群体研究较多。

23.3.1　流域城市选址研究

流域是古代社会典型的区域空间，气候及物产接近，交通便利，沟通与贸易的成本相对，容易形成文化的自我认同和习惯的稳定传承，城镇选址价值观具有趋同性。

运河沿线城市选址呈现比较典型的同质性特点。李孝聪考察大运河全线、汴河及河南、河北、山东的永济渠沿岸部分城镇的建址条件和平面布局形态的发展演变，结合文献，分析城市形态的演化轨迹，并认为运河城市的选址受两种因素影响[25]，一是区位因素，二是与运河的距离因素，强调古城城址的形成与变迁，与经济发展、交通条件改变、历史事件的偶发有密切关系。光晓霞认为扬州城址始于吴邗城，以蜀岗为中心，至唐代之后城址向运河方向收拢，与运河旁的子城南北相连形成品字格局；且以运河为依托，形成发达的城内水系[26]。傅崇兰简略研究了通州、天津、德州、淮安、扬州、杭州、苏州等运河沿岸城市城址的选择与变迁[27]，将这些城市选址归于运河引起的地理区位因素改变。

长江与黄河流域城市选址可比性高。赵春青比较了长江中游与黄河中游史前城址[28]，认为就

“城”“城址群”“中心城址”这三个城市发展标志出现时间而言，长江中游比黄河中游都要领先一步，直到青铜时代早期，长江中游的城址才开始衰落，同时黄河中游都城兴起，文明社会来临。她指出，长江中游的城址是圆形堆筑城墙的代表，而黄河中游在龙山时代逐渐成为方形夯筑城墙的代表，并直接为夏商周都城城址形制奠定了基础。

23.3.2　特定区域城市选址研究

特定区域，是指相对封闭的，经济、环境、物产条件接近的地理空间，如平原、盆地、三角洲等。众多特定区域城市群体中，成都平原、关中盆地关注度较高。杨茜梳理历史时期成都平原城址选择、城址分布、城址形态、城址功能空间的特点，认为其整体呈现出以水系为导向、与水系复合、相互影响的特点，提出成都平原河流水系与城镇选址的相互关系经历了“避水”“防水”到“利水”三个阶段[29]。毛曦以四川城市为例，认为早期城市的建立与发展对于河流有极大的依赖性，这种依赖性来源于用水便利、水路交通便利、军事安全三方面[30]。他还总结了先秦时期蜀国和巴国的城镇选址各自明显的地域特点，如古蜀城址以成都平原腹心地带为中心，有密至疏大体呈辐射状分布，且多靠近河流，重视防御广建城桓设施，呈几何形态；巴国城址多分布于河流两岸的台地上，依地势而建，形态不规整，以木栅为墙。

殷淑燕、黄春长提出关中盆地古代城市的选址、建设、迁移与渭河水文和河道变迁密切相关[31]，历代西安城市发展，经历了城市生活用水从依赖渭河干流水源到改用支流水源，交通以渭河航运为主，到依赖漕渠，再到缺乏航运条件

的过程，城市选址相应的从渭河北岸（咸阳）迁移到渭河南岸（汉长安），从靠近渭河（汉长安）到远离渭河（唐长安）的过程。

23.3.3 小结

同一区域内的城市选址行为不可避免地具有趋同性，城市是区域的产物。此类研究对于不同区域之间城市群体的选址特点的比较研究较多。不同区域因地形地貌和人文环境不同，城址形制区别很大；支流（尤其是水量可调控的运河）两岸对城址吸引较大，长江黄河这类大江大河两侧并不是城址的首选之地。

23.4 重点城市视角的城市选址研究

此类研究以单个重点城市为对象展开，主要是都城和地方中心城市。

23.4.1 都城选址研究

在各类型城市，都城的历史资料最多，遗存保存最好，研究成果也最富集。刘立欣认为，秦之后方有真正意义上的都城，且军事是都城选址的首要因素，"对于一个大一统的国家（秦汉之后）而言，在决定都城选址的各种非自然因素中，军事因素一般是首要的，经济因素是相对次要的"。[32]这种判断是中肯的，大一统的国家，能够经济统筹和调配支撑一个全国中心城市。

叶骁军侧重微观层面，论述历史上代表性的都城的选址改变了自身交通和经济区位，并不认为都城选址一定是满分选择："首都的选定一般都反映了该时期总的趋势，反过来，首都的位置也对此后历史的发展产生了一定的影响"[33]。侯甬坚以西周丰镐，秦都咸阳，西汉长安城，隋朝大兴城，唐朝长安城为例，提出都城选址两步

走的观点[34]，第一步是先在全国有效控制范围内选择最合适的区域；第二步是在选定的区域内再来确定都城位置；这实质上指出了选址的宏观与微观两个方面属性。王振州提出，唐王朝定都长安基于三个原因，地理条件优越，关中经济条件得天独厚，长安的政治基础坚实。地理要素并不是选址长安的唯一条件，当时的政治军事形势也是重要基础[35]。都城的"择中""形胜"特点，是学者研究热点。赵安启认为，"唐因袭隋，建都长安。其在选址思想上基本继承了西周和西汉的传统，以形胜和风水思想①为其主要指导理念……形胜思想……以地域广阔、土地肥沃、物产丰富、水源充沛、交通便利、周围有高山大河自然天险为屏障等作为都城选址的地理标准。"[36]张蓓佳提出，长安、洛阳的选址与城市设计定位原因在于："择中"的选址思想；"形胜"的思想，"因地制宜"的实用思想[37]。

黄建军对于历代都城的选址和形制两方面内容，从文化的角度进行诠释，认为这种文化，可概括为方正统一、天人合一、礼制秩序、阴阳五行、九宫八卦等[38]，他研究总结了都城选址的几个原则：居天下之中、形胜、腹地广阔、交通便利、政治军事中心等。

都城选址研究中，侯仁之关于北京城市选址的研究较早，影响也较大。他认为北京城址的确定有赖于当时地理环境的复原分析。当时的蓟城故址的东南一带，淀泊沼泽星罗棋布，交通不便。由华北大平原北上的大道，经过泸定桥的永定河渡口时，一分为三，分别前往南口、古北口、山海关三个方向。这个分叉点本应位于渡口处，但由于永定河的洪水威胁，只能选址在离渡

---

① 风水思想在本文中主要指象天法地思想。

口最近而不受洪水威胁的地区。古代的蓟城，北京的城址，由此产生[39]。侯仁之的研究明确反对了G.泰勒教授的观点："由于巫术上和政治上的原因，导致了这个城市的诞生"，强调了自然地理要素对于城市选址的重要性①。而洛阳城址的研究因学者的视角不同，得出了不同的结论。王军认为，隋唐时期的洛阳城没有考虑到洪水威胁，采用跨越洛水的布局形态，南岸里坊地势低下，屡遭水侵，付出惨重代价，从防洪角度讲，这一次的城址选择是失败的[40]。而杨俊博则认为，水源安全是洛阳城址发展最大的问题，汉魏以来的洛阳旧城址引水系统脆弱而危险，城市迁移到隋唐新址后，对周边水源可以充分利用，是水源最充沛的时期。隋唐城址虽存在用地局促、南北跨洛河交通困难、易遇洪灾等先天不足，但解决了长期困扰城市的饮水安全问题，选址是成功的，且城址沿用至今[41]。

23.4.2 地方中心城市选址研究

与都城研究不同，地方中心城市选址研究中，更关注地理环境因素。例如，吴薇、刘红红提出，武昌城址优越，有三方面特点，即地理区位——显著的军事要地；交通条件——江汉汇流之地；自然环境——优越的山川形势[42]。赵亮提出，成都城址选择的优越性在于平原广阔、交通便利、水源丰富、地形有利、气候温润和物产丰盈[43]。吴庆洲则以古温州城选址为例[44]，研究了

温州古城的"斗城""水城"特色，探讨郭璞选址和规划的指导思想和历史经验，认为郭璞建运用了"象天设邑"的理念，重视军事防御，重视自然灾害防御，重视地理环境科学；提出郭璞的两个预言：斗城御寇保平安和一千年后温州城开始繁荣兴盛，都应验了②。

但有学者认为重要的地方城市选址中的军事防御因素也尤为重要。黄云峰提出，就地理环境而言，寿县的选址地势低洼且近水，水患频繁③，可以说寿县自建城之始，就开始了与洪涝的长期斗争；但由于其地理位置军事价值极高，为江淮之匙，且"外有江湖之阻，内有淮、淝之固，攻守兼备"。这其实说明寿春是综合考虑城址安全，强化了城址的军事价值，接受了地理缺陷[45]。吴运江研究了赣州城市兴起和变迁的全过程，也指出赣州城址和迁徙的决策主体在于中央政权，决策着眼于区域的军事战略格局和具体城址的军事价值[46]。

其他地方城市选址研究中，还有学者提出选址的主观性问题。成一农分析明代的卫所体系、镇戍制体系和地方行政体系后，他指出靖边县选址靖边营（1730年）受明以来的行政体系影响很大，虽然这一城址不具备交通优势；1870年县城迁往镇靖堡时，并没有前往交通和经济条件更

---

① 这种观点影响深远，但有学者提出不同意见。如成一农认为："以往的研究在论述时有时会忽视交通线与城市选址的先后关系。虽然交通线的开拓可以影响，甚至决定城市的选址，但是城市形成后，也可以吸引交通线"；并引述了阿斯顿和邦德的观点"无论某个城市在某个地方得以建立起来的初始原因如何，一旦它建立了起来，便会形成属于自己的基础设施和交通网络"（成一农 2012）。但成一农并没有进一步论证北京的城址与交通线的先后关系。

② 虽然文中举了温州古城建城后若干次成功防御了兵火袭扰的几个例子，但实际上忽视了历史上多次温州城破的例子。仅五代之前的就有：梁太清三年（549）陈宝应乘侯景之乱，从海道攻取永嘉（温州）；隋大业十三年（617）苗海潮率江淮起义军攻据永嘉；唐天宝二年（743）十二月，吴今光率军从海道攻占永嘉；代宗宝应元年（762）八月，台州小吏袁晁聚众起义，十月攻下温州；哀帝天祐二年（905）八月，卢佶攻陷温州，天祐四年（907）元瓘讨伐卢佶，克温州。从军事防御效果看，温州并不特别。至于温州将要兴盛的预言，一千年后的城市不论是在用地规模、人口规模和经济实力上，自会比一千年前要兴盛得多。每个城市都是如此，不独温州。

③ 据吴庆洲（2010）统计，寿州历史上城市水患14次[19]。

好的宁条梁，可能是因为后者复杂的民族环境；1942年，苏维埃政府占张家畔后，选此处为"红色"县城，两个县城（张家畔与宁梁条）对峙到1949年。1949年后张家畔得以政治中心优势，吸引经济、交通要素聚集，城址优越性逐步提高。由此成一农认为古代城市城址不见得是地理环境最佳，选址有偶然的主观性，不同群体和个体对于城址的评判标准是不同的[47]。

23.4.3 小结

总的而言，都城是研究重点，尤其是作为大朝代都城的长安、洛阳、北京等，目前研究观点逐渐由早期的地理决定论转向经济、政治、地理多维度取向，都城的复杂性逐渐被认识；地方城市研究中，地理环境尤其是城址的防御能力被强调。另外，选址中人的主观性和选址的复杂性逐渐进入研究视角，并认识到城市选址是因果互动过程，如李孝聪指出的"每座城市平面布局展示的可识别与可印象的意象特征，都是城市建址成长过程中自然环境和社会因素综合作用的结果"[48]。

23.5 结论与讨论

总体而言，城市史学视角的研究，资料性很强，注重不同时代、不同城市之间的比较与分析，且注意到选址的尺度问题，将选址分为宏观"形胜"与微观的"相地"两个阶段，但可能研究对象众多，史学视角更重视都城的研究，对地方城市、中小城市关注度不高，关联研究、纵向研究成果较少。环境适应性视角的研究，技术性较强，对城址安全尤其是防洪问题关注较多，但有些研究主观性也较强，过于强调环境因素在选址中的重要性，对于选址中无法回避的"风水"

理论，其研究成果的丰富程度尚待提高。区域视角的研究，针对城市群体展开，比较性研究较多。重点城市视角下，都城类的研究偏多，并认识到选址问题的多重维度和复杂性，但地方城市，尤其是中小城市研究较少。

综合而言，现有选址研究的尚有以下方面值得讨论。

23.5.1 研究的中立性

部分研究者仍有预设习惯，即相信中国古代城市天然具有的"天人合一规划理念、自然有机的城市形态"特质，在预设性的基础上进行城市选址的论证。这种预设的产生原因有二，一是存在即合理，大部分城址留存至今的事实，本身证明了其有一定的合理性；二是崇古一直是中国知识分子的传统，研究者在面对现代城市遭遇危机与挑战（尤其是地质灾害、气象灾害）时，更愿意从"田园牧歌"式的传统农业社会的和谐人地关系图景中找寻解决之道。

但这种预设存在问题，可能存在倒果为因的论证逻辑，城市定址即对周边产生影响，新的城址不可避免吸附生产、交通要素，并同时改造周边自然环境。过分崇古的态度并不能增强民族自信心和自豪感，却丧失了研究应有的思辨立场，反而有损历史城市营建中的科学性与合理性；更不能简单地厚古薄今，甚至在人地关系彻底变化的当今时代，套用历史城市的既有选址思想和经验，机械批评、指导当今城市建设。

23.5.2 研究的动态性

部分研究过于静态化，对于"城市选址"这一概念理解基本拘泥于城市新建时期的城址选择，即城址从无到有的这一时期。城市的形成不只有"定址阶段"，还应有"拓址阶段"，后者包括城址迁移、城市新区拓展、城市主要形态的改变等。如元大都定址后，经历了明初的南缩与北扩，城市中心和基本形态极大地被改变。此类行为，同样考虑宏观经济地理环境的影响和承载、微观山水格局的利用和干预，理应成为城市选址的研究范畴。

城市形成是动态过程，初期选址并不能让城市一蹴而就。某一城市的出现，会改变和影响其周边的生产要素、交通要素、环境要素，这是互动过程。应更关注和考察这一过程，而不是选址决策的一刻。另外，城市生长过程中的新城建设带来的城市形态改变，也应该纳入城市选址研究的范畴，选址不能只研究城市"原点"问题。

■ 参考文献

[1] 陈正祥. 中国文化地理[M]. 香港：三联书店香港分店，1981.
CHEN Z X. Chinese Cultural Geography. China's city[M]. Hong Kong: Hongkong SDX Bookstore, 1981.

[2] 曲英杰. 古代城市[M]. 北京：文物出版社，2003.
QU Y J. Ancient Cities[M]. Beijing: Wenwu Publishing House, 2003.

[3] 马正林. 中国城市历史地理[M]. 济南：山东教育出版社，1998.
MA Z L. Urban History and Geography of China[M]. Jinan: Shandong Education Press, 1998.

[4] 李孝聪. 历史城市地理[M]. 济南：山东教育出版社，2007.
LI X C. Historical Urban Geography[M]. Jinan: Shandong Education Press, 2007.

[5] 成一农. 中国古代城市选址研究方法的反思[J]. 中国历史地理论丛，2012，27（1）：84-93.
CHENG Y N. Research Methods of Ancient Chinese Cities Site Selection[J]. Journal of Chinese Historical Geography, 2012, 27（1）:84-93.

[6] 贺业钜. 中国古代城市规划史[M]. 北京：中国建筑工业出版社，1996.
HE Y J. The History of Chinese Ancient City Planning[M]. Beijing: China Architecture & Building Press, 1996.

[7] 成一农. 中国古代地方城市形态研究现状评述[J]. 中国史研究，2010，32（1）：145-172.
CHENG Y N. A Review on the Research Status of the Local Urban Morphology in Ancient China[J]. Journal of Chinese Historical Studies, 2010, 32（1）:145-172.

[8] 吴庆洲. 中国古城选址与建设的历史经验与借鉴[J]. 城市规划，2000，24（9）：3-36.
WU Q Z. Historical experience and reference for the site selection and construction of the ancient city of China[J]. Urban planning, 2000, 24（9）:31-36.

[9] 张晓虹. 古都与城市[M]. 南京：江苏人民出版社，2011.
ZHANG X H. The Ancient Capital and the City[M]. Nanjing: Jiangsu People's Publishing Press, 2011.

[10] 马世之. 中国史前古城[M]. 武汉：湖北教育出版社，2003.
MA S Z. China's Ancient City[M]. Wuhan: Hubei Education Press, 2003.

[11] 张国硕，阴春枝. 我国新石器时代城址综合研究[J]. 郑州大学学报（哲学社会科学版），1997，30（2）：58.
ZHANG G S, YIN C Z. A comprehensive study of

Neolithic sites in China[J]. Journal of Zhengzhou University, 1997, 30（2）: 58.

[12] 赵立瀛, 赵安启. 简述先秦城市选址及规划思想[J]. 城市规划, 1997, 21（5）: 53. ZHAO L Y, ZHAO A Q. The urban location and planning thought of pre Qin[J]. Urban Planning, 1997, 21（5）: 53.

[13] 王军, 朱瑾. 先秦城市选址与规划思想研究[J]. 建筑师, 2004, 36（1）: 98-103. WANG J, ZHU W. Study on the citysite selection and Planning Thoughts of Pre-Qin City[J]. The Architect, 2004, 36（1）: 98-103.

[14] 陈方圆. 商代都邑规制研究[D]. 开封: 河南大学, 2017. CHEN F Y. A Study of Architectural Regulations of Capital and Vassal Cities in Shang Dynasty[D]. Kaifeng: Henan University, 2017.

[15] 许宏. 大道中国"围子"的中国史——先秦城邑7000年大势扫描（之一）[J]. 南方文物, 2017, 56（1）: 8-15. XU H. Avenue China The History of China's "Weizi": Scanning the 7000 Years of the Pre-Qin City（1）[J]. Southern Cultural Relics, 2017, 56（1）: 8-15.

[16] 朱世光. 汉唐长安地区的宏观地理形势与微观地理特征[M]//朱世光. 中国古都学的研究历程. 北京: 中国社会科学出版社, 2008: 83-95. ZHU S G. The Macro and Micro Geographical Situation in Changan area in Han and Tang Dynasty[M]//ZHU S G. The Research History of the Ancient Capital of China. Beijing: China Social Sciences Press, 2008: 83-95.

[17] 姚草鲜, 杨效雷. 《周易》文化视野下的秦汉都城遗址[M]//张涛. 周易文化研究. 北京: 东方出版社, 2015: 24-34. YAO C X, YANG X L. The ruins of the capital city of Qin and Han dynasty from the cultural perspective of Zhouyi[M]//ZHANG T. Research on Zhouyi Culture. Beijing: Oriental Publishing House. 2015: 24-34.

[18] 宿白. 隋唐城址类型初探（提纲）[M]//北京大学考古系. 纪念北京大学考古专业三十周年论文集. 北京: 文物出版社, 1990: 285. SU B. A Contents of the Type of Urban Sites in Sui and Tang Dynasties[M]// Department of archaeology. Peking University. To Commemorate the Thirty anniversary of the Archaeological Peking University. Beijing: WenwuPress, 1990: 285.

[19] 吴庆洲. 中国古城防洪研究[M]. 中国建筑工业出版社, 2009. WU Q Z. Research on Flood Control in Ancient Chinese Cities[M]. China Building Industry Press, 2009.

[20] 武廷海. 防洪对城起源的意义[C]//张复合. 建筑史论文集（第16辑）. 北京: 清华大学出版社, 2002: 95-105. WU T H. Significance of Flood Control on the Origin of City[C]//ZHANG F H. Proceedings of Architectural History（16th Series）. Beijing: Tsinghua University Press, 2002: 95-105.

[21] 曾忠忠. 基于气候适应性的中国古代城市形态研究[D]. 武汉: 华中科技大学, 2011. ZENG Z Z. Research of Chinese ancient Urban morphologies based on Climate adaptability[D]. Wuhan: Huazhong University of Science and Technology, 2011.

[22] 田银生. 自然环境——中国古代城市选址的首重因素[J]. 城市规划汇刊, 1999（4）: 28-29. TIAN Y S. Natural environment— the primary factor of the site selection of Chinese ancient cities[J]. Urban

[23] 杨柳. 风水思想与古代山水城市营建研究[D]. 重庆: 重庆大学, 2005. YANG L. The Research of Fengshui Theory And The Building Of Ancient Shangshui[D]. Chongqing: Chongqing University, 2005.

[24] 龙彬. 三台古城选址中的风水思想的科学诠释[J]. 南方建筑, 1998, 18（2）: 40-42. LONG B. The Scientific Interpretation of Feng Shui

about Santai Ancient City Site Selection[J]. South Architecture, 1998, 18（2）: 40-42.

[25] 李孝聪. 唐宋运河城市城址选择与城市形态的研究[M]. 北京：北京古籍出版社，1993.
LI X C. Study on Canal City Location and City Morphology in Tang and Song Dynastic[M]. Beijing: Beijing Ancient Books Publishing House, 1993.

[26] 光晓霞. 扬州城址与大运河的关系[J]. 扬州大学学报（人文社会科学版），2011, 15（3）: 112-116.
GUANG X X. On the Relationship Between the Site of the Ancient Yangzhou and the Grand Canal[J]. Journal of Yangzhou University（Humanities and Social Sciences Edition），2011, 15（3）: 112-116.

[27] 傅崇兰. 中国运河城市发展史[M]. 成都：四川人民出版社，1985.
FU C L. The History of the Develop- ment of China Canal City[M]. Chengdu: Sichuan People's Publishing House, 1985.

[28] 赵春青. 长江中游与黄河中游史前城址的比较[J]. 江汉考古，2004, 25（3）: 56-62.
ZHAO C Q. Comparative Study on Prehistorically Cities between in Middle Yangze River Region and Middle Yellow River Region[J]. Jianghan Archaeology, 2004, 25（3）: 56- 62.

[29] 杨茜. 成都平原水系与城镇选址历史研究[D]. 成都：西南交通大学，2015.
YANG X. The Chengdu Plain Water and Urban Location History Research[D]. Chengdu: Southwest Jiaotong University, 2015.

[30] 毛曦. 先秦巴蜀城市史研究[M]. 北京：人民出版社，2008.
MAO X. A Study of the of Pre-Qin Shu Cities History[M]. Beijing: People's Publishing House, 2008.

[31] 殷淑燕，黄春长. 论关中盆地古代城市选址与渭河水文和河道变迁的关系[J]. 陕西师范大学学报（哲学社会科学版），2006, 35（1）: 58-65.
YIN S Y, HUANG C C. On theConnection Between the Location of the Ancient Towns in the Guanzhong Plains and the Alterations of the Weihe[J]. Journal of Shaanxi Normal University（Philosophy and SocialSciences Edition），2006, 35（1）: 58-65.

[32] 刘立欣. 城市的足迹——非自然因素在中国古代都城选址中的重要作用[J]. 华中建筑，2009, 27（8）: 221-223.
LIU L X. Track of City: Important Functions of Non-nature Factors in Choosing of Capital Site[J]. Huazhong Architecture, 2009, 27（8）: 221-223.

[33] 叶骁军. 中国都城发展史[M]. 西安：陕西人民出版社，1988.
YE X J. The History of the Capitals of China[M]. Xi'an: Shaanxi People's Press, 1988.

[34] 侯甬坚. 周秦汉隋唐之间：都城的选建与超越[J]. 唐都学刊，2007, 23（2）: 1-5.
HOU Y J. Between the Zhou, Qin, Han, and Tang Dynasties: Selection and Surpass of the Capitals[J]. Tangdu Journal. 2007, 23（2）: 1-5.

[35] 王振州，王细芳. 唐长安城选址思想研究[J]. 西安建筑科技大学学报（社会科学版）. 2007, 26（3）: 39-42.
WANG Z Z, WANG X F. Study on the site selection of Changan city[J]. Journal of Xi'an University of Architecture and Technology（Social Science Edition），2007, 26（3）: 39-42.

[36] 赵安启. 唐长安城选址和建设思想简论[J]. 西安建筑科技大学学报（自然科学版），2007, 39（5）: 667-672.
ZHAO A Q. A brief study on the theory of site selection and construction of Chang'an, the capital city of the Tang Dynasty[J]. Journal of Xi'an University of Architecture and Technology（Natural Science Edition），2007, 39（5）: 667-672.

[37] 张蓓佳. 唐两京城市选址布局与城市规划设计的文化阐释[D]. 株洲：湖南工业大学，2012.
ZHANG B J. The Tang Dynasty Changan Luoyang City Location and City Planning and Design of Cultural Interpretation[D]. Zhuzhou: Hunan University of Technology, 2012.

[38] 黄建军. 中国古都选址与规划布局的本土思想研究[M]. 厦门：厦门大学出版社，2005.
HUANG J J. A study on the oriental thought of the location and planning of the ancient capitals of China[M]. Xiamen: Xiamen University Press, 2005.

[39] 侯仁之. 城市历史地理的研究和城市规划[J]. 地理学报，1979，34（4）：315-328.
HOU R Z. Urban historical geography research and urban planning[J]. Journal of Geography, 1979, 34（4）：315-328.

[40] 王军. 中国古都建设与自然的变迁[D]. 西安：西安建筑科技大学，2000.
WANG J. Chinese Ancient Capitals Construction and Change of Natural Environment[D]. Xi'an: Xi'an University of Architecture and Technology, 2000.

[41] 杨俊博. 从水源问题看汉魏洛阳城址的迁移[J]. 河南师范大学学报，2013，54（5）：96-99.
YANG J B. The transfer of the water from Luoyang Han[J]. Journal of Henan Normal University, 2013, 54（5）：96-99.

[42] 吴薇，刘红红. 古代武昌城市选址分析[J]. 华中建筑，2012，30（7）：52-54.
WU W, LIU H H. The Study on the Site Selection of Ancient Wuchang City[J]. Huazhong Architecture, 2012, 30（7）：52-54.

[43] 赵亮. 成都城址选择的历史优越性[J]. 成都大学学报，2007，27（1）：43-45.
ZHAO L. Chengdu Historic Superiority Seen from the Selection of Its Town site[J]. Journal of Chengdu University, 2007, 27（1）：43.

[44] 吴庆洲. 斗城与水城——古温州城选址规划探微[J]. 城市规划，2005，29（2）：66-69.
WU Q Z. Doucheng and Shuicheng: A Study on The Site Selection and Urban Planning of Ancient Wenzhou[J]. Urban Planning. 2005, 29（2）：66-69.

[45] 黄云峰. 探析南宋时期寿县古城的选址[J]. 四川建筑科学研究，2013，37（1）：213-217.
HUANG Y F. A Study of the Shouxian ancient city site selection in Nansong Dynasty[J]. Sichuan Building Science Research, 2013, 39（2）：213-217.

[46] 吴运江. 赣州古代城市发展及空间形态演变研究[D]. 广州：华南理工大学，2016.
WU Y J. The Development and Spatial Morphology Evolution of theAncient City of Ganzhou[D]. Guangzhou: South China University of Technology, 2016.

[47] 成一农. 清、民国时期靖边县城选址研究[J]. 中国历史地理论丛，2010，25（2）：56-68.
CHENG Y N. Researchon Site Selection of Jingbian County in the Qing Dynasty and Republic of China[J]. Journal of Chinese Historical Geography, 2010, 25（2）：56-68.

[48] 李孝聪. 唐宋运河城市城址选择与城市形态的研究. 环境变迁研究[M]. 北京：北京古籍出版社，1993.
LI X C. Study on Canal City Location and City Morphology in Tang andSong Dynastic. Study on the Change of Environment[M]. Beijing: Beijing Ancient Books Publishing House, 1993.

24　先秦时期城市选址理性实践与技术成就分析①

先秦时期是华夏文明基本特质的形成期，是中华文明发展的第一个高峰[1]，也是中国历史上城市集中出现的高峰期。从以城头山城址为代表的龙山文化大型聚落时代（公元前3000年左右），到以楚郢都、齐临淄为代表的春秋战国大型都城时代（公元前220年之前，期间共选址筑城约1720所[2]，单是春秋战国（公元前770年–公元前221年）约550年的历史中，所筑城址被现在考古工作证实了的就有428座之多[3]。

长期的大量的选址实践活动，促使先秦时期的城市选址积累了丰富的技术经验，选址技术如测量、国土规划、城市防洪、水利、总体规划等方面，都取得了突出的技术成就，达到了相当发达的水平；形成了深远的历史传承，孕育了以"实用理性"为主要特点的华夏文明城市选址技术传统。这一传统依赖经验积累和历史传承，重视现实的实效性和反馈效应，以城市的生存发展为最终目的，不产生抽象思辨的选址数理系统，早期的巫术神秘主义及潜在的宗教崇拜成分逐渐淡化。在此基础上，随着历史的演进，华夏文明的城市选址理论与实践不断成长、拓展、完善。

总体而言，先秦时期的城市选址技术成就包括：在观象定位技术实践的基础上，形成辨方正位的测量之术；在土化土宜之法技术实践的基础上，形成城地相称的制邑之术；在观星授时技术实践的基础上，形成尊历合时的节令之术；在避水防灾技术实践的基础上，形成得利避害的御水之术。

24.1　辨方正位的测量之术

《周礼》各篇皆言："惟王建国，辨方正位，体国经野，设官分职，以为民极"，即明确国都的具体位置，是建立国家的第一步。"辨方正位"，上升到国家机器建立的层面，具有了超越技术本身的意义。华夏文明开展测量技术探索的历史悠久。龙山文化时期，房屋聚落已有轴线和方位感，平粮台城址、新密古城寨，均有重合南北、东西轴线，据推测，应采用了太阳测向方法。[4]商代早期，先民可能已掌握水平面测量城垣墙基的技术。偃师商城遗址中，其城墙基槽底部的两侧或一侧，有一小沟，宽约0.5 m，深约0.2～0.4 m，这很可能是用来测量墙体基槽水平差的（即"水地以县"）。郑州商城也曾有类似发现[5]。

大禹治水时，已广泛运用了准、绳、规、矩等测量工具，确定高山大川的地理位置②，《墨子》解释了这些工具的用途，"百工为方以矩，为圆以规，直 以绳，正以县"。矩是直角形的尺子，规便是圆规，绳则是木工弹直线用的墨绳，县通悬，就是垂球[6]。

① 本章内容由唐由海、邱建第一次发表在《西南民族大学学报（人文社科版）》2017年第38卷第11期第181至187页。

② 《史记·夏本纪》：禹乃遂与益、后稷奉帝命，命诸侯百姓兴人徒以傅土，行山表木，定高山大川，……陆行乘车，水行乘船，泥行乘橇，山行乘檋。左准绳，右规矩，载四时，以开九州，通九道，陂九泽，度九山。

周初，测量东西方位，仍根据太阳出没的轨迹，辅以北极星定位。最重要的南北方向测定，是"在一块用水取平的平地上，立以表杆，并以表杆为中心，在地上画一半径较大的圆圈。标识出日出和日入时标杆之日影同圆圈的交点，此两交点的连线则为正东西方向，通过标杆作该连线的垂直线，即为正南北方向"[5]，所谓"匠人建国，水地以县，置槷以县，眡以景，为规，识日出之景与日入之景，昼参诸日中之景，夜考之极星，以正朝夕"[7]①。这里的用水取平，须用带垂线的原始水平仪器。这便是"土圭之法"，当时已较为成熟。殷人应该熟练掌握了此法，《尚书·召诰》记载，周初洛邑营建之时，曾让商之遗民参与城市选址与定位，"乃以庶殷攻位洛汭"。《周礼》设置的官职体系中，分管测量的是"夏官"的"土方氏"，"土方氏掌土圭之法，以致日景，以土地相宅，而建邦国都鄙，以辨土宜土化之法，而授任地者"[8]，土方氏是一个测量队伍，"上士五人、下士十人、府二人、史五人、胥五人、徒五十人"[8]共77人，在《周礼》官职中，算中等规模的。

24.2 城地相称的制邑之术

测量定位，仍处于微观技术层面，而以相土为基础的度地量民的制邑之术，则体现了基于土地承载力的整体性选址思维。

华夏文明中土地的地位超越一般的自然物，"地，载万物而养之"[9]。先秦交通设施和工具并不发达，河流众多，分隔不同区域，是不易逾越的地理障碍②。至战国时期，各国无日不战，农作物的互通，虽有但难成为常态，一城一地的补给，均需就地解决。此背景下，土地的产量（肥沃程度、面积），成为判断城址的位置、人口规模的前提条件。

24.2.1 相土九州

周初的《禹贡》③以大禹口吻，将九州之地的性质、等级、适宜种植的作物分类列出，作为各地纳贡的依据。如黄土高原的雍州，土壤性质"厥土惟黄壤"，等级是"惟上上"；而江南的扬州，土壤性质"厥土惟涂泥"，等级是"厥田惟下下"④。

城市人口是非农业人口，城市越大，就需要越多农田作为供给基地，因此，土地肥沃程度与城市选址与否、城市规模息息相关。西汉晁错提出城市选址的若干基本原则，"相其阴阳之和，尝其水泉之味，审其土地之宜，观其草木之饶，然后营邑立城，制里割宅"[10]，土地肥沃，草木丰饶，然后可以营城。至西汉之前，土地肥沃程度已成为城市选址的重大要素。

《周礼》对"土地""土壤"的论述，具体包括其分类、特点，同时确定了分管的官员、等级、下属数量。掌管土地分类的官员，是"夏官"的"职方氏"，其职责是"掌天下之图，以

---

① 《周礼·地官》言之：以土圭之法，测土深，正日景，以求地中；具体的方法，李善注引郑玄时解释：谓圭长一尺五村，夏至之日，竖八尺表，日中而度之，圭影正等，天当中也。

② 钱穆认为，中国文明的特点，源自中国水系特点。中国水系特点在于大河拥有极大极其复杂的、多等级的水系，其他文明（古印度、古巴比伦、古埃及）虽有大河，但流量不大，水系简单，没有许多支流。中国的农业文明，由小水系，逐渐蔓延扩大到整个大河流域，最终形成国家。见钱穆. 中国文化史导论 [M]. 北京：商务印书馆，1994.

③ 关于此书成书时间，采王国维《古史新证》观点。

④ 值得深思的是，后者却成为后来中国极为重要的农业区，鱼米之乡，可见先民改良土壤的能力与艰辛。

掌天下之地"[11]①。管理土壤的官员是"地官"的"草人",职责是"掌土化之法,以物地;相其宜而为之种",草人划分、归类土壤,根据不同性质的土壤,安排不同的农作物种植;采用"土化之法",将土壤依据性质分为:"骍刚、赤缇、坟壤、渴泽、咸潟、勃壤、埴垆、疆檻、轻爂"九种;再采用"土宜之法",用各种动物骨汁浸泡作物种子,提高土地产量。如"骍刚"是赤色而坚硬的土地,种子需要浸泡在牛的骨汁之中,"坟壤"是细腻而疏松的土地,种子需要浸泡在麋的骨汁之中,凡此等等②。

诸子对土壤研究最为精细的属《管子》,其将九州土壤分为上土、中土和下土三等,各有十八大类,每类又有五小类,计九十小类;上土中,又以粟土、沃土、位土三土为最好。粟土,湿而不黏,干燥而肥沃,不阻车轮,不污手脚,宜种谷物,大重与细重,白茎白秀③;而下土中的桀土,乃最差土壤,味咸而苦,宜种植米粒细长的白稻谷物,桀土产出,较前几类土壤差十分之七④。

24.2.2 度地量民

先秦时期是我国城乡关系开始出现的阶段。

"体国经野,国野分治"是这个时期城乡关系的特点。"度地量民"的目的,即从判断土地产出,再推断其可供给的人口、支撑的城市规模。这种经济学的逻辑关系与简单的选址"居中"而较,显然更理性而现实。

这种新的观点,是选址思想的革新。周初体制规定,各封地都邑规模,依据诸侯或大夫的等级确定,列国国都规模都不超过周王城1/3,大夫采邑不超过1/5或1/9⑤。此规定将城市与政治等级和待遇挂钩,城过大,超过了防卫必需,则将挑战权威,引发动乱⑥。

西周结束时,政治体制对城市规模的桎梏便土崩瓦解了,春秋战国时期城市的宗法寓意基本丧失。一方面是采邑的大量消失,诸侯郡县制不断推行;另一方面是"人"的重要性被逐渐认识,人身依附的奴隶制度逐渐退出历史舞台,大争之世的各国纷争,最终还是人口数量、质量之争,吸引人口成为诸侯国共识。"造廓以盛民"的观念盛行,城市规模不再依据宗法等级,而是根据人口数量,所谓"万室之国""千室之都""万家之县""万家之邑"的概念频繁在《管子》《战国策》等文献中出现,"(千室之都)抓住了城市人口这个中心环节,科学具体地说明了城市经济发展水平和其相应的建设规模。从此例即可概括,根据新的城市概念说提出的城市分级标准的优越性"[12]。

列国诸侯,从实际角度,提出相似的度地建城的观点。魏《尉缭子·兵谈》云,"量土地肥饶而立邑建城。以城称地,以城称人,以人称粟"。《管子·八观》言,"夫国城大而田野浅狭者,其野不足以养其民。城域大而人民寡者,其民不足以守其城"。尉缭子的观点,全出于城

---

① 需要指出的是,"职方氏"负责土地分类,但不入"地官",而归入"夏官"。估计是因其还掌握天下地图,熟悉天下地理形势,是军事战略部门负责人。

② 这其实有前代巫术的影子,如同一种法术或者咒语,通过不同的骨汁赋予种子适应不同土壤的能力,从现代科学上看,这些骨汁并没有区别。周礼.地官:凡粪种,骍刚用牛,赤缇用羊,坟壤用麋。

③《管子·地员》"群土之长,是唯五粟。五粟之物,或赤或青或白或黑或黄,五粟五章。五粟之状,淖而不肕,刚而不觳,不污车轮,不污手足。其种,大重细重,白茎白秀,无不宜也。

④《管子·地员》"兔土之次,曰五桀,五桀之状,甚咸以苦,其物为下。其种,白稻长狭。蓄殖果木,不如三土以十分之七。"

⑤ "先王之制:大都不过参国之一,中五之一,小九之一",见《左传·隐公元年》。

⑥ "都城过百雉,国之害也",见《左传·隐公元年》。

市防守的军事目的。《管子》的观点则说明乡村地区幅员浅狭的，无法选址建设大城，城市人口数量不高的，无法防守大城，即城市规模与乡村规模匹配，与城市人口匹配。两者观点的核心均是粮食产量。《管子》还提出了量化的"国""野"匹配标准，"上地方八十里，万室之国一，千室之都四；中地方百里，万室之国一，千室之都四；下地方百二十里，万室之国一，千室之都四"[13]。不过，《管子》的这个标准，应是基于山东半岛的地理条件，是平原地区城乡关系的地方经验。山区、重丘地区的百二十里之地，是不能支撑四座千室之城的。

《礼记·王制》认为实施制邑之术，"凡居民，量地以制邑，度地以居民。地、邑、民、居，必参相得也"，可实现儒家德治天下，止于至善的政治抱负，即"无旷土，无游民，食节事时，民咸安其居，乐事劝功，尊君亲上，然后兴学"。

24.3　尊历合时的节令之术

建立历法体系，遵守历法约束，顺天而为，合时筑城，是先秦时期基于农耕文明的经验直觉而形成的筑城行为准则和技术规范。

24.3.1　历法授时

农业生产规律性很强，春暖花开，秋熟蒂落，作物播种、生长、收割、储藏均按照合适的温度、湿度、阳光、降水的节奏起伏而行。孔子曾总结"天何言哉？四时行焉，百物生焉"[14]。农业需要历法，"历法是结合农业生产而起的一种系统知识"[15]，周而复始，按律而变的星象，是先民初步历法观念的基础。观象分为三类：观星，观测其与太阳晨暮时的关系，以定季节；观月，观测月之朔望，以定月份；观日，用土圭法（前文已述），测日影适中，以定春秋分；经此三步，方有较为完整的月亮历与太阳历结合的历法。

相传为夏朝历法的《夏小正》瑝瑢①，将全年分为十个月，每月配不同的星象、物候、农业生产、祭祀等内容，将人类活动与大自然运行的规律结合起来，以月令方式叙述，授时观念明显。如正月，天象上：可以看到鞠星，北斗的斗柄指向下方；物候上：冬眠结束，虫子苏醒，大雁北飞，鱼向水面游动；农事上：修理耒耜等农具，整理土地疆域，采摘芸菜（祭祀用）等②。

到了春秋时期，授时的观念更加凸显。《诗经·豳风·七月》，以"七月流火，九月授衣"开始，按农事生产顺序，逐月展开农桑稼穑的田园生活画面，如"八月萑苇，蚕月条桑，取彼斧斨"，又如"四月秀葽，五月鸣蜩"。

合乎季节、合乎时令的授时思想深入先秦各家学说，或劝告、或警告、或利诱，从永续利用的角度，极力阐述应天时的必要性和重要性。孟子③、荀子④以顺天时则得利，逆天时则得害相告诫；《周礼》的"山虞"，从资源永续利用的角度，要求择时伐木，只伐"季

---

① 《夏小正》所针对的星象，有公元前3000年（赵庄愚）、前2000年（罗树元、黄道芬）、前800（胡铁珠）、前600年（能田亮）等不同学术论断。

② 《夏小正·正月》：启蛰。雁北乡。雉震呴。鱼陟负冰。农纬厥耒。初岁祭耒始用。囿有见韭。时有俊风。寒日涤冻涂。田鼠出。农率均田。獭祭鱼。鹰则为鸠。农及雪泽。初服于公田。采芸。鞠则见。初昏参中。斗柄县在下。柳稊。梅杏杝桃则华。缇缟。鸡桴粥。

③ 《孟子·梁惠王上》：不违农时，谷不可胜食；数罟不入洿池，鱼鳖不可胜食也；斧斤以时入山林，林木不可胜用也。

④ 《荀子·王制》：春耕、夏耘、秋收、冬藏，四时不失时。故五谷不绝，而百姓有余食也；污池渊沼川泽，谨其时禁，故鱼鳖尤多而百姓有余用也；斩伐养长不失其时，故山林不童而百姓有余材也。

材"，否则处罚①；《逸周书》则将授时而为思想提升到"德"的层面，有"德"方可治国②。

24.3.2 筑城合时

什么时候是最好的筑城时令？《管子·度地》基于土壤特性，认为春季适应土工作业（春三月……夜日益短，昼日益长。……土乃益刚），冬季适合维修城郭，（缮边城，涂郭术），夏季和秋季不能行土工作业，因为"夏三月……大暑至，万物荣华，……不利作土功之事"，"秋三月……不利作土功之事，濡湿日生，土弱难成"。这个观点切合实际，冬季乃农闲时节，且土地坚硬（是否排除了冻土地区的非冻土地区？）适宜施工。

查《左传》，春秋时期与鲁国相关的筑城事件共计52次，其中春季筑城11次，夏季筑城9次，秋季筑城7次，冬季筑城24次。冬季筑城，比例最高（46%），且《左传》认为冬季筑城符合时节，如桓公十六年，筑向，"冬，城向，书，时也"；又如宣公八年，筑平阳，"城平阳，书，时也"。被《左传》批评的"不时"筑城，皆在夏季。如隐公七年，"夏，城中丘，书，不时也"；如隐公九年，"夏，城郎，书，不时也"。

筑城不合时，多另有原因。如僖公六年，郑人夏季筑城，因面临战争而自保，"（隐公）会齐侯、宋公、陈侯、卫侯、曹伯伐郑"，《左传》很理解地写道："郑所以不时城也"③。宣公十二年，楚人伐郑，郑于春季修郑城④；襄公十五年夏季，齐桓公伐鲁，鲁国紧急筑成郛⑤；定公六年夏季，晋人守卫成周而筑胥靡⑥；哀公十五年春季，为攻打叛国投齐的成地，孟武伯在输地筑城⑦。昭公元年的秋天，楚人边境筑了"犫、栎、郏"三城，因秋季筑城反常，郑人恐慌，以为楚国将开战，但子产分析，楚国派公子黑肱、公子伯州犁筑三城，是想要杀掉这两位公子⑧。而追溯周初的周公营洛⑨，三月筑城，有违农时。且此时是周人统一天下，志得意满之时，并不是为了应对外敌入侵的威胁。高效而高调的营洛，原因可能是"厥既命殷庶，庶殷丕作"，即以建设东都为手段，强迁殷遗民于土建工地劳作，加以看管，以绝其蠢蠢欲动的非分之念⑩。

《左传》筑城诸事例说明了在选址筑城时令

---

① 《周礼》："山虞掌山林之政令。物为之厉而为之守禁。仲冬，斩阳木；仲夏，斩阴木。凡服耜；斩季材，以时入之，令万民时斩材，有期日。凡邦工入山林而抡材，不禁，春秋之斩木不入禁。凡窃木者有刑罚"。

② 《逸周书·卷四·大聚解》："旦闻禹之禁，春三月，山林不登斧，以成草木之长；三月遄不入网罟，以成鱼鳖之长。……夫然则有生而不失其宜，万物不失其性，人不失七事，天不失其时，以成万财。既成，放此为人。此谓正德"。

③ 原文为：夏，诸侯伐郑，以其逃首止之盟故也。围新密，郑所以不时城也。秋，楚子围许以救郑，诸侯救许，乃还。（《左传·僖公六年》）。另，新筑之城可能是郑之新都（即韩郑故城）。

④ 《左传·宣公十二年》：十二年春，楚子围郑。旬有七日，郑人卜行成，不吉。卜临于大宫，且巷出车，吉。国人大临，守陴者皆哭。楚子退师，郑人修城，进复围之，三月克之。

⑤ 《左传·襄公十五年》：夏，齐侯围成，贰于晋故也。于是乎城成郛。

⑥ 《左传·定公六年》：六月，晋阎没戍周，且城胥靡。

⑦ 《左传·哀公十五年》：十五年春，成叛于齐。武伯伐成，不克，遂城输。

⑧ 《左传·昭公元年》：楚公子围使公子黑肱、伯州犁城犫、栎、郏，郑人惧。子产曰："不害。令尹将行大事，而先除二子也。祸不及郑，何患焉？

⑨ 《尚书·召诰》：成王在丰，欲宅洛邑，使召公先相宅，作《召诰》。惟二月既望，越六日乙未，王朝步自周，则至于丰。惟太保先周公相宅，越若来三月，惟丙午朏。越三日戊申，太保朝至于洛，卜宅。厥既得卜，则经营。越三日庚戌，太保乃以庶殷攻位于洛汭。越五日甲寅，位成。若翼日乙卯，周公朝至于洛，则达观于新邑营。越三日丁巳，用牲于郊，牛二。越翼日戊午，乃社于新邑，牛一、羊一、豕一。越七日甲子，周公乃朝用书命庶殷侯甸男邦伯。厥既命殷庶，庶殷丕作。

⑩ 《尚书·多士》记载，周公铁腕镇压殷人，将殷人强制迁往建好的洛邑，"成周既成，迁殷顽民，周公以王命诰，作《多士》"。

上，冬季是最合理的季节，但包括周公营洛在内的不合时筑城事例，又说明包括战争在内的政治事件的影响，可以突破常规的时令约束。

24.4 得利避害的御水之术

先秦城市多有临水取向，水之利与水之害并存，得利避害，两厢均得，体现着城市选址的中庸之道。

古蜀文明的宝墩文化时期（前2500年左右）六城①，均筑横剖面呈梯形，外斜度约为30°～40°的防洪城墙[16]。良渚遗址长达4.5千米长墙，墙底宽30多米，顶部宽5米，坡度大，且不围绕遗址，而一直向北，据推测只是防御山洪，并不具备军事防御功能[1]。三星堆（前1700年左右），城墙内侧底层堆积大量陶片，是人类文化活动的痕迹，而墙外淤沙堆积约一米余深，反映洪水的多次冲击[17]。郑州商城遗址、湖北盘龙城遗址、安阳殷墟均发现可能作为泄洪功能的壕沟，"商代后期的都城已出现了规划完备的沟渠系统"[18]。

周初，周公奔走于城址四周河流，即黄河、黎水，涧水，瀍水，虽以占卜的名义判洛邑城址吉凶，实是考察周边水系，确定洛邑城址合宜程度②。

得水利同样为中国城市选址所重。东周各诸侯国的都城大多毗邻江河选址。如楚纪南城址临云梦泽，鲁曲阜城址临洙水、小沂河，齐临淄城址临淄水，燕下都城址临易水，韩魏新郑城址临黄河、双洎河，吴灵岩城址临太湖；以及秦之栎阳临沮水，秦咸阳临渭水等。

得水之利与防水之害，是城址与水关系问题的两个方面。《管子》辩证的论述为"凡立国都，非于大山之下，必于广川之上；高毋近旱，而水用足；下毋近水，而沟防省；因天材，就地利"[13]。

城市选址得水避害的御水之术，包括避水之术与得水之术。

24.4.1 避水之术

于稍高处选址，是城址避水的地势选择。

史前诸多城址，位于河流二级台地，取水方便，距河不远（20～50 m）。如古蜀营盘山、沙乌都遗址，于岷江河谷台地；湖北盘龙城遗址，于黄陂叶店府河北岸高地上；山东城之崖遗址，于章丘龙山镇武源河畔的台地上；河南后冈遗址，于安阳西北洹水南岸舌形的河湾高地上，内蒙古赤峰市英金河及其上游阴河两岸，有石城城址四十三座，均于河流两岸的台地上，北岸居多[19]。

安阳殷墟，以小屯村为遗址的宫室宗庙区[20]，地势较周围稍高。殷墟虽无城墙防水，但地势高亢，加之排水设施完备，城址使用年代较长，自盘庚，至商亡，存续二百七十余年之久。

赵晋阳城，位于黄河、涑水之北，汾河以东，中条山以南，地势高亢，东城高出汾河17 m，西城高出7 m[21]。春秋末年（前455年），智氏、韩氏、魏氏，合攻晋阳，引汾水灌城，但水面始终离城头2 m左右，未果③。防水成功的晋阳城，促成了春秋时代的终结。

东方大城临淄城，作为齐国都城长达638年，

---

① 宝墩古城、高山古城、盐店古城、紫竹古城，双河古城、芒城古城。

② 《尚书·洛诰》：予惟乙卯，朝至于洛师。我卜河朔黎水，我乃卜涧水东，瀍水西，惟洛食；我又卜瀍水东，亦惟洛食。伻来以图及献卜。

③ 《史记·赵世家》：三国攻晋阳，岁徐，引汾水灌其城，城不浸者三版。"版"是量词，为古代计量城墙的度量单位。每版高二尺，长八尺。宋末胡三省注《资治通鉴·周威烈王二十三年》，言：高二尺为一版；三版，六尺。周之六尺约合现在两米。

图24-1 洛汭成位图
转引自王其亨 张慧.《尚书》《周礼》中国古代城市
规划与风水理论的坟典[J]. 天津大学学报（社会科学
版）2010（03）:227

历姜齐26代君主、田齐8代君主，《战国策·齐策》所谓"临淄之中七万户"并非虚言。其城址东贴淄河，南靠系水，地势北高南低，顺淄水走向，利于城市排水。城址地坪海拔40~50 m，比北边原野（海拔35m以下），高出5~15 m，不易受洪水威胁[22]。管仲曾参与临淄城经营，建设了临淄水的东门和广门（疑位于东门以南）。广门较东门高6尺（约合2 m左右），未筑堤防，而"东门防全也"，这是选址带来"沟防省"①。

反面例子是黄河下游诸城址的劣化。战国时期，黄河下游的齐国去河25里修筑堤防，御黄河洪水，引发上游赵国、魏国皆去河25里修筑堤

防。黄河在两岸共50里的约束中，泥沙沉积，最终在西汉成为高悬于两岸诸城城址数米的悬河。

于凸岸处选址，是城址避水的地形判断。

凹岸与凸岸具有不同的水力学意义。凸岸一直向前发展，淤大于冲，土地得到拓展，而凹岸不断受到河水侵袭，冲大于淤，土地不断减少。一般而言，凸岸，较之凹岸更适宜选址建城②。

地球自转，北半球的河流南岸冲刷大于北岸，北岸凸岸的概率较高，古人发现这一特点，将北岸喻为"阳"，南岸寓为"阴"，并趋阳避阴，认为城市、住宅都宜于在阳处选址。全国县级行政区2831个（2005年数据），市（县）名称中有"阳"的，180个，有"阴"的，只有8个。

周初营洛，即体现了凸岸选址的思想。洛邑位于洛河之北的凸岸所在，"太保乃以庶殷攻位于洛汭"，"汭"是两水交汇处或弯曲处，水内乃汭，即凸岸所在，是选址建城的佳处（图24-1）。

前文所述赵晋阳城，位于汾河西岸的凸岸，土肥地高。北宋初（979年），城毁，三年后（982年），汾河东岸凹岸处筑新城（即太原），地势低，且"位于河流凹岸且处于山谷峡口，河流主线对河岸的侵蚀、汛期的山洪等势必对城市生存发展造成威胁"[23]，洪水灾害至此成为太原顽疾，仅1884—1949年60余年间，太原城发生较大洪水15次[24]③。

---

① 齐景公欲去东门防洪堤，晏子以东门、广门的高差与洪水的关系，阻止了他。见晏子春秋·内篇杂上：昔者吾先君桓公，明君也，而管仲贤相也。夫以贤相佐明君，而东门防全也，古者不为，殆有为也。蚤岁淄水至，入广门，即下六尺耳，乡者防下六尺，则无齐矣。

② 与之相反的是，码头的选址，须一般情况下须选择凹岸，凹岸边滩不宽且不会不断发展，岸线较为稳定，能保障码头前沿有足够的水深。

③ 道光年间的《阳曲县志》所分析："汾河由烈石口迤逦而至会城之西，其地北高南低，势如建瓴，一遇夏秋雨潦，冲激之害时所不免"。总体而言，宋代所建河东之城城址，是劣于春秋所建河西城址的。

24.4.2　得水之术

随着生产力水平的提高，先秦城市选址和建设，逐渐由单纯的"防水""避水"，转变改造水系，创造城市长期"得水"局面。这一时期的水利工程设施，对维护区域水系格局，拓展区域农业经济，稳定既有城址位置，以及增加区域城市数量、等级等起到至关重要的作用。

以秦国的都江堰与郑国渠为例。

都江堰：

古蜀核心地区（成都平原）地势较低，地下水位高，岷江水系季节波动大，水患严重。唐人岑参诗云"江水初荡潏，蜀人几为鱼。向无尔石犀，安得有邑居"。古蜀国存续期间的主要城市，受周期性洪水影响，城址一直不断迁徙，游走不定[16]。秦纳蜀后（前316年），建成都城。前256年，郡守李冰修都江堰水利工程，设鱼嘴、飞沙堰、宝瓶口，分岷江为外江与内江。此举首先彻底稳定了成都平原水系格局，内江[检江（走马河）、郫江（柏条河）、渐江（蒲阳河）]，外江[望川原（江安河）、羊摩江（黑石河、沙沟河）]诸河道基本定型，平原的洪涝发生概率大幅降低。所建之成都、郫县、邛崃三城，均经2300余年，名称不变，城址不变。其次是改善了成都平原的农业灌溉条件，由内江诸河为骨架的灌溉系统至此开端，经过历代后期建设补充[1]，形成网络加树枝状，由渠首、干渠、支渠、斗渠、农渠、毛渠、水塘组成的复杂农田水利系统，沿用至今。

都江堰除水害之余，灌溉了平原大量农田[2]，造就了"水旱从人，不知饥馑，时无荒年"[25]天府之国。水系的稳定，耕地量与质的提升，促使更多的城市出现。这一时期是成都平原第一个建城高峰期，城市大量涌现，"此时期（前256–前266）增设的次级城镇数量达到8个，分别是：湔氐道、江原、广都、武阳、雒县、什邡、繁、新都。"[16]

郑国渠：

郑国渠（图24-2）途经关中平原北部，全渠长300余里，利用高差，顺势而下，将富含泥沙的泾水当作肥料，灌溉了今三原、高陵、泾阳、富平等县50万亩土地，增强了关中综合经济实力，"渠成而用注填阏之水，溉泽卤之地四万余顷，收皆亩一钟。于是关中为沃野，无凶年，秦以富彊，卒并诸侯"[26]。一钟约合250斤，亩产当时很高[6]，且所灌之地，原为贫瘠之地，《泾县县志》曾言"未凿渠之前，斥皆卤硗[3]，确不可以稼"。

郑国渠是化盐卤之地为膏腴之地，以食关中的民生工程，泽被后世，"举臿为云，决渠为雨。泾水一石，其泥数斗。且溉且粪，长我禾黍。衣食京师，亿万之口"[27]，且非常典型地说明，水利工程设施与城址选址布局是可以互为因果的，彼此互动。秦末至西汉景帝时期，关中渭河以北地区，增加了莲勺、池阳、万年、祋栩、云陵等五县，与此地区原有县城数量接近，这与水利设施新建所促成的高产农田密不可分[4]。而

---

① 都江堰灌渠汉代面积为50万亩，至宋神宗年间，其面积已达170万亩。见杨茜.成都平原水系与城镇选址历史研究.[D]，西南交通大学,2015: 35

---

② 史记·河渠书：蜀守冰凿离堆，辟沫水之害，穿二江成都之中。此渠皆可行舟，有余则用溉浸，百姓飨其利。至于所过，往往引其水益用溉田畴之渠，以万亿计，然莫足数也。

③ 硗：土地坚硬而不肥沃。

④ 《汉书·沟洫志》毫不吝惜的称赞郑国渠等水利工程带来的耕作条件变化："田于何所？池阳、谷口。郑国在前，白渠起后"。

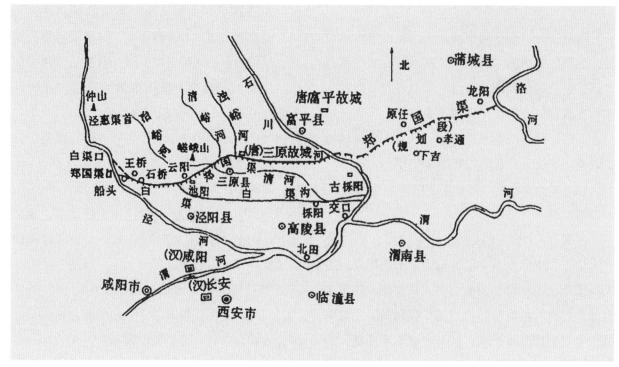

图24-2　郑国渠位置示意图
引自 周魁一.中国科学技术史·水利卷[M]，科学出版社,2002:207

城邑兴起，又促进水利设施的进一步完善[①]，关中地区从此成为沃野，号八百里秦川。

24.5　结语

先秦城市选址理性实践形成了的初具雏形的选址技术成就，是用冷静、务实、理性的态度，而不是在某种神秘崇拜指引下，理解城市与自然的关系，城市与人的关系；既尊重客观自然规律，又主动改善城地关系；既关注宏观层面的城乡和谐发展，又关注微观层面城址位置与布局；既关注不同哲学思想的引导，又关注城址营建的具体技术。

总体而言，先秦城市选址理性实践呈现了"实用理性"的总体特点，即重实效、轻玄思，重包容并收，轻迷狂执念，重经验积累，轻理论清谈，这一特点在历史的长河中，不断传承、拓展、更新。

① 汉武帝时期，倪宽在郑国渠上游南岸开凿六辅渠（前111年），白公（前95年）主持修筑白渠。郑国渠、六辅渠、白渠相辅相成，共同构成了关中完整而大规模的灌溉系统。

■ **参考文献**

[1] 严文明. 中华文明史（第一卷）[M]. 北京：北京大学出版社，2006.

[2] 陈正祥. 中国文化地理[M]. 香港：三联书店香港分店，1981.

[3] 许宏. 先秦城市考古学研究[M]. 北京：燕山出版社，2000.

[4] 卢嘉锡. 中国科学技术史·通史卷地学卷[M]. 北京：科学出版社，2003.

[5] 杜石然. 中国科学技术史[M]. 北京：科学技术出版社，2003.

[6] 周魁一. 中国科学技术史·水利卷[M]. 北京：科学技术出版社，2002.

[7] 杨天宇. 考工记·匠人[M]. A 周礼译注. 上海：上海古籍出版社，2004.

[8] 杨天宇. 夏官·土方氏[M]. 周礼译注. 上海：上海古籍出版社，2004.

[9] 刘柯，李克和. 形势解[M]. 管子译注. 哈尔滨：黑龙江出版社，2003.

[10] 班固. 汉书·爰盎晁错传[M]. 北京：中华书局，1962.

[11] 杨天宇. 夏官职方氏[M]. 周礼译注. 上海：上海古籍出版社，2004.

[12] 贺业钜. 中国古代城市规划史[M]. 北京：中国建工出版社，1996.

[13] 刘柯，李克和. 乘马[M]. 管子译注. 哈尔滨：黑龙江出版社，2003.

[14] 杨伯峻. 阳货[M]. 论语译注. 北京：中华书局，2006.

[15] 雷海宗. 历法的起源和先秦的历法[J]. 历史教学，1956（8）.

[16] 杨茜. 成都平原水系与城镇选址历史研究[D]. 成都：西南交通大学，2015.

[17] 王毅. 从考古发现看川西平原治水的起源与发展[C]//罗开玉，等. 华西考古研究（一）. 成都：成都出版社，1991.

[18] 吴庆洲. 中国古城防洪的历史经验与借鉴[J]. 城市规划，2002（4）.

[19] 徐光翼. 赤峰英金河、阴河流域的石城遗址[C]//中国考古学研究——夏鼐先生考古五十年纪念论文集. 北京：文物出版社，1986.

[20] 张康. 先秦时期黄河中下游地区地方问题研究[D]. 石家庄：河北师范大学，2013.

[21] 侯秀娟. 华夏文明看山西论丛（文明衍流卷）[M]. 太原：山西出版集团山西春秋电子音像出版社，2007.

[22] 吴庆洲. 中国古代城市防洪研究[M]. 北京：中国建筑工业出版社，1995.

[23] 张慧芝. 宋代太原城址的迁移及其地理意义[J]. 历史地理论丛，2003，18（3）：92-100.

[24] 马正林. 中国城市历史地理[M]. 济南：山东教育出版社，1999.

[25] 刘琳. 华阳国志校注[M]. 成都：巴蜀书社，1984.

[26] 司马迁. 史记·河渠书[M]. 北京：中华书局，2009.

[27] 班固. 汉书·沟洫志[M]. 北京：中华书局，1962.

25　国家级新区规划管理的机构设置、问题及建议[①]

国家级新区是由党中央或国务院批准设立，承担国家重大发展和改革开放战略任务的综合功能区。从1992年上海浦东新区成立到2017年4月河北雄安新区的提出，国家级新区已经发展至19个，为我国改革开放和城市发展的先行先试贡献巨大。2018年3月启动的国家机构改革，根本目的是优化行政组织结构，转变政府职能，加强政府在公共服务、社会管理、经济调节方面的责任[1]。长期以来，我国实行严格意义上的科层制管理，建立了比较丰富的经验。当前城市管理已经逐步走向政府与市场、社会相互影响的多元化治理格局，是深化改革的基本取向。大胆打破条条框框限制，抓住关键环节进行系统谋划，建立结构优化、配置协调的体制机制，才能整合资源、服务改革发展大局。国家级新区不是完整或法定意义上的一级政府，管理体制机制各异，效能不同。系统梳理19个国家级新区规划管理现状，发现、辨析问题，并以问题为导向提出解决问题的建议意见，对国家级新区关键领域改革及空间规划体制机制改革做出基础性探索具有重要意义。

25.1　研究现状

近年来，相关学者从不同视角对国家级新区管理体制进行了探索，研究成果主要集中在行政管理领域，分为两个方面：一是对新区行政组织的功能与现实困境进行讨论。薄文广和殷广卫（2017）认为，国家级新区内部利益关系的不协调，造成在体制保障上面临着内部利益难以有效协同的发展困境，已经成为制约国家级新区当前和未来发展的一大突出障碍[2]。二是从通过对国家级新区管理实践总结经验，提出管理体制创新思路。卢向虎通过分析比较西部地区5个国家级新区管理体制，明确新区管理体制的制定要有利于调动各利益方参与新区开发建设的积极性，促使各方在开发建设过程中形成合力[3]；曹云以8个国家级新区为对象，以国家级新区承担的战略使命为逻辑主线，从体制机制、产业聚集、空间功能、社会建设等方面开展了比较研究[4]；李铀对浦东、滨海、两江新区三个国家级新区的建设经验进行分析，总结出国家级新区建设经验在建设背景、政府角色、资本投入、人力资源、土地运用等方面的异同，并就其共性及差异予以提炼、总结，最终确定新区建设的"关键要素"[5]。上述研究为国家级新区管理体制机制改革提供了理论基础和经验借鉴。

对于国家级新区规划管理的研究仅局限在规划编制和实施的保障措施层面。例如，晁恒以尺度重构为视角，建议国家级新区"多规合一"确定以"统一发展目标、统一规划指标、协调空间布局、协调空间管制"四个方面为主要内容，并提出在规划编制和实施阶段应分别开展的重点工作[6]。岳雷等以重庆两江新区为例，对现有近期建设规划编制和实施进行反思，从编制周期、编制内容、编制深度等角度探讨了方法和思路，提

---

① 本章内容由罗锦、邱建第一次发表在《规划师》2020年第36卷第12期第31至37页。

出将"完善规划实施监督机制"作为保障近期建设规划效力的重要措施[7]。通过文献调查发现：针对国家级新区规划管理机构设置及效能的研究鲜有报道，及时弥补人们对此问题的认识，将有利于国家级新区在新时代机构改革向纵深推进、有利于规划管理的优化完善以及有利于发展建设的有序高效与依法依规。

25.2　研究方法

本文以国家级新区为研究对象，从规划管理的视角聚焦机构设置研究，系统调查全国19个国家级新区规划管理现状情况，提出新区现阶段规划管理面临的主要问题及其优化建议。在研究方法方面，一是通过相关文献、年度报告等的归纳整理，初步掌握了现阶段新区规划管理的基本情况；二是选取浦东新区、滨海新区、两江新区、江北新区、西咸新区等具有典型性的国家级新区，开展实地考察和深度访谈交流，详细收集整理了各新区在机构设置、职责分配等规划管理

的主要内容；三是依托调查问卷进行多轮电话访谈，对19个国家级新区总体情况进行了有针对性的补充了解；四是在掌握较为全面的信息资料基础上，通过对现有国家级新区规划管理机构设置进行了甄别及类型比较研究，总结提炼出各新区规划管理方面的特征以及面临的问题。

25.3　规划管理的现状分析

国家级新区规划管理现状主要从机构设置总体情况、职能职责和决策机制三个角度进行分析。

25.3.1　机构设置

国家级新区行政机构管理模式主要有三种类型，分别为政府型，政区合一型和管委会型，并各有其优缺点（表25-1）。

调查发现：由于各个新区的战略定位、自然资源、经济发展、历史文化等方面存在诸多差异，新区管理机构设置需结合其特殊性，构建适合自身发展的模式。大部分新区，管理体制的变

表25-1　三种管理模式比较

行政管理模式	国家级新区	优点	缺点
政府型	上海浦东新区、天津滨海新区	权威性强，政令通畅、可以充分调动、行使行政权力，职能上更综合、效能上更突出	机构庞大、存在向传统政府体制回归的风险
政区合一型	舟山群岛新区、广州南沙新区、青岛西海岸新区、大连金普新区	兼具权威性，同时富有灵活性，职能综合性较强，经济与社会职能统一	"一套人马、两块牌子"存在不同决策主体如何协调以及角色转换问题
管委会型	河北雄安新区、重庆两江新区、甘肃兰州新区、陕西西咸新区、贵州贵安新区、四川天府新区、湖南湘江新区、南京江北新区、福建福州新区、云南滇中新区、黑龙江哈尔滨新区、吉林长春新区、江西赣江新区	上级组织的派出机构，扁平化大部制，效率较高	区域协调困难、权威性差，甚至互相推诿扯皮；主要以经济职能为主，社会职能为辅

迁是自上而下的外生强制性制度变迁与自下而上的内生诱致性制度变迁综合作用的结果。[6]前期以自上而下为主，后期逐渐以自下而上发展起来，最后形成上下共同推动管理机构改革创新的局面。随着2018年机构改革的深入推进，网络型组织结构正在成为新区行政机构改革的方向，大多数国家级新区机构设置采用合并式的大部制。

具体到国家级新区规划管理机构设置，情况更加复杂（表25-2）。

表25-2所示国家级新区规划管理机构设置大致可以归纳为三类：一是规划和国土合并，成立规划国土局或者规划和自然资源局，如上海浦东新区；二是规划和建设部门合并，成立规划建设局，如河北雄安新区；三是规划与经济发展、

表25-2　全国19个国家级新区规划管理机构设

新区名称	行政机构	机构组成	规划管理机构	
			机构名称	内设机构
上海浦东新区	区委、区政府	22个工作机构	规划和自然资源局	规划管理处、行政审批处、风貌管理处、权籍管理处、自然资源利用处、土地综合计划处、监督管理处等处室
天津滨海新区	区委、区政府	新区区委工作机关13个，新区人民政府设置工作机构27个	天津市规划和自然资源局滨海新区分局	综合业务处（测绘管理处）、总体规划处、详细规划处（地名管理处）、市政规划处、土地利用管理处、土地资源管理处（地质矿产资源管理处）、权籍管理处、房屋管理处（物业管理处）、房地产市场处、住房保障处、行政审批处等处室
重庆两江新区	管委会	16个内设机构+3个直属机构+4个党群团组织+7个驻区机构	规划和自然资源局	行政审批科、法制监察科、规划用地科、土地利用科、房地产市场科、物业管理科、住房保障科、地质矿产科、信息档案科、登记受理科、登记审核科等科室
浙江舟山群岛新区	管委会	7个工作机构	舟山市自然资源和规划局新城分局	空间规划处、详细规划处、用地管制处等内设处室
甘肃兰州新区	中共兰州新区工作委员会、管委会	党工委、管委会工作机构21个+法检部门2个+园区党委管委会3个+省管机构3个	自然资源局	现机构还未整合，现行相关规划管理机构主要有综合处、规划耕保与环境管理处、土地利用处、规划编制处、规划管理处、市政规划建设管理处、村镇建设管理处、建筑行业管理处、住房保障和房地产管理处、交通运输管理处、城建档案和信息管理中心等内设机构
广州南沙新区	广州南沙区人民政府	13个工作机构	规划和自然资源局	自然资源利用处、用地处、自然资源保护监督处、不动产登记处、编研中心等处室机构
陕西西咸新区	管委会	19个工作机构	自然资源局/规划与住房城乡建设局	现机构还未整合，规划与住房城乡建设局内设规划部、建设部、房管部、文物部、轨道办等内设机构

续　表

新区名称	行政机构	机构组成	规划管理机构	
			机构名称	内设机构
贵州贵安新区	管委会	27个工作机构+2个产业园区	自然资源局/规划建设管理局	目前机构还未整合，规划建设局下设综合办公室、党建办公室、规划编制研究处、城市建设管理处、城乡规划管理处、工程规划管理处（人防办、交通战备办）、建筑业管理处、住房保障处、房产交易与物业管理处、海绵建设管理处、风景处、信息中心等机构
青岛西海岸新区	区政府、管委会、党工委	26个工作机构	自然资源局	建筑管理科、测管中心、权籍科、储备中心、矿管科、国土空间规划科、土地利用科、林政科、林业站、耕保科、用途管制科、市政管理科、征地办、法规科、行政审批科、国土档案所、不动产登记中心、西区测绘所、东区测绘所、森林公安局、资源管护督察队、湿保站（唐岛湾管理中心）、技术指导组等科室
大连金普新区	金普新区管委会、金州区委/区政府、党工委	3个功能园区管委会+18个工作机构	大连市自然资源局金普新区分局	调查监测处、确权登记处、开发利用处（所有者权益处）、空间规划处、详细规划处、专项规划处、风貌管理处、村镇规划处（耕地保护处）、用途管制处、生态修复处、矿产资源管理处、地质勘查管理处、森林资源保护处、森林资源管理处、海洋经济发展处、海域海岛管理处等处室
四川天府新区	成都天府新区建设领导小组+两个片区管委会办公室（成都、眉山）+8个片区	20个工作机构	成都管理委员会自然资源和规划建设局/眉山管委会自然资源局	综合管理处、公园城市推进处、效能信访处、土地利用处、用地保障处、国土空间规划处（总规划师办公室）、规划管理处、重大项目和公建配套处、房管处、交通运输处、建设管理和城市更新处、综合执法大队、质安站、运管处、评审中心、土地储备中心、不动产登记中心、项管中心、房产服务中心、住保中心机构；眉山管委会自然资源局下设国土空间规划和测绘管理股、建设管理股等7个股室
湖南湘江新区	管委会+两区一市政府+协调领导小组	7个工作机构+5个事业单位+1个国有企业+5个技术开发区（园区）+2个国有企业	国土规划局	规划编制处、规划审批处、土地管理处、征地拆迁处等处室
南京江北新区	新区管委会+工作领导小组	14个二级职能机构+5个二级派出机构	规划与自然资源局	规划编制办、规划管理办、国土空间规划发展中心等内设机构
福建福州新区	福州新区党工委、福州新区管委会	综合协调办公室、规划发展局2个工作机构	规划发展局	国土规划环保处、科技创新与产业发展处（招商处）、城乡建设处、交通港口建设处、行政审批处等处室

续 表

新区名称	行政机构	机构组成	规划管理机构	
			机构名称	内设机构
云南滇中新区	新区管委会+属地政府	40个工作机构	规划建设管理部/昆明市自然资源局滇中新区自然资源办公室	规划发展处、综合执法处、建管一处、建管二处等处室
黑龙江哈尔滨新区	新区管委会+属地政府	各开发区管委会+22个工作机构	自然资源局（哈尔滨市松北区自然资源局）	规划科等业务科室
吉林长春新区	新区管委会+属地政府	4个开发区分区管委会+24个工作机构	长春新区规划和自然资源管理服务中心（长春市规自局新区分局）	空间规划科、土地交易中心、房屋征收综合管理办公室等科室
江西赣江新区	新区管委会	4大组团管委会+8大职能部门+7大直属事业单位+2大驻派机构	国土资源局/城乡统筹局	现机构还未整合，自然资源局包括综合处、业务科室等机构
河北雄安新区	新区管委会	9个内设机构+1个国有企业	规划建设局	内设规划统筹组、资源统筹组、城镇建设统筹组、交通统筹组等10个工作组

资料来源：根据19个国家级新区官网、座谈交流和电话访问整理而绘制。

国土、建设、环保、住房、交通等一个或者几个职能部门合并，最终成立规划发展局、规划建设国土局或规划与住房城乡建设局，如福建福州新区。同时发现：在规划管理组织机构设置上基本沿用了城市规划管理机构设置模式，19个国家级新区中，15个属于规划和国土或者规划与建设的整合，仅有4个国家级新区是多部门、多职能的整合。

从规划管理内设机构组成来看，大致包括以下几个处（科）室：办公室（综合处或者人事财务处）、规划编制处（科）、规划管理处（科）、土地权籍管理处（科）、土地利用处（科）、建设管理处（科）等。从内设机构设置数量来看，黑龙江哈尔滨新区、吉林长春新区、云南滇中新区内设机构相对较少，如云南滇中新区仅设四个处室；天津滨海新区、青岛西海岸新区、广州南沙新区、甘肃兰州新区等内设机构相对细致，如天津滨海新区设置总体规划管理处、详细规划管理处、城市设计处等近30个处室。有的新区还设置了各具特色规划管理机构，如上海浦东新区、四川天府新区、甘肃兰州新区、贵州贵安新区分别设置与景观风貌管理相关的城市风貌处、城市景观规划处和风景处，广州南沙新区、陕西西咸新区设置城市更新处和城市改造办，浙江舟山群岛新区、四川天府新区设置总规划师办公室，陕西西咸新区设置轨道交通建设办公室等。

25.3.2 职能职责

国家级新区规划管理职能包括以下几个主要方面：组织人事财务综合职能、国土空间规划编制职能、城市风貌管控职能、建设项目审批职能、测绘管理职能、耕地保护职能、地籍管理职能、土地利用管理职能和规划督查职能。还有的国家级新区探索增加了富有创新性的职能，例如，四川天府新区规划管理机构承担对接总规划师的职能；贵州贵安新区规划管理机构承担专题研究建设管理海绵城市的职能；福建福州新区规划管理机构承担产业规划管理职能。其中大部分新区都明确了国土空间规划管理职能和主要内容，如四川天府新区、重庆两江新区、青岛西海岸新区、上海浦东新区等；也有新区仍处于传统规划管理部门转型期的较早阶段，如陕西西咸新区、大连金普新区和南京江北新区等（表25-3）。

国家级新区规划管理职责是指规划管理权力边界及其约束范围，大致可以分为以下三个主要方面：在总体规划层面，广州南沙新区由于自身定位、区位条件和社会管理等特殊原因，需要省级以上的权限来管理和协调，因此是唯一由国家发改委牵头设立的国家级新区，而享有省级规划

表25-3　19个国家级新区规划管理职能组织情况

新区名称	规划编制与修改			行政审批	规划实施与监督
	国土空间规划	详细规划	相关专项规划		
上海浦东新区	√		√	√	√
天津滨海新区	√	√	√	√	√
重庆两江新区	宏观战略规划	总体城市设计和片区城市设计	专业专项规划（市政类除外）	√	√
浙江舟山群岛新区	√	√	√	√	√
甘肃兰州新区	—	√	—	√	√
广州南沙新区	—	√	√	√	√
陕西西咸新区	全区总体规划、分区规划	√	传统专项规划	√	√
贵州贵安新区					
青岛西海岸新区	√	√	√	√	√
大连金普新区	城市总体规划、分区规划	√	传统专项规划	√	√
四川天府新区	√	√	√	√	√
湖南湘江新区	—	√	√	√	√
南京江北新区	总体规划和近期建设规划	√	—	√	√
福建福州新区	全市城乡建设科技发展规划、城乡市政公用事业的发展规划			√	√

续　表

新区名称	规划编制与修改			行政审批	规划实施与监督
	国土空间规划	详细规划	相关专项规划		
云南滇中新区	全区总体规划、重点组团规划	√	传统专项规划	√	√
黑龙江哈尔滨新区	√	√	√	√	√
吉林长春新区	城乡总体规划	√	传统专项规划	√	√
江西赣江新区	土地利用总体规划、土地利用年度计划、矿产资源总体规划、测绘行业发展规划和其他专项规划，并组织实施和监督检查			√	√
河北雄安新区	土地利用总体规划、新区总体规划	√	白洋淀生态环境治理和保护规划、相关专项规划	√	√

资料来源：根据19个国家级新区官网、座谈交流和电话访问整理绘制

管理权限的新区有贵州贵安新区和青岛西海岸新区等，享有市级规划管理权限有四川天府新区、上海浦东新区、南京江北新区等。此外，具有控制性规划管理权限的新区有上海浦东新区、天津滨海新区等，19个国家级新区基本上都具有修建性详细规划的管理权限。2020年1月，国务院发布《关于支持国家级新区深化改革创新加快推动高质量发展的指导意见》，提出将"允许相关省（区、市）按规定赋予新区相应的地市级经济社会管理权限，下放部分省级经济管理权限"，这有助于进一步提升国家级新区规划管理职权，便于深挖其发展潜力，为新区的改革创新、先行先试、开发开放提供了有力支撑。

25.3.3　决策机制

城市规划管理决策指规划管理主管部门根据法律权限和职能职责，按照一定的程序，对规划编制和实施过程中的相关问题做出决定。城市规划管理绩效主要取决于决策。通过梳理发现：

绝大多数国家级新区规划管理规划决策机制都是以规委会或者是建设领导小组为主导，如云南滇中新区、四川天府新区和河北雄安新区；也有新区积极并在此基础上进行创新，如浙江舟山群岛新区和四川天府新区等探索性地采用总规划师制度，以实现规划管理技术层面的管控。总体来看，国家级新区规划管理决策机制呈现出从人治走向法治，从片面走向全面的趋势。

25.4　规划管理的主要问题

国家级新区由于成立时间、影响范围和规划管理权限范围不同，在规划管理过程中面临的问题各异，但共性问题可以归纳为管理机构各自为政、管理活动低效和管理实施难以协调等。

25.4.1　管理机构各自为政

我国国土空间规划管理体系是由纵向规划层级和横向规划类型交织而成的系统，即对应国家、省、市（县）及乡（镇）的行政体系，形成国家、省、地方的纵向规划层级体系，实行自上而下的垂直管理。这种以纵向控制为主导的空间规划体系，与德国、日本、英国等国基本由一个部门统筹编制所形成一套从国家到地方层次清晰、相互衔接的规划体系相比，规划层级事权界限不清晰，容易产生上下层面的衔接不足，各级政府的空间规划事权模糊的问题。对国家级新区来说，一方面新区规划管理机构对外涉及与发改、规划、国土、建设、市政等多个部门相互合作，对内存在内设机构数量较多、种类繁杂的现象，如果投资建设信息共享不足，多方意见难以统一，导致实施和决策确定思路的时间精力成倍增加。比如，天津市规划和自然资源局滨海新区分局包含30多个内设机构，再加上与发改、国土、环保、建设等相关部门的协作，在规划编制和实施过程中面临如何实现高效运行的挑战。有的新区规划管理机构属于所在城市规划管理机构的分支机构或派出机构，统筹编制规划的效果十分有限。此外，若干新区如贵州贵安新区、甘肃兰州新区和湖南湘江新区存在城市发展投资公司（集团）等新区管理新型权力主体，与园区管委会之间各自为政的现象更明显，增加了行政成本，降低了管理效率。

25.4.2　管理活动低效乏力

国土空间规划管理是一项综合性很强的管理活动，探索从"多规分立"到"多规合一"模式下的规划编制、实施、管理与监督机制，都需要经过多层次、多维度的把关，因此对国家级新区规划管理活动的高效性提出挑战，主要表现在以下两个方面：一是新区部门间存在管理互动低效、权责交叉的现象，难以促进规划意见和决策高效统一，表现为规划层级间的差异性未能有效体现，不同层级、不同分区规划的空间管控重点不统一，导致规划管控逻辑的模糊与效率低下，进而产生空间管理无序、土地资源浪费、环境保护无力等问题，其根本原因在于大多数新区行政主体不同，发展主题各异，类别纷繁复杂，导致规划管理关系混乱，规划的科学性和权威性被削弱。二是编制的规划缺乏依据，新区内城市建设工作难以实现严格管控，缺乏实现规划目标的动力。新区规划管理权限包括市级权限、省级权限和国家级权限，一方面在于新区的总体规划编制缺乏法律和法规依据，只能结合所在省、市的总体规划赋予其合法性；另一方面规划报批程序存在不确定性，有的上报所在省或市的城乡规划管理部门，有的上报市（省）委、市（省）政府常务会通过，还有的上报市（省）规委会通过[7]，这对规划目标的确定和规划的权威性同样存在负面影响。

25.4.3　管理实施难以协调

国家级新区包含不同的功能区，上级审批、监督部门与下级规划管理部门，片区之间的各自为政规划管理模式已难以适应空间规划"多规合一"、区域协同的内在需求。一方面是行政管理协调问题。在新区层面，由于范围与原行政区划重叠与突破，新区与原行政区划的行政管理机构之间管理协调出现矛盾，新区与行政区之间、新区与外部省市之间同样存在区域层面协调困难的问题，直接影响新区内部大量单一型特殊经济区和功能区之间的统筹协调。另一方面是新区发展需求的协调问题，主要表现在经济职能与城市综合职能之间的矛盾，国家级新区的主要目的是发展经济，但国土空间规划强化了资源保护的重要性，因此如何在完成新区经济发展和试点任务的同时，保证环境和自然资源的高效管控也是未解之难题。

25.5 规划管理的优化建议

25.5.1 创新管理体制，推进现代化治理

推进城市治理现代化，首先要让国家级新区从规划管理走向规划治理，即围绕法治这一核心理念，收缩政府规划管理权力，鼓励强化社会参与，积极发挥市场主导作用，从而优化配置规划管理事权。在操作层面，空间规划的管控性、权威性和适应性也需要优化配置事权，作为国家级新区应转变观念，充分评估相关权利人的影响，在保证公共利益的同时，兼顾好企业或者个体利益，强化国土空间规划的可操作性。目前，优化重点主要在两个方面：一是要加快破除国家级新区发展阶段各自为政的体制壁垒，建立以管理绩效为导向，以网络化多智能复合为支撑的规划管理组织架构，突出配置高效和功能复合。二是聚焦"放管服"改革，优化机构设置和职能配置，尽可能把相近相关、交叉重叠的职能整合到一个机构，坚持一类事项原则上由一个部门统筹、一件事情原则上由一个部门负责。例如，河北雄安新区在推进管理创新的过程中，通过以法治化为导向，大部制改革为原则，打造精简、高效、统一、精干的行政管理体制机制，结合精细化、智能化的社会管理创新，为其实现绿色、创新、协调、开放的新城建设目标奠定了基础。三是面向市场供需刚柔相济的规划管理供给，在全面梳理工作职能职责的基础上，尽可能把本该市场发挥作用的职能进行剥离，归还市场，如可在国家级新区规划管理部门探索单独成立一个规划管理市场办，聘请企业家代表轮值任职。

25.5.2 优化运行机制，实施"多N合一"

高效有序管理要求运转协调、执行顺畅、监督有力，重点解决机构职能体系实效性问题，推进机构职能优化协同高效。要以推进机构职能优化协同高效为着力点，改革规划管理机构设置，优化规划管理职能配置，实现国家级新区规划管理从上位源头开发利用保护，到过程修复治理，再到下位用途管控落地的全流程管理。主要从以下两个方面强化：一是确保规划管理机构权责一致，通过确定事务主管和分管部门，实现充分调动工作积极性、因地制宜做好规划管理工作。二是加强相关机构配合联动，强化事中事后监管，提高服务群众水平和能力。而实施"多测合一""多审合一""多证合一"等为代表的"多N合一"机制整合思路，能够有效简化规划管理实施步骤，明确管理主体，减少行政资源的浪费，有助于达到运行高效、职能优化、权责协同、监管有力的目的。例如，甘肃兰州新区，为简化优化行政审批，新区全面推行"区域评估、多评合一、多图合一、多测合一、多验合一"简易审批，使得土地供应时限压缩至26天，招标时间压缩至20个工作日，不动产登记3个工作日办结，多项政务服务事项实现"一网通办"。

25.5.3 强化协调管理，重视专家参与制度

针对管理体制机制矛盾的问题，国家级新区应积极推进区域协调和主体引导，加快破除国家级新区发展阶段分割的体制障碍，建立健全与城市化健康发展相适应的现代治理体系。例如，在新区层面，建立规划管理区域协调权威组织，统筹区域合作事务；控制和引导互补的规划管理制度建设，多维度促进区域协作；建立新区全域范围规划治理现代化发展范式，规范区域合作行为。在新区功能区层面，强化管委会主体部门职责的同时，推进构建综合联动、多元共治的协同分工机制，各片区地方政府的空间规划应在市级层面和新区层面设定的宏

观框架及定位要求下，建立协同统筹机制和有效的调控管理体系，满足政府、市场、公众的多元化需求。同时，在规划管理的技术层面引进更多维度，一是推进以总规划师、城市总建筑师等为代表的专家参与制度，通过聘请城市问题研究专家参与规划管理决策，提供专业指导和专业把控。例如，上海浦东新区和河北雄安新区正在推广建筑师负责制试点工作，四川天府新区成都管委会引入总规划师、总色彩师制度。二是在探索建立健全国家级新区国土空间规划实施监督体系时，既要从政策法规、技术标准、运行规则三个方面构建国土空间规划实施监督体系的路径，也要认识到管理主体、客体在多重利益均衡博弈中不断协调调整这一特点。

25.6 结语

国家国土空间规划体系的重构正处于关键时期，肩负国家重大发展和改革开放战略任务的国家级新区，在规划管理体制机制改革领域理应积极探求，主动承担先行先试、率先示范之责。规划管理就职能而言，具有服务和制约的属性；就内容而言，具有专业和综合的属性；就过程而言，具有阶段性和发展长期性的属性，亟须在机构设置上逐渐由大部制向网络型的组织结构转变，在机构职能上突出自然资源管理和国土空间规划管理，在职能上体现为职责范围的逐渐扩展，在机构决策机制上体现为向多主体、专业化发展。这些改革有助于解决规划作为一种行政职能存在多年的交叉重复和矛盾冲突问题，是构建高质量国土空间规划体系的保障，希望为国家级新区关键领域改革做出基础性探索，也为国家国土空间规划体系改革提供技术性参考。

■ 参考文献

[1] 张庭伟. 中国城市规划：重构？重建？改革？[J]. 城市规划学刊，2019（03）：20-23.

[2] 薄文广，殷广卫. 国家级新区发展困境分析与可持续发展思考[J]. 南京社会科学，2017（11）：9-16.

[3] 卢向虎. 西部国家级新区管理体制之比较[J]. 城市，2015（08）：53-58.

[4] 曹云. 国家级新区比较研究[M]. 北京：社会科学文献出版社，2014.

[5] 民盟成都市委课题组，李铀，叶湑，白然. 我国国家级新区建设模式比较及对天府新区的借鉴和启示[J]. 四川省社会主义学院学报，2012（04）：39-42.

[6] 晁恒，林雄斌，李贵才. 尺度重构视角下国家级新区"多规合一"的特征与实现途径[J]. 城市发展研究，2015，22（03）：11-18.

[7] 宋云婷. 国家级新区规划建设管理工作的相关建议[C]//中国城市规划学会，沈阳市人民政府. 规划60年：成就与挑战——2016中国城市规划年会论文集（12规划实施与管理）. 2016：1006-1012.

[8] 岳雷，张利志，仇伟佳，等. 供给侧结构性改革背景下近期建设规划研究——以重庆两江新区为例[J]. 城市规划，2017，41（08）：121-126.

[9] 王佳宁，罗重谱. 国家级新区管理体制与功能区实态及其战略取向[J]. 改革，2012（03）：21-36.

[10] 朱江涛，卢向虎. 国家级新区行政管理体制比较研究[J]. 行政管理改革，2016（11）：19-23.

[11] 邱建. 天府新区规划的主要理念[J]. 城市规划，2014，38（12）：84-89.

[12] 邱建. 献礼改革开放40周年——四川天府新区规划之回顾[J]. 西部人居环境学刊，2018，33（6）：12-18.

[13] 张璇，刘冰洁. 新时期行政管理体制改革与城乡规划管理应对[J]. 规划师，2014，（4）：5-9.

26　A Study on the Innovations of Rural Planning and Management of Chengdu，Sichuan，China[①]

26.1　Introduction

For many years，China has adopted a dual system of state-owned land and collective-owned land which makes the planning management in urban and rural areas quite different. The planning management in urban areas was based on the Urban Planning Law （1989）[②]，while that in rural areas was based on the Administrative Regulation on Village and Town Planning and Construction（1993）[③]. This dual urban-rural system resulted in an imbalance of resource distribution between urban and rural areas and that rural planning lagged far behind urban planning in terms of institutions，regulations，and standards，as well as technologies.

The duality between urban and rural areas could be resolved within the framework of the Urban and Rural Planning Law（2008）[④]，which was officially enforced in 2008. Firstly，this new law not only brings township and village planning into the system of urban-rural planning，but also clarifies the contents of formulation，procedures of approval，and organizational approaches of the two types of rural plans，which were totally absent in the Urban Planning Law（1989）. Secondly，the new law

establishes the Rural Planning Permission System and includes rural planning management into the integrated framework of urban-rural planning management. In addition，this new law provides the legal base to balance the reallocation of resources between urban and rural areas. Soon after the law was enforced throughout the country，numerous rural planning practices were carried out in full swing. However，one problem still exists，that is the lack of systematic，comprehensive，and consistent regulations to guide the practice of rural planning and management，which is probably the reason for the problems of disorganized development，inefficient land use，environmental deterioration，and low quality of rural housing. All indicates the need and urgency to explore for a rural planning management system which can be used to promote integrated urban-rural development.

26.2　Problems of rural planning and management in China

26.2.1　Defection of regulations and technical standards

In China，the current regulations and technical standards need to be improved because of several defects. First of all，some of them were executed before 2008[⑤] and were more like copies of urban

---

① 本章内容由曾帆、邱建第一次发表在 *China City Planning Review* 2016 年第 25 卷第 3 期第 58 至 65 页。

② According to the Urban Planning Law promulgated by the National People's Congress of the People's Republic of China in 1989.

③ According to the Administrative Regulation on Village and Town Planning and Development promulgated by the National People's Congress of the People's Republic of China in 1993.

④ According to the Urban and rural Planning Law promulgated by the National People's Congress of the People's Republic of China in 2008.

⑤ Administrative Regulations on Villages and Towns Planning and Development（Order of the State Council[1993]No.116）promulgated by the State Council of the People's Republic of China on November 1, 1993, Standard for Town and VillagePlanning（GB 50188—1993）promulgated by the former Ministry of Construction in 1993, the Measures of Formulating Village and Town Plans（Trial）（JC[2000]No.36）promulgated by the former Ministry of Construction on February 14, 2000, and planning regulations, which are inadequate to deal with the complexity of various rural issues. Secondly, along with the enforcement of the *Urban and Rural Planning Law* (2008) in 2008, many supplementary documents have been issued progressively, such as the *Technique Code for Village Rehabilitation* (GB 50445—2008), *Guidelines for Town* (Township) *Planning* (Trial) (2010), *Guidelines for Building Beautiful Villages* (GB/T 32000—2015) [①] and so on. Despite of that, there are still many loopholes in current laws and regulations which cannot meet the demands of rural planning practices under the new situation of integrated urban–rural development. Thirdly, the above-mentioned laws and regulations are almost completely restricted to the field of urban and rural planning, without due relevance to other fields, such as land management regarding the utilization of collective-owned construction lands, thus cannot promote interdisciplinary collaborations.

26.2.2　Insufficiency of administrative institutions

Currently, the formulation and implementation of rural plans are performed by a planning administrative institution at all levels from town to county, municipality and province. The statistics on the four municipalities under the direct jurisdiction of the Central Government and 15 sub-provincial municipalities show that only nine of them, or 47% of the total, have established a specific authority for rural planning administration. The other 10 employ respectively an urban planning administrative authority to deal with rural planning issues, such as a general

planning office or an urban planning department (see Table26-1). Apparently, the lack of a specific administrative institution for rural planning greatly dilapidates the necessary guidance and supervision on rural planning, which could bring about the following consequences.

Firstly, serious contradictions may emerge among the limited staff working in different departments. Even in a single department, it is difficult for a professional to deal with both urban and rural issues simultaneously. Secondly, the rural planning management performed by urban planning administrative institutions may lead to a continuous neglect of rural issues, which will solidify the long-term bias in favor of cities. Thirdly, compared to the mature institution of urban planning management, the legal system of rural planning management is still amid exploration and quite immature. Therefore, there is an urgent need to set up a special department, supported by special funds, to independently organize professional and technical strength to conduct constant studies on rural planning and management.

26.2.3　Low efficiency of rural plan compilation

It was once mystery why the implementation of township and village plans is so difficult. By reviewing the practice of rural planning management in Chengdu, it is found that the unscientific and unreasonable plan-making may be the crucial point that leads to the failure of rural plan implementation. This can be seen mainly from two aspects.

Firstly, for a long time, the fragmented governance has created a blind spot in rural planning management due to the involvement of various administrative departments. In particular, during the formulation of rural plans, the interaction between the departments in charge of urban-rural planning management and land and resource management is quite weak. These departments are supposed to be closely interrelated; however, the separation of responsibilities results in difficulties in formulating

---

the Standard for Town Planning (GB50188-2007) promulgated by the former Ministry of Construction in 2007.

① According to the Technique Code for Village Rehabilitation (GB 50445—2008) promulgated by the Ministry of Housing and Urban-Rural Development (MOHURD) in 2008, the Guidelines for Town (Township) Planning (Trial) (JC[2010]No.184) promulgated by the MOHURD on November 4, 2010, and the Guidelines for the Construction of Beautiful Villages (GB/T 32000—2015) promulgated by the MOHURD in 2015.

Tab.26-1　Statistics on rural planning institution established in the municipal urban-rural planning departments of the four municipalities under direct jurisdiction of the Central Government and 15 sub-provincial municipalities

Administrative level	Region	Municipality	Municipal planning and management institution	Special institution for rural planning and management
Municipality	North China	Beijing	Beijing Municipal Urban Planning Bureau	None. Administrated by General Planning Office
	East China	Shanghai	Shanghai Municipal Planning and Land Resources Bureau	Village and Town Development Office
	North China	Tianjin	Tianjin Planning Bureau	None. Administrated by General Planning Office
	Southwest China	Chongqing	Chongqing Urban Planning Bureau	District and County Planning and Management Office
Sub-Provincial Municipality	Northeast China	Harbin	Harbin Urban and Rural Planning Bureau	Village and Town Planning and Management Office
		Changchun	Changchun City Planning Bureau	Rural Planning Office
		Shenyang	Shenyang Municipal Planning and Land Resources Bureau	None. Administrated by Urban-Rural Planning and Management Office
		Dalian	Dalian Urban Planning Bureau	District and County Planning Office
	East China	Jinan	Jinan Urban Planning Bureau	None. Administrated by Urban-Rural Planning and Site Selection Office
		Qingdao	Qingdao Urban Planning Bureau	Village and Town Planning Office
		Nanjing	Nanjing Urban Planning Bureau	None. Administrated by Urban-Rural Coordination Office
		Hangzhou	Hangzhou Municipal Planning Bureau	None. Administrated by Urban-Rural Planning Office
		Ningbo	Ningbo Municipal Planning Bureau	None. Administrated by Regional Planning and Management Office
		Xiamen	Xiamen Municipal Planning Bureau	None. Administrated by Planning Office
	Central China	Wuhan	Wuhan Land Resources and Planning Bureau	None. Administrated by Planning and Formation Office
	South China	Guangzhou	Guangzhou Municipal Planning Bureau	Village and Town Planning and Management Office

Administrative level	Region	Municipality	Municipal planning and management institution	Special institution for rural planning and management
Sub-Provincial Municipality	South China	Shenzhen	Shenzhen Municipal Planning Bureau	None. Administrated by General Planning Office
	Southwest China	Chengdu	Chengdu Planning and Management Bureau	Rural Planning and Management Office
	Northwest China	Xi'an	Xi'an City Planning Bureau	Village and Town Planning Office

Source：made by the author based on the official websites of the concerned planning bureaus，data source due to January 21，2016.

Note：The color shows a specific institution established.

and implementing rural planning guidelines together. For instance, the selection of new village sites in rural planning always involves the occupation of farmland that is forbidden by land-use planning and the maximum of collective-owned construction lands fixed by the land and resource department is usually broken by rural planning, both of which will directly result in the failure of rural plan formulation and implementation. The reason for these problems is that the plan formulation is only limited within the field of urban-rural planning, rarely, if never, sharing information and consulting with other relevant departments that should be involved from the very beginning. Unfortunately, the complex problems that may hinder the plan implementation often come to light until the meeting to approve the plans. This severely impedes rural plan formulation and implementation.

Secondly, rural planning is strictly limited by administrative boundaries, making it impossible to effectively coordinate with the adjacent administrative areas and to allocate the resources in a broader territorial scope. As a result, the planning outcomes are hardly optimum and usually weakened, very often directly leading to the failure of plan implementation.

26.2.4　Failure of villager participation in rural planning and management

In rural China, villagers should be the main stakeholder involved in rural planning based on the rural collective-owned land institution. However, on the contrary in reality, they rarely participate in planning activities or do not even participate at all. The primary reason could be the ambiguous relationship between the state administration and the villagers' autonomous organization, without a clear clarification on the power and responsibility between them. According to the Constitution of the People's Republic of China, the village committee is the grassroots-level autonomous organization that is responsible for "managing public affairs" and "expressing the opinions of the masses and the requirements to governments, as well as offering suggestions" (Article.111) [1]. The Urban and Rural Planning Law (2008) also stipulates that the outcomes of village planning should require the complete agreement of the village committee before the plans are submitted to a superior governmental department for final approval. From those stipulations, we can obviously see that villagers have been given a reliable title to self-government. However, their specific power and responsibility still remains unclearly defined, resulting in a pair of contradictions in practical management.

In some cases, the township government, as the main body of guidance and supervision, takes

---

[1] According to the Constitution of the People's Republic of China promulgated by the National People's Congress in 1982.

the whole responsibility of rural planning, making it difficult for villagers to participate. As a result, the villagers' traditional life style cannot be embodied in rural plans and be given full consideration when new village constructions are planned. Now that their requirements are not well met in rural planning, the villagers often tend to against the rural plans, even having serious conflicts with the township government. In other cases, the power and responsibility of rural planning is completely decentralized from the township government to the villagers' self-governance organizations. Because these organizations lack necessary knowledge and technology, they don't have the abilities of guidance and supervision through sound management institutions, leading to the chaos in rural constructions, such as low-quality constructions and illegal rural housing developments.

26.3 Innovations of rural planning and management of Chengdu

In response to the problems presented above, a series of pioneering practices of rural planning and management are carried out in China, with reference to which Chengdu plays a leading role. Since being nominated as one of the National Comprehensive Reform Experiment Areas for Coordinated Urban-Rural Development in 2007 [1], Chengdu conducted some experiments of rural planning and management in line with the superior policies, as well as a number of technical regulations and planning guidelines specifically issued for the Wenchuan (2008) [2] and Lushan (2013) [3] earthquake reconstruction. As a

result, several principles were clearly put forward and fruitful achievements were made, especially in terms of institutional development, technical system establishment, and public participation by villagers. All those outcomes are presented below.

26.3.1 Establishment of legal systems for rural planning and management

In the case of Chengdu, the currently prosperous situation of rural planning and new village construction is mainly based on the reforms of rural collective-owned construction land institution since 2005. A number of policies of rural land transfer were enacted, including those concerning rural land contractual management rights, rural contracted land and construction land use rights, and rural house property use rights (Dong 2013), which facilitated the utilization of rural collective-owned construction land that is transferred on the land market to attract diverse capitals to the rural areas. Tremendous capital was collected to support rural development, becoming the inner driving force for rural planning and development. Meanwhile, the legal system for rural land transfer, as well as that for rural planning and management, was urgently needed to ensure appropriate rural development, according to which adaptable rural planning and construction modes have been put into practice, such as "Courtyard Splitting and Consolidation" (Chen and Wu, 2011) for rural land consolidation and transformation, "Unified Planning and Unified Construction," "Unified Planning but Self-construction," and "Co-operational Construction" (Qiao et al., 2013) for new village community construction. Moreover, a series of regulations or normative documents were enacted to guarantee the legality of these types of rural planning and development. These include the *Regulations on the New Socialist Countryside Planning and Development in Chengdu* (Trial), *Measures for Formulating Village Plans* (Trial), *Technical Guidelines for the Planning and Construction of New Socialist Countryside of Chengdu* (2013),

---

① Notice on Establishing National Comprehensive Reform Experiment Area for Coordinated Urban-Rural Development in Chongqing and Chengdu (FGJT[2007]No. 1248) promulgated by the National Development and Reform Commission on June 7, 2007.

② 2008 Wenchuan earthquake according to the Wikipedia website. (https://en.wikipedia.org/wiki/Wenchuan_earthquake).

③ 2013 Lushan earthquake according to the Wikipedia website (https://en.wikipedia.org/wiki/Lushan_earthquake).

Technical Regulations on Town and Village Planning and Management of Chengdu（2015）, and *Technical Guidelines for Rural Environmental Planning and Management in Chengdu*[①]. To this end, the legal system has initially been established that indeed provides strong guidance to rural planning and rural construction management.

26.3.2 Special departments within local governments at three levels: town (village), county (district) and municipality

In response to the current awkward situation of lacking a special department for rural planning and management, Chengdu separated the responsibilities concerned from related offices to establish a specific institution of three-level governmental department of rural planning. Specifically, at the municipal-level, a rural planning and management office is established as part of the Chengdu Planning and Management Bureau that is responsible for guiding and coordinating all rural planning and management affairs throughout the whole municipality, including all its towns and villages [②]. At the county-level (or district-level), a rural planning and management office is established in every county (or district) to assign and arrange the tasks of rural planning and management for the towns and villages in the respective jurisdictions. At

the township-level, a dispatched town planning office is established, or rural planners are nominated, to be responsible for executing the assigned tasks of rural planning and management (see Fig. 26-1) [③]. In this way, an administrative framework for rural planning and management is structured out which is featured by clearly defined powers and responsibilities. This independent three-level system of governmental organization served as a connection between the superior and subordinate governments, allowing everyone be involved to realize seamless communication. As a result, the efficiency of administrative management has been dramatically improved, helping to solve many long-term problems, such as lack of direction, disorderly development, and inefficient rural land use, which were not solved before for a long time. It proves that a standardized and complex system of rural planning and management has been achieved at various levels in Chengdu.

26.3.3 Rural planner program

Chengdu initiated a program to employ rural planners to deal with the problem of severe shortage of professional and technical personnel of rural planning and management at the grassroots-level. Chengdu Planning and Management Bureau, as responsible governmental department under the guidance of Chengdu Municipal Government, is empowered to take the charge of its organization and arrangement. Rural planners are recruited to serve as full-time technician and supervisor who are responsible for the rural planning and management of towns and villages. They are selected, assigned, and dispatched to 196 towns and villages that are under the jurisdiction of the counties (or districts) surrounding the city proper,

---

[①] According to the New Socialist Countryside Planning and Development in Chengdu (Trial) (CFF[2009]No.37) released by Chengdu Municipal Government on June 17, 2009, the Measures for Formulating Village Plans (Trial) released by Chengdu Planning and Management Bureau in 2015, the Technical Guidelines for the Planning and Construction of New Socialist Countryside of Chengdu (2013) released by Chengdu Planning and Management Bureau in 2013, the Technical Regulations on Town and Village Planning and Management of Chengdu released by Chengdu Planning and Management Bureau in 2015, and the Technical Guideline for Rural Environment Planning and Management of Chengdu released by Chengdu Planning and Management Bureau in 2013.

[②] According to the official website of the rural planning and management office of Chengdu Planning and Management Bureau. (http://www.cdgh.gov.cn/xxgk/qzjg/2402.htm).

[③] According to the official websites of the rural planning and management offices of the Districts of Wenjiang, Qingbaijiang, Longquanyi, Xindu, and Shuangliu and the County-level Cities of Pengzhou, Qionglai, Chongzhou, and Dujiangyan, and Counties of Pujiang, Dayi, Pi, Jintang, and Xinjin.

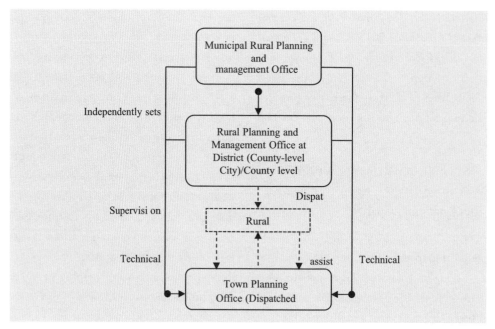

Fig. 26-1 Three-level administrative structure of rural planning and management in Chengdu

excluding the 27 towns and villages that are included in the city proper. Since 2010, all the towns and villages of five districts, four county-level cities, and five counties across Chengdu have been fully covered by the services provided by rural planners [1], greatly reinforcing the professional and technical expertise in the rural areas, which can be seen in the two primary aspects discussed below (see Fig.26- 2).

Firstly, rural planners can effectively promote rural planning and rural construction management in towns and villages. Being leaders of this program, they serve the township governments and villages by helping to conduct rural planning compilation and review and offering suggestions for town and village development regarding development orientation, construction layout, and the design and implementation of construction projects [2]. As full-time professional technicians, rural planners can provide guidance and supervision through the whole process of rural planning, from plan compilation to plan review and approval, and then plan implementation, helping to turn blueprints into reality. Secondly, rural planners can serve as a communication channel between the grassroots-level administrators and the rural masses, helping to greatly strengthen public and villager participation in rural planning and construction. As a result, the opinions and advices from villagers concerning their needs can be fully considered at every stage of plan formulation and implementation. This ensures that plans can be executed smoothly, without any social collision that might be attributed to the inconsistent goals of various stakeholders, including villagers, grassroots-level governments, investors, and other social organizations that are involved in local development.

① The Notice on the Issue of the Plan for implementing Rural Planner System in Chengdu (CFF[2010]No. 37) released by Chengdu Municipal Government on September 17, 2010.

② According to the Master Plan of Xinyi Town in Xinjin County (2010 – 2020) formulated by Chengdu Institute of Planning and Design in 2011.

Fig. 26-2   Broad coverage of rural planner program in Chengdu
（Source：Translated and edited by the author based on the information from Chengdu Planning
and Management Bureau）

26.3.4   Breaking up administrative boundary limitations and establishing an integrated planning mechanism

As the failure of rural planning and implementation can usually be attributed to fragmented management, Chengdu Municipal Government proposed a unique idea of "Overall Chengdu" （Chengdu Business Daily, 2008）in its strategic development plan, which broke up the boundary limitations between various administrative areas and conduct an integrated planning rather than having each area act independently. Under that circumstance, a series of management approaches have been developed through explorations which are proven effective in practice.

Firstly, an integrated planning mechanism called "Multi-plan Integration" （Hu and Xue, 2009）was established to stimulate collaborations among closely related fields, such as urban-rural planning, territorial planning, and national socio-economic development planning. In order to achieve seamless interactions among different departments,

some comprehensive and innovative approaches were developed to deal with the local legal systems, administrative institutions, formulation systems, and technical standard systems, which were proven successful in creating a closer convergence of inter-agency planning to fill up the gaps. For example, in the aspect of governmental organization, Chengdu, as one of the National Comprehensive Reform Experiment Areas for Coordinated Urban-Rural Development, created an integrated working group comprised of the representatives from the departments for urban-rural planning, land and resource administration, and housing and urban-rural development, as well as the working mechanism of integrated legal documents and joint session institutions （Hu andXue, 2009）. In the aspect of plan formulation, the mechanism of a unified plan called "one plan in planning" was also initiated which can unify diverse interfaces in line with uniform criteria. In the case of Xingyi Town [1], during

---

① According to the Master plan of Chengdu-Xinjin-Pujiang agricultural demonstration corridor in Chengdu formulated by

Tab.26-2　Composition of Chengdu-Xinjin-Pujiang Agricultural Demonstration Corridor concerning 22 towns and villages in a length of 72 km

Planning scope of demonstration corridor	Village and town involved	Number	Length of demonstration corridor /km
Shuangliu District	Dongsheng Sub-district Office, Huangshui Town, Jinqiao Town, http：//fanyi.baidu.com/？aldtype=16047 -## Jiujiang Town, Peng Town	Five towns	21.4
Xinjin County	Anxi Town, Fangxing Town, Huayuan Town, Wenjing Town, Wujin Town, Xingyi Town, Xinping Town	Seven towns	17.6
Qionglai City	Huilong Town, Muli Town, Ranyi Town, Yangan Town	Four towns	13.2
Pujiang County	Shouan Town, Heshan Town, Xilai Town□including the villages of Shuangliu, Shiqiao, and Datian and Communities of Dunhou and Gaoqiao）, Daxing Town □including the villages of Sanhe, Wangdian, Yulong）	Four towns	19.8
Dayi County	Hanchang Town	One town	-
Chongzhou City	Sanjiang Town	One town	-

Source：Translated and Edited by the author based on theMaster plan of Chengdu-Xinjin-Pujiang agricultural demonstration corridor in Chengdu.

Fig. 26-3　The planning scope of Chengdu-Xinjin-Pujiang agricultural demonstration corridor
（Source：Translated and edited by the author based on the Master plan of Chengdu-Xinjin-Pujiang agricultural demonstration corridor in Chengdu）

the process of town master planning, various plans, such as the town and village development plan, socio-economic development plan, land use plan, and new rural community construction plan were all integrated into a new comprehensive plan.

Secondly, the administrative divisions were broken up to realize the integrated resource allocation and utilization in a broader region, resulting in the improved performance of rural planning and management. For instance, in the case of the modern agricultural pilot corridor along the Chengdu-Xinjin-Pujiang expressway, various planning units that were previously fragmented by administrative division were taken into consideration as a whole which cover an area of 858 k㎡ concerning five counties (districts or county-level cities), such as Qionglai City, Chongzhou City, Dayi County, and 22 townships[①] (see Fig. 26-3 and Table 26-2). By breaking up the administrative division among those areas, the towns and villages can take full advantage of the strength of various partners in their respective areas to optimize resource allocation and avoid unnecessary conflicts. As a result, Chengdu has developed a unique agricultural industry pilot corridor featured by rapid rural industry development and prosperous beautiful village construction, appraised as "one town one feature" and "one village one feature." This proves that, with sustained innovation, rural planning and management has been carried forward more smoothly than ever before.

26.3.5 Establishment of a self-governance mechanism among villagers

Unlike a city, a rural social network is based on the relationships among people, the land, and the community in association with clans and kinships. Moreover in China, villages often have their rules of

governance which have been established and enriched through the long history. These rules have functioned as local moral guidelines and regulations that restrict the acts of individuals in the village communities. Thus even today, the rural management system, including rural planning, should be established to respond to comply with these original rules. In the case of Chengdu, the effective rural management lies mainly in villagers' self-governance, with reference to which a variety of approaches have been created at the grassroots level. For example, as early as 2003, when the reforms on rural property right system were conducted in priority along with the implementation of the policy of coordinated and balanced urban-rural development, several autonomous management modes were experimented, such as the villager affair session and the village oversight committee (see Fig. 26-4). With constant exploration and promotion of these innovations, a new rural self-governance mechanism has been developed into an "1+3+n" structure at the village level which consists of the party branch, the autonomy committee, the consultation, the oversight committee, and other extensive social and economic organizations and every party plays different roles in the structure (see Fig. 26-5). Specifically speaking, the party branch, as general leader,

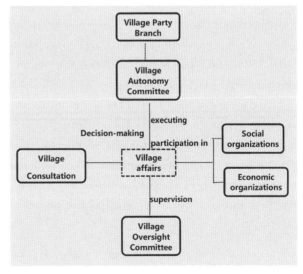

Fig. 26-4   Innovative administrative mechanism at the village level

---

Chengdu Institute of Planning and Design in 2013.

① Announcement of the project of Building Beautiful Villages by Villagers Themselves advertised by Qiquan Town Government in 2014.

（a）Architects presented the site plan of the new village construction to the rural masses of Jiulong Village, Guangxing Town, Jintang County

（b）On site briefing session for questionnaires and advices on the renewal of Huanglong Village, Bifengxia Town, Ya'an City

（c）Communication session with villager representatives on the renewal of Huanglong Village, Bifengxia Town, Ya'an City

Fig. 26-5   A variety of approaches for public participation

takes overall charge of the autonomous mechanism, significant affairs are co-determined by all the villagers through village consultation or village affair session, the extensive social and economic organizations provide advices, and the autonomy committee is responsible for execution, under the supervision of the oversight committee. This mechanism successfully ensures the democratic management in the rural areas and offers a powerful platform for public or villager participation in rural planning and management. By implementing this mechanism, public participation was vigorously boosted and a variety of approaches were further innovated, such as the questionnaires on dwelling unit design for new villages, onsite briefing session or communication session and consultation with villagers, and handbooks for new village construction, etc. (Table 26-3) [1].

In the case of the "4.20" Lushan post-disaster reconstruction of Qionglai City (Liu 2015), a comprehensive land management coordination committee and a new house construction consultation group were established to manage the village reconstruction. Being primarily composed of

---

① According to the "Sunshine Jiulong, Hakkas Village" Inhabitation Planning of Jiulong Village, Guangxing Town, Jintang County formulated by Chengdu Institute of Planning and Design in 2011.

villager cadres and elites, these groups extensively consulted the suggestions of the local residents on the location, type and layout of new dwellings. The consultation also included the overall supervision over reconstruction projects, from the selection of construction crews and building materials to the overseeing over the fund usage, construction quality, and acceptance of completed projects. With thanks to the practice of democratic self-governing and the implementation of innovative techniques, the power and responsibility of rural planning and management has gradually been decentralized to the villagers as they should be.

26.4   Discussion and conclusions

In recent years in China, the acceleration of urbanization accompanied by tremendous changes of production mode has proved to be an internal driving-force to the rapid development in the countryside and the large amount of financial investment into rural areas has greatly accelerated this process. The case of Chengdu reflects this national practice at a local scale, with thanks to the preferable policies for the National Comprehensive Reform Experiment Areas for Coordinated Urban-Rural Development. The post-earthquake reconstruction after the Wenchuan

Tab.26-3　A sample of questionnaire on rural housing distributed to the villagers of Jiulong Village, Guangxing Town，Jintang County

1．Stairs of housing	Would you mind using the same stairs with your neighbor? A. YES B. NO （To share stairs can reduce the land for housing and enlarge the interior space）		
2．Forms of roof	Would you prefer a flat roof or a sloped roof? A. Sloped roof B. Flat roof C. Mixed roof type. （Flat roof is appropriate for drying grain while slope one contributes to water draining，and the mixed one has both functions）		
3．Family livestock breeding	A. Unnecessary B. Small scale（1-2 pigs） C. Large scale（more than 2 pigs）. （Reduce unnecessary land for livestock breeding can increase dwelling area）		
4．Terrace for drying	Would you mind sharing the same terrace with your neighbor? A.Yes B. No （To share a terrace for drying grain can save space）		
5．Farm tool usage	Large pieces of equipment（Such as tractors，harvesters，motorized tricycles）	A. None B. Only one C. Two or more	
	Small pieces of equipment（Such as carts，harrows，hoes）	A. None B. Only one C. Two or more	
	Farm tools storage method	A. Public depot B. Private depot	
6．Requirements for internet	A. No need B. Occasionally C. Frequently		
7．Suggestions for building public squares	Please note your suggestions for building public squares（such as location，scale，and style）		

Source：Translated and edited by the author from the "Sunshine Jiulong，Hakkas Village" Housing Planning of Jiulong Village，Guangxing Town，Jintang County，CDIPD.

（2008）and Lushan（2013）earthquakes also vigorously strengthens the institutional innovations. Compared to other regions throughout China, Chengdu has achieved valuable experience related to rural planning and management that can be copied elsewhere.

First of all，the goals of promoting rural land transfer and accelerating rural collective economic development have proven to be the underlying driving-force and guarantee for successful rural planning and development. The success depends on implementing a series of reforms on collective-owned construction land and the associated policy measures，as well as scientifically enacted laws and regulations. Secondly, as the cornerstone of systematic constitution, regulations and standards should be systematically developed to facilitate rural planning and management. Thirdly，the management mechanisms should be innovatively created in response to the needs of local communities，the relationships of clans

and consanguinity, and local geopolitics and characteristics. The more development efforts rely on autonomous villager organizations, the smoother rural planning and management will be.

After several years of experiments and practice, Chengdu has accomplished some fruitful achievements in rural planning and management. However, there is still a long way to go to develop an advanced rural planning and management. Extensive efforts should be made to promote the current experiments and the future efforts. More issues should be addressed, such as how to help rural architects transfer the authority to grassroots-level/village-level self-governance, how to provide village organizations with long-term guidance on overall control, how to systematically promote and establish a long-term mechanism of public participation, and how to improve the current planning integration mechanism of "Three-

Plan Integration" or "Multi-Plan Integration". All of these innovative approaches still need further continuous exploration and improvement.

（This paper is sponsored by the Science and Technology Support Project Funding of Sichuan Province（No. 2013FZ0009）and the National Natural Science Foundation of China（No. 51278421；No.51678487）.

Acknowledgement to Mrs. Sun Qi, the former responsible officer of rural planning and management in Chengdu Planning and Management Bureau, who shared her experience and information on rural planning practices in Chengdu. And also Mr. Zhang Yi and Mr. Chen Guo, the responsible directors of the design departments of Chengdu Institute of Planning and Design, who provided their results and information on rural planning practices in Chengdu.）

■ References

[1] HU B, XUE H. Leaning from Chengdu on Urban-Rural Integrated Plan Compilation[J]. Planners, 2009（8）, pp. 26 – 30.

[2] Construction of the Pilot Zone in the broad "Overall Chengdu",[R/OL]Chengdu Business Daily, [2008-1-15]. http://news.sina.com.cn/c/2008-01-15/062813260543s. shtml.

[3] DONG H. Study on the Service Platform Structuring of Rural Land Transfer[M]. Beijing: Guangming Daily Press, 2013.

[4] LIU H. Fruitful Achievements of Local Public Participation in Qionglai Post Reconstruction of Lushan Earthquake[R/OL]. Chengdu.cn, [2015-4-15]. http://news.chengdu.cn/2015/0415/1681047. shtml.

[5] CHEN J, WU J. Practiced and exploring for rural land contracted and transferred in Chengdu, Chengdu: Chengdu times press, 2011.

[6] QIAO R, GU H, WANG D. The Policy and Practice of Land Management and Increasing Urban Construction Land by Reclaiming the Same Area of Arable Land from Rural Construction Land[M]. Beijing: China Development Press, 2013.

附录2.1　部分城乡规划学术交流

序号	报告人	报告题目	会议及主题	主办方	时间	地点
1	邱建	以绿色社区助推高品质生活宜居地建设（主旨报告）	首届中国城市高质量发展论坛．主题：推动双循环 赋能新城建	中国建设报社	2020/11/6	中国北京国际展览中心（新馆）
2	邱建	成渝地区重大疫情传播与城市脆弱性空间耦合机理及规划应对研究思路（特邀报告）	第三届山水城市可持续发展国际论坛．主题：韧性城市	山水城市可持续发展国际论坛理事会主办，林同棪国际工程咨询（中国）有限公司、重庆大学等承办，英国皇家特许建造协会、重庆交通大学等协办	2020/10/25	中国重庆国际会议展览中心
3	邱建	重大疫情下城市脆弱性及规划应对研究框架（主旨报告）	2020年中国城市规划学会山地城乡规划学术委员会年会（网上会议），主题：安全·生态·振兴-山地城乡高质量发展	中国城市规划学会山地城乡规划学术委员会主办，重庆大学建筑城规学院、山地城镇建设与新技术教育部重点实验室（重庆大学）协办	2020/9/26	
4	邱建	天府新区规划的城乡空间格局与景观设计特征（主旨报告）	2020世界人居环境科学发展论坛暨第十届艾景奖学术分享会（成都站）．主题：艺术点亮乡村——城乡社区发展治理路径研讨	中国建筑文化研究会风景园林委员会、四川音乐学院城市与环境艺术研究院主办	2020/8/21	中国成都西部国际博览城
5	邱建	践行生态文明理念之天府新区规划回顾（主旨报告）	2018年健康城市与城市韧性发展高端学术论坛，主题：健康城市与城市韧性发展.	四川大学建筑与环境学院	2018年12月12日	中国四川省成都市四川大学江安校区水上报告厅
6	邱建，蒋蓉	山地"城市双修"的要素分析及规划方法探讨，以广元市为例（主旨报告）	低碳发展与生态康养旅游名市建设（中国·广元）国际论坛	中国社会科学院主办，广元市政府承办	2017年6月13—14日	中国四川省广元市万达宾馆
7	邱建，蒋蓉	山地"城市双修"的要素分析及规划方法探讨，以广元市为例	2017年中国城市规划学会山地城乡规划学术委员会，主题：山地城镇"双修"与品质提升	中国城市规划学会山地城乡规划学术委员会	2017年6月10-11日	中国湖南省长沙市湖南省建筑设计院（湖南省城市规划研究设计院）

续附表

序号	报告人	报告题目	会议及主题	主办方	时间	地点
8	邱建	四川两次地震灾后重建规划组织管理的实践探索（主旨报告）.主题："新视野、新规划：管理与实施下的城市规划"	2016第四届清华同衡学术周之"可持续的城市支撑系统——韧性城市、海绵城市与智慧共享交通城市的讨论"专场主旨报告	清华同衡规划设计研究院主办、中国城市规划学会学术支持	2016年5月12日	中国北京清华大学
9	邱建	新常态下四川省新型城镇化规划理念与实践	亚洲园林大会暨第六届园冶高峰论坛——新型城镇化与宜居城市分论坛，主题："新常态：传承与变革"之"社会变革与规划实施"特别论坛特邀报告	亚洲园林协会、园冶杯国际竞赛组委会、南京林业大学	2016年4月24日	中国江苏省南京林业大学
10	邱建	城乡统筹背景下的成都市美丽乡村规划建设管理实践（主旨报告）	2015全国高等学院城乡规划学科专业指导委员会年会，主题："城乡包容性发展与规划教育"		2015年9月24日	中国四川省成都市西南交通大学
11	邱建	新常态下城乡规划的传承与变革——以四川省多规合一的实践为例	2015年中国城市规划年会，主题："新常态：传承与变革"之"社会变革与规划实施"特别论坛特邀报告	中国城市规划学会、贵阳市政府	2015年9月20日	中国贵州省贵阳国际会议中心
12	邱建	"天府新区"规划的山地理论应用分析	2015年中国城市规划年会.主题："新常态：传承与变革"之"山地城乡规划理论与实践"特别论坛特邀报告	中国城市规划学会、贵阳市政府	2015年9月20日	中国贵州省贵阳国际会议中心
13	邱建	基于可持续发展理念的山地城市规划建设（主旨报告）	第三届山地城镇可持续发展专家论坛	中国科学技术协会主办，中国城市规划学会、四川省科学技术协会、攀枝花市人民政府承办	2014年12月11日	中国四川省攀枝花市开元大酒店

序号	报告人	报告题目	会议及主题	主办方	时间	地点
14	邱建	川派园林的类型及特征研究（A Study on Types and Characters of Sichuan Style Garden）（主旨报告）	第十四届中日韩风景园林学术研讨会	中国风景园林学会、日本造园学会、韩国造景学会共同主办	2014年10月19日	中国四川省成都市保利公园皇冠假日酒店
15	邱建	基于可持续发展理念的山地城市规划建设（主旨报告）	第三届山地城镇可持续发展专家论坛	中国科学技术协会主办，中国城市规划学会、四川省科学技术协会、攀枝花市人民政府承办	2014年12月11日	中国四川省攀枝花市开元大酒店
16	邱建	四川省总体战略的可持续发展理念	2012四川市长论坛暨四川省市长协会三届四次理事会，主题："两化"互动、统筹城乡与可持续发展	四川省市长协会、凉山州政府	2012年12月1日	中国四川省西昌市邛海宾馆
17	邱建	四川新型城镇化发展探索	"新型城镇化建设"论坛，主题："中国城镇化发展趋势与四川城镇化发展探索和实践"	全国政协经济委员会、四川省政协	2010年5月20日	中国四川省成都市锦江宾馆
18	邱建	基于川西平原"林盘"文化的村落地域景观	2006中国地域景观峰会，主题："地域景观"	建设部中国建筑文化中心	2006年6月24日	中国北京市香山饭店

附录2.2　学术著作《天府新区规划——生态理性规划理论与实践探索》

　　四川天府新区规划于2010年启动，邱建教授负责了规划编制技术组织和实施管理工作。2011年11月省政府批复总体规划后，邱建教授即带领四川同事开始总结规划实践经验；2014年10月国务院批复同意设立国家级四川天府新区后，开始从学术角度归纳、提炼天府新区规划理论与实践成果，在发表的系列研究论文基础上，构思出《天府新区规划——生态理性规划理论与实践探索》专著写作思路，制定了书稿大纲，牵头参与新区规划的成都市规划局、中国城市规划院、成都市规划院、原四川省城乡规划设计研究院（四川省城乡规划编研中心）和西南交通大学等规划管理机关、研究设计机构与高校同仁共同完成了书稿撰写，将于近期由中国建筑工业出版社正式出版发行。

　　专著系统总结了天府新区规划从选址论证到规模确定、从生态布局到空间落地、从产城融合到支撑体系、从文化保护到安全防灾等方面的实践经验，提炼出生态保护优先的价值取向，归纳出科学理性决策的规划路径，全程全域应用并诠释了以安全为底线、生态为保障和文化为灵魂的人本空间设计方法，集中践行了空间认知、核心理念和设计方法为一体的人本空间设计论理论，可为四川乃至全国新区发展提供参考和借鉴。

风景园林

　　团队借助四川优越的自然条件和深厚的文化积淀，坚持开展基于巴蜀地域特征的地方传统园林遗产研究，取得了较为丰硕的理论成果，产生了一定的学术影响。例如，师门贾玲利在邱建教授的指导下，经过大量的史料分析和大规模现存实例的实地踏勘，进行了上至先秦下至近现代的四川园林历时性研究，提出了四川园林起源于古蜀国杜宇王时期的可能性，得出了八个历史阶段的分期断代结论，论证了各阶段园林的发展状况和基本特征，是针对四川园林开展的较为系统的研究；又如，邱建教授、贾玲利副教授于2014年10月在第十四届中日韩风景园林学术研讨会上所作的《川派园林的类型及特征研究》（*A Study on Types and Characters of Sichuan Style Garden*）主旨报告，集中展现了团队在四川园林遗产方面的研究成就，得到中日韩风景园林专家的普遍赞誉，在会后结集出版的14*th Landscape Architecture Symposium of China, Japan and Korea*著作中，该文被集结为首篇学术论文。

　　上述四川园林遗产的研究成果，不仅丰富了中国园林特别是地方园林的学术认知，而且对当代考古遗址公园建设提供了历史依据，团队据此在国家考古遗址公园的规划设计方法方面进行了有益的探索，同时，还在西部大开发战略实施背景下，结合高速的城镇化进程和快速的城市空间拓展过程，开展了多角度的现代景观规划设计研究。

　　本篇收录内容涉及古蜀园林、川派园林、遗址公园、区域景观、城市绿地、公共景观、交通景观等领域的理论与实践探讨。

27 关于川派园林研究的思考 [1]

27.1 问题的提出

我国的古典园林是中华文明的结晶之一，成就举世公认，其杰出代表是理论建构相对完善、具有独特园林风格和浓厚地域文化的两大园林体系，即北方皇家园林和江南私家园林。除此之外，遍布在祖国大江南北的各类地方古典园林犹如一颗颗散落的明珠，解读了地域信息，记录了地方风情，见证了一方文明。

巴蜀文明是中华文明的重要组成部分。巴蜀文明所依托的自然与人文环境为川派园林的形成和发展提供了条件。川渝地区地域辽阔，气候多样，地形地貌复杂，植物种类极为丰富，都江堰灌区自古有"天府之国"的美称。丰富的地形地貌以及适宜的气候条件为川派园林的产生和发展提供了充分条件。平原、山地、丘陵等地形特点造就了不同风貌的川派园林。从成都平原记录一代君臣的武侯祠，到既崇且丽的望江楼，展现的是平原地区不同风格和内涵的园林类型；从峨眉山上万年寺，到岷江河畔二王庙，演绎的是四川山地园林的独特风情。这些地理特征和气候条件为四川盆地的园林发展提供了良好的环境优势。

川渝地区还有着优越的人文环境。金沙文明的震撼，三星堆的神秘，都使四川这片土地充满了神奇的魅力。成都"蜀锦"闻名又"遍植芙蓉"，因此还有"锦城""蓉城""花城""锦官城"等美称。四川还是文人骚客常聚之地，这里是诗书文化的荟萃。这些文化元素极大地丰富了园林文化，也促使了川派园林风格的形成。在优越的自然和人文环境下，川派园林的独特魅力，在地域的跨越和历史的变迁中彰显。

因此，川派园林指受巴蜀文化影响、分布在祖国西南地区并相对集中在川渝两地的地方古典园林，是在丰富的自然地理环境和独特的地域文化背景下产生的多种园林形式所具有的共同意象表征，是我国众多地方园林当中一颗璀璨的明珠。

相对于北方皇家园林和江南私家园林，川派园林存在着缺乏系统研究、价值体系有待确定等问题，这为正确理解川派园林的文化价值造成理论障碍，特别是在当前我国城镇化急速推进、"国际风"盛行而正在形成"千城一面""万乡一貌"的形势下，大量地方园林遗产的继承和发扬也因为理论依据不足而举步维艰，甚至不断消失。因此，系统开展川派园林研究，及时挽救地方园林遗产，具有十分重要的理论价值和实践意义。

27.2 川派园林研究成果及存在问题

川派园林的研究长期以来未能引起相关学者、机构的足够重视，已有的研究成果少，而且较为零散，缺乏系统性，在学术界没有形成相应影响。目前川派园林已有的研究专著仅有赵长

---

[1] 本章内容由邱建、贾玲利第一次发表在《新视野中的乡土建筑》2008年3月第61至65页。季富政主编，哈尔滨工程大学出版社，2008.3。

庚著《西蜀文化名人纪念园林》（1989），成都市园林志编委会编《成都市园林志》（1998），曾宇、王乃香著《巴蜀园林艺术》（2000），其他均为一些期刊上零星发表的研究论文，如李旭佳、崔英伟的《巴蜀传统山地园林入口空间浅析》、许志坚《论川西古典园林》、张先进《四川古典园林初探》等共计43篇（本）。已有的研究成果主要分布在园林概述、设计手法、典型园林的研究等方面，现代园林也有少量研究成果。其中，园林综述和典型园林的研究数量最多，共27篇，占到研究成果总数的60%。相比较而言，园林设计手法和园林类型方面的成果较少。

已有的研究通过典型园林的分析和园林风格综述，对川派园林的特征有一些初步的归纳，如园林专家赵长庚先生总结的二十四字："格调高雅，意在笔先；灵活多变，朴素自然；古雅清旷，飘逸乡情"[1]。从仅有的研究来看，川派园林的特征可以归纳为以下几点：

（1）历史悠久，典故鲜活。川派园林大多历史悠久，现存很多园林始建于秦汉、隋唐时期，且大都有生动鲜活的历史典故。

（2）自然天成，古朴大方。川派园林选址规划一般因形就势，很好地结合地形。在园林建

筑、山水树木等要素方面也崇尚简单淳朴，避免繁华的装饰，整体上形成的是古朴大方，具有平民化的风格特征。

（3）类型丰富，个性突出。川派园林类型众多，每一种园林类型都有自己鲜明的风格特征。川派园林体系也因此而丰富。

（4）分布区域广。川派园林分布区域不仅包括成都平原，在秦楚之地和较为偏远的藏羌地区亦有分布，区域较广。

已有成果对于川派园林类型学研究较少，主要集中在文人园林和寺观园林这两大类型，对庄园、宅园等具有典型风格的四川园林研究缺乏。川派园林研究方向分布如图27-1所示（主要数据来源于CNKI、维普、超星等数据库）。

这些川派园林的研究成果全部分布在1985年以后，并且逐步呈上升趋势，2000年以后川派园林的研究成果有显著增加，但整体上数量较少，如图27-2所示（主要数据来源于CNKI、维普、超星等数据库）。

从川派园林研究内容和研究数量上可以看出，目前对川派园林的研究不系统，研究力度不够，学术影响小，使得川派园林的价值体系难以确定，也导致园林遗产的继承和发扬因为理论依

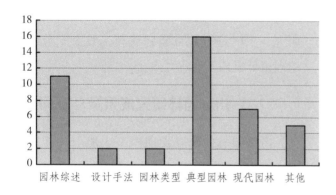

图27-1 川派园林研究内容分布

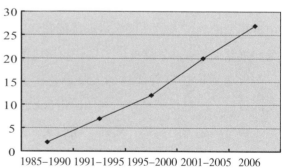

图27-2 川派园林研究成果数量分布

据不足而举步维艰，甚至不断消失。对于大力提倡发展地方经济、打造地方文化品牌的现代经济发展策略来说，我们要树立四川文化的整体形象，川派园林是其中一个重要的组成部分，所以，对川派园林进行系统研究势在必行。

27.3 对于川派园林研究的构想

27.3.1 明确川派园林研究的意义和研究目的

川派园林是四川宝贵的文化资源，对其进行系统研究的意义在于：第一，有助于加强川派园林的整体形象，丰富川渝地方文化内容；第二，为川渝园林遗产的继承和发扬提供理论依据；第三，提升川派园林的品牌价值，为地方经济服务。

川派园林研究的目的主要是形成川派园林的理论体系，在此框架下再进行纵向的专门研究，研究成果应达到以下几个方面：一是理清川渝园林的发展历史，形成"川派园林发展史纲"；二是明确川派园林的组成类型及其风格，建立川派园林的构成体系；三是对著名园林进行个案研究。

27.3.2 研究领域

（1）川派园林的现状。

四川园林历史悠久，很多历史上有名的园林仍然保存完好，同时有很多园林随着历史的变迁已经面目全非，甚至面临着何去何从的危机。全面而客观的普查川渝地区园林的现状，研究其存在的问题，这是系统研究川派园林的基础。

（2）川派园林的发展演变过程。

公元前四世纪四川便有了最早的造园活动[2]。直到现在的上千年间，川渝地区的造园活动经历了漫长的发展过程，不同的历史时期也产生了众多园林作品和园林人物，系统研究川派园林的发展演变过程是川派园林研究的重点。

（3）川派园林不同体系、背景下的哲学思想基础。

自古以来，园林便是造园者意识形态的具体反映，也从侧面印记着特定历史阶段下人们的人生观、自然观等精神领域的发展轨迹。不同的园林体系、园林类型也体现出不同的意识形态，研究这些不同的意识形态才有可能深入理解川派园林。

（4）川派园林的组成类型及其相应特色。

川派园林种类较多，在中国传统园林中地位较为突出的有四川的文人园林和寺观园林。另外，庄园也是独具四川特色的园林形式，除此之外还有各种形式的私人园林和自然风景区等。各种类型的川派园林由于其产生背景的差异，都有自己独特的园林设计手法，形成了不同的园林风格，研究应针对不同的园林类型，分别研究其手法特征，以求更好地继承与发扬川派园林艺术。

如前文所示，已有研究关注更多的是川派园林中影响力最大的文人园林和寺观园林，没有健全川派园林体系，很多有特色的川派园林形式被淡忘。川派园林的类型学研究建议主要从以下几个方面来入手：

①文人园林。历史上许多知名文人墨客多次入川或游或居，在川内留下了大量与之相关的园林。从一代才女薛涛"望江流"的望江楼、诗圣隐居浣花溪的杜甫草堂，到天香云外三苏祠，都是四川文人园林的杰出代表，也是川派园林体系的重要组成部分。

②寺观园林。四川境内拥有全国著名的佛教圣地峨眉山和道教圣地青城山，以此促进了四川

宗教文化的发展和寺观园林的兴盛。峨眉山上报国寺、万年寺等大小百余座寺庙和青城山上的几十座道观是四川寺观园林的主体。另外，还有作为平原地区寺观园林代表的文殊院、青阳宫也是有名的四川宗教园林。这些寺观园林成为川派园林体系中数量众多、特点鲜明的重要园林类型。

③庄园。四川大大小小的庄园浓缩了中国近代历史。其中，尤以大邑的刘氏庄园为代表，是中国目前保留较好的庄园。

④宅园。四川人喜好闲适的生活，在自家庭园里种花养草，堆石置景是四川居民的传统。漫步成都等地的街巷，再小的庭园也少不了花草鸟木，都极富生机。这些民间的宅园也是四川园林的重要组成部分，其中包括不少名人故居。

⑤其他园林。四川境内还分布有众多形式的园林，如纪念功臣的望丛祠、二王庙，官署园林新都桂湖等，都是有名的四川园林。

（5）川派园林的地域分布以及不同地域的川派园林。

川渝地区地处西南多山地区，辖区内地形地貌复杂，且跨越多个少数民族聚居区。地理位置与民族习惯的差异形成了地域风格鲜明的地方园林，丰富了园林的内涵，但是目前对四川一些偏远地区的园林形式研究甚少，基本被园林界所遗忘，应对川渝地区不同地区的园林做全面的调查研究。

（6）川派园林的技术手段。

在川派园林悠久的发展历史当中，形成了很多技术方面的处理手段，成为四川园林实现并长久流传下来的技术保障，并且在很多方面四川园林都有自己独特的技术处理方法，如针对这一地区阴暗潮湿的气候特征，防潮处理和自然通风在园林建筑中已经早有体现。

（7）川派园林与其他园林的比较研究。

川派园林自成体系，与皇家园林和江南园林有明显的不同，但是由于四川历史上的多次移民，使四川地方文化或多或少的受到了外来文化的影响，在园林方面亦有体现。所以，与其他地方园林进行比较研究有助于全面了解川派园林文化。

27.3.3 研究方法

（1）多学科综合研究方法。

园林是一门涉及建筑、规划、植物、经济、历史等多学科的艺术形式，所以研究应当采用多学科综合研究方法。在此方法的前提下，配置相关学科的专业人员参与研究。

（2）类型学方法。

类型学可以被简单定义为按相同的形式结构对具有特性化的一组对象所进行描述的理论。近代建筑类型学研究已经有了一段很长的历史．经过一个多世纪的探讨和争论，类型学原理已在不同层次上全面影响着近代建筑活动[3]。川派园林的研究可以借助建筑类型学的研究方法，在园林类型、园林体系的构架方面进行探索。

（3）比较研究。

四川园林是世界园林中的重要组成部分，研究其产生与发展离不开世界园林的大背景，所以应考虑采用比较研究的方法，从历时性与共时性的两个维度研究四川园林的产生发展及其艺术特点。一方面从空间之轴上比较四川园林与国内外其他园林形式的异同之处，另一方面从时间之轴上对不同时期的四川园林进行比较分析。

（4）实地测绘。

中国传统园林包括四川园林已经发展了上千年，在这历经几个世纪的发展过程当中留下了众多的经典园林，这些都是研究的有利条件，所以对于有重要意义的园林应当进行测绘，收集确凿资料。

除此之外，在建筑学与景观学研究领域应用较多的文献分析法、归纳演绎法等也将是研究的主要方法。

27.4　结语

在国际风的吹拂下，我们更应该倡导地域化的设计，地方园林就是我们的地域化设计汲取营养的源泉。川派园林作为一种极富特色的地方园林形式，关注其现状与发展，有系统的开展学术研究、加强其整体形象的塑造，对地方园林乃至地方经济的发展都具有极其重要的意义。

■ 本章参考文献

[1]　赵长庚. 西蜀历史文化名人纪念园林[M]. 成都：四川科学技术出版社，1989.

[2]　曾宇，王乃香. 巴蜀园林艺术[M]. 天津：天津大学出版社，2000.

[3]　汪丽君. 建筑类型学[M]. 天津：天津大学出版社，2005.

28 A Study on Types and Characters of Sichuan Style Garden ①

28.1 Introduction

Sichuan, called "Land of Abundance", is of rich topography and warm humid climate characteristics, which provides superior natural conditions for the emergence and development of gardens. Therefore, as early as 3000 years ago in the ancient Shu kingdom[1], Yuan-you culture took root and grew with Shu civilization. Since then, in the process of Sichuan people's complying and changing nature, a self-contained Sichuan style garden was gradually formed and becomes an important branch of China's local gardens.

28.2 History of Sichuan garden

Sichuan garden history can be traced back to the period of king Du Yu in the ancient Shu Kingdom. From the perspective of the origin of garden, the generation age is equivalent to the Royal Garden, appeared approximately in the Shang and Zhou Dynasties with the form of tribal gardens. King Du Yu took "Baoxie as the front door, Xionger-lingguan behind the house, Yulei-emei as the city walls, Jiangqianmianluo the Bog lakes and marshes, Wenshan the animal husbandry, and Nanzhong the Garden Court" [2]. He built soil platform for observing astronomy, sacrifice and gardening[3]. After the Kaiming-shi came to Sichuan, King Du Yu built Wudan.

After the Shu country was occupied by Qin country, Qin country let Zhang-Ruo managed Chengdu city. He built pools by earth from outside city, such as "Longba Pool in the north city, Qianqiu Pool the east city and Liu Pool the west city". The five generation periods and two Song Dynasties, based on these city pools, some famous gardens appeared in Chengdu, Jiang-Du pool garden and long-live pool garden for instance. During the periods of Three Kingdoms, Qin Dynasty and Han Dynasty, the emergence of Taoism and the import of Buddhism, changed Shu people. At that time, the appearance and development of the ancient Shu immortalization spirit played a cornerstone role of Sichuan garden in philosophy afterwards[4]and cast Sichuan style garden temperament.

From the periods of Sui Tang five dynasties to Two Song Dynasties, y Sichuan garden experienced a development stage of the prosperous period. The An Shih rebellion occurred in Tang Dynasty led a prosperity that "global elite talents have come to Sichuan". It was also called in Two Song Dynasties that "no place is more flourishing humanities than Sichuan" [5]. The prosperity of economy and culture greatly promoted the development of Sichuan style garden. Politicians, writers, painters, monks were all involved in the various types of landscape construction activities, which enriched the garden types the periods in Sichuan. Of which temples garden was the most prominent, famous Daci Temple and Zhaojue Temple for example. In Taoism, Taoist architecture groups were also formed in Qingcheng Mountain. Sichuan style temple garden was gradually laid the foundation. In the Tang and Song Dynasties, a lot of cultural celebrities took up the posts of Sichuan local officials whose culture temperament was dissolved in the process of their gardening. Therefore, some gardens were constructed by official funds[6]. Some

---

① 本章内容由邱建、贾玲利第一次发表在《第十四届中日韩风景园林学术研讨会论文集》第 3 至 12 页，中国风景园林协会主编，中国建筑工业出版社，2015.1。

famous examples included East Lake garden in Xindu County built by the Tang Dynasty Prime Minister Li Deyu, Fang lake garden in Guanghan city by the Tang Dynasty Prime Minister Fang Guan, and Gui Lake garden in Xindu County used for ancient county courier station.

The late Ming Dynasty and early Qing Dynasty, the war destroyed a lot of Sichuan gardens. After the Mid-Qing Dynasty, Sichuan gardens were rebuilt with the economic recovery. Most Sichuan temple gardens currently preserved are rebuilt in the mid and late Qing Dynasty. After the Revolution of 1911, with the democratic and republican ideas becoming main stream, the gardens enjoyed for few people opened to the public. Some historic gardens got the opportunities to be extended to be public gardens, such as Wangjiang Tower Park, Du Fu Thatched Cottage, Wuhou Temple and so on. New Sichuan style gardens have also been built in succession since the time of the reform and opening up policy, in which the traditional garden style is inherited. For example, Yi Park in the north of Chengdu, Dujiangyan Qingxin Park, Shuangliu Tanghu Park are all the representative works of Sichuan gardens newly built in the recent thirty years.

28.3　Main Types and Characteristics of Sichuan Style Garden

With a very long process of the development and evolution, a variety of Sichuan garden types have emerged. Some garden types have continued development down, such as temple garden, but some others changed in terms of their forms and properties, exemplified by the palace gardens that have been transformed into memorial gardens. Therefore, it is hard to be able to reach a common understanding to classify Sichuan garden. For the benefit of studying the characteristics, with the use of modern typology methodology and in accordance with the ideological of types and prototypes, Sichuan style garden is attempted to be divided into three main types including celebrity memorial garden, temple garden and private garden.

28.3.1　Celebrity memorial garden

Celebrity memorial garden is the most distinctive type of Sichuan garden, which can be subdivided into two types, ancestral sage garden and celebrity garden.

28.3.1.1　Ancestral sage temple garden

Sichuan people since ancient times have advocated ancestral sages and they have had a tradition of building temples for sages. Some historical documents record that "Shu people usually built temple or statue for the sages who hold. The famous towns are also the world without". So there were temple gardens in early Sichuan. For example, Chongde temple was previously built to memorialize Wang emperor at the foothills of Yulei Mountain, now the location of Erwang Temple. There are today still many well protected Confucius Temple gardens in Sichuan, such as Chongzhou and Deyang Confucius Temples. A representative sage temple is Wuhou Temple, built in the Eastern Jin Dynasty (AD.303-334) [7] that was originally located in Shaocheng of Chengdu. It was moved to the southern suburbs of the city where was closed to Hui Tomb and Han Zhao Lie Temple. Hui Tomb, Han Zhao Lie Temple and Wuhou Temple were united as a whole in the Hongwu years of 23 to 24 in Ming Dynasty (AD.1390-1391), named as Wuhou Temple afterwards. Now, the Wuhou Temple is consisted of two parts, East Temple area and Western Hui Tomb area. The gate, the second door, Dynasty Hall, hall, Wu Hou Hall are arranged in the temple area, along the axis from the south to the north. Some gardens within the garden involving in pavilion to listen to orioles, sweet osmanthus river pool and mirror heart pool landscaped with plants such as peach, sweet scented osmanthus, lotus suitable for the garden topics, are naturally planned in the two sides of the axis. The whole temple is felt like not only solemn but in many human. Pines and cypresses as the plant tone planted in Wuhou Temple Garden. It shows a picture just like the poem wrote: "Where to find the temple of the premier? you can search some information in the deep pine grove outside silk city"

（Fig. 28-1）.

While their advocating the ancestral sages, Sichuan people also put their own life together. The ancestral sage temple gardens in Sichuan need to have functions of not only commemorating sages but current people's leisure activities. Layout of the gardens is not limited to a single type but rather to be regular and free types in one so as to be able to be adjusted flexibly according to actual situations and requirements.

Fig.28-1　Many pines in Wuhou Temple
（provided by Wang Yi）

28.3.1.2　Cultural celebrity memorial garden

When most places of the country fell into turmoil in history, Sichuan remained relatively stable. Also with the beautiful mountains and rivers, people of literature and writing often paid a visit to Sichuan and indulged in pleasures without stop. From the time of Tang Dynasty, particularly, with their traveling or living in Sichuan, many historical figures with national influences, such as Du Fu, Li Deyu, Xue Tao in Tang Dynasty, Weizhuang and other flowers literators in the Five Dynasties, and Sush and his

father and brother, Lu You in Song Dynasty, and Yang Shengan in Ming Dynasty, wrote many literary works. Their personally participating in gardening with extremely high culture and personal aesthetics added cultural colors to, promoted the development of, and set up celebrity Memorial Garden with rich cultural connotation as well as left a lot of garden related anecdotes.

At present, cultural celebrity memorial gardens in Sichuan left usually continue the original layout characteristics, roughly classed into the following three types. The first one is the garden developed relying on the former residences of celebrities as the main body with the garden space rounded, such as Du Fu Thatched Cottage, San Su Temple. The second is the memorial garden evolved from the previous official Garden and the post Garden with a free arrangement, usually, in which water is located in the center, the islands are positioned in the water, and the scenic spots are distributed along the waterfronts. Gui Lake, East Lake, Fang Lake and Yanhuachi are all the same layout, for example（Fig.28-2~6）. Gui Lake here, originally Nanting for people farewell friend, lately, was transformed into Yang Shengan Memorial Garden as Yang was the Number One Scholar. The last one is the memorial garden based on the celebrity tombs, with clear axes in the gardens and with a solemn atmosphere, such as Wangjianglou garden and Jiangwan tomb garden.

Sichuan celebrity memorial gardens have experienced many changes in nature and followed no set form. Their main characteristics can be summarized in three aspects: First, they have a deep historical and cultural background as their relationships to historical celebrities who had a high literary accomplishment and as their historical accumulations that condensed bright garden cultural characteristics. Second, from the viewpoints of space layout, with a comparison to Jiangnan gardens with the excessive pursuit of garden artistic conception, they, although having the artistic conception of winding path leading to a secluded quiet place and the path winding along mountain ridges, are mainly around the memorial theme in space layout and relatively simple in space level. Third, garden plants are paid more attention to. Celebrities often have their favorite plants that are always compared to their personalities. Therefore, the garden plants are quite particular about, so as to better reflect and serve as a foil to the cultural traits of the memorial object, such as bamboos for Xue Tao, plum blossoms Du Fu, and cherry bays planted by the hometown people for Yangshengan.

28.3.2　Temple Garden

Temple garden is a type of Sichuan gardens with the most in amount and the longest in history. A stupa portrait brick was found in the Han Dynasty brick tomb archaeology site in 1986 in Shifang City of Sichuan Province. This evidences that, as early as in the Eastern Han Dynasty, Buddhism was imported into Sichuan and Buddhist temple, as the temple garden embryonic form with the garden tower in center and the religious plants symmetrically planted, was built. Zhang Ling started preaching, in the Eastern Han Dynasty, in Heming Mountain, Dayi, and Qingcheng Mountain, in Chengdu and formed Tianshi Taoism based on the original Taoism. Buddhism imported earlier to and Taoism originated in Sichuan made Buddhism and Taoism fast development in the Sui and Tang Dynasties and formed Taoist architectural groups in Qingcheng Mountain and Buddhist architectural groups in Emei Mountain, which became the representatives of Sichuan temple garden. The garden can be divided into two types, including mountain temple garden and plain temple garden.

28.3.2.1　Mountain Temple Garden

Many famous mountains are occupied by the monks. In sitting of Sichuan mountain temple gardens, the focus is usually placed on the pursuit of large environment, the pursuit of natural conditions with a perilous peak of fairyland, and the blend with nature, in which the garden and natural environment are usually immerged to a whole. The natural terrains

with the layers of fault are employed by mountain temples to form a lot of small courtyard spaces, and as a result, the beautiful scenery of mountain and tree are imported into the temple. In the layout of mountain temple, the spaces are organized as far as possible by axis. However, because of the terrain constraints, some changes have to be made to conform to the topography; which also happens to be the most distinctive places of Sichuan style temple gardens. For example, to correspond to the topography, the gate of Guchang Temple in Qingcheng Mountain was deflected so as to well transfer mountaineering line to the temple axis. Three main Halls on the axis are not strictly symmetrical before and after as well, which are translated toward left and right directing to fit the terrain (Fig.28–7 and Fig.28–8). In the same mountain, the axis of Jianfu Temple's gate is also redirected against the main axis, which links properly up the deflection and elevation changes (Fig.28–9 and Fig.28–10). Landscape architecture in the gardens also reflects the feature of application materials, such as an application of curved woods directly to the curved beam.

28.3.2.2　Plain Temple Garden

Plain temple garden is normally located in a relative flat terrain and mostly in the cities. Like the temple garden layout in other plain areas of China, plain temple garden in Sichuan has a dignified shape in which the main buildings are planned longitudinally layer by layer along the axis and the garden spaces are symmetrically arranged with courtyards. But there are often additional small environments with mountains and trees in Sichuan plain temple gardens, functioned as a semi enclosed space with tall arbors to block the noise outside the temples, rather than to do so by the walls and buildings enclosed. Chengdu Wen Shu Temple and Bao Guang Temple are all enclosed with plants as a separation of the garden spaces and the cities. (Fig.28–11 and Fig.28–12)

In addition to those mountain and plain temple garden described, there is another type of temple gardens that have characteristics of both types.

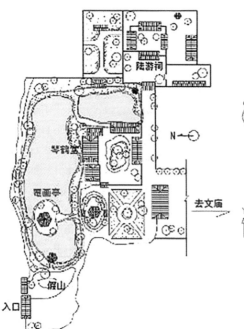

Fig.28-2　The annular sketch map of Yanhuachi
（drew by Jia Lingli）

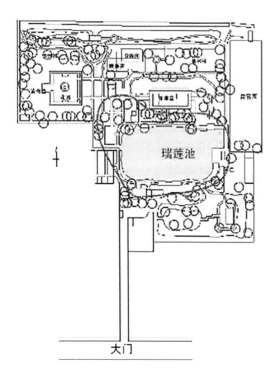

Fig.28-4　The annular sketch map of Xinfan East Lake
（drew by Jia Lingli）

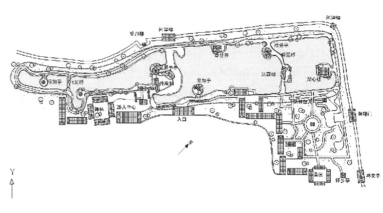

Fig.28-3　The annular sketch map of Gui Lake
（drew by Jia Lingli）

Fig.28-5　The beautiful scene of Gui Lake with lotus
（provided by Chen ShuQiang）

Fig.28-6　The outer pool of Yanhuachi
（provided by Jia Lingli）

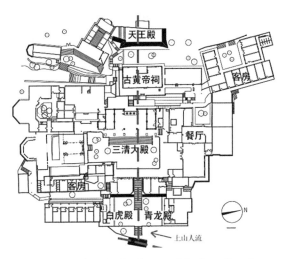

Fig.28-7　The axis sketch map of Guchang Temple
（drew by Jia Lingli）

Fig.28-8　The courtyard with gate in Guchang Temple
（provided by Jia Lingli）

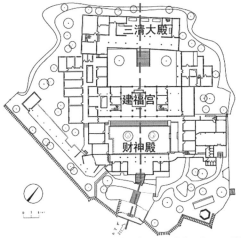

Fig.28-9　The axis sketch map of Jianfugong Temple
（drew by Jia Lingli）

Fig.28-10　The entrance space of Jianfugong Temple
（provided by Jia Lingli）

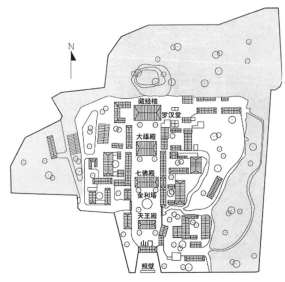

Fig.28-11　The plan of Baoguang Temple
（drew by Jia Lingli）

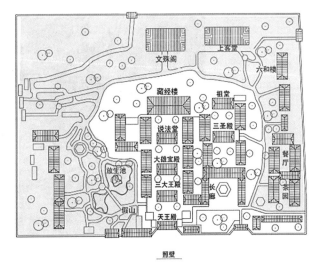

Fig.28-12　The plan of Wenshu Temple
（drew by Jia Lingli）

Compared with the temple garden in other regions, Sichuan style temple garden has two characteristics. On the one hand, plants are smartly used to create a religious space as the province is of rich resources of hill woods and forests, in which many tall trees are planted in plain temple gardens, while, the natural trees and forests are directly borrowed for the mountain gardens. On the other hand, in spite of religious spaces, the temple garden doesn't concern more about building a solemn atmosphere, but rather, shows a random nature in terms of garden layout, participation activities, and architectural details. In addition to religious activities, vegetarian meal, tea, chess and other leisure activities are also arranged in temple gardens, the tea yards with a long history in Baoguang Temple and Daci Temple, for instance (Fig.28-13). The casual, leisurely, elegant, free and easy local humanistic spirits passed down for thousands of years in Bashu Earth are very well embodied in the Sichuan style garden.

28.3.3　Private Garden

Since the Han Dynasty, the rich Sichuan people have had a tradition to plant fruits, vegetables, flowers and trees around their houses to beautify the environment and to self-support, which is the embryonic form of Sichuan private gardens. The garden can be divided into two types involving in city private garden and suburban Linpan garden.

28.3.3.1　City-type Private Garden

Sichuan Basin has warm climate and is suitable for plant growth. Furthermore, aviculture plant flowers are a common consuetude for almost every household in Sichuan. So, a common person often plants flowers and trees in the yards, with orchid, bamboo and plum the most. The private gardens of rich families are row upon row of courtyard, folding water mountains, and winding paths. There were many famous Sichuan private gardens around the Huanhuaxi area in Chengdu during the period of Five Dynasties, such as well-known Hualinfang garden, west garden, east garden. Unfortunately, almost all these famous private gardens have been demolished with the development of

Fig.28-13　The tea garden in Daci Temple (provided by Jia Lingli)

Fig.28-14　The external environment of XiJiashan dwellings
（provided by Qiu Jian）

Fig.28-15　The internal garden of XiJiashan dwellings
（provided by Qiu Jian）

Fig.28-16　The external environment of Linpan
（provided by Zhang Liang）

Fig.28-17　The courtyard of Linpan
（provided by Qiu Jian）

Fig.28-18　The entrance of Yi Garden
（provided by Jia Lingli）

Fig.28-19　The inner courtyard of Yi Garden
（provided by Jia Lingli）

the city and the changes of the history. A few retained are just the buildings with little gardens. More private gardens remained relatively complete are far away from the city, XiJiashan dwellings garden of Yibin city, for example, listed in the national key cultural relic protection units list. (Fig.28–14 and Fig.28–15).

28.3.3.2　Suburb Linpan Private Garden

The most distinctive part of Sichuan private gardens is the Linpans, large and small, distributed in suburban. A Linpan is composed of the farm courtyard and the surrounding, rivers, farm land and other natural environment that forms a rural production and resident unit with multi-functions involving in agriculture, life and landscape. The courtyard as the main part of the Linpan includes farmhouses with a plan shaped like "L" or "П" and tall trees, bamboo forests, fruits and vegetables and other bush, which constructs a green living space with a feature of deep woods and tall bamboos. (Fig.28–16 and Fig.28–17)

On the whole, unlike gentle the Jiangnan gardens refined with the conception from pile up hills and dredge waterways, Sichuan private gardens pay more attention to the combination of utility and ornamental which are likely to close to the life of ordinary people.

Sichuan style garden goes on with the modernization. In recent years, some people with refinement began to select lands to build their gardens, some of which having become gradually scale, exemplified by Yi Garden. Yi Garden was built ten years ago as only for a private garden club at the beginning, but now, has been developed as a large cater establishment. The core part of Yi Garden absorbs the characteristics of Jiangnan garden, climb corridors lie along the waterfront and the unique stones are placed at the water shore (Fig.28–18 and Fig.28–19). While the native plants in Sichuan are planted and buildings in Sichuan style were built in the garden, forming a garden style of simple in external and delicate in internal.

28.4　Conclusions

Sichuan style garden is a branch with distinctive features of the numerous local gardens in China. Celebrity Memorial Garden, Temple Garden, and Private Garden are main types of Sichuan style garden. There are various forms of the celebrity memorial gardens in Sichuan. The layout of the temple gardens for sages is regular with clear axis, while the cultural celebrity memorial garden is centered by water and scenic spots are distributed along the water. Based on a follow of basic Chinese temple building forms, the temple garden in Sichuan emphasizes more on the selection of external large environment and on building internal small environment and more flexible with the change of the terrain. Sichuan city private garden is good at combing with the characteristics of traditional dwellings in Sichuan and making use of the native plants. While Linpan is a garden space completely built according to the life traditions of Sichuan people.

With a comparison to Chinese royal garden and Jiangnan garden, Sichuan style garden has the characteristics followed. ①In planning, Sichuan style garden does not normally have a unified planning and a design from beginning to end without stopping that the royal garden and Jiangnan garden do, but normally, has been gradually built and expanded through many times. So it lacks the landscape construction with large-scale, but otherwise, is good at adopting measures suiting local conditions of natural mountains and waters. ②In the use of land conditions, unlike the royal garden often with hundreds of hectares, but the land of Sichuan garden generally is broader than that of Jiangnan garden, in which Sichuan garden with a condition to be simple and open does not pursue to see thousands of mountains and rivers with a square inch of land, which Jiangnan garden does otherwise. ③In the construction of space, Sichuan garden is not like Jiangnan garden in which a literati intelligentsia as an owner fully participates in gardening and vents the personal feelings but rather under the construction corresponding to the garden theme for memorializing or for religion. So, the construction of space in Sichuan garden with a simple spatial level does not blindly pursue an artistic conception of "although people do, Wan since opening day", which does otherwise in Jiangnan garden. ④In the use of garden materials, there are more plants in Sichuan while more strange stones in Jiangnan. Therefore, Sichuan garden is good at use of native plants, such as the bamboos, to build the garden space, while Jiangnan garden at use of stones to create more garden space levels. ⑤In the use of the object, Jiangnan garden is placed more emphasis on the artistic quality. The garden is more like Art works used and appreciated by a few people. However, Sichuan garden is generally for the public so as to pursue a combination of utility and ornamental, of which the space for tea, entertainment and public activities is an indispensable part. Therefore, the utility and participation is the biggest characteristic of Sichuan garden.

Foundation item

This work was financially supported by the National Natural Science Foundation of China (No.51208429) and the science and technology support plan project of Sichuan Province (No.2013FZ0009).

■ References

[1] JIA.L.L. Research on the development of Sichuan Garden[D]. Chengdu: Southwest Jiaotong University. 2009.

[2] CHANG.P. the Chronicles of Huayang[M], Jinan: Qilu Press, 2010.

[3] Sichuan Province Cultural Relics Management Committee. A cleanup report of Chengdu Yang Zi-shan Earth station ruins[J]. Archaeological Journal, 1957（4）17-31.

[4] TAN.J.H. Tao source: immortalization road of Ancient Shu[J]. Ba Shu Culture Research Communications. 2006（6）: 2-9.

[5] CHEN.S.S: A brief history of Sichuan[M]. Chengdu: Sichuan Academy of Social Sciences Press, 1986.

[6] ZHANG.Y.X: The origin, evolution and garden characteristics of Gui Lake in Xindu[J]. Sichuan Cultural Relics .1999（5）: 58-61.

[7] LUO.K.Y: Wuhou Temple, the holy land of the Three Kingdoms[M]. Chengdu：Sichuan People's Publishing House, 2005.

29　先秦时期蜀国园林的特点探析①

中国园林历史悠久，其起源可以追溯到公元前11世纪商的末代帝王殷纣王所建的"沙丘苑台"[1]。中国园林是以北方皇家园林和江南私家园林为主要组成部分，以分布在大江南北的各地方园林为重要支撑的大体系。四川地区现存有为数众多的古典园林，是中国园林的重要组成部分。因此笔者试图从历史文献中，就四川园林的起源及其与中原地区早期园林的关系展开研究。从文献资料中可以发现，先秦时期，在边远的古代巴蜀之地，有与中原地区一样的早期园林建设活动。

四川地区的先秦史是以古代巴蜀两国的历史为主线。相对于蜀国，古代巴国考古资料欠详，文献资料缺乏，历史面貌模糊。因此，四川地区远古时代历史多以蜀国为主，本文亦对先秦时期蜀国园林进行探讨。

29.1　先秦时期蜀国概况

古蜀国是中国古代先秦时期的蜀族在现今四川建立的国家。《蜀王本纪》载："蜀王之先名蚕丛，后代曰柏濩。又次者名曰鱼凫，此三代各数百岁。"[2]《华阳国志·蜀志》载："（帝）封其之庶于蜀，世为候伯，历夏、商、周。"[3]古蜀国不只拥有单独一个王朝，在秦灭蜀之前，蜀分别由蚕丛氏、柏濩氏、鱼凫氏、杜宇氏、开明氏诸族统领。史料记载的蚕丛、柏濩、鱼凫三

代蜀王在成都平原活动的时间不同，并且不是一系相承的单一部落，其部落来源非一，是一个复合型民族。关于杜宇王之前的古国状况，历史文献鲜有记载。杜宇王时期，古蜀国结束了神权政治时代，开始实行一系列人治政策，其统治具有极强的务实特点，如教人们开田治水、发展农业，加之优越的自然条件，蜀国的农业生产达到了较高的水平，为四川成为"天府之国"奠定了基础。至开明氏入蜀为相，其积极扩大疆域，与相邻秦、楚等国文化交流频繁，在西南地区历史上扮演了重要角色。开明五世之前，蜀国的都城建于广都樊乡（即今天的双流县）。到了开明九世建都于成都。开明十二世时"五丁力士"开辟了石牛道，打通了从蜀至秦的通道。公元前316年秦惠王在位时，秦国灭掉了蜀国，蜀地从此成为秦国的粮仓，为秦统一六国奠定了基础。

古蜀国文明经历了起源、发展和衍变的长期过程。巴蜀文明起源于距今3800年—4500年成都平原的宝墩文化时期，相当于从古文化（原始文化）到古城（城市最初文化意义上的城—小镇）的蜀文明初始时期。由古城文明进入到古国，再由多个古国构成方国，由方国的扩张则成为帝国，这是"国家形态"发展的三部曲，代表着国家发展典型道路的三个历程。从传说的古蜀王祖蚕丛、柏濩、鱼凫、杜宇和开明来看，蚕丛、柏濩相当于古代时期，鱼凫相当于古国时期。古国、方国的形成，大约在杜宇时期。杜宇时期的方国"褒斜为前门，熊耳、灵关为后户，玉垒、

---

① 本章内容由贾玲利，邱建第一次发表在《安徽农业科学》2012年第40卷第8期第4640至4642页及4711页。

峨眉为城部，江潜绵洛为池泽，以汶山为畜牧，南中为园苑"[3]，这已是北到汉中，南达南中的大方国。杜宇王时期，古蜀国至少已发展至帝国时期的前夜，只是这个发展被秦国所阻断。[4]从历史文献和传说中可推断，古蜀国已具有相当恢宏的规模，其农业生产、治水技术丝毫不落后于同时期的其他发达地区，园林建设活动亦然。

29.2 四川园林的起源

从目前保存下来的园林实例中，已难以考证四川园林的起源时期，学者们只能在历史文献中寻根究源。有观点认为，秦张仪筑城取土之地所成之池井是成都早期的园林[5]，另有学者将四川园林的肇始追溯到古蜀国时期的开明氏[6]。笔者通过文献分析与考古发现的比对，认为四川园林的起源应该是更早的杜宇王时期。

首先，《华阳国志.蜀志》中有这样的文字："鱼凫王田于湔山，忽得仙道，蜀人思之，为立祠"[3]。《蜀王本纪》记载："鱼凫田于湔山，得仙。今庙礼之于前湔。"[2]意思是鱼凫王田猎于湔山，蜀人立祠以纪念。说明在鱼凫时期，已经有"祠"这种纪念建筑出现，当时是以单幢建筑出现，还是辅有植物、巨石等附属纪念物，现在已不得而知，只能推测在鱼凫时代后期，成都平原可能已经出现纪念式园林的雏形，即人们为鱼凫王所立之祠。由于缺少确凿的史料，暂不能称之为园林。

其次，据《史记·殷本纪》："（纣）厚赋税以实鹿台之钱，而盈巨桥之粟，益收狗马奇物，充牣宫室。益广沙丘台，多取野兽蜚鸟置其中"[7]。由此可见，与杜宇王大体处在同一个历史时期的商周统治者已有狩猎的习惯。古时虽交往不便，但根据近年早期蜀文化的发现，特别是

三星堆遗址出土与河南偃师二里头夏文化遗址出土相似的陶杯、高柄豆等器物，说明蜀与夏商王朝确曾发生过较多的经济文化交往。从《世本》《大戴礼记》《实史记》来看，蜀人先祖也与夏人有颇为密切的关系。殷商时期，蜀与商王朝的关系多见于殷墟甲骨文，不少考古发现可资佐证，如蜀国青铜礼器中的尊、玉石器中的璋、圭等形制都来源于商文化。因此蜀文化受到了商文化的明显影响。[4]商周统治者营建园囿的习好也难以不影响到边远的蜀王朝。

杜宇以南中为园苑，南中包括云南、贵州、四川凉山州和宜宾地区。这些地区属蜀王国的势力范围，是杜宇王狩猎之地。成都平原及周边山地发掘的早期蜀文化遗址中，出土了不少兽类骨骼，野生动物与家养动物骨骼共生，说明古蜀人已经充分利用自然资源，饲养动物供狩猎和食用[8]。这些文献资料说明，杜宇王时期已有帝王园囿的营建，虽然可能只是简单的圈地为囿，主要是打猎场所，但毫无疑问，杜宇王时期是四川园林的滥觞。

南中之地距离蜀王都城较为遥远，不便于平时的游玩狩猎。羊子山有商周时期的土台遗存，从园林学角度推论，此土台可能是古蜀王祭祀之台，附有狩猎和观赏园囿亦有可能。从以上各方面的综合分析，认为四川园林的起源应是在古代蜀国杜宇王早期。

至开明王朝，蜀王为爱妃营建墓园，"占地数亩，高七丈，上有石镜"，今遗址尚存。后又建祠庙、园亭。文献及传说均表明，此时的墓园已不单单是墓之本身，而是以墓为主体，另有石镜为配景，祠庙、园亭为墓园建筑的纪念园林。说明在开明氏时期，四川园林的形式已经不局限于园囿，而是有了墓园的新形式。此时的园林虽

然还是王公贵族的专属，但是类型上已经有所发展。

文献资料、考古推断和传说相互佐证可以说明，杜宇王时期的四川已有早期的园林雏形出现，即王族园囿。

29.3 先秦蜀国园林

四川先秦时期的园林主要以王族园囿、帝王或贵族墓园为主，现在有据可循的主要有3处，见表29-1。

表 29-1 四川先秦时期园林

园林名称	年代	园林类型	概况
羊子山苑囿	古蜀杜宇王国时期	王族园林	以王族狩猎为主，今尚留有疑似观赏鸟兽的囿台
南中园囿	古蜀杜宇王国时期	王族园林	以王族狩猎为主，今云南、贵州、四川凉山州和宜宾地区。《华阳国志·蜀志》记载"杜宇王以汶山为畜牧，南中为园苑"今已无遗迹
武担山墓园	开明王国时期	王族墓园	蜀王开明九世为其王妃所建，有石镜、亭、茂林等附属纪念物，后世在此修建庙宇；今尚保留有墓冢及新建之亭、石镜等附属构筑物，遗迹主体保存完好，是今有迹可循的最早的四川园林

29.3.1 王族园囿

古蜀国的杜宇王至开明时期，王族拥有成都古城南北两处园囿，即北之羊子山园囿，南之南中园囿。杜宇王时期，古蜀国结束了神治，开始实行一系列人治政策。杜宇王大力发展农业，建立了广阔的势力范围，"相关史料说明，在杜宇王时期，古蜀国已经有园囿供王族们狩猎游玩。南中园囿范围广，文字记载少，今已无遗迹可寻。近些年羊子山地区不断有考古发现，羊子山园囿也逐渐呈现出来。

1956 年羊子山土台的考古发现为这一地区是古蜀王的园囿提供了有力证明。羊子山土台规模宏大，是西周晚期至蜀灭以前蜀人主要的礼仪中心。当年各种祀典、仪式规模之大，从土台本身就可得到充分说明。图29-1所示为羊子山土台复原图[9]。该土台为四方形台阶式建筑，台身占地面积约1万㎡，高10余m，厚6 m，分上下3层。边墙用泥砖垒砌，中用填土夯实。估算用泥砖约

130万块，土方在7万㎡以上。考古学推断土台始建于殷末周初。其性质是一处大型礼仪建筑，是进行各种集会、观望和祀典的场所。这是迄今我国商周考古中所见的最大土台建筑[8]。

台这种古老的建筑形式出现已早，《述礼统》曰："夏为清台，商为神台，周为灵台"，可见至少在夏商之前就有。许慎《五经异义》云："天子有三台，灵台以观天文，时台以观四时施化，囿台以观鸟兽鱼鳖。诸侯卑，不得观天文，无灵台，但有时台、囿台也"[10]。这是古代对台的等级制度。关于成都羊子山的土台的用途，考古界有学者认为，虽"诸侯卑，不得观天文，无灵台"，但世界历史的研究表明，商朝在

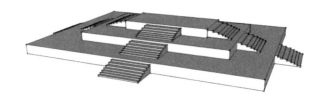

图 29-1 羊子山土台复原造型

其统治期间建立起来的官僚机构，与美索不达米亚和埃及在好多世纪里发展起来的官僚机构不同，管辖各地区的世袭贵族家族拥有很大的自治权。[11]古蜀国地处边远，且部族统治者自立为王，有很大的自主权，因此所建之台当有灵台之用。[12]考古界另有学者根据其经纬度和夏至日太阳落影角度，推测此土台为祭天之用，这些推论都有可能成立。试从园林学的角度再加以考证，羊子山位置在今成都市北郊驷马桥以北 1 km 左右，属成都古城以北的原始森林区，具有辟为蜀王园囿的自然条件；另外，古代诸王有在园囿之地建台以观鸟兽鱼鳖之好，可以推论，羊子山土台有囿台之功能，即观鸟兽鱼鳖。因此，羊子山土台兼具灵台与囿台的多种功能。

根据考古学研究成果，羊子山土台的历史下限当在杜宇氏前期，即在公元前11世纪 — 公元前7世纪[12]。由此看来，包括羊子山土台在内的羊子山园囿当属四川目前最早的有据可循的古代园林。今日的羊子山土台也因砖瓦厂取土而遭破坏，荒弃的废墟很难让人们联想到几千年之前这里盛大的祭天仪式和王族们观鸟论兽的场面。日益扩张的城市已使这里完全成为现代都市，高楼林立，霓虹闪耀，让人很难想象这里曾经只有部族的重要人物才能进入。

29.3.2 武担山王室墓园

公元前6世纪，蜀王开明九世迁徙成都。《蜀王本纪》记载："武都有丈夫化为女子，颜色美好，盖山精也。蜀王娶以为妻，不习水土，疾病欲归国，蜀王留之，无几物故。蜀王发卒之武都担土，于成都郭中葬。盖地数亩，高十丈，号曰武担。以石作镜一枚表其墓，径一丈，高五尺"[2]。蜀王为其妻筑坟建园以示纪念，此事为众人皆知，史书多有记载。开明王所建之墓园，仅以墓为主体，配以巨石、花木来烘托纪念气氛，形式简单，但已具纪念园林之雏形。

后又有宋代罗泌在《路史》一书中记载：梁武陵王萧纪曾在武担山"发掘得玉石棺，中有美女如生，掩之而建寺其上"。可见六朝之梁朝萧纪时，武担山开始兴建寺庙。从其他史书和文人辞赋中得知，此地佛寺名"武担山寺"。如初唐四杰之一的诗人王勃，在《晚秋游武担山寺序》中，用"鸡林俊赏，萧萧鹫岭之居"盛赞武担山寺之秀丽；唐明皇时期的苏颋也写过一首《武担山寺》，其诗云："武檐独苍然，坟山下玉泉。鳖灵时共尽，龙女事同迁。松柏衔哀处，幡花种福田。讵知留镜石，长与法轮圆。"武担山寺之秀美景色由此可见一斑。在佛教盛行之时，此地一度成为锦城梵音悠悠之地。

清朝，武担山改为驻军习武操练之地，称为北校场。时至今日，早已不见长袍长辫的将士操练于此，然北校场的名称却一直沿用下来。至于石镜，今已失传，何时被毁亦不可知。今成都市江汉路原成都军区大院一角尚有武担山遗址（图29-2）。遗址四周绿树环抱，以堆山为主体，有新修的石阶盘旋而上，顶部有近代所修"望月亭"。亭旁新置花岗岩材质的石镜，上书武担山简史（图29-3）。今人所置石镜，唯体现此处之历史，已不能与当年蜀王所立之石镜相提并论。堆山周围有甬道，可环行一周，与古代坟墓形制相符。紧邻堆山，有数十平方米的小园，盆景雅致，叠水潺潺，名曰"沁园"。军区大院各营区宅园分别以"颐园"等雅致之词命名，所以此"沁园"之名当与武担山无关，仅求高雅而已。

图29-2 武担山遗址全景

图29-3 今人于武担山遗址所置石镜

29.3.3 先秦时期四川园林的特点

先秦蜀国园林形式极为简单，主要构成元素只有土台、巨石等。同中国园林的萌芽期一致，园林动物是这时期园林的主题[13]。另外，古代蜀国园林还有一个重要特点就是"大石崇拜"，邛崃山出产的巨石大量出现在成都，形成大石文化。先秦时期的园林讲求一种原始的"团块美"，人们崇拜自然、崇拜天象，因此，对于自然空间的营造也尽量模仿自然的感召力，巨石便成为体现自然感召力的合适载体。开明氏为爱妃修建的墓园所置石镜，意在借助大石巍然而立、坚固耐久的特性，寄托长久的愿望，也以此作为对自然的敬仰和与神灵的交流。灵台的修建也是出于大石崇拜。土台由泥土夯筑而成，体现出强烈的体积感和力量感。因此，先秦时期蜀国园林

虽然构成要素少，但却营造出简单而非简陋的震撼之美，直到今天，人们依然能够从中感受到古代蜀国的宏大气势。

29.4 结语

古蜀国历史对今天的研究者来说仍然是神秘的，神话故事与有限的历史文献展示出先秦时期古蜀园林的依稀画面：疾驰飞射的帝王贵族，鸟鸣兽奔的广袤田野，巍然壮丽的灵台，这是帝王狩猎的园囿；高高堆砌的坟冢，巨大如磐的石镜，周边环绕的茂林，这是蜀王为爱妃修建的墓园。当然，欲更加清晰地认识先秦时期的四川园林，需要更多学者的共同探讨，此外，笔者期待更多的考古发现来帮助建构更加真实的古蜀园林面貌。

■ References

[1] 周维权. 中国古典园林史[M]. 北京：清华大学出版社，1999.

[2] （明）郑朴. 蜀王本纪[M/OL]. http://club. xilu. com/waveqq/msgview-950484 -5774.html.

[3] （晋）常璩. 华阳国志. 校补图注[M]. 上海：上海古籍出版社，1987.

[4] 谭继和. 古蜀国旁白（序）[M]. 成都：成都时代出版社，2006.

[5] 潘明娟. 成都古代园林初探[J]. 西安教育学院学报，2003（3）：13-15.

[6] 张先进. 四川古典园林初探[J]. 四川建筑，1995（2）：28-30，45.

[7] 司马迁. 史记·本纪[M]. 北京：中国纺织出版社，2007.

[8] 段渝. 四川通史（第一册）[M]. 成都：四川大学出版社，1993.

[9] 四川省文物管理委员会. 成都羊子山土台遗址清理报告[J]. 考古学报，1957（4）：17-31.

[10] （宋）李昉，等. 太平御览[M]. 上海：上海古籍出版社，2008.

[11] STAVRIANOS L S. 全球通史[M]. 吴象婴，等，译. 北京：北京大学出版社，2006.

[12] 王家祐，李复华. 羊子山地区考古的几个问题[J]. 四川文物，2002（4）：9-16.

[13] 郭风平，方建斌. 中国园林动物起源与变迁初探[J]. 农业考古，2004（3）：257-259.

30　关中东湖园林历史沿革及艺术特色研究 ①

　　关中东湖位于陕西省宝鸡市凤翔县城东南。凤翔，位于关中西部渭北平原之上，是周王室所在之地，春秋时秦国的疆域，汉唐政治要地，宋金军事重镇。古时，凤翔城东有清水一池。《竹书记年》载："商文王丁十二年（周文王元年）有凤集于岐山"，"瑞凤飞鸣过雍，在此饮水"②。凤凰饮水被视为祥瑞之兆，此处遂名"饮凤池"[1]。苏轼《东湖》诗"闻昔周道兴，翠凤栖孤岗，飞鸣饮此水，照影弄毵毵"，亦可印证此传说。之后，此处历代均为郡、州、府之附属园林，名称亦有"北园""西池"之更替[2]。宋仁宗嘉祐六年（1601年），大文豪苏轼任凤翔府签判。次年，他便将"古饮凤池"挖掘疏浚，修建亭桥，栽植花木，并写下多篇诗作吟咏其秀美景色，使这里成为凤翔府远近闻名的休闲胜地。"古饮凤池"距离雍州古城东门仅20～30步，因此苏轼改称此处为"东湖"，至今沿用东湖一名。又因苏轼20年后又修浚西湖，因此东湖与西湖并称"姊妹湖"。明清，东湖一直是关中胜迹，清毕沅在《关中胜迹图志》中曾把关中东湖与蓝田王维辋川别业中的辋水、户县上林苑中的渼陂湖相媲美。现东湖公园占地20 ha，园内有"喜雨亭""凌虚台"等苏轼著名诗篇中的建筑多处。

　　关中东湖悠久的建造历史和深厚的人文典故一直为人们所传诵，留下了许多东湖文献资料，这些资料以方志类和散文类居多。当地省、市、县各级地方志、年鉴当中记载了大量关于东湖的历史传说、人文典故以及历代修建的情况，是本文对东湖历史沿革研究的主要资料来源。目前，对于关中东湖文献数量最多的是文化界人士从东湖诗词的角度撰写的抒情、感怀、游记类文章，大多以感性的笔触描写苏轼和历代文人与东湖的关系、赞叹今天东湖的美丽景色、记叙自己与友人的东湖之行等。秋子以游记形式简单介绍了东湖历史、东湖风貌和自己在东湖的所见所感，文字细腻，如娓娓道来[3]；张骅从水利工作者的视角分析了苏轼疏浚东湖和整治西湖的历史之举[4]；李万德曾参与编著凤翔多部方志和文史资料，熟悉地方人文典故，他对东湖也独有情深，撰文介绍了东湖诸景，但内容较为简单[5]；段永强、任永辉、张文利等分析了苏轼在凤翔期间的诗词创作与东湖的关系，从文学角度对关中东湖景物进行了概述性介绍[6-8]。这些关于关中东湖的文献，不论是方志类还是诗词散文类，都是对东湖历史和风景的感性描述。目前，尚没有文献从风景园林专业角度对东湖造园历史和园林特色进行研究，致使这一在宋、明、清历史上引得无数名人流连忘返的历史名园在今天稍显落寞。本文在梳理关中东湖历史沿革的基础上，论述其山水格局、园林建筑和花木特色。

① 本章内容由贾玲利、邱建第一次发表在《南方建筑》2016年第6期第32至37页。本文资料收集过程中，得到了凤翔县东湖管理处工作人员的大力支持，特此致谢！
② 凤翔古称"雍州"。

30.1 关中东湖历史及研究现状

30.1.1 坡公曾经判岐阳，留得东湖水一方[9]

宋仁宗嘉祐六年（1061年）8月至英宗治平元年（1064年）12月，苏轼被授予大理评事签书凤翔府节度判官厅公事（简称凤翔府签判）。嘉祐六年冬，上任伊始的苏轼便到处走访，熟悉郡情。看到城东日渐荒废的古饮凤池，池水干涸，淤泥显露，唯有亭台莲柳在寒风中飘摇，苏轼遂决定对其进行疏浚。嘉祐七年秋，计划已久的古饮凤池疏浚工程终于开工。苏轼以其文学家的情怀和造园家的眼光，带领数百工匠，对古饮凤池进行了全面的疏浚和修缮。他首先解决湖水干涸的问题，引城西北凤凰泉水入饮凤池，使湖水流动，形成活水。又请关中能工巧匠，修亭台楼阁，有名者如"君子""宛在"二亭。今湖面仍有此二亭，为20世纪80年代重建。苏轼还在池边广种垂柳，湖中则播下粉荷无数。经过苏轼的全面改造，昔日的饮凤池已经成为一个窈窕多姿的新园林，他将此命名为东湖，并赋"东湖"诗一首遥寄其在西南的弟弟。诗中，苏轼用"入门便清奥，恍如梦西南"描写东湖清雅的景色和梦若家乡的美景。弟弟苏辙回应"不到东湖上，但闻东湖吟。诗词已清绝，佳境亦可寻"[10]。此后，苏轼又创作了多首诗作歌颂东湖美景，或记述自己在东湖与友人的日常生活，最有名的当属《凤翔八观》组诗。苏轼还常常在东湖接待八方友人，他们大多以诗词称赞东湖美景。随着这些文学作品的传播，东湖逐渐成为远近闻名的园林。20年后，苏轼又在杭州疏浚西湖，并将东湖与西湖并提，使得这对姊妹湖更加远扬，正是"东湖暂让西湖美，西湖却知东湖先"。

30.1.2 明时微波绿满地，往来不尽停骖者[6]

明代，东湖基本保留苏轼在时的风貌和胜景，从明代文人墨客们留下的大量的诗作就可以看出。明王体复《风湖雅会》中有"论心此夕成佳会，不觉东方日已升"描写彻夜不眠的东湖之会。明杨时荐《守道李亲翁在喜雨亭招饮次前韵》中"赴宴临风酣庾兴，望亭喜雨上苏台"、明岳万阶《东湖》中"清言频对酌，乐意两相关"，均描写诗人在东湖邀朋饮酒的场景。从这些诗作中可以看出，明代时，东湖胜景依然，有"缥渺云光柳岸隈，黄花影里笑颜开"[11]的美丽景色，是关中地区有名的聚会宴请之地，深受文人墨客的喜爱。

30.1.3 清有贤人拾旧梦，复还苏公湖池景

清以来，战乱频繁，东湖亭台楼阁毁损严重，但时有有识之士多次疏浚修建。东湖有碑记载："后人景仰芳徽，建祠湖岸，由宋迄今，兴废叠作"[12]。清嘉庆十六年（1811年），太守王骏猷"修葺公祠，重加疏浚，木桥水榭，胜境增新"[13]。然不数十年，"石磴木阑淹没于荒烟蔓草，湖中土砾沙碛淤塓不流"[14]。清道光元年（1821年），江苏进士高翔麟任凤翔知府，他访"东湖故址，已成芜陌，捐廉集工，一月浚成"，并赋四律以记之。当时的东湖，"凌虚台蔓荒烟冷，喜雨亭移落照残""惟有清流自终古，一龛香火热旃檀"[14]。高知府疏浚东湖之后，湖水再次淤涸。

清道光二十五年（1845年），白维清任凤翔府知府。他到任后看到昔日苏公笔下恍若西南的东湖胜景不再，便与同道之人集资修缮。先疏浚

湖水，又以余资在湖北岸建敞轩三楹。此次修缮维持数月，于道光二十六年完工，白维清撰《重修东湖碑记》以记之，其原迹尚存东湖碑林。文中记载他"先浚湖根，旋引泉脉，淤者深之，实者瀹之，逐成巨浸矣。乃以疏浚余资，于湖之北岸，建敞轩三楹，傍蠹层楼，用资远眺，栽花雉草，种树架桥，嘱宝鸡二尹章子廷英，绘为全图，参军陆子均董其事，经数月而工告成"。这是清代对东湖进行的较大的一次修缮，水系和亭台楼榭都有翻修，增建了轩、桥。清光绪十四年（1888 年），凤翔知府熙年在凌虚台上增筑"适然亭"。清光绪二十四年（1898 年），凤翔府知府傅世炜于东湖南，买田数十亩，筑堤蓄水，旱则泄水以资灌溉，后人称南湖。他还"拟置亭、台"，但"未成而去任，湖遂渐涸"[2]。民国九年（1920 年）和十二年（1923 年），东湖亦有两次整修，但力度不大，记载较少。

30.1.4 近千年来波未竭，还随湖池叹沧桑

新中国成立以后，当地人民政府对东湖多次进行修缮。1954 年，政府拨专款对东湖亭台楼榭进行翻修，东湖略显往日旧貌。可是在"十年动荡"期间，东湖亭台多遭毁，树木被砍，水面干涸。1978 年，党的十一届三中全会之后，抢救文化遗产，保护名胜古迹得到重视。当地政府成立专门东湖管理机构，全面修复东湖建筑、花木、水体，东湖保护也开始进入新篇章。1985 年，东湖作为风景名胜单位对外开放。1998 年，东湖碑林落成[15]。2006 年秋，凤翔县人民政府主持改造的东湖北广场竣工。广场中央立苏轼酹江月雕塑，并撰写"酹江月赋"以纪念。2007 年，东湖因水源枯竭，景观质量大为下降。当地政府筹资160 万元从白荻沟水库引水入东湖，彻底解决东

湖水源问题，并形成流动水系。同时，还启动了东湖外湖整治工程和建筑彩绘翻新工程，使东湖水面积由过去的 4.5 ha，扩展到了 8 ha[16, 17]。

30.2 关中东湖园林空间特色

30.2.1 宋时苏公浚内湖，清有后人绘全局

水是东湖的灵魂，也是东湖自"饮凤池"以来最重要的景观元素。虽然多有丰涸交替，但历次修缮都以疏浚湖水为先，历代也有大量诗词咏其湖水。唐朱庆馀就在《凤翔西池与贾岛纳凉》中写道："四面无炎气，清池阔复深。蝶飞逢草住，鱼戏见人沈。"说明，唐时这里就湖水清幽，风景优美。北宋，苏轼疏浚东湖，引凤凰泉水，使之"涝则闭之以蓄水，旱则泻之以灌田"[9]。清光绪二十四年（1898 年），凤翔府知府傅世炜继苏公遗志，在原饮凤池南购地 10 亩以扩建东湖，但因离任而荒置。后人在此继续增加山庄、曲桥等景观，形成新的湖区。东湖水面也因此形成原饮凤池区域的内湖和后建的外湖两个部分，东湖山水格局由此奠定。

30.2.2 入门便清奥，怳如梦西南[9]

整个东湖园林由内湖、外湖和苏公祠 3 部分组成（图 30-1）。内湖即古饮凤池区域，整个水面沿原古城墙蜿蜒展开。古城墙位于内湖东侧，今只留十几米残迹。内湖原有三岛，依次以窄堤相连，接至湖岸，将水面划分为 3 部分。窄堤与两岸连接处有古饮凤池入口与出口的圆形门洞，上书"古饮凤池"（图 30-2）。三岛上分别坐落有君子亭、春风亭、会景堂。窄堤之上点缀着鸳鸯亭、宛在亭、断桥 3 座精致小品。三岛相望，互为对景；三亭点缀，丰富了景观层次。从古饮凤池前门洞进入内湖，豁然开朗，满池红荷，怎

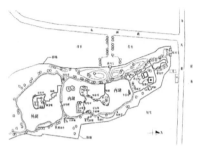

图 30-1　关中东湖总平面图

图30-2　古饮凤池入口

图30-3　外湖曲桥

能不叫诗人"怳如梦西南"。沿窄堤前行，到达第一个观景点"断桥"。在这里遥看春风亭和宛在亭，衬着红荷碧水，怎一个美字了得。经过断桥，到达君子亭所在的岛，地势变得开阔些许，可以很好地观赏君子亭。继续前往春风亭，经过狭窄的湖堤，中间可在宛在亭小憩。春风亭到会景堂，有鸳鸯亭横跨湖堤。经会景堂，方至古饮凤池后门。由古饮凤池前门至后门一条线走来，经过了"收——放——收"的多次反复，使游览路线跌宕起伏，充满趣味，无形中扩展了空间尺度。三岛、三亭、三水域，成功营造了步移景异、蜿蜒逶迤的园林景象。这一景一物，都别具匠心，这也是东湖园林中最精彩的部分。内湖水面北部还有不系舟，原为近代清同治年间修建，后毁，1989年复建。内湖东岸还分布有"水光澎湃""来雨轩""洗砚亭"、左宗棠手植柳等景点，北岸有牌坊和著名的"喜雨亭"。

与内湖一堤之隔便是外湖。该堤由苏轼当年疏浚内湖时的淤泥堆积而成，人们为纪念苏轼，称之为苏堤。堤上有一孔桥，名曰沧浪桥。外湖位于内湖之南，湖中有岛，上有山庄空蒙阁、崇光亭和藕香榭。岛与外湖西北岸有曲桥相连（图30-3），是赏荷的好地方。岛的东部，有小拱桥与池岸相连，为近年新修。

苏公祠坐落在园林的北部，是一座两进的合院式建筑，初建年代不详，但据明清诗作中对苏公祠多有记载可以推断，至少在明代，此处已经有纪念苏轼的祠[18]。清乾隆四十四年（1779年）至民国二十三年（1934年），当地历任官员先后八次修葺苏公祠，以知府熙年所修之最盛。"文革"时，苏公祠尽毁。现苏公祠为地方政府根据清熙年时的建筑制式重建，共有大小两进院落。大门悬挂"苏文忠公祠"匾额，进门影壁镌刻苏轼名篇《思政论》。二门悬挂"心迹应清"，院中坐落有正殿、仝笑山房、鸣琴精舍等建筑。苏公祠整体建筑对称布局，规整庄严。

关中东湖苏公祠区、内湖、外湖3个部分平面分区明确但在空间上又紧密联系，形成了层次递进的景观序列：苏公祠区域靠近东湖主入口北大门，这里分布的苏公祠、凌虚台、喜雨亭等主体建筑，营造了浓厚的苏公文化氛围，使自主入口进入东湖的游人很快置身于东湖文化场景之中。随着沿路碑文楹联的诵读，和越来越接近东湖水，繁杂尘世的心慢慢变得沉静，对东湖美景愈加期待。穿过东湖揽胜牌坊，内池湖景不期而遇，眼前豁然开朗，营造了一个小小的高潮；进入古饮凤池入口，又是一番新天地，这里的内湖区域是整个游览路线上的高潮，曲线形的窄堤引导游人前行，不断有不期而遇

287

的小惊喜；出内湖区域至外湖，这里的疏朗开阔和内湖紧密有致的景观特色形成对比，之前因不断惊喜而稍悬的心情也可释然，为游览路线营造了平静又回味无穷的尾声。因此，东湖园林布局以内外双湖为特色，又以内湖为中心营造核心景观，在游览路线起端设入口空间引导和铺垫，成功营造了"序曲—展开—高潮—尾声"的景观序列（图30-4）。

30.2.3　不如此台上，举酒邀青山[19]

东湖园林地处关中平原，地势平坦，而且以水面为主体。历代的修建者都注意到了这个问题，为了避免缺少起伏变化，分别在园内设置了3个制高点：一是内湖北部的凌虚台；二是内湖东南部的一览亭；三是内湖西部堆山。凌虚台（图30-5）位于湖北苏公祠东侧，为北宋时凤翔太守陈希亮所修。原建于府衙内，后迁于东关路三公祠，终废弃[20]。清光绪十四年（1888年），凤翔知府熙年修缮东湖时，将其重建于此。知府熙年还在凌虚台上增筑"适然亭"，亭子小巧玲珑，可登高远眺东湖美景。在内湖东南部，沿残留的古城墙，建有土石台曰"生面别开"，上部建有"一览亭"。登一览亭，可观内湖外湖全景，更可远眺城外田园风光，可谓一览无余，心旷神怡，由此得名。内湖西部，有缓坡堆起。原来树木满布，近年在缓坡之上新修东湖西门，并设健身步道。分布在东湖西、北、东3个方位的制高点，丰富了东湖竖向的景观层次，强化了山水环绕的布局意向。

30.2.4　粗犷之中见细腻，外刚内柔媲江南

关中东湖在空间特色上，环湖的外部空间尺度较大，布局疏朗，特别在东湖北入口至苏公祠区域，道路、建筑、花木布局均比较自由大气，这与关中平原传统的园林景观粗犷豪放的特点一致。关中东湖内池核心景区则精巧柔美，不失如江南园林般的细腻。内湖水面的核心区域，园林布局曲折回环，建筑亦小巧精美，再加上两岸垂柳的衬托，更多了几分江南女子的婉约。在东湖竖向布置上，北面的凌虚台和南部的一览亭矗立在内湖两岸，如雄壮的西北汉子守护着内湖这个温婉的江南女子。东湖园林在大西北这个广袤的大背景下，用疏朗的外围，包含了温婉的内湖核心景观。粗犷与细腻，不是对立，而是恰到好处的统一在东湖园林中。

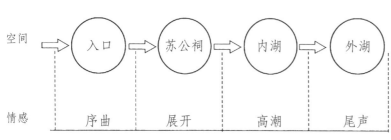

图30-4　关中东湖景观序列示意

图30-5　凌虚台
（资料来源：东湖管理处）

30.3 关中东湖建筑

30.3.1 亭

东湖现存园林建筑多处，尤以亭闻名。著名者有喜雨亭、君子亭、宛在亭、会景亭（堂）、一览亭、望苏亭等。

喜雨亭（图 30-6）是东湖诸多亭中最有名的一座。宋仁宗嘉祐七年（1602年）春，苏东坡至凤翔上任伊始，在府衙内东北隅建亭。此时恰遇关中平原春旱，他"上以无负圣天子之意，下以无失愚夫小民之望"[21]，四处奔走求雨。不久，凤翔地区"一日三雨"，旱象尽无，人们喜形于色，"官吏相与庆于庭，商贾相与歌于市，农夫相与忭于野。忧者以乐，病者以愈"[22]，而此时，苏轼"亭适成"，他便名之为"喜雨亭"，并撰写著名的《喜雨亭记》，广为流传。明代，迁于东湖，后毁。清光绪年间，知府熙年重修，又毁。现东湖喜雨亭为当地政府于 1955 年重建，红柱支撑，绿瓦覆顶，亭内正中立石碑，镌刻有《喜雨亭记》全文。

君子亭最早为东坡所修，东坡常以君子自许，为亭取名"君子"，还在亭子周围栽植竹、梅、兰等，以象征君子之意。后重建于明神宗万历四十四年（1616 年），清代多次维修。1978 年，亭被大风毁。1980 年，当地政府依旧貌重

建。君子亭为八角形（图 30-7），金顶红柱，立于湖中央，在绿树掩映中格外醒目。

宛在亭亦为苏轼最早修建（图 30-8）。《诗经·秦风》中有："蒹葭苍苍，白露为霜；所谓伊人，在水一方；溯洄从之，道阻且长，溯游从之，宛在水中央。"苏轼遂为亭取名"宛在"。宛在亭建于石质半圆形拱桥之上，桥上刻有"晓镜"。亭、桥和水中倒影融为一体，形成优美的造型。亭两侧有美人靠，可坐下观景。宛在亭小巧玲珑，置身水面之上，恰如"伊人宛在水中央"。原宛在亭已毁，现为 1982 年重建。

北宋时，凤翔有会景亭，在城外南溪，苏轼在凤翔时，作《会景亭》诗。清光绪二十四年，知府傅世炜将会景亭迁入东湖，并改名为"会景堂"。堂位于湖中岛上，三面环水，是文人墨客饮酒作诗，宴朋会友的好地方，这里也诞生了很多东湖诗作。正如门前楹联所写："一副湖山来眼底，万家忧乐注心头"。

苏轼在凤翔为官时，携夫人王弗一同前来。王弗聪颖贤惠，且通诗书，是苏轼生活上的伴侣和文学上的知音。但天妒良缘，王弗 26 岁便离世，空留苏轼情难忘，他写下了著名的"十年生死两茫茫，不思量，自难忘"[23]来纪念故去的妻子。后人为了纪念苏轼夫妇在凤翔的恩爱生活，于清同治十年（1871 年），在东湖建鸳鸯亭（图

图 30-6　喜雨亭

图 30-7　君子亭

图 30-8　宛在亭

图 30-9　鸳鸯亭

图30-10　东湖揽胜牌坊

30-9）。鸳鸯亭建于桥上，双亭相接，连为一体，好似鸳鸯，婷婷立于水上。亭内梁枋之上，有苏轼夫妇恩爱生活的彩画。现在，东湖鸳鸯亭已成为情侣拍照留念的著名景点。

此外，东湖还有可遥望终南山的一览亭，有怀念苏轼的望苏亭，有寄托乡思的雁南亭，还有莲池亭、玉水亭、春风亭、断桥亭、洗砚亭等共计 10 余处。亭与亭均不同，各有各的典故，各有各的风采。多姿多彩的亭成为东湖一道亮丽的风景。

30.3.2　桥

东湖有桥多处，内湖有承托亭子的拱桥、石桥，还有引典于杭州西湖的断桥；外湖有观赏荷花的曲桥；内外湖之间有分割两湖的沧浪桥。苏轼离任凤翔府 20 年后，在杭州疏浚西湖。西湖有闻名于世的断桥，凤翔府人为纪念苏轼，也将东湖内位于古饮凤池入口处的小桥取名断桥，桥上亭子取名断桥亭。虽不及西湖断桥宏大，却也自有一番趣味。东湖外湖有长长的曲桥，为清后期扩建外湖时修建。今存曲桥均是近年新建。现曲桥观鱼赏荷已成为东湖美景之一。内湖与外湖之间的苏堤上，有

沧浪桥。这是一座三孔石拱桥，状若飞虹。东湖内外湖有两米左右的高差，丰水季节，内湖水涨，通过桥孔飞泻入外湖，形成小飞瀑，水声悦耳。清岳万阶在《东湖杂咏》用"坐听盈耳奏，钧乐下沧浪"来描写此处的美景。

30.3.3　牌坊

在内湖北岸苏公祠右前侧，有始建于明正德十三年（1518 年）的东湖牌坊。由当时凤翔知府王江主持修建，并亲笔题写"东湖揽胜"牌匾。光绪十三年，知府熙年又加修缮，后毁。现存牌坊为 1970 年代重修，上书"东湖揽胜"（图 30-10）。

30.4　关中东湖花木

30.4.1　两岸回环先生柳

东湖风景以柳为盛，可谓"两岸回环先生柳"[①]。民间亦流传有"西湖的水，东湖的柳"之说。实际上，在苏轼疏浚东湖之前，这里还是古饮凤池的时候，池边到处栽植的却是

---

① 与下文"一湖荡漾君子花"均为东湖君子亭联。

梧桐树。古人认为，"栽有梧桐树，引得凤凰来"。凤翔府的很多历史典故都与凤凰有关，因此，饮凤池边自然也遍植梧桐。苏轼《东湖》诗中有这样的诗句："至今多梧桐，合抱如彭聃"。可见，这些梧桐栽植年代已经久远。苏轼疏浚东湖后，以自己的审美情趣，在东湖边遍植柳树，他在《柳》诗中写道："今年手自栽，问我何年去。他年我复来，摇落伤人思"。此后历代也多有栽植柳树于此，东湖柳逐渐成为胜景，而引凤来的梧桐随着树龄的增加逐渐老去，最后淡出东湖的风景。清代"中兴名将"左宗棠，西御沙伐入侵，远征凯旋，途径凤翔稍做休整。在凤翔停留期间，他游览东湖，并在湖边栽植柳树，人称"左公柳"，现成为古树名木重点保护（图30-11）。林则徐虎门销烟之后，被流放新疆伊犁，途径凤翔，亦手植柳树数棵。林公手植柳则已与历代古柳相融相生，不辨其位。现在，东湖多处有古老粗壮的柳树，特别是东湖北广场入口，有10余株"门前老柳迎人立"[24]，虽然树干遒

劲沧桑，但枝条依然婀娜，姿彩不减当年。现在的东湖，每值初春，柳絮飘飞，游人如织。

30.4.2 一湖荡漾君子花

东湖自古初春赏柳，盛夏观荷。柳和荷是东湖花木两大特色。 东湖荷花历代有不少诗作盛赞：苏轼《东湖》诗中有"新荷弄晚凉，轻棹极幽探"；明姚孟昱诗"荷擎浮玉碧，柳吐绽金黄"，寥寥几字却赞尽东湖柳与荷；明代付孕钟与友人夏日游东湖，畅饮以至"荷香深处任开襟"；清王士祯与友人相聚于东湖，"重过荷香里，还劳运酒船"；清代曾察远用"荷叶秋风喧十里，桃花春涨腻三竿"[25]来描述当时东湖景色。现东湖内湖外湖均有大面积栽植荷花，内湖窄堤和外湖曲桥都是最佳观荷地点。每到盛夏时节，满池荷花密密匝匝（图30-12），浓绿的底色上粉荷摇曳，鸳鸯与宛在两亭立在荷上，不由使人联想到"伊人宛在"。

图30-12 东湖夏荷

30.4.3 君子喜梅爱竹菊

东坡常以君子自许，宁可"食无肉，不可居无竹"，因此象征君子之物的梅、兰、竹、菊自然是东湖园林不可或缺的植物。在东湖君子亭四

图30-11 左公柳

周，种满了东坡喜爱的竹和梅，将君子亭围绕其间，使君子亭夏有绿竹掩映，冬有梅花飘香。东湖中还栽植有各种兰草和菊花。每年秋时，各种菊花绽放东湖，尤为盛美。

除柳、荷、竹、菊之外，关中东湖还有当地常见的乡土树种白杨、泡桐等植物。白杨、泡桐这些高大舒展的树形增添了东湖的俊朗和豪放之感，与柔柳红荷形成对比，更显得东湖景观粗中有细。

30.5 结语

关中东湖外刚内柔，在园林艺术特色上，它虽不及皇家园林的广袤千里，却较江南私家园林疏朗大气，尺度居中，空间适宜；关中东湖不如江南园林有精美的人工山石，却用泥土堆砌的"台"来增加地形变化；园林花木上，不追求名贵花木，而以乡土树种为主；追求植物自然的美态，并不刻意讲求"虽由人作，宛自天开"。与皇家园林和江南园林面向小众的不同，关中东湖自古饮凤池时起，一直都是由地方官府主持修建，面向大众的公共园林。

关中东湖有着"满湖遍是软垂柳，池中香荷别样红"的园林美景，有"苏公判凤翔，才高书雍州"的人文典故，又有大量歌颂东湖的优美诗篇广为流传，称其宋代名园当之无愧。其收放自如，开合有度的造园手法、逶迤深远，曲径通幽的园林空间、粗犷之中见细腻的园林艺术特色，使之成为关中平原古典园林的典型代表。

■ 参考文献

[1] 凤翔县政协文史资料研究委员会. 凤翔东湖[Z]. 凤翔，1987.

[2] 田亚岐，杨曙明. 凤翔东湖[M]. 北京：作家出版社，2007.

[3] 秋子. 东湖流韵[J]. 丝绸之路，2002（8）：20-21.

[4] 张骅. 东坡. 东湖与西湖[J]. 陕西水利，1992（1）：42.

[5] 李万德. 凤翔东湖[J]. 小城镇建设，1985（5）：12-13.

[6] 段永强. 论苏轼凤翔时期的写景记游诗[J]. 宝鸡文理学院学报（社会科学版），2008（6）：82-89.

[7] 任永辉. 论苏轼签判凤翔时期的散文创作[J]. 铜仁职业技术学院学报（社会科学版），2008（3）：46-49.

[8] 张文利. 苏轼与凤翔东湖[J]. 古典文学知识，2006（4）：77-83.

[9] 王骏猷. 东湖[Z]. 东湖碑林石刻.

[10] 田亚岐，杨曙明. 凤翔东湖[M]. 北京：作家出版社，2007.

[11] 王麒. 东湖柳浪[Z]. 东湖碑林石刻.

[12] 丁应时. 东湖[Z]. 东湖碑林石刻.

[13] 熙年. 重修东湖苏公祠临虚台喜雨亭记[Z]. 东湖碑林石刻.

[14] 白维清. 重修东湖碑记[Z]. 东湖碑林石刻.

[15] 高翔麟. 东湖[Z]. 东湖碑林石刻.

[16] 宝鸡年鉴编撰委员会. 宝鸡年鉴[J].1999：299.

[17] 曹向锋，孔宪策，赵应林. 清水淌来东湖美[N]. 宝鸡日报. 2008.1.3（第2版）.

[18] 苏轼. 苏轼文集（十一卷）[M]. 上海：中华书局，1986.

[19] 宝鸡市社会科学学会联合会. 苏轼在凤翔资料汇编之三[Z]. 宝鸡. 1990：1-3.

[20] 苏轼. 凤翔太白山祈雨祝文[Z]. 东湖碑林石刻.

[21] 白华，林水. 青玉案·江城子[M]. 北京：东方出版社. 2001.

[22] 沈廷贵. 过凤翔[Z]. 东湖碑林石刻.

31 基于Mapping方法的京沪高速铁路区域景观规划分析[①]

中国的高速铁路运营里程已达世界第一，并随着"一带一路"的战略走向了世界。高铁建设形成对城市、乡村、自然环境等多地域、多层次区域景观的穿越，其快速发展对城市空间效应、社会与生态系统效应，乃至时间效应都会产生显著影响，科学的高铁规划设计可以丰富和提升本地景观环境的结构和功能，反之，则会在区域范围内引发碎片化生境斑块和景观连接干扰等负面现象[1]，对此，风景园林规划需要用拓展性的方法和视野来展开应对。

作为西方学术热点的景观都市主义操作策略的Mapping方法，一直在研究如何让景观更有效地介入空间、生态和社会的发展进程，也强调基础设施（Infrastructure）这一常被建筑师、规划师和风景园林设计师所忽略的，却对城市形态和城市空间十分重要的元素[2]，并逐渐在以城市为目标的风景园林规划领域取得突出成果，成为众多前沿风景园林规划设计与教育机构的一种重要分析与研究策略[3]，为复杂景观系统的识别与解释形成新的现象性工具。[4]Mapping方法在风景园林规划中的实践，最早的典型案例被认为是1983年屈米（Bernard Tschumi）中标实施的拉维莱特公园（Parc de la Villette）规划竞赛和库哈斯（Rem Koolhaas）的参赛方案，他们各自都用了层-组叠合的方法，揭示一些可以利用的分层信息集聚关系，为最终的反模式化创新规划提供

了核心支撑[5]。此后，在景观都市主义理论逐渐演进的过程中，科纳（James Corner）、瓦尔德海姆（Charles Waldheim）、科斯格罗夫（Denis Cosgrove）等将Mapping作为景观都市主义理论研究最重要的手法之一；科斯格罗夫等在1999年基于景观都市主义的视野，从Mapping手法的起源和演变，到其现代性和操作实践等，汇编了科纳等一些重要理论家的论文，出版了以《Mapping》为主题的论著[6]。在理论、创作实践和学科交叉等的交替推进下，Mapping的手法逐渐以更为醒目的姿态介入设计与学术中，出现了著名的大型城市设计、区域改造实验以及著名的城市双年展等，如OMA在多伦多市中心的Downsview公园规划竞赛方案"树城"[7]、马来西亚槟城城市设计（Penang Tropical City）中功能类型的群化图解[8]、MVRDV的Metacity/Datatown[9]，以及科纳-Field Operation工作室的Stanten岛的FreshKills垃圾填埋场项目方案[10]等。其中，科纳的纽约高线公园（Highline）和艾伦（Stan Allen）的台北延平水岸基础设施城市设计，都通过Mapping方法，对基础设施如何介入城市景观复兴规划形成了重要的分析图解[11]，但对于高铁这种基础设施却极少涉及。因此，借助Mapping方法，对高铁景观规划进行分析研究是一种有益的尝试。

京沪高速铁路（以下简称"京沪高铁"）全长1 318 km，于2011年6月30日通车，途径北京、天津、上海三大直辖市和冀鲁皖苏四省，连接京津冀和长江三角洲两大经济区，既纵贯中国最重

---

① 本章内容由邓敬、邱建、殷荭第一次发表在《中国园林》2019年第35卷第5期第96至101页。文中图片由殷荭绘制。

要的政治与经济圈层,又穿越大量复杂的区域地理景观单元,包括不同的地质地貌、不同的大型都市圈、不同的人文地域以及不同的气候带等。[12]针对这类横跨多重复杂景观系统的线性基础设施,鲜有区域景观规划领域研究成果的研究。基于Mapping方法所进行的京沪高铁沿线景观分析,即是通过可视化景观图像途径介入,在针对诸如京沪高铁此类的跨区域景观规划领域所开展的探讨性研究。

31.1 Mapping研究方法概述

科纳在其著作《地图术的力量:反思、批判和创新》(*The Agency of Mapping: Speculation, Critique and Invention*)中,将Mapping方法看作是一种建构景观模型的工具,可以逐渐显现原先那些被隐藏或被忽略的组织结构[13]。他将Mapping对场地(site)的作用归结为2种,即再照(reshape)与再现(reformulate):前者是从地面提取影响空间演变的因子投射在图纸或屏幕上,是一种对外部空间和环境的测量和刻画;后者则是通过各种媒介将主观的意识形态投影回地面,为创造和改建空间环境创造条件[13, 14]。其中,Mapping方法还通过跨学科领域的交融,纳入影像媒介手段用以捕捉运动中景观图像的暂时性、主观性和向心性等特征,强调基于时间性媒介对景观都市主义设计主题的作用[15],这种视角的调整,也为体验铁路、公路动态观感的观察者捕捉具有时间性的景观主题表达提供了有价值的图像手段[16]。具体而言,Mapping方法是一种通过多级层叠方式展开的研究方法,以图像解析、信息整合的方法对景观区域的基础资料信息进行分类、分级研究,将系统复杂信息进行分层、叠组和群化,发掘信息的自身线索和信息之间的关联,从而得到对于复杂研究对象一般研究方法所不能发掘的信息,从更敏锐、更创新的角度诠释研究的内涵及外延[17],从某种意义来讲,即是建立在空间或地理坐标基础上的可视化信息。该方法不同于传统意义上的规划分析,它需要从现状环境中去寻找、发现,并层层揭示复杂和潜在的各种力量,而不是自下而上地强加一个理想化的设计[18]。

就高铁跨区域景观规划研究而言,可以采用以下3个层次的Mapping方法。

(1)层的分解。

对区域景观规划的景观要素分别提取基础信息,形成各要素的分解信息图。与京沪高铁综合景观概念规划相关的景观要素层信息可分为两大类:物理生物景观要素和人文景观要素,其中物理生物景观要素包括高速铁路沿线的环境湿度、温度、地质地貌、河流湖泊、植被分布和土壤特征;京沪高铁沿线的人文景观要素包括用地特征(耕地、工业及居住用地)、人口密度、城镇分布、风景区分布、历史文化名城、客站,以及跨江河的桥梁和隧道。

(2)组的层叠。

在对景观要素进行分类、分级分析的基础上,将2个或几个层的信息叠加,既可以进行多项同类景观要素层信息自身的叠加,也可以进行多项非同类景观要素层信息的叠加,这个组化过程将分解的层信息进行了关联性组合研究,在层的基础上为研究对象进一步建立了空间关系。

(3)群的集合。

在组的层叠基础上进行信息集群研究,发现信息组之间的关联,同时可以将已经组化了的信息和其他信息进行进一步的叠加群化(图31-1)。

下面分别从京沪高铁全线、分段和局部取样

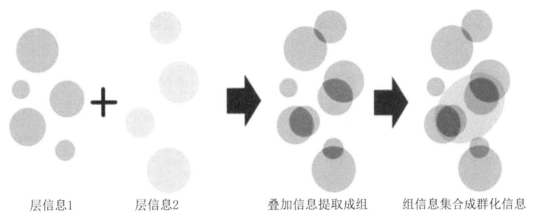

层信息1　　　层信息2　　　叠加信息提取成组　组信息集合成群化信息

图31-1　层-组-群层叠方法示意

三个层次，来展开Mapping方法在京沪高铁区域景观规划的应用分析。

31.2　京沪高铁全线景观规划分析

在全线景观这个层级，可以将所涉及的各区域景观要素、特征和规划要点展开分类、分级的比较和概括，最后得到整体性的群化关系，形成一种总体性的层级研究，可以避免全线区域景观规划在整体宏观尺度上对差异性内部构成的认识缺失。

例如，以自然地形、流域、地方风貌和行政区划分为出发点，可以产生京沪高铁全线区域景观分层与分段的景观可视化分析图像（图31-2）。

这些分层景观可视化图像丰富了京沪高铁综合景观的基础信息，为京沪高铁综合景观概念规划设计提供了不同的切入点，使每个层级的景观设计能在不同的层面上符合各分段的特征，可以为最终的总体规划提供环境、生态、经济和社会文化等各方面合理直观的分析图表（表31-1，图31-3）。

31.3　京沪高铁分段景观规划分析

选择京沪高铁典型的区域进行更详细地层

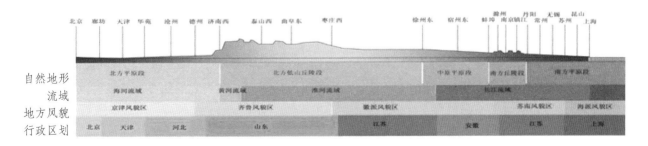

图31-2　京沪高铁全段分层示意

表31-1 京沪高铁沿线分层内容

自然地形	流域	地方风貌	行政区
北方平原段：北京、天津、河北及山东北部； 北方低山丘陵段：山东及江苏西北部； 中原平原段：江苏西北部及安徽北部； 南方丘陵段：安徽北部及江苏西部；南方平原段：江苏东部及上海	海河流域：北京、天津、河北、山东； 黄河流域：山东； 淮河流域：山东、安徽、苏州； 长江流域：安徽、苏州、上海	京津风貌区：平原为主，视线开阔，格局规整，庄严威武； 齐鲁风貌区：地形起伏，层次丰富，儒家起源，山水文化； 徽派风貌区：丘陵田地，徽派聚落，山水清秀，人文荟萃； 苏南风貌区：河湖交错，水网纵横，小桥流水、古镇小城。	北京、天津、河北、山东、安徽、苏州、上海7个省、直辖市

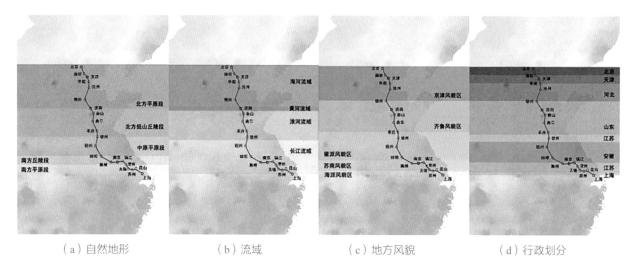

(a) 自然地形　　　　(b) 流域　　　　(c) 地方风貌　　　　(d) 行政划分

图31-3 京沪高铁沿线分层内容

叠、组化和群集操作，可以得到典型区段的综合景观特征，从而进一步了解区域景观要素，比较不同区段之间的异同，在整体和局部关系的把握上，对京沪高铁综合景观提供有效的标尺，从整体性角度，为协调各区段景观规划设计与其他区段的衔接和差异性关系提供直观有效的分析图像。以下Mapping分析取样区域以南方苏沪段为例，呈现的区域景观对象为南方平原/流域/苏南风貌/江苏东部及上海段（图31-4和图31-5）。

此段是京沪高铁南向的尾段，经过了人口密度最大的苏南区段和最大的水域——阳澄湖段，该段沿线景观为典型的江南地域风貌，具有东南

区域的景观文化特色。

从各分层分析的结果看，苏沪段与密集的道路网及水网交错，穿越了更多的城市聚集区。一般来说，高度城市化和高密度居住区中的铁路设施相互之间不可避免会产生交错，但京沪路线还是很大程度上避开了集中绿地、城市聚居地、景区和太湖主要水域，从铁路布线角度力图最大限度降低对环境的破坏和对城市居住功能的影响。

从图31-6各景观层的叠加结果可以看到，苏沪段呈现出湖景以穿插的方式在3个城市的主导景观带中出现的特点，这段不同主导景观层叠加的结果是1-2-1-3-1-4-5-4-1-3-4-5-4-5-4-2-

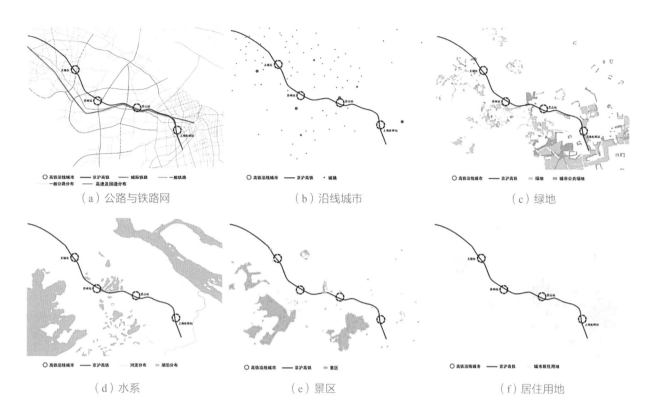

（a）公路与铁路网　　　　　　（b）沿线城市　　　　　　　　（c）绿地

（d）水系　　　　　　　　　　（e）景区　　　　　　　　　　（f）居住用地

图31-4　苏南风貌—江苏东部及上海段的分层

图31-5　层的叠合图

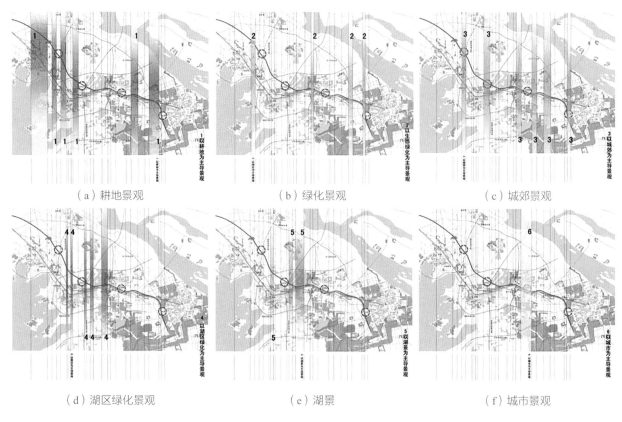

（a）耕地景观　　　　　　　　　（b）绿化景观　　　　　　　　　（c）城郊景观

（d）湖区绿化景观　　　　　　　　　（e）湖景　　　　　　　　　（f）城市景观

31-6　基于不同主题的组化成果

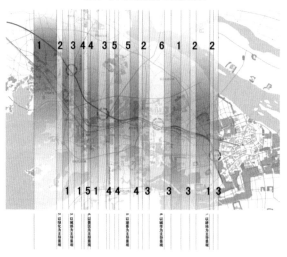

图31-7　各景观组层的叠加

3-6-3-1-3-2-1-2-3的景观节奏（图31-7），基本上可以以3个城市的节奏划分得到（1-2-1-3-1）-（4-5-4-1-3-4-5-4-5-4）-（2-3-6-3-1-3-2-1-2-3）3个大群，分别以表31-2中B-D-A（上段界定A为城郊人工景观群，B为自然景观群，D为水域景观群）来概括群的特征，和京津段相比，此段出现的D群反映了新增水域的主导景观特色，在强制性、指导性和参考性景观规划中都需重视水域的保护、生态的平衡和水文化的塑造（图31-6和图31-7）。

表31-2 组群分析

群（组）	组的特性	群的特性	景观规划要点
A	城郊密集且与城市和农业景观穿插	城郊景观为主导	展现苏沪城郊江南景观特色，以城镇生态景观为规划要点
B	较连续的绿色组区	农业景观为主导	保护耕地、保证灌溉水网的连通
D	较集中的蓝色组区	湖景为主导	保护湖域的水质、生物平衡和繁衍，展示湖景水域景观，传播水域生态的重要性

31.4 京沪高铁局部视觉景观分析

将景观分析角度由前述垂直于地面转向平行于地面，即深入到高速铁路列车中乘客的主体角度，也可以为此类景观规划设计提供空间层面的参考坐标，在有效"观"的角度①，利用Mapping的影像叠加方法，直观地检测和指导景观规划在线性、边界、节点等景观设计环节上的实施性，在对京沪高铁苏沪段的取样中，将高铁的线性轨迹和视觉影像结果叠加，得到天际轮廓线、水平运动轨迹的多组段景观视觉影像及其对应的图底影像对比（图31-8和图31-9）。

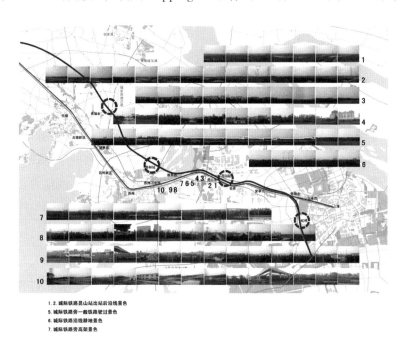

1、2. 城际铁路昆山站出站后沿线景色
5. 城际铁路旁一般铁路驶过景色
6. 城际铁路沿线耕地景色
7. 城际铁路旁高架景色

图31-8 苏沪段铁路运行平面与影像叠加

---

① 高铁速度会给车内观者带来与普速铁路、普通公路，甚至高速公路不一样的景观尺度感知。通过京沪高铁线路上的调研和动态视频的数据测绘对比发现，在外界白天空气清晰度较好的情况下，车内观者头部相对静止，仅靠眼部运动的情况下，高速运动状态（300km/h）对0~80m距离的景观无法有效辨识对象的形状、色彩和细节；80~150m距离能够大致辨识景观对象的形状与色彩，如道路、树木、路牌形状色彩等，但详细内容无法识别；视距空间距离在150~300m时，能相对清晰地识别景观对象的形状、色彩，其具体内容，如广告牌中较小的文字已不易辨识；300~1 000m时，虽然能够更为稳定地观看景观，但由于景物较远，只有其轮廓、基本色彩对比关系可以得到辨识。

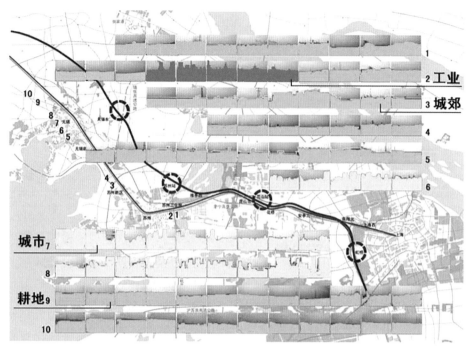

图31-9　苏沪段铁路沿线影像图底类型分析

31.5　结语

基于Mapping方法的区域景观分析，可以为高速铁路景观规划建设提供一定的科学依据。例如，将高速铁路沿线的组化信息与距离的空间关系信息叠加或与时间量度叠加，通过对这些信息进行群化处理，可以帮助建立高速铁路景观的立体研究体系。通过"层、组、群"方法，如果能将层级信息、叠组的关联、群化的建立整合在一个高度互动的网络中，任何一个信息的改变都能迅速传递到其他部分，通过形成可视化的分析触媒网络，从宏观到微观的层面促进景观概念规划设计[19]。当然，本文针对高铁的Mapping方法主要是景观都市主义策略的一部分，具有明显的局限性，群的集合还应该通过更多层面的研究结论加以校核和补充。例如，与问卷调查得到的乘车人对高速铁路沿线景观各项评价值相叠加，可以在全线景观段中形成评价值的群化关系，从而帮

助高速铁路景观概念规划设计得到用后评价的反馈，使"层、组、群"研究方法发展深化为一个从研究到导出的动态研究开放体系；又如，可以利用数字化、信息化技术平台来展开操作，对更纷杂的信息进行有序的系统处理，为风景园林规划在愈发庞杂的空间信息中寻觅出更准确的设计路径，揭示更多复杂和潜在的影响因子。再者，由于区域景观规划研究滞后于我国特有的高铁发展速度，使这种更具拓展性和开放性的分析方法难以理想地融入高铁的规划过程中去。同时，基于Mapping方法的景观规划分析具有一定的超前性，在应用实践中还属于探讨阶段，加之数据收集和筛选费时耗力，在追求快速效应的今天，其推广空间受到一定局限。[20]另外，随着由我国引领的高铁发展趋势日益凸显，如何开展与重大建设项目以及城市建设紧密相连的区域景观规划研究，Mapping方法还需要在高铁建设的实践中加以检验，使之不断完善。

■ 参考文献

[1] 邬建国. 景观生态学：格局、过程、尺度与等级[M]. 2版. 北京：高等教育出版社，2007.

[2] MOSSOP E. Landscape of Infrastructure[M]// Waldheim C. The Landscape Urbanism Reader. New York: Princeton Architectural Press: 2006.

[3] Landscape Urbanism Core Seminar[DB/OL]. [2017-01-27]. http://www.aaschool.ac.uk/lu/.

[4] 屈张. AA景观都市主义设计思想方法的解析与启示[J]. 建筑学报，2012（3）：74-78.

[5] REM KOOLHAAS, BRUES MAU. S, M, L, XL[M]. New York: Monacelli Press, 1995.

[6] DENIS COSGROVE. Mappings[M]. London: Reaktion Books Ltd, 1999.

[7] 张健健，王晓俊. 树城：一个超越常规的公园设计[J]. 国际城市规划，2007（5）：100.

[8] OMA/Rem Koolhaas 1996-2007[J]. EL Croquis, 2007（134/135）：188.

[9] MVRDV. Metacity/Datatown[M].Rotterdam: 010 Uitgeverij, 1999.

[10] JAMES CORNER. Eidetic Operations and New Landscapes[M]James Corner（ed）. Recovering Landscape: Essays in Contemporary Landscape Architecture[M]. New York: Princeton Architectural Press, 1999: 153.

[11] STAN ALLEN. Infrastructure Urbanism, Points+Lines: Diagrams and Projects for the City[M]. New York: Princeton Architectural Press, 1999.

[12] 冷虎林，左辅强. 京津城际高速铁路沿线景观规划的实践及其启示[J]. 规划师，2011（7）：53-56.

[13] JAMES CORNER. The Agency of Mapping: Speculation, Critique and Invention[A]. DENIS COSGROVE. Mappings[M]. London: Reaktion Books Ltd, 1999.

[14] 李慧希. 基于地图术（Mapping）的景观建筑学研究[D]. 南京：东南大学，2016.

[15] 克里斯多弗·吉鲁特. 在时间中描述景观[M]. 查尔斯·瓦尔德海姆. 景观都市主义. 北京：中国建筑工业出版社，2011.

[16] WU QINQIN. Arriving landscape[J]. Landscape Architecture Frontiers, 2015（3）:117-120.

[17] 詹姆斯·康纳. 地图术的力量：反思、批判和创新[M]. 童明，董豫赣，葛明. 园林与建筑. 北京：中国水利水电出版社，2009.

[18] 王海容，叶茂华，王绍森. 地图术的语境与研究溯源[J]. 建筑与文化，2008（8）：194-195.

[19] 陈蔚镇，刘荃. 作为城市触媒的景观[J]. 建筑学报，2016（12）：88-93.

[20] 黄宇驾. 论景观都市主义实践中的城市基础设施[J].中外建筑，2016（12）：66-70.

32　厦漳城际轨道交通景观环境设计 ①

为了建设"生态文明，美丽中国"，绿色建设、生态维护已成为各地区、各领域及各重大建设项目的重要内容。随着迅猛的城市化进程，具有有效缓解城市圈层交通压力功能的城际轨道交通逐渐成为城市与城市、中心城与卫星城、主城与郊区组团之间的联系方式及景观要素[1]。为了保护城际轨道交通沿线的生态环境，国家轨道交通总公司和原铁道部都先后制定了相关文件，对绿色通道建设做出了具体的规定，认为"科学的铁路全线绿色通道景观设计是维护铁路路域环境生态健康延续、保障周边区域绿化景观美化效果的基础，需进行专项设计，专业施工，统一管理，科学安排，加大铁路绿化及生态修复设计重视力度。"

城际轨道交通景观环境设计属轨道交通工程的新分支，是景观设计领域的新课题，虽在国内外已有一些尝试，但系统理论研究甚少。厦漳城际途经厦门、漳州、龙海等海峡西岸主要大中型城市，连接漳州市域龙海、规划滨海新城、漳州主城与厦门本岛及多个大都市区的其他重要城镇，是未来厦漳泉大都市区轨道交通网络的组成部分，是促进厦漳两市一区资源共享、优势互补的重要纽带。同时，沿线地区历史悠久、文化繁荣、生态环境优良。因此，对厦漳城际的打造既需实现缓解城市圈层交通压力的首要功能，又要保护沿线生态环境，同时还需形成美观、实用的

整体景观，这也是城市交通未来发展中亟待探究与解决的新课题。笔者以厦漳城际轨道交通景观环境设计为例，探讨区域性城市群间城际轨道交通景观环境的设计思路及流程，为城际轨道交通景观环境设计提供参考及指导。

32.1　城际轨道交通景观环境设计总体思路

凯文·林奇（2001）在《城市意象》一书中对城市景观要素进行了解析，系统划分出城市的物质形态五要素：路径、边界、节点、区域和标志物。他认为，路径指观察者移动的路线（街道、运输线、运河等），是人们想象图中的主要元素[2]。当人们于这些路网中穿行时，一边游览城市，一边将附属的环境元素加以整理，共建起相互的关系，形成各自心中的城市意向。按照凯文·林奇的理论，城际轨道交通作为城市五要素中的路径，不仅能刺激沿线城市用地的发展、带动城市群活力，通过系统的景观环境设计，串联起沿线城市重要区域、地段及节点，形成城市群中重要的景观廊道，在丰富城市风貌的同时，使人们感知清晰的区域景观形象。

作为一种专门服务于相邻城市间或城市群间的中短距离客运专线，城际轨道交通单程时间通常较短，长度通常50~300 km，车站间距为10~50 km（图32-1）。由此形成城际轨道交通景观环境基质的三种特征，其一，从城市群角度，城乡空间的变化相对高频；其二，基于城市土地

---

① 本章内容由鲍方、邱建第一次发表在《都市快轨交通》2018年第31卷第2期第18至95页。

图32-1　城际铁路沿线城乡空间变化及站点分布示意图
Fig.32-1　Schematic diagram of urban and rural spatial changes and site distribution along the intercity railway

利用的特殊性，以及既有城市交通条件的复杂性，形成高架、隧道等特殊路径片段；其三，由于车站间距不大，驻停概率大，站点成为线型景观中的重要节点。

基于以上特性，系统性的城际轨道交通景观环境设计需要从三个维度切入。首先从区域或城市群的视角对城际轨道交通进行宏观层面的总体景观定位；其次，对轨道交通路径景观本身做整体空间规划，梳理景观结构，此为中观层面；第三，运用各种景观要素，确立具体的设计手法，此为微观层面。综上，通过"景观定位+结构梳理+详细设计"三个维度的全方位把控，形成一套针对城际轨道交通景观环境的系统性设计方法。

32.1.1　景观定位

应用城市地理学和城市生态学的基本原理，依据区域自然、社会、经济等方面的信息，从宏观的角度，对区域景观格局做出准确的整体定位。由此得出的结论将直接指导城际轨道交通景观环境设计的段落划分与主题界定。在此，笔者将城市群整体作为一种景观基质所涵盖的信息归纳为四个部分——地理地貌、自然环境、社会经济及城市群特征。

32.1.2　结构梳理

景观结构是景观要素在空间上的排列和组合

形式，城际轨道交通景观环境设计主要应对两个层面的诉求，一是应用植物修复轨道交通工程带来的生态破碎化及相关环境问题，实现与沿线自然景观和谐统一；二是人文景观特色的表现，提升景观环境内涵及品质。

在针对城市群特征以及区域因子的景观定位的指导下，分析视角转向城市本身以及城市与城市之间的过渡与联系，以线路串联的中大型城市为出发点，结合线路途经地区的自然环境及文化资源现状条件，进行景观段落划分。首先，以环境观正视轨道交通工程对城乡生态格局的影响，以生态和谐为第一原则，在区域城乡总体规划的指导下，应用生态规划理论[3]，通过沿线现场踏勘及调研将地貌情况、自然环境、气候特征、植被资源等生态因子进行综合叠加分析从而得到区划指向及生态修复原则，借鉴地域植物群落的种类组成、结构特点和演替规律指导各区段路基边坡、线路林的植物选型及种植模式，从而实现在轨道交通运营"零管护"的前提条件下，植物群落进行正向生态演替，与周围环境融为一体。其次，针对已划分段落，对沿线城市、城镇的自然资源和文化要素进行提取及归纳，以突出特色为第二原则，形成景观主题，指导沿线重要节点（站点、大跨度桥梁及隧道洞门）的景观设计意向，与生态区划共同确立景观主题段落（图32-2）。

城际轨道交通景观环境主要的观赏者可分

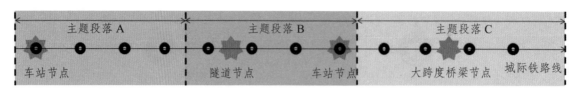

图32-2 城际铁路沿线景观主题段落分划及重要节点选择示意图
Fig.32-2 Inter-city railway landscape theme paragraph division and important node selection diagram

为两大类：乘客及城市居民。沿线重要节点的选择主要考虑两者不同的观赏视点，对乘客来说，站点意味着城市的窗口，从加减速段到站场再到站前广场乃至延伸的综合区域，都是展示城市景观的第一门户；对城市居民来说，站前广场、重要的大跨度桥梁节点以及隧道洞门都具有轨道交通主体工程与城市景观相融合所呈现的观赏价值（表32-1）。

结合景观核心的确立、主题段落的划分以及重要节点的选择，形成"轴-心-段-点"的结构模式，轴主要是指城际轨道交通本身，以线路形态可为"轴"或"环"等。

表32-1 城际轨道交通沿线重要节点选择依据
Tab.32-1 Selection of important nodes along intercity railway

观赏者	观赏节点	城市用地	选择依据
乘客	站场	开敞空间	换乘站
周边市民	大跨度桥梁	水域、道路	跨越城市水体、主干道、旅游大道等
	隧道洞门	自然风景区	位于自然风景区或城市周边公路、高速公路附近

32.1.3 详细设计

针对路径还有另外一个重要的影响因子——速度，埃德蒙·培根（1989）在其著作《城市设计》中提出的"运动空间"概念就指出空间随时间而变换，其延续性是路径景观设计的重点[4]。轨道交通景观环境要素在空间上的组合为路径本身、边界、区域及节点，在时间维上随着速度的变换，由途径段（匀速浏览段）及驻停点（低速观赏段和站点）组成（表32-2）。在此高速、低速和驻停的含义是相对的，意为引导景观规划的解决思路。对乘客来说，车速较快时，视线焦点会随着较快的车速向远处延伸，所获得的景观感知就更偏向于对景观整体性的把握。反之，车速减慢甚至停驻，人们获得的景观感知就能以对景观细部的体验为主[5]。对周边居民来说，城际轨道交通是城市整体景观的组成部分，视角、周边环境及功能需求的差异都会强化居民对其感知的多向性。

表32-2　城际轨道交通景观环境要素分析
Tab.32-2　Analysis of landscape elements along intercity railway

景观要素	载体	与轨道交通线的关系	观赏者		景观分析
城际轨道交通	路径	路基	工程主体	周边居民	线型工程景观，结构美感
		桥梁	工程主体	周边居民	线型工程景观，结构美感
		隧道	工程主体	周边居民	无景观视面
	节点	加减速段及站场	工程主体	乘客	低速观赏段及停驻点，城市景观门户
				周边居民	城市开放空间
		大跨度桥梁	特殊工程类型	周边居民	跨越特殊区域（水域、高等级公路），重要城市景观节点
		隧道洞门	特殊工程类型	站内乘客及工作人员	车站附近隧道进口或出口
				周边居民	郊区山地，公路旁或乡村附近的景观节点
沿线环境	边界	建筑边界	红线以外城市既有建筑	乘客	注重群体之间的协调与组合，关注边界的整体性与连续性
		绿化林及隔离	轨道两侧，红线以内	乘客、周边居民	与城市用地的软边界，注重与周边环境的衔接与融合
	区域	城市中心区	途径城市用地	乘客、周边居民	设计基底，线路林、桥下空间景观的设计的参照
		城市大型开放空间	途径城市用地	乘客、周边居民	设计基底，线路林、桥下空间景观的设计参照
		城乡接合部	途径城乡用地	乘客、周边居民	设计基底，线路林、桥下空间景观的设计参照
		乡村地区	途径城乡用地	乘客、周边居民	设计基底，线路林、桥下空间景观的设计参照

32.1.4　植物设计

植物设计是城际轨道交通景观环境设计的重要组成部分，更是沿线生态修复工程的重要载体。城际轨道交通沿线需进行植物设计的区域多以路基边坡、线路绿化林和桥下荒地为主，首先根据生态区划的结果进行分段植物选型，再针对不同工程视面的观赏对象及速度特征进行具体植物配置及种植设计。其中，路基边坡、线路绿化林的观赏对象为乘客，途径段注重与周边自然植被的融合，缝合生态效益和观赏视面的双重破碎效应，本文针对城市段落提出"模式化设计"的解决方案；停驻点则以后面将提到的"个性化设计手法"为指导；桥下荒地为周边居民服务，多以复垦或复林为修复手段。

32.1.5　模式化设计

线路跨度范围内的景观多样性是城际轨道交通的显著特色。城际轨道交通通过串联城乡空间，需与多种城乡用地属性紧密结合，由此对轨道交通景观环境与周边城乡环境的协调性及相容性提出更高要求[6]。总体而言，城际轨道交通途经的城乡空间类型大致有以下几种：城市中心区、城市大型开放空间、城乡接合部、乡村地区[7]。景观要求较高的城市中心区及城市大型开放空间根据沿线的具体用地性质进行更为明确的划分，介于城市段落用地属性的频繁切换，本文将以模式化设计思路将城市空间进行归类，针对匀速行驶段落（路基和桥梁）提出可行性指导措施，为日后城市建设及发展预留空间及提案。

32.1.6　个性化设计

个性化设计主要指以现代城市风貌、地域民俗风情、历史文脉传承为理念指导，结合轨道交通主体工程的特点，充分运用城市景观设计手法，综合多类别城市景观要素，打造个性、创新

且具有标识性的景观节点，多针对前面总结的沿线重要节点，站场、大跨度桥梁、隧道洞门等。

32.2　厦漳城际轨道交通景观环境设计

32.2.1　契合海西片区发展模式，创建功能协调的景观定位

厦漳城际轨道交通连接厦门、漳州两市核心区域，从城市群特征来看，两市位于闽南金三角经济区，历史文化同源、地域空间相连、资源各具特色、交通设施逐步成网、产业互补、同城化趋势明显；从自然环境来看，线路沿途山海资源互补，生态环境优越。厦漳城际轨道交通（图32-3）应通过生态修复措施及丰富的景观设计手法，修补、联系沿线区域零散地块，打造安全舒适、景观优美、道路关系协调、具有现代文化内涵的城际轨道交通线。

整体景观定位为：为打造一条促进福建区域对外展示、对内交流，并集闽南古都情调、生态人居环境、现代化城市形象三位一体的示范性高速轨道交通景观绿廊。

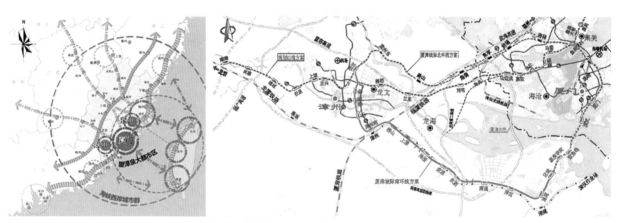

图32-3　海峡西岸城市群——厦漳泉大都市区——环线区位关系图

Fig.32-3　Urban agglomeration on the west side of theStraits— Xiamen-Zhangzhou-Quanzhou metropolitan area—location diagram of the ring line

由于北环线利用既有鹰厦轨道交通开行城际列车，因此本次景观设计不再对北环线景观建设开展深入研究，将南环线作为主要研究范围，进行系统性设计。

32.2.2 呼应核心城市景观格局，拟定层次清晰的景观结构

为实现城际轨道交通景观环境结构的"轴-心-段-点"四个组成层次，其一，根据线路功能及城市等级划分明确厦门、漳州两市为景观核心。其二，对沿线环境要素进行多因子叠加分析，研究发现，线路先后经过东南沿海低山丘陵区、台地区、平原区、滨海漫滩区及海积港湾区五个地貌单元，其中，恒坑—漳州南段地处南亚热带向中亚热带过渡带，境内多山，地形起伏，土壤类型多样，植被以常绿阔叶混交及常绿阔叶林为主；漳州南段—港尾段处于南亚热带海洋性季风气候，境内地表水、地下水资源丰富，地表土壤分为水稻土、红壤等，植被以针阔叶混交林、竹林植被、灌丛和灌草等类型为主；港尾段—厦门段地处亚热带地区，土壤类型复杂，主要由赤红壤、红壤、黄壤等组成，其植被具有从热带向亚热带过渡的特点，由于原生植被遭受破坏，现主要以人工林、次生林、灌木丛、草丛、农田、果园和观赏性植被等为主。故形成分别以两大景观核心为辐射的城市段落（恒坑—漳州南段和港尾—厦门段）及连接其间的过渡段落（漳州南—港尾段），三个段落在景观意向及生态环境方面都存在较大的差异，其中恒坑—漳州南以漳州市为景观中心，建议选择桂花、小叶榕、丁香、金森女贞等植物种类以简洁化、规整化的植物种植手法，鲜明的设计层次，体现现代城市之感，呈现出沿线城市繁荣、兴旺的发展态势，景

观环境不仅要体现历史文化名城的古迹遗风，同时也应在造景手法上对沿线丹霞地貌进行借景、漏景等。漳州南—港尾段沿途以与周边自然风光相融合为主旨，以绿色为基调，突出该段农田、林地生态系统特点，运用枝叶繁茂、树形丰厚的多种当地常绿乔木与枝条发散、层叠起伏的丛状灌木搭配，如天竺桂、夹竹桃、马樱丹、九里香等，展现厦漳大都市区优良的自然生态环境，起到承上启下、连接合一的景观作用。港尾—厦门段则以厦门市为景观辐射核心，依托闽南的滨海风光，选择棕榈科（国王椰子、鱼尾葵、棕榈等）特色鲜明、独具海洋气息的植物种类，展示厦门沿海片区所具有的浪漫海滨情怀和山水格局风貌。其三，结合途径区域的实际情况，以站场、大跨度桥梁及隧道洞门为主要对象，明确沿线重要的景观节点。最终形成"一轴两心，三段多点"的线路景观格局（图32-4）。

一轴：一条景观轴线。

两心：厦门、漳州两个核心城市。

三段：丹霞古风段（恒坑—漳州南段）、凌波绿野段（漳州南—港尾段）、闽风水韵段（港尾—厦门段）三个景观段。

多点：临近九龙大道、碧湖公园、九龙江西溪、南滨大道的四座重要桥梁节点；广场站、上厝站、店地站三个重要站场节点。

32.2.3 分析景观环境要素，确立详细景观设计手法

32.2.3.1 景观模式营建

我们将城市中心区细分为城市商业区及城市居住区，而城市开放空间则包括公共广场、城市绿地、公园、街道空间、滨水区域、自然风景和未被封闭的空地（徐苏宁，2007）[8]。这些场所

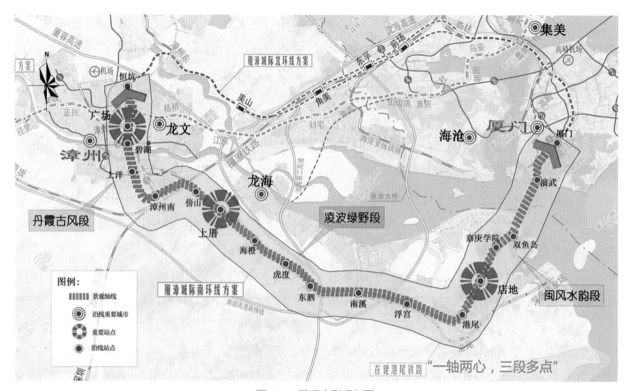

图32-4　景观序列规划图
Fig.32-4　Landscape sequence planning

对多样的行为具有开放性，本次设计模式主要包含城市公园绿地、城市广场、街道空间等，桥下空间利用方面增加仓储、停车场等公共区域。

1. 城区段线路绿化林模式化设计

城市区域的线路绿化林与周边环境存在多种驳接关系，如防护绿带起到隔离、降噪等功能；或城市绿地的一部分，通过连续、延伸式的设计手法与城市绿地和谐统一；或背景林带，通过复层式配置形成景观丰富的线性林带（表32-3）。

2. 高架桥桥下空间利用

桥梁与城市景观发生关联的区域为桥下空间以及桥梁主体本身[9]，针对匀速行驶段落，桥下空间多作为原有用地的一部分进行考虑，修补轨道交通对城市景观的破碎化效应，或用作附属功能考虑，例如商铺、仓储、停车场等

（表32-4）。

32.2.3.2　景观节点设计

城际轨道交通沿线节点是展现全线景观主题的重要载体，是线型景观的高潮峰点[10]。主要实施对象为重要车站（站前广场）、跨越城市景观视面的桥梁、位于人流密集区域的隧道洞门等。现以广场站、九龙江特大桥紫龙山隧道洞门为例加以说明。

1. 广场站

广场站位于漳州市区中心地带，站前广场与三角形城市综合广场融为一体，设计源于海派文化，以流畅的曲线构图形式，丰富的竖向设计，多变的人行空间，使场地氛围自由、灵活（见图32-5和图32-6）。在满足功能需求的前提下，充分展示景观要素对地域文化表现的

表32-3 厦漳城际城市区域线路林与周边环境融合的配置模式
Tab.32-3 Urban area line forest and the surrounding environment integration configuration mode

序号	周边区域	植物配置要求	模式图示意
1	居住区	选用分支点低矮且树高冠大、观赏性强的常绿树种，进行多层复式栽植，有效降低噪声，并满足来往人群的景观需求	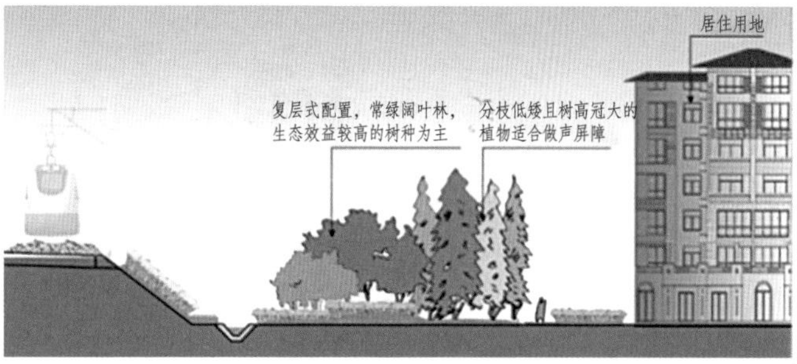
2	城市道路	在利用造坡形成隔离的同时，采用造林式配置，增大三维绿量，实现植物的减噪、滞尘、杀菌、释氧等功能	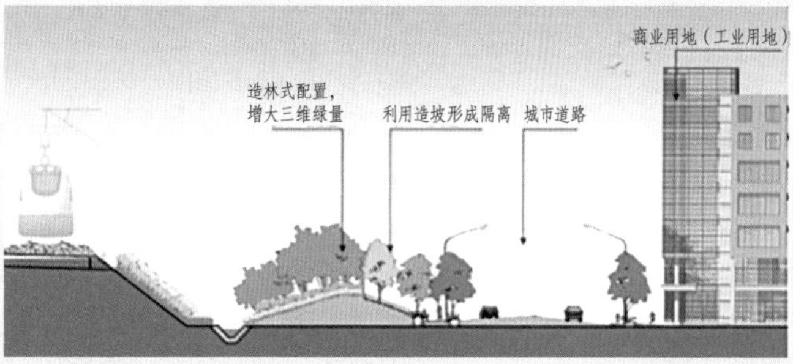
3	公园绿地	采用间距较大的通透式植物栽植手法，充分透景、借景，乡土植物、特色植物的配置模式与周边绿地和谐统一	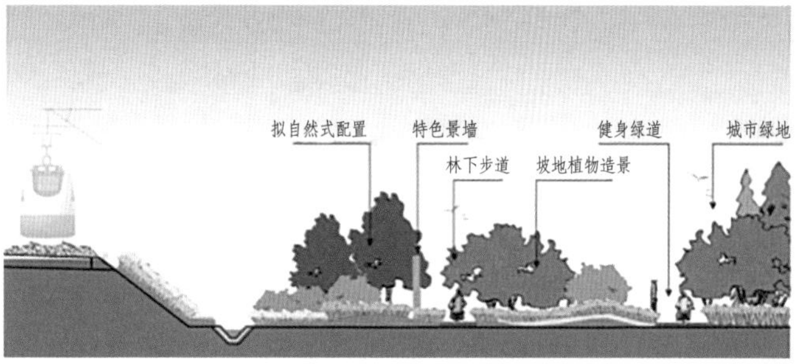
4	商业	选择具有一定观赏价值的背景林形成植物隔离带，并运用树池树阵打造林下停留空间，为来往人提供舒适、安静的休憩场所	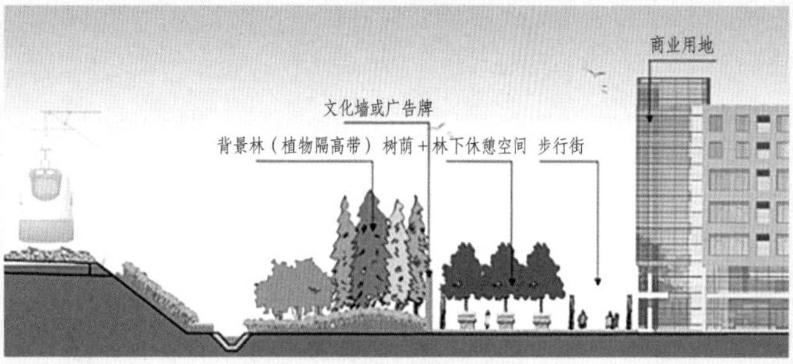

表32-4 厦漳城际城市区域高架桥桥下空间与周边土地利用相结合的利用模式

Tab.4 Urban area viaduct bridge under the space and the surrounding land use combination of the use of mode

模式编号	模式图示意	应用形式	周边土地关联
模式a——公园绿地		公园绿地	公共绿地
模式b——游憩活动		广场、休憩场所、桥下步行区	公共绿地、居住用地、商业用地
模式c——商铺、仓储		商铺	商业用地、居住用地
模式d——停车场、自行车服务站		停车场、自行车服务站、时段性停车场	公共绿地、居住用地、商业用地、行政办公用地、地教育科研设计用地、中小学用地
模式e——道路绿带		绿带	城市道路

张力与创意。

2. 九龙江特大桥

线路跨越九龙江，需采用大跨桥梁满足相应通航等级要求，同时桥位环境特殊，紧邻碧湖公园，跨越城市生态景观带，重点进行景观设计，可采用斜拉桥或拱桥桥型方案。

（1）"柳营朝露"——独塔斜拉桥方案。

桥塔为钻石型塔的变形形式，在线条转换处

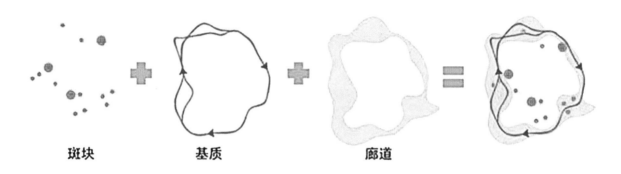

斑块　　　　　　基质　　　　　　廊道

图32-5　广场站设计意向图
Fig.32-5　Square station design intention chart

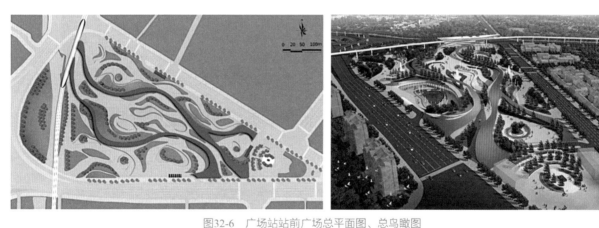

图32-6　广场站站前广场总平面图、总鸟瞰图
Fig.32-6　the master plan，the bird's eye view of square station's front square

倒圆弧设计，形成一幅水滴滴落于柳营江的生动画面，给生硬的混凝土赋予了新的生命（图32-7和图32-8）。

（2）"云水弦月"——下承式拱桥方案。

桥梁的拱肋与水中的倒影组成一幅完整的土楼映像，同时拱的造型也像是九龙江上缓缓升起的新月，是一幅柔美的山水画卷（图32-9）。

3. 紫山隧道进出口洞门（进口CK9+900，出口CK10+125）

紫山隧道全长230m，位于漳州市东珊村，临近紫山工业园区。进口洞门为耳墙式，出口为单压式明洞门。本次设计以现代工业为灵感源泉，采用由点到线渐变的延伸性图案烘托出使现代工业活跃、兴旺的发展氛围（图32-10和图32-11）。

图32-7 设计创意示意图（资料来源：中铁二院）
Fig.32-7 Schematic design ideas

图32-8 （45+65+160）独塔斜拉桥方案效果图（资料来源：中铁二院）
Fig.32-8 （45+65+160）Single tower cable-stayed bridge program effect picture

图32-9 1-160m下承式提篮拱桥效果图（资料来源：中铁二院）
Fig.32-9 1-160m under the basket tray effect map

32.3 结论

城际轨道交通不仅包含所有轨道交通工程特性，且对景观环境品质提出了较高要求，是展示区域文化精神、现代城市特征的重要纽带，更是城市群的线型坐标。本文将轨道交通线型景观设计与区域规划及城市设计充分结合，通过对城际轨道交通景观环境特点及要素的归纳分析，结

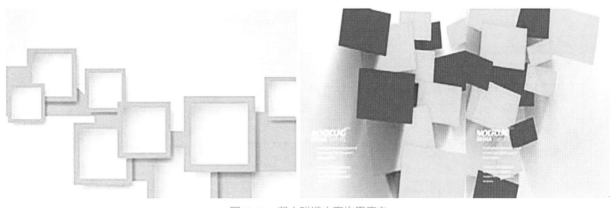

图32-10　紫山隧道方案构思意向
Fig.32-10　Purple mountain tunnel scheme intention

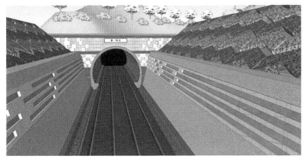

图32-11　紫山隧道进出口效果图
Fig.32-11　Effect of import and export of purple mountain tunnel

合厦漳城际轨道交通景观环境设计实例，形成景观定位（宏观）—结构梳理（中观）—详细设计（微观）的系统性设计方法（图32-12），能使城际轨道交通景观设计有效契合城市群（区域）的规划定位及发展方向，有序融合沿途城市各用地板块的功能属性，有利服务于各类型人群的使用需求。

详细设计部分，本文有两大创新点，第一，城际轨道交通沿线工程类型、周边环境及用地性质均无序多变。将景观表达手法与各种工程类型紧密结合，针对不同类别的用地环境进行

模式化景观打造，梳理线型工程沿线变化无章的设计界面，整合设计思路及表现手法，体现线型景观有序的设计逻辑及表达形式。第二，影响城际轨道交通景观构架及重要节点确立的主要因子为工程界面、行驶速度、视面服务对象及人流密度等，在满足有的放矢、经济节约的前提下，在以宏观的视角对设计本底进行综合叠加分析的基础上，合适把握线型序列的演进节奏与起伏跌宕，构建理性景观结构，确立重要景观节点，以节点的针对性景观设计突出全线景观设计的特点与美观效果。

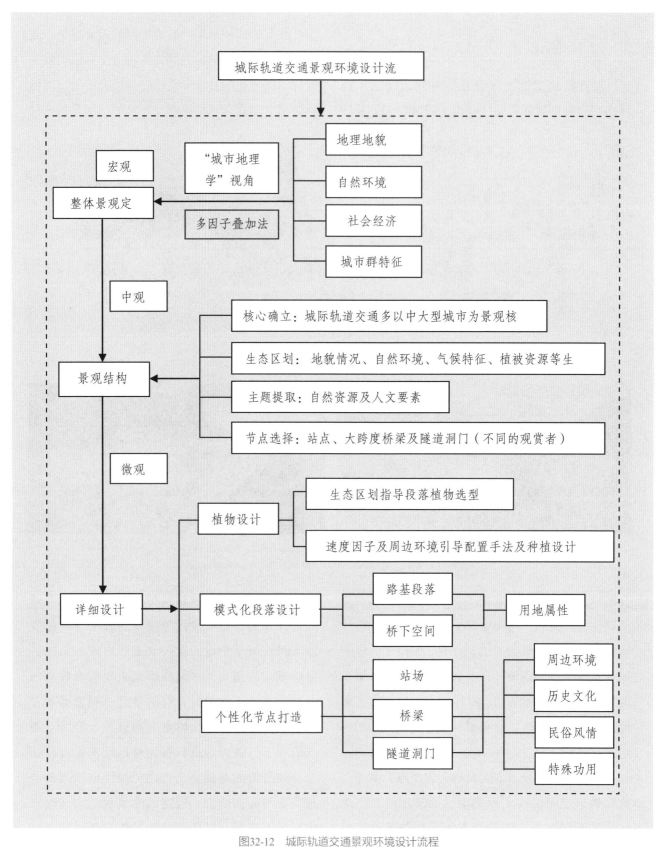

图32-12　城际轨道交通景观环境设计流程

Fig.32-12　Intercity rail transit landscape design process

■ 参考文献

[1] 郑毅，陈峰. 关于市郊铁路运输的现状和建议[J]. 交通与港航，2000（3）：9-11.
Zheng yi, Chen feng. Present situation and suggestion on suburban railway transportation[J]. Communication & Shipping, 2000（3）：9-11.

[2] KEVIN LYNCH .The Image Of The City[M]. America: The MIT Press, 1960.

[3] Ian L. McHarg J. Wiley, Design with nature[M]. America: The Natural History Press, 1969.

[4] EDMUND N, BACON. Design of cities[M]. New York: Penguin Books. Revised Edition, 1914.

[5] 李光晖. 道路景观中车速与景观绿化设计原则探析[J]. 城市地理，2015（18）.
LI GUANGHU. Discussion on design principles of speed and landscape greening in road landscape[J]. Urban Geography, 2015（18）.

[6] 岳文泽，徐建华. 城市景观多样性的空间尺度分析——以上海市外环线以内区域为例[J]. 生态学报，2005，25（1）：122-128.
YUE WENZHE, XU JIANHUA. Spatial scale analysis of urban landscape diversity —— a case study of the outer ring road of Shanghai[J]. Journal of Ecology, 2005, 25（1）:122-128.

[7] 罗静. 区域空间结构与经济发展[D]. 武汉华中科技大学，2005.
LUO JING. Regional spatial structure and economic development[D]. Wuhan Huazhong University of Science and Technology, 2005.

[8] 徐苏宁. 城市设计美学[M]. 中国建筑工业出版社，2007.
XU SHUNING. Urban design aesthetics[M]. Beijing China Architecture& Building Press, 2007.

[9] 安东. 城市桥下空间的综合利用设计方法研究[D]. 重庆：重庆大学，2015.
AN DONG. Study on the design method of comprehensive utilization of space under Urban Bridges[D]. Chongqing University Of Chongqing, 2015.

[10] 冷虎林，左辅强. 京津城际高速铁路沿线景观规划的实践及其启示[J]. 规划师，2011，27（7）：53-56.
LENG HULIN, ZUO FUQIANG. Practice and Enlightenment of landscape planning along Beijing Tianjin Intercity High Speed Railway[J]. Planner, 2011, 27（7）：53-56.

33　城市高架道路景观尺度的层级控制探讨 ①

作为一种城市景观构成元素，高架道路自诞生之日起就以其巨大的体量急剧地改变着城市环境，深刻地影响着城市风貌。与此同时，人们对这种改变和影响历来褒贬不一，争论从未停止。正面观点认为高架道路系统体现了城市刚劲活力、宏伟流畅的动态景观，是现代城市的标志之一；负面观点认为它体量庞大，尺度超人，破坏了城市景观的宜人感受。

我国第一条高架道路于1987年在广州建成通车，其他大城市又相继修建大量的高架道路，还有不少城市正在修建或计划修建，高架路成为影响我国城市景观环境建设的重要因素，备受人们关注。随着对城市景观品质要求的日益提高，有关高架道路的负面评价越来越受到重视。从专业角度来讲，无论是正面评价还是负面评价，人们争论的焦点始终是高架道路与城市景观的尺度关系。但是，由于评价手段特别是美学标准研究的缺乏，对高架道路的评价主要来自主观感受，仁者见仁，智者见智，客观评价体系缺失导致高架道路的设计和修建依据不足。因此，从尺度的角度导入量化研究，在满足交通功能的同时，控制高架道路对城市景观的不利影响，具有十分明显的现实意义。

33.1　景观尺度存在的问题及其控制原则与方法

33.1.1　景观尺度存在的问题

（1）城市高架道路主要为分担平面道路交通压力而修建，其景观尺度存在的问题出现在指导思想上，即设计遵循了"以车为本"而不是"以人为本"的原则。高架路上路下都行车，不能行车的路下空间又往往设计为停车场，处处体现车的主导地位的思想，忽视了地面行人及两侧居民的空间使用与视觉感受。

（2）高架道路巨大的尺度往往与城市特色的保护要求相冲突，使传统城市风貌的传承面临更大压力。针对现代城市大体量、大规模建筑群对街道空间的影响，美国建筑大师路易斯·康认为城市街道变成了没有情趣的通道，不再属于与人共存的街区[1]。而高架道路的修建使这一问题更加严重。

（3）受交通功能导向性设计的影响，高架道路的设计难以系统地从宏观到微观考虑环境尺度特征，造成了城市空间层级不清、分布无序、缺乏细部设计。同时，快速交通方式还割裂了不同空间之间的渗透，人们感受不到空间尺度的连续性。

32.1.2　控制原则与方法

针对上述问题，高架道路的设计必须坚持以人为本，结合具体环境条件，以保护城市自然景观与历史环境为原则，以保护城市特色、创建

---

① 本章内容由何贤芬、邱建第一次发表在《规划师》2008年第 7期第83至85页。

宜人的空间环境为景观尺度控制的目标，对建设位置、高度、宽度等进行控制，对新建或改建的城市环境和建筑做出调整，以协调高架道路与周边环境的尺度关系。此外，还应结合地方文化特色，考虑构筑物形体、色彩和质感等因素，使高架道路能更好地融入城市环境风貌。

高架道路景观所在环境的尺度构成可以划分为三个层级：环境层级、高架路层级和构件层级。环境层级指高架道路与周围环境（包括与之相关的周边建筑物和构筑物）的整体空间尺度关系，该层级的尺度影响人的整体视觉感受和城市形象。高架路层级指高架道路自身主体结构和形态的尺度关系，该层级的尺度除了与视觉感受有关外，还与人、车的尺度有关。构件层级指高架道路附属构件的尺度。高架道路附属构件最接近普通行人和非机动车使用者，与人的使用和活动直接相关，是塑造高架道路细部景观质量的重要因素。

高架道路景观尺度的控制方法是基于上述三个层级的控制方法。高架道路与周围环境形成的整体空间尺度关系，是多方面和多层级性的整体尺度关系，层级之间并不是对立、排斥的，而是一个整体。通过尺度的变化和组织可以处理好各层级之间的关系，使之形成融合、互补关系，从而建立起层级分明、衔接有序的整体景观空间结构。

33.2 环境层级的控制

环境层级的尺度控制主要是对高架道路与周围街道、建筑之间形成的空间视觉质量进行控制，包括它们之间形成的空间尺度关系以及高架道路沿线的景观尺度。

33.2.1 行人与高架道路形成的空间尺度关系

视角特性是分析景观问题的出发点，是景观与环境设计的依据。在城市高架道路空间中，不同的行人有不同的视角特性。行人与高架道路形成的空间尺度关系可以用行人到路的外侧边缘的视线距离D与其视平线以上主要高度H之比（D/H）来描述（图33-1）。结合日本建筑师芦原义信《外部空间设计》理论，空间的封闭性可以根据建筑物的高度（h）和相邻间距（d）之间的关系来说明，以$d/h=1$为界限，随着d/h比的增大，远离感越来越明显；随着d/h比的减小，则压迫感越来越明显；如果需要在正常视角下看到天空，那么d/h比必须大于2（表33-1）。

可见，D/H为2~3时，行人会感到比较舒适，也能满足人生理所需要的日照、通风、采光等基本条件。考虑到节约用地的因素，设计师应将人的活动范围应该集中布置在这个区域。

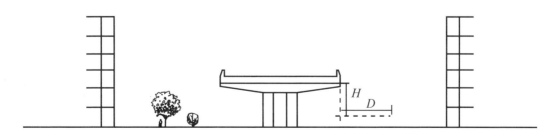

图33-1　高架道路下行人视线距离与建筑物的视平线以上高度之比示意图

表33-1　D/H与观察者的视觉关系及空间感受

比值	垂直视角	观察效果	空间感受
D/H<1	45°~90°	观察建筑物容易产生透视变形	给人较强的接近感和压迫感
D/H=1	45°	观察建筑物细部、局部	有接近感和压迫感
D/H=2	27°	观察建筑物主体	具有空间封闭能力而没有压迫感
D/H=3	18°	观察建筑物总体	空间封闭感趋于消失，完全无压迫感
D/H=4	14°	观察建筑物轮廓	空间关系开始弱化，开阔
D/H=5	11°20′	观察建筑物与环境间的关系	不形成一般的空间相互作用，相当开阔
D/H>5	0°~11°20′	观察建筑物的大体气势	基本无空间关系，空旷

（资料来源：自制，表格内容为参考相关资料而得）

33.2.2　高架道路沿线景观的尺度分析

在设计高架路沿线两侧建（构）筑物的尺度及配植植物时，必须考虑乘汽车上乘客的视觉效果。汽车在高架路上的正常行驶速度是60~100 km/h。根据刘滨谊的研究，驾驶员前方视野中能清晰辨认的距离和物体尺寸分别为370~660 m和1.1~2m，而辨认路边景物的最小垂直距离为5.09~8.5m[2]。在这一状态下，汽车上的人对道路沿线景物景色的认识只能是整体概貌与轮廓特征[3]。据此，沿途建筑和城市景观除了要满足行人静态或漫步观看景观所必需的细部尺度外，还要强化整体尺度和体量的设计，力求轮廓清晰、体量关系明确、错落有致。

在整体尺度控制方面，以高架路上行人到沿线建筑的视线距离D与其视平线以上主要高度H之比（D/H）作为参数（图33-2），根据上述视角分析并结合现场观察发现：D/H=1，空间封闭感强；D/H=2，空间封闭感减弱；D/H=3，空间封闭感趋于消失；D/H=4，空间关系开始弱化。因此，当D/H为2~3时，空间围合度较弱，高架路上的行人可以有充分距离观赏沿路轮廓线景观。同时，为了避免沿路轮廓线过于平缓和呆板，城市设计要关注建筑群的高低错落关系，较矮的建筑可以用D/H=4来控制（图33-3）。

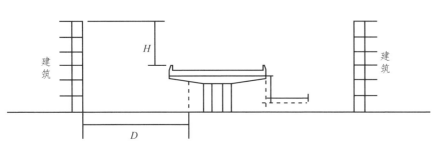

图33-2　高架路上行人视线距离与沿线建筑的视平线以上高度之比示意图

图33-3　路旁错落有致的建筑群

33.3 高架道路层级的控制

高架道路层级的景观尺度控制主要体现在对高架道路自身主体结构的尺度控制。在满足功能要求的同时，高架道路主体的尺度控制关键要控制好梁与墩柱的尺度关系，要从景观设计的角度减轻其结构的体量感、缓和压迫感、减少视觉单调感。

33.3.1 梁的尺度分析

梁的景观尺度主要涉及梁高、梁宽、梁跨和梁型，各部分应有适宜的尺度，优美的结构造型，同时注意各尺度间的线型配合，满足美观要求。

梁型的选用一般是从功能要求、受力特征、经济投入、施工便利等方面进行综合比较。目前，常用的梁部结构形式主要有预应力混凝土空心板梁、T梁、箱梁、脊骨梁等（图33-4）。从国内其他城市近年来修建高架道路的实践来看，

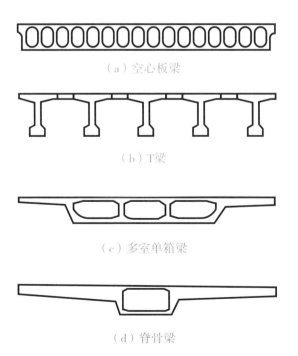

（a）空心板梁

（b）T梁

（c）多室单箱梁

（d）脊骨梁

图33-4 高架道路桥梁梁型示意图

采用较多的是预制空心板梁和箱梁两种，其中空心板梁以其经济性优势而获得更多青睐。但是如果综合地考虑特别是考虑景观效果时，选用箱梁则更好，这是因为箱梁除了具有成熟的设计与施工技术、整体刚度大、受力性能好、截面外形简洁、底面平整光洁、线条流畅等优点外，还适用于中、大跨度的设计以及简支和连续结构，更适于各种地段（如直线段、曲线段、出岔段和变宽段等），便于在同一条线路上减少桥梁类型，从而减少杂乱感。

33.3.2 墩柱的尺度分析

高架桥会造成地面视线的障碍和空间分割，显然，增加桥下净空高度可以减少视线阻隔，并使高架桥下光线充足，增加桥下空间的开放感，减小重压感。而国内现有高架路大多在旧城中新建，净空高度一般只考虑行车需要，通常在5～5.5 m，达不到景观视线的要求。鉴于经济条件的限制，设计应从墩厚、墩距、墩型及其与梁配合的景观效果出发，改善墩高有限带来的压抑感和欠通透感。

高架道路采用的桥墩形式通常有T型、Y型、单柱型、双柱型等，选型时一般要求与梁部结构相匹配并协调一致，还要轻巧、美观（图33-5）。如果选用箱梁，建议采用单柱墩或双柱墩与之配合。这种配合有两个优点：一是受力合理，施工方便、安装快速，经济性较好；二是适应性强，既适于墩高差别较大的情况，又适于曲线地段（因为横向刚度较大）。另外，单柱墩或双柱墩占用地面少，可留下更多活动空间，且梁柱上下配合协调，景观性很好。

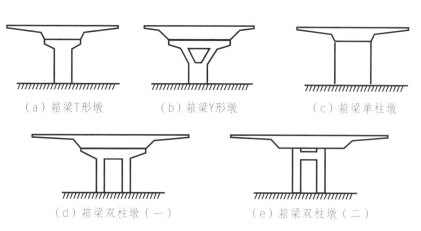

（a）箱梁T形墩　　　　（b）箱梁Y形墩　　　　（c）箱梁单柱墩

（d）箱梁双柱墩（一）　　　　（e）箱梁双柱墩（二）

图33-5　箱梁与几种墩型的配合效果

图33-6　成都沙湾高架桥

33.4　构件层级的控制

城市高架道路景观构件层级的尺度控制是指对高架道路附属构造物（如防撞墙、声屏障、安全梯、照明设施、电力线等）的尺度进行控制，使其与高架路的整体相协调，并与周围环境相协调。在满足功能要求的基础上，这些附属构造物应尽量弱化整个道路的大尺度特征，以小尺度化整为零。此外，还应结合地方传统文化，注意整个高架道路的细部营造，以减弱高架道路庞大体量所带来的难以亲近感。如在构筑物形体、色彩和质感等方面增加细部设计（图33-6）；在高架桥下创造一些亲切宜人、充满趣味的空间。

■ 参考文献

[1]　蔡昶. 建筑环境观（二）[J]. 室内设计，2005（01）：43-48.

[2]　刘滨谊. 城市道路景观规划设计[M]. 南京：东南大学出版社，2002.

[3]　李阁魁. 高架路与城市空间景观建设——上海城市高架路带来的思考[J]. 规划师，2001（6）：48-52.

[4]　熊广忠. 城市道路美学[M]. 北京：中国建筑工业出版社，1990.

[5]　吴念祖，李有成. 高架道路工程[M]. 上海：上海科学技术出版社，1998.

[6]　托伯特·哈姆林. 建筑形式美的原则[M]. 邹德侬，译. 北京：中国建筑工业出版社，1982.

[7]　弗朗西斯·D·K·钦，建筑·形式·空间和秩序[M]. 邹德侬，译. 北京：中国建筑工业出版社，1987.

34 国外城市公园建设及其启示 [①]

前言

城市公园是人们脑海里形成的大自然图景在城市空间的再现，是城市普通居民修复与自然分离的创伤、重新恢复身心健康的城市公共空间场所，是集游憩娱乐、科教健身、文化艺术、环境生态等多项功能为一体，促进可持续发展的城市"绿洲"。当前，我国的城市公园随着城市发展成为城市建设的热点之一。然而，公园建设还存在很多问题。首先是公园建设急功近利，普遍缺乏文化内涵。由于城市的飞速发展，造成了包括城市公园在内的城市基础设施建设严重不足，各城市在加速建设城市公园的同时，出现了急功近利、盲目攀比、大拆大建的现象，新建公园普遍质量低下，缺乏文化内涵，反映出浮躁的心态和对文化与文脉延续思考的缺失，造成城市记忆的消失。其次是片面强调形式礼仪，忽视对人本的考虑。城市公园建设中"大广场""草坪热"等现象依然较为普遍。这种强调礼仪化、形式化的空间凸显出公园建设的非理性，公园环境缺乏人性空间。此外，城市公园普遍缺乏必要便利残疾人、老年人的游览设施，如残疾人坡道、导盲设施等。再次，公园建设"千园一面"，缺乏地域特色与个性，理应作为展示城市地域特色与个性的窗口的城市公园，正随着城市整体特色和个性的模糊而逐步丧失自身的地域特色。

① 本章内容由江俊浩、邱建第一次发表在《四川建筑科学研究》2009 年第 35 卷第 2 期第 266 至 269 页。

针对上述问题，本文试图通过三个国外城市公园建设的分析，得出可借鉴的因素给我国城市公园建设以启示。

34.1 国外城市公园建设的典型案例

34.1.1 城市中的自然——纽约中央公园

纽约中央公园位于纽约曼哈顿第5和第8街以及第59和106街所形成的矩形区域，总面积为337.2ha。它的设计竞标始于1857年，奥姆斯特德和沃克斯提交的以"绿草坪"（Greensward）为主题的方案从众多方案中脱颖而出成为实施方案，其方案特点可以归纳为以下几点：

（1）突出自然，自然主义和浪漫主义相结合的设计理念使公园成为城市中的自然风景。公园中略有起伏的宽阔草坪——"绵羊牧场"（Sheep Meadow）、斑驳的森林和池塘，体现出一派浪漫的田园风光，各种活动和服务设施融于自然景色之中。同时，公园四周种上了密植林，浓郁的植被使游人忘却了城市的繁杂而回到了自然的怀抱。

（2）以人为本，体现公平。提供给居住在城市中所有阶层的每一位市民最佳可行的健康休闲方式，以丰富的娱乐活动营造出轻松的气氛，为人们周末、节假日休息提供所需的优美环境，满足全社会各阶层不同性别、年龄人们的娱乐要求。公园空间分为"友好的"和"群体的"两类空间，前一种空间为家庭休闲和朋友聚会提供场所，而后一种空间则为互不相识的人们欣赏风景

创造条件[1]。公园还在南端设置了牛奶房和供孩子戏耍的木制凉廊，以体现对妇女儿童的细致关怀。

（3）灵活可塑的空间，多年来公园因此可以增添许多新的用途并不断完善。

（4）精心设计的流线。以贯穿全园的曲线形游园路引导出一个充满活力的交往空间，这也

成为了后人设计公园的模板。

（5）考虑管理的要求和交通方便，首创了以下穿式交通形式来解决穿越公园的城市交通问题，创造了美国最早的人车分离交通组织系统[2]。

现今公园很好地维持着一个多世纪前的格局，与自由女神像、帝国大厦共同成为了纽约乃至美国的象征（图34-1和图34-2）。

图34-1　纽约中央公园鸟瞰
（资料来源http://www.szatlantis.com/top/america_pic.asp；）

图34-2　纽约中央公园局部景观
（资料来源http://www.traveljournals.net/pictures/92450.html；）

34.1.2　城市废墟的新生——杜伊斯堡风景公园

杜伊斯堡风景公园是埃姆舍公园国际建筑展的组成部分，位于德国北部的杜伊斯堡，是由一座废弃的钢铁厂[3]改造而成的一座新兴城市公园。设计师通过对残留的工业废墟进行的城市环境再塑造，使公园以一种不动声色的改造融入了城市环境，为城市注入了活力。

公园占地200ha，改造前场地内烟囱高炉林立，荒草丛生，呈现出一片破败的景象。1989年，政府决定将工厂作为埃姆舍公园组成部分改造为景观公园，并展开设计竞赛，旨在通过景观改造改善城市环境，促进生态和重塑经济。拉茨（Latze）的方案在1991年4月通过

评审。方案首先保留了公园里烟囱、炼钢炉、铁路、桥梁、构筑物等已有的设施，并加以改造——废弃的混凝土净化水箱变成了封闭式花园，铁路成了步道，高塔可以眺望，残墙被改造成了攀岩场地（图34-3和图34-4）。这些设施在转变功能的同时，又承载着历史气息，让人们体味到了一个世纪前工业文明的情景。其次，是建筑材料尽量废物利用，尽量减少对环境的索取。利用废铁板作为地面铺装，矿渣用作地面材料……最后，是生态的恢复：设计自然式河道，坡道和可下渗雨水的地表，让污水慢慢自清净化；植树造林，使这片废墟有了绿色的基底。公园方案实施后于1994年部分建成开放。现在，在这块绿荫掩映的"废墟"上，

图34-3 杜伊斯堡风景公园夜景
（资料来源http://www.aufschalke2006.de/ge_foto_
landschaftspark.htm；）

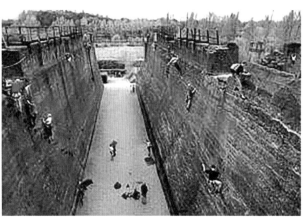

图34-4 杜伊斯堡风景公园的攀岩场地
（资料来源http://landliving.com/articles/0000000863.aspx；）

残垣断壁正"讲述"着历史，让人们在一种浓浓的怀旧情绪中，体会和感悟一片盎然生机。

34.1.3 解构手法传递传统文化——拉维莱特公园

拉维莱特公园是纪念法国大革命200周年巴黎建造的九大工程之一，位于巴黎的东北角。1974年以前，这里还是一个有着百年历史的大市场，当时的牲畜及其他商品就是由横穿公园的乌尔克运河运送。公园面积约55 ha，乌尔克运河把公园分成了南北两部分，北区展示科技与未来的景观（图34-5），南区则以艺术氛围为主题。设计者屈米用解构主义手法，将传统公园构成要素分解成"点、线、面"三个体系，然后通过一种与现存结构不连续的方式，将点、线、面三种要素重新叠加在公园上——三个要素之间毫无联系，可以自成一体。"点"——26个红色的点状景物（folie），出现在120 m×120 m的方格网的交点上，有些仅作为点的要素存在，有些景物作为信息中心、小卖处、医务室之用。"线"——

公园的游览路线，包括长廊、林荫道和一条贯穿全园的弯弯曲曲的小径，这条小径联系了公园的十个主题园。"面"——十个主题园，包括镜园、恐怖童话园、风园、雾园、竹园等，其中有三个是专为儿童设计的。这种相对体系的设置，各个分离系统的重叠产生了丰富的结构纹理，它们形成一个大的层次，其中包括原有的建筑，然后形成循环连续层面（图34-6至34-8）

屈米还对公园与城市的关系做了一定的探索。公园没有明显的边界，方格网以及网格交点处的点状景物（建筑）形成了一种城市新的肌理。公园通过这一肌理扩散到城市，从而在未来城市发展中来取得公园与城市环境的融合——城市有了公园的肌理，公园又有城市的建筑与格局。现在，拉维莱特公园不仅仅是一个充满魅力的公园，更成为城市的符号。它所体现出反对形式、功能、结构、联系，提倡解构、不完整、无中心的特质，为传统园林文化注入了新的活力。

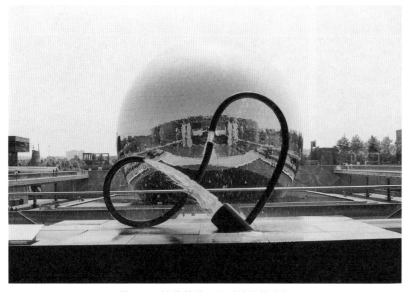

图34-5　拉维莱特公园科技馆前雕塑

图34-6　拉维莱特公园的"点"状物

图34-7　拉维莱特公园的"点"与"线"

图34-8　拉维莱特公园的"面"：竹园
（资料来源：周勇刚提供）

34.2　借鉴及启示

34.2.1　延续文脉，塑造城市公园地域特色

杜伊斯堡景观公园的建设不同于我国的大拆大建方式，它巧用工业遗存，创造工业景观，在延续城市文脉、留住城市记忆的同时，突显城市地域特色，其对历史保护的态度以及这种相对柔性的城市更新方法，是值得我国在城市环境建设中反思和借鉴的。城市中历史遗迹、城市格局、建筑风貌等传承着城市文化，体现着城市地域特色，因此，在城市中新建城市公园，要严格保护历史遗迹，尽量保持城市原有肌理和格局，妥善保留和发扬具有传统地域风貌的建筑。此外，传统的戏曲、工艺美术、民俗风情和伦理观念等，是城市特色的重要组成部分，在城市公园环境塑造中，要有益吸收这些具有地域特色的城市文化，同时物化到城市公园空间特色的塑造中，从而创造出具有地域特色的城市公园。

34.2.2 兼收并蓄，丰富城市公园多元色彩

宽松的氛围和对艺术、文化的包容，使得国外许多城市公园环境呈现出多元文化并处的格局——在沿袭各自文化惯性的同时，力求创新和多样化。拉维莱特公园就是一个例子，设计者屈米就是在相对 宽松的氛围中完成了有异于法国传统园林的解构主义设计力作。地域性和多样性并不矛盾，两者是辩证统一的。建设部副部长仇保兴曾说："多样性是城市的活力之源"[4]。当前，我国的城市公园建设就宜以地域性为本，同时吸收外部乃至外国文化中的有益元素，体用之道，兼收并蓄，以此改变"千城一面"的格局。

34.2.3 因地制宜，创建城市公园生态环境

埃姆舍公园国际建筑展环境与生态整治工程，因地制宜地在工业遗址上恢复生态环境，是衰败工业区环境塑造的典范。又如，加拿大多伦多市外港区（图 34-9），由于商业运输衰落而被弃用。城市活动的减少，使这一区域植被开始自然恢复，并吸引了多种水禽。1989 年多伦多市在新修订的规划中，这一地区被因地制宜地设置为生态公园，成为该市重要的滨水生态栖息地，目前有各种鸟类达 290 种[5]。从这些范例不难看出，通过建设公园来处理城市废弃地，不仅能改善地区生态环境，还可以满足人们休闲娱乐的需要。

34.2.4 以人为本，营造城市公园和谐空间

人是城市环境的中心，以人为本，是城市公园建设的出发点和根本原则。纽约中央公园随处

图34-9 多伦多市外港区原来的仓库（当时最高建筑），现改为建筑综合体

可感受 到宜人的人性空间：两侧围合着公园步道的绿树，舒展的草坪，斑驳的森林和池塘以及道路的尺度，无不在暗示着人性化的空间。舒适的服务设施，也是城市公园的重要组成部分。国外城市公园一般都设有完善的服务设施，如休息椅、垃圾桶、饮水器、指示牌、公厕、路障、流动小卖亭等，在游人较少的地段，还设有报警器等设备，充分体现了以人为本的原则。我国城市公园的建设要充分考虑现代人的时代、社会和文化因素以及生活习俗，加强绿色空间的亲和性、开放性与可达性，提高开放空间利用程度，提升交往空间的人本品质，从而营造和谐的城市公园空间。

34.2.5　凝神聚精，创造城市公园特色小品

小品是城市公园的重要组成，优秀的小品可以展现城市特有的地域文化和历史文脉，提升公园的品质。纽约中央公园里随处点缀的各种艺术品，不仅美化了公园环境，还展示了城市的人文风采和历史气息；拉维莱特公园则有许多与功能相结合的艺术品作为公园的"点睛之笔"，突出了强烈的现代气息和休闲风格。我国公园小品的设置和设计亦应体现文化内涵，突出地方特色，与绿色自然景观相统一，丰富城市文化内涵和环境景观。

34.3　结语

随着我国进入城市化的快车道，城市环境面临的问题将更加严峻。在经济发展与环境美化的双重压力下，我国的城市公园建设向发达国家借鉴经验显得尤为适时和必要，这也是笔者撰文的目的。城市公园建设是一个动态的、长期的过程，需要不断学习、总结和实践，从而不断完善和美化城市生存环境，最终促进城市"社会·经济·环境"的可持续发展。

■ 参考文献

[1]　伊丽莎白·巴洛·罗杰斯. 世界景观设计——文化与建筑的历史[M]. 韩炳越，等译. 北京：中国林业出版社，2005.

[2]　陈晓彤. 传承·整合与嬗变——美国景观设计发展研究[M]. 南京：南京东南大学出版社，2005.

[3]　王向荣. 生态与艺术的结合——德国景观设计师彼得·拉茨的景观设计理论与实践[J]. 中国园林，2001（2）.

[4]　仇保兴. 紧凑度和多样性——我国城市可持续发展的核心理念[J]. 城市规划，2006（11）：18-24.

[5]　KEHM W.Toward the recovery of nature：the Toronto Waterfront Regeneration Trust Agency case study[J]. Process Architecture, 1995,（10）：130-138.

[6]　邱建，郑振华. 城市游憩广场使用分析与优化设计[M]//中国科技发展经典文库. 北京：中国言实出版社，2004.

35 成都十陵郊野公园规划设计 ①

35.1 概况

成都市新一轮的总体规划确立了城市向东、向南的发展战略，10 km² 的成都十陵郊野公园是成都东部新区起步区的两大组成部分之一，具有丰富的景观资源条件和浓厚的历史文化底蕴。公园内因埋有10座明蜀藩王家族墓葬群而得名十陵，墓群始建于明宣德年间（1426—1436年），距今已有560余年，为全国重点文物保护单位[1]。公园作为城市大型楔形绿地和开敞空间，对于提高成都市整体生态环境质量，提升城市建设的品位和丰富其内涵有着极其重要的作用。

35.2 设计目标和理念

设计着力于以自然生态为基调的景观创造，以动态舒展的大地景观为特点，充分利用地块中成都市域少有的浅丘地形，突出山水。规划中强调依顺山水之形，合乎山水之势，因地制宜，顺其自然，巧于因借，精在体宜，以实现"气韵生动，和合之境"的设计目标。

两个拓展充分体现了我们的设计理念：其一是功能的拓展：由传统的小规模城市公园向大型自然式城市游憩地的拓展，实现将风景园林由美化生活扩展到引导健康生活，由城市园林绿地规划扩展到城市户外游憩空间设计的转变。随着

时代的发展，城市的聚集扩展以及人们生活方式和环境的多元化需求，城市公园的发展也应相应地跟进。作为城市大型的自然游憩地，它可以有效提高人们的闲暇生活质量，倡导健康的生活方式，体现城市的人文关怀。它和供人们日常休闲的小规模公园可以实现有机互补，共同创造出一个充满生机和活力的城市空间，促进城市经济、社会、环境的协调可持续发展；其二是发展类型的拓展：由培育补给型城市公园向生态系统循环再生的生态型公园的拓展。小规模公园由于面积小而难以形成稳定的生态系统，要靠培育补给。而本公园用地规模巨大，且毗邻广大的郊野自然生态环境，公园的景观环境通过科学的规划设计建设，可形成相对稳定的生态系统，建成具有地域特色和生物多样性的大环境。

35.3 总体设计构想

设计的灵感来自对传统文化中生存理念的理解和对人与自然和谐共处可持续发展的实践认识。《周易·大象》曰："地势坤，君子以厚德载物；天行健，君子以自强不息[2]。"道法自然和天人合一的朴素生态思想，为世人揭示了人类与自然共生共荣，可持续发展的真谛。对场地的反复踏勘了解后，形成了对10 km² 区域发展的空间构想，公园的场地与我们的立意隐似有暗合的内在联系，公园场地成四边形，被东风渠斜分为北、南两部分，恰以阴阳鱼，由象征自然与生命的一带清水相互交绕在一起。场地南北微有起

① 本章内容由江俊浩、邱建、姜辉东第一次发表在《中国园林》2007 年第 8 期第 71 至 75 页。设计项目组成员还包括西南交通大学建筑学院陈函、杨青娟、周斯翔等老师和同学。

伏，向心围合，呈现隐隐的动势。顺应自然地势的起伏变化，在合理地布局和系统地组织下，设计将公园的南北区域构建成灵动与沉静，人文与自然，激情与理智，感受与思索，生存与泯

灭……共生互动，相互砥砺的场所。在以自然山水生态为基调的大环境中，让人们充分地感受和体味生命的快乐和生存的永恒，实现设计的空间意向（图35-1和图35-2）。

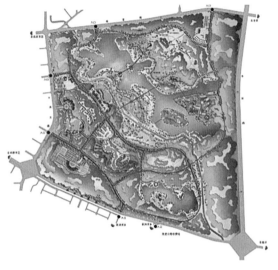

图35-1　设计总平面图

图35-2　全景鸟瞰效果图

35.4　景区规划

依照总体设计构想公园大体分为动静两个大区域，青龙湖以北为相对静态的游憩区，以自然环境为主基调，包括十陵保护游览区、农业观光园区和大量不可进入的生态培育区；湖的南岸为相对动态的区域，主要功能区都集中在南岸。整个公园景观系统可以概括为"三片九区、一轴一环（带）、二十五个节点。"三片为密植林生态保育区、风景林景观区和滨水疏林景观区；九区为十陵保护游览区、农业观光园区、湖区、亲水乐园区、商业服务区、主体娱乐区、康复度假区、体育运动区、会议中心区；一轴为沿东风渠两岸滨水景观"蓝带"；一环（带）为主要公园路的风景绿带；25个节点分为建筑节点、桥梁节点、滨水节点、环境节点。其中重点规划的景区如下。

35.4.1　"仰崇桥山"[①]——王陵保护区的景观创造

位于公园东北侧青龙湖东岸，以僖王陵和昭王陵为核心的王陵保护区是公园最为重要的功能区。区内陵园地面建筑已不复存在。目前，已发掘僖王陵、昭王陵和成王次妃陵3处，其余仍埋地下。陵墓多数集中在公园东北区域，有3处陵墓相对分散，分别位于公园的西面和南面。已发掘的昭王陵、僖王陵地下石宫现已加以修整并对外开放。历代明王（皇）陵格外重视表现"仰崇桥山"的意象和"非壮丽无以重威"的气势，仅长陵就有棱恩门、棱恩殿、内红门、方城明楼、宝顶等一系列主体建筑物，明十三陵除了顺应山

---

① 桥山：中华民族人文始祖黄帝的陵寝所在，亦称子午山，在今陕西省黄陵县城北，沮水穿山而过，山如桥形，故得名桥山。

形而形成皇陵气势，还发展了从蓝琉璃石牌坊、神道、大红门、碑亭、石像生至龙凤门的引导部分以加大空间纵深和秩序感[3-5]。形制"下天子一等"的明蜀王陵相对皇陵，"配制类似只是尺度规模略小"[3]。而如前所述，陵园地面建筑已不复存在，且多数王陵仍埋地下，这给恢复重现明蜀王陵的恢宏气势带来了一定的困难。这就要求规划设计除了充分挖掘已发掘地下陵寝的内容外，还要充分向地上建筑物拓展，从而形成地上建筑同地下陵寝融为一体、交相辉映的格局。

本设计以时代要求和传承文脉为基准，从创造和再现陵区风貌的几个概念入手进行规划布局，进而确立了保护区的结构体系和空间形态。首先是搬迁所有区内与王陵保护无关的设施，在确定王陵用地范围的同时，在其外划出50 m进深范围的陵墓保护用地；其次，规划布局遵从视觉上左右平衡的原则，以僖王陵和定王次妃陵为陵区中轴两端，对搬迁来的王陵进行定点布置（注：由于地铁4号线的规划建设，不得不对两个王陵进行搬迁），并通过游道使主要的王陵串联成环网结构，将搬迁的太监坟墓和"历史碎片"填充进结构中。

（1）"历史碎片"。开掘的两个王陵出土了许多文物，有陶俑、瓦当、石椅、石凳等（图35-4）。这些承载着历史的文物人们只有在博物馆和陈列室才能看到。为了使游人能随时随地通过这些文物来解读历史，同时为了增强保护区的场所感和历史感，设计提出了"历史碎片"的概念。就是运用欧登博格[1]由小放大的雕塑处理手法，将这些文物由小放大地复制，并将

其肢解后形成碎片，这些碎片被定义为"历史碎片"，并在湖南岸的游人集散广场和陵区，大量散落。这样就填充了王陵（点）—路网（线）的网络体系，使场所精神更加饱满，也使游人可以在"面"的基础上全面解读历史，增强了游人由"碎片"的残缺性带来的探知欲。

（2）"兆域"。公园为典型的浅丘地带。地势高低相差最大只有30余米。王陵保护区虽地处正觉山但仍未达到应有的空间形态和视觉形象，对周围地区的控制力还有待加强，辐射"域"还有待扩充。为了增强游人的场所感和界定陵区的空间形态，规划在陵区面湖东西两侧高地上各设置了一个塔楼，形成王陵保护区的东西两大"门户"，界定了王陵保护区的"兆域"（中国古代对墓域的称谓，墓地四周的疆界），同时也增强了湖对岸游人的场所认知感和视觉直观感受。

（3）"引道"。为了再现明蜀王陵的恢宏气势，除了加建塔楼形成门户界定"兆域"外，还依据湖心小岛加入了"引道"空间作为整个陵区共同的神道。"引道"以青龙湖南岸广场上的三开间牌坊为起点，在湖心岛上设碑亭，作为空间的转换和扩充的节点，然后依次是外门和石像生，最后以中门作为引道的结尾。重檐五开间的享堂配以东西厢房则是随后空间的高潮，享堂和厢房在功能上以博物馆的形式存在，在建筑形式上也由穿斗架构和粉墙而折射出地域特色。僖王陵前的小基台作为空间序列的延续和联系其他王陵的节点，可一直延伸到僖王陵内门。同时，在另一个入口，定王次妃陵前，设计一条以牌坊为开端，柏树和"碎片"间隔布置两侧的次要"引道"，并利用自然高差形成一定的气势和氛围，使主引道和次引道形成了一个完整和可逆的空间序列，便于公园里来自不同方向游人的感受和体验。

---

① 欧登博格，美国人，第一代的波普艺术家，常把日常用品——铲子、木衣架、军鼓、消防水龙头、汉堡包、打字机等——以小改大，由大改小，由硬改软，由软改硬的表现，影响了很多当代艺术家。

昭王陵和僖王陵已经先期开发和修整，不在这次规划设计的范围内。不过，这次的规划设计其实也是围绕它们进行的。通过几个概念的引入和规划设计的展开，形成了以昭王陵和僖王陵为中心，点线面相结合，地上建筑同地下陵寝融为一体，首尾呼应，高低相合的具有完整序列的王陵建筑群格局，展现了明蜀王陵"仰崇桥山"之意象和"壮丽重威"之气势（图35-3和图35-4）。

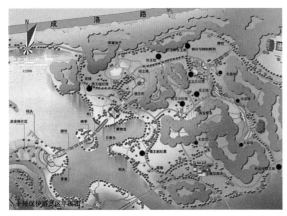

图35-3　十陵保护区平面图

图35-4　十陵保护区效果图

35.4.2　"蜀地林盘"——地域性景观的探索

林盘是蜀地固有的一种生存居住模式，它作为承载着千年蜀文化的载体，遍布于四川各地，并以成都平原的聚落最为典型。它扎根于孕育他们的蜀中大地，合天时，应地利，适宜于地域环境的要求，体现出明显的地域建筑文化特色。由无数林盘构成的林盘景观在空间形态和自然人文景观方面独具特色，是川西农耕文明的典型代表（图35-5）[6]。在"千城一面、万乡一貌"的今天，工业文明和城市化进程急剧改变着传统的生产和生活方式，我们面临着严重的生态危机和文化危机，而探索一条地域性景观道路是解决危机的一个有益尝试。

位于青龙湖的东岸半岛上，是以川西乡村田

图35-5　公园内林盘景观现状

野风光和林盘景观为基调的农业观光园区（桃园深处）。园区结合地域花果之乡的特征，充分考虑现有田舍的布局构成、地形变化和场地现状肌理，保留现有的塘堰、沟渠、梯田、便道、林木和农舍；梳理林盘景观，改造农舍形成服务接待设施；对现状较差的田地进行整合和景观美化的

四季种植，以增强川西农业文化特征。游人可以在区内进行多样参与式的游览活动。整个园区融于湖光山色之中，展现出一派禾苗青青、竹拥水绕、鸟戏高林、花团锦簇的川西坝子乡野风光。阡陌桑麻、渔舟唱晚的"桃源胜境"体现了人与自然和谐共处、生生不息的依存关系（图35-6）。

图35-6　农业观光园鸟瞰图

同时，对整体搬迁的"朱熹宗祠"作为园区林盘景观的核心进行重建，以此作为展示朱家先祖业绩、家族宗谱、家训家规和祭祀礼仪活动的载体，传承千百年来的新儒（理）学思想的精髓，体现和延绵中华民族祖宗崇拜的血缘教化，从而树立人们热爱家园的环境精神，形成公园"和合之境"之注脚。

35.4.3　"上善若水"——亲水乐园的营造

《水经》曰："左水为美，要详四喜：一喜环变，二喜归聚，三喜平和，四喜宁静。"在位于公园核心东风渠与青龙湖之间的亲水乐园设计中，我们以水之"四喜"为设计要点，"水可

为潭、为池，或成瀑、成漱、成滩，环萦流而潺有声"。方案充分利用地形，以多重水景和拓扑的"家园"肌理为基本元素，构成动态舒展的大地景观。设计将基地内原有的民宅拆除而保留基底（原地基），通过硬质景观和水景的设计，形成了灵活丰富的游嬉空间。这种设计方式使自然形成的现状村落肌理刻印在地面上，从而延续了历史，增加了人们对基地的了解和感知。在蜿蜒曲折的人行步道指引下，游人可以穿过密林、水景、河岸和平面"聚落"，增强了景观的可达性和参与性。

中心叠落的水景与四条自然蜿蜒跌宕的溪流，联系水边的"家园"（现有农舍地基），暗

喻东方伊甸园的生命之水与人类的亲密关系，启发人们去感悟历史和自然，与对岸的王陵保护区

形成空间感受上的相互呼应（图35-7）。

图35-7 亲水乐园鸟瞰效果图

35.5 "红叶写秋 芙蓉照水"意境下的植物设计

乡土植物对于体现城市特色有着极大的作用，从成都素有的"蓉城""芙蓉之城"之称中便可见一斑，更有宋人赵抃一句"四十里如锦绣"[①]，使蓉城地域特色尽显。因此，以乡土植物为主，突出地域特征是植物设计的出发点。同时，兼顾植物的季节性搭配和多样性原则，注重区域动植物生态系统，创造区域整体生态环境。速生植物和中、慢生植物相结合，营建合理的四围空间，缩短景观期待期，合理因借，有效成景，从而达成"红叶写秋芙蓉照水"之意境。

公园绿化以乔木绿化为主基调。在尽可能保留现有乔木前提下，规划公园四周种植乔木混交林，

西、南两侧以阔叶林为主，注重季象的变化，形成沿成渝高速和十洪大道两侧的城市森林外部风景走廊。公园东北侧明陵保护区一带，以常绿针叶林为骨干，辅以阔叶混交林，以四季常绿为主调，突出功能区特色。在用地东侧外环路沿线，规划以针、阔叶混交林为主的公园生态保育区，形成不同于其他3个公园边缘的景观特征。滨水中心腹地以疏林草坪为主，游憩型绿地种植选用冠茂荫浓的高大乔木为主体，疏密有间，错落有致，充分发挥其遮阴、降温、增湿、滞尘、降噪等功能。同时注重乡土野生花草灌木的选种，突出富有地域特征的自然乡野的生态气息。东风渠和青龙湖岸线，结合景观设计，可灵活选用自然式种植和人工造景方式，选用亲水性水生植物和耐水性陆地植物进行绿化。规划在公园的外围道路及公园主游道两侧设计了30~50 m不等的景观绿化带，以期形成围绕公园的景观绿化廊道。

[①] 赵抃在《成都古今记》中记载：五代时，孟蜀后主于成都城上遍种芙蓉，每至秋，四十里如锦绣，高下相照。

35.6 交通组织设计

公园的交通及游览系统分为内部机动交通系统、自行车游览系统、步行游览系统和水上游览系统4个部分。

机动车行系统由"十"字加"环状"为骨架，有机串联各功能区，同时作为公园重要的景观廊道。设计顺应地形变换，线形流畅，利于沿路景观欣赏。机动车道禁止外部机动车进入，在公园北侧和西侧主要入口，与城市公交首末站及地铁站结合，规划了3处内部观光游览车的首末站。趣味自行车道主要集中在公园腹心东风渠两岸，结合地势起伏变换，可让人们体会全新的运动感受。在功能区内部则以步行系统为主，实现"外部"机动交通与"内部"步行系统的有机分离。水上游览系统主要在公园腹心的青龙湖，设置4处游船码头，可在水面开展多种水上游览活动，丰富游览内容，并有效沟通两岸的联系。规划机动车车道分为12 m和16 m两种，自行车道6 m，步行主道4 m宽，支线步道可随机而定。

35.7 结语

投标的过程始终是艰辛的。方圆10 km²的基地上，留下了我们无数探寻土地信息的脚印。为了得到每一条狭小道路尽端的故事，我们付出的代价是舟车劳顿和满身的泥泞。这次国际招标的成功不仅为我们在大尺度的城市设计中积累了宝贵的经验，也希望能给国内同仁一些启发，在大规模开发项目的设计市场越来越趋于"西洋化"的今天，通过地域景观文化来占领应有的领地，取得更多振奋人心的胜利。

■ 参考文献

[1] 《四川省地方志》编纂委员会. 四川省志[M]. 成都：方志出版社，2000.

[2] 刘大钧. 周易概论[M]. 济南：齐鲁书社，1986.

[3] 王伯扬. 中国古建筑大系2. 帝王陵寝建筑地下宫殿[M]. 北京：中国建筑工业出版社，1993.

[4] 潘谷西. 中国建筑史[M]. 北京：中国建筑工业出版社，2001.

[5] 李允鉌. 华夏意匠[M]. 天津：天津大学出版社，2005.

[6] 王云才，刘滨谊. 论中国乡村景观及乡村景观规划[J]. 中国园林，2003（1）：55-58.

36.1 国家考古遗址公园的概念

考古的"任务在于根据古代人类通过各种活动遗留下来的物质资料，以研究人类古代社会的历史"。作为考古学的概念，遗址指人类活动的遗迹，其特点表现为具有一定的区域范围的不完整残存物，史前生活的遗存称为"史前遗址"。公园一般是指政府修建并经营的作为自然观赏和供公众休息游玩的公共区域，具有改善城市生态、防火、避难等作用。修建于城市建设用地的公园一般称作城市公园，从城市规划的角度讲，城市公园是"城市公共绿地的一种类型，由政府或公共团体建设经营，供公众游憩、观赏娱乐等的园林。"[1]

国家文物局把"考古""遗址"和"公园"三个概念加以整合，并在国家层面合并为"国家考古遗址公园"这一新概念，将其定义为"以重要考古遗址及其背景环境为主体，具有科研、教育、游憩等功能，在考古遗址保护和展示方面具有全国性示范意义的特定公共空间"，旨在"促进考古遗址的保护、展示与利用，规范考古遗址公园的建设和管理，有效发挥文化遗产保护在经济社会发展中的作用"，即具有保护遗址和供公众游憩、观赏娱乐的双重功能[2]。新概念的提出揭示了遗址保护的新思路，即在遵循保护第一原则、确保遗址本体及其环境真实性和完整性的前提下，通过公园这一载体充分展示遗址的内在价值，发挥其"对改善生态环境、优化城市面貌、促进经济发展的积极作用"[3]，探讨出遗址保护与城市建设共生共荣、和谐发展的新模式。国家文物局随后还公布了包括金沙考古遗址公园在内的首批12个国家考古遗址公园名单[4]，这标志着国家级的考古遗址公园从理论研究到政策制定，最终进入到实践层面。

36.2 考古遗址公园的特征

从空间尺度上讲，考古遗址公园通常尺度较大，一般包括城堡废址、宫殿址、村址、居址等，具有允许人们进入的空间，尺度与遗址规模成比例[5]。人们的直接进入增加了遗址的景观和旅游价值。

按照运动属性来划分，文物可分为可移动文物和不可移动文物。大量馆藏文物可以收藏于馆内，并可轻易移动，异地展出。考古遗址是不可移动文物，它的尺度较大、根植于特定环境的遗址难以物理位移，更为重要的是，遗址的根本价值就在于原始地址的原真性，脱离了原址及其环境，无法通过遗址研究特定地域范围内古代人类社会的历史。例如，如果把北京皇城根遗址、陕西秦始皇陵遗址、广汉三星堆遗址等搬迁到其他地址，其遗址价值将自动丧失。由此，考古遗址公园具有明显的不可移动特征。从历史属性上讲，每个考古遗址公园都有专属的年代，是人类在特定时期的社会活动遗存，揭示了不同时期的

---

① 本章内容由邱建，张毅第一次发表在《中国园林》2013年第29卷第4期第13至17页。

历史现象。推断出土遗址的年代，主要依靠考古地层学的理论。借用地质学对地层的研究原理，依据土质、土色、包含物和遗迹现象划分地层，考古上称为文化层。文化层有依据时间排列的规律：新层在上，老层在下（图36-1）。例如，在第4层出土文物属于春秋时期，在第8层出土文物属于商代晚期。

图36-1　文化土层划分的展示

从文化价值上讲，遗址具有强烈的文化属性，是宝贵的文化遗产。例如，通过研究与宗教祭祀活动相关的场所、用具及表现宗教内容的物品，可以了解遗址所反映出的宗教文化信息；又如，对遗址实物的考证，反映出特定历史阶段民间不同风俗习惯等民俗现象，东周都城文化遗址，即对研究东周时期的社会形态、墓葬形制、结构具有重大意义，体现了遗址的民俗文化特点；再如，对某一民族物质文明和精神文明的并具有该民族特色的遗存研究，从不同侧面反映了该民族的社会发展、社会生产和社会生活，使遗址反映出民族文化特征；另外，有的遗址揭示的

内容很多，范围很广，涉及某一历史时期的大部分社会生活和文化领域。特别反映了经济社会活动、相应的社会关系以及上层建筑的各种制度和意识形态，这使遗址具有明显的政治文化属性。

36.3　基于考古遗址公园属性的植物造景

国家考古遗址首先是国家文物保护单位，即国家对不可移动文物所核定的最高保护级别，其次是"保护、管理、研究、展示国家考古遗址的机构"，同时还是"保护和展示国家考古遗址的外在形态"[6]。因此，规划设计国家考古遗址公园，要求从时间到空间，全方位，多层次分析并运用各种景观元素和表达手法，从而完成一个具备内容丰富与内涵深厚的实体公园[7]，这显然不仅仅是强调游憩功能、突出绿地共性的城市公园，其植物景观设计也不能简单地采用城市公园的模式，更不能按照一个模式进行建设，而必须围绕考古遗址的主题，分析承载遗址的环境，运用特定的植物种类，通过景观设计手段，营造出与考古遗址属性及其背景环境相适应的特定公共空间，并针对不同遗址的个性进行规划设计，以突出其独特的人文和科学价值。

景观研究关注大地上各种物质要素的空间安排，并对土地利用和生态、生物等多学科问题进行广泛探讨。景观设计不仅要满足生活需要，而且在解决环境建设和可持续发展的城市建设方面承担重要的社会责任，除了遵循功能性原则外，还必须按照生态性、文化性、艺术性等原则进行规划设计[8]。由此，考古遗址公园景观设计即是将遗址保护与景观设计相结合、利用遗址珍贵历史文物资源、运用保护、修复、创新等一系列手法、对历史的人文资源进行重新整合再生而进行

的景观设计,需要充分挖掘城市历史文化的内涵,体现城市文脉的延续,又能满足现代文化生活的需要,体现新时代的景观设计思路。

景观设计中,植物是主要的构成要素之一,以植物为主体的"软质景观"是形成城市格局的重要组成部分,是体现城市品质的重要物质载体,不仅美化了城市环境,还为城市居民提供了娱乐、健身、游憩的空间场所[8],国内外遗址公园植物造景都做了一系列有益的探索。

国外遗址公园植物景观通常围绕遗址文化特征为中心进行设计,并在此基础上关注观赏者的舒适性。例如,德国的明斯特的城墙已经全部被毁,该市在原城墙所在位置修建了环城带状花园,以树木花卉进行植物造景,同时配以游乐休闲设施,既作为城墙的标志和纪念,又向游人初步展示了古城墙的宏大规模,也为游客提供了娱乐和休息场所。另外,法兰克福城墙遗址被建成有高大树木的公共绿地,其中布置了良好的步行道[9]。

在日本,位于福冈市区的板村遗址是一处弥生时代(公元前300年—300年)早期的普通平民村落,遗址虽被高大的现代建筑包围,但恢复了弥生时代的部分水稻田,还原当时生活环境[10]。在美国,遗址整体保护方面主要是采取遗址区与绿色廊道相结合,将文化遗产的保护提到首位通过适当的生态恢复措施和旅游开发手段,使区域内的生态环境得到恢复和保护,使一些原本缺乏活力的点状遗址重新焕发青春,成为现代生活的一部分,为城乡居民提供休闲、游憩、教育等生态服务[11]。在英国,弗拉格考古遗址公园依照考古发掘结果,恢复了古代农场布局和设施,饲养了相关的动物,种植了相关的植物[12]。

我国遗址在借鉴国外经验基础上进行了有益的实践。例如,圆明园遗址公园植物景观整治原则:在不影响山形水系和建筑遗址保护的前提下,尽可能体现圆明园盛期植物景观意境。建筑院落内的植物景观由于受到建筑遗址保护的需要而较难恢复,但景区之间的公共部分、山体、水边等处的植物应尽可能体现原有意境[13]。另外,河姆渡遗址公园植物景观整改建议:在7000年前,植物与人类生存关系密切,因此,在模拟古人生活场景的建筑和小品旁的植物选择与配置,需要与河姆渡文化紧密联系在一起[14]。

由此可见,植物景观设计对于国家考古遗址公园文物的保护、环境的塑造、遗址的展示,特别是特色的形成具有重要作用。中国传统植物造景讲求"师法自然,寓情于景",注重当时使用者和设计者的哲学理念;西方园林植物设计侧重"理性自然"的哲学观点。无论哪种,都离不开人的思想文化行为,体现自然与文化的高度融合。这里所探讨的国家考古遗址公园与植物景观营造,不仅仅关注遗址在历史积淀中形成的特定文化,还在于利用现有的环境条件与植物材料,揭示遗址当时的社会情形,令现代人能身临其境。

具体而言,考古遗址公园植物景观设计首先必须根据遗址的特性,尊重遗址的不可移动、不可再生和不可替代属性,以展示遗址本身及其价值为目标,将植物景观定位为陪衬,达到凸显遗址、释读历史、保护文物和弘扬文化的目的。

其次,要结合遗址年代属性。遗址公园与一般公园的最根本区别在于"遗址"两字,选择与遗址年代密切相关的植物材料和造景方式,有助于衬托出遗址特定年代的环境氛围,更能唤起游人的认知感,同时也是尊重遗址特性的有效措施之一。例如,元大都土城遗址公园,树种选择以北方乡土树种为主，落叶乔木主要有刺槐、国槐、毛白杨、银杏、柳树等北京长势较好的本土树种，常绿乔木选择雪松、油松、圆柏、侧柏等，灌木主要以大灌木为主，选择紫叶李、紫薇、棣棠等，可以更接近原始的文明风貌[15]。

最后，要充分体现遗址文化属性。遗址以物质载体的形式将先人的精神文化遗产传承给后代。我国传统植物造景善于表达特殊的意境，甚至把植物性格拟人化，进行比德赏颂，例如，"岁寒三友"——松竹梅或者，"四君子"——梅兰竹菊，特殊植物的组合赋予环境诗情画意。遗址公园植物景观设计时，应充分挖掘遗址文化属性，特别是宗教、民族及民俗属性，植物、小品、雕塑、构筑物等各种元素相互呼应，有机融合，表达出特定的意境。

36.4 金沙国家考古遗址公园植物景观设计浅析

36.4.1 遗址公园规划概述

金沙国家考古遗址位于成都市中心城区西北部，北纬30°，东经104°，海拔高度504~508 m，占地面积在5 k㎡以上，主要分布于金沙村、龙咀村、黄忠村等。遗址内重要遗存有大型建筑基址区、宗教祭祀活动区、一般居址区、墓地等[16]。金沙遗址被评选为"2001年全国十大考古新发现"，也被誉为21世纪初中国第一个重大的考古发现。金沙遗址博物馆是成都悠久历史文化的标志，出土的太阳神鸟形象已成为我国文化遗产的标志。

公园在金沙遗址原址上修建，占地面积达456亩（30.4 h㎡），总建筑面积约38 000多平方米，由遗迹馆、陈列馆、文物保护中心、园林区、游客接待中心等几个部分组成。以横贯东西的摸底河为横向景观轴，以南北轴线的开放空间形成纵向文化轴，通过功能协调，充分实现遗址公园教育，休憩，观光，游览的多种功能（图36-2）。

36.4.2 遗址年代及其历史价值

金沙遗址的文化堆积年代约商代晚期至春

图36-2　金沙考古遗址公园鸟瞰图

秋，以商代晚期至西周的遗存最丰富[18]。从遗址规模与等级来看，应是一处中心聚落，是当时的政治、经济、文化的中心；从其出土文物来看，祭祀区出土金器、铜器、玉器、石器等珍贵文物5 000余件，象牙1 000余根，还有数以千计的野猪獠牙、鹿角等，特别是通过祭祀用器推测，它极有可能是古蜀国在商代晚期至西周时期的都邑所在地。许多考古学家认为，金沙遗址的发现对于先秦时期成都平原考古文化序列的建立和完善，深入探索三星堆文化的继承与发展，提供极其重要的实物资料。

图36-3　在遗址上堆积种植土作保护层

36.4.3　遗址公园植物景观设计

36.4.3.1　尊重遗址不可移动性，利用植被实现大规模保护

树木地下根系的生长往往对古遗址地下土层及未出土文物有干扰破坏作用。大多数遗址在植物建设时，采取较谨慎的方式，即在遗址核心范围铺设草坪，只在遗址外围远离地下文物区域栽植树木。金沙遗址公园在发掘探坑外的绿地范围均存在未出土文物的可能，因此，大规模绿地建设前，公园绿化用地全部回填2 m厚的种植土，再进行栽植，这样以免树根伤及文物（图36-3）。

36.4.3.2　植物配置基调设计与遗址年代属性吻合

金沙遗址文化堆积年代距今约3 000年，因此，遗址公园的园林规划思想体现出古老文化与现代城市森林公园统筹，打造"自然之美，草野之趣"的风格。

首先，注意公园基调树种的选择。银杏、水杉是古老的孑遗植物，又是四川本地物种，从第四纪开始生长。其中，银杏在中国种植历史可追溯到3000年前的商代，正好是金沙文化堆积年代。选用这些孑遗植物，可映射出古老王国的氛围。

其次，植物配置时采用"乔木+草坪"的模式，减少低矮灌木层次，突出大树的挺拔沧桑与小草野趣凌乱的对比，营造一种原始森林视觉效果。

最后，基调乔木的搭配上，也注重针叶与阔叶林混交，落叶与常绿林混交。银杏、水杉等树种周年生长期内，会有叶色、落叶等季相变化，秋冬季的沧桑景象，让游客浮想翩翩，与3000年前文化神交穿越；但同时也搭配常绿桢楠树，避免整个园区冬季太过萧瑟。

36.4.3.3　融合遗址文化属性的植物造景艺术

金沙遗址文化宗教属性色彩明显，出土了大量用于祭祀的金器、铜器、玉器等，据推测，举行了许多主题与治洪水、保平安等有关的祭祀活动。

景观建设时，深入挖掘了该遗址文化代表性特征，将园林植物造景艺术与其结合布景，使游客感受古蜀文明的魅力。

（1）玉石之路景点：金沙遗址出土大量的玉器和精美玉石，所以开辟面积3 300 ㎡空间，散置大小不等的美石，形成具有观赏性和娱乐性的休闲空间，游客通过木栈道在石滩上穿行。周围密植桂花树，与古蜀人观石、赏月、闻桂花香的民俗一致（图36-4）。

（2）乌木林景点：占地2 000多平方米，在一片金黄的沙滩上树立着高高低低的乌木，将千年沉睡的阴沉木活灵活现地展示给游客。乌木（阴沉木）兼备木的古雅和石的神韵，有"东方神木"和"植物木乃伊"之称。由地震、洪水、泥石流将地上植物生物等全部埋入古河床等低洼处。埋入淤泥中的部分树木，在缺氧、高压状态下，细菌等微生物的作用下，经长达成千上万年炭化过程形成乌木，故又称"炭化木"。神奇的乌木是四川人类的宝贵遗产，是古蜀文明的重要组成部分，有活化石之美称（图36-5）。

乌木林的周围主要是阔叶的香樟树围合，栽植时注意高低连绵的林缘线处理，产生厚重的绿色背景板效果，可突出乌木林的棱角与高耸。

（3）西山景点：是一处人工堆砌的高约12 m的假山，是登高俯瞰全园的良好视点。漫山覆盖着以楠木和杜鹃为骨干的植物群落，其寓意取自古蜀国杜宇王"啼血杜鹃"的传说，待花开时节，漫山的杜鹃花映红神州，给蜀国子民带来安康。

（4）摸底河滨河景观：金沙遗址出土了数量众多的象牙，中国古代方术家有用象牙殴杀水神之法。成都平原在李冰治水前长期河流泛滥，人们用象牙祭祀，祈求驱除水患。

遗址公园恰好有一条摸底河自西向东，潺潺萦绕。沿岸布置蜿蜒曲折的木栈道，局部挑出水面，仿佛祭祀的平台，亦可作为游客休闲亲水之处。河道保留原有的曲折度，驳岸为缓坡生态河堤，从陆地往水岸线，依次栽植巴茅、芦苇、菖蒲和千屈菜等野趣、亲水植物，虚拟古蜀国河流原始风貌（图36-6）。

图36-4 再现古蜀人桂花林中赏石观月的情怀

图36-5 "活化石"乌木林

图36-6 芦苇投射出河流千年的沧桑景观

36.4.3.4　与城市功能相辅相成

金沙遗址地处成都市区，周围的繁华喧闹时刻影响遗址的安宁、清静。所以，在遗址公园四周建立宽度约15m，用水杉和桢楠交错配置的阔叶、针叶混交林带，有效隔离了公园外城市噪声，阻止灰尘入侵，遮挡城市现代建筑的视觉干扰，形成相对封闭的遗址公园。

36.5　结语

考古遗址公园兼具考古和为游客提供文化感受与游憩享受双重功能，一方面是文物古迹的保护载体，为子孙后代保留着沧海桑田变迁的痕迹；另一方面还是市民休闲的理想场所之一，了解历史知识并感受遗址独特的魅力。

■ 参考文献

1. 中国大百科全书编委会. 中国大百科全书（建筑-园林-城市规划卷）[M]. 中国大百科全书出版社，1985.

2. 国家文物局. 国家考古遗址公园管理办法（试行）（文物保发〔2009〕44号）[Z]. 2009-12-17.

3. 单霁翔. 解放思想，开拓创新，携手共创大遗址保护的美好明天. 在大遗址保护工作会议暨首批国家考古遗址公园授牌仪式上的发言[Z]. 成都.2010-11-18.

4. 国家文物局. 关于公布第一批国家考古遗址公园名单和立项名单的通知（文物保发〔2010〕35号）[Z]. 2010-10-09.

5. 单霁翔. 从"馆舍天地"走向"大千世界"[M]. 天津大学出版社，2011.

6. 张忠培. 关于建设国家考古遗址公园的一些意见——在"2009考古遗址保护·良渚论坛"上的发言[J]. 东南文化，2010，（9）：6-8.

7. 郭雪. 遗址公园景观创新的理念与实践浅析来源网络整理[OL]. http://wenku.baidu.com/view/45c073a3f524ccbff12184d8.html.

8. 邱建等. 景观设计初步[M]. 北京：中国建筑工业出版社，2010.

9. 李海燕，权东计. 国内外大遗址保护与利用研究综述[J]. 西北工业大学学报（社会科学版），2007，（3）29-31.

10. 张松. 日本历史环境保护的理论与实践[J]. 清华大学学报（自然科版），2000，（1）：44-48.

11. 李伟，俞孔坚，李迪华. 遗产廊道与大运河整体保护的理论框架[J]. 城市问题，2004. （1）：28-31.

12. 朱晓渭. 国外经验对陕西考古遗址公园建设的启示[J]. 江汉考古，2011（2）：119-122.

13. 赵君. 董丽. 包志毅. 圆明园遗址公园植物景观现状分析及整治建议[J]. 林业科技开发，2009（5）：119-122.

14. 刘修兵. 古老遗址如何与现代城市一起"活"下去？[N]中国文化报. 2011-01-10（A4）.

15. 王荣，刘银华. 植物造景在城市公园中的应用研究——以元大都遗址公园北土城墙为例[EB/OL] http://www.china-landscape.net/wz/24870.htm.

16. 金沙遗址博物馆. 金沙遗址[M]. 北京：五洲传播出版社，2006.

37　金沙国家考古遗址公园开敞空间利用研究 [①]

37.1　前言

城市是改造、提高人类的场所。积极的休闲游憩对提高城市生活品质尤为重要。随着城市生活的发展，人们越来越重视的游憩的品质和城市公园的环境品质[1]。国家考古遗址公园是"以重要考古遗址及其背景环境为主体，具有科研、教育、游憩等功能，在考古遗址保护和展示方面具有全国性示范意义的特定公共空间。"[2]一般地，国家考古遗址公园内部空间划分为遗址保护与展示区，历史环境体验与展示区及功能区[3]，功能区包含了文化遗产体验区、休闲游憩区等。这些功能区包含大量开敞空间，是游客体验遗址文化的重要场地。合理利用开敞空间，与文化遗址底蕴结合，给游客全新的游览体验，是前沿的新课题。目前分析，主要暴露出几点问题：

（1）基于国家考古遗址公园的双重职能，它既要服务考古发掘工作，也要满足大众游憩需求。但是，事实上却偏重遗址文化的保护与展示方面，缺乏对于公园的景观功能重要性认识。首批建立的12家国家考古遗址公园，其中大部分公园的景观空间被大面积草坪与疏林占据，单调欠缺地域特色，千篇一律。

（2）国家考古遗址公园是文化遗产保护事业发展的新产物，规划标准与规范尚不健全，尤其是景观环境部分，与传统公园既应相通，又该

有别。开敞空间的使用评估研究较少，缺乏对游客行为模式科学统计，造成开敞空间设计缺陷，影响使用功能。

为了能对上述问题有更清晰的认识，探寻问题发生的根源，发现解决问题的途径，下文将结合实际案例调研，展开研究。

37.2　研究内容

37.2.1　研究对象

金沙遗址是2010年国家文物局授牌的首批国家考古遗址公园。

金沙遗址位于成都市区，是古蜀王国在商代末期至西周时期，即公元前12世纪至公元前10世纪左右的都城遗址。金沙遗址规模宏大，遗存丰富。

现今，金沙遗址原址上已经建成总占地面积达30万平方米，集保护、研究、展示金沙遗址及古蜀文明一体的国家考古遗址公园（图37-1）。该公园主体包括遗迹馆，陈列馆和园林区几部分。其中，园林区面积21万平方米，公园园林区内建成了"玉石之路""乌木林""西山水景广场""摸底河沿河栈道"等多个供游客游憩休闲使用开敞空间。

37.2.2　研究目的

金沙国家考古遗址公园（下文中简称公园或金沙遗址公园）自从2007年开放以来，其知名度与日俱增，吸引越来越多的全国各地乃至全球游客参观，最近5年公园游客数量统计详见表37-1。

---

① 本章内容由张毅、邱建、贾玲利第一次发表在《西南大学学报》（自然科学版）2016年第38卷第9期第71至78页。

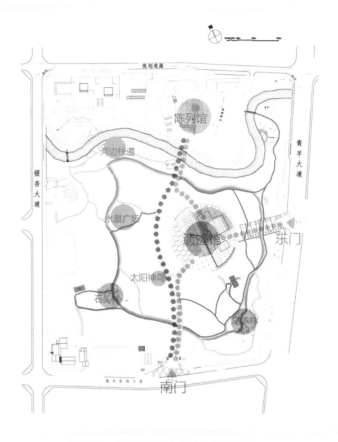

图37-1　金沙国家考古遗址公园总平面

表37-1　金沙遗址公园近5年游客数量

年份	购票人数	免票人数	总入园人数
2010	319 978	526 549	846 527
2011	302 674	847 199	1 149 873
2012	310 151	793 251	1 103 402
2013	373 179	935 017	1 308 196
2014	428 388	918 256	1 346 644

　　每年前往金沙遗址公园的游客数量都在攀升，2013年仅前3个月就达到2010年全年游客总量。公园的园林区占总面积约70%，里面的开敞空间是公园公共空间的重要组成部分，也是可滞留游客最大的场所。合理规划利用开敞空间，是保障遗址公园品质的基础条件。本文研究的目的主要是：

　　1）摸清金沙遗址公园的开敞空间主要服务主体是哪类人群。

　　2）了解滞留人群主要行为模式，主要滞留空间等。

　　搞清楚这些问题，是提升公园园林区景观

的前提，为进一步改造提供数据支持。了解开敞空间存在的问题，滞留的游客对环境舒适度的感受，人们在空间里的行为表现，都为金沙遗址公园实现基本职能指明方向。

37.2.3 研究方法设计

37.2.3.1 调研时间设定

为了更全面、客观反映开敞空间使用情况，我们调查采样时间分别选取了工作日两天和周末休息日两天。提前了解了天气，调查日的天气都是多云，适合人们进行户外运动。最终选择：2015年10月15日（工作日，气温15~23℃），2015年10月17日（周末，气温14~24℃），2015年10月20日（工作日，气

温14~21℃），2015年10月24日（周末，气温15~23℃）。

37.2.3.2 空间地点的选择

金沙遗址公园内适宜游人滞留、游憩的空间：

（1）"石头林"或"玉石之路"景点：金沙遗址出土了大量的玉器和精美玉石，与之呼应地在面积3300平方米空地上，布置大小、形态各异的美石，形成具有观赏性和娱乐性的休闲空间，游客通过木栈道在石滩上穿行（图37-2）。

（2）"乌木林"景点：占地2000多平方米，在一片金黄的沙滩上树立着高高低低的乌木，将千年沉睡的阴沉木活灵活现展示给游客（图37-3）。

图37-2 玉石之路

图37-3 乌木林

（3）"太阳神鸟雕塑"沙滩：在金沙遗址出土的众多文物中，太阳神鸟金箔以其高超的制作工艺和无与伦比的美感，于2005年8月16日正式成为中国文化遗产标志，无疑是镇馆之宝。专门仿制太阳神鸟建造了一座雕塑，雕塑前面开辟一片小广场供游客拍照。小广场表面铺设厚厚一层金色洗米石，备受小朋友喜欢，无意间成为一

处儿童游乐"圣地"（图37-4）。

（4）"水景广场"：是一块占地3000多平方米的平坦小广场，地处公园西山脚下。广场四周水渠环抱，竹林萦绕（图37-5）。

（5）"河边栈道"：金沙遗址公园正巧一条摸底河自西向东，潺潺萦绕。沿岸设计蜿蜒曲折的木栈道，局部挑出水面，仿佛祭祀的平台，

亦可作为游客休闲亲水之处（图37-6）。

（6）"陈列馆前小广场"：陈列馆主入口广场，花岗石硬直地面铺设，周边布置休息座凳，时不时会有广场舞团队出现。这里是金沙遗址公园主游览线路的必经之地，人流量比较大，此场所的活动给过往人流也有一定影响（图37-7）。

图37-4　"太阳神鸟雕塑"沙滩

图37-5　水景广场

图37-6　河边栈道

图37-7　陈列馆前小广场

37.2.3.3　实地调研方法的确定

调研方法将实地观察法与问卷调查法结合使用。

（1）实地观察。

安排观察人员在公园开放的主要时间段：上午10时至12时，下午2时至5时期间，每30分钟对各空间游客数量、年龄结构、行为模式等情况记录一次。

（2）问卷调查。

观察法不能取得观察对象的年龄及在空间滞留感受等相关信息，就用问卷调查法进行有效的辅助。问卷调查是一种结构化的调查，其调查问题的表达形式、提问的顺序、答案的方式与方法都是固定的，省时省力，可以直接获得大量无法观察的实验数据[4]。制订问卷时，首先设计了客观性问题；其次，设计了背景性问题来了解采访对象基本情况；另外，为了使收集结果更有利于公园环境改造提升，还设计了主观性和检验性问题。总共设计了10个问题，发放200份问卷。

发放的对象不仅仅局限于在开敞空间滞留的游客，也包括在公园往来活动所有游人，随机调查。这样可以更大范围了解游客需求，心理动态。回收的问卷，可以作为现场记录数据分析的有益补充，两者结合分析得出结果。

（3）主要采集数据。

①收集当天入园总人数，其中分为购票入园人数和免票入园人数以及在几个观察空间的滞留人数。金沙遗址公园兼具博物馆性质，对部分满足条件的游人有免票政策。这组基本数据可以反映公园开敞空间的利用情况和全部游客中使用开敞空间的人数比例。另外记录游客在各空间分布情况，这种使用偏好在一定程度上反映了空间环境质量、设施合理性等，也可以了解每个空间的使用效率。

②掌握在开敞空间中滞留的游客年龄背景。将观察对象划分了四个年龄结构区间：0~4岁的幼儿，5~25岁的青少年，26~60岁的上班族和60岁以上的老人。因为人的年龄背景一方面与他的行为模式息息相关，另一方面与是否符合免票政策紧密联系。

③基于公园游客行为模式相关研究[5-7]，预先分出几类行为模板便于记录：看书、玩耍、健身、休息等，然后根据实际观察结果，再调整行为模式类别，力求详尽记录数据。

37.2.4 调查结果

37.2.4.1 入园人数记录统计

根据我们的记录发现：其一，工作日两天平均滞留公园园林区总人数862人次/天，实际购票入园人数445人/天；周末休息日两天平均滞留公园园林区人数778人次/天，实际购票入园人数698人/天。其二，工作日与休息日在公园园林区滞留总人数在上午10时至11时和下午2时30分至4时时间段达高峰，下午滞留的人数比上午多。其三，工作日在公园园林区滞留的人数比周末休息日人数多（表37-2）。

发放问卷200份，有效回收149份，发放对象包括滞留人群与非滞留游客。根据问卷结果，游客中只参观博物馆不游园的占总数1/4左右，只游园不参观博物馆的和既参观博物馆又游园的人数比例相当。

37.2.4.2 滞留人群年龄结构

公园园林区滞留人群总数最多的是"一老一少"，就是老人与小孩，两者加起来超过总数的75%；青少年人数是最少的，工作日占总数的3%，周末也只占4%；上班族工作日占总数的21%左右，周末变化不大，只有19%左右（表37-1）。

表37-2 工作日与周末休息日滞留游客不同年龄结构组人群数量的比例关系

年龄结构分组	工作日（%）	周末休息日（%）	年龄结构分组	工作日（%）	周末休息日（%）
0~4岁人群	15	35	26~60岁人群	21	19
5~25岁人群	3	4	60岁以上人群	51	42

37.2.4.3　空间里游客行为模式

（1）各行为模式排序

①工作日看护和玩耍的人数是最多的，两者之间比例相当；在周末看护的人数是玩耍人数的两倍。

②交谈行为的人数也不少，在工作日有284人，而在周末有103人。

③其他行为模式人数在工作日与周末变化不显著。

（2）不同年龄游客行为模式

①60岁以上老人主要行为是看护与交谈，还有不少在健身。

②上班族的行为主要是看护与交谈。

③青少年的行为是以其他为主，如拍照，观望等。

④较小的幼儿由于没有行为能力，只能坐在推车里与监护人待在一起，划入看护类型；有行为能力的幼儿都是在玩耍，玩耍的内容主要是"太阳神鸟雕塑"前的洗米石沙滩（表37–3）。

表37-3　不同年龄人群在园林区域内各行为模式统计

行为	工作日平均一天的人数				周末休息日平均一天的人数			
	0～4岁	5～25岁	26～60岁	60岁以上	0～4岁	5～25岁	26～60岁	60岁以上
交谈	0	17	88	179	0	12	44	47
打牌	0	0	14	30	0	5	15	0
看书	0	0	2	10	0	0	0	12
织毛衣	0	0	8	13	0	0	2	7
健身	0	0	12	43	0	0	3	39
看护	0	6	31	127	0	13	85	222
发呆	0	0	12	53	0	3	8	38
睡觉	0	0	0	5	0	1	0	1
玩耍	149	0	0	0	187	1	0	0
其他	19	10	17	23	19	10	8	17

37.2.4.4　不同空间滞留人数调查

"太阳神鸟雕塑"沙滩和"乌木林"两个空间滞留人数较多，而"水景广场"和"玉石之路"两个空间人数最少。在工作日"乌木林"滞留的人不如"太阳神鸟雕塑"沙滩多，但是到了周末却相反。根据回收的问卷得知，"太阳神鸟雕塑"沙滩滞留人数受团队参观游客影响，周末是团队参观游客较多的时候，这类游客一般会在"太阳神鸟雕塑"沙滩上合影留念，这样就影响在此地滞留的人群，他们往往会转移到"乌木林"去，那里相对安静（表37–4）。

表37-4　各开敞空间滞留人数分布比例关系

各开敞空间	工作日滞留人群数量比例／%	周末休息日滞留人群数量比例／%	各开敞空间	工作日滞留人群数量比例／%	周末休息日滞留人群数量比例／%
乌木林	36	21	水景广场	3	3
玉石之路	4	4	河边栈道	12	17
太阳神鸟雕塑沙滩	36	43	陈列馆前小广场	13	12

37.3　结果与分析

37.3.1　滞留的游客主要类型分析

从数据上看，滞留在公园园林区的游客超过了当天购票入园的总人数。由于购票优惠政策的存在，会造成这一现象。这结果表明，滞留的游客要么整天待在公园，多次到同一空间游玩；要么一天内多次入园游玩，造成统计数据人次重复。一天内会多次入园的，一般是本地免票游客。

从调研观察与问卷回收结果看，滞留的游客中绝大多数为60岁以上老人和4岁以下小孩，并且是家住金沙遗址公园附近的居多。工作日滞留的老人401人，小孩305人，两者占总数的75%；周末滞留老人475人，小孩227人，两者占总人数也是75%左右。不难发现，无论周末或者工作日，在公园园林区游憩的主要游客是老人与小孩。金沙遗址公园不是免费开放的一般市政公园，有比较昂贵的门票，会阻碍许多只想游园的消费者，滞留人群相对较少，环境较清静。金沙遗址公园执行的老人与小孩购票优惠政策，又使得这两类人受益匪浅。所以，附近居住的老人经常单独或者带小孩去玩耍。

根据问卷，滞留人群中购票进入金沙遗址公园的游客比例很少，不到总数的20%。购票的游客中，外地游客占总数超过80%。不难发现，外地游客很少在公园园林区滞留。

37.3.2　滞留人群主要行为模式分析

滞留人群主要类型也决定了金沙遗址公园滞留人群主要行为模式结构。即是老人与小孩间的一种对应活动关系：小孩玩耍，老人在一旁看护。除开看护与玩耍，交谈的比例也较高，分析发现，交谈行为主要存在于看护的老人之间。小孩一般喜欢成群玩耍，旁边看护的老人成群聊天，打发时间。

健身的老人也有一定比例，集中在开敞空间的有一部分，其余的分散在各个林间小道，没有纳入观察范畴。

37.3.3　不同空间使用情况分析

37.3.3.1　从公园使用频率分析

"太阳神鸟"沙滩与"乌木林"无疑是最高的，而"水景广场"和"玉石之路"很少有人涉足。主要有几方面因素：①在金沙遗址公园滞留的主要人群是带小孩的老人，小孩在哪玩耍，老人一定在附近看护。"太阳神鸟"沙滩是小孩的最爱，自然人气最旺。"乌木林"地面也是沙滩，里面还有可以休息的小广场，不少老人喜欢用推车带没有行为能力的小孩在这里休息。"河边栈道"空间与"陈列馆门前广场"一般是健身的老人聚集地，使用频率不算低。"水景广场"和"玉石之路"除有少数健身的人外，鲜有游客滞留。②从位置分布看，"太阳神鸟"沙滩、

"乌木林""河边栈道"与"陈列馆门前广场"在金沙遗址公园主干道沿线,而"水景广场"和"玉石之路"远离主干道,位于西面的支路环线上。③从功能配套看,"乌木林""河边栈道"空间与"陈列馆门前广场"周边布置的休息座椅比较多,滞留人群使用较方便。"水景广场"和"玉石之路"几乎没有休息设施,滞留人群不方便休息,流动性大。"太阳神鸟雕塑"沙滩虽然也没有休息设施,但是小孩要玩耍,老人必须看护,只有在周边平坦的草坪里休息。

37.3.3.2 从空间使用功能分析

"太阳神鸟雕塑"沙滩与"乌木林"一方面在公园主干道上,老人带小孩走路或者推车到达都很便捷,另一方面都有小孩爱玩的沙滩,所以成了玩耍与看护空间。"河边栈道"空间与"陈列馆门前广场"也在主干道,但是栈道有阶梯,推车到达不方便。另外这两处小孩没有玩耍的条件,所以相对人群不是很拥挤。再者这两处还布置了休息设施,所以成为老人健身的理想场所。"水景广场"和"玉石之路"地理位置偏僻,缺乏休息设施,空间还算开敞,除偶尔有老人健身活动,一般都闲置。

37.3.4 其他建议

大多数游客积极参与访谈与问卷,抱着希望把金沙遗址公园环境打造更好的愿望,热忱提出不少建议,归纳起来主要如下:

公园园林区导识系统不合理,约有1/4的客人因为不知道有什么景点(空间)或者怎么去景点而放弃在园林区游玩。还有约1/4游客根据指路牌引导,在公园园林区大费周折才到达"玉石之路""西山景点"和"水景广场",玩耍兴致全无。公园园林区道路系统与导识系统需要合理地改进。

公园园林区没有像普通公园有茶室、小卖等服务性设施,游客行为模式就没有喝茶,在成都这一座茶文化氛围很浓的城市,让逗留时间较长的游客很不适应。

37.4 结论与讨论

37.4.1 结论

调研证明,金沙遗址公园园林区是老人的重要活动场所,滞留人群的主体是老人与小孩。随着中国城市人口老龄化的高速发展,老年游客占的比重会越来越大。从老人生理特征、活动内容、形式及游憩时间出发,研究和建设以老人为主体的公园开敞空间环境,是老龄化社会必须面对的课题[8]。

掏钱购票的人主要是外地游客,但是外地游客却很少到公园园林区的开敞空间活动。金沙遗址园林区占总面积的70%,种植有本土特色的珍贵植物水杉、银杏和桢楠,还有一些珍稀的乡土植物如灯台树、无患子、四照花、峨眉含笑、桫椤等,园林景观也是展示金沙文化与精神的重要舞台。应该加大力度在外地游客中宣传金沙遗址公园园林区文化底蕴,有利于金沙遗址文明的宣传。

公园园林区开敞空间里,距离主干道较远的"水景广场"和"玉石之路"景点,基本处于闲置状态。小孩喜欢玩耍的空间是使用率最高的场所。

在公园园林区的开敞空间中,最主要的行为模式是看护与玩耍,大部分看护的人群相互间有交谈行为。在部分空间有健身活动存在,其余行为比较零散。

37.4.2 讨论

此次调研由于时间紧迫，内容局限，遗留不少仍需研究的问题，不免遗憾。依据收集的数据和分析结果，有待进一步研究的问题中，最迫切的主要有如下几条：

（1）研究部分开敞空间闲置的原因。本文中反映了一个因子，就是与主要游览道路距离较远，但是这是一个综合多因子影响问题。空间结构，周边环境设施，环境舒适度及到达便利性等多个因子都需要调查研究。

（2）环境影响人的行为活动，不同的环境因素导致不同的行为[9]。游客在不同的空间存在不同行为模式，利用社会调查法及后评估法，对金沙遗址公园各个开敞空间全面、深入分析，力争优化开敞空间的原有功能，探寻合理拓展空间职能的途径，在开敞空间周边植物景观配置充分考虑物种多样性、自然度[10]及乡土植物应用（是指在是指经过长期的自然选择及物种演替后，在某一特定地区有高度生态适应性的自然植物区系成分的总称）[11]等因素，有效地优化景观，满足使用者更高品质需求。

（3）将川派园林景观的精髓与考古遗址公园景观空间有机结合，建立极具地区风格代表性的空间环境，给不同地域游客展示本地的文明风貌。例如四川的金沙国家考古遗址公园与三星堆国家考古遗址公园景观环境设计，完全可以融入川派园林景观精髓，展现地域特征。

解决上述问题，不仅能完善金沙国家考古遗址公园的基本职能，还可以切实升华园林景观品质。如今，金沙国家考古遗址公园不仅是成都市的名片之一，也是在全世界颇有影响的文化遗产，其环境品质的不断提高，营造一个老少皆宜、雅俗共赏的有专属文化特色的国家考古遗址公园，是一项长期而又探索意义的事业，任重道远。

■ 参考文献

[1] 覃杏菊. 城市公园游憩行为的研究——以北京海淀公园为例[D]. 北京：北京林业大学，2006.

[2] 邱建，张毅. 国家考古遗址公园及其植物景观设计：以金沙遗址为例[J]. 中国园林，2013（4）：13-17.

[3] 赵文斌. 国家考古遗址公园规划设计模式研究[D]. 北京：北京林业大学，2012.

[4] 周国韬. 问卷调查法刍议[J]. 心理发展与教育，1990（1）：31-34.

[5] 李庆华. 公园园林空间与游人行为活动调查分析研究[D]. 西安：西北农林科技大学，2010.

[6] 黄敏，戴庆敏. 丽水市处州公园游人游憩行为研究[J]. 东方企业文化，2013（10）：116-118.

[7] 余汇芸. 杭州太子湾公园游人分布与行为研究[D]. 杭州：浙江农林大学，2010.

[8] 任斌斌，李延明，刘婷婷，卜艳华. 北京冬季开放性公园使用者游憩行为研究[J]. 中国园林，2012（4）：58-61.

[9] 张玉明. 环境行为与人体工程学[M]. 中国电力出版社，2011.

[10] 吴际通，顾卿先，喻理飞，谭伟. 贵州草海湿地景观格局变化分析[J]. 西南大学学报（自然科学版）. 2014（2）：28-35.

[11] 冯辉，张楠，王海洋，等. 重庆武陵山区野生园林植物资源分析与评价[J]. 西南师范大学学报（自然科学版），2011（4）：93-99.

38 新津宝墩考古遗址公园景观规划理念的探讨 ①

1997 年国务院在《关于加强和改善文物工作的通知》[1]，出现了"大遗址"的提法。2002年10月，经修订的《中华人民共和国文物保护法》采纳了大遗址的概念。目前，在我国考古遗址公园将大遗址的保护从被动抢救转变为主动规划，保护范围更是着眼整个遗址格局及周边环境，变成一项促进城市发展、有利民生的事业。中国城市化快速进程已带来城市历史文脉割裂问题[2]，采用遗址与公园结合的新形式[3]，是化解城市建设与遗址保护矛盾的二元对立局面，希望可以缓解遗址保护和城市建设的冲突。建立国家考古遗址公园来保护利用遗址的条件已日趋成熟，并且国际皆用，它的积极意义在于：一是可以加强遗址的保护和展示，二是推动其社会价值的实现，三是解决城市建设与遗址融入的问题[4]。

考古遗址公园的景观规划有别于普通公园规划，它除了要满足大众休闲游憩的，更重要的职能是保护遗址，将遗址的价值展示给游客，教育传承于后代。本文以新津宝墩遗址拟建国家考古遗址公园（下文亦简称考古遗址公园或公园）为对象，把基于其核心价值进行公园景观规划的理念为指导，研究公园景观规划的思路。

38.1 建立考古遗址公园保护大遗址基本情况

大遗址，顾名思义是指在历史上具有重大意义的大面积的文化遗存。解读这个概念中的"大"字，主要体现在[5]：①文化遗存蕴含大量的历史文化信息，对于后世研究有较高的科学价值。②大型文物保护单位，即是面积大、规模大或体量大，诸如三星堆遗址、金沙遗址、唐大明宫、殷墟、汉长安城遗址等。国家考古遗址公园的目的是为更好地保护和展示遗址，公园的主体是遗址及其周边环境，兼顾教育、游憩、科研等功能于一体，着力于保护与展示遗址核心价值的特定公共空间[6-7]。2010年开始，至2013年在全国范围内已成立了24家国家考古遗址公园和54家立项单位，大遗址与考古遗址公园结合的保护模式正有序地展开。

38.2 新津宝墩遗址的核心价值

38.2.1 项目概况

1995年，四川省新津县龙马乡宝墩村发现了古城遗址。遗址区整体呈长方形，地面有明显的人工修筑城墙，总占地面积约59.33 hm²。遗址内有蒋林、田角林、余林盘等几个大的聚居区[8]。在2009年的考古发掘中，又在外围发现了土埂，初步确认属于宝墩文化时期的夯土城墙，城墙夯筑方式与原宝墩古城城墙夯筑方式一致，均采用斜坡堆筑形式（图38-1）。

研究表明，宝墩遗址代表的文化从属年代大约从公元前2800年持续到公元前2000年，地理位置广布于成都平原，是新石器时代遗址[9]。宝墩遗址2001年被公布为全国重点文物保护单位，四

① 本章内容由张毅、邱建第一次发表在《西南大学学报》（自然科学版）2017 年第 39 卷第 7 期第 155 至 160 页。

图38-1　新津宝墩城墙遗址范围

川省政府2013年发文《大遗址保护成都片区共建协议书》指出：成立专门的新津宝墩大遗址保护和利用工作组．新津宝墩遗址作为大遗址，将申报国家考古遗址公园，并最终与金沙遗址、三星堆遗址、邛窑遗址、罗家坝遗址、芒城遗址、古城遗址和鱼凫遗址等形成古蜀文化的考古遗址公园群。

38.2.2　新津宝墩遗址核心价值分析

38.2.2.1　新津宝墩文化的历史地位

古蜀文明历史悠久，其发展演进的脉络为：首先是公元前2700—前1800年宝墩文化时期，然后进入公元前1800年三星堆文化时期，接着是公元前1200—前500年十二桥文化时期，后来是公元前500—前316年战国青铜文化时期，最后秦灭巴蜀，古蜀文明融入汉文化圈。苏秉琦先生在1987年就指出：巴蜀文化具有独立的体系，而四川古文化是中国古文化的中心重要组成部分。早

于三星堆文化的宝墩文化很可能是蜀文化的直接渊源[10-11]。宝墩文化不仅在巴蜀文化，乃至在中国古文化也占有重要一席。

38.2.2.2　新津宝墩遗址的区域价值

从时间连续性上讲，宝墩文化的四期与三星堆文化的前期重合，两者衔接很紧密。另外，从遗存的考古研究分析，成都平原早期城址的砌城方法为斜坡堆砌法，有一定的原始性与自身特点[12]。例如，宝墩遗址发现的鼓墩子是一个位于中心位置，明显高于四周的台了，其上有密集的建筑遗存．郫县古城村遗址发掘中，城址中心部位发现了长方形建筑基址，可能是举行重要仪式活动的大型礼仪性建筑。后来的发掘中，证实了都江堰芒城、温江鱼凫城、郫县古城、崇州市下芒城、紫竹古城都属于同期而略有先后的文化遗存。至此，整个成都平原早期城址群初露端倪。彼此有着相当的内在联系，地理位置遥相呼应。集群化的成都平原遗存中，宝墩遗址成为迄今为

止发现的最古老遗址。

38.2.2.3　出土文物的稀缺价值

宝墩遗址出土文物丰富，目前已发掘出极具观赏价值的石锛、石斧和大量陶器。出土的文物主要分为两大类：一是生产工具，这一时期的生产工具主要是石器，石器多通体磨光，制作较精致，石器制作技术有相当高的水平。另有少量陶器，其中大多为泥质灰白陶，陶制生产工具有纺轮和网坠。这些文物反映出当时成都平原繁荣、稳定的生活水平。二是生活工具，主要是陶器，其中大多为泥质灰白陶，火候较高，质较硬、纹饰发达，加沙套以绳纹为主，泥质陶以划纹、戳压纹为主，有少量细线纹，盛行平底器和圈足器。另外，在蚂蟥墩发现建筑遗存，一类推测房屋构造方式可能为挖沟槽的"木骨泥墙"式；一类是没有基槽，只有柱洞。

38.2.2.4　其他相关专属特性

宝墩遗址周长达3 200 m，墙体宽度8～30 m，高有4 m。初步推算土方量超25万 m³，这样大型城垣建设的工程量需要相当的人力物力才能完成，说明当时社会总体生产力水平发展到了一定高度。另外，考古工作人员还发现了豇豆、豌豆、薏仁、水稻、小米等植物遗迹，反映了当时农业生产的主要作物。《山海经》记载"西南黑水之间，……百谷自生，冬夏播琴"，这里的冬作物可能就是豌豆、蚕豆，其他栽培谷物可能从云南起源，另有大麦大概从青海经羌族自治州传播，说明当时的定居农业生活达到相当高的水平，兼有渔猎，对外交流也比较频繁。

38.3　重点突出宝墩遗址原始性

李学勤、严文明、童恩正等著名历史考古学家都认为，成都平原是长江上游地区古代文明起源的中心。以新津宝墩遗址为首的成都平原城址群属于公元前3000—前2000年，代表四川古代文化的中坚角色。早于三星堆文化的宝墩文化可能是蜀文化的直接渊源。著名考古学家马继贤先生认为：宝墩这类城址，以及其他地方时代相当的古城址，应当是中国古代聚落发展的一种特殊形式。宏大的规模，高耸的夯土城墙，大小不等的建筑基础，说明它们还是中国城市发展中的一种早期形态。宝墩遗址发掘发现的文化层可分为宋代、汉代和宝墩文化层，宝墩期到汉代，汉代到宋代属于空白期，也许是洪水所为，人们移居到较高的丘陵地带。宝墩遗址跨越众多历史时期，在景观保护规划时，应突出哪部分，重点放在哪里？笔者认为，首先应该注意的是"早"字，从古老的文化内涵入手。这里有一个强烈干扰项，就是有方案建议利用宝墩遗址的"孟获城"，加强与三国文化的紧密联系，三国文化固然是普通群众喜闻乐见的题材，但是若景观规划重点表现三国故事的传说，可能会丢失新津宝墩遗址的根与魂。"早"的特性在景观表达里面就是突出环境的原始性、沧桑感，悠久的文化总是能激起人们的探索欲望，这种天然的神秘感让世人充满敬意，驱使更多的人向往了解它、感受它，认识它的价值，进而保护它。

据考古推论，宝墩遗址在四五千年前已呈"部落相连，钟鸣鼎食之家"的景象。发展到如今，宝墩村没有受城市化的蚕食，依旧一片乡村田野景象。但是，发现新津宝墩遗址后，这里却面临着"大拆大建"的问题，不少民居和原始林盘被推平，大量原住民被迁出，大规模清空原有环境条件，变成一片圈起来的奇怪的土地准备建设考古遗址公园。在这种背景下，以保护村落文化景观为主体的发展思路具有现实意义。村落文化景观构成要素一般分为 3 部分：自然基底、硬质要素和软质要素。宝墩遗址川西林盘的乡村风貌是得天独厚的自然基础条件，新津宝墩有熟悉的田野、小径、树木、河流、浅丘等，都是自然元素，遗址内的蒋林、田角林、余林盘等几个大的聚居区是具有成都平原特色的院落，竹林掩映，错落有致。世世代代居住在当地的原住民是"活文物"，他们的生活是古人精神的延续，这一切是建设考古遗址公园最有利的资源，可以很好地诠释村落居民的生产生活方式、语言、习俗等文化特征。

38.4　结合周边遗址群整合规划

成都平原古城址群是彼此有联系的。对成都平原古城址群进行整合景观保护规划，需要探寻彼此之间联系点。新津宝墩遗址是距今4000—5000年四川地区最大的中心聚落遗址，它的后续文化是三星堆文化。在茂县发现的龙马古城遗址，其出土的陶片与三星堆一期、绵阳边堆山遗址、汉源狮子山遗址遗物非常相似。温江鱼凫城遗址发现的有纹陶片，确认其属于宝墩时期遗存。郫县的三道镇古城、青城山芒城遗址的城墙断面结构和出土陶器观察，与宝墩遗址差别甚小。从折地标准或城墙夯筑方式，可以想象，当时成都平原人们是躲避洪水或战争侵犯而迁移聚居的这些信息显示，各遗址起没交替时代衔接紧密，地理位置靠近，筑墙方式及部分出土器物相似，都为整合规划提供有力支撑。从宏观尺度区域景观规划看，新津宝墩遗址，与周边的广汉三星堆遗址、温江鱼凫村遗址、郫县古城遗址、青城山芒城遗址等成都平原古城址群形成大区域文化景观环（图38-2），联动开发与保护，共同形成整体旅游、宣传效应，这种合力势必更有利于

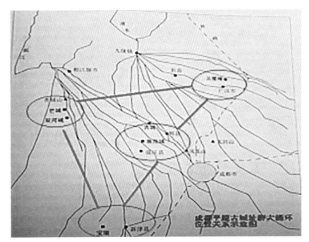

图38-2　宝墩遗址与周边古城址形成大环线旅游价值

宣传宝墩文化，保护好个体小环境。从微观各遗址内景观营造看，早期夯土城墙有部分段残留，筑墙方式有共通之处，可以是景观表达的积极要素。景观构建上可以各有特色，同时又彼此呼应，让人印象深刻。

38.5　通过园林艺术手法展现专属文化元素

四川一直推测在秦汉时代以前有古蜀文明，直到广汉三星堆出土大量青铜器，证实了是公元前1000多年的遗物，城墙在公元前1500年左右建造。同时证明了巴蜀属于以太阳信仰、养蚕、大麦栽培、饲鹅等为特色的稻作文化。宝墩遗址发现了豇豆、豌豆、薏仁、水稻、小米等植物遗迹，为新津遗址提供了特色文化元素。这些文化元素，则可以通过恰当的视觉景观效果得到诠释。例如，大地艺术，使用大尺度、抽象的形式及原始的自然材料创造出精神化的场所，它不是简单的描绘自然，而是参与到自然的运动中去，达到与环境相融的境界。具体思路可参考沈阳大学的稻田景观（图38-3）：大田稻作基底，便捷的步道连着漂浮在稻田中央的四方形读书台，

图38-3 景观中尝试复原栽培出土农作物

每个读书台中由孤景树和座凳组成,它是供人学习、交流的空间[12]。景观和环境放在一个不断发展的、宏大的、由所有的人造事物与自然事物组成的系统中[13],让人意识到农业景观的魅力[15]。

38.6 具有教育意义的体验式景观

遗址公园旅游开发模式是以文化体验为核心所设计的可持续旅游开发模式[16],如河姆渡遗址公园,它的发展格局规划为遗址公园兼顾文化主题园与生态农业产业园为核心,以环境景观为载体,终端产品输出与营销一体化打造,纪念品的销售形象化了河姆渡文化,游客易于接受,达到了进一步推广宣传的效果。就新津宝墩遗址的案例来讲,公园规划中可增加游客体验感,把考古科研的成果转换成人们易于接受的方式展示出来。在遗址范围局部区域可体验性地展示遗址的陶器文化等,这种体验可以选择在博物馆里实施,也可以在室外空间完成。中国被认为是世界陶瓷器烧造的先进技术区域,新津宝墩出土的陶器,显示了"传统"技术与"先进"技术的共存,可理解为成熟技术的现象。从陶器上可以获得烧成方法、色调、质感、烧结度等相关信息。

明代宋应星著《天工开物》中,列举了为使器物表面变成灰黑色,在停火后加水的还原烧成法。这里运用了氧化—还原的基本原理。另外,铁元素在调色中发挥巨大作用:陶器表面颜色在降温阶段很关键,如果非常慢地冷却呈现出四氧化三铁的黑色,迅速冷却呈现出三价铁的红色。这些在中学时代接触到的化学知识,可以帮助理解陶器的色调现象。景观保护规划中,设计可体验、参与烧制陶器过程的场所、环节,不仅可以丰富青少年的物理、化学知识,激发少年的求知欲,还可以锻炼动手能力,进一步弘扬、传承古技艺。

38.7 结论

新津宝墩遗址下一步将建设考古遗址公园,目的是为更好保护文化遗产。考古遗址公园景观规划中心思想是为保护遗址服务的,基于遗址的核心价值的景观保护规划理念是保障公园场所不背离遗址精神的基础。本文推导的思路总结如下:首先,每一个古遗址都有最具代表性的价值。依据新津宝墩遗址文化历史考古学意义,判断出最首要的价值是新津宝墩有可能是四川古文化渊源的文化地位,然后集合宝墩周边紧密关联的成都平原城址群、宝墩遗址出土的重要文物等形成核心价值序列。其次,从景观建筑学的视角,探索可以充分展示核心价值特征的规划方式。新津宝墩遗址古老的文化起源地位,奠定了景观规划总体思路,应突出其悠久性、原始性。另外,景观区域规划的大视角,有利于把宝墩遗址及与其关联密切的周边古城址群统筹规划,发挥群体优势促进旅游价值开发。最后,根据环境空间条件,尝试体验式展示景观模式。20世纪90年代出现"体验式"教育,发现让未成年人在实际生活中通过体验，有助于个人意志品质与道德标准的塑造，有利于他们拥有民族精神及爱国情怀。新津宝墩遗址位于乡村，远离城市喧嚣，自然环境基础较好，规划时融入古城墙夯筑、制陶等科普性景观展示方案，可让人全方位了解宝墩文化。

我国的大遗址是中国5 000年文明历史的见证，在文化遗产保护事业中具有不可替代的整体价值和地位[17]。如今，国家考古遗址公园建设体现人与自然的和谐互动，不是简单的维持现状，而是可持续的传承文化内涵，展示遗址魅力。要树立整体保护的理念，建设公园要依托环境，景观规划以大遗址文化属性为基础，遗址的保护与展示才会有真正的可持续性传承的根基。

■ 参考文献

[1] 李海燕，权东计. 国内外大遗址保护与利用研究综述[J]. 西北工业大学学报（社会科学版），2007（3）：29-31.

[2] 叶绵源，周建华，康敏. 景观设计中地域文化的传承与融合——以巫溪马镇坝新区南北中轴线景观规划设计为例[J]. 西南师范大学学报（自然科学版），2010，35（3）：222-226.

[3] 郑育林. 遗址公园：大遗址保护和城市建设的有效结合[J]. 中国文化遗产，2009（4）：35-37.

[4] 单霁翔. 留住城市文化的"根"与"魂"[M]. 北京：科学出版社，2010.

[5] 陆建松. 中国大遗址保护的现状、问题及政策思考[J]. 复旦大学学报（社会科学版），2005（6）.

[6] 赵文斌. 国家考古遗址公园规划设计模式研究[D]. 北京：北京林业大学，2012.

[7] 倪敏. 城市历史遗址公园中文化遗产保护利用研究[D]合肥：安徽建筑工业大学，2011.

[8] 肖平. 地下成都[M]. 成都：成都时代出版社，2003：56-57.

[9] 王毅，张擎. 三星堆文化研究[J]. 成都考古研究，2009（3）：13-22.

[10] 王毅，江章华，李明斌，等. 四川新津宝墩遗址调查与试掘[J]. 考古，1997（1）：40-52.

[11] 江章华，张擎，王毅，等. 四川新津宝墩遗址1996年发掘简报[J]. 考古，1998（1）：29-50.

[12] 张学海. 浅说中国早期城的发现，长江中游史前文化暨第二届亚洲文明学术讨论会论文集[D]. 长沙：岳麓书社出版社，1996.

[13] 俞孔坚，韩毅，韩晓华. 将稻香融入书声——沈阳建筑大学校园环境设计[J]，中国园林，2005：12-16.

[14] 孔祥伟. 稻田校园——一次简单置换带来的观念重建[J]，建筑与文化，2007（1）：16-19.

[15] 王成，蒋伟，雷田. 基于景观格局分析的局地土地利用突变情景识别——以重庆市沙坪坝区为例[J]. 西南大学学报（自然科学版），2011，33（2）：157－162.

[16] 施亚岚. 基于文化体验的遗址公园旅游开放模式研究[D]. 厦门：华侨大学，2011.

[17] 单霁翔. 从馆舍天地走向大千世界——关于广义博物馆的思考[M]. 天津：天津大学出版社，2011.

39 基于遥感的青岛市热岛与绿地的空间相关性①

城市热岛效应（Urban Heat Island Effect，UHI）是一种由于城市构筑物及人类活动等原因导致的热量在城区空间范围内聚集的现象，是城市气候最明显的特征之一。随着我国城市化进程的加快，城市热岛效应愈来愈明显，热岛效应已经成为影响城市可持续发展的八大环境问题之一[1]。1972年，Rao首次采用遥感方法对城市热岛进行研究，此后越来越多的专家学者相继开展了这方面的研究[2, 3]。国内也有不少学者利用遥感数据对北京、上海、沈阳和苏州[4-16]等城市进行了热岛研究，认识到了绿地对城市热岛效应的缓解作用，提出通过科学规划建设绿地来缓解城市热岛效应的措施。但这些研究主要是定性概括，定量分析较少，且主要集中在地面温度和归一化植被指数（NDVI）的空间关系上。然而热岛侧重于温度的空间分布变化，是一个相对温度的概念[16]；而NDVI是地温的反演的必要参数，故研究地温和NDVI的关系并不能完全反映出热岛和绿地的空间相关性。

我们采用Landsat ETM+遥感数据通过定量遥感技术计算青岛城市热岛和植被盖度的空间分布规律，两者的获取过程是相互独立的，因此探讨他们的空间相关性能更好地反应热岛和绿地的空间关系，并分析了绿地空间分布形态、种类和周边环境等特征对热岛强度的影响。

39.1 研究区和数据资料

选青岛市七区（市南区、市北区、四方区、李沧区、黄岛区、崂山区和城阳区）和即墨市、胶州市、胶南市部分地区作为研究区，地理位置为东经119°56'~120°46'，北纬35°52'~36°29'。研究区属温带季风气候，9月份平均气温22.6℃，土地利用覆盖类型受城市化进程影响明显。研究采用几何校正后的2000-09-16日过境的Landsat7 ETM+数据（其第6波段为热红外影像）。

39.2 数据处理方法

39.2.1 地表温度反演及热岛强度计算

城市热岛可分为城市边界层热岛（UBHI）、城市冠层热岛（UCHI）和城市地表热岛（USHI）3类[17]，本文关注的是地表热岛。在ERDAS系统的MODELER模块中，采用辐射传导方程法反演地表温度，并以此计算热岛强度，计算方法如下。

（1）通过对多光谱波段进行辐射定标求得第3、4和6波段的光谱辐射亮度L3、L4和L6。

（2）利用L3和L4求得归一化植被指数NDVI，根据Griend、Owen和江樟焰对NDVI与比辐射率之间相关性的研究成果[18, 19]计算比辐射率ε。

（3）将L6和ε带入辐射传输方程：

$$L_6 = \left[\varepsilon L_t + (1-\varepsilon)L_L\right]\tau + L_U \qquad (1)$$

式中：L_t为真实温度为t的黑体在热红外波段

① 本章内容由邱建、贾刘强、王勇第一次发表在《西南交通大学学报》2008年第4期第427至433页（EI收录，编号：083411474640）。

的辐射亮度，为待求值；L_U和L_L分别为大气上行辐射亮度和大气下行辐射亮度[21]，L_U、L_L和τ分别取1.68、1.74和0.77。值得说明的是在缺乏卫星过境时大气指标的情况下，采用观测值可降低大气的影响，使反演结果更接近真实值，而温度的趋势不变。

（4）根据普朗克函数，由L_t求得地表真实温度$t=1260.56/\ln[607.76/L_t+1]$。

（5）为突出可比性和相对性，便于热岛强度与植被盖度的相关性分析，将热岛强度做归一化处理：

$$H = (t - t_{\text{sub}})/(t_{\text{max}} - t_{\text{min}}) \qquad (2)$$

式中，H是归一化后的热岛强度，t为城区地表温度，t_{sub}郊区的平均温度，t_{max}和t_{min}分别为研究区内地温的最大值和最小值（本文用到的温度和植被盖度数据为剔除掉水面后的数据）；

（6）叠加青岛市行政区划图，最终得到青岛市归一化后的热岛强度分布（图39-1）。

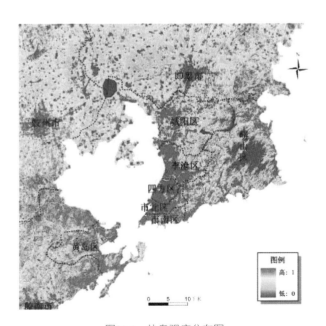

图39-1 热岛强度分布图
Fig.39-1 HII map of Qingdao

39.2.2 植被盖度计算

传感器以像元为单位记录地表的反射信息，每个像元所对应的地表往往包括多种覆盖类型，本文通过对这种包含多种地物信息的混合像元进行分解，提取混合像元内部植被反射率所占的比例，即植被盖度，来获得研究区内绿地的空间布局信息。植被盖度的计算是在ENVI中实现的，计算流程如图39-2所示。

首先进行纯净像元指数计算（图39-3），缩小光谱端元的选择范围；之后在图像第一、二、三主成分组成的三维空间中显示提取的纯净像元（图39-4），从中选择三种光谱端元：植被（庄稼、树木、草地等）、高反射率地物（岩石、水泥混凝土等）和低反射率地物（水面、阴影等）并计算出各自的波谱曲线（图39-5）；然后利用6个波段的数据建立线性光谱混合模型（公式3）[21]，进行混合像元分解最终求得研究区的植被盖度分布（图39-6）。

$$\begin{cases} \gamma_i = \sum_{j=1}^{n}(\gamma_{ij}x_j) + e_i, \\ \sum_{j=1}^{n} x_{ij} = 1, \qquad i=1,2,\cdots m; j=1,2,\cdots n \\ 0 \leqslant x_{ij} \leqslant 1. \end{cases}$$

式中，γ_i为第i波段像元的反射率，γ_{ij}为第i波段第j种端元的反射率，x_j为该像元中第j个端元所占比例；e_i为第i波段的残余误差；m为波段数量，n为端元的数量，为了能用最小二乘法求解上式，需要端元的数量少于波段数，即n<m。

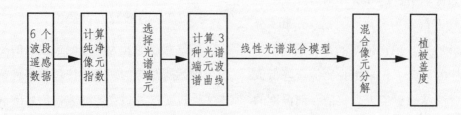

图39-2　植被盖度计算流程图

Fig.39-2　Calculation flow chart of VF

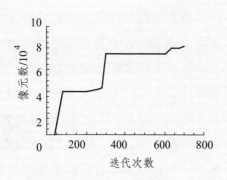

图39-3　计算纯净像元指数

Fig.39-3　Pixel purity index

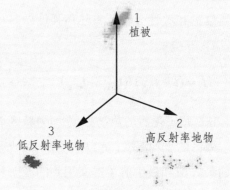

图39-4　前三主成份像元散点图

Fig.39-4　Diagram of scattered points in the first three principal coamponents

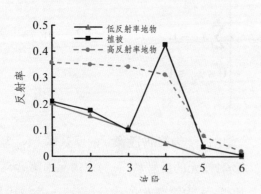

图39-5　三种地物的波谱曲线

Fig.39-5　Spectral curves of the three ground objects

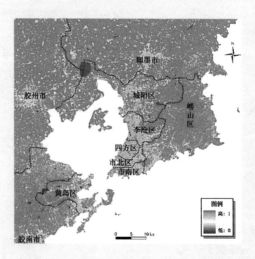

图39-6　植被盖度分布图

Fig.36-6　VF map of Qingdao

39.2.3 热岛强度与植被盖度的相关性计算

以"井"字形的四条剖面线对研究区进行空间采样（图39-7，编号位置为图 8中"距离"计算的起点），1号剖面线跨越城南区和崂山区，2号剖面线跨越四方区和崂山区，3号剖面线跨越即墨市、城阳区和崂山区，4号剖面线跨越即墨市、城阳区、李沧区和崂山区。四条剖面线均贯穿青岛市区，对应的热岛强度和植被盖度分布复杂，均存在高值区与低值区，因此所选取的四条剖面线具有代表性。为了增加相关性分析的可靠性，本文以1 km×1 km的栅格采用均值法对研究区进行了重采样，共得到2 844组热岛强度和植被盖度数据样本，对这些样本进行了相关性分析。

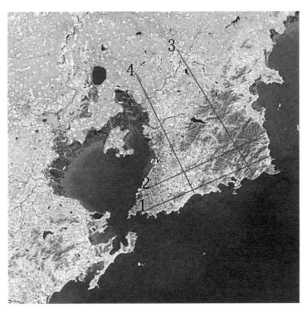

图39-7　样本剖面线分布图（编号位置为起点）
Fig.39-7　Distribution of sample section lines

39.3　结果与分析

39.3.1　热岛强度和植被盖度的分布特征

研究区存在三个面状热岛中心和大量零散分布的点状热岛；三个热岛中心分别为胶州市区、即墨市区和青岛市区；在青岛市市区内，热岛主要分布在四方区、市北区、市南区、李沧区和黄岛区，热岛中心集中在李沧区、市北区和四方区的沿海建成区，呈带状分布；崂山区和城阳区热岛效应不明显。

植被盖度最大的区域为崂山区；城阳区由于农田较多，亦显示出较大的植被盖度；市南区由于中山公园和信号山公园的存在，部分区域显示出较大的植被盖度。从空间上看植被盖度大的区域主要分布在内陆农田地区和崂山地区，沿黄海地区由于大面积的建设造成植被盖度偏小。

图39-8为剖面线上的热岛强度和植被盖度，1号剖面线上存在较多的公园和山地，热岛强度和植被盖度在该剖面线上呈波状曲线。在信号山公园、中山公园和崂山区域热岛强度小而植被盖度大；2号剖面线上热岛强度和植被盖度呈线性变化。从四方区至崂山区方向，热岛强度呈下降趋势而植被盖度呈上升趋势；3号剖面线上热岛强度和植被盖度总体上呈线性曲线变化，与2号剖面线相比曲线在局部存在较大的波动，其原因是受中间城阳区建设用地的影响，从即墨市至崂山区方向，热岛强度呈下降趋势而植被盖度呈上升趋势，中间城阳区段存在反向波动；4号剖面线上热岛强度和植被盖度曲线较复杂，其总体规律是在建成区域热岛强度大而植被盖度小，在郊区热岛强度小而植被盖度大；当剖面线经过水体时，显示出较小的热岛强度和很小的植被盖度。

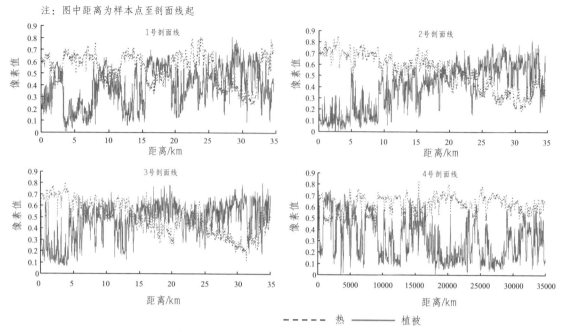

注：图中距离为样本点至剖面线起

图39-8　四条剖面线上热岛强度和植被盖度数据
Fig.39-8　Data of HII and VF of 4 section lines
注：图中距离为样本点至剖面线起点的距离

39.3.2　热岛强度与植被盖度空间相关性分析

由图39-1、图39-6和图39-8可直观看出，研究区内热岛强度和植被盖度在空间上为此消彼长的关系。分别对4条剖面上所有像元的热岛强度与植被盖度的相关性分析结果表明，热岛强度与植被盖度存在显著负相关，相关系数均稳定在负0.7以上；2844组重采样后的数据样本的相关性指数为负0.82；数据分析结果见表39-1。

表39-1　热岛强度和植被盖度相关性
Tab.39-1　Correlations between VF and HII of 4 section lines

项目	1号剖面线	2号剖面线	3号剖面线	4号剖面线	重采样数据
样本数量	1204	1208	1224	1210	2844
相关系数	-0.720**	-0.819**	-0.752**	-0.825**	-0.82**

注：**表示在0.01水平上显著相关。

39.3.3　绿地特征对热岛强度的影响

以上分析讨论了热岛强度和植被盖度在数量上的关系，但相同的植被盖度存在不同的热岛强度与之对应，显然绿地对热岛强度的影响除了数量因素外，还存在其他的影响因素。为了进一步揭示绿地对热岛强度的影响机制，本文在GIS中将植被盖度图和热岛强度图按1 km×1 km大小的栅格进行重采样，把重采样结果与最能反映原始地貌特征的7、4、2、3波段融合影像（15 m空间分辨率）进行重叠，选取了19个样本分9组进行分析（表39-2），分析结果表明在相同的植被盖度下：

（1）热岛强度至少受绿地空间分布形态、植被种类和周边环境三种因素的综合影响，如表39-2中的第Ⅰ、Ⅱ、Ⅸ组样本。

（2）热岛强度大小与样本是否在城市中没有直接关系，而与周边环境有关，如在第Ⅲ、Ⅳ、Ⅴ、Ⅷ组样本数据中，虽然样本具有一致的植被类型和分布形态，但是周边环境的变化影响了热岛强度，具体为周边绿地的样本热岛强度较小，周边农田的较大，周边建筑的最大。

（3）周边环境和植被类型相同时，绿地的空间分布形态影响热岛强度。分析第Ⅱ，Ⅵ，Ⅶ组样本可见，绿地集中的热岛强度要小于绿地分散的［图39-9（a），39-9（b）的样本数分别为14和15，热岛强度分别为0.500 663和0.607 522］。

表39-2　植被特征对热岛强度的影响分析
Tab.39-2　Analysis of the effect of Vegetation Characteristics on HII

样本分组	样本编号	样本文件坐标（X，Y）	植被盖度	热岛强度	样本特征	影响因素
Ⅰ	1	（43，48）	0.385 189	0.515 926	城市绿地，植被集中、周边绿地	A、B、C
	2	（7，40）	0.385 034	0.605 388	郊区农田，植被分散、周边农田	
Ⅱ	3	（7，53）	0.385 450	0.601 096	郊区农田、植被分散、周边农田	A
	4	（37，7）	0.385 425	0.563 611	郊区农田、植被集中、周边农田	
	5	（45，47）	0.385 334	0.531 395	城市绿地、植被集中、周边绿地	B、C（与4相比）
Ⅲ	6	（4，54）	0.390 373	0.482 033	城市绿地、植被集中、周边绿地	C
	7	（37，50）	0.390 370	0.549 729	郊区绿地、植被集中、周边农田	
Ⅳ	8	（48，44）	0.291 513	0.613 524	郊区绿地、植被分散、周边绿地	C
	9	（13，56）	0.291 577	0.619 411	郊区绿地、植被分散、周边农田	
Ⅴ	10	（7，31）	0.291 059	0.609 636	郊区绿地、植被集中、周边建筑	C
	11	（37，43）	0.291 322	0.610 620	城市绿地、植被集中、周边农田	
Ⅵ	12	（46，40）	0.385 731	0.536 814	郊区绿地、植被集中、周边绿地	A
	13	（14，56）	0.385 730	0.593 274	郊区绿地、植被分散、周边绿地	
Ⅶ	14	（49，45）	0.385 884	0.504 663	郊区绿地、植被集中、周边绿地	A
	15	（15，57）	0.385 889	0.607 522	郊区绿地、植被分散、周边绿地	
Ⅷ	16	（40，45）	0.154 215	0.678 001	城市绿地、植被分散、周边建筑	C
	17	（41，46）	0.154 343	0.644 823	郊区绿地、植被分散、周边建筑＋绿地	
Ⅸ	18	（13，53）	0.385 906	0.554 837	郊区绿地、植被分散、周边绿地	B、C
	19	（11，31）	0.385 912	0.565 372	郊区农田、植被集中、周边农田	

注：表中A代表绿地空间分布因素，B代表植被种类因素，C代表周边环境因素。

39.4 结论与讨论

利用Landsat ETM+热红外波段，采用辐射传输模型反演地温，得到研究区热岛强度分布特征；利用定量遥感技术，将Landsat ETM+多光谱图像进行混合像元分解，计算得到研究区反映绿地信息的植被盖度的空间分布；热岛强度与植被盖度的负相关关系在本文中得到验证；通过空间重采样分析，得出在植被盖度相同的条件下，热岛强度与绿地分布和周边环境状况的定性关系。

关于绿地特征对热岛强度的影响，没有进行定量分析，其定性结论的可靠性和影响因素的多样性有待通过更多的样本分析进行检验。

变量清单

L_3、L_4、L_6——第3、4、6波段的光谱辐射亮度

L_t——真实温度为t的黑体在热红外波段的辐射亮度

L_U——大气上行辐射亮度

L_L——大气下行辐射亮度

NDVI——归一化植被指数

ε——比辐射率

τ——大气透过率

H——归一化后的热岛强度

t——城区地表温度，

t_{sub}——郊区的平均温度

t_{max}——研究区内地温的最大值

t_{min}——研究区内地温的最小值

γ_i——第i波段像元的反射率

γ_{ij}——第i波段第j种端元的反射率

x_j——像元中第j个端元所占比例

e_i——第i波段的残余误差

参考文献

[1] 李皓. 可持续发展的城市环境管理[DB/OL]. （2007-08-07）（2008-03-21）http://www.cbcf.org.cn/kpyd/kpbg/10index. htm.

[2] STREUTKER D R. A remote sensing study of the Urban Heat Island ofHouston, Texas[J]. International Journal of Remote Sensing, 2002, 23（13）: 2595 - 2608.

[3] GALLO K P, et al The comparison of vegetation index and surfacetemperature composites for urban heat island analysis[J]. International Journal of Remote Sensing, 1996,（17）: 3071 – 3076.

[4] 马雪梅，张友静，黄浩. 城市热场与绿地景观相关性定量分析[J]. 国土资源遥感，2005，17（03）: 9-13.
MA XUEMEI, ZHANG YOUJING, HUANG HAO. A quantitative study of the relationship between urban vegetation and urban heat island[J]. Remote sensing for land & resources, 2005, 17（3）: 9-13.

[5] 范心圻. 北京城市热岛遥感研究的应用与效益[J]. 中国航天，1991，（6）: 6-11.
FAN XINQI. The effectiveness of applications of sensing for heat-island in Beijing[J]. Aerospace China, 1991,（6）: 6-11.

[6] 李兴荣，胡非，舒文军. 北京春季城市热岛特征及强热岛影响因子[J]. 南京气象学院学报，2008，31（1）: 129-134.
LI XINGRONG, HU FEI, SHU WENJUN. Characteristics of Beijing spring urban heat islands and influencing factors of a strong urban heat island event[J]. Journal of Nanjing institute of meteorology,

2008, 31（1）129-134.

[7] 宫阿都，李京，王晓娣，等. 北京城市热岛环境
时空变化规律研究[J]. 地理与地理信息科学，
2005，21（06）：15-18.
GONG ADU, LI JING, WANG XIAODI, et al. Study
on temporal and spatial distribution characteristics of
the urban heat island in Beijing[J]. Geography and
Geo-information science, 2005, 21（6）: 15-18.

[8] 张兆明，何国金，肖荣波，等. 北京市热岛演变
遥感研究[J]. 遥感信息，2005，（6）：46-49.
ZHANG ZHAOMING, HE GUOJIN, XIAO
RONGBO, et al. A Study of the Urban Heat Island
Changes of BEIJING City Based on Remote
Sensing[J]. Remote sensing information,2005,（6）:
46-49.

[9] 程承旗，吴宁，郭仕德，等. 城市热岛强度与植
被覆盖关系研究的理论技术路线和北京案例分析
[J]. 水土保持研究，2004，11（03）：172-174.
CHENG CHENGQI, WU NING, GUO SHIDE, et
al. A Study on the interaction between urban heat
island and vegetation theory, methodology, and
case study of Beijing[J]. Research of soil and water
conservation, 2004, 11（3）:172-174.

[10] 张兆明，何国金，肖荣波，等. 基于RS与GIS
的北京市热岛研究[J]. 地球科学与环境学报，
2007，29（01）：107-110.
ZHANG ZHAOMING, HE GUOJIN, XIAO
RONGBO, et al.Study of Urban Heat Island of
Beijing City Based on RS and GIS[J]. Journal of
earth sciences and environment, 2007, 29（1）:107-
110.

[11] 王文杰，申文明，刘晓曼，等. 基于遥感的北京
市城市化发展与城市热岛效应变化关系研究[J].
环境科学研究，2006，19（02）：45-48.
WANG WENJIE, SHEN WENMING, LIU
XIAOMAN, et al. Research on the Relation of the
Urbanization and Urban Heat Island Effect Changes
in Beijing Based on Remote Sensing[J]. Research of
environmental sciences, 2006, 19（2）: 45-48.

[12] 周红妹，周成虎，葛伟强，等. 基于遥感和GIS
的城市热场分布规律研究[J]. 地理学报，2001，
56（2）：189-197.
ZHOU HONGMEI, ZHOU CHENGHU, GE
WEIQIANG, et al.The Surveying on Thermal
Distribution in Urban Based on GIS and Remote
Sensing[J]. Acta geographica Sinica, 2001, 56（2）:
189-197.

[13] 胡远满，徐崇刚，布仁仓，等. RS与GIS在城
市热岛效应研究中的应用[J]. 环境保护科学，
2002，28（2）：1-3.
HU MANYUAN, XU CHONGGANG, BU
RENCHANG, et al. Application of Remote Sensing
and GIS in the Study of Heat Island Effect in
City[J]. Environmental protection science, 2002, 28
（2）: 1-3. Streutker D R. A remote sensing study
of the Urban Heat Island of Houston, Texas[J].
International Journal of Remote Sensing,2002, 23
（13）: 2595-2608.

[14] 张云海，李法云，刘闽. 沈阳城市热岛变化趋势
及其与TSP相关关系的初步分析[J]. 环境保护科
学，2004，30（2）：1-2.
ZHANG YUNHAI, LI FAYUN, LIU MIN. Analysis
on Urban Heat Island Changing Trend and Its
Relation With TSP in Shenyang[J]. Environmental
protection science, 2004, 30（2）: 1-2.

[15] 李旭文. 苏南大运河沿线城市热岛现象的卫星
遥感分析[J]. 国土资源遥感，1993，5（4）：
28-33.
LI XUWEN. Satellite remote sensing of urban
heat island effects fo Suzhou, Changzhou and
Zhenjiang[J]. Remote sensing for land & resources,
1993, 5（4）: 28-33.

[16] XU HAN-QIU, CHEN BEN-QING. Remote Sensing
of theUrban Heat Island and its Changes in Xiamen
City ofSE China[J]. Journal of Environmental
Sciences, 2004,16（2）: 276- 281.

[17] Three types of urban heat island[EB/OL]（2007-
5）.http://www.actionbioscience.org/environment/

voogt.html.

[18] GRIENDAA, OWEM.OntheRelationshipBetween Thermal Emissivity and the Normalized Difference Vegetation Index for Nature Surfaces[J].International Journal of Remote Sensing, 1993, 14（6）：1119-1131.

[19] 江樟焰，陈云浩，李京. 基于Landsat TM数据的北京城市热岛研究[J]. 武汉大学学报（信息科学版），2006（02）120-123.
JIANG ZHANGYAN, CHEN YUNHAO, LI JING. Heat Island Effect of Beijng Based on Landsat TM Data[J]. Geomatics and information science of Wuhan University, 2006, 31（2）:120-123.

[20] SCHNEIDERK, MAUSER W. Processing and Accuracy of Landsat Thematic Mapper Data for Lake Surface Temperature Measurement[J]. International Journal of Remote Sensing,1996,17（11）：2027-2204.

[21] 王雪. 城市绿地空间分布及其热环境效应遥感分析[D]. 北京：北京林业大学，2006.

建筑
设计

　　本篇内容主要涉及建筑理论、建筑创作、建筑美学、建筑空间、传统建筑等方面内容。多专业背景的研究者从不同视角对建筑空间的意义，建筑空间与城市文化的问题进行了较为深入的阐述，还对巴蜀传统村镇聚落和建筑的传承与利用进行了研究。

40 蜀地"三国演义"——漫谈成都当前的建筑创作格局 [1]

20世纪末21世纪初始，伴随着迈向新千年的激情，"西部大开发"作为最重要的国策之一开始对西部产生重大影响。犹如WTO之于中国的经济发展一样，许多外来的建设资金、开发商和设计机构都加入了这场开发大潮，极大地影响和改变了西部的建筑创作格局。然而，中国的西部区域覆盖面极广，各地的地理特征、经济实力、文化背景、城市性格等有着较大的差异，出现的建筑创作格局变化各不相同。处于蜀地的成都，其发展变化就有其自身十分独特的一面。

成都是西部特大的中心城市，是具有2000多年建城史的历史文化名城，在经过5～6年的大规模建设之后，如今成都的城市格局与建筑面貌已发生了巨大的变化，暗藏在这种变化表象之后的建筑创作格局——无论从其主体、理念和影响上看，同样出现了深刻的转变。就像1700多年以前的三国时代，当前的成都也出现了三种"势力"鼎足的局面——蜀地本土的设计力量，来自国内发达地区的力量，境外设计机构的力量。只是当年的三国为霸权、土地而搏杀，当今的"三国"在为市场、信念而博弈；当年三国的战场从蜀地之外到蜀地之内，当今的"三国"之战就直接在蜀地之境展开。当然，上述三足鼎立的现象也出现在不少城市中，但蜀地三种力量的对垒格局自有其特殊性：一方面受到本地经济条件、建筑文化、城市性格影响，另一方面是成都与三国在历

史与人文上的密切关联，因此"三国"的指代对于蜀地成都来说有其特殊存在的理由。

40.1 蜀地建筑创作的历史

同中国许多大城市一样，成都建筑创作的本土初始格局在建国初期开始确立，早期成立的国有体制的设计院从20世纪50年代初一直到80年代初期担当着建筑创作的绝对主角。它们从根据国家对基本建设的设计需要进行单向委托式的建筑设计逐渐发展成为从事建筑勘察、工程设计的大而全的综合实体，并由当年的行业归属和计划内的某些政策倾斜，形成不同的发展规模。在当时的时代背景下，成都大型国有建筑设计院具有可以和全国其他任何地区大型国有设计院竞争的综合实力和项目来源，但也只能限制在所属地域以及所属上级单位的管辖范围，出现的跨省域的项目基本上都局限在中国的西部地区。50多年来，这些设计院塑造了蜀地城市和建筑的基本面貌，创作出了符合当时时代需要的最重要的城市建筑。这段时期蜀地建筑创作处于一种缺乏竞争的静态"守"势。

从20世纪80年代中期到90年代中期，随着改革开放政策的深入，蜀地的国有设计单位在本土开始由固守指令性项目计划逐步转向参与市场竞争，出现一些调整和渐变中的功能主义风格作品，也有一些对地域传统建筑文化从符号提取到形态模仿的作品，其中一些在全国产生了一定影响，如成都域外的自贡恐龙博物馆，成都域内的

---

① 本章内容由邱建、邓敬第一次发表在《时代建筑》2006年第4期第48至51页。

人民商场、蜀都大厦等。从当时全国的横向角度来看，这段时期本土的建筑创作实际上在发展进步。但纵向观之，这种创作状态由于在学术上缺乏强有力的理论支撑与交流，加之在地理处于劣势，经济发展上差距逐步加大，本地的建筑创作总体上讲在建筑手法和理念上还受着"短缺经济"的影响，缺乏真正意义上的创新突破，逐步陷入一种唯我独尊的"守态"。

但是，蜀地本土力量在这段时期的另外一种行为表现却呈现出一种异乎寻常的"攻势"：在沿海城市进行大开发、建立经济特区的时候，许多设计单位积极地去建立自己的分支机构，直接与全国的设计同行进行竞争，争夺设计市场。在这个时期，这些出蜀企业在沿海开放体制下的表现十分勇猛抢眼，获得大量业务，建成了很多作品，成为当年这些城市建设十分重要的外来"势力"；另外，还有一些蜀地设计院利用行业的隶属关系，将自己的业务触角伸展到中东、非洲的国家和地区。这种一反"守势"的主动"进攻"固然令人欣喜，但其结果却令人深思，一方面在体制与思维开放的背景下，很多创作都是"速生"型的，难以深入挖掘自身特色，没有确立出一种独创性的风格，丧失了利用自身改良，强化"软"实力来巩固自己地位的机会，因此，在这些城市的设计市场日益成熟之后，蜀地企业的影响力和市场占有率被大大削弱；另一方面许多蜀地的设计单位流失了大量人才，许多设计技术骨干陆续跳槽，甚至造成某些大型设计院的主创人员至今在某个年龄段处于断层的现实。

从20世纪50年代到90年代中期，蜀地建筑创作的这种"守"与"攻"，都以国有大型设计院单一地唱主角，都是在遵循一种大而全的"大院"式创作模式，在专业化、特色化的发展上步

伐缓慢。直到90年代后期至今，国家展开国有设计院体制改革，逐步放开专业设计事务所之后，这种情况才发生了根本的改变。

40.2 蜀地"三国"演义：平衡中的"攻""守"交织

发生在当前的蜀地所谓"三国"演义有着鲜明的时代背景，首先是中国加入WTO，在经济上形成与全球化接轨的开放发展的路径；其次是中国在加入WTO之前的2000年，即承诺在5年内逐步对外资开放设计领域[2]；然后是西部大开发国策的展开和实施。另外，蜀地成都的城市发展背景与其他国内发达的中心城市有所不同。在北京、上海、广州等地，本土设计企业受到境外设计企业强有力的挑战，据统计，2002年境外机构拿到的市场份额已达30%，而且绝大部分高端项目均被它们获得[3]。而成都虽然在建设投资上受惠于西部大开发，但一方面该国策的对象是整个西部12个省（直辖区、直辖市），分摊到成都的近期建设投资并没有想象中的庞大；另一方面，成都平原迄今以来还未出现能吸引政府、民间和国外资金进行巨大投入的重大机遇——就像北京的奥运会、上海的世博会、广州的亚运会，甚至重庆的直辖与三峡开发等。在这样的现实情况下，成都的开发步伐并不是太快，甚至与同在西南的重庆相比还显得相对滞缓，但这样的速度带来的却可以是另外一种效果，既可以更加沉着地对外来文化进行理性接纳，同时进行自我的反思与保护。在这样的城市背景下，蜀地的"三国"演义就具有其自身的特殊性：它是一种互有"攻""守"的相持局面，而非本土力量单显弱势之态。由此，我们将在下面对"三国"各自在蜀地的表现进行展开分析。

40.2.1 外部"攻势"之一：来自境外的设计力量

"攻"入蜀地的境外力量的主要来自世界排名前200位的设计公司[4]，以及一些在国内知名度甚高的境外事务所，如法国安德鲁建筑设计事务所、英国阿特金斯设计集团、HOK设计公司等。

与国内发达的开放城市类似，当前在蜀地的境外设计企业所涉足的几乎全是公共性高端项目，如政府投资的大型项目、城市设计、规划等，这些项目处于城市十分重要的节点和开发区域，如安德鲁建筑设计事务所赢得了成都新益州政府新行政办公建筑群的设计权（图40-1）；澳大利亚BAU设计公司赢得成都东部新区城市设计的竞标；法国AREP规划设计公司赢得了成都市最中心地段的天府广场地下及地面工程设计。除此之外，境外设计企业已经开始涉足某些在成都投资的大型民营企业的项目，如华润置地在成都东部的56.028 ha（840亩）的402地块项目，邀请了6家均为国际级的境外规划设计机构，如HOK、RTKL等。

图40-1　安德鲁建筑设计事务所设计的成都新益州政府新行政办公建筑群

从建筑创作的专业性角度来看，对目前境外设计企业在成都平原的"攻势"，其他力量——不管是来自国内发达城市设计机构的力量，还是蜀地本土的力量，都还无法匹敌：在与发达城市相比高端项目并不太多的成都平原，境外设计企业已经悄然获得不少市场份额。它们直接冲击的是本土大型国有设计企业的主流业务[5]，所凭借的最基本的要素，就是其综合竞争力——首先是专业技术优势、服务能力和管理水平，其次就是品牌效应和研究与创新能力。显然，各种高端项目上的投标也要求同样高端的专业性和技术性，邀标所选择的境外设计企业一般都是专项能力超群者，这使还处于大而全体制下的本土企业从技术角度上就落于下风，更不用说由于许多竞标管理者的对外的"仰视"态度等软性原因了，如大部分时候蜀地本土、甚至国内的设计企业连竞标资格都没有。

另外，从建筑创作的创造性、独特性、思想性方面来看，到目前为止，笔者所见到的大部分境外设计企业的作品着眼点在于提供一种更具视觉冲击力的现代都市风格，形成一种城市超级地标的视觉影像，对蜀地用一种"全球趋同"式的答案来做出回应，就像用肯德基快餐来应对地域性的川菜口味一样，虽然形式可以变化多端，但自觉不自觉都带有一种以外来强势文化视野来对待蜀地城市建筑发展的意识。由于绝大部分境外设计企业的作品除了极少数之外尚未实施完工（如法国思构设计公司设计的成都高新商务广场），现在只能根据其概念性方案设计以及根据其在中国其他具有深厚文化底蕴城市中的建成作品的创作方向做出这样一种概括性的解读。不过，当前蜀地在城市大型项目上缺乏具有真正独创性见解的概念，缺乏能对蜀地的城市发展、独

特的城市历史文化、现实的经济技术做出深入探索的方案，缺乏能为建筑学本体创作上带来启迪的境外建筑大师的参与，这却是不争的事实。对这种高端设计层面上的"好莱坞"大片式的引入，所带来的创作上的趋同化与荒漠化的忧虑，应该是不无道理的。

40.2.2 外部"攻势"之二：国内经济发达地区的设计力量

挺进蜀地的这部分力量的代表主要是来自上海、北京、广东、深圳等地改制后的大型设计企业和一些独立事务所，如上海现代设计集团、同济大学建筑设计研究院、中国建筑设计研究院、华南理工大学建筑设计研究院等。

这些地区的设计企业由于所在城市的开放程度、经济文化的发展程度、与境外设计机构的合作交流程度，以及本身内部体制的改革力度均位于全国前列，它们对于怎样更为灵活地适应市场，如何在保留大型设计机构的整体技术优势下，与国际通行模式接轨，发挥人才的特点，吸引更多人才已经有相当成熟的经验。如北京市建筑设计院按照一些建筑师的个性专长，自由组合成为小型化的设计工作室；现代设计集团在整合多个大型设计院之后，通过强化内部管理，建设内部信息资源共享平台来大力提高自身的专业化水平。无疑，这对蜀地本土的设计企业来说——不管是大型的还是中型的，都是一种强势的力量。

在创作理念上，不少设计机构更多还是沿袭在国内经济发达城市的市场中较为成熟的、具有很强视觉吸引力和时尚表现性的造型与布局手法，并且能够很好地从材料和技术上加以整合实施，获得了很好的商业效果。当然，还有一些作品能够通过深入研究建筑在基地、城市中面临的问题，形成了富有特色的答案。如四川大学双流新校区的部分建筑，就探讨了教育建筑空间的新颖表现形式（值得深思是，该校园成了外来的设计力量和本土力量作品比对的场地，最后是外来获得了好评，而且其中同济大学建筑设计研究院李麟学的作品还获得了国内的奖项）（图40-2）；另外一个特色作品是深圳中用建筑设计咨询有限公司沈正卿设计的成都曼哈顿一期和二期：一期在高密度的城市高层集合体中为居民提供了可以采光通风、自由交流的空中街道[图40-3（a）]，二期则为高层住户提供了每户独享的空中庭院[图40-3（b）]。

从国内经济发达地区的设计力量进入成都市场的力度来看，处于一种稳步增加的趋势，由于蜀地本土市场的开放度和透明度还没有达到发达程度

图40-2　四川大学双流新校区

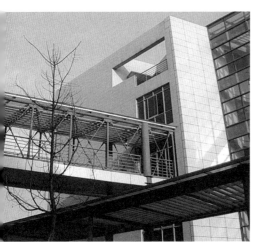
（a）

（b）

图40-3 沈正卿设计的成都曼哈顿

图40-4 中国建筑西南院设计的重庆
跳水游泳馆

很高的城市与地区的水平，现阶段这股力量大部分集中在一些直接委托的房地产、教育项目上。它们对蜀地本土的设计院的挑战，虽然现在还没有境外设计机构快速占领高端市场那样白热化，但是假以时日，对蜀地设计市场的冲击力将难以预料。因为当前境外设计企业已经涉足沿海各大城市周边的区域，开始挤压国内上述力量的一些市场空间，而面对蜀地成都这种还有很大潜力可挖的市场，其挺进速度和力度无疑会大大加强。

40.2.3 蜀地力量的"守"与"攻"

蜀地力量代表大型国有设计院方面的，有中国建筑西南设计研究院、四川省建筑设计院、成都市建筑设计院等；代表独立的私人或民营事务所方面，有家琨建筑设计事务所、徐尚志建筑设计事务所等。

40.2.3.1 本土"大院"的隐忧

从设计市场的角度来看，蜀地的大型国有设计院承担了与另外两股力量抗衡的主要角色。在一些面向国内的本土高端项目竞标中，依靠自身实力和地缘优势，蜀地力量在面对国内发达城市

的设计力量时还不乏优势，并且还能在外省市的少量投标中赢得胜利，如中国建筑西南院在重庆的三峡博物馆、跳水游泳馆等项目的中标与实施等（图40-4）。但是，在蜀地高端大型项目进行的国际性投标中，诚如前面所述，已经受到境外设计力量的强烈冲击，丧失了不小的业务量。

总的来看，蜀地的大型国有设计院有着大城市"大院"自身的优势：悠久的历史和卓越的业绩所带来了品牌优势和社会知名度，而且依旧对人才具有很强的吸引力[5]，但是，"大院"的通病还远未消除：模糊的市场定位，"全能"的综合性泛化，观念和思维的束缚，以及缺乏对人才个性和创造力激发的有力机制[7]。显然，面对境外设计力量竞争时，蜀地"大院"已完全处于"守势"，其优势早已变为劣势，自身的体制通病又已大大削弱了竞争力，虽然可以利用自身的品牌与外企在合作中获得一部分利润，学到一些技术，但是由于丧失了核心竞争力，最终还是受制于人，持续丢失高端市场。而与来自国内发达城市的设计力量对垒，蜀地力量虽然现阶段处于稍微占优的"攻势"，但由于自身的体制改革又落

后于人，通病顽症迟迟不能根除，在面对国内发达城市的"大院"时其优势在逐步丧失，显然，这对蜀地大型国有设计院的长久发展带来巨大的隐忧。

在创作的独特性、思想性方面，蜀地的大型国有设计院有着严重的缺失：虽然有很多项目中标，拥有巨大的实施建设量，但几乎所有作品的创作过程、设计周期都是以"工厂化的车间制来'生产'一个建筑"[7]，以达到效益的最大化，促使其主创人员一切围绕着效益来创作，难以对设计特色进行深入的研究，反而采用立面拼贴＋效果图公司加工的"高效"做法比比皆是。即使出现少量具有特色的作品，总是灵光乍现就浅尝辄止，缺乏耐心进行深层次的艺术推敲整合，这种立足于功利的心态无疑损害了蜀地的建筑创作风气。

40.2.3.2 蜀地"小众"的崛起

一股在本土曾被视作蜀地小众边缘的设计力量通过自身个性化的创作，已经在业界、理论界、艺术界产生了不容忽视的影响。成都家琨建筑设计事务所站在了这股蜀地力量的前沿。它们通过对地域特色的理解，对建筑问题的深入研究，使自己的创作进入一种实质性的探索状态：清醒地认识所处的本土工作处境，确立了自己的"工作立场"，即以"低技"的理念面对现实，选择技术上的相对简易性，在经济条件、技术水准和建筑艺术之间寻找一个平衡点，由此探索一条适用于经济欠发达，但文明深厚的国家或地区的建筑策略[7]。这种因地制宜的创作原则使其作品和策略在不断发展变化：艺术家工作室系列中的住宅实验，探索了个性化审美的空间语言转译；"红色年代"采用的表皮塑造形式将"烂尾楼"改造、建筑属性、构造方法整合为一体；鹿野苑石刻博物馆的一期、二期则在空间的组织变

化中深入挖掘了现浇混凝土、混凝土砌块、砖等材料的建构方式和表现力（图40-5）。随着其作品地域范围的扩展，这种创作原则早已超越了所谓"地域主义"概念下的本土性：浙江金华建筑艺术公园5号茶亭从基地视野、饮茶行为、适用性等基本问题着手，衍生出一种材料及其组合方式的"错用"效果；广州时代玫瑰园三期项目通过一个折线型架空廊道，将居住者的互动交流行为与二期和三期的美术馆路径连接起来，并用艺术装置造型对一些地下设施进行地表景观处理，试图在封闭的小区制度和城市公共空间之间建立一种新型的互动关系，探讨私家园林和公共园林共生的可能性，还形成了与在此项目中的库哈斯设计的空中美术馆的特殊"对话"（图40-6至图40-8）。除了单一的作品实践，家琨事务所还通过自己的策划和运作能力来拓宽创作范畴，主持策划了本土的"建川博物馆聚落"项目和南京的"中国国际建筑艺术实践展"。事实上，对家琨事务所创作成就的认可早已超越了蜀地本土，其作品不仅在无数国内国际著名的杂志书刊上被刊登，并在国内外已多次获奖（中国建筑艺术奖、亚洲建协荣誉奖、美国《建筑实录》中国区奖）。

当前的蜀地之域，徐尚志建筑设计事务所近年来也通过扎实的创作使自身获得了长足的发展，近期作品如"建川博物馆聚落"之川军馆（图40-9）和广汉三星堆遗址（图40-10）保护馆均为从地域性、场所性做出深入挖掘的佳作。

虽然在蜀地设计市场的"鏖战"中无力冲击正面战场，但是家琨事务所、徐尚志建筑设计事务所等机构较早地扬弃了国有体制的束缚，通过为自己营造更为自由的创作空间来探索和坚持创作的本质与特色，给蜀地设计市场带来了阵阵新风，令人欣慰。

（a）　　　　　　　　　（b）

图40-5　鹿野苑石刻博物馆

图40-6　广州时代玫瑰园三期（一）

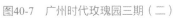

图40-7　广州时代玫瑰园三期（二）

图40-8　广州时代玫瑰园三期（三）

图40-9　"建川博物馆聚落"之川军馆

图40-10　广汉三星堆遗址

40.3　"三国"格局与蜀地本土建筑创作的远景

40.3.1　"三国"格局终极走向的预测

1700多年前的"三国演义"，其最终结局是一种力量一统天下，一种声音领导一切，而当前发生在蜀地的"三国演义"会不会最后也出现这种历史的"韵脚"？显然，这种忧虑不无道理，因为外来势力所挟持的，是一种处于强势的文明力量，而本土的文化如果缺乏强有力的支撑与保护，缺乏内在的坚韧性，往往就会在博弈中丧失自我，成为强势文明的依附，最后或快或慢，或者在无意识地蜕变、顺从中被同化、兼并而成为一元的格局。这种一元格局在当今现实中的映射，就是全球化趋同在各个地方逐渐获得霸权的趋势。在这种普世文明[9]，对其他文明的悲观预测中，蜀地中另外一种文化的复兴却给我们以乐观的信心：20世纪90年代川菜在外来多种菜系、快餐的压迫下呈现出颓势，但通过自身的改良与变化，以变化后的"新川菜"形象重新博回了在主流中的地位。当然，川菜文化的博弈背景是在整个中国，而本文所讨论的"三国演义"却是居于蜀地，有着地利之优，加上前面对蜀地本土力量的叙述，已然使我们怀有一种相似的乐观：本土力量的韧性，使当前的"三国"之局呈现一种进退与攻守交织的均衡，外来的力量虽然呈现的是强势，但蜀地本土的力量却并非呈现丧失自我、缺乏自信的失衡姿态，甚至部分力量已经在发展强大，已取得获得"外攻"的局部优势话语。因此，本土力量这样的表现与发展，将会使"三国"的博弈之局继续走下去。

40.3.2　对蜀地本土建筑创作远景的思考

蜀文化固有的包容性与渗透性使其具有生生不息的生命基因。蜀地"三国演义"已经开始向我们显示多种特色风格开始并存发展的态势，这对本土建筑创作的发展提供了非常好的"生态"基础，因为多元共生完全符合创作的"生态"多样性原则：在一个生态性的系统中，如果差异性逐渐消失，其脆弱性会逐步增大，更容易遭到攻击。因此，当前这种多种思想、理念的集聚与交汇，将会丰富并促进成都的城市和建筑品质的发展。

但是，要维持这样一种创作格局的真正的"生态"均衡，各方的存在前提是不一样的，对于外来者来说，它们在先天的"物竞天择"中出现在蜀地，本身就具有强大的生存和开拓能力，而本土的力量则往往在这方面不利，它们所赖以支撑和发展的，只能是自身独有的东西。因此，蜀地本土各种力量的发展依据就各不相同：本土大型国有设计院在硬实力的比拼上拥有其传统的优良配置，但如何摆脱逐步被动的局面，如何可持续地促进自身发展，蜀地的"大院"可以利用的内外资源无疑是巨大的，而其中最为珍贵和恒久的，是对所处蜀地文化特色的挖掘与再创造，就像新川菜的自我变革与顽强重生一样，蜀地"大院"完全具备这样的传统底蕴和条件来实现自身的突破，而且从其承接建筑的规模数量来说，它们拥有更大的责任和义务来促进蜀地建筑创作发展；另一方面，像家琨事务所等个性化蜀地本土个体力量的崛起，则已经开始从另外一个角度建立起了一种文化和创作上的自信，不仅为蜀地的建筑创作形成了另一种支撑体系，还对有志开拓具有特色创作道路的蜀地个人建筑师们具有相当大的明示作用。

■ 参考文献

[1] 邹德侬，戴路，刘丛红. 二十年艰辛话进退——中国当代建筑创作中的模仿与创造[J]. 时代建筑，2002，（5）：28-29.

[2] 良文，加入WTO在即，中国私人设计市场2001年大开放（615字）[N]，投资导报，2001-12-27.

[3] 建设部办公厅，郑一军副部长在建筑设计大师座谈会上的总结讲话，建设情况通报，第41期，2002-11-11.

[4] 建设部工程质量安全监督与行业发展司副司长王素卿，2002-02-21 讲话，设计行业如何应对WTO，http://www.cin.gov.cn/quality/speech/2002052103．htm

[5] 启迪. 大院转型中的自省与自信[J]，时代建筑，2003（4）：89，91.

[6] 卢志刚. 建筑的"个人主义"断想[J]，时代建筑，2003（4）. 81-83.

[7] 刘家琨. 关于我的工作. 从前进到起源[M]//刘家琨. 此时此地. 北京：中国建筑工业出版社，2002，13～18.

[8] 塞缪尔·亨廷顿. 普世文明？现代化与西方化[M]. 佚名. 文明的冲突与世界秩序的重建. 北京：新华出版社，1998，43.

41 建筑空间的文化更新与城市文脉的有机传承 [①]

41.1 问题的提出

20世纪90年代国外从事中国问题研究的学者曾指出：中国面临着各种危机，其中核心危机是自身认同危机（Identity Crisis）[②]，"中国正在失去中国之所以为中国的中国性（Chineseness）"[③]。全球化在整体上是人类进步的体现，但经济全球化导致的文化全球化已经对城市传统文化产生负面影响，在有的地方甚至构成破坏。这种破坏不仅危及传统文化圈，而且对文化的创造核心圈也构成了直接威胁。

我国改革开放以来的城市发展状况恰好诠释了这一现象。外来人口涌入大城市，除了正常的文化交融外，对大城市自身的传统文化和人们的生活方式产生很大的冲击。物质文化遗产和非物质文化遗产（诸如价值观念、生活方式和传统习俗）最集中的旧城区，因区位优势而具有极高的土地价值，吸引着大量国内外强大资本的进入。土地置换和异地安置使得建筑以及工作生活在其中的人同时被置换；作为传统文化物质载体的老建筑不复存在；作为传统文化创造者和传承人的本土居民也随之被外迁；历史形成的生活形态被破解、传统交往网络被摧毁，城市的"文化认同危机"十分突出。例如，北京内圈强有力地吸引

着房地产开发商，很多外来富人集聚区（如"温州小区村""广东小区"和"山西小区"甚至"外国人小区"）覆盖了城市中心原有的文化空间，导致原有城市文化遗产的衰弱直至消亡。随着全球经济一体化，各民族、国家与地区之间联系日益密切，城市文化传统是否还能继续维持其生存和发展的独立性？各种外来人口迁入与承载着本土非物质文化遗产的主体人群的迁出，是否正在演变成一种强势经济与"弱势"文化之间的无硝烟且无悬念的战争，作为传统文化物质载体的建筑空间是否有所作为，能否通过老建筑的文化更新来对城市文脉进行有机传承，这些问题都是我们必须关注的。

41.2 建筑与城市文脉

城市不仅是人类为满足生存和发展需要而创造的人工环境，更是一种文化的载体和容器，积淀着丰厚的文化底蕴，承载着人类文明的精华，从这个意义上说，城市本身就是文化遗产，是一系列价值的综合体。城市文化在每个历史时期所留下的点点痕迹，日积月累地形成了城市文化脉络。因此，城市文脉是特定的人类种群在一座城市长期发展建设中形成的历史的、文化的、地域的氛围和环境，反映出特有的生存状态和生活方式。

建筑是城市集体记忆的物质载体，是城市事件的发生地。随着时代的发展，一些城市的旧城区失去了经济竞争力而逐渐衰败，显得不合时

① 本章内容由杨磊、邱建第一次发表在《城市建筑》2007年第8期第18至19页。
② 有学者将"Identity Crisis"译为"自信危机"。
③ 李慎之、何家栋：世界已经进入全球化时代，中国的道路，广州：南方日报出版社，2000.

宜，在发展过程中呈岛屿状态。可这些城市区域是城市物质文化遗产与非物质文化遗产的核心载体，它们处在城市文化的核心位置，具有特定的文明价值。我们需要寻求城市文化结构最深层次的连续性，也就是城市传统文化圈内核的延续，在整个城市的变化中传承某些共同的根本性特征，从而保持城市文化的认同感。

城市中的老建筑并不是"过时"的，它们同时具有"推进"作用。这些建筑物把"过去"带入"现在"，从而使人们"现在"仍然能够体验到"过去"，它们往往能够容纳因时间变化而产生的不同功能。而我们需要了解转变的机制，从而确定应采取的行动以发挥它们的"推进"作用。因此，旧城特定历史区域建筑空间的文化更新并不应该排斥而是应该结合产业布局和城市功能的转变而与时俱进，不能仅停留于物质环境改善与审美的层面，而应当重视扶植与引入新的产业，应该宏观层面促进城市功能和活力的再生，激活城市的社会与本土文化，创造更多的就业机会以改善城市经济、城市财政，提升城市竞争力等。这样不仅使旧城的建筑空间得以保留与更新，更重要的是通过生活、工作形态的有机更新，为旧城的原住民提供传承、创造并分享原有本土无形文化遗产的机会，避免了"硬件"和"软件"被疾风暴雨式的彻底"置换"。由此，城市文脉的延续是动态的发展，而不是静止的保护，这符合事物的发展规律。

创意产业和相关的文化产业是城市特定历史区域建筑空间文化更新的最佳方式之一，在国外已经有成功模式，国内也做了一些有益的探索并产生了一定的影响。

41.3 更新案例分析

41.3.1 798艺术区自发更新

798厂是20世纪50年代初由民主德国设计的一处国家重点工业项目，位于北京市朝阳区酒仙桥大山子一带。从20世纪80年代后期开始，随着改革开放的大潮，工厂由辉煌转为困境、没落、衰败，工人纷纷下岗、分流，职工人数由原来的2万多精简至4000人。大片的厂房车间长期处于闲置状态，逐渐荒寂。物业管理部门准备把空置的厂房出租，以租金养活厂里剩余的职工。近年来，一批艺术家和商业文化机构开始成规模地租用和改造这里的一些空置厂房，使这里逐渐发展成为集画廊、艺术家工作室、设计公司、餐饮酒吧等于一体的具有一定规模的艺术社区——"大山子艺术区"，也被叫作"798艺术区"（图41-1）。

798艺术区的入住者几乎都是在2～3年内先后入住，人员构成极其复杂，有主流艺术家也有非主流艺术家；身份也从以往的单一身份转变为多重身份——艺术家同时还是文化推广者、策划人、商业的经营者、设计者等，使798厂逐渐成为自发的创意产业集聚地，包括文化传播、艺术商品、服装、陶艺、餐饮业、旅游业、艺术教育、展览业等多个行业。

798大山子艺术区对于保护历史遗留的城市工业文物具有重要意义。文化和商业相互交融，不但给北京的城市和经济带来发展，同时也给城市文化产业的发展创造必要的条件和空间，建筑空间功能置换，引入创意产业，既保护了历史物质遗产也延续了城市文脉，在文化更新的同时也增加了原住民的就业机会，减少外迁，确保北京传统风俗和生活方式延续（图41-2）。

41.3.2 上海8号桥

位于上海市建国中路与重庆南路口的8号桥，其前身是上海汽车制动器厂1.5万㎡的旧工业厂房。8号桥的改造保留了工业老建筑特有的底蕴，并注入新的产业元素，从而成为一个激发创意灵感、吸引创意人才的新天地。经过精心改造，那些原本厚重的砖墙、林立的管道、斑驳的地面被保留了下来，整个空间充满了工业文明时代的沧桑韵味，设计者以旧工业厂房为桥梁，将过去的历史和现代的理念融合起来，充分体现了对原有城市文脉传承的尊重（图41-3和图41-4）。上海8号桥独特之处在于园区设计师留出了很多"租户共享空间"，如商务中心、休闲后街、阳光屋顶等，可以给租户提供许多互动空间，使不同领域的艺术工作者和各类时尚元素在这里互相碰撞，激发灵感和创意。目前8号桥已吸引了众多创意类、艺术类及时尚类的企业入驻，包括海内外的知名建筑设计、服装设计、影视制作、画廊、广告、公关、媒体等公司。

从以上案例的分析可以看出在建筑空间的文化更新中引入创意产业、关注原有居民的文化和

图41-1 798厂艺术区室内
（资料来源：798艺术网）

图41-2 798厂艺术区室外
（资料来源：邓敬提供）

图41-3 入口广场
（资料来源：袁远提供）

图41-4 六号楼室内

生活方式是有利于工业建筑、历史街区传统风貌乃至传统工艺的保护，它可以最大限度地保护城市历史风貌历史建筑，实现风貌保护与经济发展的有机结合，并有利于城市文脉的延续，对解决城市再生过程中保护城市历史文化的问题具有重要意义。

41.4 结语

城市发展是一个矛盾体，如果不进行新陈代谢，城市会变得缺乏生命力，因此城市文化更新是不可避免的。城市文化能否延续取决于其能否适应城市功能的转型和产业的转变，在保持文化和文明两个层次上主动接受外来的影响，在保持文化内核活力的同时取得进一步的发展，从而生成一种更有活力的城市地域文化形式。

对出现在城市老城区的外来强势资本文化的进入，我们也应给予足够的重视，特别是采取大规模房地产开发使原有本土居民被迫外迁的发展模式将加剧城市"文化认同危机"。建筑空间的文化更新不仅是物质形态环境的延续，同时也是生活环境内涵的延续，因此，合理控制外来人口与保持原有居民生活特色有利于城市文脉的继承和更新。

感谢邓敬老师和袁远老师为本文提供现场照片。

■ 参考文献

[1] 冯健，周一星. 1990年代北京市人口空间分布的最新变化[J]. 城市规划，2003（5）.

[2] 胡兆量，福琴（Peter Foggin）. 北京人口的圈层变化[J]. 城市问题，1994（4）.

[3] 史建，北京旧城诊疗策略——朱培木棉花酒店的应对与问题[J]. 建筑师，2007（2）：34.

[4] 张在元，城市发展的"软道理"[J]. 城市规划，2003（9）.

[5] 胡兆量. 北京"浙江村"——温州模式的异地城市化[J]. 城市规划汇刊，1997（3）：28-30，64.

[6] 阿尔多·罗西. 城市建筑学[M]. 黄士钧，译[J]. 刘先觉，校. 北京：中国建筑工业出版社，2006.

[7] 张军，殷青. 城市更新中建筑文化延续的层面探讨[J]. 低温建筑技术，2006（2）：34-36.

[8] 周本宽. 全球一体化背景下的四川建筑教育[J]. 四川建筑，2004，（2）：刊首.

42 普通老房子面临的问题、遗产价值及其维护利用
——以成都市为例 [①]

42.1 前言

当论及文化遗产时，人们自然会根据《保护世界文化和自然遗产公约》的规定将其划分为三类：历史纪念物、考古遗址和建筑群，其共同特点是具有突出的、普遍的历史、艺术、科学以及美学、人种学或人类学价值。被列入《世界遗产名录》的建筑物或者建筑群往往不存在价值认同问题，在我国反而正是因为高度公认的遗产价值而带来巨大的旅游压力。城市中由人类创造或者与人类活动有关的具有遗产价值的公共建筑、宗教建筑、名人故居、私家园林等古建筑，一般都由文物主管部门确定为不同级别的文物保护单位，依据《文物保护法》而得到法律保护。无法被划定为文物，更无法被列入《世界遗产名录》、最接近老百姓、最能直接体现城市历史价值的普通老房子，正因为价值判断的缺位、保护意识的缺乏以及法律依据的缺失而面临着巨大的压力。本文旨在考察并借鉴西方发达国家在类似发展阶段处理这类问题的思路，重点在对成都市普通老房子面临的问题进行调查研究的基础上，重新审视其遗产价值，探讨出适合中国大城市普通老房子的维持与再利用方法。

---

① 本章内容由海源、邱建第一次发表在《南方建筑》2008年第2期第50至53页。本文摘自法国在华留学生海源（Bigant Yann）同学的硕士论文"普通老房子的遗产价值及其维护利用，以成都市为例"。海源学成回法国后，指导老师邱建教授对该文进行了较大幅度的整理、补充和修改。

42.2 西方国家遗产保护概况

西方国家对遗产进行系统的认定和维护始于一百多年前，当时一些教堂、城堡等古建筑被统一称为历史性建筑，具有这个称号的建筑物得到了基本的保护。近几十年以来，人们根据建筑物历史价值和保存情况，扩大了遗产的认定范围，增添了许多新的遗产内容并对其进行等级的划分与归类，很多种类建筑物和构筑物被划归为遗产的范畴，如农业建筑、古桥、公园、战地、坟墓建筑、沉舟、古镇、古老的建筑群、具有一定规模的古街和地区等。随着工业遗产的提出，各种功能相关的建筑也开始受到保护，如工业厂房、电厂、作坊、矿山等。根据法国的遗产概念，所有的人工或经过人工改造的场所可以被称为遗产而受到保护，其中包括遗产建筑的周边环境和历史场所。另外一个值得关注的现象是世界遗产保护内容的变化轨迹：自1978年第一次公布了遗产公约规定的12个纪念物项目以来，其内容扩大到建筑群遗址，后来继续拓展到整个城市，再后来进一步扩展，于1992年提出一个属于文化遗产的一个新项目类型：文化景观（吕舟，2007）。由此可以看出，人们对遗产的价值认识和肯定需要一个过程，但是总的趋势是保护的内容越来越广，保护的范围越来越大，呈现出"从点到面、从面到域"的演变扩大过程。有的遗产类型过去并不受重视，如今却受到人们的关注和保护。

针对不同的老建筑及其环境状况，西方国家往往采用等级分类并且以严格的保护条例加以保证。例如，法国将历史建筑遗产分为三类列入清单进行保护，第一类是高等级别的保护建筑（图42-1），不允许有任何拆建行为，即使是修复，也只有经过国家专门委员会同意后并且在受过专业培训的建筑师的指导下才能进行；第二类是中等级别的保护建筑，包括较为重要的历史建筑以及高等级别保护建筑的构成环境，这类建筑的任何改造工作都需要首先得到本地专门委员会的许可，如果改造被认为是不合理的但又难于阻止时，地方委员会有权将建筑提升为高等级别的保护建筑；第三类是附加保护建筑，这个规定保证某些具有一定遗产价值的建筑，虽然不能被列为等级保护建筑，但是在维护时也享有财政支持的特权。不少欧洲国家还将古建筑集中的历史城区如城市中心区进行专门列级，实行严格的区域性整体保护政策。

具有极高艺术及历史价值的建筑如教堂、城堡等遗产一般采用原地原样保护方法；有的遗产项目无法在原地保留，往往实行异地保护，即将建筑物的所有细节进行测绘、编号后小心拆卸，然后用拆卸下来的原材料依据详细精确的测绘图在异地重建；大量的老建筑保护则采用有机更新方法，在保持原有建筑整体风貌的基础上，对建筑的功能进行适时更新，如在欧洲城市中心的建筑石材立面受到很好的保护，但室内空间往往被装饰得非常现代。

42.3 普通老房子面临的问题

我国的建筑遗产保护工作主要是参考了西方发达国家的经验，起步较晚。国家建设部曾经结合历史文化名城的申报工作布置了划定历史文化街区的任务，旨在保护文物古迹比较集中、具有重大历史价值和革命意义或能较完整地体现出某一历史时期的传统风貌和地方民族特色的街区、建筑群。普通老房子目前虽然不是文物，但是对于形成街区的"传统风貌和地方民族特色"以及保持街区的完整性都具有十分重要的作用。历史文化街区保护措施的落实理应对普通老房子的保护起到积极的推动作用，然而，只有历史文化名城才严格要求设置历史文化街区，我国仅有少数城市才被列入国家级和省级历史文化名城，需要并且"真正落实历史街区保护的城市并不多"（叶如棠，2002）；另一方面，即使是历史文化名城，历史文化街区只是组成城市的极少部分，保护区域十分有限，街区外大量有价值的普通老房子的保护难以统筹考虑。

成都市是我国第一批历史文化名城，西部主要中心城市之一，全国其他城市普通老房子所面临的问题在成都市基本上都存在，可以较好地见证我国建筑遗产状况。

通过现场踏勘，笔者首先发现成都市区残存的普通老房子累积了严重的质量问题，疏于维护，基本上处于残存不全，基础设施陈旧的状况，破损程度十分严重，普遍存在屋顶漏水、墙体歪斜、消防隐患、排水系统阻塞等问题（图42-2）。室内条件更差，如没有隔音效果，屋顶漏水、内部潮湿，导致冬不保温夏不隔热，缺少基本卫生条件，洗浴设备缺失，加之原来一户大户人家的院落现在同时容纳了十多户家庭，生活条件十分恶劣。

其次是老房子在城市中分布过于分散，无法引起人们的关注和重视，难以提炼出地区建筑文化特色，片区性的保护与维护困难，不利于通过新兴产业来进行有机更新（图42-3）。

第三是居民意识问题。现场调查表明居住在老房子里的居民绝大部分属于中低收入家庭和城市里的弱势群体。通过访谈得知，虽然个别居民能够意识到所居住的老房子的遗产价值，加之情感因素和

图42-1　法国巴黎第一类
高等级别保护建筑

图42-2　成都市水井坊街区的
一条巷

图42-3　成都市东城根下街的教堂
及其传统民居环境

地处市中心的区位优势，往往不愿搬离他们世世代代居住的地方，但是绝大部分居民对其居住环境没有荣誉感，认为他们住在"烂房子"里，老房子成为"贫苦"的代名词，对有关教授、研究人员、规划师、建筑师和大学生关注老房子遗产价值大为不解。有的居民不情愿外人特别是外国人参观考察他们的住所，认为这会使他们感到羞惭，他们具有强烈的"新房子"情结，在调研过程中常常会听到："你们喜欢这些房子，那你们搬进来，我们搬到你们的大楼去住。"

第四是旅游开发模式的问题。历史文化遗产是旅游经济最重要的载体之一，旅游开发对于遗产特别是物质遗产是把"双刃剑"，世界上不乏旅游开发与遗产保护相互依存、相互促进、相得益彰的优秀范例，其共同特点是立足于保护遗产的原真性，如英国斯特拉福镇（Stratford-Upon-Avon）正是由于成功地保护了莎士比亚故居这一木质建筑遗产而成为全世界游客的朝圣之地（图42-4）。然而，我国旅游开发的根本出发点基本上是建立旅游商圈，以促进旅游经济繁荣为根本，除了依法保护的文物建筑无法拆除外，普通老房子不仅得不到维护，而且往往是难逃一劫，"真古董"黯然仙去，"假古董"粉墨登场。现场调查发现成都市历史文化街区原汁原味的普通老房子基本上不见踪影，取而代之的是规模宏大的仿古建筑群。结合旅游功能，单体建筑大都依

照过去大户人家住宅的尺度、风格和外形进行设计，失去了原有成都普通民居的质朴与简洁，与历史形成的面貌严重脱节，造成街区原真性丧失而不再具备遗产价值，成为一个处处可见的人造商业旅游景点（图42-5）。

最后是房地产开发的压力。在快速城镇化、国际化背景下我国采取以经营土地为核心的经营城市策略来扩大城市规模，提高城市容量，城市形态与结构发生了翻天覆地的变化。历史文化街区和其他普通老房子一般位于旧城区，地处城市核心地段，其土地具有极高的商业利用价值，是房地产开发的黄金宝地，开发商都希望在这些地段修建写字楼、购物商城或高档住宅等回报率高的建筑产品。但是，过去的城市拥有密集的网格平面分布，穿插着狭窄的街道和传统的庭院式住宅建筑，旧的城市格局与今天的城市发展需求相抵触，产生种种矛盾。面对巨大的经济利益，很难有人静心去思考普通老房子遗产价值，往往由于观念的滞后和体制的不完善而将老房子视为"危旧房"加以"改造"，实践中大都采取极端的大面积夷平后再开发的形式，老建筑渐渐失去了它们的生存空间。

总之，在寻找和调查普通老房子的过程中发现，成都市区残存的老房子已经濒临绝灭，其价值仍然没有引起各方面包括政府部门的足够重视，大多数人甚至难以想象老房子与遗产之间会

有什么联系。特别是在当前高速城镇化、强力推进"旧城改造"、迅速消灭"棚户区"的背景下,可以预言:如果不理清思路、转变观念、强化认识,由于拆迁成本太高而苟存至今的老房子必将随着城市经济实力的增强而难逃被拆除的厄运,形势不容乐观。

42.4 普通老房子的遗产价值

通过深入现场仔细观察不难发现,由于种种原因仍然在"现代化"城市中苟延残喘的老房子一般都具有50~100年以上的历史,虽然外观上看起来比较破烂,但是很多建筑的结构仍然坚固(图42-6),并不是像人们直观认为的那样平面单一、设计单调、完全破损。其实,普通老房子包含着丰富的本土文化和传统建筑的因素,与历史上遗留下来的寺庙等宗教建筑和其他重要的传统公共建筑共同构成传统建筑及历史文化遗产,具有丰富的社会文化及建筑价值。

从历史价值的角度看,不同时期形成的错综复杂的院子和隘巷(图42-7)、黑砖墙或土木材料建构的普通老房子(图42-8)、私密的庭院花园、热闹的公共场地、小菜市场等物质空间表现了特定的历史氛围,反映了城市的一个或多个历史阶段特征,见证了社会的演进过程,仅有现代高层建筑或以发展旅游为目的的仿古街区,而没有能见证历史的原真性老建筑的城市是没有底蕴的城市,这一历史价值观念在国际上得到普遍承认(图42-9)。在我国,老房子的消失导致在时间轴上完整的历史建筑实物构成体系的破碎以及地域建筑特征的丧失,为人们研究、认识、理解城市特色设置了巨大障碍,是城市风貌形成千城一面的根源之一,将造成城市历史价值的巨大贬值,为我们特别是我们的后

图42-4 英国斯特拉福镇(Stratford-Upon-Avon)莎士比亚故居(莎翁于1564年出生在这栋建筑里)

图42-5 成都市某历史文化街区被改造成为人造商业旅游景点

图42-6 成都市人民公园附近结构坚实的老房子

图42-7 成都市水井坊安静的老巷子环境

图42-8 成都市恩光堂附近一座特殊的黑砖传统民居

图42-9 比利时鲁文市保留的普通老房子和周围的原始环境

代留下深深的遗憾。

普通老房子一起原始环境从文化价值的角度
看，建筑与地域价值观念、生活方式和传统习俗一
脉相承，若把文化比作灵魂，那么建筑及其围合的
物质空间环境便是它赖以生存的躯体。伴随着老房
子的消失，原住民的搬迁，传统生活模式和传统文
化也将随着"躯壳"的消失而挥发于"现代化"大
都市中。因此，拆除一个地区老建筑，表面上抹去
的是建筑本身，而实质上抹掉的是生存于它们体内
的文化内涵，断裂的是一个城市文明的延续，消减
的是这个城市的文化"软实力"。

丽江古城"仅仅"因为过度商业化、原住民
流失而受到联合国检查组的指责，并面临亮"黄
牌"之忧，随之而来人们发出了"丧失文化气
质，谁会迷恋丽江"的质疑、做出"丽江仍在，
灵魂已死"①的结论。面对我国众多的城市包括
历史文化名城通过"土地置换和异地安置使得建
筑以及工作生活在其中的人同时被置换；作为传
统文化物质载体的老建筑不复存在；作为传统文
化创造者和传承人的本土居民也随之被外迁；历
史形成的生活形态被破解、传统交往网络被摧
毁"（杨磊，邱建，2007），与国际遗产保护工
作的主流方向渐行渐远，按照联合国的逻辑，应
该给这些城市亮什么"牌"、发出什么质疑、做
出什么结论呢？

42.5　普通老房子的维护利用

在成都市的现场调查发现仅存的老房子有两
种典型聚集情况：多数是街道两旁存在的单栋房
子或者由两至四个庭院构成的小组群；另外是少
数虽然不能形成完整意义的街区，但是聚集规模

相对较大的老建筑群。

针对第一种情况的保护手段，一是被整体转
移，但是这是一种花费非常昂贵的方式，除了价
值极高的文物建筑之外，难以推广。二是大量普
通老房子可以在原地被修复并成为城市临街街景
的一部分（图42-10），也可以在立面上与现代
设计手法相结合创造出别具一格的作品。在第二
种情况下，重点在挖掘传统文化成因，将其规划
为反映城市历史面貌的景观空间，应尽量保留原
有功能形态，使其中的生活气氛得到保持，如将
有特色的菜市场、茶馆、商铺等建筑加以保留。
在保持现存布局的基础上，在其中破坏较为严重
的"空心"区域，结合第一种情况整体转移方法
"移植"一些位于城市其他位置的、不易于保留
的具有较高价值的单体建筑，如成都市二医院片
区中间部分即可采取此法（图42-11）。无论使用
哪一个方法，排水系统等基础设施必须首先得到
满足，使居住其中的人能达到基本的生活质量。

建筑物本身的真实性维护及其修复技术主
要有两个做法：其一是保留老房子的原貌，修复
的主要目的在于保留建筑物的原有真实风貌。根
据安全的要求，建筑结构可以进行局部修改设
计，必要时置换构件，但是所有的维护项目必须
在有古建筑经验的建筑师指导下进行，针对不同
单体建筑制定不同的结构维护方案，使其具有个
案性，最大限度地保留原有结构体系，保持整个
地区的真实风貌。其二是相对灵活的更新修复技
术，即在保留原有建筑主体结构的条件下，允许
建筑师运用某些独特的设计方法，使建筑物适合
新功能的需求。主体结构和体现历史沧桑的建筑
材料要尽可能地加以保护（图42-12），室内空
间可以根据新的功能要求进行现代化改造，突出
现代空间与传统结构的结合。

---

① 华西都市报，2008 年 1 月 29 日。

  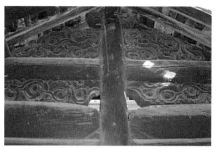

图42-10 成都市人民南路二段 十字路口修复后　　　图42-11 成都市二医院附近的一片 传统庭院老房子　　　图42-12 四川会理传统老房子结构 及其雕饰独立存在的老房子

42.6 本章结论

西方发达国家对遗产建筑保护的规定以严格而著称，在大城市普通老房子价值认证方面，我国应该及时吸取西方国家遗产保护的经验教训，建立科学的遗产甄别体系，探讨出适合我国大城市老房子实际情况的维持与再利用方法，并充分发挥政府的作用，将这些方法规范化、制度化和法制化。这不仅仅是在保护大城市残存的作为标本的普通老房子本身，更重要的是在挽救城市景观丰富性的"命"，保留地域文化环境多样性的"根"，为遏制千城一面、塑造城市特色留下希望的"火种"。

■ 参考文献

[1] 叶如棠. 应全面启动建筑遗产保护工作[N]. 经济参考报，2002-11-06.

[2] 杨磊，邱建. 建筑空间的文化更新与城市文脉的有机传承[J]. 城市建筑，2007（8）：18-19.

[3] 王朝晖. 城市规划前辈古城保护先驱——记郑孝燮先生[J]. 规划师，2000（1）：115-116.

[4] 张军，殷青. 城市更新中建筑文化延续的层面探讨[J]. 低温建筑技术，2006（2）：34-36.

[5] 方可. "复杂"之道——探求一种新的旧城更新规划设计方法[J]. 城市规划，1999（7）：28-33.

[6] 吕舟. 文化遗产的评价标准[EB/OL]. （2007-12）. http：//news.xinhuanet.com/edu.

[7] 张乐. 老房子保护，不能"孤岛化"[EB/OL]. （2005-6）. http：//www.aaart.com.cn/cn/estate/show.asp？news_id=9620.

[8] 符定伟，500年的重庆汉正街：正在消失的历史[EB/OL]. （2005-5）. http://www.aaart.com.cn/cn/estate/show.asp？news_id=9354.

[9] 中国南京剩余的老房子[EB/OL]. （2005-8）. http://www.jmnews.com.cn/c/2005/08/31/08/c_699569.shtml.

[10] Site of a non-governmentalorganization caring about the protection and the development of Historical Monuments in France[EB/OL]. http://www.vmf.net/pratique_patrimoine.php.

[11] The French Architectural and historical heritage laws and regulations in Francc（French）[EB/OL]. http://www.legifrance.gouv.fr/WAspad/UnCode？&commun=&code=CPATRIML.rcv.

[12] For details about the system in UK[EB/OL].http://en.wikipedia.org/wiki.

[13] Scotland Historic Buildings, official department[EB/OL].http://www.historic-scotland.gov.uk.

[14] European Union, Council of Europe site. Convention for the Protection of the Architectural Heritage of Europe[EB/OL]. http://conventions.coe.int/treaty/en/Treaties/Html/121. htm.

43 地震灾区纸管建筑研究——坂茂在汶川与芦山的设计 ①

将"没有权势的，因自然灾害流离失所的人群"纳入工作中，为他们设计"更好的庇护所"，是2014年度普利兹克建筑奖得主、日本建筑师坂茂明确的设计理想。美国TIME杂志曾这样评价："他也许比今天很多做玻璃和钢铁建筑的人更接近老旧的现代主义者的理想。坂茂想让大众能够得到美好的东西，包括最贫穷者"②。普奖评委会则从建筑学角度上对坂茂作品予以这样的评价："他不仅在面对问题和挑战上，而且还在建筑工具与技巧上都拓宽了建筑领域"③。

2008年"5·12"汶川大地震后的华林小学（图43-1和图43-2）和2013年四川雅安芦山"4·20"地震后的苗苗纸管幼儿园（图43-3），是坂茂在中国的两个灾后救助建筑项目。则2008年8月—9月，坂茂为成都东郊成华区的华林小学无偿提供了纸管过渡校舍设计和施工技术指导，在中日学生志愿者及教师志愿者团队的33天的协作下，为400名小学生建造了3座9间全屋架纸管结构的校舍，该校舍完工距今已近6年，现在仍在使用中。2013年11月—2014年2月，坂茂无偿设计

图43-1 华林小学内景（资料来源：李俊摄影）

图43-2 华林小学外景（资料来源：李俊摄影）

图43-3 苗苗幼儿园北立面（资料来源：陈志摄影）

---

① 本章内容由邱建、邓敬、殷荙第一次发表在《建筑学报》2014年第12期第50至55页。

② 2000年7月17日BelindaLuscombe为美国TIME杂志做的采访报

道（http://www.time.com/time/innovators/design/profile_ban.html）

③ "普立兹克建筑奖"官网评语（http://www.pritzkerprize.cn/2014/评语）

了雅安芦山县太平镇苗苗纸管幼儿园，为受灾的40多名乡村儿童们提供了另一个精美的灾后庇护所，在获得普利兹克建筑奖的前一周，坂茂还亲赴现场进行工程验收。

坂茂对纸管、集装箱、竹子、织物、纸板、再生纸纤维，以及塑料复合材料等非传统建筑材料的实验与实践，是通过挖掘材料的潜力来拓展形式与结构构成的可能性。在面对灾后救助的各种复杂挑战中，如何结合灾区实际所需和现有条件，如何保证建造实施组织与控制的有效性，如何保障建成后的维护与使用，具体到华林小学和苗苗幼儿园建筑设计，坂茂采用的是以纸管这种非常规的工业化定型产品为主材，以四川灾区当地配件材料来组织结构与形式，以达到高效快捷的安置需要。笔者作为两个项目的亲历者，从布局、基础、结构体系、围护体系、节点构造，以及坂茂独特的建造组织等多个方面对案例展开解析与比较，以期较为全面地呈现坂茂在灾后救助类作品中的思维模式与设计理念。

43.1 适宜性的布局与基础设计

43.1.1 布 局

华林小学纸管校舍布局为3排9间教室，南北朝向，均设有风雨檐廊，南侧两排教室檐廊相对而设，相距较近，形成尺度亲密的休憩娱乐空间，北侧的一排教室在其南向留出较宽间距作为主入口；教室山墙面对校外马路，最大程度降低外部噪声干扰（图43-4）。

而苗苗纸管幼儿园虽为单排校舍，由于位于河滩凹地，场地关系较为复杂，原先的主立面朝东北向的山体高坡，在现场中方协调人的建议下，坂茂同意将校舍整体位置向南旋转90°，与四周安置房平行，同时取消校舍中间一品框架的围合，形成一个开放的主入口灰空间，由此获得更好的朝向和更佳的山谷景观视野和通风效能（图43-5）。

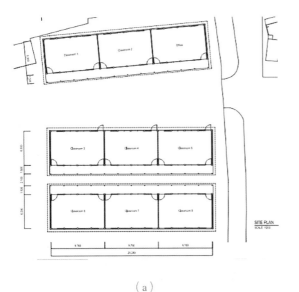

（a）

（资料来源：坂茂建筑师事务所提供）

（b）

（资料来源：华林小学纸管校舍现场志愿者项目组摄影）

图43-4 华林小学纸管校舍布局

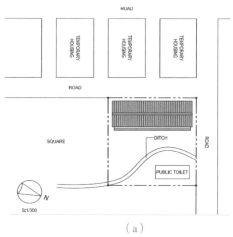

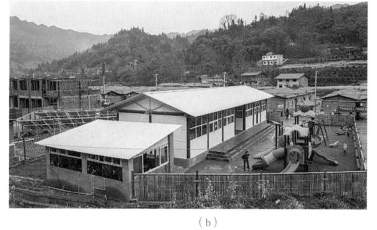

（a）
（资料来源：坂茂建筑师事务所提供）

（b）
（资料来源：苗苗纸管幼儿园现场志愿者项目组摄影）

图43-5　苗苗纸管幼儿园原布局及调整后位置

43.1.2　基　础

对于居住类的灾后临时板房建筑，坂茂往往采用快速廉价的"Paper-Loghouse"式简易箱体拼装基础方式，基础材料范围可以从砖块、碎石，扩展到塑料啤酒箱、木夹板格栅等廉价、易得、易组装的其他成品材料，与有防水作用的塑料布、找平作用的木板材结合，形成架高的基础，再铺设龙骨和木板地坪层[6]。但是，华林小学和苗苗幼儿园纸管校舍的建造必须能满足较大柱跨空间的公建功能和较多人群长期使用的

要求，并且使用周期相对较长，坂茂没有沿用居住类救灾板房的基础处理手法。针对华林小学纸管校舍，基础是在原址上铺200 mm厚细石混凝土层，水泥砂浆抹平后再用膨胀螺栓固定倒T形钢固件，为纸管柱木插件节点插件提供强固支撑（图43-6）。苗苗幼儿园纸管校舍由于地处河滩地上的过渡安置区，为了防潮防湿，则采用600 mm高的混凝土箱垄基础，垄间预留了通风口，纸管柱、木插件、钢固件和斜拉钢筋由膨胀螺栓固定在地梁上，然后附设龙骨并上覆木板地坪层（图43-7）。

图43-6　华林小学混凝土垫层基础及T形钢固件
（资料来源：华林小学纸管校舍现场志愿者项目组摄影）

图43-7　苗苗幼儿园混凝土箱垄基础及附设地坪木龙骨
（资料来源：苗苗纸管幼儿园现场志愿者项目组摄影）

43.2　独特的纸管框架与标准化的围护体系

43.2.1　纸管框架

坂茂在两个项目上均采用了6 m的纸管框架跨度，外径240 mm的纵横纸管通过木构结点连接，利用可调金属拉杆、拉结铆钉、旋口螺丝、穿孔轻质角钢等工业成品构件的连接调节功能，形成具有一定的弹性和伸展度的结构体系，成为一种连接方便、操作维护简易、可装卸回收的装配式建筑，这些结构与构造关系带来的是简约的工业化美学的韵律层次、明快清晰的建构逻辑。不过，坂茂对于两个项目在框架空间关系、组合连接以及结构强化的处理方面却不尽相同。

华林小学的纸管屋架部分为双坡形式（图43-8），由木构结点套管进行斜向和水平连接，形成整体双坡框架后，钢拉杆件在屋架下部进行双向拉结强化，教室隔墙在一定程度上也承担了结构作用。纸管的尺寸有3种规格长度、8个不同打孔位置，较为复杂且容易出错，需每根进行对位编号。室外檐廊的纸管支撑柱的外径为90 mm，比教室柱小，与搭接的纤细木

梁一道，形成尺度更为精巧的外缘空间。

苗苗幼儿园外观虽然是双坡顶造型，但内部的纸管屋架则是通过木构节点连接而成的水平垂直的框架连续单元，交叉斜拉的金属拉杆在水平屋架和垂直边框中起到强化整体框架，降低水平摇摆的结构效果（图43-9）。与华林小学纸管校舍相比，减少了屋架水平向纵横搭接的纸管数量，纸管的尺寸简化为一个规格长度，3个不同打孔位置，只需分组编号。在穿孔轻质角钢和木梁构成双坡屋面构架，连接在水平纸管屋架的节点上，形成三角形桁架，从而限定出与华林小学内部不同的两个竖向空间层次，即由深褐色的粗大纵横纸管限定的水平空间，以及浅原木色屋梁与板与白色穿孔轻质角钢所限定的双坡空间。

43.2.2　围护体：墙与屋面

对于两个项目的墙面围护体，坂茂采用的都是工业标准化产品。华林小学采用的是成品塑钢门窗，以及由硅钙板和泡沫板构造的墙体（图43-10）；苗苗幼儿园的所有墙体则全部采用了白色塑钢门窗与夹芯塑钢板材墙（图

图43-8　华林小学校舍双坡纸管框架
（资料来源：华林小学纸管校舍现场志愿
者项目组摄影）

图43-9　苗苗幼儿园水平垂直式的纸管框架
（资料来源：苗苗纸管幼儿园现场志愿者项目组摄影）

43-11）①。

对于屋面材料，坂茂则考虑了美学效果。华林小学纸管校舍的屋面沿袭了2003年坂茂在庆应义塾大学"纸管工作室"的屋面设计②，用半透明波纹板、泡沫板和木夹板三层叠加，在木夹板上开启的圆洞白天能投射轻微的室外光线，夜晚还能将室内灯光映投到屋面，形成有趣的光晕（图43-12）。苗苗幼儿园的屋面也是这种"夹芯三明治"式的构成，只是外层为白色彩钢板，内层为欧松板，欧松板的木质肌理面层和支撑杆件的组合给室内带来一种乡土天然的温馨质感（图43-13）。

图43-10　华林小学校舍外墙与檐廊
（资料来源：华林小学纸管校舍现场志愿者项目组摄影）

图43-11　苗苗幼儿园外墙与屋檐
（资料来源：苗苗纸管幼儿园现场志愿者项目组摄影）

---

① 这种处理引发了一些质疑，比如有观点认为，既然采用了纸管、木结点和钢构件等环保可回收的材料，为何围护墙体不全部使用环保材料，如秸秆等生态材料。坂茂的回应是：他首先并不认为所设计的是环保建筑，也不希望为了那个标签去设计，他关注的是有效和快速的建筑，可以由志愿者尤其是学生来展开实施，然后整合一些本地资源，诸如塑钢门窗和泡沫板，来达到降低成本和施工周期，这是一种能适应灾后建筑特殊性的策略。

② 坂茂建筑师事务所官网 http://www.shigerubanarchitects.com/works/2003_paper-studio/index.html

图43-12 华林小学校舍屋面
（资料来源：华林小学纸管校舍现场志愿者项目组摄影）

图43-13 苗苗幼儿园屋面内部材料与层次
（资料来源：苗苗纸管幼儿园现场志愿者项目组摄影）

43.3 纸管与相关节点处理

43.3.1 纸管的防护与连接

43.3.1.1 纸管的防护

华林小学和苗苗幼儿园所使用的纸管为直接出厂的产品，需要进行防水、防潮、防腐及阻燃的处理。将已打好孔洞的纸管置入氟碳清漆或油性聚氨酯清漆中浸透，浸泡后纸管比未浸前的颜色深很多，晾干后管体表面会生成保护膜层，这样的纸管可以达到防潮防火的设计要求（图43-

14）。设计方要求每年必须定期为纸管补刷保护漆，尤其是雨季雨后的维护，这样能维持及延长纸管的使用年限，华林小学纸管校舍执行了这样的维护措施，保证了纸管建筑沿用至今。

43.3.1.2 连接的纸管木节点

纸管建筑的最关键部分在于联接方式的设计和制作，两个项目连接纸管的节点采用的都是木构件，在所有纸管与地面、纸管与纸管之间的交接处，都由特定设计的木节点连接，华林小学和苗苗幼儿园的木节点设计形式和结构

（a）

（b）

（资料来源：华林小学纸管校舍现场志愿者项目组摄影）

（资料来源：苗苗纸管幼儿园现场志愿者项目组摄影）

图43-14 华林小学和苗苗幼儿园项目中浸泡后的纸管

构成有所不同，华林小学的木节点构件由大块实木加工粘接，在成都本地的家具工厂订制，完成的时间和品质都依赖厂家，需要设计对结果有很高的结构预测（图43-15）。苗苗幼儿园的木节点构件是板材粘接成型，由大学生志愿者在工作坊DIY完成，设计团队对节点做了现场测试和设计调整，虽然缺乏专业厂家的效率，但具有更强的实验性和研究性，完成的时间和品质更具可控性（图43-16）。

由于框架的转角的变化，华林小学项目的

木节点种类比苗苗幼儿园项目多，而且很多节点的设计要求一个完整的实木加工，但厂家生产的产品却出现一些问题，最后通过强化措施得到解决；在苗苗幼儿园项目中，实木节点已改为由多个木材胶合拼接，并以金属配件强化的方式。坂茂方对这些特制节点给出了详尽的做法和三维组装图示，以期达到最有效的完成度。在建筑的外立面上，很多节点像木建筑斗拱一样都显现在外，传递出一种建构逻辑的美感。

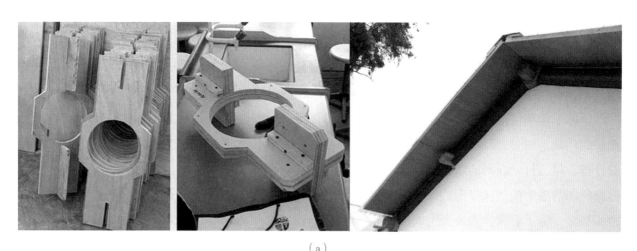

（a）

（资料来源：华林小学纸管校舍、苗苗纸管幼儿园现场志愿者项目组摄影）

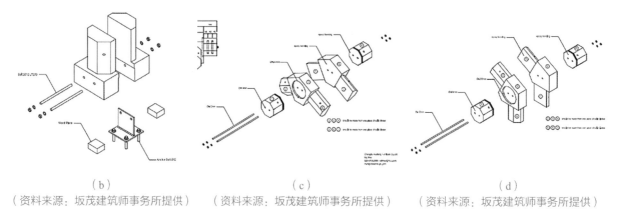

（b） （c） （d）

（资料来源：坂茂建筑师事务所提供） （资料来源：坂茂建筑师事务所提供） （资料来源：坂茂建筑师事务所提供）

图43-15　华林小学纸管校舍的主要木节点及组装示意图

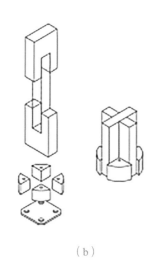

（a）
（资料来源：苗苗纸管幼儿园现场志愿者项目组摄影）

（b）
（资料来源：坂茂建筑师事务所提供）

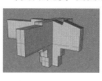

（c）
（资料来源：坂茂建筑师事务所提供）

图43-16　苗苗幼儿园纸管校舍的主要木节点及组装示意图

43.3.2　金属构件与结构性表现

两个项目中的金属构件主要有可调节的金属拉杆、L形钢板、膨胀螺丝、拉结铆钉、旋口螺丝、轻质穿孔角钢等，它们几乎都以外露的形式出现，在与纸管屋架和墙柱的连接组合中，呈现出具有结构逻辑关系的工业美学视觉效果。华林小学校舍的人字形纸管屋架下面，金属构件形成的是中部单撑竖杆受压，两侧可调金属弦杆受拉的单撑杆张弦梁结构，在粗大的纸管梁对比下显得优雅轻盈，主次分明（图43-17）；苗苗幼儿园校舍的金属构件组合更多一些，除了轻质穿孔角钢与斜木梁、水平纸管一起形成构筑双坡屋面的三角形桁架，还有纸管框架之间的增强稳定性的交叉斜撑拉杆，虽然稍显烦琐，也带来一个极富新意的结构美学空间（图43-18）。

图43-17　华林小学纸管校舍室内的张弦梁结构（资料来源：华林小学纸管校舍现场志愿者项目组摄影）

图43-18　苗苗幼儿园纸管校舍室内的三角形桁架与交叉斜撑（资料来源：苗苗纸管幼儿园现场志愿者项目组摄影）

43.4 非常规的建造组织

在坂茂的救灾建筑项目中，建造施工者大多以志愿者为主导，他的这种选择所带来的挑战很多。比如，非专业施工队伍用非常规纸管主材来建造，从施工图绘制到施工组织和材料采购都无参照标准可循，各个方面的建造配合无法常规化，导致了材料和人力成本在预测和控制上的难度，这对建造成果的要求带来了相当大的挑战。通过四川震后重建的两个项目的成功实践，我们可以了解到坂茂处理这种救灾应急建筑建造的非常规的策略和方法：

首先，坂茂制定了一个由不同国家的志愿者团队，特别是建筑相关专业的大学生志愿者参与建造的模式，这与非常规建造的实验性吻合，也跟坂茂身为师者、热衷教育有关。大学生志愿者们组成建造的主体团队，从项目前期准备到施工开展始终围绕着设计细节和施工组织的共同讨论，在分组分工中去承担整体的工程工作，如材料的计算与购买，所有参与者必须熟悉图纸，熟悉如何安全施工如何使用器具。来自不同国度的志愿者，特别是中日学生志愿者在工作中相互磨合相互促进，在建造的行动中去提升专业热忱和公益义务（图43-19和图43-20）。

其次，是以严谨但开放的态度进行施工组织。在华林小学项目中，坂茂派遣其助手常驻工地，提供现场施工组织和指导，其本人也多次前来现场处理问题；而在苗苗幼儿园项目，则是完全放手由有经验的中方负责人协调全部的施工组织，还接受建议对方案布局进行调整，并不保守自己创新"专利"[2]。

另外，坂茂在设计上顾及志愿者尤其是学生的实施能力，给出的图纸十分详尽，虽然图样的设计与制图均来自日本，但都以中国国内的工艺、配件以及非重型机械的操作为标准，并提供足量的细部大样、三维轴侧、模型、效果图等。

（a）　　　　　　　　　（b）

图43-19　华林小学纸管校舍现场施工
（资料来源：华林小学纸管校舍现场志愿者项目组摄影）

（a）　　　　　　　　　（b）

图43-20　苗苗幼儿园纸管校舍现场施工
（资料来源：苗苗纸管幼儿园现场志愿者项目组摄影）

在材料的使用上尽量整合本地资源，诸如塑钢门窗和泡沫板，来达到降低成本和施工周期的目的，这是一种能适应灾后建筑特殊性的策略。

43.5 结语：对建筑学的延伸思考

华林小学纸管校舍和苗苗纸管幼儿园这两个项目是坂茂自身理想追求下的作品：体现了清晰的结构逻辑，在解决灾后的过渡需求同时没有放弃形式美，在完善建造体系的易行性情况下还满足了对美好的心理追求，它并不一定会满足是否能马上投入批量生产的问题，而是表达"过渡性"建筑在时间和品质上的鲜明立场，体现在时间的实效性、周期的可持续性、形式的人性化和唯美性等多项的整合。在时间上，维护得当的纸管过渡建筑的使用周期可以延长许多年，甚至可以拆除再异地重建，达到循环使用的再生目的；在建筑的形式上，纸管建筑"轻-固"的构造特性和美好的建筑意象给有"重-危"建筑震后恐惧感的人们带来的是一种灾后的抚慰；在建筑的建造上，志愿者们的亲手劳作、相互间的合作、和孩子使用者的互动，成为灾后重建中甚为珍贵的精神财富[3]（图43-21～图43-24）。它的影响已经超越了建筑本身的意义，乃至引发对过渡性建筑和永久性建筑的延伸思考，从而为建筑学的探索提供了更多的可能——当过渡性建筑作为应急需要出现时，它对建造的包容性和当下性会使

图43-21　苗苗幼儿园西立面
（资料来源：陈志摄影）

图43-22　苗苗幼儿园入口
（资料来源：陈志摄影）

图43-23　苗苗幼儿园教学场景
（资料来源：陈志摄影）

图43-24　华林小学教室内景
（资料来源：李俊摄影）

得更多普通人加入建造的行列中，这对人们从灾后自救到重建家园的帮助可以说是广泛和有效的，对我们的建筑学界也是一个新的补充[3]。

坂茂对此是这样表述的："过渡还是永久，其实是相对的概念：一座永久性钢筋混凝土建筑，如果它的设计是不合理的，在相对短的时间内倒塌或被拆除，那它就是短暂的；而一座过渡性建筑，在它的生命周期内完成了其使命，同时又是凝聚了很多人的爱心和奉献在里面的话，它就不是短暂的，甚至是永恒的，因为它会永远留在人们的心中。"①

项目名称：华林小学纸管校舍

建筑师：坂茂建筑师事务所+松原弘典研究工作室

地点：四川省成都市成华区

设计衔接与施工管理：殷苙、Yasunori Harano

捐资方：深圳"土木再生"专业志愿者联盟、成都成华区教育局、Shigeru Ban

设计时间：2008年7月

竣工时间：2008年9月11日

建筑面积：540 ㎡

结构形式：纸管结构

工程造价：58万元

项目名称：苗苗幼儿园纸管校舍

建筑师：坂茂建筑师事务所

地点：四川省雅安芦山县太平镇

设计衔接与施工管理：殷苙、邹劲光

捐资方：微笑彩虹项目组、麦田计划

设计时间：2013年9月

竣工时间：2014年2月28日

建筑面积：126㎡

结构形式：纸管结构

工程造价：22万元

■ 参考文献

[1]　徐梦一，侯林. 坂茂 "Paper-Loghouse" 临时过渡安置房建造还原[J]. 四川建筑，2011，31（4）：85-87.

[2]　殷苙. 坂茂和他的两个世界[J]. 城市中国，2014，（065）：104-113.

[3]　殷弘，邓敬. 由"过渡"而始——从坂茂的纸管校舍到过渡性建筑的探讨[J]. 时代建筑，2009（1）：74.

---

① 该发言引自坂茂于2008年6月26号在西南交通大学所做的学术演讲记录。

44 峨眉山金顶景区规划设计 ①

44.1 本章概述

雄秀神奇的峨眉山是享誉中外的世界自然和文化遗产，是我国四大佛教圣地之一，1982年首批被列入国家级风景名胜区。峨眉山有着悠久的人文历史。相传峨眉山为普贤菩萨的道场，宗教的传入、寺庙的兴建和繁荣，使这座雄伟而秀丽的"蜀国仙山"增添了神秘的色彩。宗教文化，特别是佛教文化构成了历史文化的主体。

作为峨眉山象征的金顶，海拔在3000 m左右，是峨眉山的核心景区，规划设计范围约15.8万㎡。景区东面是新生代强烈地壳运动形成的悬崖绝壁，景点主要沿悬崖一侧分布，四时景色变幻无穷，形成日出、云海、佛光与圣灯四大奇观。历史上建于金顶的金殿、锡瓦殿、卧云庵等寺庙闻名海内外，历来是全山佛教文化活动的重心。

44.2 金顶景区存在的问题

（1）现有华藏寺和卧云庵两座寺庙不能满足游览空间和佛事活动的要求，无法体现普贤道场的气势和特色。华藏寺为1989年新建的仿古建筑群，非原址修建，与原有寺庙形象差距很大，建筑质量差，建筑空间局促，不能满足宗教活动需求。同时，现有华藏寺主体建筑紧接悬崖并占据核心观景区，阻碍游览线路的形成。卧云庵始

建于明朝，主体部分重建于清朝，其余为后期加建，加建建筑体量过大，大量游人通过索道至此，造成观景效果不佳。

（2）电视差转台和气象站建于华藏寺原址，位于金顶景观视线中心；气象台的办公用房及宿舍楼与金顶历史文脉格格不入，严重影响景观风貌；宾馆等建筑和公用设施没有在规划的指导下进行建设，布局凌乱，对景观造成了极大的破坏。

（3）金顶景区地势复杂多变，高差较大，对外交通有客运索道和货运索道各一条，另外还有一条步行游山道与山下及金顶各景点相连，游览路线组织不合理，游览、观景面积不足，游人集中拥挤，观光效果差，未能很好地与金顶的地形地貌及观景要求相结合。

（4）生态环境极度脆弱，植物种类较少，且生长十分缓慢。随着旅游的兴盛，游客数量剧增，超出其环境承载能力，对原有生态造成了巨大破坏，致使金顶冷杉林下移，杜鹃林枯死，箭竹消亡，大量土地裸露。

44.3 规划设计理念

要再现金顶自然之秀丽，复兴蜀国仙山之精神，处理好自然环境与文化环境的关系对于打造这座天下名山显得尤为重要。因此，本次规划设计定位为"整治与保护"。

金顶景区规划设计过程采用[100%自然−文化"网眼"= 100%（自然 + 文化）]模型，即将

---

① 本章内容由邱建、舒波、陈颖、李异、江俊浩第一次发表在《建筑学报》2005年第8期第56至58页。

整个基地作为一个整体被恢复成自然原生态环境（100%自然），包括土地、水体和植被等自然要素，再以此软质环境为基调和出发点，运用"减法"原理慎重而适度地"挖掘"出寺庙建筑、游览用地和小品等"网眼式"硬质人工环境，满足来朝山、拜佛和观光游客对文化活动的需要（100%文化）和对自然景观的需求（100%自然）。

44.4 寂静禅林的场所设计

金顶是我国名山佛寺选址于山顶的典型，历史上寺庙与周围景色浑然一体，犹如佛国净界，有超凡脱俗之感。如上所述理念模型，以整个自然生态环境为基础，为满足使用功能"挖掘"出宗教区（华藏寺和卧云庵两片区域）、观景区、

交流区和服务区（利用地形高差设置了地下厕所与地下小商店），设计上系统地组织宗教文化活动空间，形成生态和文化的图底关系。

壮丽山林与寂静佛寺禅林是峨眉山世界双遗产的重要特征，设计中为了彰显其特质。采用"极少主义"创作手法，保护现有树木，恢复"深山藏古寺"的布局，重现"僧院千林传梵呗，仙庭五夜响云璈"的意境（图44-1）。

强调人对场所的体验，还金顶给游客，将最佳的景观展示给游人。由于现有华藏寺存在的问题，规划拆除其大雄宝殿和厢房，仅保留金殿并去掉墙体连通室外空间，功能上成为"观景阁"，改善游览空间拥挤现状。根据历史记载拓展观光场所景点，优化游览环境，使游人有"直到菩提顶，方知景象殊"的感受（图44-2和图44-3）。

图44-1　华藏寺山门设计　　　　图44-2　金顶场所设计　　　　图44-3　金顶规划设计鸟瞰

44.5 建筑设计的地域性

峨眉山金顶具有强烈的宗教氛围。倾心体验场地中隐含的特质之后，设计力图揭示场地的历史人文特点，重塑金顶形象，创造出佛教文化参与空间，提升宗教文化展示环境成为金顶景区的另一条主线。金顶历史上的寺庙建筑虽然历朝历代有所更新，但它们传承了历史，作为全山风

景序列的终端和高潮，金顶寺庙与峨眉山全山宗教建筑一样，精华就在于秉承了地方传统民居风格，装饰典雅，朴实无华，因地制宜，依山就势，既有庙堂之严，又富景观之美。

华藏寺在规划拆除的电视差转台和气象站建筑基址（华藏寺原址）上重新设计，布局主要满足宗教活动的功能要求。考虑到场地特点，综合运用山地建筑设计手法，建筑由西向东依次展

开，强调景观的时空变换对视觉和意境的提升作用。寺庙空间设计沿用变换轴线的曲尺式布局，由下而上，随地形转折轴线，并在轴线的转折处，利用自然景观或设计人文景观作为诱导，层层递进，把华藏寺建筑群体空间逐步推向高潮，使其在曲折幽深中产生空间节奏感，最后达到空间制高点——"观景阁"。整个空间序列由抑到扬，豁然开朗，使寺域的建筑空间与金顶绝峰开旷的山水空间融为一体。

设计贯彻了建筑结合自然的设计理念，根据自然地形地貌，采用吊脚楼等地方建造方法，依势造型、逐级升高、内外空间丰富多变。尽量保持原有地貌，不破坏岩石山体，建筑不是凌驾于环境之上，而是融于环境之中，产生步移景异的空间效果。各殿及各院利用前低后高、前坡后平的地势，借助石阶、铺地、碑刻、矮墙、山石、树木等，形成分散、回转、含蓄、富有趣味的山林寺院风格，充分体现出峨眉山建筑"藏"和"隐"的地域特色（图44-1和图44-2）。

十方普贤设置于大雄宝殿和普贤殿之间，有利于将宗教活动集中于寺庙内，功能更加明确，点明了佛教圣地峨眉山作为"普贤道场"的主题，成为"震旦第一山"的标志。

主体大殿建筑采用歇山顶，仿四川古典殿堂建筑，其他建筑形体沿用峨眉山原有寺庙建筑简洁、朴实、飘逸的风格，注重空间尺度比例、视觉处理、结构形态的把握，用现代技术与材料表现出"和而不同"的特色。

延续卧云庵的建筑风格，基本保留原有建筑并进行局部改造维修，更换屋顶和部分墙体材料，立面与华藏寺风格协调。拆除北侧加建部分，形成完整的一进合院，还原佛寺内部殿堂空间，调整南侧配殿，加强与中心广场的联系（图44-3）。

44.6 "点、线、面、域"的景观形态与游览路线规划

景观理论强调"点、线、面"的营造，金顶景观形态设计注重各层面的个性和文化性，力图展现其深厚的文化渊源。景观点分别位于不同的节点，将金顶特有的自然景观纳入观赏之中；最具代表性的是自然景观线与人文景观线。自然景观线将一系列的观景点组织起来，为游人提供连续、动态的观景空间。结合金刚嘴、舍身崖等景点，沿金顶东侧山崖展开，利用自然地形高差的变化，形成高低错落的多个观景平台，动静结合，形成一个连续的景观界面。人文景观线则体现了峨眉山的佛教文化，也是人们朝山、拜佛的线路，由山门至普贤道场至观景阁，重重殿阁，层层庙宇，烘托出峨眉山金顶作为"震旦第一山"的宗教氛围。次一级的景观线则结合不同的轴线和路径布置，可体验宗教文化的人文景观，也可体验各种类型的自然景观；景观面既是100%自然带来的不同植物景观，也是不同功能区各自形成的面状景观群，如新华藏寺呈现出的寺庙群落，同时也是各"网眼"相互构成的景观面。

金顶有"千座名山一座顶"之称，不同于常规的"点、线、面"景观设计，将金顶以外视线可及和心理可及的大景观加以统筹考虑至关重要，即"景观域"的概念，如金顶以外的云海、日出、佛光、圣灯、万佛顶等多种景观类型都纳入景观视域的设计中，又如新华藏寺设计没有采用"庭院深深"的传统寺庙封闭式设计手法，而是将部分西向围墙断开形成观景平台，以便把周围的冷杉树林及更远区域的群山纳入眼帘，进而感知"西天佛国"，强化"域"的景观效果，突出金顶的地域优势（图44-4）。

根据金顶现状及景观资源条件，结合新的功能分区，规划形成"两线一环多轴——场所"形态，即一条景观线（东线）、一条游览线（西线），两线形成一游览环，环线围合的中心形成一个游览集散场所，结合地形设计产生的若干轴

线。东线和西线都起始于索道站，汇于舍身崖，形成整条环绕寺庙展示景观的旅游环线，两线汇合后可继续东进前往万佛顶，西线途中有四条游览支线可进入景区中心，其中两条支线可供香客直接进入寺庙进行参禅、理佛（图44-5）。

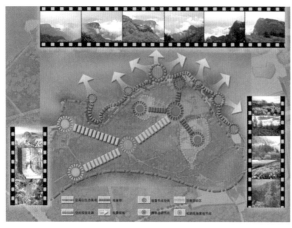

图44-4　景观分布示意

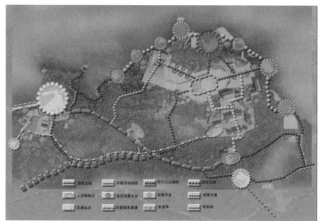

图44-5　游线示意

44.7　自然精神下的植物设计

峨眉山被美誉为"植物王国""地质博物馆""动物种质基因库"，作为世界自然遗产，自然生态理应是金顶景区的一条主线。针对金顶存在的自然生态问题，基于100%自然理念和弘扬自然精神，一切建设活动都以保护与恢复其自然生态环境为前提，以环境整治与生态保护为主要原则，从而提升天下名山的环境生态效益。

植物设计根据金顶原生植被的植物成分进行了植物选择，以金顶原生的亚高山暗针叶林的群落结构为依据，同时充分满足宗教文化活动和旅游观光活动的空间需要。

金顶片区按海拔高度分为两个区域，即3060~3078.15 m的中心区和2974.3~3060 m的森林区。中心区地势最高，人流集中，为形成一个

较为开阔的视野，选择适应3050 m以上的高山杜鹃类花灌木为优势植物，配以少量的乔木冷杉、灌木高山柏，裸地以草本峨眉珠蕨、峨眉贝母、峨眉手参等覆盖。森林区以冷杉、铁杉、油麦吊云杉为建群种，配以当地的灌木和草本，形成森林景观，衬托中心区的庄严、神圣。

44.8　结语

法国著名的造园史学家格罗莫尔（Gromort）在他的《造园艺术》中指出：园林的最高境界是"天堂""花园""圣林"，是自然之美，这与东方的佛寺园林所追求的虚幻境界是相默契的。然而，中国古代的造园家还擅长将诗、词、书、画融入自然景色，体现人与自然相互融合的中国古代文化观，是中国传统文化和地域文化的展现，这与西方的现代国家公园保护和美化自然的

宗旨不完全一致。在金顶这样一个负有盛名的高山之巅设计无疑是一个巨大的挑战，因此，设计者考察了历史上金顶的不同面貌，本着原始和朴素的意念在自然的基质之中，融入文化的基因。在恢复和展示其作为世界自然遗产秀丽风光的同时，强化"域"的概念，即运用传统的建筑布局手法和空间形态来塑造出强烈的场所精神，打造其作为佛教圣地的佛国境界，让自然作为寺院"净土"空间意境的升华，建筑作为自然景色的点缀和补充，本着一种尊重自然、尊重文化、尊重传统的态度进行规划设计，希望能为金顶景区锦上添花。

（峨眉山金顶片区规划设计工程设计组成员还包括西南交通大学建筑学院程翔、胡劲松、钟毅、王望老师）

■ 参考文献

[1] 四川省地方志编纂委员会. 四川省志·峨眉山志[M]. 成都：四川科学技术出版社，1996.

[2] 王铎. 中国古代苑园与文化[M]. 武汉：湖北教育出版社，2003.

[3] 郦芷若，朱建宁. 西方园林[M]. 郑州：河南科学技术出版社，2001.

[4] 朱建宁. 永久的光荣——法国传统园林艺术[M]. 昆明：云南大学出版社，1999.

[5] ＩＬ麦克哈格. 设计结合自然[M]. 芮经纬，译. 北京：中国建筑工业出版社，1992.

[6] 吴家骅. 景观形态学[M]. 叶南 译. 北京：中国建筑工业出版社，1999.

[7] 屠苏莉，范泉兴. 园林意境的感知、时空变化与创造[J]. 中国园林，2004（2）.

45 四川罗城古镇传统聚落空间的营造及其人居环境启示 [①]

45.1 本章前言

罗城古镇位于四川省乐山市犍为县东北部，距县城31 km，地处岷江中下游，气候温和，四季分明，春早有寒潮，夏热多暴雨，秋季雨绵连，冬旱日照少，属盆地湿润性亚热带气候。古镇始建于明末崇祯年间，自清以来，一直是方圆百里的物资集散中心，是闻名的"旱码头"，土白布、大米、桐油、卷烟以及来自成都平原的菜油等物资都在此集散。镇中心的主街凉厅街——俗称"船形街"，更是集交通、贸易、休闲、祭典等功能于一身。

20世纪80年代以来，罗城引起城市规划和建筑学者的关注，成城等人（1981年）对古镇的群体空间组合关系进行了分析，应金华（1987年）、钱江林（2004年）、高静（2005年）等人研究了古镇的建筑布局、室外公共空间和环境景观特征，陈兴中等人（2004年）更加关注罗城的遗产保护和利用价值。学者的研究成果提高了罗城的知名度，以罗城船形街为蓝本的"中国旅游城"，相继在澳大利亚和加拿大建成，这在客观上要求拓展罗城古镇研究的深度和广度。本文以人居环境建设要求为切入点，提炼出古镇传统聚落空间的精华，探索其对现代人居环境的塑造和城镇质量的提高所具有的启迪作用。

45.2 选址与布局

古镇坐落在一个椭圆形的山丘顶上，东西长，南北短，像织布的梭子，人称"云中一把梭"。从远处看，罗城又像一艘搁置在山顶的船，梭形的一面是船底，两边的建筑是船舱，东端的灵官庙是尾舱，西端的天灯石柱是篙竿。灵官庙东侧原有长22 m的过街楼（毁后未建）是船舱，因而罗城又被人们叫作"山顶一只船"。关于罗城的船形布局，有过许多传说：罗城地处山丘，不沿大江大河，长期干旱，罗城似舟，载舟需水，故要建"船"求水；罗城云集四方商人，建船形镇有"同舟共济"之意；还有，罗城为天上仙女掉下的一把梭，等等。这些传说固然寓意美好，但没有证据说明是罗城船形布局形成的缘由。

罗城的选址实为地处交通要道，顺应南来北往货物集散而成。罗城"因市成街，因街成镇"，由当初只是两间茅草屋的"调市"——附近农民出售或交换耕牛的场所，发展到上、下罗城，再到上、下罗城相连逐步形成集市场镇格局，应该说是古罗城人善识"风水"胜地，在椭圆形坡顶上进行巧妙建筑布局和场地利用的结果。把场镇建在山丘之顶，不仅位置突出醒目，而且在卫生条件方面争取到日照采光空间，增强了通风能力，有利于整体空气质量的提高。场镇顺应地形的起伏，因借地形，巧用地势，尽可能降低街道的纵坡和横坡，减少建筑山墙间的高

———————
① 本章内容由江俊浩、邱建第一次发表在《四川建筑科学研究》2008 年第 5 期第 179 至 181 页。

差。独特地形条件下为满足内在功能需求而进行的空间拓展，最终演化形成了罗城古镇的船形结构布局（图45-1）。

图45-1 罗城镇船形街平面

45.3 街道空间的营造

45.3.1 空间序列——"引""起""开""合""延"

主街船形街是罗城整个空间的灵魂，它以一条古街为引子，一段蜿蜒曲折之后，首先映入眼帘的是一块小坝子和灵官庙，形成船形街的起点，与之相对的是船形街狭窄的东端入口，经过开合有致、先抑后扬、高低错落的空间序列引领，视线进入了场镇的核心——船形街，并以街心戏楼作为收尾（图45-2）。街心戏楼虽然只有12 m高，但在周围1层高的房子拥簇下，成为场镇的视觉中心。戏楼底层架空，保持了

图45-2 戏楼

街道的延续性，并产生了空间上和视觉上的渗透，使整个场镇图形完整，视景连续，街道空间形态富有层次、韵律和节奏上的变化。同时，"引""起""开""合""延"的结构布局方式在整个空间序列上具有可逆性，有利于在吸纳四方来客之时显得气韵生动、精蕴纷呈。

45.3.2 空间围合——街与"院"

卡米诺·西特指出：中世纪的意大利广场之所以令人流连忘返，在于其城市背景具有一种高度密实的空间特征，因而很容易形成良好的图底关系。广场空间的限定有四周围合、三面围合、两面围合甚至无围合几种，通常街道的围合体现在竖向上，芦原义信在其《街道的美学》中对街道的宽高比做了经典的分析。罗城的美丽就在于它拥有一条船形街道，它既不像一般两面平行围合街道而造成通过性太强的感觉，也不存在四面、三面围合而造成呆板和闭塞的感受。船形街东端以灵官庙作为空间的界定，中部则由造型古韵的戏楼作为空间的分隔。街道两侧的檐口在水平方向形成两条缓缓的曲线，并逐渐向东西两侧交汇，这使得街道空间获得了强烈的围合感。从这个意义上讲，街道有了院子的形态，充当了"大杂院"的角色，亦街亦院。这种空间功能的转变与置换，实现了街与院的交融，在保持街的活力的同时，又有了院的生活气息和空间尺度，形成了优雅并适用的室外空间环境氛围。

45.3.3 空间的层次——灰空间与"间"

船形街两侧的建筑屋面出檐很长，深达5~7 m，从东到西连绵超过200 m，形成了一个连贯的灰空间——"凉厅子"（图45-3）。凉厅子均为木结构，北侧有檐柱41根，南侧有檐柱43

图45-3　凉厅子

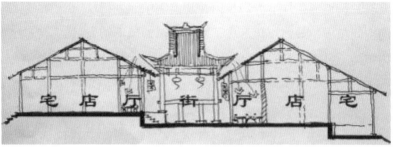

图45-4　船形街剖面示意

根，柱高7.6 m左右，石台基高1 m。两边宽大的凉厅子，给城镇活动提供了良好的服务，白天可休闲，夜间可游玩，赶场时是集市的"前店"，节日成祭典广场的"包厢"，雨天也可以形成交通"走廊"。这种亦内亦外的中介空间，增强了中心的亲和力和吸引力，丰富了视觉景观的层次，提高了户外生活质量。并通过形成"边缘效应"，使空间心理场趋于安全、凝聚，人们情绪稳定、平和，在交往活动中，保持闲适、放松的状态，从而吸引人群逗留更长的时间，实现户外空间生活的自我完善。船形街两侧的建筑，以与人们生活最贴近、最亲切的尺度——"间"为单位，前店后宅。这在街道断面形成了多层次空间："宅-店-厅-街-厅-店-宅"（图45-4），最大可能地兼顾了集市与居住的功能。沿街排列的各间小商铺，在造型上体现出以"间"为单位的组合韵律，极大地丰富了穿行所收获的视觉体验。

45.3.4　尺度人性化

空间尺度是决定使用者心理感受的重要因素，空旷产生孤独感，狭促则产生压迫感，不利于活动产生。罗城的场镇从围合空间的尺度

上讲做到了独具匠心，街面最宽处9.5 m，最窄处1.8 m，而凉厅子的挑檐则统一做收头处理，离街面约4 m。置换虚实关系可以得到围合而成的虚空间，加上由凉厅子形成的灰空间，形成了一个具有完美人体尺度的空间感觉（图45-5）。同时，青石板或麻石条铺砌的街面铺装，两边的柱础及台阶，也无不在暗示着人性化的尺度，为罗城凝聚人气、形成内在活力，提供了良好的空间场所。

45.4　建筑风貌

45.4.1　建筑组合错落有致

船形街的梭形布局和东西向的高差，使得两侧建筑在各个方向有错有落，而连贯东西的凉厅，又使得两侧建筑有了视觉上的统一，达成了错落有致、收放有度的建筑布局。

45.4.2　建筑形式地方优雅

船形街及主要巷道两侧建筑均为明清时期四川集镇典型的民居建筑形式：小青瓦加亮瓦屋面，木穿斗结构，竹编夹泥白灰粉面墙。穿斗结构有防震作用，保证了罗城几百年的建筑格局；竹编隔墙具有良好的透气性和散热功能，适应了

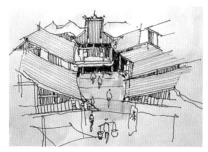

图45-5　鸟瞰船形街

图45-6　戏楼背后的石牌坊

图45-7　船形街及戏楼

四川盆地的气候特点；凉厅中亮瓦的使用，解决了挑檐过长带来的光线不足的问题，还产生了丰富的光影效果；街心戏楼的建筑形式为歇山形式，它很好地统一了两侧的建筑；戏楼四周起翘的飞檐，使街道两侧建筑屋顶坡面到坡底时又有了"升起"（戏楼四周起翘的飞檐）（图45-6和图45-7），成为整体空间的灵魂。

45.4.3　地方建筑材料的应用

罗城丰富的地方竹、石建筑材料，在古镇的建造过程中得到了大量使用。除了竹编夹泥白灰粉面墙体、青麻条石路面、石牌坊，在建筑中还可看到石柱础、石台阶以及条石门槛。地方建筑材料的应用，使罗城古镇充满了浓郁的地域风情。

45.5　本章启示与借鉴

罗城作为一个有着深厚历史积淀的场镇，集中体现出延续了几千年的中国传统聚落精神。传统聚落是中国社会结构的一个基本组成，也是文化的载体。它以其巨大的民族性、历史性、艺术性，幻化成中华民族文化精华的片片"幻灯"，折射出中华民族智慧的璀璨光芒。时至今日，传统聚落仍然是我们汲取营养的宝库，它从不同角度和层面给予现代人居环境塑造以启示和借鉴。

主要体现如下。

45.5.1　注重空间的序列性、整体性和层次性

如前文分析，作为优秀传统聚落，罗城的空间形态体现出整体性、层次性，具有完整可逆性空间序列，这对现代人居环境设计在满足人的自然行为方式需求方面，有一定的启发。

45.5.2　构筑根植于自然的生态人居环境

在传统聚落中，人与建筑，人与环境，人与自然和谐共生，它所创造的环境经数代人的建设与修正，富有新陈代谢性，往往是理想生态环境模式的基本雏形，是现代人居环境所追求的目标。罗城传统聚落的形成经历了几百年，其选址和布局适宜于地域环境的要求，是先民面对自然环境不断思考所积累的结果，体现了先民对精神、物质的群体性追求。古镇的街道空间形态和街道尺度，体现了场镇对于自然的顺应和融合，而凉厅和竹编隔墙，则适应了场镇自身的气候特点，具有生态性和节能性。

45.5.3　创造具有地域特色的人居环境

传统聚落鲜明的个性往往在于其地域性。传

统聚落中带有民俗特点的生活方式，是其场所精神的人文体现。罗城的布局和建筑风貌都体现出特有的浓浓地域风情：凉厅下宜人的休闲空间体现了地域文化氛围，民居风貌体现出明显的地域建筑文化特色。在"千城一面、万乡一貌"的今天，人们的领域感和归属感正在逐渐消失，而从传统聚落中吸取精髓，创造出具有地域特色的人居环境显得尤为重要。

45.5.4 营造人性化的交往空间

在传统聚落中，由于农耕为主的自然经济、紧密的血缘纽带，加上相对宽松的政治氛围，使得人与人之间的交往频繁而顺畅。罗城古镇强调人际交往、邻里友善的环境氛围，人性化的交往空间以及空间序列结构、建筑形态布局、比例尺度等所体现出来的精髓，都是当前人居环境营造中值得借鉴的。

■ 参考文献

[1] 应金华，樊丙庚. 四川历史文化名城[M]. 成都：四川人民出版社，2000.

[2] 卡米诺·西特. 城市建设艺术[M]. 仲德崑，译. 南京：东南大学出版社，1990.

[3] 芦原义信. 尹培桐，译，街道的美学[M]. 天津：百花文艺出版社，2006.

[4] 成城，何干新. 川南三个小城镇——五通桥、罗城、金水井[J]. 建筑学报，1981（10）：67-71.

[5] 应金华，杨明宁. 山顶一只船云中一把梭——布局奇巧的罗城古商业街[J]. 城市规划，1987（3）：30-33.

[6] 钱江林，旱地修船人财两旺罗城古镇的建筑空间与风情[J]. 小城镇建设，2004（11）：60-63.

[7] 陈兴中，帅希权. 犍为罗城古镇遗产的保护与利用研究[J]. 乐山师范学院学报，2004（2）：104-106.

[8] 高静，程先斌. 传统室外公共空间初探——以罗城古镇船形街为例[J]. 四川建筑，2005（4）：17-18.

46 建筑教育理念与建筑系馆设计——德绍包豪斯校舍与伊利诺理工学院克朗楼之比较 ①

格罗皮乌斯和密斯不仅是现代建筑设计的"巨匠"，也是现代建筑教育的先驱，他们在其各自领纲执教并亲自设计的德绍包豪斯校舍和伊利诺理工学院克朗楼，集中体现了他们的建筑教育理念与设计思想，成为现代建筑史上的不朽之作。认真分析和解读大师的作品，对于营造出有利于我国建筑学子健康成长的空间氛围、创作出能反映各高校教育理念并各具特色的建筑系馆具有重要意义。

本文所选用的空间分析根据布鲁诺·塞维空间评论方法，即在《现代建筑语言》一书中归纳的空间分析7条原则，重点是非对称的功能原则、非对称的三维反透视原则以及经过进一步归纳的四维分解与组合原则。

46.1 格罗皮乌斯与包豪斯学院

包豪斯学院于1919年在格罗皮乌斯的直接领导下成立于魏玛，它由造型艺术学校和由凡·德·费尔德领导的工艺美术学校结合而成。1918年，布鲁诺·陶特在艺术劳工委员会的建筑纲领中提到"在手工艺、雕塑和绘画之间没有界限，一切归属于建筑艺术"。1919年，格罗皮乌斯在此基础上提出了包豪斯宣言。Bauhaus一词是中世纪人们对"石匠之家"的称呼。由此可以看出格罗皮乌斯在工业时代对于手工艺的重视。

德绍包豪斯校舍是由格罗皮乌斯在1925年设

计的。这个校舍是现代主义建筑的代表作，它不再是用古典建筑语言写成的诗篇而是用现代建筑语言发表的宣言。

46.1.1 能引起非对称的平面布局

德绍包豪斯突破了传统学校建筑庄严、完全对称的设计手法，并且把多个对于古典建筑来说是不协调的功能组织在了一起。校舍分为5个部分：教学楼、实习工厂、学生宿舍、办公区和休闲区。教学楼和实习工厂为四层建筑，位于临街一面，由行政办公室和图书馆连接；学生宿舍高6层，位于最北边由饭厅兼礼堂连接至教学楼和工厂。风车形平面使建筑能很好地融入周边环境，并且保证了充足的阳光与通风。这种平面形式因此成为早期现代主义建筑设计中的一种模板式平面布局。

格罗皮乌斯通过功能上的分区使建筑呈现了不对称的箱体组合（图46-1），各个部分大小、高低、形式和方向各不相同，没有主次之分。与巴黎美术学院完全按照古典建筑的语法的设计不同，包豪斯的建筑空间具有多条轴线，但没有突出的中轴线，建筑因此也有多个根据需要设置的入口。

46.1.2 三维反透视与四维空间

包豪斯的建筑体量没有主次之分（图46-2），形成了两个方向上的运动：建筑的一层平面主要是由教室、工厂和礼堂侧楼部分形成与街

① 本章内容由甘宁、邱建第一次发表在《四川建筑》2006年第3期第15至17页。

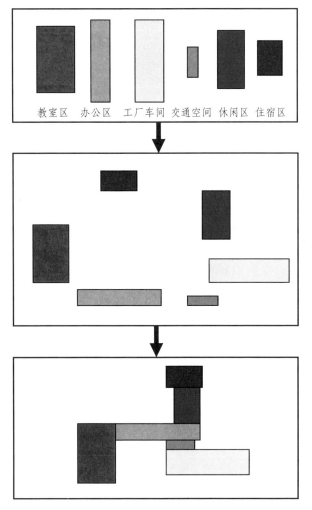

图46-1　包豪斯功能分析图

道垂直关系的体量延伸；建筑的二层平面的宿舍楼、行政中心和工作室侧楼所在的轴线形成了相反方向的动势。没有任何一个方向是决定性的，形成的对角斜向视点回避了古典建筑强调的正面性。

在古典建筑中往往设置了一个主要透视的视角，通过画面感的透视来确定建筑的体量。而包豪斯建筑是难以用古典法则的三维透视表达的，体量是丰富而且多透视角度的。建筑的体积被分解成了三个部分，而三个体量采用了无透视法的连接方式。由于不存在一个能看到全景的视点，人们只有通过运动才能了解建筑的体量，由此产生了运动，加入了时间因素。伴随运动的产生，光影的变化也随之产生，光影也产生了运动，时间成为一个要素，被必不可少地纳入了空间的体验中。

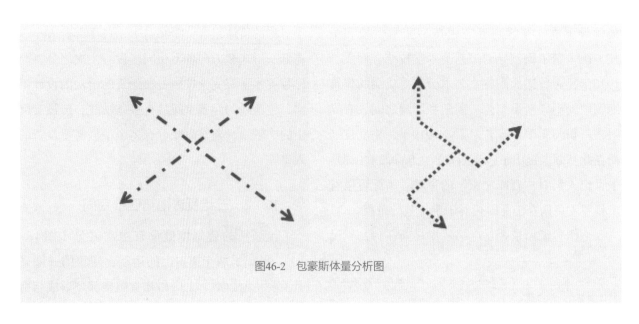

图46-2　包豪斯体量分析图

46.1.3 空间的分解

格罗皮乌斯在教室和工厂设计中采用了大量的透明玻璃作为建筑的墙体材料，建筑不再是封闭与压抑的，一切都笼罩在阳光之中，通透成为空间的主题。在室内的人们可以通过玻璃感受到室外环境空间与相邻建筑的内部空间，此时室内空间的分解产生了流动性，它不再是孤立的。

在实习工厂部分采用框架结构，外墙与支柱脱开，做成了大片连续的轻质幕墙，透明的玻璃挂在挑出的封檐底板上，在转角处强调了玻璃面的连续性。建筑采用了悬臂楼板，首层向后收进。格罗皮乌斯建立了一个基座，在其上设置了水平楼板，楼板上下是相通的。实质上工厂就是一个巨大的箱体盒子，楼板只是起分隔作用。格罗皮乌斯利用平面楼板把大空间分解成为多个分层空间，但是依然保持它内部的连续性。

在工业不断发展的20世纪初，包豪斯把手工艺与工业结合，富有社会责任感的教育思想动摇了古典主义学院派教育的统治地位，并在以后的

几十年里成为了建筑教育的主流。格罗皮乌斯的教学方针与以往的学院派的明显区别在于：①反对墨守陈规、模仿，强调自由的创造性；②适应时代的要求，把手工艺与机器生产结合起来，用手工艺的技巧创造出高质量的产品以便能在工厂中大规模生产；③培养学生的实际动手能力，让他们能接触到实际的工程设计，不让学生脱离社会去学习理论知识。对于当时的社会背景来说，包豪斯的教育体系是对学院派教育的一种革命。

从以上对包豪斯校舍的分析可以看出：格罗皮乌斯的建筑教育思想与学院派保守与教条的教育思想的对立，导致了他在德绍包豪斯的建筑设计中采用了多种现代建筑的设计手法，并且对院派倡导的古典主义建筑设计进行了有力的抨击。

46.2 密斯·凡·德·罗与伊利诺理工学院克朗楼

密斯·凡·德·罗于1930年担任包豪斯的最后一任校长。1937年，他离开了德国来到美国开展业务，担任了阿默学院建筑系主任。1940年阿

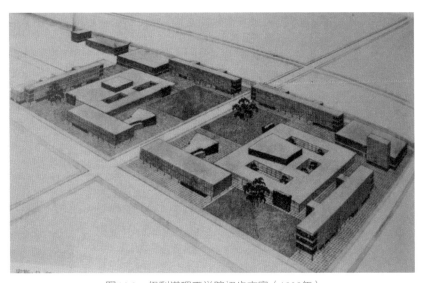

图46-3 伊利诺理工学院初步方案（1939年）

默学院升级为伊利诺伊理工学院（IIT），密斯继任系主任直到1958年退休。

伊利诺伊理工学院新校园规划设计的构思从1939年开始（图46-3），密斯先后做了三次总体规划，最后工程于1942年动工。新校区建筑沿轴线呈对称布局，中心围绕广场布置，开敞空间由此向边缘扩散，以免显得过于呆板。密斯确立了24′×24′（7.32 m×7.32 m）的平面和12′（3.66 m）高的模数作为基本单位，他以纯净毫无装饰的几何体作为全部校园建筑的形象，并坚持永恒不变。IIT的建筑馆克朗楼是密斯在1950—1956年间设计建造的。

46.2.1　集中式的对称平面

克朗楼的平面是一个规则的220′×120′（67 m×37 m）矩形。一层的中心是H形的服务性核心。在核心周围有绘图房、图书室、展览空间和办公室等功能，这些功能被完全放置于一个大空间里，仅用木隔板划分。在半地下室是工业设计系，密斯用隔墙分割出了封闭的房间，其中有车间、教师办公室、机电设备间和储藏室等。

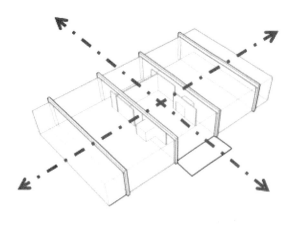

图46-4　克朗楼轴侧图

密斯这个阶段的建筑设计在至上主义的非对称性和申克尔派传统的对称性美学中取得平衡。在克朗楼平面中我们仿佛看见了巴黎美术学院完全对称与庄重形式的影子，密斯又回归到了申克尔的传统中。密斯希望用规则的几何形来统领次序的混乱，利用"少"涵盖"多"，这就是密斯的古典主义精神。在克朗楼里（图46-4），密斯用H形的服务核心作为大空间的中心，希望通过中心来统治周边的功能分区。与帕拉第奥或古典式的平面中那种压倒一切的中央化构图不同的是，克朗楼的中心性是被分解了的。对称在这里只是密斯为了表达次序的一种手段而不是目的。

46.2.2　矛盾的匀质空间

帕拉第奥德的中心式构图是一个有层次的、有中心主题的空间形式，而克朗楼在中心式的构图形式下却对帕拉蒂奥的中心式进行了消解。克朗厅没有提供像圆厅别墅中的中央空间，人们在其中感受不到空间高潮，而服务核心体只是一个孤立存在的实体。

克朗楼的结构是由4个外露的门形钢框架支撑，悬挑超过尽端大门20′（6 096 mm）。外围的玻璃墙与结构柱完全脱离。克朗厅的空间完全是由四面玻璃，上下楼板围合而形成箱体。玻璃形成的通透性，使空间的体量感消失。

克朗厅里教室、图书室和展览空间等都是围绕核心体运用的周边布置方式。相对于核心体来说，空间是向心性的。而相对于四周脱离结构存在的玻璃墙面，由于轻质、无视线的遮挡，空间形成了向外伸展的趋势，空间又成为了离心性的。在克朗厅里向心与离心的取得了平衡，使空间变得匀质。

虽然在匀质空间里被分割的教室成为当时最为时髦的教学空间，但是学生在空旷的分割空间里画图很有意见，以致最后很多学生搬到了半地下室的封闭教室里画图。这对于密斯来说是非常尴尬的。他费尽心思追求与营造的灵活的教学空间，最后还不及传统的封闭空间的使用效果好。通过楼板的分离，克朗楼一上一下的两种空间形态被同时同地的安置在一起。最为讽刺的是，被密斯设置在半地下的传统空间成为了主角，而郑重其事被展示的匀质空间成为配角。

46.3　本章结论

"包豪斯的欧洲特性不同于美国的传统精神——理想主义"，因此格罗皮乌斯来到美国哈佛大学后在教学方法上加以折中。而伊利诺伊理工学院因为有了密斯也带有包豪斯的影响。但是密斯在IIT提出的教学理念是的技术至上，他把包豪斯的教育理念更极端化了。密斯在就职演说中提出了他的教育思想，主张教育既要重视实际技术知识传授，也要注意塑造个性。后者涉及建筑观念，反映时代的文化。在课程设计上，密斯为学生设计了三个学习的步骤：对结构的认知、平面功能的把握和树立正确的美术观。这样的教学思想一方面来自包豪斯，另一方面也受到了巴黎美术学院的影响。格罗皮乌斯认为建筑不可避免地是直接解决结构和功能的问题；而学院派认为建筑的主要责任是创造一种明确的形式，平面组合和结构都从属于它。密斯则采用了勒·柯布西耶的多米诺思想——垂直骨架和水平楼板独立分开，以此建立了用结构作为发展建筑的基础的理念。因此在教学中，结构与材料对结构的表达成为重点。

由上面对于克朗楼分析可以看出：克朗楼是密斯对于建筑教学思想综合包豪斯与学院派的产物。密斯的伊利诺伊理工学院的克朗楼由于其对称的形式和对于结构、材料的充分表达，体现出了它作为古典主义与包豪斯理想的综合体的特质，体现出"次序、空间和比例"这一建筑永恒的规律。

包豪斯突破了学院派用古典主义手法进行建筑创作的禁锢，而密斯在包豪斯的基础上进行了新的适应工业时代发展的探索。包豪斯校舍与克朗楼成为建筑师们宣扬各自教育理念的工具，在这里学习的学生们也因此受到熏陶。包豪斯的学生把包豪斯精神带到了世界各地。密斯把材料与结构在建筑教育中的地位提高，昭示了建筑学的发展与科技的进步密不可分的关系。从伊利诺伊理工学院毕业的学生在美国形成了第二芝加哥学派，并且造就了现代高技派，为建筑学不断地发展奠定了基础。

■ 参考文献

[1] 布鲁诺·塞维. 现代建筑语言[M]. 席云平，王虹，译. 北京：中国建筑工业出版社，1986.

[2] 布鲁诺·塞维. 建筑空间论[M]. 张似赞，译. 北京：中国建筑工业出版社，1985.

[3] 刘先觉. 密斯·凡德罗[M]. 北京：中国建筑工业出版社，1992.

[4] 罗小未. 格罗皮乌斯与"包豪斯"[J]. 建筑师，1986.

[5] 靳东生. 美国建筑教育源流[J]. 建筑师，1987.

47 Poetic and Pictorial Splendor-Expression of Traditional Chinese Literati in Chinese Architecture [1]

Han Baode, a Taiwanese architect, once said, "Architecture is a product of culture, one of the most concrete manifestations of national culture" [1].Indeed, different styles of architecture reflect differences in culture, and the carrier of traditional Chinese culture can be regarded as traditional Chinese poetry, calligraphy and paintings and other forms of art. Qian Xuesen once put up an idea, "Can we create the concept of landscape city by combining Chinese landscape poetry and paintings with Chinese classical garden architecture? The mankind is bound to return to nature after parting from it for some time, which means that socialist China can build residential areas in the form of landscape cities" [2]. Indeed, architecture, traditional Chinese poetry, calligraphy and paintings are essential parts of traditional Chinese culture, containing both consensus and personality of art. If poetic and pictorial splendor and function can be reconciled in architecture simultaneously, the organic unity of functionality and aesthetics will be easy to achieve, which can make architectural creation more vivid, artistic and full of cultural connotation. This paper sought to propose new ways of thinking and approaches for modern Chinese architecture creation from a unique perspective.

47.1 Expression of traditional Chinese literati

47.1.1 Essence of expression of traditional Chinese literati

Jun Qing, a renowned contemporary writer, wrote in *Love of Autumn Scenery, Never Yieldto Frost*, "During the long course of history, such a large number of poetry, calligraphy and paintings have been created by literati as an ode to chrysanthemum ". "Literati" mentioned above refer to scholars with rich knowledge and good at writing and painting. In ancient China, literati are typically praised for three unparallel skills, namely poetry writing, calligraphy and painting[3].

Traditional Chinese literati are such a group of respectable people good at expressing poetic and pictorial splendor in their works, like Qu Yuan, a patriot in the State of Chu during the Warring States Period, Ji Kang, Tao Yuanming, Li Bai, crowned as Fairy Poet, Du Fu, Bai Juyi, Li Yu, Wang Guowei, Wang Xizhi, Zhang Xu, Gu Kaizhi, Zong Bing, Xie He, Guo Xi, Ji Cheng and Lu Ban. They all have their own styles and strengths, and are positive, broad-minded, full of poetic vitality and thoughts.

47.1.2 Carrier of expression of traditional Chinese literati

Expressions of traditional Chinese literati or souls for seeking artistic conception can be traced easily in traditional Chinese poetry, calligraphy and paintings as well as Chinese architecture. It can be an image of certain location, or an experience of life philosophy about settling down and nurturing spirituality across time and space. Articles and styles of writing are manifestations of the authors' minds, and the style of a poem often reflects the character of poet. Therefore, literati always try to express their real characters in the form of poem and essay. "Righteousness is of more value than high office with handsome income, while touching and sentimental articles are more popular than musical masterpieces." "Those holding no right virtue are incapable of producing articles of

① 本章内容由 LUO Jin, QIU Jian 第一次发表在 *Journal of Landscape Research*2016 年第 8 卷第 5 期第 69 至 73 页。

high quality." "No good articles come from the pen of a man with little knowledge." Only those brave and devoted literati with noble character and sterling integrity can produce works of strength and high quality. This is truth of all forms of art, such as poems, calligraphy works, and musical compositions, and it is the same with the architecture. Architecture is a kind of human behavior, it means that architectural view of the Chinese people cannot be fully understood merely from architecture itself, but also from other literary forms. The poetic charm of architecture, traditional Chinese poetry, calligraphy and paintings expresse precisely the affections of Chinese literati, which is also revealed in the origin of Chinese architecture. Expressions of traditional Chinese literati involve rich humanistic spirits full of creativity, ideas and pursuit of independent personality. In traditional Chinese poetry, calligraphy and paintings, it is expressed as a feeling of natural and unrestrained pleasure, while in Chinese architecture, it exerts a sort of unique poetic charm.

47.2　Expressions of architectural literati's character via poetic and pictorial splendor

47.2.1　Poetry–emotions of architecture

Johann Christian Friedrich H lderlin, a prestigious German poet and philosopher, once said, "Full of merit, yet poetically, man dwells on this earth." Martin Heidegger believes that art is a form of poetry in nature, "architecture, painting, sculpture and other art forms are bound to return to poetry. Poetry calls up man's nature of dwelling, therefore, poetry comes from the same origin as dwelling and the two of them respond to each other closely".

Mr. Qian Yong in the Qing Dynasty wrote in *Lu Yuan Cong Hua*, "Building a garden, just like composing a poem, must have twists and turns and be consistent as a whole. Disordered brick stacking must be avoided. Only in this way can an excellent architecture be created".

Chinese gardens, though designed and built by the hands of men, seem to be masterpieces of the uncanny power of nature, revealing endless emotions in physical view. It's rare to see in the world to build a garden with poetry and make it thrive and prosper with deep emotions.

In his paper named *Conversion of Time and Space—Ancient Chinese Poetry and the Design of Fangta Garden*, Feng Jizhong, a well-known architectural educator in China, expressed his understanding about poetic dwelling and poetic elements in space. Take the poem, *A Song at Qiupu*, written by Libai for example:

"The hoary hair is ten miles long, because the sorrows are as long. In mirror, no one knows at all, where came on head the frost of fall."

Feng explained that, though "ten miles" there is just an exaggerated expression, and "as" does not means "because" but "along with". In other words, sorrow grows along with hair. What an exquisite image conversion of time and space showed in the contrast between the length of hair and sorrow. Besides, there is no trace of time throughout the whole poem, isn't it arranged intentionally? More intriguing thing is that frost in autumn only exists for a very short period of time, which is exactly the opposite meaning of permanence.

Arts can be either diachronic or synchronic, and both of them seek to reinforce each other in an opposite direction. Why architecture is an exception? Like poems and paintings, pursuit of conversion can be found in architecture as well. For example, walls and flowers will not move while shadow of flowers walks on the wall as time goes. This is a kind of the conversion between two dimensions. Besides, scene changes as people walks along, the rhyme of space sequence varies from the duration people staying for, the direction they heading for and the sequence of appearance of different scenes. All this is called the conversion of time and space—empathizing between poetry and architecture (Fig.47–1 and 47–2) [4].

Moreover, this kind of time–space conversion can be easily found in traditional poems with different

Fig.47-1　Outside layout of Fangta Garden—a confession of poetic charm

Source：Zhulong Figure Database, http：//photo.zhulong.com/proj/

Fig.47-2　Paved road in Fangta Garden—a time and space tunnel for mottled meditation

Source：Southern Metropolis Daily, http：//www.nddaily.com

connotations just as the following examples.

Openness and symmetry of visual space— "The sun beyond the mountains glows, the yellow river seawards flows." （Wang Zhihuan, *An Ascent to Stork Hall*）; "In boundless desert lonely smokes rise straight, over endless river the sun sinks round." （Wang Wei, *On Mission to the Frontier*）.

Shifting and overlapping of time relationship— "In my attic all night I hear the rustle of spring rain, at dawn apricot blooms are sold deep in the lane" （Lu You, *Clear Up after Spring Rain at Linan*）.

Twists and contrasts of connotations— "Having no wings, I cannot fly to you as I please; our heart at one, your ears can hear my inner call." （Li Shangyin,

No Title）.

Moving and changing of experiences— "Dappled shadows hang aslant over clear shallow water, the faint aroma wafts in the moonlit dusk." （Lin Bu, *Plum blossoms of a mountain garden*）.

47.2.2　Expression—spirit of architecture

Calligraphy and architecture are two different forms of art, but there are also intersection and infiltration between them. Diversified changes in strokes of Chinese characters, like releasing, pressing, turning and connecting, along with other techniques like taking white into black （as shown in Figure 47-3）, spiritually connected

Fig.47-3　Seal cutting by Qi Baishi and figure-ground relation of traditional lanes in Chengdu City

Source：Figure on the left comes from Chinese calligraphy website （These six Chinese characters mean households of ordinary people）; Figure on the right comes from School of Architecture, Tsinghua University.

while physically disconnected, constitute multi-dimensional space conversion which are unique in calligraphy. Architecture space can be conveyed by applying various unified structures and techniques for achieving convergence. When it comes to connecting architectural groups, such elements as corridors, bridges, pavilions and terraces can be used coordinately to achieve overall harmony of the architectural groups.

As the essence of calligraphy in ancient China, spirit often serves as the most important measurement to tell whether a piece of calligraphy works is extraordinary or just too plain. The same is true with architecture. The spirit of architecture should be brought about by the application of complementary means for handling architectural space, like repressing before releasing, maintaining harmony between open space and enclosure space, comparing micro differences, creating transitions and connections, as well as unifying changes.

Calligraphy and architecture are most closely related in terms of structure. A man without the support of skeleton will not be able to stand on his two feet, and this is also true with calligraphy works and architecture. As an old saying goes, "If the upper beam is not straight, the lower ones will go aslant." That exactly speaks out the importance of structure in architecture. Lin Yutang once said, "It seems to be unbelievable that the wide influence of calligraphy could even spread to Chinese architecture. Chinese characters stress on form, emphasizing structure, balance and proportion among strokes. Like structure in calligraphy, architectural framework is an essential part of traditional Chinese architecture. Walls, often made of wood, earth and bricks, bear no load, as load-bearing walls are independent from envelope structure, so that the house can stand still even when its walls collapse. Eight fundamental strokes of Chinese calligraphy as shown in the Chinese character "yong" and Dougong in architecture serve as the basis of Chinese calligraphy and architecture respectively, and each boasts its own significance.

As a basic structure in architecture, Dougong is used in different combinations to create a large number of buildings in various styles. When it comes to calligraphy, eight fundamental strokes of Chinese calligraphy as shown in the Chinese character "yong" are also reorganized to produce calligraphy works of various styles. Traditionally, calligraphy is generally taken as a graphic art, while architecture involves three-dimensional space with the concept of multi-dimensional time and space as calligraphy does.

Fig.47-4　Free stretching of Chinese calligraphy provides Chinese architecture with rich space to develop

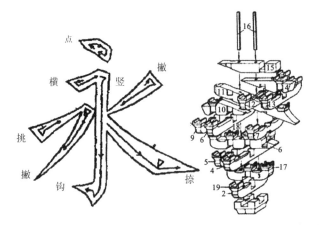

Fig.47-5　Eight fundamental strokes of Chinese character "yong" （left）, and architectural structure Dougong （right）

Source：http：//blog.sina.com.cn/s/blog_92d5757f0100y62g.html （left）

http：//pic.baike.soso.com/p/20090608/20090608193747-1079713122. jpg （right）

47.2.3　Rhyme of painting—artistic conception of architecture

The soul of Chinese painting in philosophy is Tao by which the unique nature of Chinese painting is demonstrated. Also, the beauty of Chinese painting in form is considered to be based on Tao internally.

Architecture is space in nature, originating from view of the universe. Chinese people view the world as Tao, involving yin and yang, and believe that the flow of lives constitute the universe, the origin of which is endless rhyme and harmony, namely Tao. "*A Picture of Stones on Walls*", takes white walls in Humble Administrator Garden as the paper with stone slices from Mountain Tai scattered in front of it, fostering the artistic conception of landscape ink painting made by Mi Fu in the Northern Song Dynasty （Fig.47-6）.

Chinese painting sticks to the general principles of Cavalier Perspective, observing details with macro-scenery and following lines. On the contrary, western painting is focus-oriented, with great emphasis on form and shadow contrast. Like Chinese painting, Chinese architecture strives for "harmony between human and nature", "integration of scenery and feelings", and "uniformity of truth and phenomenon". Apart from great stress on space like western painting,

Chinese architecture also focuses on relations, feelings and harmony （Fig.47-7）.

It is widely acknowledged that traditional Chinese painting and architectural complex are correlated. This paper took an example to explain the relationship between Chinese painting and tall buildings,

A 385-meter-tall cultural complex - "Urban Forest" Located in the center of Chongqing, was designed by MAD Architect's Office （Fig.47-8）.

"Urban Forest" draws on the natural and artificial understanding in oriental philosophy and combines modern urban life and the experience of natural landscape together. The building's architecture changes vividly as a whole like the mountain ranges. For example, as an expansion of nature and expression of Chinese literati, Chinese painting is filled with poetic charm. Rather than the vertical force, "Urban Forest" pays more attention to the release of minds in multi-dimensional space, like multi-dimensional garden, floating platform, bright and spacious space. The sense of form of the building simply vanishes in the flow of air, wind and light, achieving the integration of man and natural landscape with great poetic charm.

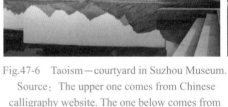

Fig.47-6　Taoism—courtyard in Suzhou Museum.
Source：The upper one comes from Chinese
calligraphy website. The one below comes from
World Architecture.

Fig.47-7　Landscape painting of Li Keran（left）, and Langzhong Ancient City
in Sichuan（right）

47.3　Conclusion：construction of modern Chinese architecture with expressions of poetic and pictorial splendor

Architect Le Corbusier expressed the profound significance of architecture, "As the highest form of art, architecture features platonic sublimity, mathematics laws, philosophy thoughts and sense of harmony generated by sentimental coordination, and this is the purpose of architecture". From architecture, poetry, traditional Chinese painting and calligraphy, it's easy to profoundly appreciate the feeling of poetic dwelling, artistic conception of painting, calligraphy charm, historical richness, philosophical speculation and human nature（Fig.47-9）.

As Wu Liangyong puts it, "Chinese architects have to be keenly aware that the principal essence of architecture form is rooted in cultural traditions." Chinese architecture is supposed to, jumping out of concrete images and conventional languages, unfold a deep critical（philosophically）study on traditional Chinese architectural culture and aesthetic awareness, achieving abstract reasoning and spiritual refinement. Based on modern aesthetic awareness, to explore a path to demonstrate Chinese modern architecture spiritually, the following principles must beadhered to：

"NO"：not is Image and technology；

"YES"：that is spirit and artistic conception.[5]

Chinese architecture seeks poetic and pictorial splendor, rather than high-sounding form in the West. To stand out in the world architecture circle, Chinese architects should concentrate their efforts on traditional philosophical and cultural spirits, represented by Chinese literati or craftsmen for thousands of years（Fig.47-10, Courtyard in Chengdu, integrating music, chess, calligraphy, painting, poetry, and flowers, seeks to achieve expression of Chinese literati in architecture）, instead of forms and construction materials, keep the leading role of Chinese literati and traditional space spirit and combine with modern materials and elements, finding new ways to express poetic and pictorial splendor of modern Chinese architecture.

Fig.47-8　MAD -"Urban Forest"- Images of natural landscape
Source：http：//www.i-mad.com/

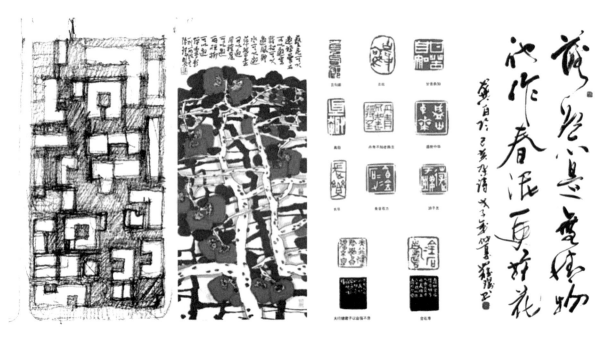

Fig.47-9　Architecture is closely connected to traditional Chinese poetry, calligraphy and paintings

Fig.47-10　Ancient Town of Anren in Sichuan Province

47.4　Acknowledgement

Sincere thanks go to Wen Xiongwu and Chen Siting in the Faculty of Architecture and Design, Southwest Jiaotong University, for their help with the translation of this paper.

■ References

[1]　HAN B D．Cultural lecture on Chinese architecture [M]．Beijing：Joint Publishing House, 2006．

[2]　WU L Y．Introduction to Human Dwelling Science. Beijing：China Architecture & Building Press, 2001．

[3]　JI X L．On Studies of Chinese Ancient Culture. Beijing：China Bookstore, 2007．

[4]　FENG J Z．Conversion of Time and Space - Ancient Chinese Poetry and the Design of Fang Ta Garden[J]．World Architecture Review.2008（3）：24．

[5]　QIN Y G．Chinese Expression of Chinese Architecture. Architectural journal[J]．2004,（6）,20-23．

附录4.1　译著《空间的语言》

布莱恩·劳森教授曾任英国谢菲尔德大学建筑学院建筑系主任，后任学院院长，著有《空间的语言》《头脑中的设计》《设计师的思考》等多部学术著作。其中，《空间的语言》为我们提供了一个完整的建筑空间理念论述，用最精炼通俗语言对空间理念进行了深入浅出的论述，打破了以往许多设计理论家们复杂而抽象的专业术语的禁锢。从前"空间"的价值观受到挑战，人们开始寻求激发一种新的理论和实践的途径来进行设计：建筑和城市空间被视为心理学、社会学和文化学的现象；空间亦能容纳、分离、构成、促进、提高甚至褒扬人类的行为。该著在国际上具有较大的影响力。

邱建教授在谢菲尔德大学攻读博士学位期间曾选修劳森教授开设的建筑理论课，是劳森教授的学生，回国后即与邓敬老师一道组织杨青娟、韩效、卢芳、李翔等年轻教师将这部理论著作翻译成中文，并于2003年12月由中国建筑工业出版社出版。

学科
拓展

　　本篇选录内容反映了团队在新型城镇化实践、城市发展理念、城市交通运营、建筑产品等相关领域所取得的成果，研究结合四川地区城乡发展的实际问题，注重实践性。

　　附录是对四川城镇化实践进行总结的学术著作《四川特色新型城镇化实践之路》。

48　基于科学发展观的城市发展理念探讨 [1]

48.1　科学发展观的内涵

科学发展观是新时期全面建设小康社会，构建具有中国特色社会主义的重大战略思想，发展是其第一要义，以人为本是本质和核心，全面、协调、可持续是基本要求。坚持以人为本，即把人民利益作为出发点和落脚点；全面发展，即全面推进经济、社会、文化和生态建设；协调发展，即统筹人与自然、城乡与区域，实现经济、社会、文化的协调发展；可持续发展，即把环境保护作为发展的前提，处理好经济建设、人口增长、资源利用与环境保护之间的关系，促进资源永续利用，走生产发展、生活富裕、生态良好的文明发展道路。

48.2　西方发达国家城市发展概述

西方城市发展大致经历了前工业城市（奴隶和封建社会时期）、工业城市和后工业城市三个阶段，真正进入城市文明是工业城市时期。18世纪产业革命后，西方发达国家先后进入了工业城市时期。由于缺少科学的控制，出现了诸如盲目扩张，人口剧增，设施不足，交通拥堵，环境恶化等一系列问题，城市发展以耗费资源和破坏环境为代价，漠视了人的发展。

19世纪中期，西方各国开始探索解决城市环境问题，其中以"城市公园运动"为重要标志，

但这些只是被动的、末端的环境修复，并未从位于源头的发展方式去寻找原因。

20世纪中后期，信息革命带来了第三产业的兴起，西方各国进入后工业城市时期。随着工业城市时期的"遗产"：环境污染、资源短缺以及生态恶化等问题变得日益突出，人们开始反思城市化，认识到地球资源的有限性和可持续发展的必要性。以第一次世界环境会议通过的《人类环境宣言》为标志，生态、可持续发展思想开始影响工业文明后的城市发展。

48.3　我国城市发展面临的突出问题

改革开放30年以来，我国的经济发展取得了举世瞩目的成就，同时也部分重蹈了西方发达国家的覆辙，城市发展面临下列问题：

（1）城市发展理念陈旧，自然资源浪费严重。长期以来，城市发展片面追求经济（尤其是国内生产总值GDP）增长，过分依赖行政手段，资源管理粗放，土地监督机制不健全，忽视了经济与社会、生态、文化等方面的协调发展。在投资饥渴和"利益"的驱使下，高能耗产业更加重了资源的浪费。

（2）城市扩张速度过快，生态环境遭受破坏。随着城市规模扩大，大量生产、生活污水未经处理直接排放，导致河道、地下水源受到严重污染；土地破坏性开发，过度建设，乱砍滥伐，造成城市生态环境变得极为脆弱，北方城市频遭沙尘袭击。目前，我国有八个城市位列全球十大

① 本章内容由江俊浩、邱建、卢山第一次发表在《工业建筑》2011 年第 41 卷第 1 期第 41 至 43 页、67 页。

污染最严重城市榜单，尤其是这些城市的郊区，工业污染、农业污染以及生活垃圾污染已十分严重。

（3）城市风貌千城一面，地域特色逐步消失。城市的肌理格局、历史遗迹、民居街巷传承着城市文化，体现着城市的地域特色。然而遗憾的是，我国很多城市在发展过程中，不能结合自身的切实需要和客观条件，盲目追求以国际风格和新颖时髦为标准的"现代化"改造，使大批古朴民居和街巷成片被拆除，城市旧有风貌和地方民族特点逐渐褪色。

（4）"形象工程"大行其道，"科学人本"受到冷落。由于片面的政绩观，使城市出现了急功近利、盲目攀比、大拆大建的"形象工程"。大广场、大马路大行其道，忽视了人的行为需求；高密化的城市发展大量蚕食"绿色空间"和"避难空间"，构成热岛效应和安全隐患；在绿化方面，追求一时效果，违反科学规律，"大树进城、小树密植、南树北植、假树假景"的现象比比皆是。这些重"形式"，轻"人本"的做法，造成城市人居环境不断恶化。

48.4 科学发展观为城市发展明确了指导思想

发达国家城市化进程和我国当代城市发展实践表明，缺乏科学发展观作为指导，城市发展付出了惨痛的代价。欧美等发达国家在人均 GDP 达到 8 000～10 000 美元的发展阶段才开始整治生态环境，为"先污染后治理"付出了巨大代价；而韩国等新兴工业化国家把这些作为前车之鉴，在人均 GDP 达到 5 000～7 000 美元时就开始整治环境，环境质量得到了较大的改善[1]。

在上述背景下，我国政府基于我国的国情，在科学总结国内外发展的经验教训，批判地吸收人类各种发展理论的基础上，适时地提出了科学发展观，确立了"以人为本"的价值取向，有预见、有针对地指明了下一阶段我国经济社会的发展方向。这种高瞻远瞩集中体现了社会和时代对人类现代化实践的自我评价、自我约束、自我反省和自我规范，体现了对生态危机的积极应对[2]。

就城市发展而言，全面贯彻落实科学发展观，即落实"以人为本、全面、协调、可持续"的发展理念，城市发展必须以人为本，促进经济社会和人全面发展，实现城市与人、自然、生态和经济社会的协调、可持续发展。

48.5 "以人为本"的城市发展理念

科学发展观的"以人为本"不同于狭义的"人类中心主义"，它强调人与人之间的"代内平等""代际平等"，不同团体、地区、国家之间的"域际平等"以及人与自然之间"物人平等"。事实上，科学发展观将"以人为本"与"全面、协调、可持续的发展观"一并提出，就意味着保护生态环境，实现可持续发展，是"以人为本"的应有之义[3]。在此前提下，城市发展落实"以人为本"，可从以下几个方面展开：

（1）公众参与，营造城市人性空间。公众参与城市规划建设是实现"以人为本"的全面发展战略目标的途径之一。通过公众参与，不仅可以使城市规划和建设恢复"平和心态"，还可以提高绿色空间的亲和性、开放性和可达性，满足人民群众需求的人性化交往空间，营造出和谐的城市空间。

（2）延续文脉，塑造城市地域特色。落实"以人为本"理念，还体现在对城市地域文化的尊重上。我国多数城市都拥有极其宝贵的物质文化遗产，现存的有着上千年或者数千年历史的历史街区和历史建筑，不是当代任何单一的规划和开发模式所能形成的[4]。因此，旧城改造应该"有机更新"，严格保护历史遗迹，同时要有益吸收传统戏曲、民俗风情等具有地域特色的城市文化，物化到城市空间特色的塑造中[5]。

（3）防灾减灾，保障城市安全和谐。我国幅员辽阔，地理环境复杂，自然灾害频发。据载，全国有40%以上地区属于7度地震烈度区，70%的大城市位于地震带[6]；50%以上人口和76%以上的工农业产值分布在各种自然灾害十分严重的沿海及东部平原丘陵地带[7]。作为巨型"承灾体"，城市在面临各种灾害威胁时，抗灾能力十分脆弱，这在近期国内外的震灾中显露无遗。城市综合防灾减灾能力已成为制约城市发展的主要矛盾之一。以人为本的城市发展理念，要求各个城市要建立起包括防灾空间体系（防灾公园体系以及水、电、交通等城市生命线体系）、应急防灾工作体系（应急指挥机构与应急反应机制、预案等）、防灾地理信息体系等在内的城市综合防灾体系[8]，同时还要与产业布局、城镇体系等有机协调，共同保障城市的安全与和谐。

（4）统筹兼顾，实现"城""人"同步发展。人是城市的中心，城市活动是人的各种生产、生活和社会活动。显而易见，如果城市进程与人的现代化不能同步发展，那么人类将付出诸如人性丧失、道德沦落、环境恶化、价值观念与生活观念的物化等代价，而这种结果也许要经过几十年甚至上百年的努力才能够克服[9]。因此，城市发展不能片面追求经济增长，而应把尊重人和关心人的原则贯穿到城市建设之中，实现人与城市的同步发展。

48.6 "全面、协调"的城市发展理念

"全面、协调"理念运用系统论和协同论的原理，对城市复合系统中的各个子系统发展进行全面审视和优化整合，确保了城市复合系统的全面、协调发展。落实"全面、协调"的城市发展理念重点在于：

（1）统筹规划体系，促进区域规划、国土规划与城乡规划的协调与整合。区域规划、国土规划和城乡规划对城市规划建设有着重要的指导意义，然而仅城乡规划以法律形式对城市建设起着决定作用。国土规划往往又与城乡规划脱节，造成对国土资源缺乏有力的管理和控制。因此，有必要统筹区域规划、国土规划和城乡规划，淡化区域、城乡与行政界限，实行规划的全面覆盖，引导、调控城乡建设与国土资源管理。

（2）统筹城乡发展，实现工农、城乡的良性互动。应综合考虑城乡共同发展，统筹城乡产业，以工促农，以城带乡，城乡互动，走农业发展产业化、产业发展生态化的科学发展道路，并把环境保护、医疗卫生、最低生活保障等社会发展指标纳入小康社会的量化指标中，推动城乡经济与社会发展同步协调。

（3）统筹体制机制，理顺政府管理职能。政府应树立正确的政绩观，积极研究城乡统筹的相关制度、政策与管理问题，加快社会事业发展，健全和创新社会管理体制、方法，着力解决城市建设中出现的各种问题，提高城市发展建设和管理的专业水平。

48.7 "可持续"的城市发展理念

可持续发展体现了科学发展观的科学本质，指明了城市文明的永续发展之路。在城市发展中

树立和落实可持续发展观，应从以下几方面入手：

（1）坚持因地制宜，实现城市建设规模与环境承载力的平衡。城市化速度和城市建设规模应根据人口、资源和生态环境条件，以及农业、工业、服务业等发展态势和需求，科学评估城市资源（特别是水和土地资源）的承载力和生态环境的承载力，将农村富余劳动力的转移与城市的合理吸纳力相衔接，减轻城市化快速发展时期所突现的资源不足和环境、生态压力，促进城市健康发展。

（2）优化空间布局，构建合理的城市功能格局。当今世界城市空间的结构模式，已逐步由单中心集中式向多中心组团式乃至区域网络型城市布局转变[10-11]，城市绿色开放空间也经历了从集中到分散，分散到联系，联系到融合的过程，并向着系统化趋势发展[12]。城市布局应顺应这一趋势，调整城市人口、功能、环境格局，用新的城市组团取代专项功能区域。组团间，利用绿色空间隔离、连接和渗透；组团中，采用适度紧凑的城市空间形态，涵盖生活、学习、工作和娱乐等功能体，减少交通量，提高土地利用效益。

（3）坚持创新思维，积极发展循环经济。城市经济发展应倡导利于城市可持续发展的新思维，深入研究循环经济的新理论。借鉴国外经验，在经济过程的两端加强力度，制定输入端的资源税费和输出端的污染税费，加强循环经济发展的政策创新[13]。同时，积极研究开发与循环经济相关的技术，提高企业尤其是重化工企业的绿色竞争力。

（4）强化环境保护，促进生态城市建设。城市生态建设应将城乡看作是一个完整的复合生态系统，通过各种城郊绿地规划以及生态农业建设保护城市外围绿色空间，控制城市的无序扩张，形成"城区—郊区—乡村"的生态环境建设与保护体系，促进城乡"绿色交融"和可持续发展。同时，城市建设必须遵循生态规律，促进废弃物的资源化利用，努力将城市污染控制在环境的自净能力之内。

（5）加强全面教育，树立居民生态环保观念。随着资源对经济增长的制约作用越来越大，应普及城市可持续发展知识，树立城乡居民节约能源、生态环保的观念，增强居民对城乡环境建设和保护工作的危机感与责任感。

48.8 结语

随着我国进入城市化的快车道，城市发展、建设面临的问题日趋严峻。在此背景下，各地政府如何真正地把握城市发展规律，科学地发展、建设城市，是值得深思的问题。城市发展是一个动态、长期的过程，需要不断学习与总结，落实科学发展观，以科学的城市发展理念为指导，促进城市"社会—经济—环境"和人的全面、协调、可持续发展。

■ 参考文献

[1] 解振华. 新时期我国的环境问题[J]. 人民论坛，2005（6）：11-14.

[2] 杨静光. 科学发展观的生态伦理意蕴[J]. 理论与改革，2006（5）：13-15.

[3] 张永红，刘文良. 生态环保："以人为本"抑或"生态为本"[J]. 理论与改革，2008（1）：46-48.

[4] 仇保兴. 紧凑度和多样性——我国城市可持续发展的核心理念[J]. 城市规划，2006（11）：18-24.

[5] 江俊浩，邱建. 国外城市公园建设及其启示[J]. 四川建筑科学研究，2009，35（2）：266-269.

[6] 卢秀梅，薛振林，赵志刚. 城市防灾公园规划问题[J]. 河北理工学院学报，2006，28（4）：135-138.

[7] 翟峰. 城市公园应完善应急避险设施[N]. 法制日报，2008-06-05（3）.

[8] 邱建，江俊浩，贾刘强. 汶川地震对我国公园防灾减灾系统建设的启示[J]. 城市规划，2008（11）：72-76.

[9] 李阎魁. "以人为本"，树立城市科学发展观[C]//2004城市规划年会论文集：下. 2004：846-850.

[10] 陶德凯，黄亚平. 坚持科学的发展观，实现城市建设与自然环境的平衡[J]. 华中科技大学学报（城市科学版），2006，23（1）：88-92.

[11] 赵和生. 城市规划与城市发展[M]. 南京：东南大学出版社，1999：93-94.

[12] 吴人伟. 国外城市绿地的发展历程[J]. 城市规划，1998，22（6）：43.

[13] 周朝东. 科学发展观与南京城市生态环境的建设和保护[J]. 南京社会科学，2004（增刊）：206-209.

49　美国城市化视角下的中国城市发展思考 ①

49.1　研究背景及意义

城市空间扩展及城镇化是人类社会迅速发展和人口不断增加的必然结果。2013年中国的城镇化水平达到了53.7%，《中国低碳生态城市发展战略》预测，2050年中国的城镇化水平将达到70%~75%[1]，西方国家用近两百年完成的城市化进程，中国只用了30年。随着城镇化进程的不断加速，中国城市的空间形态、人口规模、产业结构都发生了巨变，不可避免地出现了无序蔓延、形态趋同、特色丧失、产业发展失衡、生态环境恶化等严重问题。如何解决快速发展与环境保护之间的矛盾？高能耗问题如何解决？发展是否必须以牺牲后代利益为前提？人们不得不直视这些现实问题。没有理性的可持续发展理念，城市未来的发展将成为人类生存的最大威胁。因此，在国外发达国家的经验教训基础上构建有中国特色的城镇化理论，建立与中国国情匹配的城市发展战略迫在眉睫。

将中国的城镇化发展与西方发达国家典型城市进行对比，可减少中国城镇化进程中城市扩张可能面临的问题和失误。中西方城市的发展与建设在城市空间形态、土地使用方式、产业功能布局、交通组织方式、生产力背景等方面，既有相似之处，又存在很大差异，特别是对待城市的可持续发展和生态化城市的建设，发达国家远远走在我们前面。比较分析这些特点和差异，对于城

镇化进程相对落后于西方国家的中国城市在新时期的城市规划、设计都有很强的借鉴意义。

49.2　国外城市化道路分析

49.2.1　国外城市化道路的主要模式

根据市场经济与政府在城镇化进程中所扮演的角色[2]，国外的城市化发展模式可以大体概括为三种主要方式：

一是以英、德为代表的西欧国家的政府调控+市场主导型城市化，充分发挥市场的主导作用，但在面对一些特殊问题时，政府可通过一定的行政、法律手段进行适当的宏观调控。如伦敦政府为了保护农业用地而颁布的"绿化开发限制法案"。

二是以美国为代表的市场主导带来的蔓延式城市化。美国政府对于城镇发展干预较少，主要依靠市场经济推动，这样的模式带来了迅速的郊区化，随之而来是严重的交通拥堵、旧城衰退和生态环境的严重破坏。

三是拉美、非洲为代表的过度城市化。由于长期处于殖民统治的历史背景，近年来拉美国家在外来资本的影响下，城市化率接近西方发达国家水平。然而由于缺乏产业支撑，工业经济远无法与西方国家相比，导致城市住房、基础设施与城市化率无法匹配，城市中出现大量贫民窟，直接威胁到社会的稳定。

随着西方国家进入后工业化时代，城市的扩张规模已经逐渐减小，取而代之的是以蔓延和更新为主的城市形态演变。总体来看，近年来西方

---

① 本章内容由韩效、邱建第一次发表在《西南交通大学学报》（社会科学版）2015年第16卷第2期第118至123页。

国家的城市化研究出现了以下倾向:

(1)随着郊区由城市的附属转为城市-郊区相互依存,城市化研究也从针对单独的城市个体研究转变为研究城市群体和区域城市。

(2)针对城市盲目蔓延和日益严重的环境恶化问题,人们开始反思原有以汽车交通为主导的城市化,投入到对生态城市、科技城市等理想城市形态的研究中,致力于寻求一种高效节能、低污染、可持续发展的新型城市形态。

(3)开始更多地关注城市形态中的人文因素和社会因素,从单纯针对城市实体和物质空间的研究转向对涉及城市的政治、经济和社会等元素的研究。

49.2.2 中美城镇化进程的可比性

尽管中美的城市化基础、条件、政治经济体制与发展阶段不尽相同,然而随着全球文化整体趋同,中国城镇化的发展也越来越多地体现出市场经济调控的影响,相关部门在制订城市发展战略时也必然需要综合考虑城市各方面的特征与多因素影响。美国在城市化进程中曾出现的问题和走过的弯路,如如何提高土地的复合利用效率、城市交通方式整体规划、城市紧凑发展、促进城市中心区复兴、加强区域合作、转变政府职能等,也是我国目前城镇化过程中正在面临的迫切问题。

49.2.2.1 城市发展背景基本类似

中国目前新型城镇化的快速发展与机动车发展高峰同步的情况,正等同于美国20世纪50年代城市化与机动化叠加的状况。在此阶段对于美国城市化出现的问题做深入研究,能尽可能规避美国当时的"郊区化"趋势带来的城市无序蔓延等问题。

49.2.2.2 区域发展的协调问题

美国的城市发展动力是经济要素,商品经济与市场经济的需求推动着城市化的进程;而中国的城镇化进程中虽然也有经济杠杆的调节作用,但更多的是政治及社会影响,城市发展更多地受到政府引导及控制,而不能完全依照经济发展趋势进行导向。美国政府由于国家体制的局限性,各级政府对城市发展的控制力较弱,区域之间的发展各自为政,尤其是城市发展到了大都市时代,"巴尔干现象"导致区域协调发展十分困难。中国政府虽然有各种法规及行政手段对城市发展进行调控,但对具体实施过程中的监督仍存在许多问题,尤其是目前中国也出现了许多城市连绵带,如长三角、珠三角、京津冀都市圈等,城市之间的协调发展就显得更为重要。

49.2.2.3 城市交通对城市发展的重要作用

小汽车的大范围普及与高速公路网建设,是导致美国城市低密度蔓延的重大原因。随着中国城镇化发展,城市规模扩大,原有的以公共交通为主的道路交通方式已经发生了根本性的改变,某些大城市已经出现了明显的无序蔓延趋势,通勤距离过长,交通拥堵严重,如不能处理好城市间高速公路的架构和城镇格局的合理布置问题,中国将步上美国城市交通恶化的后尘。

49.2.2.4 用地格局布置对城市形态的重大影响

用地格局直接影响城市形态的第三层次——城市内部分区形态,从而也间接影响城市的外部形态与更宏观层面上的城镇群分布。美国城市在20世纪20年代大规模出现"郊区化"的主要原因除了交通因素外,就是大量企业和人口外迁,城市郊区单一的用地性质带来了大都市区交通状况的恶化、中心城区衰退、郊区居住空间分异严重等种种严重社会问题。中国城市虽然大多以紧凑发展为主,城市格局较合理,但多年的城乡二元结构导致某些建设重

点一直在城市，工业外迁的郊区及小城镇分布密度过低，与城市中心区形成鲜明对比，如不进行有效调控，提高土地利用效率，极易出现城市蔓延和土地资源浪费。在中国人多地少的现实情况下，城市蔓延的恶果将比美国更加严重。

49.3 美国城市化进程中的问题分析

49.3.1 美国大都市发展阶段

历经100多年，美国全面完成城市化进程。从集聚式的城市发展到分散式多中心的大都市区[3-5]，经历了三个主要阶段。

49.3.1.1 1920年以前：传统城市化阶段

在此阶段，人口以农村向城市汇集为主，城市大多为单中心形态，沿袭着小城市—中等城市—大城市的发展方式。到19世纪下半期，美国城市化进入了空前发展的鼎盛时期，在19世纪末初步形成了大中小各级城市网络，大型城市多为工业城市。在这一阶段，城市大规模兴起，就业机会增加，吸引了大批移民和农业人口。第一次世界大战前，城市发展的主要动力是制造业，铁路与水运是主要运输方式，为了追求利润最大化，城市发展主要以紧凑模式为主，90%的就业人口分布在市中心半径1~3英里范围内，人口密度与地价的升降与到市中心的距离成明显正比关系。

49.3.1.2 1920-1970年：城市郊区化阶段

1920年对美国城市发展是一个明显的分界线，在该年，郊区人口第一次超过中心城区人口，美国城市先后出现了郊区化趋势。一些较大的中心城市不断向周边扩张，中心城市出现明显的衰落。战后经济复苏，随着联邦政府大力改善道路基础设施，美国的交通方式由传统的大容量公共交通转向私人小汽车，这一改变为城市形态的变化带来了重大影响。美国城市功能与人口逐渐向郊区转移，城市的空间形态也由单核单中心的集中式布局向多中心的分散式布局过渡。

49.3.1.2 1970年至今：大都市连绵带阶段

郊区化导致美国城市蔓延情况严重，小汽车的广泛使用与由政府大力扶持的公路网络已十分发达，交通方式极大地影响了美国城市空间形态，城市已经进入了大都市连绵带的新阶段。

49.3.2 美国城市化进程中的主要问题

49.3.2.1 土地利用模式单一

美国传统城市化阶段的大城市有一个共同的空间结构特征——单一的土地利用模式。由此带来居住与就业场所的空间分布不均衡，导致美国大城市的长距离通勤。美国城市于20世纪20年代先后进入了郊区化阶段，大量的公司与企业迁往郊区，导致大量劳动力向郊区流动。然而在城市边缘地带的社区在初始规划时居住与就业并不平衡，且各社区占地辽阔，相距甚远，步行与骑自行车等交通方式变得困难或不可能，公共交通服务设施由于过于分散而成本过高，逐渐被发达的州际公路网替代，人们主要选择独自开车外出工作及满足生活需求。美国大城市中的长途通勤带来的交通拥堵达到了惊人的程度，其根源就是土地利用模式的失衡[6]。对土地使用功能的人为划分，增加了人们为了满足生活与工作需要在不同功能区块内反复往返，为交通带来了巨大压力。

伴随着郊区人口的不断增加，原来集中于中心城区的社会经济活动扩散到郊区的各聚居点，制造业、商业服务、零售、教育、文化娱乐设施在这些区域出现，最终，郊区出现了人口聚集、功能完备的新都市。郊区中心区同传统城市中心区共同构成多中心结构的大都市区。目前，美国绝大多数大都市都形成了较为完整的多中心格局，以便边缘新城或郊区次中心分担城市中心区大负荷的居住、就业、娱乐等各种城市功能，对原来集聚在城市中心区的人口起到了主动调控作用，取得了良好的效果。

49.3.2.2 "汽车文化"导致城市蔓延

交通是城市空间发展非常重要的一个影响因子，很多城市扩张的轨迹与交通干线紧密相关。美国城市的郊区化是建立在"汽车文化"基础上的。私人小汽车与卡车的出现改变了原有铁路运输为主的交通格局，网状的公路系统推动着美国城市出现了第一次大规模的郊区化。传统城市化阶段，由于集中运输带来的规模效应能大幅度降低成本，工业化城市中的企业和厂区都尽量靠近港口、码头、铁路站点，而这些城市基础设施在城市发展早期考虑到建设成本，通常都在城市内部集中设置，因而带来了集中发展的城市格局。汽车的路线灵活，时速快，郊区变成片状连绵发展，城市不再沿着轨道交通线路以中心城区为核心放射状展开，原有的轨道交通之间未被开发的广阔区域涌现出大量新城镇。汽车的机动性还促使美国大城市的郊区跳跃式向远郊扩张，带来了整个城市规模的迅速膨胀。最典型的例子就是洛杉矶San Fernando Valley，原本是电车无法到达的郊区，一直未被开发，却因公路和小汽车的发展变成了拥有数千套独栋住宅的大型社区。

目前，美国的交通拥堵情况不仅仅出现在特大城市的市中心地区，而是随着城市的快速扩张蔓延到郊区。究其根源，大都市区的空间结构及土地利用模式不改变，交通拥堵的问题就无法彻底解决[7]。作为美国文化的重要内容，要完全抛弃美国人现有的依靠私人小汽车出行的交通方式并不现实，但通过复合土地利用功能、大力发展公共交通、复兴城市中心区等手段，或将改善目前严重的交通拥堵现象，相应地，城市形态将由传统的单中心形态向复合多中心、分散式布局发展。

49.3.2.3 过度"郊区化"带来的旧城衰退与历史文脉断层

逆城市化是郊区化向纵深发展的必然阶段。在这个阶段，城市中心区的衰退和边缘小城镇的崛起同时展开。城市中心区工业用地的变更使得中心城区出现功能性衰退，城市中心的作用逐渐减弱，旧城中心的各种基础设施老化，城市空间质量和安全性下降，许多大城市的中心区沦为空城或流浪汉聚集场所。由于大量人口及企业外迁，城市建设重点转向郊区新城，旧城空心化及衰退，政府无力承担旧城区的更新，许多有很强历史积淀的老街区疏于管理，破败不堪，而新城千篇一律的风格，使城市失去了自己的风貌特色，出现历史文脉的割裂，城市也失去了人的尺度。

针对这个问题，20世纪90年代，在Peter Calthrope的领导下，一个以塑造新城镇氛围为核心的新城市主义开始兴起。新城市主义是城市规划的新城市设计运动，它主张借鉴二战前美国的小城镇规划模式，构造紧凑而具有小城镇生活气氛的社区，反对过度郊区蔓延的发展模式。1990年的美国，城市不断蔓延、社区逐渐瓦解，新城市主义在这个背景下提出了建设结构紧凑、具备浓郁生活气息的城市社区的构想。旧城区在经历了人口和就业外迁的痛苦期后，也逐渐实现了功能与产业的转型，居住与生产职能弱化，成为信息交换和决策的中心。

49.3.2.4 郊区化造成的严重社会空间分异

由于低收入人群无力负担郊区较高的住房价格与长距离通勤开支，郊区化造成了更严重的社会空间分异。美国的郊区化几乎是种族与社会阶层隔离关系的直接反应，在二十世五六十年代，美国许多大都市区都形成了收入较低的黑人居住

在城市中心区、收入较高的白人居住在郊区的模式，即使现在有色人种的郊区化逐年上升，整体水平仍然很低。美国城市的郊区化实际上体现了中产阶层对工作、居住空间的选择所塑造的社会空间非均质化，带来了严重的种族隔离问题[8]。

种族问题一直是美国社会发展的痼疾，必须要依靠政府规划干预才可能得到社会空间与资源的公平公正。尽可能多地强化公众参与社区规划，能更有效地减少空间分异的负面影响，保障弱势群体在城市化进程中的权益。

49.4　对现阶段我国城市发展的思考

49.4.1　中国城镇化发展的现状

参照美国城市化发展阶段的划分，我国目前的城镇化仍处于一、二阶段过渡时期，城市的集聚力仍占上风，人口流动表现为向城市汇聚，大规模的郊区化倾向尚未出现。比之西方城市化，中国的城镇化有"冒进"现象，但目前整体发展仍与发达国家有较大差距。如追求城镇化数量，城镇化速度大大滞后于工业化速度，快速城镇化带来空间扩张失控，导致城市建设质量不高、交通拥堵、环境污染、就业和住房困难等问题；土地城镇化大于人口的城镇化，导致郊区土地被大量占用，而利用率较低，资源浪费极大，人口的城镇化和基础设施的建设滞后，导致农业人口无法真正转变为城市人口，城乡差距被进一步扩大，难以保证社会公平与公正[9]。

政府在对城市规划的调控上也存在问题。许多地方政府为追求政绩和高指标的城镇化率，互相攀比开发区及新区建设，缺乏长远的科学发展观与监督管理，这对我国有限的土地资源是极大的挑战；对于城市总体规划的调整也较为盲目，缺乏相对稳定的实施期限，许多领导班子换届就

急功近利地调整规划，城市郊区化严重，耕地流失，粮食安全有重大隐患。

49.4.2　对我国现阶段城市发展的建议

借鉴美国城市化过程中出现的种种问题及相应措施的效果，可以从土地利用、城市布局、公共交通等方面为我国现阶段城市发展提供参考。

49.4.2.1　提高土地复合利用的效率与质量

鉴于快速城镇化进程中城市蔓延带来的种种社会问题，学术界提出了"紧凑城市"作为城市可持续发展的空间策略，其核心内容并不是单纯增加城市密度，而是高效高质地实现城市土地功能复合利用[10]。中国城市的突出特点就是人多地少以及无序的高密度，在此环境下单纯增加城市容积率只会使人居环境进一步恶化，空间资源稀缺、安全隐患增加、基础设施利用低效等问题会加剧。中国城镇化道路中，城市形态的发展肯定不能重走美国"摊大饼式"蔓延的老路，只能选择紧凑发展。形态紧凑的核心在于功能的紧凑与土地混合利用，居住、办公、商业、娱乐、文教等功能有机组合，充分提升城市经济的集聚效应，用尽量少的空间组织尽量多的城市功能，提供人性化尺度的城市空间，降低交通能耗，节约资源与成本，让城市形成高效运行的有机整体，才能从根本上解决城市发展问题。

49.4.2.2　加强空间疏导对人口规模的调控

城镇化必然带来人口在城乡之间分布的变化，人口调控是对城市增长进行控制的有效手段。美国在城市化进程中也遇到了人口过于集中带来的诸多城市问题，在中美不同的政治经济体制条件下，美国大多城市都通过城乡互动的方式来自我调节和缓解，因此出现了郊区化—逆城市化—再城市化等阶段[11]。而根据中国历年统计年

432

鉴和人口普查报告的数据，发现中国尚没有出现城市人口与郊区人口的逆转现象；从2000年以来，市镇人口仍然占据人口增加的主体，尽管2005年后人口向三大都市圈集中的趋势减缓，但东部城市的人口增长仍然高于中西部、东北部；再考虑到城乡差距，未来城市群仍然对人口流动具有极大吸引力，是城镇化推进的主要动力。

美国城市目前出现的多中心分散式布局，其实是一种对人口在空间结构上的调节策略，从而间接地对人口规模进行调控。这种策略通过对产业结构的调整，减少城市中心区人口，通过次中心、边缘城市、卫星城等引导人口分布在整个城市区域内趋向合理[12]。中国城市发展有一个突出问题，即基本都是单核发展，中心城区的人口密度极高，各种资源压力都非常大，若能通过周围组团或次中心引导人口向边缘地带分散，将会缓解城市中心区压力。美国城市的案例为我们提供了较好的参考，中国城市也进行了不少空间疏导的尝试，如北京的"两轴两带多中心"发展战略，上海的郊区工业区组团及郊区新城等尝试。但由于城市周边产业动力不足，或中心区的吸引力远大于周边，目前仍然无法摆脱单中心"摊大饼"式的城市发展方式。

另外，城乡差距是进行大都市人口调控的主要障碍。多中心的城市布局是更加可持续和合理的城市形态，中国城市的未来发展应努力降低城乡差距，取消限制人口自由流动的户籍制度，帮助人口规模实现自我调节。

49.4.2.3 优先发展公共交通与轨道交通

大力发展公共交通特别是大容量的轨道交通，减少私人小汽车的使用，能有力支撑紧凑发展的城市形态。优先发展公交系统，能够减低污染、节约能源、优化城市土地集约利用，最终形成更人性化的社区尺度[13]。首先在政策上要给予公交系统、轨道交通更大的人力财力支持，在规划层面，加强对如轨道交通、BRT网络等为主的公共交通系统，公交站点与设施的设计与建设，另外还要多采取措施鼓励人们利用公交系统出行。其次对于更加绿色环保的自行车与步行交通，基础设施的配备要跟上，各种城市空间设计中都要考虑慢行环境，提升城市空间的品质与人们生活质量。

49.4.2.4 鼓励多中心的城市形态格局

根据博塔德（Bertaud）的研究，当特大城市人口超过500万以上时，"大城市病"特别是长时间通勤与交通拥堵等问题会带来边际成本的极大增加，甚至超过城市聚集效应所产生的边际效益。此时城市的最佳形态是多中心格局[14]。多中心的城市形态能够帮助帮助疏导人口和就业，缓解中心区过度集中的压力，挽救城市过度扩张带来的人居环境恶化，因此鼓励大都市朝向多中心方向发展是缓解城市无序蔓延的主要方式[15]。除了市场导向外，政府的规划导向在推动中国城市朝向多中心格局发展起到至关重要的作用。中心区与各次中心应形成互补的产业结构，并保证次中心之间的城市功能与基础设施相对完整，彼此独立，以减少彼此之间的交通需求。同时，多中心城市格局需要有强大的快速交通网络支撑劳动力及各种资源在全域内的快速便捷流动。

49.4.2.5 保持文化趋同下的城市特色

城市建设中的许多问题表面上看似乎是技术问题，在本质上却是一种价值取向问题。由于我们面临愈演愈烈的快速城镇化进程，许多以往对城市发展产生作用的要素逐渐失去了作用，剧烈的变化导致相应的社会文化背景消亡，同时也引发了城市居民行为与心理的改变，城市间文化差异性逐渐消失

并趋同，而且演变越来越迅猛无序。

从人文关怀的角度出发，可以也有必要通过寻找更加理性和可持续的城市发展路径来保存城市居民的行为基本存在逻辑，使得文化的变化回归理性，有序演进。城市特色不会丧失，城市空间多元且具有活力。规划部门完全可以通过对城市空间的控制、建设、制度设计等方面来重塑城市共识，并达到真实且稳定的文化表现。

49.5 结语

对有中国特色的新型城镇化进行研究，归根到底是人本关怀的深层体现。在对美国城市化问题及对策深入研究后，我们发现，考虑到中国的人口和可居住的国土面积，想要实现资源节约型、环境友好型的可持续发展道路，紧凑式发展更适合中国未来大城市。紧凑城市有效地解决了以美国为首的西方国家在城市化进程中出现的许多问题。美国针对"紧凑发展"提出回归传统社区的"新城市主义"和鼓励城市土地集约利用的"精明增长"概念都值得我们借鉴。为此我们对现阶段中国城镇化提出以下建议：提高土地复合利用的效率与质量，加强空间疏导对人口规模的调控，优先发展公共交通与轨道交通，鼓励多中心的城市形态格局，保持文化趋同下的城市特色等。

■ 参考文献

[1] 中国城市科学研究会. 中国低碳生态城市发展战略[R]. 北京：中国城市出版社，2009.

[2] 杨仪青. 新型城镇化发展的国外经验和模式及中国的路径选择[J]. 农业现代化研究，2013，34（4）：385-389.

[3] 汪丽. 我国城市群发展现状、问题和对策研究[J]. 宏观经济管理，2005，（6）：40-42.

[4] 陈熙. 更宽泛时空视角下的美国城市变迁史[J]. 北京建筑工程学院学报，2014，30（1）：79-82.

[5] 王旭. 美国城市史[M]. 北京：中国社会科学出版社，2000.

[6] 孙群郎. 当代美国大都市区的空间结构特征与交通困境[J]. 世界历史，2009，（05）：15-29.

[7] 单连龙. 国外大城市交通发展的经验及思考[J]. 综合运输，2004，（3）：66-69.

[8] 楚静，王兴中，李开宇. 大都市郊区化下的社会空间分异、社区碎化与整理[J]. 城市社会学，2011，（3）：112-116.

[9] 沈清基. 论基于生态文明的新型城镇化[J]. 城市规划学刊，2013，206（1）：29-36.

[10] 李红娟，曹现强. "紧凑城市"的内涵及其对中国城市发展的适应性[J]. 兰州学刊，2014，（6）：110-116.

[11] 张车伟，蔡翼飞. 中国城镇化格局变动与人口合理分布[J]. 中国人口科学，2012，（6）：44-57.

[12] 陈宇琳. 我国快速城镇化时期大城市人口规模调控对策评价与思考[J]. 现代城市研究，2012，（7）：9-28.

[13] 孙根彦. 面向紧凑城市的交通规划理论与方法研究[D]. 西安：长安大学公路学院，2012.

[14] Bertaud, A. The spatial Organization of Cities: Dliberate Outcome or Unforeseen Consequence(C)// World Development Report 2003: Dynamic Development in a Sustainable World. New York: World Bank Publications, 2003: 83-108.

[15] 徐蓉. 多中心城市结构的形成与实践反思[J]. 江苏城市规划，2011，（1）：21-25.

50　通过轻轨建设促进城市活力提升
——以美国俄勒冈州波特兰市为例 ①

"活力"一词对应的英文为"Vitality"。文献[1]在《好的城市形态》一书中，将"活力"作为评价城市空间形态质量的首要指标。文献[2]认为正是人与人活动及生活场所相互交织的过程使城市获得了活力。文献[3]将"活力"一词表述为"影响着一个既定场所，容纳不同功能的多样化程度之特性"。城市是为人服务的物质载体，而丰富多彩、千姿百态的人类生活，则是城市发展的不竭动力。文献[4]指出城市生活是城市活力研究的基础，对当代城市生活的剖析是研究城市活力的切入点。城市生活主要由经济、社会、文化三大要素组成，经济活力、社会活力、文化活力汇集形成城市活力的三大源泉。

相对于传统的公共交通形式，现代城市轨道交通不仅运量大、速度快，且方便、准时、安全，特别是城市轨道交通由电力驱动，符合绿色交通的发展方向。另外，城市轨道交通的规划建设往往在优化城市形态的同时有助于城市功能的完善。国内外城市轨道交通建设实践证明，其沿线往往成为城市最具活力的地区：凭借交通的高效性、链接区域优势，带动城市的经济活动；可以车站及车站区域为空间载体，予人以人性化舒适体验，鼓励社会交流；凭借交通的可达性，拓展沿线社区风貌特征，增强城市的文化活力。此外，在三大活力的基础上，本文提出第四项为强化经济、社会、文化三方面活力的以生态环境为

基础的环境活力，如以城市轨道交通为载体的沿线景观环境塑造，可以提升品质体验。西方发达国家部分城市即通过更新与完善城市公共交通网络来激发城市活力，复兴城市功能，实现精明增长及可持续发展。本文以波特兰市中心到密尔沃基市和北克拉克马斯县的波特兰—密尔沃基轻轨（Portland–Milwaukie Light Rail，以下简称"波密线"）为例，从4个方面分析其在促进城市活力提升方面的表现（表50–1）。

50.1　高效连接，带动经济活力

经济活力代表了当代城市应有的高效性、物质的丰富性以及经济空间的活跃性，是产生现代城市活力的前提。经济活力的提升主要通过提高城市经济空间效益、发展消费空间及推进城市开发等实现。

波特兰市是全美可持续城市发展的成功典范，其成功的最有效因素则是将促进公共交通建设作为城市发展的重要举措。波特兰轻轨系统的扩大延伸是提升该地区宜居性及经济活力的关键，于2015年9月开通运营的波密线所提升的经济效益远远超过7.3 mi（11.75 km）基础设施工程投资。一方面，作为两大经济空间中人、物流的高效流转枢纽，该线日均客流量已达1.3万人次，通勤率增加20%，并预计在2030年为该地区新增100万居民以及10万个工作岗位，提高了城市经济空间效益；另一方面，波密线就像一条"拉链"，不仅在纵向上拉合沿线社区与城市中

---

① 本章内容由鲍方、邱建第一次发表在《城市轨道交通研究》2020年第23卷第7卷第12至17页。

心，增强人们与商业密集区、高等教育机构的联系，形成高效连接，为激活、发展消费空间提供条件，更在横向上以车站为辐射核心，通过便捷的可达性设计，实现社区与社区之间的渗透与融合，带动区域活力，推进城市开发，沿线土地价值提升至波密线规划建设前的150%~200%。

50.2 鼓励交往，激发社会活力

社会活力主要指社会活动活力，即社会交往活力，社会活力主要由交往行为激发而成。公共空间质量的好坏直接影响到人们交往的可能性和深度。文献[5]认为城市公共空间的生活是城市中最具魅力的因素，高质量公共空间主要是对自发性活动特别是社会性活动的激发，通过增加社会性活动而大大增加社会交往。

城市内轻轨线路的站间距一般为1mi（1.61 km）左右，车站区域的基本服务半径为0.5 mi（0.80 km）。以车站区域为空间载体的城市设计对"拉链"这个概念的实现有着至关重要的作用，而构成城市设计的四大类要素（见表50-1）为轻轨融入社区环境、提升公共空间质量提供了可操作界面。其中，可达性设计、交通设施等固定要素，以及城市家具、标志系统等一致性要素是实现方便联系（必要性活动）的关键，而公共艺术、植物栽植等区分要素及商业游憩设施、城市家具等灵活要素则是创造舒适交往场所的关键（自发性活动及社会性活动）。

表50-1　波密线站区城市设计要素分析

要素组成	要素特征	要素组成	设计手法	激发的社会活动类型
一致性要素	成本控制，一致的质量水平，使用便利	挡墙、栏杆、标识系统、售票机、信息显示屏、城市家具	通过一致性设计实现连续性	必要性活动
固定要素	符合法规，可达性，可维护性，操作效率	道路、坡道、盲道、铺地、照明、无障碍设施、停泊设施	实现与各种交通类型的驳接以及为所有人群服务的基本水平	必要性活动
区分要素	社区精神，公众参与	公共艺术，植物配置的特定场所的可持续发展举措	通过公共艺术（小品、雕塑）创造社区地标，营建地域性特征；充分实践可持续理念，契合城市发展精神	自发性活动、社会性活动
灵活要素	社区发展目标及机会	商业、游憩、活动设施、自行车停放设施、城市家具	实现复合型空间功能，满足居民多种使用需求；发现机会，实现社区规划目标	自发性活动、社会性活动

以人民大桥为例，其融合两岸社区的成功关键可分为两个层面：一方面，限制汽车驶入，营造了有序、友好的交通环境，成功避免了社区被机动车干线及连接坡道任意分隔的困扰（图50-1和图50-2）；另一方面，充分利用位于大桥两端的水岸站（Waterfront Station）及工业博物馆站（OMSI Station）的辐射作用，以自行车及人行的方式先将紧挨车站的生活科学大楼（Life Sciences Building）广场及威拉米特绿道（Williamette Greenway Trail）直接纳入车站及桥面区域（图50-3和图50-4），再将健康与科学大学的海滨校区、科学和工业博物馆融入整个社区环境，激发市民进行学习、观赏、交流、运动等多种社会活动[6]。

图50-1　人民大桥的自行车与人行道

图50-2　波密线去往健康与科学大学的人流

图50-3　水岸站连接生活科学大楼的广场

图50-4　水岸站与威拉米特绿道的连接

密尔沃基中心站（Downtown Milwaukie Station）在轻轨凯洛格桥（Kellogg Bridge）下设置纵向并行的人行钢桥，直接与社区内一段风景优美的河岸绿道相连，并通过竖向设计与车站及车站底层未来的商业休闲区域结合（图50-5），河岸社区的居民们可以快速、便捷地搭乘波密线，或进入中心区域进行商务、休闲等活动。目前，

这条融合了自然风光、雨洪设施、公共艺术的车站步行通廊，还吸引了不少跑步锻炼、散步交谈的身影[7]（图50-6）。由此看来，鼓励慢行的交通连接及设施等固定要素设计，能有效营造功能综合的车站空间，吸引周边居民参与、聚集，增强社会活力。

图50-5　密尔沃基中心站竖向设计

图50-6　密尔沃基中心站与凯洛格人行桥的连接

50.3　重视精神注入，增加文化活力

文化活力是城市品质与格调的展现，是城市活力的精神驱动力。随着快速、同质化的城市化进程，出现了"没有城市文化的城市化"。针对这一现状，本节主要从区分要素的工程艺术表现及公共艺术两方面阐述波密线如何在轻轨沿线空间的规划建设中恢复创造文化活力[8]。

区分要素的工程艺术表现可以分为两类：一类是在固定要素及一致性要素的基础上进行文化融合及艺术再创造。例如材质、色彩一致但细节各异、纹案纷呈的铺地、栏杆、挡土墙、照明设施、城市家具等；一类为独立的要素序列，这类要素的设计虽主要体现区别，却也不乏内在的联

系。工程艺术的设计高度重视公众参与及社区精神的注入，让周边居民参与设计和讨论，有效融合社区理念及愿景，激发社区的可持续参与和支持。

车站风雨亭的立柱属于区分要素的工程艺术表现的第一类，包裹的灯箱以各式的彩色纹饰展示着相邻社区的文化背景及发展目标。例如，水岸站"健康与科学大学探索的桦树树皮与DNA序列的相似性"的图案，传达了学府与市民共同关注及追求的医学科技发展前沿（图50-7）；塔科马站（Tacoma Station）"鱼在蓝色水里游泳"的图案则代表通过社区参与所实现的约翰逊溪（Johnson Creek）的生态修复愿景（图50-8），十个车站，各有特色，富含社区文化内涵。

图50-7　水岸站探索桦树树皮与DNA序列的
相似性的灯柱装饰

图50-8　塔科马站"鱼在蓝色水里游泳"的
灯柱装饰

　　波密线沿线共25处公共艺术设施，位于克林顿街（Clinton street）的"交叉点"项目，表现了该地区多个层面的"交叉"——交汇的钢轨、毗邻的复杂交通路口以及霍斯福特及布鲁克林区的交集，展现钢轨与该地区过去、现在与未来难以分割的关系（图50-9）；莱茵站（Rhine Station）沿17街的"通道"项目灵感来源于布鲁克林区的历史，38个风化钢艇记录着一条曾经存在的小溪

（图50-10）；塔科马站的黄泥车轮，代表了该地区的早期工业以及不断平衡人类与自然的重要性（图50-11）；公园大道站（Park Ave Station）的景观亭架代表着橡树林及人们向往的美好自然环境（图50-12）。公共艺术计划为每个车站带来特殊的精神内涵，增强人们的体验感并促进社区的文化活力，形成连续的城市地标，提升区域品质[9]。

图50-9　克林顿街旧铁轨"交叉点"雕塑

图50-10　38个风化钢艇与植物配置相结合营造动态景观

图50-11 塔科马站的黄泥车轮

图50-12 公园大道站象征橡树林的景观亭架

50.4 提升品质，增强环境活力

环境活力不仅是促进经济活力、强化社会活力的根基，更是增加文化活力的持续保障。区分要素和灵活要素体现了每个站点的建设范围及环境品质，将城市规划、建筑设计、景观营造、环境艺术等多专业的工作进行高度融合，有效提升沿线景观环境品质，加强生态基础设施建设。

波密线的种植设计作为区分要素的重要组成部分，共纳入3325例新植株，并在可持续发展计划的推动下，将站区及慢性系统的种植设计与雨洪设施充分结合（图50-13至图50-17），通过新增的超过9英亩（0.036 k㎡）的景观面积，在轨道线两侧形成了充足的自然缓冲带，提升了景观质量。

图50-13 雨洪设施与公共艺术计划的结合

图50-14 雨洪设施与竖向设计的结合

图50-15 沿线生态雨水洼地

图50-16 沿线种植计划

图50-17　林肯站轨道铺设景天科植物毯

灵活要素意在把握社区发展机会、契合社区规划目标。波密线的景观设计师们早已抹去了红线的概念，积极利用每一个适宜植入可持续理念的机遇，加强生态基础设施建设。这样的"机遇性"设计在波密线比比皆是，其中约翰逊溪项目和公园大道站的停车楼项目最为成功。

约翰逊溪蜿蜒在波密线塔科马站附近，是该地区第一代居民的母亲河，早期的约翰逊溪沿岸植被繁茂，物种丰富，生态极具多样性。造城运动后，由于建筑对土地的覆盖以及管道连接工程，让约翰逊溪变得丑陋不堪。借由波密线修建的契机，在设计团队及社区居民的强大推动下对其进行了系统性的生态修复，疏通溪道淤积，重建湿地生态循环，大面积重新种植及保育植被群落。景观设计师还特意从塔科马站向约翰逊溪延伸了一条曲折的栈道，等待的乘客可以深入地观察恢复了昔日光彩的约翰逊溪（图50-18和图50-19）。

图50-18　塔科马站俯视图

图50-19　塔科马站观赏约翰逊溪的观景走廊与平台

位于橡树林（Oak Grove）社区的公园大道站（Park Avenue）的停车设施（Park and Ride），建于一处收集和管理雨水的山坡绿地，能够容纳401辆机动车与102个自行车停车位（图50-20）。构筑物门面设计倾斜的沟槽组合，Z字形纵向排列，在收集、引流屋顶及屋檐雨水的同时，形成富有序列感并与自然元素完美结合的动态门户景观。建筑其余部分的外立面是纵向交错排列的风化钢条（见图50-21），模拟周边小溪里芦苇枝条交织的形态，一刚一柔，虚实呼应。景观师还对周围的绿地进行了细致的种植及修复设计，会随着时间的推移缠绕包裹风化钢条，整座混凝土构筑物也将被完全隐藏在重新栽植的俄勒冈白橡木、道格拉斯冷杉和西部红柏里[6]。这个项目成功实现了居民建设一处森林的愿景。

图50-20　绿色停车楼与雨洪管理设施相结合

图50-21　停车楼外立面的Z型沟槽及交错的风化钢

50.5　结语

"我们并不是在解决单纯的交通问题，我们在努力创造人类栖息地。"波特兰公共交通公司的内部管理人员说，"当人们停止将这些项目看作为基础设施，而是人类栖息地之时，就会发现它们内在的演替概念，看到一个城市的可塑性"[6]。

如今的波密线就像结缔组织，能够随时间弯曲、生长及适应，波特兰的建设团队和市民从来就没有把轨道交通看成是一个惰性的线状通道，而是努力将它描绘成为一个活跃的实体，拥有生命活力，响应城市的脉动。

我国众多城市即将大力投建城市轨道交通系统，不应将目光聚焦在单纯的功能属性上，而应更多关注该系统是否能够激发周边区域的城市活力。在投建前期，应将能够带动区域城市活力作为轨道交通项目建设的重要战略目标。据此，城市线型廊道从规划到建设都应该模糊红线概念，将廊道周边的区域视作整体，统筹考虑交通的高效性、设施的人性化、地域文化的体现以及沿线环境品质的提升。以站点为核心，以辐射区域为背景，以线路为纽带，将工程建设与城市规划、景观营造、公共艺术等多专业进行系统化结合，由"点"生"面"，再串连成"线"，创建吸引人、为人所需的公共空间体系。

■ 参考文献

[1] 林奇 K . 城市意象[M]. 北京：华夏出版社，2001.

[2] 雅各布斯 J . 美国大城市的死与生[M]. 北京：译林出版社，2005.

[3] 本特利 L . 建筑环境共鸣设计[M]. 大连：大连理工大学出版社，2002.

[4] 蒋涤非 . 城市形态活力论[M]. 南京：东南大学出版社，2007.

[5] 盖尔 J，吉姆松 L，公共空间·公共生活[M]. 北京：中国建筑工业出版社，2003.

[6] TRI-MET. Conceptual Design Report. Innovation Quadrant.[EB/OL].（2017-01-04）[2018-05-01]. https://trimet.org/pdfs/pm/CDR/波密线_CDR_Innovation_Quadrant.pdf.

[7] TRI-MET. Conceptual Design Report. Green Gateway/Multi-modal Segment.[EB/OL].（2017-01-04）[2018-05-01]. https://trimet.org/pdfs/pm/CDR/波密线_CDR_Green_Gateway.pdf.

[8] 亚历山大，建筑的永恒之道[M]. 北京：知识产权出版社，2002.

[9] TRI-MEt. Public Art on MAX Orange Line[EB/OL].（2017-01-04）[2018-05-01]. https://trimet.org/publicart/orangeline.htm.

51 加快四川省新型城镇化的路径研究①

当前，我省正处于工业化城镇化"双加速"①发展时期，也是我省以新型城镇化的方式巩固前期成果、促进全面健康发展的关键时期。同时，我省还面临国家新一轮西部大开发、实施扩大内需战略、规划建设成渝经济区等重大机遇。在新的发展形势下，省第十次党代会提出深入实施"两化"互动、统筹城乡发展战略，并把"两化"互动、统筹城乡作为推进跨越发展的主路径和主引擎，提出要坚持走新型城镇化发展道路，为加快推进我省新型城镇化创造了良好的发展环境。

51.1 新型城镇化的理论内涵与实践探索

城镇化是指伴随着工业化的发展而出现的，农村人口向城镇聚集、农村经济和农业社会向城市经济和城市社会转化的过程，也是一个地区走向现代化的过程和标志。相对于偏重城市单极发展以及以量的增长和面的扩张为主的传统城镇化，新型城镇化是推动区域人口、经济、社会、资源和环境全面协调发展的城镇化，其内涵更加注重城镇发展动力，强调以新型工业化为主导、现代农业和现代服务业协调共进，城镇与产业联动发展方式来推进城镇化；更加注重区域协调，强调城镇体系的空间布局、等级结构的科学合

理，以城镇群为主体形态，与区域产业布局和重大基础设施相协调，促进大中小城市和小城镇协调发展；更加注重城乡统筹，强调以工促农以城带乡，城镇基础设施向农村延伸、公共服务设施向农村覆盖、生产生活文明向农村辐射，消除城乡二元体制机制障碍，城镇与新农村一体化发展；更加注重城镇质量，强调加强市政基础设施和公共服务设施配套建设，完善城镇功能、改善人居环境、节约集约利用资源，提高城镇的综合承载能力，实现可持续发展等。

改革开放以来，伴随社会主义市场经济快速发展和经济高速增长，我国城镇化进程逐步加快、城镇化水平日益提高。然而，在我国的城镇化进程中存在着诸多矛盾，如人口城镇化与土地城镇化不同步、城镇化发展速度与产业结构演进不协调，城镇化的推进使得生态环境进一步恶化、城镇的快速发展与农村建设滞后现象并存，等等。由于传统城镇化的弊端日益显现，以加强城乡统筹、区域协调，致力于资源节约和可持续发展的新型城镇化成为非常明朗的发展趋势。

党的十六大报告提出，要统筹城乡经济社会发展，全面发展农村经济，加快城镇化进程，逐步提高城镇化水平，坚持大中小城市和小城镇协调发展，走中国特色的城镇化道路。十七大报告中，又进一步明确提出要走中国特色城镇化道路，按照统筹城乡、布局合理、节约土地、功能完善、以大带小的原则，促进大中小城市和小城镇协调发展。以增强综合承载能力为重点，以特

---

① 本章内容由邱建、卯辉、吴秋阳、安中轩第一次发表在《科学发展观的四川实践——四川省"四化"互动、统筹城乡总体战略理论研讨会优秀论文集》第105至110页，中共四川省委宣传部主编，四川出版集团．四川人民出版社，2012.10。

大城市为依托，形成辐射作用大的城市群，培育新的经济增长极。在中央相关会议精神的指导下，全国各地结合自身实际，积极开展新型城镇化的推进工作。2006年8月，浙江省率先提出要创新发展机制，走资源节约、环境友好、经济高效、社会和谐、大中小城市和小城镇协调发展、城乡互促共进的新型城市化道路。随后，广西、江西、河南、山东和湖北等省区相继颁布或出台了推进新型城镇化的发展规划或实施意见。我省也于2011年出台了《加快推进新型工业化新型城镇化互动发展的意见》，提出加快推进新型工业化新型城镇化，促进互动发展，推动我省经济社会跨越发展、全面建设小康社会的战略方针。

51.2 我省城镇化发展的现状与问题

51.2.1 发展现状

自西部大开发战略实施以来，特别是"十一五"时期在工业化快速发展的推动下，我省大力实施中心城市带动和统筹城乡战略，增强了城镇功能，改善了人居环境，城乡面貌发生巨大变化，全省城镇化发展呈现速度较快、质量较好的势头。到2011年全省城镇化率达到41.83%，比2000年提高了15.13个百分点。省域城镇体系逐步得到改善，初步建立了以成都特大城市为核心，8个大城市与16个中等城市为骨干，28个小城市与1793个小城镇为基础的省域城镇体系，形成了四大城镇群的雏形。同时，城镇建设质量不断提高，基础设施、公共服务设施和保障性住房体系进一步完善，城乡环境综合治理成效显著。特别是通过灾后恢复重建，灾区城乡面貌大为改观，人居环境得到了较大提高，城乡建设的整体水平比灾前推进了20年以上。而且，以成都"全国统筹城乡综合配套改革试验区"和德阳、广

元、自贡"省级统筹城乡综合配套改革试验区"为引领，我省城乡统筹发展的力度进一步加强，城乡协调发展局面正逐步形成。

51.2.2 主要问题

我省城镇化发展取得显著成绩的同时，也面临着一些问题和挑战，主要表现在：城镇化水平偏低，工业化城镇化互动不足，城镇化发展整体滞后于工业化；城镇体系结构不尽合理，区域性中心城市发展不足，城镇群发展带有待培育和加强；基础设施不足，住房供应及保障体系不够健全，城镇综合承载能力仍有待提高；城镇间缺乏分工合作机制，同质同构问题依然存在，区域协调发展的格局尚未形成；县城和重点镇发展不足，辐射带动农村的能力不强，城乡协同发展的格局尚未形成；城镇管理工作有待加强，投融资机制改革步伐需要加快，促进城镇化发展的体制机制急需完善等方面。

51.3 基于我省加快推进新型城镇化的理性分析

走新型城镇化道路是省委省政府在正确把握国情省情的基础上所做的重大战略决策，是贯彻落实科学发展观、加快转变经济发展方式的客观需要，是中国特色城镇化道路的"四川路径"，是我省城镇化发展的必然选择，也是当前我省增强内需动力、保持经济快速发展的迫切需要，以及进一步改善民生、提高城乡居民生活水平的客观要求，对于加快我省现代化进程，实现全面建设小康社会的目标，具有重大的现实意义和历史意义。

加快推进我省新型城镇化，应在深入认识新型城镇化理论内涵的基础上，积极借鉴先行地区的实践经验，结合我省实际，选择适合我省的新

型城镇化发展道路。

加快推进我省新型城镇化，要强化对"新型"的认识，着力加强对传统城镇化的提升。在价值取向上，从物本向人本转变；在发展方式上，从粗放向集约转变；在发展要求上，从失衡向协调转变；在体制构建上，从分割向一体转变。

加快推进我省新型城镇化，要加强与新型工业化的结合，坚持以新型工业化为主导推进新型城镇化，做到"两化"时间上同步演进、空间上产城一体、布局上功能分区、产业上三产融合，使重大产业发展空间分布与城镇体系空间结构相协调，形成工业化带动城镇化、城镇化助推工业化的发展格局。

加快推进我省新型城镇化，关键在于强化规划对新型城镇化发展的战略引领。城乡规划具有全局性、综合性和战略性特点，以及前瞻性和导向性作用，涉及政治、经济、文化和社会生活的各个领域。科学编制城乡规划，强化规划的现代理念、注重各项规划的衔接、增强规划执行的刚性，是我省新型城镇化有序推进、健康发展的重要保证。

加快推进我省新型城镇化，重点在于加强城乡统筹和区域协调。我省作为城镇化发展相对滞后的西部农业大省，"三农"工作是我们全部工作的重中之重，加快转移农村人口和大力振兴农村经济仍然是我省长期的发展任务；而显著的区域发展差异，则要求我省在经济社会快速发展、城镇化水平不断提高的同时，加强区域协调，促进省内各区域经济社会发展的协同共进。

51.4 加快推进我省新型城镇化的路径选择

加快推进我省的新型城镇化，要坚持以人口

城镇化为核心，以产业发展为支撑，强化城乡统筹与区域协调，增强城镇综合承载能力，大力发展区域中心城市、着力增强各级城镇集聚产业、承载人口、辐射带动区域发展的能力，努力构建符合我省经济社会发展需要的区域城镇体系，强化新型城镇化与新型工业化互动、与农业现代化联动，走出一条以人为本、城乡一体、协调发展的新型城镇化路子。

51.4.1 强化产城融合，促进两化互动

首先，依托城镇群培育产业集群，努力形成城镇群与产业集群互动发展的格局。成都平原城镇群要重点发展成为重大装备制造业基地、新能源产业基地、生产性服务业基地；川南城镇群要打造西部重要的天然气精细化工、新型煤化工和盐化工基地、能源工业基地、装备制造基地和饮料食品产业基地；攀西城镇群要加强钒钛等稀有金属矿产资源的综合利用开发，有序推进水电开发，加快发展以太阳能为主的新能源产业和烟叶、热带作物等优势绿色农产品精深加工业；川东北城镇群要逐步建成以天然气化工、石化下游产品、农产品加工、特色旅游和物流配送基地为一体的城镇群。

其次，加快发展城市新区，促进产城融合。要以产业聚集区为依托，有序推进城市空间拓展，通过城市新区的建设，优化城市布局，提升产业发展。把经济开发区、产业园区和工业集中发展区等各类城市新区纳入城镇总体规划进行统一布局，细分产城单元，解决好职、住平衡，形成宜业宜居宜商的城市新区，建立新型城市形态。特别是要加快天府新区建设步伐，努力打造以现代制造业为主、高端服务业聚集、宜居、宜业、宜商的国际化现代新城区，逐步形成现代产

业、现代生活、现代都市三位一体、协调发展的格局，为建设西部经济发展高地、打造西部重要的经济中心提供有力支撑。

51.4.2 优化城镇体系，培育四大城镇群

首先，大力发展区域性中心城市，实施区域中心城市发展战略。成都要努力建成中西部地区最具竞争力的特大中心城市，其他区域中心城市的培育要按照组合城市的发展思路，做大做强，重点将绵阳、泸州、南充、攀枝花、乐山、内江、德阳、宜宾、自贡和达州等培育成辐射带动力强的100万人口以上的区域性中心城市。

其次，努力形成"一核、四群、五带"为特征的城镇空间布局结构，引导人口向适宜地区合理聚集。特别是要着力培育四大城镇群，加强城镇群之间和城镇群内部各城镇之间的协同合作，强化城市经济联系、增强辐射带动能力，建立以城镇群为主体形态的城镇化发展格局。

再次，积极发展中小城市和小城镇，努力完善中小城市和小城镇的基本功能，加大基础设施和公共服务设施建设的投入力度，强化其集聚辐射能力，使其成为承接中心城市产业和农村人口转移的目的地。

51.4.3 完善城镇功能，提高承载能力

首先，优化城镇道路交通系统。合理设置道路等级，理顺路网骨架，适当提高路网密度、预留发展余地，强化城镇道路系统组织并发挥城镇功能的骨架作用。

其次，强化市政公用设施建设。配置系统、完整的城镇配水管网和相应配水设施，完善城镇排水管网，不断提高民用燃气普及率，积极改造现有供电供气设施，加快城镇生活污水、生活垃圾处理及相关配套市政设施建设步伐，综合布局防灾设施，科学布置邮政及电信局所、电信管道、广播电视线路等设施网络。

再次，大力配套完善公共服务设施。从公共服务设施的等级配置和类型配置两个方面确定设施的布局、规模和业态，努力提升城镇的公共服务能力。

最后，进一步完善住房供应体系。积极优化住房供应结构，努力完善保障性住房体系，多渠道增加保障性住房供应。大力发展公共租赁住房，加快城镇棚户区及危旧房改造，积极推进城市零星分散危旧房、城中村和小城镇危旧房改造。

51.4.4 构建合作机制，促进区域协调

首先，建立以城镇群为基础的区域经济协调合作机制。在城镇群内部，通过建立联席会议制度的方式，加强相互之间的经济联系，畅通政策和信息交流渠道，逐步扩大市与市之间的经济技术合作，最终形成城市经济共同体。

其次，强化区域基础设施和公共服务设施的共建共享。建立省市共同参与的政策协调机制，促进不同部门在基础设施的规划、建设和管理政策方面的协调，逐步实现区域设施在规划建设方面的统筹化、综合化。

再次，促进区域生态环境保护领域的多方合作。依托城镇群或城市经济合作机制，对跨区域环境污染事故、区域环境污染转移，以及涉及区域环境和资源的规划、产业布局等工作进行评估、审查，为相关各方提供协商和决策的基础，确保区域生态安全。

51.4.5 促进城乡统筹，发展农村经济

首先，建立以城带乡的发展格局。以成都

"全国统筹城乡综合配套改革试验区"和德阳、广元、自贡"省级统筹城乡综合配套改革试验区"为基础，逐步扩大省级统筹城乡综合配套改革试验区的范围，引导并促进全省的城乡统筹发展，通过集约配置城乡资源、统筹城乡发展空间和强化重点区域开发等手段，加快推进基础设施向农村延伸、公共服务设施向农村覆盖，逐步建立以城带乡的发展格局。

其次，增强县城和重点小城镇辐射带动能力。大力提高县城的规划建设水平，努力完善生产生活功能，强化集聚辐射能力，构建县域经济的核心与增长极。同时，积极发展重点小城镇，加大基础设施建设的投入力度、努力完善公共服务配套，大力夯实重点小城镇的产业基础，使重点小城镇成为带动和辐射乡村腹地经济社会发展的支撑点。

再次，深入开展新农村建设工作。加快以现代农业为支撑的新农村示范片建设，加快建设现代农业产业基地、现代畜牧业产业基地和现代林竹水产业基地，加快推动农业向专业化、规模化、集约化发展。积极推进新农村综合体建设，完善基础设施与公共服务设施，营造人与自然友好相处的空间。

51.4.6 强化规划引领，抓好规划实施

首先，加强城乡规划编制工作。重点是要高水平编制省域城镇体系规划，科学确定我省城镇发展战略和总体布局，构建适应我省城镇化进程和建设西部经济发展高地需要的城镇体系。积极开展覆盖城乡全域的总体规划编制工作，提高城镇总体规划编制质量，努力实现"多规融合"、促进区域和城乡协调发展。大力抓好城市新区和产业园区规划，推动城市建设与产业发展有机融合。同时，切实做好县域新村建设规划，科学确定县域新村建设的发展战略与目标，构建合理的镇（乡）、村体系和村落空间布局，统筹布置县域农村基础设施和社会公共服务设施。

其次，抓好城乡规划实施工作。重点是加强空间管制、落实强制性内容。严格执行城镇建设项目审批制度，确保城乡规划严格依法顺利实施。同时，要建立和完善城乡规划管理体制、城乡规划督察的相关制度，充分发挥人大、媒体和社会公众的监督作用，依法落实城乡规划编制、审批、实施和执法检查的行政责任。

51.4.7 加强制度建设，创新管理机制

首先，积极推动户籍制度改革。落实放宽中小城市和小城镇落户条件的政策，加快推进户籍制度改革，引导非农业产业和农村人口有序向中小城市和建制镇转移。

其次，努力完善社会保障制度。完善城镇养老、失业、医疗保险等社会福利和保障政策，逐步建立面向所有非农就业人员的社会保障体系。完善社会救助制度，健全以最低生活保障、临时救助、医疗救助等制度为主的社会救助体系。

再次，创新与城镇建设相关的投融资体制。鼓励和引导民间资本进入基础设施、市政公用事业、保障性住房建设等领域。规范发展BOT、BT等多种建设方式，通过特许经营等方式吸引社会资本、私人资本和境外资本投资城镇基础设施建设。鼓励和引导银行增加对城镇基础设施和公共服务设施的放贷量，引导金融机构资金投入城镇化建设。

最后，推动城镇综合管理制度创新。建立和完善社区基本服务体系，通过积极推进数字化城市建设、建立GIS信息管理系统等方式，提高城镇综合管理的效率和水平。

52 建筑产品决策过程中问卷调查的多因子方差分析方法探讨 ①

52.1 问题的提出

房地产开发本质上是为消费者提供建筑产品，市场调查与业态分析是生产适销对路的建筑产品的基础。在建筑产品的决策过程中，问卷调查是一种有效的手段，通过对调查结果的科学分析，确定特定场地所最适合的建筑产品类型，以达到经济、高效的目的。但是，目前采用的问卷调查存在着自身的局限性和问题。

（1）调查对象千差万别，每个对象都有各自的特点，如不同的身份、年龄和经历等，这些因素中有的对调查结果产生影响，有的不会产生影响，不同的因素对调查结果所起的作用是不同的，如果把各个因素所起的作用的大小定量地确定下来，不但会对调查结果的分析产生影响，而且对问卷的科学、合理设计也将起到促进作用。如何来确定调查对象的自身特点对调查结果的影响？

（2）调查建立在抽样分析的基础上，而被调查群体中的个体具有随机性，为了提高这个群体的代表性，如何对问卷以及调查分析的流程进行科学和详细的设计以提高这个群体的代表性？

（3）如果问卷调查的结果出现均一性，该如何决策？

国内外同行采用数学模型方法来定量地分析解决以上问题，取得了一定的成果[2]，如Frew用T

检验法对问卷调查的结果进行分析，研究个性、性别和旅游行为的关系[3]。但是T检验要求样本呈正态分布、方差齐，更适用于对顺序数据和数字数据的分析，而针对建筑产品决策的问卷往往是分类数据，这就限制了这种方法的应用；杨静利用SAS系统，针对1000名学生的问卷调查建立了影响高中毕业生继续进入大学学习的影响因素模型[4]，但这个模型的因变量只有一个即是否升入大学，而建筑类型的多样性决定了因变量不是唯一的，这个模型不适用于本文所研究的问题；对因变量较多的问卷进行分析的主要手段是降维和回归[5]，但是建筑产品类型是不能通过合并来实现降维之目的的。

针对以上问题，笔者期望通过结合多因素方差分析法设计出理想的调查分析方法，该方法不仅能提高建筑产品决策过程的科学性和客观性，而且具有简单易用、所得结论可直接应用到工程实际当中的特点。

52.2 基于多因子方差分析的调查方法

52.2.1 基本原理

多因子方差分析中的控制变量在2个或2个以上，它的研究目的是要分析多个控制变量的作用、多个控制变量的交互作用以及其他随机变量是否对结果产生了显著影响。例如，在获得教学效果的时候，不仅单纯考虑教学方法，还要考虑不同的教学时间的影响，因此这是2个控制变量交互作用的效果检验[6]。

---

① 本章内容由贾刘强、邱建第一次发表在《四川建筑科学研究》2007 年第 6 期第 255 至 259 页。

在建筑调查过程中，被调查者的性别、年龄和职业等等属性都可被视为控制变量，而调查的目的，如期望新建的建筑类型是商店还是图书馆等可被视为观察变量，控制变量同样会对观察变量产生交互作用的影响。

多因子方差分析不仅需要分析多个控制变量独立作用对观察变量的影响，还要分析多个控制变量交互作用对观察变量的影响，以及其他随机变量对结果的影响，因此，它需要将观察变量的离差平方和分解为3部分：

（1）多个控制变量单独作用引起的离差平方和Q控制变量i。

（2）多个控制变量交互作用引起的离差平方和Q控制变量i，j。

（2）其他随机因素引起的离差平方和Q随机变量。

多因子方差分析采用F检验，利用Q值可以计算出F值，根据F的分布计算出相应的相伴概率值Sig.，如果Sig.值小于或等于显著性水平，则表示该控制变量的不同水平或几个控制变量不同水平的交互作用对观察变量产生了显著影响；相反，则认为不同水平对结果没有显著影响。

52.2.2 基本流程

本调查分析方法的指导思想是使调查结果尽可能地反映实际情况，整个调查分析过程是对调查问卷和调查结果不断修正和补充的过程。

调查方法的流程如图52-1所示，通过2个循环来调整问卷和调查过程，具体步骤如下：

（1）对设计好的问卷1进行小范围的讨论和试验，根据试验结果对问卷进行调整形成问卷2。

（2）利用问卷2进行大范围的调查，形成调查成果。

（3）对调查成果进行初步分析，形成初步结论。

（4）利用多因子方差分析法对初步结论进行定量分析，并检验其相关性，如符合要求则形成最终结论，否则对问卷2进行调整，重复（2）~（4）步直到形成最终结论。

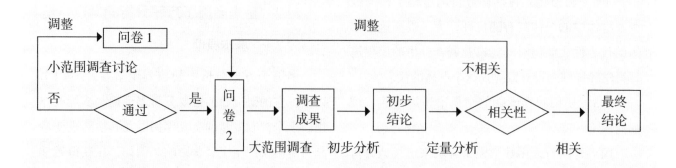

图52-1　调查方法流程
Fig.52-1 Flow chart of investigation and analysis

52.3　案例研究

52.3.1　项目概述

项目场地位于自贡市汇东路西段,甲方要求在投资前对建筑产品的类型进行决策。针对这一要求,我们制作了初步问卷调查表并经过小范围问卷讨论加以确定,然后向附近的居民进行正式问卷调查,通过定量分析将最终结论作为建筑类型确定的依据之一。问卷调查表包括被调查者的信息(控制变量:性别、年龄、职业等),对建设用地的类型期望(观察变量:商场、菜市场、超市、休闲广场、学校、医院等,此项为复选方式)以及其他相关信息。

52.3.2　调查初步结果

本项目共发放问卷108份,有效问卷100份,其中男女各占50人。调查分析的初步结论如图52-2所示。由图可知,附近居民对建筑产品的期望值由大到小列前5位为:休闲广场(50)、菜市场(34)、超市(30)、体育场(29)和商场(25)。其中,体育场与用地条件不相符,此处不做分析。休闲广场可结合场地在建筑入口处设置,而菜市场、超市和商场这三者的比例接近,如何确定建筑类型呢?调查者的年龄在25~40岁占到一半以上,职业以公务员、商人和其他职业者居多。这种调查对象的特性会对这3种类型的期望值产生影响吗?每个特性中的不同水平的调查者对期望值的影响是多大?各种特性的交叉作用对结果又会产生怎样的影响?通过回答上面3个问题就可以找到调查结果对调查对象的依赖性,进而为建筑类型的选择提供依据。

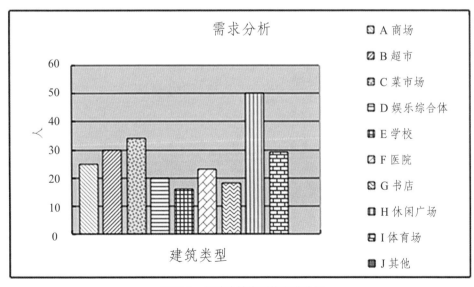

图52-2　各种建筑类型的需求分析
Fig.50-2　Requirement for each of building types

52.3.3 定量分析

52.3.3.1 数据库设置

针对以上问题，我们将休闲广场、菜市场、超市和商场作为4个观察变量，将调查对象的性别、年龄和职业作为控制变量。依据调查问卷，将观察变量的值设为2种状态：1为需要设置，0为不需要设置。控制变量的值与变量水平对应关系见表52-1和表52-2，最终的数据见表52-3。

表52-1　职业控制变量对应取值
Tab.52-1　Value of every professional controls variable

职业	学生	军人	工人	教师	公务员	职员	商人	工程师	其他
取值	1	2	3	4	5	6	7	8	9

表52-2　年龄控制变量对应取值
Tab.52-2　Value of every age controls variable

年龄	15岁以下	16~25岁	26~40岁	41~60岁	61岁以上
取值	1	2	3	4	5

表52-3　部分原始调查数据
Tab.52-3　Segment of investigativeoriginal data

序号	是否需要休闲广场	性别	年龄	职业	是否需要菜市场	是否需要学校	是否需要医院	是否需要商场	是否需要超市
1	1	1	3	6	0	0	1	1	0
2	0	1	3	7	0	0	0	0	0
3	0	1	4	5	0	1	1	1	1
4	1	0	2	9	0	0	0	0	0
5	1	1	3	6	0	0	0	1	1
6	0	0	5	6	0	0	1	0	0
7	1	1	3	5	1	0	1	1	1
8	1	1	2	7	0	0	0	0	0
9	1	0	2	6	0	0	0	0	0
10	1	1	3	6	0	0	0	0	0
11	0	1	2	9	1	0	0	0	0
12	0	1	3	3	0	0	0	0	0
13	0	0	5	9	0	0	0	1	0
14	0	0	2	6	1	0	0	0	0
15	0	0	3	3	0	0	0	1	0
16	1	1	4	3	0	1	1	0	0
17	0	1	3	5	0	0	0	0	0
18	1	0	2	9	1	0	1	0	1

52.3.3.2 多因子方差分析

针对是否设置休闲广场、菜市场、超市和商场4个专题，对表52-3中的数据进行多因子方差分析，在计算过程中，取显著性水平为0.2，即可信度为80%。每个专题的分析都由3部分组成：①性别、年龄和职业3个控制变量单独及交互作用对专题的影响；②不同年龄水平对专题的影响的多重比较；③不同职业对专题的影响的多重比较。由于性别只有2个取值，故不进行多重比较。将各个专题的计算结果集成到表52-4至表52-6中。

1. 调查对象属性对调查结果的影响。

表52-4为调查对象的属性（控制变量）对各个专题调查结果的影响比较结果，*号表示该项控制变量对调查结果产生了显著影响，即相伴概率值（Sig.）小于0.2，Sig.值越小对调查结果的影响越大。由表可知：

（1）是否需要设置休闲广场专题。在该专题中，控制变量独立作用部分的相伴概率值均大于0.2，表明被调查者的性别、年龄和职业都没有对调查结果产生显影响。在控制变量交互作用部分，性别和职业的交互作用、性别与年龄的交互作用以及性别、年龄和职业三者交互作用对调查结果造成了显著的影响，其中性别和职业的交互作用对调查结果的影响最为显著（Sig.值为0.019）。

（2）在菜市场专题中，所有的控制变量及其交互作用都没有对调查结果产生显著的影响。

（3）在是否需要设置超市专题中，只有性别和职业的交互作用对调查结果产生了显著影响。

（4）是否需要设置商场专题的结论与超市专题的结论一致。

表52-4　各个控制变量对各个专题调查结果的影响比较
Tab.52-4　Test of between-subjects effects in every special topic

控制变量	观察变量			
	广场专题Sig.	菜市场专题Sig.	超市专题Sig.	商场专题Sig.
性别	0.665	0.695	0.912	0.625
年龄	0.419	0.261	0.231	0.433
职业	0.745	0.243	0.531	0.887
性别&年龄	0.114*	0.787	0.202	0.438
性别&职业	0.019*	0.262	0.194*	0.163*
年龄&职业	0.414	0.312	0.838	0.585
性别&年龄&职业	0.183*	0.668	0.520	0.735

2. 被调查者的年龄阶段对调查结果的影响。

将被调查者分成4个年龄阶段水平，不同年龄水平的人对各个专题的态度比较结果见表52-5。当Lower Bound和Upper Bound的值为同正或同负时，对应的两2个年龄水平的态度具有显著性差别（Sig.值小于0.2，表中用*号表示出来），且Lower Bound和Upper Bound的绝对值越大（Sig.值越小）两者的差别越大，正号表示控制变量I比控制变量J持更积极的态度，即更倾向于设置某一建筑产品。由表52-5可知：

（1）年龄差距越大对是否设置广场的态度差别越大，相隔1个或2个年龄段的人产生了显著差别。在产生显著差别的年龄水平中，16～25岁年龄水平作为I控制变量时的Lower Bound和Upper Bound值为正（对40～60岁年龄水平为0.02和0.63，对60岁以上年龄水平为0.15和0.81），所

以，这个年龄段的人群更支持设置休闲广场，设置休闲广场对这个年龄段的人的意义比较大。

（2）对是否设置菜市场专题，26～40岁的人群与40～60岁的人群的态度有显著差异，40岁之后的人们更希望设置菜市场。

（3）是否设置超市专题的结果与是否需要设置菜市场一致，40岁之前的人群与40岁之后的人群的态度有显著差异，且后者更希望设置超市。

（4）年龄变量的不同水平对是否需要设置商场的态度没有显著的差异。

表52-5　不同年龄水平对待各个专题态度的多重比较
Tab.52-5　Multiple comparisons of different age levels in every special topic

控制变量		观察变量											
		广场专题			菜市场专题			超市专题			商场专题		
			80%Confidence Interval			80%Confidence Interval			80%Confidence Interval			80%Confidence Interval	
（I）年龄	（J）年龄	Sig.	Lower Bound	Upper Bound	Sig.	Lower Bound	Upper Bound	Sig.	Lower Bound	Upper Bound	Sig.	Lower Bound	Upper Bound
16~25岁	26~40岁	0.365	-0.06	0.35	0.373	-0.07	0.38	0.368	-0.07	0.38	0.890	-0.19	0.24
40~60岁		0.170*	0.02	0.63	0.360	-0.57	0.10	0.355	-0.57	0.09	0.766	-0.25	0.39
60岁以上		0.070*	0.15	0.81	0.623	-0.50	0.23	0.619	-0.49	0.22	0.394	-0.57	0.12
26~40岁	16~25岁	0.365	-0.35	0.06	0.373	-0.38	0.07	0.368	-0.38	0.07	0.890	-0.24	0.19
40~60岁		0.392	-0.09	0.63	0.105*	-0.70	-0.09	0.101*	-0.69	-0.09	0.822	-0.24	0.34
60岁以上		0.164*	0.03	0.81	0.262	-0.63	0.04	0.257	-0.62	0.04	0.313	-0.57	0.07
40~60岁	16~25岁	0.170*	-0.63	-0.02	0.360	-0.10	0.57	0.355	-0.09	0.57	0.766	-0.39	0.25
26~40岁		0.392	-0.46	0.09	0.105*	0.09	0.70	0.101*	0.09	0.69	0.822	-0.34	0.24
60岁以上		0.605	-0.23	0.53	0.753	-0.32	0.52	0.750	-0.31	0.51	0.329	-0.70	0.10
60岁以上	16~25岁	0.070*	-0.81	-0.15	0.623	-0.23	0.50	0.619	-0.22	0.49	0.394	-0.12	0.57
26~40岁		0.164*	-0.64	-0.03	0.262	-0.04	0.63	0.257	-0.04	0.62	0.313	-0.07	0.57
40~60岁		0.605	-0.53	0.23	0.753	-0.52	0.32	0.750	-0.51	0.31	0.329	-0.10	0.70

3．被调查者的职业对调查结果的影响。

表52-6为不同的职业对各个专题态度的多重比较结果，表中用*号标明有显著差别的变量水平，Lower Bound和Upper Bound值的解释与上小节相同。由表可知：

（1）其他职业者与商人对是否设置广场的态度是有明显的不同的，工程师、职员和其他职业者的态度几乎一致（Sig.值为1.000），都希望设置休闲广场，而商人比较不希望设置休闲广场，可能是从自身商业利益着想的。

（2）职业变量的不同水平上对是否需要设置菜市场的分析结果显示，其他职业的人群与公务员、职员和工程师职业的人群的态度有显著差异，且都希望设置菜市场。根据调查过程，其他职业人员一般为家庭主妇类型或者没有工作的人员，他们对菜市场的要求要比公务员、职员和工程师等工作比较规律的人的要求要高，这也符合一般规律。

（3）工程师与公务员和工人对待是否设置超市的态度显著不同。这可能与工程师的工作性质有关，一方面比较繁忙，一方面经常出差在外，对超市的需求并不明显。

（4）工人与商人对是否需要设置商场的态度存在显著的差异，商人倾向于不设置商场，这也与一般规律相符，商人不希望有更多的竞争者。故在最后决策的时候，可考虑降低商人选择的权重。

表52-6 不同职业对各个专题态度的多重比较
Tab.52-6 Multiple comparisons of different profession levels in every special topic

控制变量		观察变量												
		广场专题			菜市场专题			超市专题			商场专题			
（I）职业	（J）职业		80%Confidence Interval			80%Confidence Interval			80%Confidence Interval			80%Confidence Interval		
		Sig.	Lower Bound	Upper Bound	Sig.	Lower Bound	Upper Bound	Sig.	Lower Bound	Upper Bound	Sig.	Lower Bound	Upper Bound
工人 职员 商人 工程师 其他	公务员	0.807 0.506 0.593 0.586 0.443	-0.35 -0.49 -0.18 -0.57 -0.45	0.24 0.16 0.43 0.23 0.12	0.657 0.544 0.870 0.326 0.484	-0.22 -0.19 -0.38 -0.11 -0.48	0.44 0.52 0.29 0.77 0.14	0.822 0.227 0.329 0.143* 0.479	-0.27 -0.02 -0.08 0.07 -0.14	0.38 0.69 0.58 0.93 0.47	0.253 0.526 0.137* 0.604 0.277	-0.04 -0.18 0.05 -0.25 -0.05	0.59 0.51 0.70 0.59 0.55
公务员 职员 商人 工程师 其他	工人	0.807 0.626 0.393 0.699 0.561	-0.24 -0.41 -0.09 -0.49 -0.36	0.35 0.19 0.46 0.27 0.14	0.657 0.824 0.509 0.484 0.194*	-0.44 -0.27 -0.45 -0.19 -0.55	0.22 0.38 0.15 0.64 0.00	0.822 0.268 0.397 0.166* 0.592	-0.38 -0.05 -0.10 0.04 -0.16	0.27 0.60 0.49 0.85 0.38	0.253 0.624 0.659 0.713 0.889	-0.59 -0.42 -0.19 -0.51 -0.29	0.04 0.20 0.39 0.28 0.23
职员 公务员 商人 工程师 其他	工人	0.506 0.626 0.220 1.000 1.000	-0.16 -0.19 -0.01 -0.40 -0.28	0.49 0.41 0.60 0.40 0.28	0.544 0.824 0.419 0.619 0.170*	-0.52 -0.38 -0.54 -0.27 -0.64	0.19 0.27 0.13 0.61 -0.02	0.227 0.268 0.742 0.616 0.479	-0.69 -0.60 -0.41 -0.27 -0.47	0.02 0.05 0.25 0.60 0.14	0.526 0.642 0.399 1.000 0.713	-0.51 -0.20 -0.11 -0.42 -0.21	0.18 0.42 0.53 0.42 0.38
商人 公务员 职员 工程师 其他	工人	0.593 0.393 0.220 0.324 0.150*	-0.43 -0.46 -0.60 -0.67 -0.55	0.18 0.09 0.01 0.09 -0.03	0.870 0.509 0.419 0.250 0.564	-0.29 -0.15 -0.13 -0.05 -0.41	0.38 0.45 0.54 0.80 0.16	0.329 0.397 0.742 0.434 0.697	-0.58 -0.49 -0.25 -0.17 -0.36	0.08 0.10 0.41 0.67 0.20	0.137* 0.659 0.399 0.499 0.547	-0.70 -0.39 -0.53 -0.61 -.40	-0.05 0.19 0.11 0.19 0.15
工程师 公务员 职员 商人 其他	工人	0.586 0.699 1.000 0.324 1.000	-0.23 -0.27 -0.40 -0.09 -0.36	0.57 0.49 0.40 0.67 0.36	0.326 0.484 0.619 0.250 0.114*	-0.77 -0.64 -0.61 -0.80 -0.90	0.11 0.19 0.27 0.05 -0.10	0.143* 0.166* 0.616 0.434 0.278	-0.93 -0.85 -0.60 -0.67 -0.73	0-.07 0-.04 0.27 0.17 0.06	0.504 0.713 1.000 0.499 0.776	-0.59 -0.28 -0.42 -0.19 -0.30	0.25 0.51 0.42 0.61 0.47
其他 公务员 职员 商人 工程师	工人	0.443 0.561 1.000 0.150* 1.000	-0.12 -0.14 -0.28 0.03 -0.36	0.45 0.36 0.28 0.55 0.36	0.484 0.194* 0.170* 0.564 0.114*	-0.014 0.00 0.02 -0.16 0.10	0.48 0.55 0.64 0.41 0.90	0.479 0.592 0.479 0.679 0.278	-0.47 -0.38 -0.14 -0.20 -0.06	0.14 0.16 0.47 0.36 0.73	0.277 0.889 0.713 0.547 0.776	-0.55 -0.23 -0.38 -0.15 -0.47	0.05 0.29 0.21 0.40 0.30

4．总体评价。

调查对象的属性对各个专题调查结果的影响综合评价见表52-7，表52-7中×表示不影响调查结果，▲表示影响。表52-4中Sig.值小于0.2的属性对调查结果产生影响，表52-5和表52-6中如果只有1个控制变量水平与众不同则认为对调查结果不产生影响，否则产生影响。

表52-7　调查对象的属性对调查结果影响的综合评价
Table 52-7 Comprehensive influence of informant's attribute on investigation result
调查结果

对象属性	调查结果			
	广场专题	菜市场专题	超市专题	商场专题
性别	×	×	×	×
年龄（不同年龄）	×（▲）	×（▲）	×（▲）	×（×）
职业（不同职业）	×（×）	×（▲）	×（▲）	×（×）
性别&年龄	▲	×	×	×
性别&职业	▲	×	▲	▲
年龄&职业	×	×	×	×
性别&年龄&职业	▲	×	×	×

由表52-7可知，被调查对象的属性对各个专题的调查结果均产生了不同程度的影响。对商场专题的调查结果产生的影响最小，可信度最高，但其期望值只有25，所以建筑类型不考虑做商场；对是否设置休闲广场的调查结果产生的影响最大，但其期望值最大为50，即使考虑50%的可信度也与设置商场的期望值相等，故将其保留；而菜市场专题和超市专题的可信度较高，故将其保留。

52.4　本章结论

（1）综合以上分析，结合调查中居民对住房的需求等其他结果，可将建筑类型确定为一层超市（附带较大面积的菜市），其前面做小型休闲广场。2层灵活处理，3~5层住宅。

（2）通过实践证明，本文基于统计科学的调查分析方法是一种行之有效的方法。

（3）由多因子方差分析法所得结论，与一般规律符合（被调查者自身的特点反映在调查结果当中），是一种合理、科学的数据处理方法，并可为进一步决策提供依据。

（4）虽然单个控制变量对观察变量（调查结果）的影响有时候不明显，但是与其他控制变量的组合有可能产生显著影响。例如，性别对是否需要设置休闲广场的调查结果影响不明显，但是与年龄、职业的交互作用对调查结果的影响显著。

（5）对于某些观察变量，有的控制变量可以不予考虑。例如，在仅进行是否需要设置菜市场的调查时，可以将性别选项在调查表中去掉，因为性别变量不论是单独作用还是与其他变量组合交互作用，对调查结果的影响均不显著。

（6）通过计算控制变量的影响显著程度，可以将具有对调查结果影响比较大的特性的被调查人的选择权重适当增加，以增加调查的可信度，并为科学决策提供依据。

（7）本案例研究的局限性是被调查者的属性应该更丰富些，同时应该采取更多的样本。本文仅提供一种分析方法，具体应用时可根据实际情况增加或减少属性及属性的水平分级数量，同时应该增加样本的数量。

■ 参考文献

[1] 庄惟敏. 建筑策划导论[M]. 北京：中国水利水电出版社，2000.

[2 章俊华. 规划设计学中的调查分析法与实践[M]. 北京：中国建筑工业出版社，2005.

[3] ELSPETH A FREW, ROBIN N SHAW. The relationship between personality, gender, and tourism behavior[J]. Tourism Management, 1999, 20: 193 - 202.

[4] 杨静. 关于调查问卷中定性数据处理方法的探讨[J]. 统计教育，2004，（2）：17-19.

[5] 张虎，刘强. 问卷调查分析中的Logistic 回归与自变量筛选问题研究[J]. 中南财经政法大学学报，2003，（5）：128-132.

[6] 余建英，何旭宏.数据统计分析与SPSS应用[M]. 北京：人民邮电出版社，2003.

附录5.1　学术著作《四川特色新型城镇化实践之路》

改革开放以来，我国城镇化快速发展，成就举世瞩目，成为经济社会快速发展的动力所在。邱建教授在四川省住房和城乡建设厅任职时联系全省新型城镇化工作，为推进城镇化沿着正确方向健康发展，走出具有四川特点的新型城镇化道路开展了大量实践和研究。《四川特色新型城镇化实践之路》著作即是在时任厅长何健同志领导下，与文技军同志一道，会同原四川省城乡规划编研中心同事对四川省新型城镇化发展经验和教训的归纳总结，其成果于2018年7月由四川人民出版社出版发行（附图5-1）。

附图5-1　《四川特色新型城镇化实践之路》

人才
培养

人才资源是西部大开发战略的智力支撑，也是决定性因素。西部特别是偏远地区在整个国家的人才资源分布上处于"洼地"，城乡规划和建筑技术力量薄弱；人才尤其是高层次设计人才资源与西部大开发的智力需求矛盾突出，在地培养、在地成长、在地服务的众多规划、建筑和景观等专业设计人才十分重要。

邱建教授1986年在天津大学建筑系完成本科和研究生教育后留校任教，1987年调至西南交通大学建筑系承担教学科研工作，1993年由西南交通大学推荐、中央政府选拔赴英国谢菲尔德大学建筑学院攻读博士学位，后去加拿大曼尼托巴大学建筑学院从事博士后研究，世纪之初回国服务之时，正值西部大开发战略实施之际。

邱建教授将欧美设计学科教育理念带回西南交通大学，结合我国特别是西部实际开展教学创新改革：带领师生完成了从建筑系到建筑学院的转制并出任首任院长；在国内率先创立了景观建筑设计（后改名为风景园林）专业，建立了景观工程硕士点和博士点，将学院的建制与国际接轨，实现了专业与产业契合、课程与实战整合、管理与技术联合等创新，形成规划、建筑、景观"三位一体"的本科—硕士—博士层次的全方位设计人才培养体系；带领学院帮助边远民族地区开展设计人才队伍建设，援助了西藏大学建立建筑学专业，具体担当教学方案制订与实施，结束了西藏不能在本土培养建筑设计学科人才的历史。

邱建教授回国后扎根巴蜀大地，立德树人、躬行不辍，即使任职于四川省住房和城乡建设厅期间，也在履行行政事务之余，利用晚间和周末节假日坚持一线教学科研，并秉持安全、生态和文化价值观为核心的人本价值教育观，传授人本空间设计教育思想，针对西部大开发人才需求开展有针对性的学科建设和教学实践，为国家特别是为西部培养了一批具有人本思想和技能的规划、建筑、景观设计人才，先后指导毕业11名博士生和27名硕士生，培养的研究生又培养出100多名博士、硕士研究生，他们大部分服务于西部地区，在城乡规划、建设、管理的不同岗位，领会人本空间设计理念，秉承其学术基因而践行之，正在并将持续为西部人居环境提升做出更多贡献。

同时，邱建教授结合自身的规划设计专业知识，尤其以灾后重建和天府新区规划方面积累的成果与经验，积极参与相关的学术讲座和技术培训工作，并积极开展设计科学科普活动，促进了西部地区干部和市民人居科学素养的提高。

本篇辑录了6篇团队在教育理念、学科建设、教学研究等方面发表的论文；4个附录记录了团队在教材建设、部分研究生毕业论文摘要、科学普及研究生毕业后职业发展基本情况等信息。

53 近现代建筑教育发展综述
——兼论四川建筑教育策略 [1]

53.1 前言

东方和西方的建筑艺术都为世界建筑艺术的发展做出了不可磨灭的贡献。就现代意义上的建筑教育而言，欧洲与北美国家是在近代工业革命的浪潮下才逐渐摆脱纯艺术教育的模式而呈现出丰富多彩的局面，包豪斯、二十世纪五十年代的哈佛、密斯时代的伊利诺工学院以及哥伦比亚大学等等，都掀起过建筑教育改革的高潮。在我国，真正意义上的建筑教育体系的建立仅八十余年历史。然而，四川的建筑教育水平又远远落后于沿海发达地区，远不能适应目前经济大发展和西部大开发对建筑人才培养的要求。如何应对挑战，找出思路，回顾一下近现代建筑教育发展状况显得十分必要。

53.2 国外建筑学科教育

53.2.1 欧洲体系

欧洲的建筑教育体系经历了正统的古典、激进的现代和当代向北美学习的几个发展阶段。欧洲文明中的古典建筑，集其他艺术成就于一身，到二十世纪初为止一直是为统治阶级和上流社会服务的一种艺术类型，建筑师也大多为皇家或贵族所御用。以巴黎艺术学院为代表的、以培养宫廷式建筑师为目标的建筑教育，在经历了18、19世纪多次复古思潮之后，形成了十分成熟的由古

典主义建筑的学术与实践两部分组成的完整教育系统。从教育手段来看，在学术上给学生提供大量历史上的古典建筑实例为参照；在实践制作方面则大量描摹前人的古典主义作品以创作出符合规范的古典主义作品。这种教育形式类似于对古典美术家的训练，在确定建筑的表现形式的基础上，从练习渲染图的绘图技法入手，逐步进入描绘大量著名建筑实例的阶段。通过这种长期的训练，达到对古典建筑的深刻感悟。这种教育也同样类似于传统工匠的师徒传艺，以临摹、抄袭为基本途径。

工业革命以机器大生产的方式大大提高了社会生产效率，全方位地改变了社会生活，个体化劳动逐渐由社会化劳动所替代即是这一重大变革的特征。很明显，巴黎艺术学院的建筑教育目标和培养建筑师的方法已无法适应社会化大生产的要求。1919年由格罗皮乌斯始创的包豪斯彻底改革了正统的古典建筑教育体系。

包豪斯由魏玛美术学会和魏玛应用美术学校合并而成。汉斯·迈耶于1928年接任包豪斯的领导职位，密斯·凡·德·罗是包豪斯的第三代领导人。格罗皮乌斯发明的"包豪斯"这个词是由德语的动词"Bauen"建筑和名词"Haus"组合而成。我们不能精确地翻译出"包豪斯"的词义，但是可以粗略地理解为"为建筑而设的学校"，反映出创建者的理念。包豪斯创建了现代设计的教育理念，它的历程就是现代设计的历程，也是在艺术和机械技术这两个相去甚远的门类间搭建

---

① 本章内容由邱建、江俊浩第一次发表在《四川建筑》2004年第 2 期第 28 至 31 页。

桥梁的历程。虽然一开始建筑学并不属于包豪斯的授课范围，但建筑学这个充满活力的学科能典型地代表包豪斯的教学理念：即在实践中把艺术和手工艺技术按中世纪风格重新组合，用各种相通的技术培养设计师、画家和手工艺者。他们认为"建筑是任何有创造力的活动的最终目的"。包豪斯在为现代主义创立标准的同时，也在实践中改变了建筑设计的面貌。这样，即使包豪斯在1933年被纳粹关闭之后，仍然保持着深远的影响，特别是包豪斯的毕业生加入了向美国移民的行列后，把他们的信仰和理念带到了美国，在这个新大陆的重要城市——纽约和芝加哥留下了自己的足迹。除了在建筑上的巨大影响外，包豪斯对工业生产和图形设计也具有深刻影响。

苏联乎捷玛斯也对现代建筑艺术做出了相当的贡献，由于种种原因（特别是意识形态因素），其历史成就仅在西方国家产生重大影响，而在我国至今仍然鲜为人知。乎捷玛斯是在前辈的思想研究基础上积累形成的，它的创建是建立在俄罗斯两所历史悠久的艺术学院的基础之上，一个是成立于1860年的斯特罗干诺夫斯基工艺美术学校，另一个是成立于1866年的莫斯科绘画雕塑和建筑学校，正是这两所院校多年的艺术思想及教育传统的积淀，为乎捷玛斯的发展打下了坚实的基础。1920年乎捷玛斯成立时，又在这两所学校的基础之上进行了一些基本的改革。这个前卫艺术的学术思想、教育训练基地为现代艺术与现代建筑新观念、新风格的创立奠定了基础。其主要贡献体现在：对新风格的探索、全新的现代艺术教育理念及方法、艺术门类的互通以及与工业的结合。就这些成就而言，俄罗斯的乎捷玛斯与德国的包豪斯一样，在20世纪初现代艺术新风格的探索中丰富并完善了世界现代派的理论与实践，在人类艺术史和近现代建筑教育史中书写了重要的一笔。

20世纪90年代，发端并成熟于美国的信息产业为美国的建筑教育提供了崭新的平台，借助计算机的建筑教育和设计方法逐渐被英国如建筑联盟（AA）、剑桥大学建筑学院以及法国和奥地利等一些曾经是欧洲经典的建筑院校所接受，并传播及影响到一些年轻的欧洲建筑师事务所，使其理念由计算机实验室走向了实际建造的工地。

53.2.2　北美体系

美国的第一个建筑学专业于1865年在麻省理工学院（MIT）诞生，随后康奈尔大学、赛内库斯大学、密歇根大学和纽约哥伦比亚大学也开办了建筑学专业。多伦多大学和蒙特利尔大学于1876年首先在加拿大开办此专业，经过一百多年的发展，到1994年，美国和加拿大共有118所大学开设了建筑学专业，其中美国有108所，加拿大10所，这些学校为北美和世界各地培养了大批建筑专业人才。

在学制方面，"美国早期的建筑学本科专业的学制为4年。1922年，康奈尔大学建筑系率先开办了5年制，到1940年几乎所有的美国高校的建筑学专业都实行5年制，1897年宾夕法尼亚大学建筑系开设了建筑学的硕士课程，如今，在美国，建筑学有两个专业学位：建筑学学士（B.Arch）和建筑学硕士（M.Arch）。专业和学位的评定，在美国，是由国家建筑学鉴定委员会（NAAB）组织评审，认定资格；在加拿大，则由加拿大建筑学证书委员会（CAAB）组织进行的，并形成一套行之有效的评定制度。"[1]

---

[1] 汪永平，《美国建筑学专业硕士生培养模式初探》，《华中建筑》，1999（3）。

作为移民国家，美国和加拿大的建筑学专业教学和课程设置主体上受到欧洲建筑教育的影响，早期基本上全盘采用了巴黎艺术学院的体系，主要的教授也来自巴黎，如宾夕法尼亚大学建筑系的主持人保尔·克芮即毕业于巴黎艺术学院。在这样的背景下，北美的建筑师和建筑教育家们一直在寻求一种适合北美本土的建筑创作形式和建筑教育方式。受第一次世界打战后现代建筑运动的影响，哥伦比亚大学建筑系首先于1934年脱离了巴黎艺术学院的传统，转向德国包豪斯崭新的教育方式，1936年，格罗庇乌斯来到美国，随后在哈佛大学担任哈佛大学建筑系主任。几乎同时，另一位现代建筑大师，包豪斯的最后一任校长密斯来到美国伊利诺工学院，担任建筑系主任达20年之久，其他一些欧洲建筑师和建筑教育家，包括包豪斯教师和毕业生也相继来到美国。他们的到来，给美国的当代建筑和当代建筑学的专业教育注入了活力。值得一提的是，他们当中的一群青年建筑学者于20世纪50年代在远离大都市的得克萨斯大学奥斯汀分校建筑系找到了建筑教育改革的土壤，他们既否定了巴黎艺术学院的古典主义体系，又部分地否定了包豪斯在形式追求方面的不确定性，以"可教授的现代建筑"为基本命题，提出以空间教育为核心，确立了一套有严密结构关系的教学程序，强调了设计练习的实验性，提出分析的练习来学习研究现代主义大师的作品，以及以功能关系分析"泡泡图"来变形至建筑空间的基本形态。尽管他们的试验并未能持续很长时间，然而，他们对现代建筑教育与学术体系的探索取得了成效，其贡献已经被后来人广泛重视。例如，理论界的元老柯林罗（Colin Rowe），受其影响的"纽约五"（New York 5）；库珀联盟的海杜克

（J.Hedjuk），他们无论在建筑实践、理论，还是在建筑教育上都为美国的20世纪80年代后的建筑思潮做出了重大贡献。

可以看出，北美的建筑教育体系在从古典到现代的变革过程中，包豪斯的教育思想起到不可忽视的作用。包豪斯花开欧洲，果结北美，至今美国的建筑学专业还开设专题研究包豪斯的教育思想和教学手段。

53.2.3　国外建筑学科的发展趋势

进入21世纪以来，欧美建筑设计的进展与多项新技术的出现紧密相连。以高科技姿态出现的新建筑材料、新结构技术、生物技术、智能化建筑主导着当代建筑设计。在多元学科发展的支持下，建筑学科研究全球建筑人居环境也更趋于全面化和具体化。同时，建筑文化也由单一的西方文化逐渐被以全球建筑文明为基础的多元建筑文化所取代。在这种形势下，建筑教育与学术体系也不可避免地从单一的"学院派"体系发展到具有越来越多元化派别的倾向，强调学科间的交叉、延伸和多元建筑文化之间的交流与繁荣，以满足全球越来越丰富的建筑文化之发展并推动建筑设计的革命。

53.3　国内建筑学科教育

众所周知，中国古代教育史上并不存在真正意义上的高等教育体系，建筑技工的培养靠师徒相传的模式并延续了几千年。随着洋务运动的开展，直至19世纪末才诞生了现代意义上的高等学校。而中国现代建筑教育到了20世纪20年代初才有了初步的发展，1923年成立的苏州工业专门学校建筑科，后来的湖南大学、哈尔滨工业大学、东北工学院、唐山交通大学（西南交通大学

前身）相继创办建筑学科，成为中国最早的一批建筑教育基地，这期间他们的教学规模都不大，教学上也基本上参照了欧美和日本的教学方式。1946年前后，中央大学、唐山交通大学、清华大学、重庆大学和津沽大学等一批高校相继成立建筑系，吸引了一大批留学归来的建筑师和建筑学子，掀开了中国建筑教育史上灿烂的一页。之后我国的高等建筑教育经历了多次起伏和波折，从20世纪50年代初期全盘苏化到院校调整组建一批新的建筑院校[①]，以及后来对复古主义、西方建筑思潮的批判，到50年代后期"大跃进"，更是"解放思想"，批判一切。进入60年代初期后，情况有所改善，但是随后又进入了"文化大革命"，建筑教育被当作"封、资、修"的学科而遭到了毁灭性的破坏。到了80年代，随着改革开放的深入和经济建设的发展，建筑业作为我国城市经济改革的突破口而得到了空前的发展，高等建筑教育也因此而受到前所未有的重视。为了使我国高等建筑教育与国际接轨，实现教育文凭与美国和英联邦国家互相承认，从20世纪80年代末90年代初我国建筑教育开始实行专业评估制度[2]。20多年来，评估制度极大地推动了我国高等建筑教育的发展，提高了教学质量，达到了"以评促建"的目的。到目前为止，全国有建筑学专业的高等院校100多所，其中20多所通过了专业评估而有权授予建筑学专业学位。

为了适应经济建设的迅速发展和城市化的需要，我国目前新设建筑学专业的高等学校还有不断扩充的趋势。一些新兴的具创新能力的建筑院校随着国家对教育事业的大力扶持，不失时机地结合自身地域优势而发展壮大，对形成具有中国特色的建筑教育体系起到了不可忽视的作用。例如，以华中理工大学建筑与城市规划学院为代表的武汉建筑院校，依托深厚的楚文化背景，在学科建设和科研领域的开拓方面取得了长足进展，带动了长江中下游建筑教育的年轻力量；浙江大学、南京大学和西安交通大学凭借自身大学的综合优势，吸引国内有影响的学术带头人来校建功立业，推出一系列有影响的教改成果，引起国内建筑教育界的普遍关注。

然而，从总体上讲，我国的建筑教育体系仍呈现出以四大院校为核心、老八校[②]为主体的基本格局，国内目前的绝大部分建筑院校的教育模式，仍然遵循从美国宾州大学传承下来的、以学院派为主的和以古典法式为基础训练的教育模式，院校之间的教育模式差异性小，特色不分明，与世界潮流的多元化特征差别很大，我国建筑教育的革新因为缺乏真正适合当前自己的内容而任重道远。

53.4 四川建筑教育对策

除其他省外高校外，重庆建筑工程学院在1949年以来为四川省建筑学专业人才的培养做出了突出贡献。改革开放以来，建筑学专业人才奇缺，西南交通大学适时于1985年在成都市恢复了建筑学专业，但是当重庆在20世纪90年代末成为直辖市以后，四川省面临更大的建筑人才培养压力，西南交通大学凭借百年老校的优良传统和综合优势，加强专业学科建设，于1998年通过了国

---

① 如1952年唐山交通大学建筑系和津沽大学建筑系合并到天津大学成立新的天津大学建筑系，重庆大学建筑系剥离后与其他学校建筑学科组建成新的重庆建筑工程学院建筑系，重庆建筑工程学院后改名为重庆建筑大学，现又并入重庆大学。

② 四大院校指清华大学、天津大学、同济大学和东南大学；除前四所外，老八校还包括重庆大学、华南理工大学、哈尔滨工业大学和西安建筑科技大学。

家的建筑学专业教学质量评估，获得了建筑学专业学位的授予权。随着四川大学等省内其他大学增设了建筑学专业，建筑人才培养压力在数量上得到一定缓解，但是相对于沿海发达地区，四川建筑教育在学科建设及高质量人才培养方面还有很大差距。例如，在建筑学一级学科下属的四个二级学科中，省内高校还没有1个博士点，学科建设方面的落后局面严重制约着师资水平的提高，进而严重制约着教育质量的提高。

然而，四川有着璀璨的建筑文化根基，自古以来就呈现出多元民族文化并存交融的局面。四川的建筑教育应当顺应世界建筑教育潮流，充分汲取各民族文化的精华，探究各民族建筑的特色，充分挖掘西南地区的资源优势，在现代建筑学科教育的基础上，走出一条根植于巴蜀文化的地方主义建筑学之路。

在教育目标上，我们要培养出基础扎实、知识广博、德才兼备，有着全面的职业素质和艺术修养，具有国际竞争力的复合型建筑人才。在教育模式上，我们要大力革新，总结近百年来国内外建筑教育发展的经验教训，汲取欧美先进教学体系的精华，学习沿海发达地区学科教学的创新成果，依托巴蜀文化，建立适合地区建筑学科发展的新型课程体系，鼓励各式建筑教育模式的探索，发展可以推动四川经济的建筑学科教育模式。

由于历史原因，目前四川大多数建筑院校教师队伍年龄结构不合理，35岁至50岁的人才尤其缺乏，学术骨干寥寥无几。在师资队伍建设方面，要加快年轻教师培养，像浙江大学等高校一样吸引学术骨干，同时要尽快将青年教师推到重要岗位上，为他们继续深造和出国培训创造条件，并且积极吸收留学归国人员，设计院有丰富

经验的人员来充实教师队伍，避免教学中因教师来源单一而造成知识单一和雷同的情形。

在学科建设方面，要调整并设置与国际接轨的、国民经济建设急需的交叉型和应用型新学科专业。西南交通大学在全国率先设置景观建筑设计专业，并依托土木工程一级学科新设景观工程硕士点和博士点即是一个有益的探索。另外，城市的可持续发展研究、城市经营管理、乡土建筑的区域开发性保护、建筑文化遗产、城市生态保护和功能庞大的综合体建筑研究等具有前瞻性和生命力的领域和课题都需要在学科方向上做适当充实和调整，这些努力可以使四川省的建筑教育利用地利优势并基于多民族的地域特色，在某些学科方向上有所突破，走在其他省市建筑院校的前面。

在建筑师的知识结构和能力培养方面，要加强职业化训练，将教学和实践紧密结合。设计能力和表现技巧只是建筑师最基本的专业技能。建筑师的工作职能并不全部局限在图纸上，理论分析、交流表达、调查分析、市场取向、参与决策、组织管理等，往往比一个具体设计方案本身还重要。从这个意义上来讲，建筑教育在知识结构和学科设置上就应有所调整，应加强实践性环节，使学生在校期间就能了解和掌握建筑师的全部职能。此外，社会需要的是具有社会责任感、品德高尚的建筑师，因此我们的建筑教育除了加强文化技术和职业性教育外，还得加强建筑师职业道德、敬业精神和社会责任感等方面的教育，培养出德才兼备的建筑师。

此外，建筑学科是一个实践性很强的学科，建筑院校面临的一个非常现实问题是如何处理好教学工作与生产和科研的关系。目前，全国建筑院校的大部分教师都身不由己地参与到了"生

产"工作中，这在客观上不同程度地冲击着教学，四川省建筑院校大都师资力量不足，这一矛盾解决不好，问题会更加突出。值得注意的是，这种情况不仅现在存在，而且在将来的一段时间内也不可避免，问题是怎样把教学、生产和科研的关系处理好。应该组织好教师队伍，保证有稳定的教学力量，通过行政力量来弥补教学经费和提高教学人员的待遇。还可以成立学校的建筑设计研究所或设计院，以实际项目作为设计题目，组织学生和老师参与，这样不仅能避免因"生产"削弱教学力量，反而促进教学，做到产、学、研一体，生产、教学、科研相互促进、相互发展。

53.5 结语

我国已经加入WTO，随着设计市场对境外事务所的逐步开放，竞争也会越来越激烈。四川虽地处西南，冲击亦不可避免，建筑教育任重而道远。我们应该未雨绸缪，做西部建筑教育的先行者，本着"与时俱进，与地共生"的教育原则，以培养出具有国际竞争力的建筑师为己任，锐意改革，开拓创新。

广袤的西部，有着深厚的地域文化与民族文化的积淀，建筑形式也具有强烈的地域特征。国家西部大开发的国策，为四川建筑教育提供了一个前所未有的平台，我们相信，在不久的将来，四川的建筑教育必将异军突起而成为全国建筑教育体系中的一枝奇葩。

■ 参考文献

[1] 王受之. 世界现代建筑史[M]. 中国建筑工业出版社.

[2] 赵辰. 新体系的必要——南京大学建筑研究所教学、研究的构想[J]. 建筑学报, 2002.

[3] 胡绍学. 中西当代建筑教育比较——兼论我国建筑教育改革问题[J]. 建筑学报, 1994.

[4] 李先逵. 建筑·教育·文化[J]. 华中建筑, 1997.

54　适应高层次职业能力培养的教育体系研究 ①

建筑设计及其理论专业教育是培养建筑学高层次职业人才的重要阶段。为适应高层次职业能力培养的需要，自建筑设计及其理论硕士点建立以来，建筑学院一直致力于办学思想与特色、教学体系、课程建设、科研实践等的研究与实践，以提高研究生培养的质量与水平。近年来在培养方案的优化、教学体系与教学模式的改革、科研实践教学基地建设、教学管理制度的优化、教育培养环境氛围的营造等方面进行了不断的探索与实践，使职业学位建设取得了一定的成效。

54.1　优化培养方案，突出培养特色

培养方案是安排教学内容、组织教学活动的基本依据。制定科学、合理、现实可行的培养方案，是保证研究生培养质量的前提。培养方案既要符合专业的培养目标和要求，又要具有一定的专业特色。培养方案既要保持核心课程相对稳定和延续，又需要注意应与时俱进，更新完善课程设置。修订培养方案的过程实际是不断更新教育观念、进行教育改革的过程。

建筑设计及其理论专业新一轮培养方案的制订紧密结合全国高等院校建筑学硕士学位研究生教育标准，重点在于加强工程项目的全过程参与、设计实践、建筑技术等职业教育内涵，突出专业特色教育，使研究生的教育立足于更高的起点和学科发展前沿。

54.1.1　体现职业教育内涵

建筑设计及其理论专业的高级职业人才需要具备较为全面而系统的专业知识和较强的实践能力，培养方案围绕此目标构建了较为完善的知识与能力培养体系，其中包括建筑设计与理论、科研方法、技术知识、设计实践等多方面，通过系统学习和实践使学生成为适应职业特点的专业人才。

54.1.2　突出理论素养和设计思维与方法的教育

培养方案要求学生应具备较高的理论素养，内容包括建筑理论、设计理论、建筑文化等方面。在《西方现代建筑理论与流派》《居住环境规划理论》《中国建筑文化概论》等传统课程的基础上，增设了《场地设计》《城市设计》等理论课程。学习国外先进的教育观念，增设了《现代景观建筑与生态学》《景观建筑学概论》课程，拓展学生的知识面，解学科发展新的理论知识；有针对性地开设了《建筑设计方法论》《建筑计划》《建筑美学》等课程，有助于学生理解与掌握科学的设计分析与思维方法。

54.1.3　理论联系实际，强化实践教学环节

培养方案中的实践教学环节包括科研实践与设计实践和教学实践。科研实践与设计实践要求研究生在学习期间应完成工程项目的全过程参与，深入了解基本建设程序；教学实践环节要求

---

① 本章内容由邱建、沈中伟、崔珩第一次发表在《西南交通大学学报（社会科学版）》2006 年第 7 卷第 2 期第 85 至 88 页。

研究生在学习期间参与导师所授课程的助教工作。在参与各实践环节过程中，学生理论联系实际，发现问题，解决问题，全面提高实际工作能力，提高自身的教学工作能力，以更好地适应工作的需要。

54.1.4　注重科研方法、综合素质和创新意识的培养

培养方案重视科研教育内涵，强调学生掌握科学的研究方法，结合科研成果开设的特色课程在丰富学生理论知识的同时，有助于帮助学生了解科学研究的工作方法和过程。建筑学院积极鼓励学生跨方向选课，使相关学科知识交叉渗透，逐步实现人才培养由封闭走向开放，由单一走向多元。鼓励学生在科研实践过程中积极吸收新成果，探索新规律。

54.1.5　重视计算机和外国语实际应用能力的培养与训练

研究生的计算机教育不仅强调上机操作实践、熟悉设计软件，更需要熟练运用计算机进行空间、形体、流线等分析，提高建筑创作能力，同时能够借助网络技术等先进手段进行信息收集以及科学研究等工作。研究生外国语必须通过学位外语考试，达到学位外语标准；同时研究生教育积极引入新的教学模式，开设双语教学课程，以进一步提高学生的实用外语水平，具有较熟练运用外语了解国外本学科有关情况和发展前沿动态的能力，并能用外语进行基本的学术交流。

54.2　教学体系与教学模式的探索

科学合理的硕士研究生专业知识结构体系是专业能力的培养的根本保证，研究生专业能力的培养分为两个阶段，第一阶段（课程学习阶段）着重于研究生的专业知识的教育与设计及职业技能的培养，第二阶段（即论文阶段）重视在导师指导下的研究能力的培养，重视研究生个性与创新能力，培养研究生独立思维、开拓创新和分析问题、解决问题的能力。

第一阶段即专业知识的教育与设计及职业技能的培养阶段重视建筑理论类课程不断线、相关知识不断线、设计与职业实践不断线。通过扎实的建筑理论课程的学习以提高研究生的综合理论素养，是进行学术研究的必要基础，也是保证论文研究工作质量的必要前提。重视相关知识特别是城市设计与景观类课程的教育，拓宽知识面，有助于研究生对专业本体的理解与把握以及开拓创新能力的培养；重视设计与职业实践的教育、实践与理论平衡发展，有助于研究生进一步理解建筑内涵，提高分析研究问题的能力以及建筑设计的水平，这才能保证建筑设计及其理论专业评估的目的的体现。

研究生阶段的教育方式主要采取集体培养和导师指导，共性教育与个性教育，理论学习与设计实践相结合的原则。注意结合研究生个人的才能特点，因材施教，培养研究生独立思维、开拓创新和解决实际问题的能力。培养方法上倡导发挥研究生的主动性和自觉性，采用启发式、研讨式教学方法。教学形式丰富多样，包括课堂讲授、专题研讨、现场教学、科学研究、设计实践等，形成教与学的互动，增加研究生的自学能力、表达能力和独立工作能力，提高研究生的科研水平、创新思维和综合素质。

54.3　实践教学的基地建设

建筑设计系列课程和工程项目全过程参与

是职业素质教育的关键环节，其中包括《建筑设计Ⅰ、Ⅱ、Ⅲ》。《建筑设计Ⅰ、Ⅱ》主要采取课程设计方式，一般是实际项目真题假做或设计竞赛项目等。学生能够结合自己所掌握的理论、技术、方法等知识进行设计实践，以科学的思维方式针对问题提出合理恰当的解决方案，并在不同的设计中获得对建筑理论、建筑文化、建筑空间、建构过程等的新认知。

《建筑设计Ⅲ》主要采取在导师指导下从事具有中等复杂程度的实际工程项目实践，实际项目所面临的问题具有综合性、复杂性特点，涉及的专业工种较多，项目推进中需要相互协调、配合，通过锻炼学生可以初步具备组织与协调各工种的能力，并了解工程施工管理、工程监理的有关知识，从而了解工程项目的运作过程。实践性教学要求有实践的基地和平台，通过多年的发展建筑学院教学实践基地已形成，并成为教师指导研究生完成科研、实践性教学工作提供了良好的平台。由研究生参与完成的一些重要的工程实践包括峨眉山旅游通道综合整治规划、省级历史文化名镇古镇黄龙溪鹿溪园规划设计、拉萨火车站投标、新华大道特别地区城市设计投标、峨眉山金顶投标、成都十陵城市公园规划等，取得了良好的社会效益和教学效果。

54.4 教学管理制度的改革与优化

为保障培养计划执行的质量，学院成立研究生教学指导小组，对教学过程、课程建设、教学工作执行情况等进行监督、指导。为保证培养方案实施的质量与效果，建筑学院结合自身教育特点，制定了细化管理措施，如《研究生开题报告答辩制》《研究生先修课程管理规定》等多项制度。

① 开题报告实行答辩制

研究生论文开题报告包括：选题的国内外动态、水平，选题的目的和意义，研究内容和研究方法，预期达到的结果和水平，论文工作安排，选题研究所具备的条件。由学院学位分委会组织开题报告答辩会，与会专家针对开题报告内容对研究生进行提问与咨询，通过开题答辩的同学方可进入论文阶段。实施开题报告答辩制度对提高硕士学位论文质量已有明显成效。

② 学位论文匿名双盲评阅制

为了保证研究生学位论文的质量，学位论文由学院统一匿名送给论文评阅人（评阅人中至少有一校外评阅人），保证评阅过程的客观性和公正性，从而在评阅环节上保证学位论文的质量。

③ 教学文件、教学成果归档制

研究生教学文件包括研究生培养计划、课程教学大纲、开题报告、实践环节考核等，理论课程教学成果归档于任课教师所在研究所，由研究所所长负责管理；设计课程作业统一归档于图档室，由相关人员负责管理。

④ 非专业生源课程先修制

根据研究生生源的背景条件制定了课程先修制。要求非建筑学本科专业先修建筑学本科专业主干课2~26学分不等，以强化学生的专业基础，进而提高研究生阶段的学习效果，保障了研究生的培养质量。

54.5 教育培养的环境氛围

重视通过学术交流与学术讲座，营造专业学习所需要的良好求知环境，启发思维，活跃学习氛围。学院每学期制订学术交流计划，开展学学术讲座月等活动，定期邀请名家名师来校举办学术讲座。三年多以来举办学术讲座近五十场，先后有德国安海尔特大学副校长吕克曼教授、国内著名建筑教育家汪正章教授、重庆大学黄光宇教授、德国路德维希·隆恩教授、台湾东海大学陈格理教授、加拿大皇家建筑师黄雄溪教授、加拿大曼尼托巴大学亚历山大·茹垂教授等国际、国内专家学者前来交流讲学。定期的学术讲座使学院始终有着浓厚的学术氛围，激励了研究生在专业上不断求知进取，积极上进，为培养高素质专业人才创造了良好的育人环境。

学院积极扩大教学合作，有利于取长补短、开阔了视野，获得了与国际同行教育经验。包括"中法4+4"、香港大学学生交流等的教育合作，同时也积极尝试其他教育合作方式，已基本达成与美国密歇根州立大学的联合培养意向。

通过研究生教育工作的改革与实践，研究生的科研能力、学位论文水平、课程设计的质量得到明显改善，取得了较为突出的成绩。研究生史劲松、陈鸿完成的《邻里集合住宅研究》获全国住宅设计竞赛佳作奖；研究生参与的工程实践项目有多项取得了中标的优异成绩，其中包括峨眉山旅游通道综合整治规划（第一名）、成都南部副中心景观设计全国招标（第一名）、成都十陵城市公园规划（第一名）等；以研究生为主的外国建筑理论译作《空间的语言》已于2003年底由中国建筑工业出版社出版。由研究生完成的科研项目《成都市域古镇形态与保护研究》《成都无障碍建设状况调查研究》获四川省"挑战杯"学科竞赛一等奖、全国"挑战杯"学科竞赛三等奖等荣誉。

通过专业成立以来的长期积累，尤其是近两年来围绕高层次职业能力培养为中心的以教学体系改革为重点、教学管理措施相配合的全面建设，2004年6月建筑学院建筑设计及其理论专业接受了全国高等学校建筑学专业研究生教育评估，由知名教授和专家组成的评估视察组通过实地审查，对研究生的教育质量给予了肯定，对教学管理、科研实践与教学结合等改革措施给予了良好的评价，顺利通过评估，取得了授予建筑学硕士学位的资格。

建筑设计及其理论专业是一个朝气蓬勃、充满机遇和发展活力的专业，是西部特别是四川省城乡建设人才培养的重要基地。在今后的办学中将密切注视国内外建筑学科的发展动态，结合职业教育内涵和国家经济建设的需要，不断更新教学观念，继续深化教学改革，进一步完善教学体系和课程建设，依靠所在地区的地域文化、环境和技术优势，深入研究西部的建筑文化遗产，强化办学特色，关注建筑新技术、生态与节能建筑等重要领域，关注研究生设计与科研的结合问题，重点培育专业的精品课程，积极参与国内国际学术交流。通过不断实践，继续完善适应高层次职业能力培养的教育体系。

55　我国城市规划教育起源的探讨
——兼述朱皆平教授教学思想 [1]

城市规划与设计（含风景园林）曾和建筑历史与理论、建筑设计及其理论、建筑技术科学同属"建筑学"一级学科下的二级学科，加之目前我国城市规划教育以物质空间规划设计见长的工学类为主体，因此对于城市规划教育起源往往认同于与建筑学科同源。城乡规划学从建筑学科分离，并作为独立的一级学科进行设置，显示城乡规划学科有着独立而完整的内涵和外延。追溯更符合城市规划学科内涵的早期教育实践，对城乡规划学科的发展史具有特别的意义，对完善城市规划教育的史学研究也有着重要的价值。

55.1　我国早期现代城市规划教育的发展背景

55.1.1　西方现代城市规划的兴起

西方现代城市规划发端于19世纪的工业革命。为解决工业革命带来的"城市病"，与城市规划相关领域的探索不断涌现，如公共卫生运动、城市美化运动、环境保护运动等。英国工业革命初期，城市饱受肺结核和霍乱等疾病大规模流行的困扰，引起人们对公共卫生和环境保护的关注，展开了对疾病流行原因的调查，1842年形成了"关于英国工人阶级卫生条件的报告"，并于1848年通过了《公共卫生法》，规定政府在污水排放、垃圾堆集、供水、道路等方面应负有的责任。之后，又陆续出台了城市住宅控制措施、《贫民窟清理法》《工人住房法》等，建立起城市公共卫生、住宅问题和城市环境的一系列法规，并最终影响了世界第一部城市规划法——1909年英国的《住房与城市规划法》（*Housing and Town Planning Act*，1909）的形成。

19世纪末期的芝加哥城市美化运动强调把城市的规整化和形象的改善作为解决城市问题的途径之一[2]，而今的城市设计、修建性详细规划等仍然沿袭了相似的研究对象和内容，在一定程度上体现了城市规划与建筑学在物质空间设计方面的关联性。但现代城市规划诞生的根本诱因和目标显示，与建筑学科关注设计、美学、技术有所不同，城市规划更关注通过城乡发展政策、建设管理、法规制度以及规划技术等综合途径建立和谐和可持续的人居环境。早期城市规划领域的探索体现了独立的发展脉络和学科意义。

① 本章内容由邱建、崔珩第一次发表在《城市规划》2012年第10期第36卷第75至80页。2007年9月在浙江大学召开全国高等城市规划学科专业指导委员会第二届第二次年会期间，清华大学毛其智教授向西南交通大学邱建教授谈及交通大学唐山工学院朱皆平教授为我国早期城市规划教育做出的贡献，希望西南交通大学能根据校史资料整理这段教学史实。随后邱建教授会同崔珩教授在查阅相关历史文献和资料的基础上形成此文，在此特向毛其智教授表示感谢！同时感谢研究生余佩航在文献资料查阅、收集中做了大量工作，感谢西南交通大学档案馆馆长张雪永先生等为论文写作提供的重要素材和史料。

② 1893年，为纪念美洲发现400年在芝加哥举办世博会，举办方试图通过城市美化建设一个"梦幻城市"，恢复城市中失去的视觉秩序及和谐之美。芝加哥修建了湖滨地带宏伟的古典建筑、宽阔的林荫大道和优美的游憩场地，之后一场唯美主义为特征的城市美化运动随后席卷美国。

55.1.2 我国早期的官办大学及学科设置

以1840年鸦片战争为标志，西方资本主义扩张对中国的强烈冲击，使中国延续几千年的内向式、自给自足、相对平衡的经济、社会与政治模式受到了前所未有的挑战，中国社会在中西冲突、碰撞与交融中开始变革，现代大学教育也在变革之中萌发。1895年开办的北洋大学堂和1896年开办的南洋公学、山海关北洋铁路官学堂是清政府按照英美办学模式兴办的中国最早的三所现代意义的官办大学。北洋大学堂设立头等学堂、二等学堂。头等学堂为大学本科，二等学堂为预科。头等学堂设置有五个专业：工程学、电学、矿务学、机器学、律例学[1]。南洋公学是我国最早兼有师范、小学、中学和大学完整教育体系的学校，早期设置有商务专科、铁路专科、电机专科[2]。山海关北洋铁路官学堂主要设有铁路工程科。到了20世纪20年代，清华大学、北京大学等学校陆续设立了稳定的科系、研究机构和选课制度，学科组建也趋于综合性，建筑学科也在这一时期孕育成长起来。

55.1.3 我国早期城市规划教育的萌发

城市规划教育在20世纪20—30年代尚未作为独立的学科门类出现，但相关的教学有所开展。当时动荡落后的中国吸引着一批爱国知识分子投身早期的教育事业。吴良镛先生曾提道："1943年我大学三年级的时候，曾听了两位老师讲的城市规划课程，一位是鲍鼎老师，另一位是朱皆平老师，他们各在建筑和土木系开设了讲座，我对城市规划的最初认识即源于他们的教诲。"[3]由此可见，随着朱皆平、鲍鼎等接受了西方现代城市规划与建筑学教育的留学人员归国，西方的规划理论、思想方法和教育理念开始在中国传播①。

百度网站的人物介绍曾提及"朱皆平先生是中国城市规划教育第一人"。笔者查阅的历史文献佐证：早期与城市规划相关的学者归国或从事教育的时间都晚于朱皆平先生。据西南交通大学校史记载，朱皆平1925年留学伦敦大学，学习城市规划和市政卫生工程，1931—1942年受聘于交通大学唐山学校，从事城市规划及相关领域的教学工作；对中国城市规划专业具有奠基作用的金经昌先生，1940年毕业于德国达姆斯塔特工业大学道路及城市工程学与城市规划学，1946年底回国[4]；参与过武汉区域规划的鲍鼎先生，1932年任国立中央大学建筑系教授；对南京大学经济地理与城乡区域规划专业前身的地理学科建设有重要贡献的任美锷教授，1939年获英国格拉斯哥大学哲学博士学位回国。此外20世纪20年代以前，中国赴英美等国留学者以学习军事、理工类专业为主，主要有军政、船政、步算、制造诸学，赴日留学则以文科占绝大多数，法政、军事尤为留日学习的热门，城市规划相关领域相对较少。因此，百度网站的有关朱皆平先生介绍具有较高的准确性。

55.2 交通大学唐山学校1920年代的学科设置与城市规划教学实践

55.2.1 市政卫生工程科的建立

交通大学唐山学校前身是前述的山海关北洋铁路官学堂，是中国土木工程和交通工程高等教

---

① 鲍鼎是我国著名建筑教育家，建筑学家。1932年毕业于美国伊利诺大学建筑工程系，获硕士学位。1932—1945年任国立中央大学建筑系教授，参与过武汉近代区域规划工作。朱皆平1930年留学回国，1931—1942年受聘交通大学唐山工学院，任副教授和教授，讲授城市规划课程。

育的策源地之一，后更名为唐山路矿学堂。1921年北洋政府交通部将部属上海工业专门学校、唐山工业专门学校合并组建交通大学，后来北京铁路管理学校、北京邮电学校并入，形成了交通大学上海学校、北京学校和唐山学校，并对各校所设的专业进行了调整，原唐校的机械科移至上海学校，沪校的土木科调归唐校，唐山学校本科设置土木工程科，附设补习班及预科。在学科设置严重缺失的背景下，1925年时任交通大学唐山学校校长的孙鸿哲开始筹划设置新科——市政及卫生工程科，但由于当时经费短缺，仪器和设备建设所需投入量大而未能实现。

之后，为了培养土木工程专门化人才，学校经研究磋商，决定在土木工程科下增设四门[①]，包括铁路、构造、水利和市政（图55-1），学制为四年，附设有专门的补习班和预科，补习班一年毕业

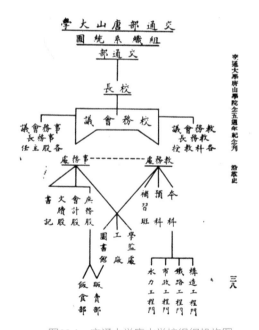

图55-1　交通大学唐山学校组织机构图
Fig.55-1　Departments and institution of Tangshan Campus, Jiaotong University

资料来源：《交通大学唐山土木工程学院沿革史》，1926年，西南交通大学档案馆藏，档案号1179-1。

---

① 与现在专业下设置的专业方向性质类似。

后升入预科，预科两年毕业后可升入本科。四个专业门前三年课程设置相同，第四年按专业门的内涵学习相关专门化课程，市政工程门单独开设的课程主要有高等卫生工程、河海工程、水利建筑、市政工程计划等[5]。1928年，对市政工程门的部分课程重新修订，更名为市政工程设计门。

1929年，南京国民政府铁道部决定给予唐山大学每月划拨经费1.1万元，并于同年8月到位，其中用于新科——市政卫生工程科开办及建设费1万元。有了专业建设经费的支持，市政卫生工程科很快独立建制，并重新拟定了课程计划，形成了基本完整的专业人才培养体系，开设了生物学及微菌学、都市政府、都市计划、公用事业、给水学、清水法、污水沟渠学、卫生工程、道路工程、道路工程设计等专业课程，累计25学时[6]。

1930年，在师资、经费支持下，市政卫生工程科进一步完善了课程计划，设置了污水沟渠工程、都市计划、都市行政及公用事业、水质分析、高等道路工程及实验、给水及污水沟渠工程计划、市政及卫生工程研究及论文、清水法、微生物及实验、污水处置等课程（表55-1）。1932年，公路工程与城市规划也纳入授课范围。市政卫生工程科的核心专业课程为26学时、20学分，加上其他院系设置的公共学习课程，累计第四学年总计63学时、52学分。

55.2.2　市政卫生工程科的城市规划课程

市政工程现已发展成为一门成熟的学科，主要从事城市区、镇（乡）规划建设范围内为居民设置、提供有偿或无偿公共产品和服务的各种建筑物、构筑物、设备等市政设施的规划、设计和建设管理等，主要研究领域有给排水工程、城市垃圾处理理论与技术、污泥资源化利用技术、清洁生产以

表55-1　市政卫生工程科第四年级开设专业课程情况
Tab.55-1　Courses for the fourth-grade students in the Department of Municipaland Sanitation Engineering

学期	课　程											
	都市计划	都市行政及公用事业	水质分析	清水法	微生物及实验	污水处置	高等道路工程及实验	给水及污水沟渠工程计划	市政及卫生工程研究及论文	专业课程合计	其他系公共课程	总计
第一学期	3课时	—	3课时	2课时	—	—	—	—	3课时	11课时	23课时	34课时
	3学分	—	1学分	2学分	—	—	—	—	2学分	8学分	17学分	25学分
第二学期	—	2课时	—	—	2课时	2课时	3课时	3课时	3课时	15课时	14课时	29课时
	—	2学分	—	—	2学分	2学分	2学分	2学分	2学分	12学分	15学分	27学分

资料来源：《交通大学唐山土木工程学院沿革史》第5页，1926年，西南交通大学档案馆藏，档案号1179-1。

及城市道路、桥涵施工技术等。从交通大学唐山学校早期市政卫生工程科核心课程设置上看，水质分析、清水法、微生物及实验、污水处置等课程体现了现在市政工程专业的核心理论和原理知识。值得关注的是，市政卫生工程科同时设置了与之紧密联系的城市规划领域相关知识，如都市计划、都市行政及公用事业、道路工程及实验、给水及污水沟渠工程计划等，满足了市政卫生工程专门化人才培养对相关知识的要求。

涉及的城市规划课程基本覆盖了城市规划设计、行政管理、工程系统等主要领域，与现行城市规划专业教育评估标准中的核心知识之城市规划与设计、城市规划行政与管理、城市工程系统能够基本对应[①]。因此可以肯定，在当时缺乏独立的城市规划专门学科教育的背景下，市政卫生工程科下城市规划课程的建设无疑对早期规划知识的教育和传播具有重要意义，对专业教育发展奠定了较好的基础，也培养了第一代从事城市规划的教师队伍和从业人员。

55.3　朱皆平及其城市规划教育与实践

55.3.1　朱皆平简介

朱皆平（1898-1964年），原名朱泰信，字皆平（图55-2），英文名PeacecallT.S.Chu，安徽省全椒县人，系唐山工学院"五老四少"中的四少之首[②]。朱皆平（图55-2）1916年考入交通部部立唐山工业专门学校预科[③]，1920年入该本科，1924年毕业于该校土木工程系，获学士学位（图55-3）。1925年考取安徽省官费留学生，就读于英国伦敦大学市政卫生工程系，专攻城市规划和市政工程。1927年赴法国留学，进入巴黎大学医科公共卫生学院，专攻微生物学和公共卫

---

① 全国高等学校城市规划教育评估标准之智育标准主要包括城市规划原理、城市规划编制和设计、城市规划行政与管理、城市规划相关知识、城市规划调查分析与表达等。

---

② "五老四少"是对交通大学唐山学校的9位具有较大影响的知名教授的尊称，为学校早期教学、管理及建设做出了杰出贡献。"五老"分别是工程力学教授罗忠忱、土木结构教授顾宜孙、微积分教授黄寿恒、铁道测量教授伍镜秋以及李斐英教授；"四少"分别是城市规划与市政工程教授朱皆平、机械与材料教授许元启、测量学教授罗河以及土木制图与房屋建筑学教授李汶。

③ 1896年北洋铁路总局创办了中国第一所铁路学堂——山海关北洋铁路官学堂，1900年因八国联军入侵办学中辍。1905年复校，被命名为唐山铁路学堂。后历经"山海关内外路矿学堂""唐山路矿学堂"等名，1916年更名为"唐山工业专门学校"。为后来唐山铁道学院、西南交通大学的前身。

Reg. No. 753

PEACECALL T. S. CHU

朱泰信

图55-2 朱皆平先生

Fig.55-2 Mr. Zhu Jieping

资料来源网络：唐院春秋，http://
tangyuanchunqiu.blog.163. com/blog/
static/10239233520099275556809/?
suggestedreading。

图55-3 交通部唐山大学1924届毕业生师生合影

Fig.55-3 Photo of graduates and professors of Tangshan Campus of
Jiaotong University in 1924

资料来源网络：唐院春秋，
http://tangyuanchunqiu.blog.163. com/album/#m-2&aid-135420831&
pid-5627735490。

生，后进入巴斯德学院实验室学习。1930年8月回国，任江苏省建设厅公路局工程师[7]。

1931-1942年，朱皆平被交通大学唐山工学院聘请①，先后任卫生工程系副教授、教授、土木系代理系主任。他主张"公路工程与城市规划应该纳入'市政工程门'范围"，推动了唐山工学院城市规划教育的起步发展，并受聘教授城市规划课程。任教期间他向学生讲授了城市规划、市政管理、道路工程、给水工程、污水处理和排放，微生物学等课程，现有史料证明朱皆平教授

① 1920年北洋政府交通部将交通部所属之上海工业专门学校、唐山工业专门学校合并改组为交通大学。设立上海学校（即现在的上海交通大学、西安交通大学）和唐山学校（即现在的西南交通大学），后来北京邮电学校和北京铁路管理学校并入称为京校（即现在的北京交通大学）。1921年7月学校完成改组，正式成立交通大学。沪校改称交通部南洋大学，唐校改称交通部唐山大学，京校称唐山大学北京分校。1928-1946年唐校历经唐山交通大学、第二交通大学、国立交通大学唐山工学院、国立唐山工学院等名。

在我国最早讲授城市规划课程。

55.3.2 城市规划教学实践的探索

早期的城市规划教育在我国没有积淀，一切教学尝试和努力都是有探索性和开创性的。

教材是开展教学的基本工具，教材选用的优劣直接影响着教学效果和教学质量。朱皆平先生注意到这一点，在教材选用上，他坚持适用性、权威性、先进性原则。以三年级必修课"公路工程"为例，他首次根据教学内容、教学结构和教学规律进行了教材组织，采用哈格（Harger）的《路基路线》与《乡野道路面工程》合订本为主要参考书；后来为了强化公路工程部分的教学，增加了较具影响的贝特门的《公路工程学》为参考资料；同时为能及时地把主流领域的发展情况体现在教学中，还吸纳了当时英美期刊、杂志等文献作为补充，以使教学能够及时反映专业发展

的新动向。

在教学方法的应用上，当时交通大学多采用"复习法"，即强调通过重复演算得到知识的巩固。而朱皆平认为传统的"复习法"仅适用于数学、理学等学科，而对于一些以知识传授、原理讲解为主的叙述性课程而言，如道路工程，传统的"复习法"则不适用。他提出使用"讲授法"，"讲授法"可以不拘泥于教科书，在一定时间内给学生很多素材，及时增加新的资料，形成生动、完整的印象，这是"复习法"所达不到的效果。"讲授法"信息量大、灵活性强，教师教学的主导作用突出，至今仍然是城市规划专业教育中最广泛、最常见的教学方法。讲授法强调以翔实的材料、严密的逻辑、精湛的语言较系统地阐述内容，有助于学生在一定时间内获得大量而连贯的知识，适用于描绘情境、叙述事实、解释概念、论证原理和阐明规律等类型课程。这一教学方法的发现和实践无疑是朱皆平先生对城市规划教育的一大贡献。

在教学内容的组织上，朱皆平力求系统性、完整性和科学性。例如，"公路工程"课程主要包括四部分：道路发展史概述、道路工程的研究对象与范围、道路网规划、道路工程经济与原理。内容上旁征博引，素材丰富，组织上条理清楚，纵横配合。纵向以国内外道路发展史为主线，国内从周朝的道路分类、秦始皇的驰道，到我国历史的驿道系统，国外从罗马帝国时期的道路建设，到法国的国道系统，阐明了古今中外道路系统的发展演变，进而围绕中外道路系统对国家建设的重要性，强调自古以来道路系统就是国防性的工程。横向上突出重点，层次清晰，注意知识的拓展，安排了对象与范围、路网规划、工程经济、工程原理等板块内容，构建了完整的知识体系。具体内容组织上他力求严谨而科学。道路工程建设原则中，他讲到"第一要求，是要他们将来能就地取材，造成一条很好的土路。第二条要求是要公路工程与城市规划配合实施。原来二者关系犹如走道和房屋建筑。公路线如果与城市不能形成适当的关系，则小而言之，引起交通上的种种不便；大而言之，车运拥挤发生祸事。……第三个要求便是公路安全的保障。"[8]因地制宜、就地取材、安全性以及协调好道路与土地利用及建筑设施的关系等原则至今为我们在道路与交通工程规划中所遵循，而这些原则能在早期的规划教学中传授，与朱皆平先生不凡的学识修养以及对教学的严谨科学态度是密不可分的。

此外，在教学过程中他强调理论联系实际。路网规划一讲中，他指出加强路网建设有"繁荣社会之作用"，并提出了"国道网规划原理及其具体建议"，以引导学生将理论知识与当时国家建设紧密结合起来，培养学生对社会问题的思考和关注。

55.3.3　城市规划思想的传播

朱皆平擅长文史，文笔能力佳，在唐山学校读书期间，就曾担任《壬戍杂志》《救国报》等刊物总编辑，这为他日后撰写丰富的学术著述打下了良好基础。同时他勤于思考，善于研究，学术思想活跃，是我国最早从事现代城市规划研究的学者之一。在《工程》《世界月刊》等杂志和刊物上发表了多篇文章，如《城市之"面积用途"与其分区原理》《新城市运动》《城市建设之新观点》《近代城市规划原理及其对于我国城市复兴之应用》《我国城市复兴之合理途径》《工程教育与教育工程》等，就城市建设、城市形态、城市规划技术以及相关教育问题等进行了深入探讨。

朱皆平积极将西方城市规划发展动态及时传播到国内。他最早向国内系统介绍当时西方出现的规划新技术——区划法条例以及部分国家的经验：德国是世界上最早使用区划控制的国家，他以科隆为例介绍了德国城市建筑分区控制的具体标准①；美国的区划技术较为"周详"和"严格"，他详述了1916年纽约分区法（Zoning Law）的具体经验和做法②；对于英国的城市控制，在1909年设立《住宅与城市规划法》（*Housing and Town Planning Act*，1909）前有建筑附律作为建设控制，之后又建立了分区法，分区控制一般包括面积控制、用途控制以及每英亩准许有的房屋数。相对于美国，当时英国的城市规划界对太严格的人工分区技术相对比较抵制[9]。

在学术研究上，朱皆平先生见解独立，不随波逐流。例如，身处当时动荡的环境，城市安全是当时学术界关注的热点问题。城市规划界曾批判沿路发展而形成的"带型城市"模式，但二战爆发后针对减少飞机轰炸造成的建设损失，观点有所变化，普遍开始肯定其合理性，但朱皆平教授保持独立思考，仍坚持认为"带型城市"是"利少弊多"，他主张借鉴西方"有机疏散理论"发展安全型城市，即结构上疏散中心型城市，使之发展成为园林城市，选址上可以"沿主

要公路线修支线岔入比较隐蔽的地形，大约隐公路一至三公里之间，建筑中小型城市"，这样不仅有利于城市安全，对畸形发展的大城市也能实现有效控制。

对于城市建设，朱皆平主张发展中小型城市。他认为理想的城市应当是满足人们安居、乐业、追求进步的场所，必须要改造大规模的城市，而中小型城市更能满足集体生活的三大条件——安全感、工作权、乌托邦的理想追求[10]。在城市发展问题上，朱皆平首先系统研究了早期的公司城实践，如阳光城（Port Sunlight）、布农维尔（Bournville）、坎德伯瑞（Cadbury），以及之后的"明日田园城市"理论与实践、"卫星城市运动"、伦敦东南肯特矿区的"区域规划"实践③等探索和历程，从中得到了启发，提出了城市发展应坚持发展产业（工业）、建立规模适宜的城市以分散大城市、建立"城市系统"等三大原则，其见解具有显著的超前性和先进性[11]。

在当时的环境下，朱皆平身处中国规划界的学术前沿，曾担任湖南省、湖北省政府高级技术顾问、江苏省建设厅专家等职务，主持草拟了我国早期的一些重要城市规划文件④，享有很高的学术地位。《工程》杂志的"编者按"这样写道："朱教授皆平，为国内城市规划理论之权威"。在城市规划教学实践中，他的学术思想、见解和实践也通过不拘一格的"讲授法"传递给了学生们，影响了包括吴良镛先生在内的一代杰出学者。

---

① 控制要求主要包括高度限制、用地可修建房屋的比重、建筑离开街道距离、两建筑之间的最小空地等。
② 1916年纽约分区计划包括用途分区、高度分区和面积分区。用途分区分为住宅区、营业区（分商业和工业）和无规禁的区域三类。高度分区主要以建筑高度与街道宽度的比率为标准，分为1∶1、1.25∶1、1.5∶1、2∶1以及2.5∶1。面积分区主要控制建筑之外的空地大小，分为五区：前院宽度最少为建筑高度的1/12，以及后院宽度最少为建筑高度的1/6、1/4、1/3和5/12。

---

③ 在《新城市运动》一文中，Regional Planning Project被译为"广域规划报告"。
④ 1930—1946年，朱皆平先生先后草拟了《镇江"入口门"填河成街计划》《镇江城市规划》《镇江下水道规划》、《江苏省工程建设区分区计划》等文件，并主持了中国近代首次区域规划——"武汉区域规划"工作。

55.4　结语

西方城市规划学科的发展与其工业革命过程中的三大运动——公共卫生运动、环境保护运动和城市美化运动紧密相关，对居住问题、公共卫生、环境保护等的研究促进了城市规划学科的产生，因此早期的城市规划保持着与市政工程、公共卫生领域的紧密联系，我国早期城市规划教育也遵循了这一学科规律。同时，早期城市规划师资普遍有着海外的游学背景，熟悉西方城市规划理论、实践以及发展动态，在教材使用、教学方法、教学内容等方面受西方影响很大，因此萌芽阶段的规划教育始终保持着一种国际性的视野。此外，早期城市规划教育在规划行政、规划设计、规划技术课程外设置了都市公用事业课，城市规划的基本职责除了创造和谐的物质空间外，还应关注并合理安排基于政府责任和义务的公共服务，此点在今天的城市规划教育中尚需进一步强化。

■ 参考文献

[1] 北洋大学堂[DB/OL]. http://baike.baidu.com/view/185477. html? tp=0_11.

[2] 南洋公学[DB/OL]. http://baike.baidu.com/view/59070. htm.

[3] 吴良镛. 关于城市规划教学及教材编写的点滴体会——谭纵波《城市规划》代序[J]. 城市规划，2006（7）：69-71.

[4] 金经昌[DB/OL]. http://www.hudong.com/wiki/%E9%87%91%E7%BB%8F%E6%98%8C.

[5] 交通大学唐山土木工程学院沿革史[Z]. 1926年. 西南交通大学档案馆藏，档案号1179-1：5.

[6] 张雪永. 西南交通大学市政卫生工程专业的创立与早期发展校史报告[M]//西南交通大学校史，2011.

[7] 刘涛. 我国市政卫生专家朱泰信教授[DB/OL]. http://tangyuanchunqiu.blog.163.com/blog/static/102 392335200992755556809/?suggestedreading.

[8] 朱皆平. 工程教育经验谈——"公路工程讲授录"前言[J]. 建设评论，1948，1（7）：1-5.

[9] 朱皆平. 城市之"面积用途"与其分区原理[J]. 留英学报，3：51-75.

[10] 朱皆平. 城市建设之新观点[J]. 世界月刊，1947，9（2）：15-18.

[11] 朱皆平. 新城市运动[J]. 时事月报，1933，8（3）：213-217.

[12] 李百浩，郭明. 朱皆平与中国近代首次区域规划实践[J]. 城市规划学刊，2010（3）：105-111.

[13] 朱皆平. 近代城市规划原理及其对于我国城市复兴之应用[J]. 工程，1947（3）：9-21.

[14] 朱皆平. 我国城市复兴之合理途径[J]. 工程，1946（1）：P6-10.

56 关于中国景观建筑专业教育的思考 ①

56.1 问题的提出

随着国民经济的高速发展，基本建设任重道远。如何在改造自然的活动中合理地利用和保护生存环境，满足人们在全面建设小康社会过程中日益提高的环境品质要求，高等教育必须对此做出回应，担当起培养相应人才的责任。景观建筑设计（Landscape Architecture，或译景观建筑学）专业的核心是研究景观环境与景观生态，根据美国景观建筑师协会的定义，景观建筑设计是一门运用科学和艺术的原则去研究、规划、设计和管理修建环境和自然环境的学科，从业人员将本着管理和保护各类资源的态度，在大地上创造性地运用技术手段以及科学、文化和政治等知识来规划安排所有自然与人工景观要素，使环境满足人们使用、审美、安全和产生愉悦心情的要求。该学科主要针对人类盲目利用和过度开发自然资源所带来的社会、环境及生态问题，在大建筑学科领域内创立的与建筑学、城市规划相平行的一门跨学科的交叉型和应用型学科，这显然是我国当前国民经济急需且市场前景广阔的学科专业。教育部2002年首次批准在西南交通大学设置景观建筑设计专业，2003年又批准在华南理工大学等高校设立此专业。景观建筑设计专业教育在我国尚处于起步阶段，对相关专业概念的理解尚未达成共识，专业内涵和外延还需要在学习国外先进经验的同时结合中国国情进行研究，作为率先设立景观建筑设计专业的西南交通大学建筑学院在专业教育理论和实践方面做了一些摸索，在此抛砖引玉，旨在与同行共同探讨。

56.2 专业的发展、与相关学科的关系及其办学条件

56.2.1 景观建筑设计专业的发展

在欧美19世纪大量景观实践的基础上，景观建筑设计专业最早于1900年由奥姆斯特德父子（F. L. Olmsted）及查克利夫（A. A. Sharcliff）在美国哈佛大学创立，之后宾夕法尼亚大学、加州大学伯克利分校等少数世界著名大学也相继设置此专业，迄今已有100余年历史[1]。近半个世纪以来，随着人们对生存环境和生存质量意识的不断提高，西方社会对职业景观建筑师的需求量日益增大，其他一些世界著名大学，如英国谢菲尔德大学、伦敦大学、加拿大曼尼托巴大学、多伦多大学等也先后设立了景观建筑设计专业。在行业管理方面，西方国家已经形成了与建筑师和规划师相对应的景观建筑师（Landscape Architect）职业，从业范围和从业方式已相当规范并受到法律保护，景观建设市场也已培育成熟。亚洲的新加坡、韩国、马来西亚和中国台湾等国家和地区也建立了此专业并在积极推进行业形成。

56.2.2 与相关学科的关系

根据1998年教育部高等教育司编写的《普通

① 本章内容由邱建、崔珩第一次发表在《新建筑》2005年第3期第31至33页。

高等学校本科专业目录和专业介绍》，我国目前与景观建筑设计相关专业主要有城市规划、建筑学、园林和艺术设计等。

城市规划注重在协调城市的现实与发展目标基础上科学、合理地规划城市的物质空间布局，并从宏观政策上控制、指导和管理规划的实施，使城市健康、协调地发展；建筑学主要是综合运用科学、技术、艺术和人文等相关学科知识设计具有特定功能的建筑物；园林专业主要是从农林的角度对城市绿地进行园林、绿化设计以及植物栽培养护；艺术设计专业是一个通用的、应用非常广泛的艺术学科，但其主体是从事广告、装饰设计，作为相关学科知识其中也涉及一些环境设计的内容。这些专业虽有相互渗透的部分，但从学科、市场以及行业发展来看都已相对完整和成熟，特别是这些学科虽然或多或少都涉及室外环境，然而从系统、全面、科学的角度评价，尚没有实现综合地运用科学、技术、艺术和人文等各相关学科知识研究从宏观到微观各层面的外部环境问题。

我国曾经在农学学科下属环境保护类专业中设立过的风景园林专业，主要培养从事风景名胜区规划及城市各类园林绿地设计的高级工程技术人才，它以风景区和各类绿地作为学科研究对象，也涉及室外环境设计。风景园林虽然比园林学更注重对城市绿地和风景区的规划设计，但仍局限于农学学科。风景园林尽管与国外景观建筑设计专业有重叠之处，但从知识结构的时代性、学科领域涉及的广度、深度、培养目标的专业化和课程设置的系统性等方面比较，与国外景观建筑设计专业仍存在较大的差距。

56.2.3　办学条件

景观建筑设计专业教育需要一定的办学条件和基础。首先，景观建筑设计是一门实践性较强的应用型学科，实践教学是重要而必需的环节，例如，美国景观建筑教育体系中除经常性的短期野外考察外，设计教学也相应增加了与游览体验结合的设计内容——游历设计（Travel studio或field study）[1]。丰富的景观资源条件有利于教学工作特别是高年级景观设计教学的开展。大到区域性的景观规划、河流流域生态保护规划、大型湿地景观规划与设计、风景区规划，小到公园、游憩场所、街头绿地等均依赖真实的项目，真题中存在的设计条件、要求和制约因素是难以模拟的，真实题目有利于锻炼学生分析问题和解决问题的能力，游历者的亲身体验更有利于其完成高质量的景观设计作业。

其次，办学也依赖相关学科基础，国外建筑大学科的三大支柱，包括城市与区域规划、景观建筑设计和建筑学发展较为成熟，在国内尚缺乏景观建筑设计专门教育人才的条件下，良好的城市规划和建筑学学科条件将为景观建筑设计教育在基础教育、师资队伍、教学氛围等方面提供有力的支撑。从我国现有的教育资源条件出发，景观建筑设计教育的师资队伍适合以园林、城市规划、建筑学师资为基础，辅以园艺、土木工程、地理信息系统、环境工程等相关专业师资力量，共同构建景观建筑学专业的教育队伍。

此外景观建筑教育目标是培养职业化的景观建筑设计从业人员，通过理性思维形成的设计观念不仅需要用文字表达，也需要依托图纸，因此扎实的设计表达训练十分必要。

56.3　西南交通大学景观建筑教育实践

西南交通大学从1994年开始系统学习和考察欧美景观建筑设计专业教育并积极进行专业筹建

工作，建筑学院于2002年9月开始招收建筑学专业（景观建筑学方向）学生，2003年9月正式招收第一届景观建筑设计专业（教育部批准的专业名称）本科生，学制为五年，制订了首次"景观建筑设计"专业教学计划，其培养目标是通过人文修养与社科理论、自然科学及技术课程、景观建筑专业基础理论和基本知识、设计和实践训练、表达训练等方面教育，使学生成为基础扎实、知识面宽、能力强、素质高并具有创新意识和社会责任感的高级景观建筑设计专业人才。本轮教学计划重点在职业化目标培养、专业知识与技能、核心课程以及教学环节方面进行了一些探索。

56.3.1 探索中国景观建筑教育的职业培养目标

在学习国外景观建筑教育思想的基础上，参照国际注册景观建筑师基本要求，制订了从中国国情出发的景观建筑师专业人才培养目标和要求：

（1）掌握景观建筑设计的基本原理，具有进行各种尺度景观规划设计的能力。

（2）掌握景观建筑历史与理论，了解人的心理行为、地方文化及地方生态环境与景观的关系。

（3）初步掌握硬质景观材料性能和构造知识并能根据设计意图正确应用。

（4）初步掌握植物学和生态学知识，并能正确运用植物、水体和地形等自然要素以达到相应的环境生态效果。

（5）掌握多种规划设计表达方式，具有计算机辅助设计、GIS等基本使用技能，具有景观设计方案和施工图设计能力。

（6）了解景观建筑师职业范围以及与景观建筑有关的政策、经济、法律和法规知识，了解建筑学和城市规划等相关学科知识。

56.3.2 重视系统的专业知识教育和技能培养

教学计划明确要求学生全面接受景观设计职业训练，其知识结构与技能训练具备完整性和系统性的特点，教学体系包括知识与原理模块、技能训练模块和实践环节模块。知识与原理模块中的专业理论主要包括景观建筑理论与历史、景观生态学、园林植物与种植设计、区域与风景区规划等课程，设计原理包括场地设计、硬质景观、城市设计等课程，相关学科理论包括城市道路交通、城市规划概

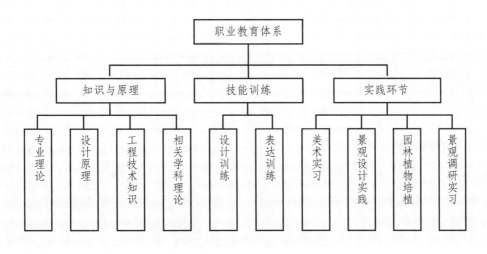

图56-1 景观建筑设计教学体系

论、城市生态与环境、环境心理学等课程，工程技术知识包括地理信息系统、景观工程技术、遥感技术、测量学等课程（图56-1）。

56.3.3 采用阶段式教育，突出景观设计系列课程为教学体系核心课程。

五年的景观建筑设计教育分三个学习阶段：学科基础训练阶段（一至二年级）、专业基础训练阶段（三至四年级上）、综合提高阶段（四年级下至五年级）。职业教育的重点围绕景观设计主干课展开，核心课程既是贯穿各年级、各阶段的主干课程，也是整合各阶段所学知识与理论的

重要环节；通过不同设计课程的不同教学环节要求，将所学理论知识有机地运用于设计系列课程中，逐步培养学生的职业景观设计技能。设计主干课程包括建筑设计基础、建筑设计、景观设计系列课程。景观设计系列课程内容涉及景观建筑单体、社区规划、户外环境设计、公园设计、广场设计、城市园林绿地系统规划、风景区规划、特殊景观规划设计（如湿地景观保护、区域景观规划、河流流域整治与保护规划）等。表56-1简略反映设计课程的训练阶段、教学内容、教学环节以及涉及课程的相互关系。

表56-1 景观建筑设计专业主干课程体系

分项	一年级	二年级	三年级		四年级		五年级	
设计课程	建筑设计基础Ⅰ、Ⅱ	建筑设计Ⅰ、Ⅱ	景观设计Ⅰ（建筑）	景观设计Ⅱ（规划）	景观设计Ⅲ	景观设计Ⅳ	景观设计实践	毕业设计
训练阶段	学科基础训练阶段		专业基础训练阶段			综合提高训练阶段		
教学内容	设计表达基本技能训练	建筑设计训练，掌握中小型建筑的功能组织、空间组合与造型表达，以及特殊环境条件中的建筑处理方法	景观设计训练，包括社区规划、公园设计、广场设计、游憩空间设计、户外环境设计等		风景区规划、特殊景观规划设计、城市园林绿地系统规划等以及景观设计实践		具有一定复杂性与难度的景观规划与设计题目	
教学要求	掌握基本的表达技能	掌握简单建筑结构、建筑构造设计，掌握建筑环境的处理方法	掌握外部空间场地处理、空间组织、构造设计与植物培植等		掌握较为复杂的景观规划分析、设计与表达。参与景观设计实践训练		综合运用所学的理论知识	
理论课程	建筑构成、美术、建筑表现等	建筑结构、建筑构造、建筑力学、硬质景观等	城市设计、场地设计、园林植物与种植设计、景观工程技术、室内设计等		景观生态学、城市园林绿地规划、区域景观及风景区规划等		所有专业课程	

56.3.4 强化实践教学环节

景观建筑设计专业要求学生具有较高的实践能力，在教学计划中重视加强实践教学环节训练，做到实践教学五年不断线，具体包括一年级的认识实习、工地实习、素描实习，二年级的建

筑表现实习、水彩实习，三年级园林植物栽培养护，四年级景观调研实习，五年级上的职业实习（景观设计实践）以及五年级下的毕业实习等；此外结合课程教学也有短期实习，如《景观植物》的野外植物认知、《社区规划》的居民生活

调查、《GIS》和《计算机辅助设计》的上机实习等。

56.4 影响我国景观建筑教育发展的若干问题

56.4.1 景观设计市场的行业管理

景观建筑教育的目标是培养职业景观建筑师，职业景观建筑师通过提供设计服务来满足景观市场需求，其间设计师的职业水平、素质、业务能力是保证服务质量和设计水平的关键，同时设计编制、设计审批、相关法规文件、机构的等级资质与行政管理体系等一系列问题也需要解决，因此应加快建立规范化行业管理进程，诸如注册景观建筑师的行业准入制，尤其在我国日趋扩大的景观环境设计市场的背景下此项工作显得更为迫切。

56.4.2 景观建筑师职业教育的规范

中国的景观建筑设计专业教育正处于发展初期，当务之急是加强专业教育的基础性研究，明确其教育目标、教学体系、课程设置等许多问题，制订更加科学和完善的专业教育标准，以提高我国景观建筑教育的质量。从教育机构管理体系上看，还应尽快成立景观建筑设计专业教育指导委员会，通过制定教育管理的规则和标准，规范全国高等学校专业教育，以尽快提高我国景观

建筑学专业的整体办学水平。

56.4.3 在学科结构中的定位

目前建筑学一级学科下包括4个二级学科，即建筑历史与理论、建筑设计及其理论、城市规划与设计、建筑技术科学，一些学校原有的风景园林专业研究生培养多以专业方向的形式从属于城市规划与设计专业，作为大建筑学科重要的三大组成部分之一，景观建筑学专业硕士点和博士点归属何处？在国家整体学科结构中的定位也是约束当前景观建筑教育健康发展的瓶颈，从长远角度来看这将大大制约高层次专业人才培养。

56.4.4 学术期刊

建筑学专业有《世界建筑》《建筑学报》《新建筑》等重要核心期刊，城市规划专业有《城市规划》《城市规划汇刊》等重要核心期刊，园林专业领域也有《中国园林》等重要刊物。而刚刚起步的景观建筑学学科则没有具有影响力的刊物，专业期刊是学科动态介绍、设计实践、学术交流、理论研究的重要平台，应尽快建立景观设计领域的专业学术杂志，构筑专家学者、设计与科研人员以及师生交流和信息互动的学术阵地，这对推动学科的全面发展具有十分积极的意义。

■ 参考文献

[1] 俞孔坚、李迪华. 景观设计：专业学科与教育[M]. 北京：中国建筑工业出版社，1993.

57 浅析景观建筑学之专业内涵 ①

57.1 本章前言

与任何学科一样，景观建筑学（Landscape Architecture，LA，为论述方便，本文暂用国内相关学者的译名[1-3]）也是在总结实践经验的基础上发展起来的。本文从历史的角度，追溯了LA一词的产生和发展过程，并从景观实践的专业分工角度，理解景观建筑学与景观规划、景观设计、园林设计等概念的区别和联系，并系统研究比较了国际景观建筑学联盟（International Federation of Landscape Architects，简称 IFLA）、美国景观建筑师协会（American Society of Landscape Architects，简称ASLA）和英国景观协会（UK Landscape Institute，简称LI）等权威机构对景观建筑学的定义，希望能对更加深入地理解景观建筑学专业内涵有所裨益。

57.2 景观建筑学的来龙去脉

景观建筑学学科形成之前经历了源起、继承和拓展、发展和成型3个阶段，其过程与4位学者有着密切关系。

57.2.1 源 起

我们首先回答的问题是：谁创造了"Landscape Architecture"一词？它的本意是什么？

"Landscape Architecture"一词是吉尔贝尔·莱恩·马松（Gilber Laing Mason）在其1828年发表的《意大利杰出画家笔下的景观建筑》（*On The Landscape Architecture of the Great Painters of Italy*）一书中首次使用，马松也因创造这个词汇而载入史册。

马松出生于英国苏格兰，一生没有机会去意大利，但是他非常欣赏罗马风景画巨作中景观和建筑的关系，并且通过学习维特鲁威的《建筑十书》（Marcus Vitruvius Pollio，*Ten Books of Architecture*）来研究建筑和自然环境之间的潜在关系与美学原则，探寻如何将建筑物和场地景观进行组合来创造优美景观的方法。

马松的这本著作本质上是一本艺术评论书籍，当时将"Landscape"和"Architecture"组合为"Landscape Architecture"一词的本义是从新的视角来理解和评论意大利的风景绘画艺术，并没有包含学科的含义，也没有将"Landscape Architecture"拓展为完整学科的初衷。但是，他首次触及的关于建筑物与其环境之关系（图57-1），实际上正是日后景观建筑学学科以及现代景观建筑师所从事工作的核心部分，同时还可清楚地辨别出：此时"Landscape Architecture"一词中的"Architecture"可以确定是指建筑，而"Landscape"则用来表达建筑外的场地环境景观。

---

① 本章内容由贾刘强、邱建第一次发表在《世界建筑》2008年第1期第98至100页。

图57-1　爱丁堡市中心，马松探讨景观和建筑组合方法的例子
（资料来源：Marcus Vitruvius Pollio, *Ten Books of Architecture*）

57.2.2　继承和拓展

马松没有想到自己所创造的"Landscape Architecture"一词会被广泛使用，其含义也被外延。苏格兰著名的园艺学家劳顿（John Claudius Loudon）对此做出了决定性贡献。

劳顿认为"Landscape Architecture"一词在艺术理论之外还有更广泛的应用意义，该词适合描述在景观设计中采用的特殊类型的建筑以及人类创造的景观的组合[4]。

受劳顿的直接影响，美国近现代景观园林（Landscape Gardening）风格的创始人安德鲁·杰克逊·唐宁（Andrew Jackson Downing）在其第一本著作《园林的理论与实践概论》中，将"Landscape Architecture"作为书中一章的标题[5]。

劳顿和唐宁将"Landscape Architecture"一词的含义从艺术领域拓展到景观园林领域，并且给该词赋予新含义：描述人工创造的景观组合，

"Architecture"除了有"建筑"的含义外还有"人工创造和建造"的含义。

57.2.3　发展和成型

奥姆斯特德（Frederick Law Olmsted）从其老师唐宁口中第一次听说"Landscape Architecture"一词，在成功获得纽约中央公园的设计任务后自称为"景观建筑师（Landscape Architect）"，并将其解释为：以对植物、地形、水、铺装和其他构筑物的综合体进行设计为任务的职业。1863年，奥姆斯特德采用"景观建筑师"作为职业名称并用它来描述他的城市公园系统规划。奥姆斯特德在波士顿设计的"翡翠项链"公园体系项目使"景观建筑师"作为一种职业称呼在欧洲产生巨大影响。此后，"景观建筑师"用来称呼从事景观设计的人，而"景观建筑学（Landscape Architecture）"逐渐发展成为一

门新兴的学科。

现在"景观建筑师"已成为世界公认的职业，被世界劳工组织承认，并成立了IFLA、LI和ASLA等一系列景观建筑师协会组织。

57.3　景观建筑学实践中的从业人员

景观建筑学在发展过程中，形成了不同侧重点的实践分工，如同土木工程学科的从业人员由结构工程师、道路工程师和岩土工程师等组成一样，景观建筑学的从业人员也有专业细分，包括景观设计师（landscape designers）、景观技工师（landscape technicians or engineers）、景观管理人员（landscape manager）、景观科学家（landscape sciences）、景观规划师（landscape planner）和园林设计师（garden designer）等。景观建筑师（landscape architect）是一个职业总称，而各专业人员侧重于景观建筑学的一个方面，我们可以称结构工程师为土木工程师，同样也可以称景观规划师为景观建筑师。各种专业人员的工作对象和特色见表57-1。

表57-1中的有些从业人员所从事的专业在历

表57-1　景观建筑学从业人员细分

从业人员类别		工作对象和特色
景观建筑师	景观设计师	设计各种类型的较小尺度的种植和绿色空间
	景观技工师	主要从事景观的建造实践
	景观管理人员	对景观的长期发展提出建议，主要从事管理工作
	景观科学家	利用土地科学、水文地理学、地形学、植物学等学科知识来解决实践中具体的景观问题，如场地的调查和生态评估等
	景观规划师	对城乡和滨水的土地利用进行空间布局、生态、风景和游憩方面的景观规划，其规划对象的尺度较大
	园林设计师	历史园林的保护和新的私家园林的设计
	…	…

注：本表是作者在总结归纳国际景观协会和美国景观建筑师协会等机构对景观从业人员的界定资料的基础上编制而成。

史上比景观建筑学形成得还早，如园林学已经有4000年的历史，景观技工师在景观建筑学专业出现之前就从事着景观的建造工作。从工作对象和特色也可看出各种专业的显著区别，如景观规划的对象比景观设计的对象尺度大，等等。

57.4　对景观建筑学定义的讨论

针对景观建筑学的定义，笔者选取了包括ASLA、LI和IFLA在内的几个权威解释进行了比较（表57-2）。

表57-2　对不同的景观建筑学定义的评论

定义来源	定义	评论
普林斯顿大学wordwebonline网站[6]	建筑学的分支，为了人类的使用和娱乐对土地和建筑进行配置的学科	景观建筑学、建筑学和城市规划学是3个并列的学科，没有哪个景观建筑师承认他们的工作是建筑学的分支
大不列颠百科全书在线[7]	对花园、庭院、地面、公园以及其他室外绿色空间的开发和种植装饰	缺乏对生态和可持续发展等方面的重视
微软的MSN百科全书[8]	通过对自然的、栽植的或建造的元素进行组织来改造大地的科学和艺术	这个定义比前两个的涵盖面广，但是对于定义一个学科来说，显得过于宽泛
ASLA[9]	景观建筑学包括对自然和建筑环境的分析、规划、设计、管理和服务工作，项目类型包括：居住、公园和游憩、纪念场所、城市设计、街景和公共空间、交通廊道和设施、花园和植物园、安全设计、度假胜地、公共机构、校园、疗养花园、历史建筑环境的保护和修复、改造、保护、公司和商场、景观艺术和雕塑，等等	这个定义告诉我们景观建筑学做什么，可谓包罗万象。但是没有告诉我们景观建筑学是什么
IFLA[10]	要实现未来没有环境退化和资源垃圾的目的，需要与自然系统、自然过程与人类的关系相关的专业知识、技能和经验，这些在景观建筑学的职业实践中都可以体现	这不是一个真正的定义
LI[11]	景观建筑师利用"软"或"硬"的材料对所有类型的外部空间（不管大小，不论城乡）进行工作	虽然比ASLA的定义短，但是同样没有告诉我们景观建筑学是什么
Wikipedia百科全书[12]	景观建筑学是关于土地的艺术，是对土地的规划、设计、管理、保护和重建，同时也是对人工构筑物进行设计的学科。其涉及的领域包括建筑设计、场地规划、土地开发、环境保护、城镇规划、城市设计、公园和游憩规划、区域规划和历史建筑环境的保护	比较具体地定义了景观建筑学学科性质，提出工作涉及的领域

由表57-2可知，国际上不同的组织机构对景观建筑学的定义在基本内涵是一致的情况下也存在分歧，可谓百家争鸣。

57.5　本章结论——景观建筑学的专业内涵

"Landscape Architecture"这一词汇的起源和发展过程帮助我们更好地理解景观建筑学丰富的历史含义，从景观建筑学实践中的专业划分，可以看出景观设计、景观规划和园林设计等几个概念的区别和联系，再结合国际权威机构对景观建筑学的各种定义，景观建筑学的内涵至少应该包括以下几项：

（1）研究目的是为人类创造更健康、更愉悦的室外空间环境。

（2）研究对象是与土地相关的自然景观和人工景观。

（3）研究内容包括对自然景观元素和人工

景观元素的改造、规划、设计和管理等。

（4）其学科性质是一门交叉性的学科，除了设计学科属性外，还包括数学、自然科学、计算机科学、工程学、艺术、工艺技术、社会科学、政治学、历史学、哲学等。

（5）从业人员必须综合利用各学科知识，考虑建筑物与其周围的地形、地貌、道路、种植等环境的关系，必须了解气候、土壤、植物、水体和建筑材料对创造一个自然和人工环境融合的景观的影响。

（6）其涉及领域是广泛的，但并不是万能的，从业人员只能从自己的专业角度对相关项目提出意见和建议。

由以上几点不难看出，景观建筑学专业内涵

的每一方面都涉及人对自然景观的改造，或者说赋予自然景观特定的精神和物质层面的文化内涵和功能价值。这与文化景观的内涵[14]相吻合。景观虽然可以分为自然景观和文化景观，但是在一定的时空范围内，两者并不是截然独立的两极，而是根据其自然或文化所占的地位，动态地从自然景观向文化景观渐变的过程（图57-2）。从这个意义上讲，景观建筑师工作的初始对象可能是自然景观也可能是文化景观，但其工作成果在当时必然是文化景观。以上思想实质上是对人类改造自然的本底认知，这种思想对景观建筑学概念的界定、内涵的认知以及研究方式和实践工作都具有推动和借鉴作用。

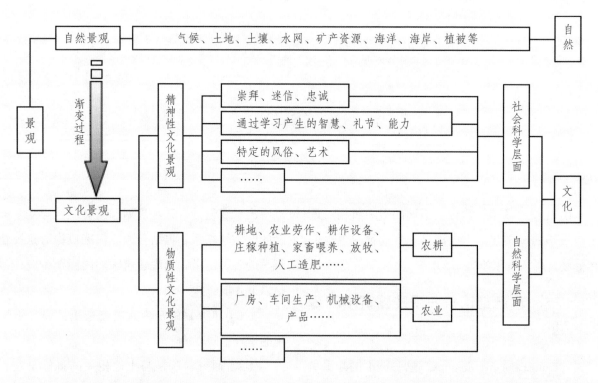

图57-2　景观内涵延伸框架（资料来源：翻译并加工至参考文献[14]）

■ 参考文献

[1] 邱建，崔珩. 关于中国景观建筑专业教育的思考 [J]. 新建筑，2005，（3）：31-33.

[2] 刘滨谊，姚雪艳. 将景观建筑学扩展到更为广阔 的领域——现代景观设计大师劳伦斯·哈尔普林 [J]. 国外城市规划，1999，（2）：18-21.

[3] 黄妍. 景观建筑学=风景园林？——呼唤景观建筑学[J]. 建筑学报，1999，（7）：20-23.

[4] LOUDON, J.C.,REPTON, H. The landscape gardening and landscape architecture of the late Humphry Repton[M]. London: Edinburgh, Longman, 1840.

[5] DOWNING, AJ. A Treatise on the Theory and Practice of Landscape Gardening, Adapted to North America; with a view to the development of Country Residences, New York, 1841.

[6] PrincetonWordNet definition of landscape architecture at http://www.wordwebonline. com/en/ LANDSCAPEARCHITECTURE.

[7] Britannica Online at http://www.britannica. com/eb/ article-9047061/landscape-architecture.

[8] MSN Encarta definition of landscape architecture at http://encarta.msn.com/encnet/refpages/search.aspx? q=landscape+architecture&Submit2=Go.

[9] ASLA American Society of Landscape Architects definition of landscape architecture at http://www. asla. org/nonmembers/publicrelations/factshtpr.htm

[10] IFLA International Federation of Landscape Architects definition of landscape architecture at http://www. ifla.net/Main. aspx? Page=21.

[11] UK Landscape Institute definition of landscape architecture at http://www.l-i.org.uk/liprof.htm.

[12] http: //en.wikipedia.org/wiki/Landscape_architecture.

[13] http://www. gardenvisit. com/landscape/LIH/history/ definitions. htm.

[14] QIU JIAN. Old and New Buildings in Chinese Cultural National Parks:Values and Perceptions with Particular Reference to the Mount Emei Buildings[D]. The University of Sheffield, PhD Thesis, 1997: 28.

58 关于中国景观专业本科教育评估体系的建构 [①]

58.1 本章问题的提出

我国景观专业教育呈现多种流派共同发展的蓬勃局面，众多高等学校开展了景观专业本科教育，就专业名称而言，有景观建筑设计（如西南交通大学、重庆大学、华南理工大学）、园林或风景园林（如北京林业大学、天津大学）、景观学（如同济大学、华中理工大学）等多种称谓。这些专业虽名称不同，但本科教育阶段的培养目标和课程体系，都认可Landscape Architecture（LA）专业国际通行的标准，可以作为一个专业进行研究。2004年，作为行业主管部门，住房和城乡建设部（原建设部）在北京召开了由全国18所高校代表参加的全国高校景观学（LA）教学研讨会。会议共同编写了《全国高等院校景观学专业本科教育培养目标和培养方案及主干课程基本要求》，并提交会议全体代表审议通过，为我国景观专业本科教育的规范发展奠定了重要的基础。

为了规范学科发展，保证专业教育的基本条件，确保基本的教育质量，实现与国际接轨，并作为相应行业执业注册制度的基础，我国在影响社会公众健康、安全和人民生命财产等问题密切相关的很多专业实行了专业教育评估制度。以建筑学专业为例，1992年我国开始进行建筑学专业教育评估，1995年11月第一次举行注册建筑师考试，1996年6月开始正式实施注册建筑师制度。

十余年来，专业教育评估和注册建筑师制度对我国建筑设计行业与国际接轨，规范发展起到了重要的作用。

景观专业在我国有着重要的社会责任和旺盛的市场需求。早在10年前，国家有关部门已经开始对建立注册景观师（或风景园林师，在本文中为研究方便统一称之为注册景观师）制度进行探讨和准备，但时至今日，尚未能实施。这与景观专业教育评估体系的空缺有着直接的关系。进入21世纪以来，我国景观专业教育取得了长足的发展，办学规模不断扩大，教育层次不断提高。然而目前景观专业依然没有一个统一的人才培养质量标准，这已成为制约景观专业教育进一步发展和推行规范的行业管理的主要障碍。参照国际惯例和国内经验，建立景观专业本科教育评估体系并推动该体系的尽快实施，对于加强行业规范，推动专业发展有着重要意义，也已成为景观学科发展的当务之急。

58.2 评估体系的建构目标与原则

景观专业本科教育评估体系的构建，既要注意专业教育评估的一般要求，又要考虑中国景观专业教育的现实条件。总的来说，我国景观专业本科教育评估体系的建构，应以培养适应社会发展需要的职业景观师为目标，按照执业注册的要求，参照我国现行勘察设计类专业教育评估的统一模式，遵循权威性、职业性、开放性、包容性、国际性五个基本原则。

[①] 本章内容由邱建、周斯翔第一次发表在《四川建筑》2009年第5期第29卷第4至6页。

58.2.1 权威性原则

专业教育评估是世界各国维持和提高高等教育质量的重要手段，被各国政府和社会公众所认可。景观设计行业属于工程建设勘察设计领域，应由住房和城乡建设部进行行业指导，并组建与其他勘察设计类专业类似的评估指导和管理机构，保证其结果的权威性和政策的连贯性。在此基础上，将景观专业本科教育纳入统一的教育评估和执业注册管理，尽快建立、完善相关的景观行业技术标准和规范，对执业注册制度和相应的教育评估予以认定，对相应的个人执业资格、学位以及学校的专业教育资质予以保护。

58.2.2 职业性原则

专业教育评估直接为执业注册制度服务。评估的标准，必须与我国景观规划设计界的实践紧密结合，除了借鉴其他专业教育评估的经验，按照一定比例邀请设计界人士作为评估委员和评估视察员，更要在教育质量控制体系方面，充分考虑设计界对专业教育提出的要求。基于景观专业快速发展的现状，应该积极促进评估管理机构、教育机构和设计机构的互动，促进评估标准的动态完善，指导专业教育紧跟职业实践的方向，不断拉近理论教育与实践的距离。

58.2.3 开放性原则

国际上专业教育水平较高的国家，各工程类专业基本上都有专门的专业评估机构。这些机构与学校的专业教学建立了密切的联系，社会公众也可以通过专业评估结果来了解学校的办学水平。景观专业本科教育评估体系的建构，应充分借鉴国际上的先进经验，加强对公众的开放性，尽可能把评估对专业教育的促进直接作用到每一个教育对象身上，从而有力地促进景观专业建设水平的提升。

58.2.4 国际性原则

在专业评估工作中，要积极借鉴国外先进经验，遵循国际通行做法，还要邀请国外同行作为观察员参加评估视察活动，让中外之间更好地了解，从而促进对评估结论给予相互认可[1]。这方面，我国建筑学等专业的教育评估已经积累了不少宝贵的经验，取得了很好的国际互认效果。景观专业教育评估体系的建构，可以借鉴这方面的经验，力争尽快与英美等国的专业教育评估达成互认。

58.2.5 包容性原则

目前，关于学科定义的争论尚未平息，专业名称也没有得到所有院校接受，学制和培养计划更是各有特色。然而，来自社会、市场、教育界和国际化的压力表明，专业教育评估体系不可能等到这些问题都被解决了再去建设。因此，在景观专业评估体系的构建中，应本着包容的原则，吸引尽可能多的学校参与到评估中来。只有更多学校的参与，才会有更多人接受评估体系提出的标准，从而为真正统一的专业教育规范的形成创造出有利的条件。

58.3 评估体系的框架设计

评估的根本目的是保证本专业毕业生的培养质量，实现行业的社会责任，保证本学科的健康发展。因此，评估体系建构的基本理念应该是为毕业生的成长和专业教育的发展提供保障。景观专业本科教育评估最重要的是建立专业教育的

评估标准。评估标准是学校进行专业建设、自我评价以及专家审阅自评报告和实地视察的重要依据。参照建筑学等专业的模式建构评估体系，评估标准应包括教学条件、教学过程和教学质量三个组成部分，其中对教育质量的要求是专业教育评估的核心，包括德育、智育和体育三个方面。专业评估的重点是放在教育质量的智育标准上。

58.3.1　教育质量要求

58.3.1.1　德育标准

德育标准总体上可以分为政治思想、职业道德与修养、心理素质三个方面，要求学生达到普通高等学校毕业生的一般要求。

58.3.1.2　智育标准

我国景观专业本科教育已经具备了相当的办学规模，各学校建设了较为完整的知识体系，覆盖了基本的课程教育与实践教育，为景观专业教育评估智育标准的制订奠定了基础。

景观专业本科教育评估体系的智育标准可以具体归纳为以下五个方面：景观规划设计、相关知识、景观工程技术、景观师执业知识、公共课程。建议标准采用"了解""掌握"和"有能力"三个词来分别确定学生在毕业前必须达到的水平。"了解"指具有一般知识；"掌握"指对该领域知识有较全面、深入的认识，能对之进行阐述和运用；"有能力"指能把所学的知识用于分析和解决问题，并有一定的创造性（限于篇幅所限，具体的评价指标体系不再展开）。

58.3.1.3　体育标准

达到教育部《全国普通高等学校体育课程教学指导纲要》以及1989年国家体委颁布的《国家体育锻炼标准施行办法》规定的普通高等学校本科学生体育标准的要求。

58.3.2　对教育过程和教学条件的要求

58.3.2.1　教育过程控制标准

参考建筑学等专业较为成功的本科专业教育评估体系的设置，建议景观专业本科教育评估对教学过程的要求由思想政治工作、教学管理与实施两方面构成。

学生的思想政治工作，应保证落实《中共中央关于全国加强和改进大学生思想政治教育工作》的文件精神，按照全国普通高等学校本科学生思想政治工作的有关条例，并结合景观专业的特点开展。教学管理与实施的评价，可以基于以下几个方面：教学计划与教学文件、教学管理、课程教学实施、实习、毕业设计。

教学计划明确要求学生全面接受景观设计职业训练，其知识结构与技能训练具备完整性和系统性特点，教学体系包括知识与原理模块、技能训练模块和实践环节模块[3]。各种教学文件，包括各门课程的教学大纲、教学进度表、作业指示书等翔实完备。教学单位应保证教学质量的各种规章制度完备，并能贯彻执行。要保证教学内容充实，教学环节安排合理，并能联系实际，反映社会需要与学科的发展。

58.3.2.2　教学条件控制标准

专业教育评估对教学条件的要求由师资条件、场地条件、图书资料、实验室条件、经费条件等5个方面构成。

景观专业教育所需教学条件，基本与建筑学、城市规划专业相同，可基本参照《全国高等学校建筑学专业本科（五年制）教育评估标准》执行。

其实，统观现有各专业的教育评估，"以评促建"都是教学单位呼声最响亮的口号。通过专业教育评估，教学单位可以积极争取更好的软硬件环境，对教学条件的改善，尤其是师资、空间、设备的改善，具有非常积极的意义。一定程度上，专业教育评估成为不少教学单位发展建设的有力支撑。

景观专业教育在我国尚处于建设发展的初期，在很多学校并不是所谓的"传统优势专业"。景观专业本科教育评估体系的构建，应该在适当的范围内，加强对于景观专业建设的要求，尤其是在师资队伍建设方面。这些条件的设定，可以为教学单位争取更多的教育资源，进而对提高教育质量起到明显的促进作用。

58.3.3 评估机构、评估的方法与程序

评估机构、评估的方法与程序，是评估体系运作的必要条件。针对景观专业教育评估体系评估机构、评估的方法与程序的构建，提出以下建议。

58.3.3.1 评估机构设置的建议

从与现行的行业管理机制顺利对接和便于实施运作的角度出发，建议住房和城乡建设部在全国景观学专业教学指导委员会筹备小组的基础上，尽快组织成立景观专业教学指导委员会和景观专业评估指导委员会，作为中国景观专业本科教育评估的管理机构。开始对各高校进行专业教育评估。

同时，建议在住房和城乡建设部领导下，成立中国景观师联合会或由中国风景园林学会（已于2006年1月正式加入国际风景园林师联合会IFLA）成立教育专门委员会，对参与评估的院校和业内人士提供信息和理论指导。

58.3.3.2 对评估的方法与程序的建议

我国勘察设计领域的各专业的教育评估，采用基本相同的程序与方法。这一方面便于住房和城乡建设部的统一管理，另一方面也利于社会对整个执业注册体制的接受与认可。经过近20年的实践，这套程序和方法被证明是符合中国国情并有利于相关的专业的建设和发展的。同时，景观专业教育评估应充分考虑建立更公开、更广泛的评估结果反馈机制，有意识地把评估的标准输送到正在接受教育的学生身上。

58.4 与评估体系相关的几个问题

景观专业本科教育评估体系的实施要与其他配套制度的建立密切相关，互为因果。具体而言，以下两个方面值得特别的关注。

58.4.1 专业学位的设置

专业教育评估是指与社会公众健康、安全及人民生命财产等问题密切相关的专业进行的一种专业认证或评价。由于专业技术人员所从事的职业与社会公众健康、安全和生命财产密不可分，所以其从业人员所具有的职业能力必须有一个确实的质量保证，也就是必须有一个经过严格的专业教育评估认可的专业学位（即professional degree），这是国际上通行的做法[2]。

对于毕业生而言，专业学位是自己接受专业教育的水平的最好的说明。客观地看，景观专业教育的多元化，在我国未来相当一段时期是不会发生根本变化的，让通过评估的学校的毕业生拥有景观学学位，将是对专业评估体系最好的推广，也是对景观专业职业培养目标的最好诠释。

58.4.2 与执业注册制度无缝衔接

专业评估与注册工程师制度具有天然的密切联系。衔接好专业评估与注册师考试之间的关

系，使专业教育的标准与注册考试大纲相衔接，以及获得评估通过专业的毕业生在参加注册师考试时，免去部分基础考试等，是世界各国通行的做法。然而，我国目前勘察设计类各专业的教育评估没有与执业注册资格的获得产生紧密联系，通过评估的学校的毕业生在参加执业资格考试时，没有得到足够的承认。在建构景观专业本科教育评估体系的过程中，必须坚持与未来的执业资格考试系统同步，既保证通过评估结果的"含金量"，也对于规范行业运行，推进学科发展起着非常重要的作用。

58.5　本章结论

近年来，我国景观规划设计行业发展迅猛，市场高度期待建立执业注册制度；景观专业本科教育已经具备了相当的办学规模，各学校建立了

知识体系较为完整的本科教育模式；建设类各专业教育评估经十几年的发展，积累了大量宝贵经验，形成了中国特色的成熟的评估体系；建立中国景观专业教育评估体系的条件已经成熟。

以国内各高校景观专业本科教育现行的课程体系为基础，已经可以提出建构景观专业本科教育评估体系所需的基本智育标准。同时，参照建筑学等专业本科教育评估标准体系的德育和体育的建议标准、教育过程建议标准和教学条件建议标准，结合景观专业自身的特点，对评估机构的设置、评估的程序和方法加以完善，从而完成对景观专业本科教育评估体系的初步建构。以此为基础，提供给学术界和管理部门讨论批评，希望可以对推动我国景观专业本科教育评估体系的尽早建立，做出一点贡献。

■ 参考文献

[1]　高延伟. 我国建设类专业教育评估的回顾与思考[J]. 高等建筑教育，2003（3）：4-7.

[2]　毕家驹. 国际高等教育评估的评述和展望[M]. 同济大学高教研究所，同济大学出版社，1999.

[3]　邱建，崔珩. 关于中国景观建筑专业教育的思考[J]. 新建筑，2005（3）：31-33.

[4]　周斯翔，邱建. 浅析建立景观专业教育评估体系的必然性[J]. 四川建筑，2008（3）：44-46.

附录6.1 教材《景观设计初步》

《景观设计初步》是西南交通大学创立景观建筑设计专业后，邱建教授在欧洲和北美进行系统考察并深入研究景观教育多年的基础上，与建筑学院青年教师一道编著的"普通高等教育土建学科专业'十一五'规划教材"，内容吸纳了欧美发达国家先进教育理念，同时注重中国传统优秀文化特别是古典园林造园思想的弘扬，弥补了国外同类教材缺乏中国案例分析的不足。教材于2010年9月由中国建筑工业出版社出版，2014年被列入教育部"第二批'十二五'普通高等教育本科国家级规划教材书目"。

《景观设计初步》（附图6-1）是风景园林（景观学）本科专业低年级学生重要的基础课程教材，主要内容包括景观及景观设计概念，景观设计的范围、基本原则和自然要素，场地景观、建筑物和构筑物景观、道路与广场景观、景观小品、植物景观和水体景观等的基本设计方法，景观设计相关的工程技术及其表现方法与技巧。通过本教材内容的学习，学生将被导入景观专业领域，并对学生树立正确景观观念、掌握景观基本知识、初步了解景观设计所需的职业技能等具有积极作用，为学生进一步学好风景园林（景观学）专业课程奠定坚实基础。

教材自2010年出版以来，据不完全统计，除西南交通大学外，北京林业大学、四川大学、浙江工业大学、云南大学等国内50多所院校的风景园林（景观学）、城市规划、建筑学、环境艺术等专业使用该教材，取得了良好的教学效果，受到了任课教师和学生的一致好评，很多高校还将该教材作为硕士研究生入学考试推荐参考书。

附：《景观设计初步》目录

附图6-1 《景观设计初步》

※ 《景观设计初步》目录

附录6.2　邱建教授指导的部分研究生毕业论文题目

1. 博士研究生学位论文（附摘要）

[1] 罗锦. 国家级新区规划管理体制机制研究[D]. 成都：西南交通大学，2020.

[2] 唐由海. 先秦华夏城市选址研究[D]. 成都：西南交通大学，2019.

[3] 曾帆. 基于系统论的震后城乡重建规划理论模型及关键技术研究[D]. 成都：西南交通大学，2017.

[4] 张毅. 考古遗址景观价值分析及规划设计研究[D]. 成都：西南交通大学，2018.

[5] 韩效. 大都市城市空间发展研究——以成都市和美国三个城市为例[D]. 成都：西南交通大学，2014.

[6] 余慧. 汶川地震灾区历史文化名城灾后价值分析与保护研究[D]. 成都：西南交通大学，2012.

[7] 蒋蓉. 城乡统筹背景下成都市地震应急避难场所规划研究[D]. 成都：西南交通大学，2012.

[8] 舒波. 成都平原的农业景观研究[D]. 成都：西南交通大学，2011.

[9] 贾玲利. 四川园林发展研究[D]. 成都：西南交通大学，2009.

[10] 贾刘强. 城市绿地缓解热岛的空间特征研究[D]. 成都：西南交通大学，2009.

[11] 江俊浩. 城市公园系统研究——以成都市为例[D]. 成都：西南交通大学，2008.

国家级新区规划管理体制机制研究

罗锦

摘要：国家级新区是承担国家重大发展和改革开放战略任务的综合功能区。从1992年浦东新区成立到2017年4月雄安新区的提出，国家级新区为我国改革开放先行先试做出了巨大贡献。新时代背景下，本研究充分结合国家机构改革实施成效，为落实国家治理现代化，探索城市规划管理工作新的理念与实践范式，以更好发挥空间规划作为主导城市规划的关键作用。本文着眼城市规划管理，以国家级新区为研究对象，系统运用城市规划学、管理学、类型学等相关理论，聚焦体制机制改革，采用类型比较、实证研究、文献研究、归纳分析、实地调研、电话采访等研究方法，完成的主要工作以及取得的主要结论如下：

（1）首先从研究背景出发，分析了国家级新区规划管理体制机制的概念、特征，并对相关研究进展进行综述。其次，论文回顾了我国规划管理体制机制和国家级新区的发展脉络，总结出规划管理的主要特征和价值化思考、国家级新区行政管理模式、战略意义以及面临的挑战。然后，论文归纳出构成国家级新区规划管理体制机制的五个关键要素，最后以此为基础总结国家级新区规划管理体制机制基础模型和运行关系。

（2）分析类型学相关文献资料，提出国家级新区规划管理体制机制分类方法与原则，构建分类体系，并分别对全国19个国家级新区进行类型划分。按体制维度即机构改革完成度，分为规划建设类新区、自然资源类新区和多部门混合类新区3种类型；按机制维度即机制创新程度，分

为Ⅰ类新区、Ⅱ类新区和Ⅲ类新区3种类型。结合分组归类，分析国家级新区规划管理创新成效，发现亟待解决的体制机制壁垒。

（3）基于治理现代化的视角，遵循改革的愿景和目标，并以此从体制层面和机制层面提出国家级新区规划管理的具体改革举措。

（4）最后以四川天府新区为例，结合体制机制创新目标与思路，从关键要素着力开展实践创新研究，评述天府新区规划管理体制机制中的成效与问题，提出"一体制两机制"的优化完善建议意见，从实证角度对国家级新区关键领域改革进行深入探讨。

本文运用类型学的原理和方法研究国家级新区规划管理，形成了国家级新区规划管理体制机制改革创新的具体实施路径，对国家级新区转型升级和规划管理机构改革具有一定的指导意义和参考价值。

关键词： 国家级新区　规划管理　体制机制　四川天府

先秦华夏城市选址研究

唐由海

摘要： 中国传统营城思想的韧性活力、独特审美和哲学底色，丰富了世界城市发展历史。先秦时期的城市选址，充溢着活跃思潮和丰富实践，是中国营城传统的开启之处，但现有城市选址研究成果集中在主要王朝时期，先秦时期研究鲜有成果报道且不成体系。本文旨在通过对先秦华夏城市选址的研究，从史学角度还原先秦城市选址营建历史，从文化和技术角度挖掘先秦城市选址的基础性价值、源头价值和多元化价值，以弥补对先秦营城传统的理解不足及其价值对"华夏化"贡献的认识不足，并为现代城市规划建设提供可资借鉴的早期先民智慧。

本文采用阶段式论述结合案例城市分析，梳理了自龙山时代到东周结束约2 000余年时间内先秦华夏文明主要地域的城市选址起源、分布、流变、融合的动态历程，以综合性研究为主，并选取作为城市选址重要支撑的技术体系和哲学思想进行专项研究。研究结果揭示了先秦华夏城市选址发展历程经历"多源"发育期、"多源"到"一体"期、"一体"到"多元"期三个阶段；提出选址技术体系在先秦时期已经初步形成，并由"辨方正位的测量之术""城地相称的制邑之术""因地制宜的御水之术""流域治理的兴城之术""观星授时的节令之术""星象崇拜的象天之术"六方面技术构成，具有"实用理性"特点；发现城市选址受先秦哲学思想影响，并体现在天人合一的整体观、山水有情的审美观和有为无为的人地观三方面，呈现出"儒道互补"特征，"儒""道"共同构成了进与退，巧与拙，收与放的矛盾体，形成了华夏选址传统开放、多元、深沉的思想主干和基本线索。

关键词： 先秦　华夏文明　城市选址　技术体系　哲学思想

基于系统论的震后城乡重建规划理论模型及关键技术研究

曾帆

摘要： 中国是全球地震灾害最严重的国家之一，地震震害长期威胁着我国城乡人居安全，也阻碍着城乡发展建设。然而当前我国在应急城乡规划领域研究基础薄弱，现实状况亟待改善。因此，从城乡规划学科领域进行震害防御和城乡安全建设研究成为我国需要长期进行的一项非常迫切的工作。四川"5·12"汶川地震和"4·20"芦山地震两次震后重建过程积累了丰富的应急城乡规划实践经验，首创了大量符合灾区各地重建规律的规划技术，但由于缺乏系统的总结，尚未形成针对震后重建的规划理论方法。论文以四川两次地震震后重建规划实践过程及其经验为研究基础，从系统理论及方法角度对震后重建规划进行研究，建立了"问题提出—研究综述—系统分析—理论模型—案例实证"的技术路线。论文综合运用系统科学方法、文献调查法、田野调查法、定性和定量相结合等方法进行研究，初步构建了震后重建的规划理论方法和实施路径，主要研究内容及结论如下。

（1）论文从系统论角度回顾了震后重建规划全过程，认识到震后重建规划是在特定时空范畴内诸多要素的协同配合，是一个典型的系统问题。

（2）论文运用全面系统干预（Total Systems Intervention，TSI）方法论的系统隐喻工具（System Metaphor）构建了震后重建规划的系统隐喻判识模型。

（3）在整合系统方法论的基础上，论文建立了震后重建规划体系集成的理论模型。

（4）论文以四川汶川和芦山两次震后重建规划过程中的规划技术应用为实证研究基础，从实践中剥离出震后重建规划中涉及的专业技术，以我国学科分类标准为依据进行凝练表达，初步遴选出21项规划技术。在此基础上，结合震后重建规划体系综合集成框架，论文对关键技术进行了技术集成，建立了震后重建规划关键技术集成的操作模型。

本研究首次初步构建了震后重建规划的系统理论框架，形成了一系列方法模型和实施路径，希望能够为今后可能发生地震的灾区灾后重建所

有效应用，为震后重建规划实践提供理论和方法的指导。

关键词：震后重建规划　理论模型　关键技术　系统论

考古遗址景观价值分析及规划设计研究

张毅

摘要：文化遗址是人类世代生活痕迹的见证，凝聚各个历史时期劳动智慧结晶。人们对传统文化认识、精神文明的传承是推动社会发展的动力，作为联系古往今来的纽带，遗址是功不可没。随着"大遗址"概念提出，并确立以建设具有保护、发掘遗址和展示休闲双重职能的国家考古遗址公园为模式的保护方式，标志着古遗址保护进入"景观时代"。

论文通过对考古遗址领域文献资料和以22个考古遗址公园为对象的案例研究发现几点突出的问题：①针对考古遗址景观及其规划设计方面的研究无论是数量上还是深度上都不足；②对以考古遗址为主体的景观定位不明确；③考古遗址景观建成运营后评估调研不足。

面对突出的问题，本文从景观这个全新的视角出发，将传统的文物本体为中心的历史价值、科学价值和艺术价值，归纳为包括遗址及空间环境为整体景观的自然价值、文化价值、审美价值和社会价值，运用逻辑演绎综合分析法，建立了考古遗址景观价值体系。基于该体系的基础上，结合实地案例调研分析，取得研究成果如下：

在理论研究层面，①明确考古遗址景观的定位并对该概念定义，总结出考古遗址景观规划设计理念，即是以保护与传承遗址核心价值为中心

思想，意识到当前考古遗址景观是一种可变化的中间过程，而不是最终模式，是最大限度利用现今社会知识与技术保护遗址，为传承千秋万代服务。②在新理念的指导下，建立适用于考古遗址景观规划设计模式，重新构建设计团队体系与设计流程。③根据遗址具有不同文化与环境条件，从分析考古遗址景观价值分析出发，建立以符号设计法与行为模式法为主导，其余如原型法、叙事法、美学法则和古典园林手法等考古遗址公园常用的设计方法有机配合使用，共同集成整体性设计方法体系。

在实证研究层面，以金沙考古遗址公园景观为案例，应用上述理念与方法与现有规划成果对比分析发现：论文的理念、模式及方法更能保护与传承考古遗址的核心价值，更好地履行新形势下其社会公共职能的责任，而公园现状则在景观要素表达与公共空间社会职能方面存在弊端。论文将研究对象界定为一种景观，其规划设计纳入景观规划设计范畴，但并不与考古遗址的文物保护规划相冲突，是从不同的角度保护与传承遗址文明，在尊重遗址文化本质特征前提下提升整体景观品质，更好地为社会公众服务，更有利于实现地域文化可持续发展。

关键词：考古遗址 景观 价值 景观价值规划设计

大都市城市空间发展研究——以成都市和美国三个城市为例

韩效

摘要：随着全球经济的持续发展，城市化和城市的可持续发展已成为全球城市发展的热点话题。城市空间作为城市各种功能的载体，其形态的合理性将对人类生存质量产生决定性的影响。身为西部重要城市的成都市具有典型的城乡二元特征，在城镇化进程中出现的圈层式蔓延等问题对于国内同等城市有相当的代表性和参考价值。在此背景下，本文以美国三大城市和成都为案例，综合利用GIS技术和CA技术，展开对大都市城市空间发展阶段、发展模式、影响因子和动态模型的研究。

笔者在美学习期间通过文献阅读、实地调研、深度访谈等方式收集了美国东部、中部、西部典型城市的大量相关数据、文字、图片、影像资料，并采用统计学和数理分析的方法对获取的图文和数据进行了分析和加工，深入整理和研究了美国不同地区不同类型城市在城市扩张过程中空间发展的阶段与成因。在此基础上综合成都和美国三个典型城市的发展阶段及影响要素，总结出大都市发展七个影响因子——自然环境因子、经济因子、人口因子、土地利用因子、交通及通信因子、规划导向因子、社会文化因子等，并对各影响因子在城市空间发展不同阶段的作用进行了分析归纳，该成果可供有关部门在进行城市规划决策时参考使用。

元胞自动机（简称CA）理论是一种自下而上、由局部推演整体的网格动力学模型，本文从城市规划的角度，在城市空间维度因子基础上加入了自然环境、经济、社会、文化等多维度的影响因子，在ArcGIS平台上利用Avenue二次开发语言，建立了城市多因子综合作用的MFCA城市动态模型，确定了模型的参数，并设计了可选的模型转换规则。针对成都大都市城市空间发展规划问题，本文利用成都城市发展的历史数据对MFCA模型参数进行了校准，并对成都1980年、1994年和2013年的城市发展状态进行了仿真对比，进一步确认了模型的可用性和可靠性。在此基础上，对成都大都市空间发展的未来状况进行了仿真预测，指出了成都大都市未来空间发展的特征，可作为成都市城市发展规划的有益参考。

关键词： 大都市　空间发展　芝加哥　纽约　洛杉矶　成都市　元胞自动机　城市空间发展动态模型　MFCA

汶川地震灾区历史文化名城
灾后价值分析与保护研究

余慧

摘要： "5·12"汶川特大地震灾区历史文化资源十分丰富，拥有众多国家级和省级历史文化名城。地震使大量历史文化名城遭受严重破坏，近千处文物保护单位、无数的历史建筑和历史文化价值极高的街区遭受灭顶之灾。灾区重建任务已全面完成，住房和基础设施建设已经解决，灾区群众生产和生活步入正轨。本文以地震灾害和历史文化名城保护综合考虑的思路开展研究，通过分析国内外大灾之后的历史文化恢复理论和实践，以及历史文化名城保护的一般理论和方法，针对灾区历史文化名城的震后现状，分析其价值的变化，建立历史文化名城价值的地震影响综合评价模型，明确了评价的原则、标准、内容和方法。进而实地考察汶川地震极重灾区的都江堰、汶川、什邡、绵竹、北川5个城市，分析其历史文化价值，地震灾损，恢复重建规划和实施，防灾减灾系统，以及景观风貌恢复和保护，应用设计的评价体系，进行灾后历史文化名城价值评价，并对灾后历史文化名城保护提出建议。最后从名城价值、防灾系统的构建、景观风貌的塑造、地震遗址和纪念建筑、政策法规导向等方面，探讨历史文化名城保护可供操作的一般经验和需要注意的问题。基于以上的综合研究分析，本论文的主要研究内容和结论有以下几个方面：

（1）汶川地震灾区的历史文化名城具有历史价值高、文化遗存丰富、地理区位独特、历史影响深远、地域特征明显等特征。

（2）建立历史文化名城价值的地震影响综合评价模型，将整个评价体系划分为历史文化价值特色、地震影响评估、地震景观与社会影响、保护规划和抗震措施4个一级指标，继续分解为13个二级指标，29个三级指标。

（3）对汶川地震极重灾区的5个城市进行考察分析并提出历史文化名城保护建议。

（4）进一步提出了增强历史文化名城历史文化保护和抗灾防灾能力的建议。

期望本文对汶川地震灾区历史文化名城的进一步保护工作提供科学参考，同时也为其他历史文化名城的防灾减灾提供借鉴。

关键词： 历史文化名城　汶川地震　价值评估体系　保护　防灾

城乡统筹背景下成都市地震
应急避难场所规划研究

蒋蓉

摘要： 由于目前人类尚无法准确预测地震灾害的发生，因此，应对城市灾害，保护人民生命财产安全的关键是构建科学、有效、完善的地震应急避难场所体系。2008年"5·12"汶川特大地震成都市的受灾情况一方面说明我国大城市中心区风险高度集中、灾害隐患极大，另一方面也暴露出广大

的乡镇和农村地区抗击地震等灾害的能力较低的问题。目前国内外相关规划实践主要集中在大城市城市建设区，对城市规划区及市域范围内统筹城乡的综合研究尚比较缺乏，且没有形成较成熟的理论框架和技术方法。本论文将城市灾害学、行为学、系统论、地理信息系统方法综合应用于研究城市地震应急避难场所规划中，以经历"5·12"汶川地震的成都市为例，将研究重点放在如何构建城乡统筹的应急避难场所体系的关键问题上，完成的主要工作和取得的主要结论如下：

（1）结合我国城乡统筹发展背景，提出成都市城乡统筹应急避难场所分类体系，扩大了我国大城市应急避难场所的规划范围。

（2）以成都市中心城为例，充分考虑应急避难场所容纳能力、空间可达性及与人口分布的关系，提出基于L-A（Location-Allocation）模型的避难场所能力评估方法，改进了传统规划中的常规评估方法。

（3）结合"安全城市"理念，以成都市中心城区为实例，提出了以社区为基本单元的有组织的动态安全疏散规划思路，研究认为城市地震应急疏散规划应在城市应急避难场所规划中作为一个重要内容进行体现，并加强与城市应急预案相衔接。

（4）以成都市非城市建设用地为例，对特大城市非城市建设地区的应急避难功能进行研究。结合郊野公园的建设，平灾结合，形成中长期应急避难场所，纳入整个城市防灾体系，进一步丰富其发展功能。

（5）以成都市"5·12"汶川大地震重灾区大邑县灾后重建应急避难场所为例，结合灾区震后经验，提出了城区、乡镇以及农村地区的不同地区应急避难场所规划和布局的要点，为开展城乡统筹背景下的区域应急避难场所规划提供了参考。

（6）结合提出的城乡统筹的应急避难场所体系，论文加强了场所的配套设施规划量化方面的研究，为完善相关规划建设标准提供了一定参考。

关键词：城乡统筹 成都市 应急避难场所 规划

成都平原的农业景观研究

舒波

摘要： 我国正处于快速城市化发展时期，各地的农村都发生了很大的变化，新农村的建设、现代农业的引入、河流的整理、城市的扩张使得全国出现了"千村一貌"的情况，传统农业景观正面临严峻的挑战。成都平原作为西南地区重要的农业耕作区，孕育了底蕴深厚的农耕文明；同时，成都平原以"林盘"聚落、网络状水系为核心的农业景观具有明显的地域特征。当前，成都市政府提出"建设世界现代田园城市"的发展目标，使得人们更加关注农业景观的发展。本论文系统性地将农村社会学、景观生态学、文化学、景观美学和现象学等相关理论综合应用于成都平原的农业景观研究中，完成的主要工作和取得的主要结论如下：

（1）农业景观之中包括自然要素与文化要素，以往的研究中往往关注自然要素而对文化要素有所忽略。要使农业景观的地域特征得以延续必须对其文化要素加以保留和发展，而生产生活模式是其文化要素的重要载体，场所精神是其灵魂，在农村规划中应该高度重视。

（2）以成都平原的农业景观为研究对象，探究其形成原因。结果显示：现有的成都平原农田格局是明末清初移民后形成的，其形成的主要原因在于成都平原网络状的水系结构，同时也受当时的土地政策、农民的地缘关系、血缘关系等因素的综合影响。

（3）揭示成都平原农业景观的形态特征与演变规律。①成都平原农业景观的形态既不同于北方农业景观、也与江南农业景观有着明显的差异，这种差异主要表现在水系结构、聚落形态、农田格局上。②成都平原的农业景观呈现出一种无序之美，聚落形态是呈林盘–幺店子–场镇–城市这样的结构关系，林盘与农田联系紧密，"随田散居"，农田与网络状的渠网系统紧密结合，呈半湿地状态。③近三十年成都平原的城市化进程之下，传统的农业景观形态已经受到影响，主要表现在林盘聚落的消失和融合上，影响程度的大小与区位关系有着密切的联系；同时，现代农业的引入使得农业景观呈现出单一化趋势。

（4）剖析成都平原农业景观的价值成都平原是全国闻名的农业区，其农业景观中蕴含着先辈们几千年改造自然的结晶，融合了多种价值，其中最为主要的有生产生活、生态、旅游、文化、美学这五种价值。

（5）初步探寻了农业景观的设计策略。

关键词：农业景观　成都平原　景观指数　林盘　景观格局　设计策略

四川园林发展研究

贾玲利

摘要：四川具有优越的自然地理条件和深厚的文化积淀，在此条件下产生并发展起来的四川园林成果丰硕，具有历史悠久、典雅大方的独特风格，是我国重要的地方园林。但是目前，对四川园林的研究成果很少，更没有对其发展过程进行过系统研究。长期以来理论研究的薄弱导致其在中国园林体系当中地位的缺失，也为四川传统园林的继承与发展造成了困惑。本文经过对大量史料的研究和现存园林实例的调研，系统论述了四川园林的起源及其在先秦、秦汉三国、两晋南北朝、隋唐五代、宋元、明至清初、清中期、近现代八个历史阶段的发展状况，得出了四川园林的发展分期。由于鸦片战争以后，四川园林进入了多元化的发展阶段，内容庞杂，且目前对四川近现代园林研究较多，因此本文的研究重点主要在鸦片战争以前的古代四川园林。本论文的主要研究结论主要有以下几个方面：

（1）在文献分析和考古资料比对的基础上，提出了四川园林的起源的一种可能性，即是在古蜀国的杜宇王时期，其园林形式是王族园囿。

（2）经过大量文献的查阅和现存实例的调研，论述了四川园林的发展分期：①先秦时期是四川园林的萌芽期。先秦四川园林有王族园囿和墓园两种形式，目前文献可考的两处王族园囿是羊子山园囿和南中园囿。②秦汉三国时期是四川园林的发展期。秦汉三国园林类型主要有宫室园林、豪族庄园、寺观园林、墓园。③两晋南北朝时期是四川园林发展的滞缓期。④隋唐五代时期是四川园林发展的第一个高潮期。这个时期的四川园林类型丰富，寺观园林和官署园林占据了主要地位。⑤宋元时期是四川园林发展的平稳期。盛唐之后，四川经济文化各方面仍然延续前朝盛景，尤其是成都平原经济繁荣，游玩之风盛行，带动了四川园林的继续发展，特别是宫苑园林和私家园林的发展。⑥明至清初是四川园林发展的转折期。明末的战火使四川人口锐减，很多宫观、园林毁于大火，四川园林经受了自产生以来

最大的一场灾难。⑦清中期是四川园林发展的又一个高潮期。清中期以来，四川经济逐渐复苏，很多战乱中毁坏的园林开始重建，建设类型最多的属寺观园林、名人纪念园。⑧1840年鸦片战争以来，先有资本主义文化侵入，又有民主共和思想的兴起，直到20世纪末现代西方景观理论的引入，四川园林进入了多元共生的发展时期，其类型以城市公共园林为主。

（3）比较了四川园林与中国园林发展脉络的异同。隋唐之前的四川园林发展基本与中国园林大系统的发展历程一致，但是在隋唐五代之后，四川园林经历了两宋元时期一段稳定的发展期之后，遭受了明末战火的毁坏，对四川园林形成了重创；而中国园林则在盛唐大发展的基础上走向成熟。

关键词：园林　四川园林　发展　分期　特点

城市绿地缓解热岛的空间特征研究

贾刘强

摘要：受城市化和工业化的影响，城市热岛是21世纪人类城市面临的主要环境问题之一，城市绿地是缓解热岛的重要因素。而城市热岛效应不仅受城市绿地中的植被数量的影响，而且受绿地空间布局的影响。对城市绿地缓解热岛的空间特征进行研究，不仅具有探索未知的科学意义，而且在科学规划城市绿地系统、充分发挥城市绿地热环境效应和集约利用土地方面具有重要的实践指导意义。本论文系统性地将遥感、地理信息系统、景观生态学和地理图像信息模型等方法综合应用于城市绿地与热岛的关系研究中，完成的主要工作和取得的主要结论如下：

（1）以青岛和成都两市为研究对象，研究了两市的热岛强度和植被盖度空间分布特点，同时给出了分析城市热岛细部特征的方法。结果显示：热岛强度与植被盖度在空间上存在显著负相关性，同时热岛强度除受绿地中植被数量的影响外，还受绿地空间特征，绿地斑块周边环境等因素的综合影响。

（2）定量研究了斑块层面绿地缓解热岛的空间规律。①提出了基于对绿地斑块周边等温线分布规律分析的研究方法，该方法可合理确定绿地斑块对周边环境温度的影响范围和降温程度。②绿地斑块特征与其内部温度的关系研究结果表明：绿地内部温度与其植被盖度呈显著的负相关性，而与绿地面积、周长和形状指数等空间特征无显著相关性。③绿地斑块对周边温度的影响范围随绿地的面积、周长和形状指数的增大而增大，其中周长对影响范围的影响最大，面积次之。④绿地对周边环境的降温程度随绿地斑块的植被盖度、面积、周长和形状指数的增大而增大，其中绿地面积和周长的影响最大，而绿地面积为1.68 ha左右时的降温程度效率最大。⑤在绿地斑块的规划设计中，为使绿地斑块对周边环境温度的影响范围和程度的效率达到最大和最优化，应使绿地斑块的面积接近于1.5~1.68 ha，同时应尽量增大其周长，使绿地边界尽量复杂。

（3）定量研究了热岛强度与绿地空间特征关系。①通过引入局部Gi*指数对地表温度的空间集聚度进行了分析，并对分析结果采用计算局部Gi*指数之斜率变点的方法确定了成都2000年热岛范围、次热岛中心和热岛中心的空间分布、大小及规模。②在对景观聚集度指标AI存在的问题深入分析的基础上，提出了一种改进的聚集度指标AJ。③在街区（面积约1.3 k㎡）和城区（面积约33.6 k㎡）两种尺度上定量研究了绿地斑块密度指数、平均分维数和聚集度指数与热岛强度的关系，并提出相应的绿地降温地理图像信息模型。

（4）初步假设了绿地缓解热岛的空间特征之机理。①研究了绿地对太阳辐射的削减机理。②在前人研究的基础上，探讨了绿地蒸腾降温机理和影响因素。③通过理论分析得到绿地面积与其对周边环境温度影响范围之间的关系模型、绿地面积与其对周边环境降温程度之间的关系模型。

关键词：城市绿地　城市热岛　景观指数　空间特征　缓解　地理图像信息模型

城市公园系统研究——以成都市为例

江俊浩

摘要：城市公园系统是城市绿地和游憩系统的重要组成部分，也是改善城市环境问题的关键因素。集游憩娱乐、科教健身、文化艺术和环境生态等多项功能为一体的城市公园系统在城市中分布的合理性和科学性是衡量现代人居环境的重要标志之一。然而，当前国内城市公园系统的理论已不完全适应现代城市发展的要求，缺乏条理性的理论体系阐述，内涵有待于进一步辨析和界定；实践上，与城市发展极不对称，规划和建设都较薄弱，缺乏科学的规划设计方法，有待从实践中探索和总结。

2007年6月，国家发改委批准成都市和重庆市设立"统筹城乡综合配套改革试验区"。在实施各种改革措施的试验场，主要目的之一是要实现"人与自然和谐发展""使人民在良好生态环境中生产生活"要求，"城乡统筹"就不应该是城市无限制地向农村扩张和一轮轮的"圈地运动"，而应该包含统筹城乡绿地协调发展的内容。

本文力求融合城市游憩学、景观建筑学、景观生态学、城市防灾学和城乡统筹的理论知识，通过借鉴国内外的研究成果，提出了统筹城乡绿地发展，建构成都"大城市公园系统"的观点，即规划区范围内的城市公园系统，重点在于整合和梳理规划区范围内、城市建设用地之外，与城市密切结合的各种新型公园系统网络。通过对分类系统、内在机制（管理机制）以及规划建设整合策略的研究，形成适合成都市统筹城乡发展战略要求的城市公园系统，并使之具有可操作性，便于后期的规划实施及运行管理。

本文的创新之处在于：①界定了城市公园系统的概念，在《城市绿地分类标准》的基础上，建立了城市公园的分类系统及各种公园类型的内容、职能和建设参考标准。②从城乡统筹角度出发，扩大了城市公园系统的范畴，建构了城市规划区公园系统的新层次。③总结、界定了5种城郊景观类型，并基于现状调查研究，提出了成都郊野公园体系的发展方向及相应的主体景观、游憩类型。④通过现状分析，提出了城乡统筹背景下成都城市公园系统规划整合的对策框架、总体布局模式及管理机制。

关键词：城乡统筹　成都　城市公园系统　建构　整合

2. 硕士研究生学位论文（附摘要）

[1] 施建鑫. 汶川和北川县城重建景观规划设计的避灾功能分析[D]. 成都：西南交通大学，2016.

[2] 王鹃鹃. 通道树型交通体系运用于城市建筑综合体的适应性研究——以成都为例[D]. 成都：西南交通大学，2013.

[3] 黎贝. 基于使用者满意度的成都市三环路外绿道规划建设研究[D]. 成都：西南交通大学，2013.

[4] 张莉. 德阳市居住小区水体景观设计研究[D]. 成都：西南交通大学，2011.

[5] 刘晓琦. 中国成都与法国里尔的历史文化街区保护与更新比较研究[D]. 成都：西南交通大学，2010.

[6] 杨磊. 基于分形理论的城市模糊地段更新研究[D]. 成都：西南交通大学，2008.

[7] 魏大平. 传统建筑装饰的更新应用研究[D]. 成都：西南交通大学，2010.

[8] 周雅. 汶川地震遗址遗迹景观保护规划与展示研究[D]. 成都：西南交通大学，2010.

[9] 王臻. 平乐古镇无障碍环境规划设计研究[D]. 成都：西南交通大学，2009.

[10] 黄河. 地域文化对四川近三十年风景建筑创作的影响研究[D]. 成都：西南交通大学，2009.

[11] 孙智. 旧工业建筑的限制性更新——以成都无线电一厂概念性改造设计为例[D]. 成都：西南交通大学，2009.

[12] 周遵奎. 成都市文殊院历史文化街区更新后的调查与反思[D]. 成都：西南交通大学，2008.

[13] 邓锡荣. 农业景观的美学释义[D]. 成都：西南交通大学，2008.

[14] 张樟. 青城山古常道观外部空间的景观分析[D]. 成都：西南交通大学，2008.

[15] 海源. 普通老房子的价值分析及其维护利用以成都为例[D]. 成都：西南交通大学，2007.

[16] 周斯翔. 关于景观专业本科教育评估体系构建的探讨[D]. 成都：西南交通大学，2007.

[17] 甘宁. 基于建筑教育理念演变的高校建筑系馆空间研究[D]. 成都：西南交通大学，2006.

[18] 文晓斐. 基于行为心理的大学校园开放空间研究[D]. 成都：西南交通大学，2006.

[19] 赵荣明. 成都城市边缘区乡村聚落规划设计面临的问题与对策研究[D]. 成都：西南交通大学，2006.

[20] 夏源. 乡村旅游区景观规划设计研究——以成都市郫县农科村为例[D]. 成都：西南交通大学，2006.

[21] 何贤芬. 城市高架道路景观的尺度研究[D]. 成都：西南交通大学，2006.

[22] 陈宇. 住区水体景观使用状况调查及优化设计研究——以成都市为例[D]. 成都：西南交通大学，2005.

[23] 冯月. 广义无障碍理论与实践初探[D]. 成都：西南交通大学，2005.

[24] 戴宇. 基于城市格局与肌理的城市风貌改造——以都江堰市等为例[D]. 成都：西南交通大学，2005.

[25] 郑振华. 城市游憩广场使用状况及优化设计研究[D]. 成都：西南交通大学，2003.

[26] 程霞. 城市空间理论在住区户外环境设计中的应用研究[D]. 成都：西南交通大学，2003.

汶川和北川县城重建景观规划设计的避灾功能分析

施建鑫

摘要：城镇安全问题长期没有得到应有的重视，"5·12"地震暴露出疏散救援通道缺乏、避灾场所、防灾设施不合理等突出问题，导致了许多不必要的损失。从空间上看，城镇防灾避灾规划与景观规划有许多共同的载体，然而现有的研究多从单纯的城镇防灾避灾规划角度出发，分析避灾场所的布局、通道的连接以及设施配置的合理性，或是研究绿地与避灾场所的关系、避灾公园的设计等，没有系统地从景观规划设计层面研究景观与避灾减灾间的关系。本文基于景观规划设计的视角研究城镇避灾功能，主要从景观规划和景观设计两个层面进行考虑，找出景观规划设计要点，建立景观规划设计避灾功能分析的工作平台。并以汶川和北川两个城镇为例，对二者重建景观规划设计的避灾功能进行分析，从宏观到微观分为景观分区、景观要素规划布局和景观空间设计三个层次研究其合理性。其中景观分区分析运用对比的方法，景观要素规划布局分析运用量化、对比的方法，景观空间设计分析运用实地调研的方法。研究的主要结论包括：

（1）在景观分区上结合城镇用地适宜性评价图进行综合分析，在适宜建设区宜以人文景观展示为主，不适宜建设区域生态优先，宜以自然景观展示为主。

（2）城镇景观要素布局规划上要结合其他承担避灾功能的非景观空间（学校、体育馆等）考虑景观要素布局的合理性，按照其服务半径，以全域覆盖、同时又满足人均有效避难面积标准为原则进行布局。而疏散救援通道的布局规划上要提供对外疏散的多选择性加强与外界的连接，

内部宜呈网状连接并与避灾场所相结合。

（3）统一衡量标准。作为避灾场所的景观空间中增加"安全空间面积"、道路设计中增加"有效宽度"与避灾功能的指标相对应。

（4）在景观要素空间设计上考虑到各要素的避灾功能，统筹协调，以平灾结合为原则，遵循相应的规范制定设计要点，满足平灾转化需求。当景观要求与避灾要求相冲突时，在满足安全需求的前提下尽量满足文化、美学等景观需求。

论文最后建议无论是在灾后重建的城镇还是常规的小城镇建设中，景观规划设计都应该将避灾功能考虑其中，促进城镇综合防灾规划效果的顺利实现。

关键词：景观规划　景观设计　避灾功能　汶川　北川

通道树型交通体系运用于城市建筑综合体的适应性研究——以成都为例

王鹃鹃

摘要：从工业革命到《雅典宪章》再到《马丘比丘宪章》，城市的形态由简单聚集发展到功能分区，再演变为当下的有机综合。混合多元的开发模式在城市化速度激增与资源透支之间矛盾的形势下，受到从城市规划到建筑设计各层面的青睐。

城市建筑综合体作为集约化发展的产物之一，融合了有机联系与多元综合的时代要领，其中心从建筑的建造本身向场所营造推移，亦是巨构建筑向城市区域的转变。城市建筑综合体以其大规模和多功能在创造人流价值链的同时，也因其融入城市的架构体系而与城市在交通压力方面

存在作用力与反作用力。

通道树型（交通体系具有连接性、开放性、兼容性和立体性的空间环境特征，以多种方式有机整合了不同层面的步行公共空间和交通设施，在国外很多成功的城市建筑综合体中得到很好的运用，并且衍生至周边地段，促进片区的整体发展。而成都地区的城市建筑综合体虽然起步较晚，但近年来发展迅速，成为拉动经济和提升城市形象的重要因素；同时，各种城市交通设施正处于迅速发展建设阶段，城市建筑综合体内外的交通体系也暴露出各种弊端。本文的重点即是在系统研究城市建筑综合体通道树型交通体系的基础上，结合成都地区地域属性，探讨通道树型交通体系的适应性及其特征等相关问题。

通过对大量国内外案例进行解读，实地调研具有代表性的成都地区城市建筑综合体，综合交通、规划、建筑、经济、环境心理等多学科知识，并运用图形分析和对比分析的方法，对本文研究的核心问题做出初步回答：成都地区不同地段和不同主导功能的城市建筑综合体存在较大差异，通道树型交通体系对于高度集约、混合开发、流动性和公共性强的城市中心区、副中心区以及重点商圈是具有适应性的；同时也适用于交通枢纽型或依托交通枢纽的城市建筑综合体，周边环境有改造空间和发展弹性的城市建筑综合体，联合开发或整体打造的城市建筑综合体，以商业、娱乐、休闲、市民等公共性较强的功能为主导的城市建筑综合体四种类型；同时运用于成都地区城市建筑综合体的通道树型交通体系表现出双尺度性、游戏性、新旧整合性、全时性的适应性特征。

本文提出整合城市建筑综合体与轨道交通、运用中介空间、以及合理利用非地面层三大适应于成都地区城市建筑综合体的通道树型交通体系

设计策略，并在成都高攀路城市建筑综合体的项目实践中加以运用和验证。

关键词：城市建筑综合体　通道树型交通体系　适应性

基于使用者满意度的成都市三环路外绿道规划建设研究

黎贝

摘要：继广东珠三角区绿道建成之后，绿道作为一种为公众提供开放空间、娱乐环境与替代性交通的资源，在我国各大城市迅猛发展起来。从2010年9月开始，成都市开始进行绿道网络的规划建设。至2013年，锦江、高新、武侯、金牛、温江等13个市县都已规划或部分建成绿道示范线。随着主干线绿道的逐步建成，绿道的环境、社会与经济效益也开始显现出来。然而，由于国内对于绿道建设方面经验尚浅，国内许多绿道虽有绿道之形，却并未如规划中的绿道般很好地发挥其作为公共空间组成部分应有的功能，使得国内绿道的使用情况良莠不齐。我国在绿道景观实践建设方面仍处于摸索阶段，与实践情况相关的研究也很有限。如盲目地进行绿道景观建设，将使得许多绿道不仅无法满足使用者的需求，甚至会造成景观资源的浪费、景观吸引力的下降。国外研究表明，从使用者满意度的视角对公共空间及设施展开研究，能为相关部门提供切实可行的指导意见，具有较强的实践价值。因此，有必要对成都已建设绿道进行使用者满意度研究，以了解成都绿道建设中存在的问题，为后续绿道建设提供改进建议。

本文将总体满意度理论与感知绩效理论作为理论依据。通过文献分析、网络文本分析与访

谈研究，结合成都市绿道的属性与绿道使用者特征，设计适用于成都市绿道的使用者满意度测评量表。然后，通过调研走访，选择成都市三环路外绿道案例样本进行以问卷形式进行案例研究。在对成都市三环路外绿道现状进行分析，通过描述性分析，分析使用者的基本属性和使用属性特征以及与满意度量表中的各个测评指标的关系。辨识出成都市绿道规划建设中存在的五大问题。再通过对测量量表进行信度分析、因子分析和回归分析，甄选出成都市绿道使用者满意度的影响因素主要有可达性、环境质量、游憩项目、配套与服务设施、环境效益与绿道声誉，其中主要的影响因素是环境质量，其次是可达性、游憩项目、配套及服务设施、环境效益。最后，在案例研究结果的基础上，提出了成都市绿道的优化建议，为以后的实践和研究提供参考和借鉴。

关键词：绿道　使用者　满意度　成都

德阳市居住小区水体景观设计研究

张莉

摘要：在居住环境建设中，景观设计日益受到重视。近年来，水体景观成为居住小区景观的重要组成部分，其设计质量与使用维护亦成为开发商、景观设计师、物业管理部门、小区住户等密切关注的问题，成为评价小区景观质量的重要依据之一。本文在前人研究的基础上，采用了国内外园林设计资料，采取实事求是的原则，运用文献研究、实地调研、综合分析等方法，针对当前居住小区水体景观存在的设计和使用维护方面的问题，进行相关研究。

本文首先剖析了居住小区水体景观的历史沿革，其次阐述了城市居住小区水体景观设计基本理论、设计要素与设计手法，提出了水体景观设计的人性化、实用性、生态性、参与性等设计原则与可持续建设构想。最后，在对德阳市近7年开发的主要居住小区水体景观进行考察的基础上，选择了德阳市族湖景观带沿岸的融创·浅水湾、鲁能·南域中央、万兴·魅力城一期、枕水小镇一期等4个典型居住小区的水体景观进行了验证。论文在方法研究中，分类总结了城市居住小区水体景观构景元素（水池、山石、驳岸、水生植物、小品等）的不同设计方法及相关注意事项，探讨了居住小区建筑外部空间组合形式与水体景观设计的关系以及水体景观在居住小区外部空间设计的作用，重点根据不同的建筑布局形式选择适宜的水体景观，着重对水体景观存在的机械抄袭、缺少意境、功能分区不合理、材料使用不当、水源选择不当等设计以及维护与管理等方面存在的问题提出相关改进意见，探索性地提出了针对德阳市居住小区水体景观设计的地方特色、意境营造、协调统一、空间开放与隐私保护、水体尺度、材料运用、集约与节约的水源设计等设计建议，为城市居住小区水体景观建设提供了参考。

关键词：居住小区　水体景观　设计原则　设计方法

中国成都与法国里尔的历史文化街区保护与更新比较研究

刘晓琦

摘要：历史文化街区不仅仅是城市历史与文脉传承的载体，还能为城市带来经济效益、地域

文化升华等，使城市具有独特的标识性。历史文化街区的保护与更新已在当今社会，在全世界范围提高到一个前所未有的高度。而历史文化街区的宝贵正就在于它的不可再生性，因此，对于历史街区，尤其是对历史文化名城的历史街区进行针对性的保护与更新研究，不但具有重要性，而且具有紧迫性。

论文首先对历史街区保护的概念进行了分析阐述，随后介绍了东西方对历史街区保护的理论发展及演变历程。在对成都市文殊院历史街区的保护与更新工作进行深入调查研究之后，结合与成都在城市文化、城市建设发展具有相似之处的法国里尔进行参照与对比，深入剖析"老里尔"历史街区的保护与更新工作，对比分析从而最终发现现阶段成都市在对历史街区的保护与更新工作中存在的问题。最终总结并归纳出一套对于成都再塑历史文化名城具有借鉴意义的历史文化街区保护与更新方法。其中包括对已有的历史文化街区提出保护与更新建议，并建议扩大城市历史文化街区范围。并从"人、物质、非物质"，即人——设计师、管理部门、民众，物质——历史建筑、城市空间，非物质——传统、文化，三方面来探讨成都在历史文化名城道路上对于历史文化街区保护与更新的合理途径。

关键词：历史文化街区　保护与更新　历史文化名城　可持续发展

基于分形理论的城市模糊地段更新研究

杨磊

摘要：With the acceleration of urbanization, the city expands constantly, which contributes to the occurrence of a lot of deserted vague terrain landscapes . The appearance and development of the special type of terrain are of complex. We have to hold new ideas to meet demand of the renovation of the special type of terrain. Hence, the renewal of the vague terrain landscape is studied in this thesis with the application of fractal theory. The fractal theory is one of the non-linear scientific frontiers, which reveals the essence of the nature and the chaos hidden in nature on a large scale. Self-similarity and classification are the most obvious characteristics of fractal theory.Firstly the paper summerizes the current exploration situations of the application of the internal and intrnational fractal theory to urban domain and the urban vague terrain renovation. Then it elaborates the fractal essence of city,the urban network is the carrier of applying the fractal theory to establish all kinds of urban elements in urban vogue terrain renovation. It puts forward the strategy to contruct the fractal urban network. Given the case study of Shanghai World Exhibition and the renewal simulation of the estern suburbs in Chengdu,the last part of the paper puts forward the prospect to establish three-dimension urban network..In conclusion, 1)The essense of the city is fractal,the renovation of the urban vogue terrain landscape requires the construction of the new fractal order includin society,funcion and culture from the respect of urban fractal connections. 2) The complexed urban network shall consist of natural elements, human acitivities and architectural elements. It is the combination of the self-similarity and hierarchy, so that it can construct the integrity and continuity of cities. 3) The distribution of the human activities spots in urban network has regional gathering effect, which shall be considered as the new renovation power supply. 4) The application of the fractal theory to urban renovation is a dynamic process, with randomicity in the development.It is expected that through the cross-discipline exploration of the urban vague terrain, the paper will be of instructional significance to the urban renewal and will contribute to compensate the develpopment of the cities and the basic theory urban planning .

关键词：分形　城市网　模糊地段　更新　连接

传统建筑装饰的更新应用研究

魏大平

摘要：传统与现代之间存在着对立与统一的关系。随着我国建筑装饰行业的高速发展、城市化进程的加快、全球一体化的迅速扩张及灾后重建的客观需求，外来的现代文化与传统文化的碰撞给中国建筑装饰行业，带来了前所未有的挑战。如何在全球化的进程中保留发展自己的民族文化，开创具有时代精神的现代建筑装饰创新之路，成为当代中国建筑装饰有识之士努力探索的一个课题。本文正是在这种背景下，通过对传统建筑装饰更新应用研究，阐述了中国传统建筑装饰进行现代更新的必要性和紧迫性，并在此基础上，结合实例，对传统建筑装饰更新的应用方式和原则进行了一些印证性的探索。

本文从建筑装饰行业的现状入手，提出了传统建筑装饰更新应用研究的课题，通过理论探讨分析，实践案例分析，得出了以下结论：

（1）建筑装饰的生命力在于对传统建筑装饰的继承与吸收，并采用适当的手法进行更新。

（2）传统建筑装饰更新必须坚持满足现代生活需要、继承传统建筑装饰基因、满足现代科学技术要求、满足现代审美文化心理等原则。

（3）传统建筑装饰更新方法主要表现在三个层次:形的衍生——构件与元素的应用;意境的提炼——界面与布局的把握；神的传承——空间与气质的创造。

（4）传统建筑装饰在现代建筑装饰各类型的中应用很不平衡，更多应用于有文化语境需求的建筑装饰，如酒店、宾馆、餐厅、茶楼、家装。对于工业厂房、超市卖场等类型的装饰应用相对较少。

（5）制约建筑装饰行业发展的主要因素是人才的滞后性，表现在设计师对传统建筑装饰的掌握不够和施工工人的工艺技术水平不够。

本文对传统建筑装饰的现代更新应用进行了基础性的研究，希望能为当代中国建筑装饰创新创造提供一些新的探索途径、工作方法和表现手法。

关键词：传统建筑装饰　更新　应用研究

汶川地震遗址遗迹景观保护规划与展示研究

周雅

摘要：地震遗址遗迹景观保护规划与展示是近年来文物保护界提出的一个崭新的课题，"5·12"汶川大地震之后，地震遗址遗迹散布在四川灾区，如何将这一特殊景观进行保护规划与展示利用，成为迫在眉睫急需解决的问题。

本文首先对地震遗址遗迹的概念进行了界定

并对其进行了分类研究，概念的界定与明晰对论文的研究提供基础与前提。其次，论文对地震遗址遗迹景观保护规划从对其解决的首要问题出发到对地震遗址遗迹景观保护规划的研究，尝试性地构建出地震遗址遗迹景观保护规划思路构架；地震遗址遗迹景观展示利用从展示内容、展示方法、空间展示结构、内涵展示、美学意向展示等方面进行分析与研究，试图寻求适合地震遗址遗迹景观保护规划与展示利用的方法。然后，论文利用上述建构的各种理论与方法，结合对汶川四地地震遗址遗迹保护规划与展示利用进行实例运用。最后，探讨归纳总结汶川四地地震遗址遗迹保护规划与展示利用的优点与不足和对其顺利实施的保障，希望对汶川地震遗址遗迹景观保护规划与展示的完善与深入具有重要的价值与意义。

关键词：地震遗址遗迹景观 保护规划 展示利用

平乐古镇无障碍环境规划设计研究

王臻

摘要：无障碍环境的建设是全人类共同的事业，是通过对物质空间环境进行人性化设计与规划以满足所有人的使用需求，突出的是"以人为本"的理念。

论文基于对各类游览者的环境行为需求研究，对建构旅游区无障碍环境限制条件进行分析，以旅游区环境要素构成为主要的研究对象，将适宜建设无障碍环境的区域，从规划的宏观角度对旅游区内无障碍设施的配置及设计要点给予控制和指导，使无障碍环境设计与实施更具可操作性。

论文将平乐古镇旅游区作为具体研究案例，以平乐古镇现状规划为依据，进行了主要景区景点的无障碍环境规划设计。通过详细的现状踏勘与分析，从宏观角度出发，发现平乐古镇旅游区整体环境上适宜进行无障碍环境的建设与改造，但需要对具体的部分街道节点与景点设施空间进行改造并增加一定的辅助设施。其次，平乐古镇的前期规划中缺乏系统的无障碍环境与无障碍设施的规划与设计，应通过具体的规划设计手段，尽可能地完善无障碍环境体系。从微观的角度提出平乐古镇旅游区无障碍环境规划设计中所涉及的线路无障碍通达性问题、游客对旅游景点无障碍观赏和参与性问题以及基础设施与服务设施中的无障碍设施配置问题。基于对无障碍环境规划设计的理论研究，对以上三个问题提出了具体规划要点，并对相应的改造和新增内容进行了详尽的无障碍设计，最终为平乐古镇无障碍游览线路的建构提供了物质环境基础。

通过对理论的研究和对平乐古镇旅游区无障碍环境实际案例的规划设计，从中总结出：一方面，在我国旅游城镇的规划设计中，应体现出更多的人文关怀，通过对无障碍环境的规划设计与改造，弥补旅游城镇中无障碍环境建设的不足；另一方面，也暴露出我国现行的旅游区规划编制内容中无障碍环境规划相关内容的缺失，应在增加相关的无障碍环境规划内容的同时，对已建成的旅游区还应建立对现有环境的无障碍评估体系，并进一步的为完善其无障碍环境增加无障碍环境改造指导细则等内容。

关键词：无障碍环境 平乐古镇 规划设计

地域文化对四川近三十年风景建筑创作的影响研究

黄河

摘要：当今世界，科技高速发展，文化的相互交融，全球文明带来世界范围内的文化趋同，文化的多样性和特色逐渐衰微，拯救地方文化，时不我待。风景建筑作为展示地方风俗的文化类建筑，有着天然的地域性倾向，而制约其地域性的文化因素具有决定性的作用。

本文将风景建筑的定义扩大为既有使用功能，又位于景观优美的风景区内，以及具有风景区价值但暂时还没有风景区称号区域中的建筑，它与所依托的风景组成景色，具有较高审美价值。从三十年来四川风景建筑创作入手，依次分析地域性三要素自然环境、技术经济和历史文化对风景建筑创作的影响，并结合实例对三十年来四川地区风景建筑创作思想与其独特的地域观，进行了进一步的分析与说明，总结出地域文化对四川近三十年风景建筑的几点影响。

通过本课题的研究，地域文化对近三十年四川风景建筑的创作是有积极影响的，但在一些方面还有待改进，主要发现地域文化自然环境影响中，地形地貌特征是影响风景建筑的一项基础性因素，它在很大程度上决定了风景建筑的布局和体量；传统建筑的空间形态、技术构造、材料运用等建成环境的影响，让我们关注四川现代风景建筑与传统地域文化和环境的关系，特别是对于原型的提炼影响着四川现代风景建筑本土性的体现；建筑材料、建筑技术的现代化使现代四川风景建筑创作有了新的发展方向；传统的建筑色彩构成，影响着现代风景建筑外观的创作，丰富着城市的表情，使地域文化与现代风景建筑相联系。

最后，对文章进行了总结性的论述，并对在当今全球化环境下的风景建筑创作发展方向提出了自己的看法。

关键词：巴蜀 风景建筑 地域文化 建筑创作 影响因素

旧工业建筑的限制性更新——以成都无线电一厂概念性改造设计为例

孙智

摘要：建设节约型社会已经成为我国的一项基本国策，资源的有效利用构成了其中的重要内容，旧工业建筑的再利用在城市建设中成为一项可持续发展的有效措施。旧工业建筑也是历史遗留的宝贵财富，更新和利用延续了城市历史文化和城市文脉。在"十一五"规划的进程中，对旧工业建筑再利用课题的研究具有积极的意义。

随着国内外此类建筑实践的逐渐发展，在不同的限制条件下产生了不同类型的工程实例，当中有着不同的经验和教训。本文以国内外工业建筑改造为研究内容。论文从文献调查开始，采取分析比照的方法：选取在相同经济和历史背景下的条件下即在同等经济发展阶段（二次工业革命期间）的国内外实例进行比照分析；案例分析内容包括在不同的限制条件下，旧工业建筑再利用的设计理论和方法的发展导致的功能的变迁，空间的不同要求，形式，适应性和灵活性，外部空间的建筑性格，经济的影响，政策的影响等各方面，这些分析结果被应用到实际的旧工业建筑的再利用实践之中。论文以成都无线电一厂的主厂房改造为案例，通过现场调查，再采用工程试作的方法，分析在各种不同的经济条件，不同的政

策，对老工业建筑的历史价值的不同认识下以及不同的技术水平和建筑材料的限制下，提出了以适应不同限制条件下的旧工业建筑改造和再利用的多种应对方案。

论文根据使用目的不同，对旧工业建筑更新进行分类分析，通过分析总结出三种适合国内运作的方式，这三种方式为：将旧工业建筑更新为商业类、居住类和文化艺术类建筑。

论文并论述了如何因地制宜地采用这些更新方式。

论文希望能为旧工业建筑的改造再利用提供一个有意义的参考，以更合理的利用为主要目的，对城市亟待再利用的旧工业厂房提供更多选择和思路。

关键词：旧工业建筑　更新　功能的变迁　建筑性格　建筑设计

成都市文殊院历史文化街区更新后的调查与反思

周遵奎

摘要：成都以其源远流长的历史和种类繁多的历史文物古迹成为全国著名的首批历史文化名城之一，在中国历史文化名城中具有重要的地位。但是，近年来随着城市建设速度的加快，对历史文化遗产造成大量的建设性破坏。成都市在仅存的少量历史地段中，将文殊院、大慈寺和宽窄巷子确立为重点保护的历史文化街区，大慈寺和宽窄巷子的保护更新尚在施工过程中，文殊院历史文化街区保护更新的一期工程已于2006年10月投入使用。如何借鉴文殊院历史文化街区保护更新的成果，使其他历史文化街区保护工作更加科学合理，是当前我们所

面临的一个重要而紧迫的课题。

本文从成都市历史文化街区的调查出发，以更新后的文殊坊（文殊院历史文化街区更新后街区的名称）为研究对象，结合国内外相关理论研究与实践，考察文殊院历史文化街区更新的经验与不足，希望为相关实践与研究提供有益的参考与启示。

论文分为四部分。第一部分分析了国内外历史文化街区保护的发展历程及国内的保护实践，总结了国内几种典型历史文化街区的更新模式，探求适宜中国城市的保护与更新理论与方法。在第二部分中，分析了文殊院历史文化街区的形成与发展，回顾了更新背景，并对文殊院历史文化街区更新理念和模式进行分析。第三部分对更新后的文殊坊进行实地考察，并结合现场问卷调查进行分析，对文殊院历史文化街区的更新进行了总结性思考，提出更新产生的问题并对其原因进行探讨。第四部分结合前面的分析对历史文化街区保护更新提出笔者的思考与建议。

关键词：历史文化街区　文殊坊　更新

农业景观的美学释义

邓锡荣

摘要：在社会主义新农村建设的热潮中，乡村农业景观将可能发生翻天覆地的变化，导致原有的乡村农业景观失去地域性特色、依附于原有农业环境而生存的本土文化的遗失。农业景观作为人类对自然认知及审美的一部分，具有深远的美学意义。对农业景观的审美认识和理解的研究，有助于我们识别本民族的审美特色和审美判断标准，为进一步理解农业景观的传统审美精神，为建设更好的乡村

农业环境有着积极的作用。

本文对农业景观的美学分析是基于美学基本原理的基础之上，是美学原理对农业景观的分析的应用。

论文分别从景观建筑学、景观美学、环境美学出发，在理论上探索农业景观作为一种景观审美对象与各相关学科中的联系，结合农业美学，在其学科中抽取相关的对景观本身的理解，进行分析和研究。结合了西方古典美学规律与中国自然美学对农业景观的审美进行了探讨，对农业景观所具有的美学意义建立在美学中的原理和规律之上。在对农业景观审美分析的基础之上，结合美学中已经形成的美学原理和规律的构成体系建立了农业景观审美的美学意义构成体系。发现农业景观中与美学原理中诸多形式美法则相符合的规律，如整齐一律、对比调和、均衡稳定、韵律节奏和多样统一等，以及对中西方美学形态中崇高、优美、气韵、意境等方面进行分析，概括出对农业景观审美在这些美学形态范畴内的主观感受理解，提出对农业景观的美学意义理解应该从形式美、自然美观和艺术美三个方面去理解和把握。

结合对农业景观的美学分析，对景观规划设计实践案例进行了一定的分析和思考。以上对农业景观的审美认识和理解的研究，帮助我们识别本民族的审美特色和审美判断标准，为进一步理解农业景观的传统审美精神和建设更好的乡村农业环境有着积极的影响作用。其用途是在景观学科领域中提供更为客观的农业景观审美认识，并在景观设计创作的实践中提供科学的参考。

关键词：农业景观　美学　美学意义　审美

青城山古常道观外部空间的景观分析

张樟

摘要：四川园林因其经济、山地等人文、地理的独特成因，具有中国其他类型园林所不具有的造园手法，然而四川园林却没有得到应有的重视和探究。通过对四川道观建筑群外部空间的深入剖析不仅有助于我们更好地保护四川园林的遗留物，同时充分理解其"因地制宜"等独特的空间及地形地势的处理手法将有助于我们在现代园林中更好地塑造场所特征。古常道观是中国道教的发源地青城山中最大的道观，但是对古常道观景观空间系统深入地研究至今还没有相关的论著出现。本文借用欧几里得与场所理论两种空间分析方法，从空间对外的融入方式与对内的特有规律两个层面综合对古常道观的三个部分（整体部分、主体建筑群部分以及建筑群外围开敞部分）的空间形态进行剖析，并在每个部分中通过阐述各个部分的功能关系，以期进一步解释现有空间存在的意义与价值。本文在前半部分就古常道观的选址与整体构架、道观主体建筑群的景观构架以及主体建筑群外围开敞空间的景观构架三个部分进行了分类分析。同时，本文在主体部分的后三章中又对古常道观所特有的空间序列、入口空间处理以及道观主体建筑群加建部分进行了单独的论述，在整体了解古常道观空间特征的基础上，以某种特定的结构体系对道观进行空间分析，使古常道观的空间本质有一个更加全面的认识。古常道观的分区研究以及其独特性的分类研究表明古常道观空间的景观结构体系始终坚守着因地制宜的原则，集中体现在当人工需求与自然维护之间产生矛盾时因地制宜地去寻找合适的场地进行建设，尊重并使建筑与现场环境有机地融合，而不是大刀阔斧地进行大规模改造和破坏。在建筑空间内部组织

上，一方面充分利用原地形地势合理布置"神、膳、舍、园"四个功能区块，另一方面在满足功能需求上又营造出宜人的、美轮美奂的景观空间。

关键词：景观空间 古常道观 青城山

普通老房子的价值分析及其维护利用
——以成都为例

海源

摘要：在中国大城市的"速成"发展模式下，传统民居建筑在城市以内已经变得非常罕有。即使如此，苟存至今的老房子也大都难逃被拆除的厄运，取而代之的是现代高层建筑或以发展旅游为目的的仿古街区。形成如此局面的原因主要有两类：一是来自城市经济发展息息相关的城市土地资源利用的效率问题，使得那些占地面积大而使用效率低的传统民居蒙受巨大的压力；二是来自社会对它们的看法。由于基础条件差，经久失修等因素，老房子成为贫苦过去的代名词。本文将首先分析本研究的背景，然后详细介绍西方国家在这方面所做的工作与现在的具体情况。本研究通过对位于成都市区的残存老房子的详细调查（位置、状态、建筑形式和特征等重要信息），得出宏观的，从城市大环境出发对老房子的归纳与分类。并在此基础上，加入诸多个案分析，得出妨碍这些老房子的价值获得认可的主要原因，并进一步挖掘它们在各领域中的潜在价值。本文还将中国的具体情况和西方相比较，在学习和借鉴它们处理相似问题的方法的基础上，结合中国实际情况，总结出适合于中国大城市的具体维持与再利用方法。

关键词：普通老房子 价值 维护利用

关于景观专业本科教育评估体系构建的探讨

周斯翔

摘要：景观（LA）专业，在我国有着重要的社会责任和旺盛的市场需求。进入21世纪以来，我国景观专业教育取得了长足的发展，办学规模不断扩大，教育层次不断提高。目前，我国建设工程勘察设计领域的大部分专业，都已建立了执业注册制度，并推行了相应的专业教育评估，与国际接轨程度的不断提高，而景观专业依然没有一个统一的人才培养质量标准，这已成为制约景观专业教育进一步发展，阻碍推行规范的行业管理的主要障碍。本文以对比研究和调查研究为主要方法，从专业教育自身的建设发展、专业教育与执业注册制度及其教育评估标准的相互关系等方面，对构建中国景观专业本科教育评估体系的构建进行了探讨。通过比较国内外景观专业教育的现状与发展，分析了当前国内景观专业本科教育存在的主要矛盾，提出以建立专业教育评估体系作为应对之道的基本观点。进一步通过研究分析说明：我国景观规划设计行业发展迅猛，市场高度期待建立执业注册制度；景观专业本科教育已经具备了相当的办学规模，各学校建立了知识体系较为完整的本科教育模式；建设类各专业教育评估经十几年的发展，积累了大量宝贵经验，形成了中国特色的成熟的评估体系；所以，建立中国景观专业教育评估体系的条件已经成熟。通过面向不同类型的业内人员和行业机构进行调查，本文在总结我国建设领域各专业建立执业注册制度并开展专业教育评估的经验与不足的基础上，借鉴国际上建筑和景观等专业的执业注册制度与专业教育评估的做法，针对中国景观行业的现状和景观专业教育的发展需要，提出了构建我国景观专业本科教育评估体系的基本原则：以培养适应社会发展需要的职业景观师为目标，按照执业注册的要求，参照我国现行建设类专业教育评估的统一模式，构建集权威性、职业性、开放性、包容性、国际性于一体的景观专业本科教育评估体系。按照以上原则，笔者以国内景观专业本科教育现行的课程体系为基础，提出了景观专业本科教育评估智育建议标准。参照建筑学专业本科教育评估标准体系提出了德育和体育的建议标准、教育过程建议标准和教学条件建议标准，并对评估机构的设置、评估的程序和方法以及专业教育评估与执业注册制度的衔接提出了建议，完成了对景观专业本科教育评估体系的初步设计。

关键词：景观　专业　教育　本科教育　评估　执业注册制度　标准体系

基于建筑教育理念演变的高校建筑系馆空间研究

甘宁

摘要：21世纪是我国高等教育事业步入改革和发展的新时期。近年来随着全国高校的扩招，国内很多大学纷纷修建建筑馆或者改建已有系馆以满足更加复杂的功能需求。在这样的背景下，研究建筑系馆的空间演变规律、其与建筑教育之间的关系能为我国修建新的建筑系馆提供理论帮助。本文用历史发展观分析了西方艺术教育的起源及西方建筑教育的发展历史，展现了西方建筑教育思想的演变过程。基于塞维的现代建筑语言的方法论，本文系统地分析了建筑系馆的空间演变。建筑系馆的建造在最初阶段直接反映了建筑师的教育思想，而后建筑系馆进入了与其建筑教育思想分离的阶段。建筑系馆空间演变与建筑思潮的变化一致并表现出古典向心空间—向心空间的中心分解—匀质空间的探索—反匀质—主体消解这一规律。交流空间作为建筑系馆最重要的元素其演变呈现出内向性—流动性（外向性）—包容性—外向性、主体性的规律。中国建筑教育在二十世纪初从西方引进时就受到了巴黎美术学院学院派的影响。五十年代经历了院系调整和学习苏联的浪潮中国建筑教育一直被学院派思想禁锢着。八十年代改革开放，新的西方教育理念的传入中国，建筑教育才开始了转变与发展。与西方建筑系馆发展脉络清晰的演变规律相比，中国建筑系馆的空间演变因为教育思想变化的复杂性呈现出规律不清晰的特点，但也呈现出向心空间向离心空间转化的规律。中国建筑系馆的交流空间以围合向心的内院空间为主，这与西方建筑系馆有明显的区别。

关键词：规律空间　现代建筑语言　建筑教育　建筑系馆

基于行为心理的大学校园开放空间研究

文晓斐

摘要：随着社会、经济、科技的迅速发展，我国教育体制发生了重大变革，大学校园在过去短短几年经历了空前的建设浪潮。随着教育理念和人才培养目标的更新，大学职能、办学模式、教学方式等各方面都发生了质的转变，教育大众化、终身化和结构多样化成为21世纪大学的发展方向，大学校园的建设模式也呈现出许多新的特征。同时，随着高校的大幅度扩招，在就业压力、社会竞争等因素的影响下，在校大学生的行为心理特征也发生着明显

的变化。因此，在新的时代背景下，我们有必要重新寻找大学校园与大学生空间需求之间的契合，以创造真正适合大学生健康成长的空间环境。本文在社会学、心理学、环境行为学等学科理论的指导下，以大学生行为心理需求为出发点，通过追溯国内外大学的发展历程，从不同角度归纳出我国现有大学校园空间的多种形态模式。对各类校园开放空间进行了实地调查、评价和比较研究。在调查了近二十所大学校园基础上，选择四川大学华西校区等八个典型案例进行重点分析，总结出校园开放空间中大学生的认知和交往行为模式，对空间的可识别性和可交往性做了深入剖析。研究得知，校园开放空间的可识别性由空间自身的结构特征和空间主体的认知行为特征两方面因素共同决定；而空间的可交往性则与空间形态、空间尺度、空间距离、空间设施等密切相关。基于此，提出了适合我国高校具体情况的校园开放空间设计与改造的可行性建议，主要从两个方面着手：一是加强空间连续性和空间方位感，具体措施包括加强主干道的连贯性、强化区域之间的联系、加强局部的同一性以及突出开放的校园中心等；二是创造更多的随机交往场所和具有较强的灵活性和适应性的复合空间，以形成多层次的随机交往空间，最终营造出有活力的大学校园。论文最后辅之以西南交通大学新校区建筑艺术馆外环境设计试作方案，作为本文研究结论应用的一次尝试。

关键词：大学校园　开放空间　行为心理需求　可识别性交往

成都城市边缘区乡村聚落规划设计面临的问题与对策研究

赵荣明

摘要：随着城乡统筹发展进程的加快与社会主义新农村建设的展开，我国的村落正迎来了前所未有的革新与发展机遇，同时也面临着巨大的挑战。传统村落聚居形态蕴含着巨大的价值，而经济发展及农民生活水平的提高又使得传统的居住形态必须发生变革。目前，村落的转型出现了很多问题，城市建设模式简单粗暴地取代了原有乡村聚落，并引起了大量的并发症。因而需要探索出合理的规划设计策略，既能满足传统文脉的传承，又能适应当前的产业发展与社会变化。本文以处于我国中西部地区经济发展第一梯队的成都为研究案例。研究运用了系统论及广义建筑学的思想，结合了案例分析法与实地取证法。首先分析了本地区传统的农村聚落方式的成因、表象、结构特点以及背后蕴含着深刻的哲学、生态学及规划学思想。其次阐述了在城市化加速的今天，村落的现状及成因，指出了传统村落的更新是必然的；同时分析了政府主导的"三个集中"的村庄规划整治政策的历史背景及深层次所具有的不足。通过研究，作者成都城市边缘区的村落走向分为三类模式：工业园区模式、乡村旅游区模式和农业产业化模式。通过实际案例探索不同发展模式的规划设计对策：工业园区或即将城市化的村落对应完全集中或有序集中的设计；乡村旅游区采用分散或局部集中的布局方式，保持乡土特色与田园风光；农业产业化经营的发展模式根据村落自身规模采用有序、逐步集中的集聚方式。为了进一步探讨村落的规划设计方法，作者结合亲身参与的实际设计项目，讨论了文脉与更新，产业与聚落之间的联系，并对新型社区的规划及景观设计进行了探索。最后，通过前文的研究总结出村落规划设计的特点与原则，并提出了针对一般村落的制度构想"点—点"援助机制以及针对个别村落的"林盘保护机制"。

关键词：城市边缘区　乡村聚落规划设计　问题对策

乡村旅游区景观规划设计研究
——以成都市郫县农科村为例
夏源

摘要：成都市的乡村旅游，经过20余年的发展，从初期的农家乐到目前相继出现的乡村旅游区，正步入规模化、规范化、高品质化的发展阶段。发展乡村旅游区既符合国家建设社会主义新农村、城乡统筹的大思路，又与时下人们接近自然、返璞归真的旅游需求相契合，因此得到各级党委政府的重视和推广，显示出巨大的发展前景。然而，乡村旅游区毕竟是一个新事物，相关的理论研究与实践指导都显欠缺。理论上，它是一个新概念，缺乏条理性的理论体系阐述，有待与相关概念辨析、澄清，界定内涵，更好地为大众所认识。实践上，它是乡村旅游开发的一种新模式，景观建设尚处于摸索阶段，缺乏科学有效地指导景观规划设计的方法体系论述，有待从实践中探索和总结。在这样的背景下，致力乡村旅游区景观规划设计的研究，具有重要的现实意义和理论价值，是成都市乡村旅游开发亟需面对的研究课题。本文力求融合旅游学和景观学的理论知识，通过借鉴国内外关于乡村旅游、乡村景观的若干研究成果，围绕乡村旅游区景观进行较为系统地阐述，界定了乡村旅游区的概念，剖析了乡村旅游区景观规划设计的主要内容。在对成都市乡村旅游区景观建设现状全面调查了解的基础上，选择了几个经过景观建设，已有一定景区特色的重点乡村旅游区进行详细的、有针对性的调研，归纳总结出成都乡村旅游区景观建设中的成功经验和存在问题。为了进一步探讨符合地域特性的乡村旅游区景观规划设计方法，吸取成都乡村旅游区景观建设的成功经验，克服存在问题。论文结合作者亲自参与设计的工程实例进行分析，论述了如何进行理念构思，如何从景观功能布局、景观形象设计、景观生态建设三个方面调动乡村景观资源，增强旅游吸引力，营造出宜居、宜游、可持续发展的乡村旅游区。在以上研究的基础上，论文提出了成都市乡村旅游区景观规划设计的原则和建议，为以后的实践和研究提供参考和借鉴。

关键词：乡村旅游　乡村景观　乡村旅游区景观规划设计

城市高架道路景观的尺度研究
何贤芬

摘要：本文主要针对高架道路景观的尺度问题展开讨论，将其看作城市空间中一个有机完整的基本元素，以系统的观点分析这一城市空间元素在景观方面存在的尺度问题，探索高架道路与城市景观保持和谐统一的适宜性途径。首先，论文对城市高架道路景观尺度的相关理论做了深入的解释，主要阐述了：高架道路景观尺度是时空一体的体验，其中有静态的尺度体验，也有动态的尺度体验；高架道路景观尺度的实质不是大

小，而是空间的大小和变化的秩序，也就是尺度秩序，以及尺度所提供的适宜的场所体验。其次，在深入探究景观尺度背后影响因素的基础上，提出相应的控制原则和控制办法，它们分别从三个隐性层次和三个显性层次对高架道路的景观尺度进行控制。隐性的原则层面上的三个层次——车、城市、人——既是高架道路景观尺度的控制原则，也是需要努力达到的目标，即建立车、城市、人的尺度层级。显性的操作层面上的三个层次——环境、建筑、细部——将城市高架道路景观的尺度作为一个整体进行设计和控制。只有这些层级的相互配合与协调，才能真正建设好和谐的城市高架道路景观。然后，论文选择了我国大陆高架路系统最为完善的上海作为实例分析的对象，对中心城区的高架汽车专用道路体系——"申"字形高架路网的景观尺度进行分析、评价和提出建议。最后，针对上述的分析提出建立一个尺度控制体系的建议，控制体系框架的建立是以高架道路景观尺度的具体控制和原则为依据的，并指出将尺度的控制纳入相关规范的必要性。同时结合城市设计的角度，对桥梁的造型和色彩等方面提出部分改进意见。

关键词：城市景观　高架道路　尺度控制

住区水体景观使用状况调查及优化设计研究
——以成都市为例

陈宇

摘要：随着社会经济的发展和人们生活水平的提高，为了满足人们居住和休闲需要，住区环境中越来越多地设置水体景观作为环境亮点。水景已经成为住区环境中重要的景观元素和住区

开发商宣传的重点。住区水体景观除了具有观赏和宣传价值外，更加重要的功能应当是满足住户日常的使用和住户的心理要求。过去对住区水体景观的研究多从建筑学和园林学的角度出发，对水体景观的美学价值和构图关系进行研究，或是单纯地从水体景观的生态效应来研究，缺乏从人的行为和使用角度进行研究。本文主要以场所理论、环境-行为学为研究理论基础，以成都市部分住区的水体景观为案例，进行实地调查，了解住户在水体景观中的行为特点和他们不同的心理要求，总结出目前住区水体景观设计中存在的一般性问题，并且针对发现的问题，从设计以人为本等方面提出了优化设计建议，提出了应在住区水体景观设计中完善使用功能、合理的分区、提供更多的可参与性活动、完善环境设计元素、完善水景的可接近性和可参与性、完善水景的变化性和趣味性等建议，并且分别对它们进行了详细的阐述。

关键词：住区场所　环境-行为　水体景观

广义无障碍理论与实践初探
——以成都市为例

冯月

摘要：本文从成都市无障碍建设现状的实地调研入手，通过大量的调查数据和案例总结，归纳出目前无障碍建设还存在的问题。这些问题主要表现为对无障碍理念的理解不够全面；无障碍设施种类缺乏且设置不规范；无障碍设施在满足弱势群体使用的同时给正常人带来了不便；没有专门的机构进行审批、管理、监督；公众的无障碍意识不足，等等。针对这些问题，作者从规划

和景观设计的角度，引入了广义无障碍理念，并着重从服务对象、环境设施、实施机制以及认知意识等方面对无障碍建设进行了探讨。指出广义无障碍建设应该在充分满足残障人士需求的同时服务更广大的人群，并且应该有完善的设施机制和保障制度对其进行系统、合理的管理、监督。加强宣传、教育，提升管理者、建设者和公众的关爱意识，提高全民素质，是真正实现"无障碍"的根本。广义无障碍理念是对一般无障碍理论的发展，它的引入旨在引起政府、社会对广义无障碍硬件设施需求的关注与投入，建立健全协调运作的社会保障机制，更重要的是，要打破无障碍仅仅是为残障人士服务的狭隘观念，唤起全民的广义无障碍意识，使我们的人居环境建设更加人性与和谐，造福于广大民众。

关键词：广义无障碍理念　设施　机制

基于城市格局与肌理的城市风貌改造
——以都江堰市等为例

戴宇

摘要：目前，我国城市的现实状况普遍存在城市面貌混乱无序没有特色的问题。当前，四川省正在广泛深入开展城市风貌改造，取得不少成效，汲取了许多经验与教训。本文以城市风貌改造为专门研究内容，从城市的格局与肌理分析入手，运用城市设计、建筑设计的相关理论，依据实际改造中的大量素材，从设计技术层面以及相关城市风貌要素、实施策略、设计方法等方面做出分析论述，为城市风貌改造这一设计领域内较为新兴的课题提供研究参照。全文列举了大量工程实践的案例，大多为作者亲自从事或参加的工程项目。从较早的带有实践探索性的都江堰城市空间景观规划研究课题，到直接指导实施的雅安市、上里古镇风貌整治规划等项目，力图以文中所述的理论方法依据阐释其实际工程的运用，并得出相关结论与建议，从而为城市风貌改造的管理、规划、设计做出指导。

关键词：城市风貌改造　城市格局　城市肌理　城市设计　建筑设计

城市游憩广场使用状况及优化设计研究

郑振华

摘要：随着生活水平的提高和闲暇时间的增多，人们的游憩需求增加，城市游憩广场在人们的日常生活中占据着日益重要的地位。同时，随着我国城市建设的发展，广场热开始兴起，但由于设计缺乏对人的行为、心理，人与环境关系的考虑，这些广场并不能很好地满足人们的需求，因此不能被充分利用，造成大量不必要的资源浪费。在这种背景下，如何优化城市游憩广场设计，创造出符合市民行为需求的能更好地为市民服务的城市游憩广场空间成为当前的一个重要课题。本文主要以环境行为学和环境心理学为理论基础，以城市游憩广场使用者的行为特点和心理需求为出发点，以成都市为研究的地域范围，通过详细调查具有代表性和典型性的几个广场，对其使用人群、使用者行为活动特征等几个方面进行研究，总结城市游憩广场普遍存在的问题，并提出区位效应、宜人的气候、边界效应、小群生态、兴趣中心效应等是影响广场使用的主要因素。根据对理论和实践的分析与总结，针对发现的问题，从整体建设和具体设计两个方面提出了

优化设计建议和对策，指出当前城市游憩广场应增加数量、合理分布、形成网络、丰富空间、完善功能、增强动态性设计、提高人的参与性等，并对广场环境要素提出了较为详细的优化设计建议。

关键词：城市游憩广场 行为心理需求 使用状况 优化设计

城市空间理论在住区户外环境设计中的应用研究

程霞

摘要：20世纪末，建筑学学科发展在关注新技术、新材料、新设备等功能性课题的同时，越来越关注"人居环境"和可持续发展的建筑与环境关系。尤其是近年来，中国城市商品住区得到迅猛发展，在基本的居住功能需求得到满足后，人们对居住的整体空间环境质量提出了更高的要求。中国商品住区建设的粗放型增长模式，决定了住区户外空间环境建设中必然存在不少问题，主要表现在设计与实际使用状况的脱节。如果设计不立足于对社会生活的观察和理解，设计师和委托人就可能把好的设计同他们追求强烈视觉效果的欲望混淆起来，户外空间设计就极易成为纯粹的几何构图或集仿拼凑。该次课题研究的特点是理论研究与实地调研相结合，即力图从一个新的视角——城市设计的角度，运用城市空间的基础理论和研究方法，对住区户外空间环境中的相关细节及人们的行为模式进行实际调研和深入剖析，弄清户外空间环境设计和研究的实质内容。本课题研究以物质空间环境与居民行为模式的关系为切入点，总结出住区户外空间设计和研究的系统理论框架，内容包括设计要素、空间测度、设计原则、分析方法、评价标准等，并通过具体案例的研究，对高校教职工住区——川大花园的户外空间实际状况进行全面的了解，发现其中存在的问题并分析问题形成的深层次原因，最后就问题进行深入探讨，寻求解决方法，同时验证部分理论。通过本课题研究发现对住区户外空间环境进行分析和研究是一个非常复杂的过程。户外空间中各物质要素之间的关系，"空间"与"空间"之间的关系，物质空间与人的行为模式之间关系构成了住区户外空间分析和研究的主要内容，而其中物质空间与人的行为模式之间关系更是研究的关键所在。总之，本课题研究旨在提高住区户外空间环境的生活品质。

关键词：住区户外空间环境 城市空间 理论行为 活动模式 物质空间环境

附录6.3　科学普及

科学普及与科学探索是科技工作的两个重要方面。科学普及是一种社会教育，本质上是一种知识的传承，让民众通过专业人士对日常生活中常见的现象、问题进行科学的分析、推理，说明思路方法，从而授人以渔，是更为广泛的人才培养方式。

邱建教授团队长期坚持科普活动，撰写《城市规划ABC》科普专著，为省内外管理干部、技术人员、市民普及规划设计科学知识，听众近万人次，对提高管理人员决策能力及推广设计技术科学的应用、倡导科学方法、传播科学思想、弘扬科学精神起到了积极作用。

1. 科普专著《城市规划ABC》

城市规划是集科学技术、文化艺术、法规政策等为一体的专业性很强的学科体系，涉及诸多学科，承载众多职能，既是引领城市发展的纲领，更是关乎普通老百姓切身利益的公共政策。规划专业学生要经过"手把手""师傅带徒弟"传授方式长时间培养，需具有相应的学术、技术、艺术功底，还要具备相关政策、法律知识，培养一名合格毕业生很不容易，职业规划师数量十分有限。社会分工不可能让每个城市管理者、每位城市市民都成要为一名造诣深厚的规划专家，但向他们普及城市规划科学知识、提高大众的城市规划科学素养，显而易见是城市规划科技工作者的应尽之责、应有之义。

为了让城市管理者和市民更加热爱城市，掌握城市规划基本知识，邱建教授萌发撰写规划科普读物十年有余，期间多次调整撰写思路、数次优化书稿大纲，最后在高黄根、张欣、唐密等同事的协助下完成了《城市规划ABC》（附图6-2），2019年3月由中国建筑工业出版社正式出版。

《城市规划ABC》定位为一本介绍城市规划科学的科普性读物，以非专业行政管理人员和广大市民为主要受众，秉承大道至简的原则，采用了"微博化"的写作方法，力求用简明扼要的文字配以图片的形式，简洁、生动地将城市规划这一广博的学问阐释给读者，进而掌握城市规划基本原理、科学方法以及寓意其中的科学思想与科学精神。

附：《城市规划ABC》目录

附图6-2　《城市规划ABC》

※ 《城市规划ABC》目录

2. 部分干部培训和学术讲座（附表6-1）

附表6-1　主要技术培训

序号	报告人	题目	培训班（讲座）名称	主办单位	时间	培训地点
1	邱建	地震灾后恢复重建的住房建设	汶川地震灾区干部赴日本灾后重建考察行前培训	中组部、建设部	2008年7月25日	北京中组部干部培训中心
2	邱建	四川汶川地震灾后重建规划城镇体系规划	汶川地震灾后恢复重建干部培训班	四川省委组织部	2008年7月9日	四川省委党校
3	邱建	四川汶川地震灾后恢复重建农村建设规划	汶川地震灾后恢复重建干部培训班	四川省委组织部	2008年8月22日	四川省委党校
4	邱建	四川汶川地震灾后重建规划城镇体系规划	汶川地震灾后恢复重建干部培训班	四川省委组织部	2008年8月26日	四川省委党校
5	邱建	全面落实科学发展观、精心编制灾后恢复重建规划：四川汶川地震灾后恢复重建城镇体系规划、农村建设规划	汶川地震灾后恢复重建干部培训班	四川省委组织部	2008年10月21日	四川省委党校
6	邱建	四川汶川地震灾后恢复重建城镇体系规划、农村建设规划和城乡住房建设规划	民营企业灾后重建政策培训班	四川省工商联	2008年9月9日	四川省成都市四川省工商联
7	邱建	5.12汶川地震灾后恢复重建城乡规划设计探索	青海玉树地震灾区恢复重建赴四川培训班	中组部	2010年8月26日	四川省成都市金河宾馆
8	邱建	汶川地震灾后恢复重建城乡规划建设	青海玉树地震灾区"重建骨干"培训班	四川省委组织部	2010年12月1日	四川省成都市金河宾馆
9	邱建	科学规划理念与城乡统筹规划	科学规划主题培训班	云南省委组织部	2015年10月19日	云南省委党校

续附表

序号	报告人	题目	培训班（讲座）名称	主办单位	时间	培训地点
10	邱建	灾后城乡规划与住房重建	九寨沟地震灾后恢复重建综合培训班	四川省委组织部	2017年9月19日	四川省阿坝州九寨沟县黄埔大酒店
11	邱建	汶川地震灾后历史文化遗产保护理论与实践	第二届历史建筑保护与防灾减灾新技术专题培训座谈会	民族建筑研究会	2020年9月27日	四川省成都市西南民族大学双流校区
12	邱建	灾后重建规划：以四川两次重建规划组织管理为例	四川省委组织部四川省防震减灾安全生产暨应急管理培训班	四川省委组织部	2017年8月24日	四川省成都市委党校
13	邱建	震后重建规划及十年跟踪研究		四川省城市规划协会	2018年7月3日	四川省成都市新族宾馆
14	邱建	四川新型城镇化与城乡规划思路	第九期现代城市领导者专题研究班	中组部、浦东干部学院	2011年3月4日	四川省成都市金牛宾馆
15	邱建	以科学发展观审视当前城乡规划的难点热点问题	四川省党政干部培训班	四川省委组织部	2009年3月31日	四川省委党校
16	邱建	践行生态文明理念的四川规划建设实践：以天府新区和震后重建为例	福建省"加快构建生态文明体系"专题培训班	福建省委组织部	2019年9月5日	四川大学全国干部教育培训基地
17	邱建	天府新区规划理念与实践	县市长干部城市规划建设管理培训	河南省委组织部主办，清华大学长三角研究院承办	2018年12月8日	四川省成都市委党校教学楼
18	邱建	四川省城乡规划与新型城乡形态构建的实践与探索	福建省实施生态文明试验区战略专题班	福建省委组织部	2017年7月20日	四川大学全国干部教育培训基地
19	邱建	四川省城镇规划实践	四川省赴新加坡参加四川省城镇规划与低碳生态城市建设专题培训班	四川省委组织部	2015年9月5日	四川省成都市花园宾馆

序号	报告人	题目	培训班（讲座）名称	主办单位	时间	培训地点
20	邱建	城乡规划与建设：中央城市工作会议精神解读	四川省人大系统城环资委工作业务培训	四川省人大环资委	2016年8月8日	山东省青岛市青岛大学
21	邱建	城乡规划理论与工作实践	城乡规划和规划监督	四川省人大环资委	2017年12月13日	四川省成都市绿洲大酒店
22	邱建	城乡规划与建设的几点思考	四川省人大系统城环资委工作业务培训	四川省人大环资委	2018年8月21日	贵州省贵阳市航天酒店
23	邱建	城乡规划理论与工作实践	四川省眉山市新一届人大常委会组成人员暨区县人大常委会负责人培训班	四川省眉山市人大	2017年7月13日	四川省成都市简阳市省人大三岔湖培训中心
24	邱建	中共中央城市工作会议精神解读	四川省住建系统干部培训班	四川省城市规划协会	2016年5月26日	四川省成都市新族宾馆
25	邱建	四川新型城镇化发展思路及城乡规划理念	新型城镇化规划专题培训班	四川省住房和城乡建设厅、四川省公务员局	2013年9月4日	四川省成都市欣瑞宾馆
26	邱建	中央关于城乡规划新理念的解读及其在四川省的实践：省委省政府《关于加强城市规划建设管理工作的实施意见》为案例	四川省住建系统干部培训班	四川省城市规划协会	2017年5月16日	四川省成都市新族宾馆
27	邱建	落实绿色发展理念全面推进城乡污水垃圾处理设施建设	2017年四川省推动绿色发展专题研讨班	四川省委组织部、省环保厅	2017年11月8日	四川省成都市金牛宾馆
28	邱建	实施"三年推进方案"推动城镇绿色发展	2018年成都市委组织部"绿色发展与乡村振兴"专题班	成都市委组织部	2018年6月8日	四川省成都市金牛宾馆

续附表

序号	报告人	题目	培训班（讲座）名称	主办单位	时间	培训地点
29	邱建	贯彻绿色发展理念：持续推进城乡生活污水和垃圾处理设施建设及城市建成区黑臭水体治理	西藏自治区拉萨市环保局干部培训班	拉萨市委组织部主办，西南财经大学经济管理干部培训中心承办	2018年10月26日	四川省成都市西南财经大学光华校区
30	邱建	城镇化建设的新理念新实践	第十三期住房和城乡建设行政主管部门局长培训班	四川省住房和城乡建设厅	2017年9月27日	四川省成都市向阳大厦
31	邱建	贯彻落实《城乡规划法》 推动区域协调发展 提高城乡发展质量	四川省2008年注册规划师培训	四川省住房和城乡建设厅	2008年2月19日	四川省成都市数码科技大夏
32	邱建	科学发展观统领下的四川规划实践成渝经济圈新形势及天府新区规划解析	四川省2011年注册规划师培训	四川省住房和城乡建设厅	2011年11月14日	四川省成都市向阳大厦
33	邱建	天府新区规划解析	四川省团委机关干部培训	四川省团委主办	2012年5月30日	四川省成都市国家检察官学院四川分院
34	邱建	天府新区规划评析	四川省安监局机关干部培训	四川省安监局	2015年7月30日	四川省安监局
35	邱建	城乡规划与城市鉴赏	盐都大讲堂·城市讲堂	自贡市委市人民政府	2015年3月27日	自贡市委礼堂
36	邱建	城市建设之规划魅力	广安市广安区干部大讲堂"城市规划建设和管理"专题培训班	四川省广安市广安区委组织部	2020年9月2日	四川省广安市广安区公安干部教育培训基地
37	邱建	城乡规划的魅力：天府新区规划	四川城市轨道交通学院学术讲座	四川城市轨道交通学院	2020年10月15日	四川城市轨道交通职业学院
38	邱建	城乡规划的魅力、理念与实践	成都理工大学学术讲座	成都理工大学旅游与城乡规划学院	2017年12月21日	四川省成都市成都理工大学旅游与城乡规划学院
39	邱建	新理念下的四川城乡规划实践	华侨大学学术讲座	华侨大学厦门校区建筑学院	2017年9月22日	福建省厦门市华侨大学厦门校区建筑学院

序号	报告人	题目	培训班（讲座）名称	主办单位	时间	培训地点
40	邱建	新型城镇化背景下的城乡规划理念	中国建筑西南设计研究院学术讲座	中国建筑西南设计研究院	2014年3月4日	四川省成都市中国建筑西南设计研究院
41	邱建	"两化"互动背景下的天府新规划	苏州科技学院学术讲座	苏州科技学院建筑与城市规划学院	2012年10月26日	江苏省苏州市苏州科技学院
42	邱建	"两化（城镇化—工业化）"互动背景下的天府新区规划	四川大学学术讲座	四川大学建筑与环境学院	2012年9月29日	四川省成都市四川大学江安校区
43	邱建	城乡规划与景观设计	西南民族大学学术讲座	西南民族大学建筑学院	2011年12月2日	四川省成都市西南民族大学双流校区
44	邱建	大力培育经济增长极、科学规划成渝城镇群	西南交通大学学术讲座	西南交通大学建筑学院	2011年12月2日	四川省成都市西南交通大学九里校区
45	邱建	天府新区规划解析	四川大学锦诚学院学术讲座	四川大学锦诚学院建筑系	2012年6月10日	四川省成都市四川大学锦诚学院
46	邱建	城市魅力与规划规律	德阳讲坛，德阳市委中心组学习	德阳市委	2021年3月5日	四川省德阳市旌湖宾馆
47	邱建	城市建设之规划魅力	加快建成全省经济副中心专题研讨班	达州市委组织部	2020年12月5日	四川省成都市金科圣嘉酒店
48	邱建	城市建设之规划魅力	建筑领军人才培养计划——暨2020新型建筑工业化高级研修班	西南交通大学教育培训中心	2020年11月28日	四川省成都市仁和春天A座
49	邱建	汶川地震灾后历史文化遗产保护理论与实践	第二届历史建筑保护与防灾减灾新技术专题培训班	中国民族建筑研究会	2020年9月27日	四川省成都市西南民族大学双流校区

附录6.4　人才撷英（排名按照加入本团队先后顺序）

◎ 郑　勇

1968年10月出生

2000年进入西南交通大学建筑与设计学院建筑专业攻读硕士学位

中国建筑西南设计研究院有限公司总建筑师

中国建筑西南设计研究院有限公司郑勇建筑设计工作室主持人

2006年获第二届中建总公司青年科技奖

2006年获评"四川省有突出贡献专家"

2009年5月获评"教授级高级建筑师"

2010年获评"四川省工程设计大师"

2010年至今于中国建筑学会任资深会员

2010年至今于成都市规划委员会任委员会专家

2011年至今于成都市勘察设计协会建筑设计专委会任副主任委员

2011年至今于中国建筑师协会人居委员会任副主任委员

2012年至今于中国勘察设计协会任评审专家

2018年获四川省学术和技术带头人称号

任重庆大学、西南交通大学、东南大学兼职教授

截至2020年，获得国家、省部级以上奖项共计60余项：国家级铜奖1项；

全国优秀工程勘察设计行业奖项：一等奖2项，二等奖6项，三等奖3项；

省级优秀工程设计奖项：一等奖11项，二等奖13项，三等奖3项；

中国建筑总公司设计奖项：一等奖4项，二等奖13项，三等奖4项

四川省科学技术进步奖一等奖1项

　　对专业的感悟：我对老的和传统的东西感兴趣，在建筑设计中，喜欢深刻挖掘传统文化的精髓，为新建筑的设计提供思考。在日新月异的信息化时代，建筑的形态越来越广、越来越新、越来越前卫，各行各业都在通过数据化、数字化来加快自身的发展，提高市场的竞争力。计算

机制作替代了手工绘图，参数化模型也带来了更多造型的可能。手段在进步，技术在更新，但这些都不能影响文化的延续，将传统韵味融入设计中。

师门学习的感想： 随着时间的推移，从事建筑设计行业已有30个年头，接手的工程越来越多、项目也越来越多元。在工作中常常会跳脱设计本身，陷身于市场的激烈竞争中，偶尔会失去对建筑设计本身的关注。但每每与师门同袍探讨学习，就会将思绪拉回到设计本身。跟邱老师聊起关于建筑设计与传统文化融合的问题，都会让我对建筑设计有新的体会和感悟，这些意见对置身一线设计院的工作者是宝贵的。作为一名建筑师，应时刻不忘建筑设计的精神，必将建筑初心沉淀在的设计中，创造出好的建筑作品。

◎ 郑振华

1977年06月出生
2001年进入西南交通大学建筑与设计学院城市规划专业攻读硕士学位
同济大学建筑与城市规划学院副研究员

对专业的感悟： 当前中国的建筑行业已经从量产阶段发展到了追求品质和思想的阶段。建筑设计是一个非常辛苦的行业，但同时也是一个高幸福感和获得感的行业。建筑师有机会将生活中美的体验通过建筑设计的途径呈现出来，这是多么强大的权利，但事实上这种权利的背后肩负的是对社会和民众极大的责任。因此，建筑师应该对建筑设计这份职业以及承担的每一项工作保持足够的敬畏心，这样的合力才能让建筑行业越来越好。

师门学习的感想： 建筑学本科毕业后事实上对建筑学这个学科以及建筑设计这份工作并没有真正地理解。在迷茫的同时，恰逢邱建老师从国外回到了西南交通大学任教，我有幸成为邱建老师的第一批研究生。跟随邱建老师的学习过程使我明白了怎样做建筑设计，也逐渐学习了什么是科学研究的思维，豁然开朗，获益终身。非常感谢跟随邱建老师学习的这个经历，这为我后续的深造和科研工作打下了坚实的基础。

江俊浩

1979年11月出生

2002年进入西南交通大学建筑与设计学院景观工程专业攻读博士学位

浙江理工大学风景园林系副教授

浙江理工大学风景园林系系主任

一级注册建筑师，浙江省植物学会会员

主持国家社科基金、教育部基金等纵向课题5项以及多项横向项目；

2019年北京世园会浙江展园的景观设计——组委会"大奖"

对专业的感悟： 生活不易，从每一次设计中修炼自己。

师门学习的感想： 这么多年过去，耳边仍然能时时感受到邱建老师的谆谆教诲，感恩！入师门最大的感受是邱老师对自己每个学生都非常尊重，在教学的过程中，愿意耐心倾听，哪怕是不很成熟的想法。这让大家在师门中可以畅所欲言，大胆创新，对自身打开思维、建立自信很有益处。第二个感受是邱老师对待学术严谨的态度，这不仅让我在求学的过程中受益，也大大影响了我以后的科研和工作。我在自己这些年的教学科研过程中，对自身、团队、学生的要求也极为严格，这也算是对邱老师师门学术品质的一种传承吧。

◎ 戴　宇

1975年10月出生

2002年进入西南交通大学建筑与设计学院建筑专业攻读硕士学位

四川省城乡建设研究院高级工程师

2013年《四川建筑》省土木建筑学会优秀论文三等奖

2010—2011年省优秀论文三等奖

2006年获四川省城科会优秀论文三等奖

2017年度四川省优秀城乡规划设计二等奖

2010年第7届IFLA世界大会（国际风景园林师联合会）亚太区金奖

对专业的感悟： 闻道有先后，术业有专攻。随师专业的学习是开始，专业之外还要努力"跨界"，学习、学习、学习。

师门学习的感想： 专业的分类是必要的，学习必然从一个门类着手。随师学习之后，一定要继续研习、不断拓展，将规划、建筑、风景、园林、建筑工程、交通工程、人文学科、历史、地理风物等都纳入求知视野，以人为本、为人本空间设计做出综合全面的思考。

◎ 冯 月

1979年1月出生

2002年进入西南交通大学建筑与设计学院城乡规划专业攻读硕士学位

西南交通大学建筑与设计学院教师

发表教学论文近十篇

参与了"十三五"国家规划教材的编写

主持国家自然科学基金1项，参与国家自科基金2项，铁道部课题1项

多年来主持参与规划设计项目三十余项。

对专业的感悟：城市自诞生的那一刻起，即是为人服务。人，既是城市的主人，也是城市服务的对象。虽然以人为本、宜居、生态、人文、可持续这些词汇频频出现在各类规划设计中，但如何脚踏实地的落实却不被重视。口号再响亮也只能"墙上挂挂"。

塑造宜人的富有魅力和活力的人性化城市空间有两个关键：一是方案的优劣，一是决策者的决心。首先得有一个好的规划设计方案。一个既"好看"，又可操作、可实施的方案才称得上是好的设计方案。这就要求规划师既要仰望天空，又要脚踏实地，要懂经济、会算账，要有"真水平"。一个优秀的规划设计方案，不仅仅取决于规划师（建筑师），还取决于决策者的雄心、决心和魄力，一旦选定就得坚持。朝令夕改，责任在决策者。

师门学习的感想：时光如白驹过隙，转眼间加入师门已近19载。犹记当年在系办公室门口第一次见邱老师，他严肃认真地看着我说："读我的研究生很辛苦的，要做好准备。"当时的我懵懵懂懂，对即将开始的研究生生活带着憧憬和一丝兴奋，虽然有些许的不安但并没有在意。然而之后的三年学习生活让我深刻地体会到了邱老师当时这句话的含义。对毕业之后将留校任教的我，邱老师的要求可以说是严苛的。从学习专业理论到参加科研生产实践，从熟悉日常教学工作到如何走上讲台，邱老师给我的几乎每一项任务都是挑战，都是从零开始的学习。很长一段时间，每天我都会在系办公室工作到寝室快关门了才会离开，这是其他研究生无法想象的。也正是这样不凡的三年让我从参加工作的第一天起就游刃有余，并受益终身。

◎ 文晓斐

1981年10月出生
2003年进入西南交通大学建筑与设计学院建筑设计及其理论专业
攻读博士学位
西南民族大学建筑学院副教授
主持国家自然基金1项
参与主研国家自然基金4项
主研国家社科基金2项
参与省部级项目2项
主持及参研教改项目7项目
主编及参编教材2部
参与建设省级精品资源共享课1门
2013年获中国铁道学会科技进步三等奖1项
2010年及2018年获四川省教学成果奖二等奖2项
2018年获四川省科技进步一等奖

对专业的感悟：建筑类专业，无论是城乡规划、建筑学还是风景园林，都是以人类聚居环境为研究和实践对象，在专业教育和行业实践中，首先应坚持人本主义的价值观和以人民为中心的社会责任，把人和自然的和谐发展当成信念和目标。面对不断更新的问题和挑战，从业者在坚持自己的钻研方向的同时，需要不断更新自身的知识储备和实践技能，紧跟国家需要，方能更好地实现自己的价值，在专业上走得更远。

师门学习的感想：大学期间选修邱老师的第一门课程是无障碍设计，至今印象深刻。老师带来上课的道具——轮椅，让同学们轮番坐上去体会在行动能力缺失的情况下，对空间环境需求发生的改变。就是从这一门课开始，我逐渐认识到人本空间设计的内涵和重要性。受老师的影响，硕士论文选题为"基于行为心理的大学校园开放空间研究"，尝试从大学生的行为心理需求出发研究校园空间环境，论文的调研和写作过程让我受益匪浅。工作后，又有幸在老师的指导下成功申报了国家自然基金项目"基于精神家园重建的羌族聚落景观价值体系研究"，从族群精神家园重建的视角，研究汶川地震灾后重建背景下人居空间的保护与重构。在学术研究中，着重以四川高原地区聚落人居环境为研究对象，坚持师门以人本空间研究为主线的思路，在不断摸索中也使自己的研究方向越来越清晰。

◎ **周斯翔**

1979年11月出生

2003年进入西南交通大学建筑与设计学院建筑设计及其理论专业攻读硕士学位

西南交通大学建筑与设计学院风景园林系副系主任

获西南交通大学第七届青年教师教学技能竞赛一等奖

获西南交通大学2016年度教学成果二等奖

被评为西南交通大学2018年度"唐立新优秀教师"

主持教育部、四川省科研项目3项，主持各类教学研究和改革项目10余项；编著出版2部；指导学生在建筑类国际和全国性设计竞赛中获奖20余项

作为项目组成员，曾获建设部优秀城市规划设计三等奖、内蒙古自治区优秀城市规划设计一等奖、四川省城乡规划设计二等奖

对专业的感悟：伴随技术的快速进步，景观的内涵与形式也在持续的发展改变，这使得它直接反映着所处时代的文化。景观的文化价值，随着人类社会整体的进步，正在人居环境建设实践中，得到越来越多的关注。如何利用好基本的设计语言，整合新的表达途径，用景观讲好时代故事，传承传统文化精华，为当代大众营造身心舒适的场所，是需要景观专业的从业者用知识、技能和真诚的情感去解答的命题。

作为景观专业的教育工作者，我们必须主动拥抱时代前沿的理论和技术发展，脚踏中国大地，坚持以立德树人为根本使命，积极地融入景观专业的变革和发展，用自己不停歇的进步和成长，为学生提供参照，构建创新的学术共同体，为社会做出应有的贡献。

师门学习的感想：2003—2007年，我在邱老师指导下攻读硕士研究生。其间，邱老师指导我开始就景观专业教育评估体系的构建开展研究。转眼近15年过去了，风景园林学科已在2011年成为独立的一级学科，人才培养层次和规模都有了巨大的跨越。而邱老师当年勾画的研究思路和学术主张，依然对风景园林学科的发展，特别是"人本空间"的规划设计群体的进一步成长，具有非常现实的意义。

作为人本空间的重要构成要素，景观不仅在规划、设计、营建的方方面面要充分考虑各类使用者、参与者和利益相关者的"人的需求"，也直接反映着设计者的"人的诉求和实现"。在建设美丽中国，实现可持续发展的伟大实践中，风景园林学科有重大的责任，助力更加人性的、满足和行业和社会发展需求的行业准则的构建。通过建设包容、协同，紧密结合实践，积极鼓励创新的人才培养评价体系和行业执业注册制度，实现风景园林师在职业活动中，真正的"人本"融入。

◎ 甘 宁

1980年12月出生
2003年进入西南交通大学建筑与设计学院建筑设计及其理论专业攻读硕士学位
就职于中铁二院集团有限责任公司建筑院
2015年获2017年中铁二院集团有限责任公司优秀工程设计一等奖
2018年获中国中铁股份有限公司优秀工程设计奖二等奖
2019年获中铁二院集团有限责任公司优秀工程设计一等奖

对专业的感悟：从学校学习到工作，我与建筑学结缘有22年。如果让我重新选择专业我还是会选择建筑学。它给我带来的不仅仅是一份工作，更多的是对人生的自信与希望。在本科学习中最大的感受是建筑学给我带来了无限的乐趣，它给我打开了五彩斑斓的新世界，让我能在知识的海洋尽情遨游。到了研究生阶段导师没有限制我的研究方向，他像一盏明灯，在我彷徨和犹豫时给我指明道路，让我能心无旁骛地去探索更远的征途。步入社会，我也会怀揣着建筑师的美丽梦想去奋斗。虽然会筋疲力尽、偶尔也会垂头丧气，但是它给我带来了丰富的人生经历，这些经历鼓舞着我战胜工作上的各种困难。经历各种工程项目的磨砺，我认识到了在学校里崇尚的建筑师的职业不仅需要知识、还需要智慧、勇气与坚持。我会在这个行业继续坚守，因为我愿意与它携手到老。

◎ 夏 源

1978年03月出生
2003年进入西南交通大学建筑与设计学院建筑专业攻读硕士学位
成都市人防建筑设计研究院（项目经理）
2013年获四川省工程勘察设计"四优"一等奖

对专业的感悟：学海无涯，高山仰止，不懈努力，精深专一。

师门学习的感想：忆往昔，跟您学习实践，您亲自驾车带我们去乡镇调研，一起探讨方案，引导我们思考，形成让当地信服的乡村旅游规划方案。您启发研究，悉心指导论文写作，虽资质鲁钝，但也受益匪浅；最终完成学业，获评优秀论文。您教导工作，让我体会踏实敬业，摆脱浮躁，完善自我，方可有所成就。

◎ **何贤芬**

1980年1月出生

2004年进入西南交通大学建筑与设计学院景观工程专业攻读硕士学位

浙江万里学院设计艺术与建筑学院讲师

2010年主持《奉化市方桥区块控制性详细规划（2010—2020）》

2010年主持《奉化市莼湖镇桐照村村庄建设规划（2010—2020）》

2012年主持《余姚市鹿亭乡规划（2012—2030）》

2014年主持宁波市哲社科项目《宁波村级便民服务中心服务内容及运作机制调研》

2015年主持浙江省教育厅项目《旅游型乡镇总体规划相关指标的量化研究》

2016年主持《鄞州区农村三居工程整治技术导则》

2017年主持《宁波云龙镇环境综合整治行动技术服务》

2020年主持浙江省教育厅项目《乡村里的新中式——以浙江为例》（进行中）

对专业的感悟： 设计的最终目的是服务于人。如何更好地服务于人？答案似乎很多……个人认为，抓住时代特征，立足区域，服务地方，成就"设计与人"，才能更好地服务于人，服务于社会，服务于时代。

师门学习的感想： 进入师门三载，印象中，老师严谨教学，不苟言笑。回想当年，印象深刻的是，老师经常组织跨年级项目实践，带着师兄师姐和我们一起服务地方。在项目过程中，我们经常一起讨论、交流，通过"眼观耳听手动"，在老师的带领下，在师兄师姐们的帮助下，我们在潜移默化中得到了快速成长……感谢老师给予的机会、鼓励和信任，让我的硕士生涯充满回忆……

◎ **赵荣明**

1981年1月出生

2004年进入西南交通大学建筑与设计学院建筑专业攻读硕士学位

就职于苏交科集团股份有限公司

2015年获江苏省优秀规划设计二等奖、全国优秀规划工程设计三等奖

2015年获江苏省优秀工程设计二等奖

2014年获江苏省优秀工程设计二等奖

2020年入选江苏省住建厅专家库成员

对专业的感悟： 研究生毕业后一直在设计行业从事建筑设计、城市设

计工作已有14年，从一线设计人员逐渐成长为项目负责、管理人员。在十余年的职业生涯中感到，建筑设计与医生、教师一样是社会不可或缺的职业，行业周期或有高潮低潮，但建筑学专业未来仍然无可替代。过去的二十年，随着史无前例的城镇化进程，国内建筑行业发展迎来了黄金年代，在行业普遍高速增长的背景下，很多问题被淡化、忽视了。而当行业发展缓慢增长或者停滞增长作为常态，需要及时调整心态，把握未来的建筑行业的方向，增强个人的素质，才能在下一个十年中具备立足之地。

（1）具备全面的、多专业交叉的宏观思考能力；目前我在从事TOD项目设计，如轨道交通车辆基地上盖的项目设计，越来越感到随着工程项目的功能的综合化、土地利用的复合化成为常态（如在交通枢纽融合商业、办公功能，车辆基地上方设置居住功能，医院内部的商业服务功能，等等），需要综合了解规划、土地、交通乃至投资、策划等多专业的背景知识，而这正是一个传统建筑师的短板，需要全面的学习与提高。

（2）具备某一个领域精细化的设计能力；因为市场竞争的激烈，有限的建筑设计市场可能会向头部企业进一步集中，因而在下一轮的洗牌中企业可能进一步走向集团化、规模化；而对个人而言，需要在某一到两个细分领域成为专家，从而在市场变动中具备竞争优势。

师门学习的感想： 2004年本科毕业后进入交大建筑学院，幸入邱建老师门下，开始研究生阶段的学习。在近三年的学习时间里，邱老师在学术研究及建筑设计上给予了精心的指导与关怀。在研究方向上，邱老师将我的研究生选题定为研究城市边缘区乡村聚落的演变，对于建筑学专业的学生来说，需要跳出具象的、微观的设计思维，转为兼具社会经济、政策管理、城市规划多方向融合的宏观思维，因而具有一定的挑战。通过实践案例研究、以及在建设主管部门的近半年的实习，形成了论文成果，期间邱老师对论文结构、章节排布、案例材料都进行了详细而耐心的指导。

课题研究通过对城市边缘区的传统聚落结构、产业发展模式、村庄规划设计进行了阐述与研究，推导形成合理空间结构，构建理性人居空间，促进生产空间集约高效、生活空间宜居适度、生态空间山清水秀的整体城市边缘区格局，而这些正体现了人本空间设计论的核心思维，而目前我国部分地区城乡接合部已经出现的生态环境恶化所带来的生存空间受制、资源承载能力下降等问题，正体现了十余年前科研选题的前瞻性。同时，邱老师严谨的学风、孜孜不倦的教诲、同门师兄弟多专业背景的交流，都使我在研究生阶段的学习里受益匪浅，而这样系统性的思维训练对后面在一线设计及研究工作具有很大的帮助。回顾2004—2007年在交大研究生学习的时光，是我难忘的精神财富。

◎ 邓锡荣

1980年12月出生
2004年进入西南交通大学建筑与设计学院景观工程专业攻读硕士学位
现就职于中国城市发展研究院西南分院
2009年获全国优秀城乡规划设计二等奖
2011年获全国优秀城乡规划设计表扬奖
2015年获全国优秀城乡规划设计二等奖
2017年获四川省优秀城乡规划设计三等奖

对专业的感悟：某种意义上，规划专业扮演着某个时期社会发展和公共利益需求的代言人的角色，对社会经济发展发挥着至关重要的作用，它具有公共政策性、社会服务性和时代政治性。专业的发展总是随着时代的变革而不断深化，它需要理念的不断创新、概念的不断演替。作为从事专业技术工作的微小个体，唯有怀揣着对专业本身的敬畏之心，坚守信念、坚持理想、保持初心、不懈学习，才不会迷失方向，才能使我们做所的对得起时代和社会赋予规划专业的历史责任。

师门学习的感想：从研究生期间的课程设计、项目实践到毕业论文，导师对待学科专业一丝不苟、严谨治学的态度深刻影响着我。毕业后虽然没有太多机会做导师直接安排的工作和课题研究，但一直在成都从事规划专业工作的我，一直深刻地感受到导师对专业学术精神影响，如景观生态、山地城市等规划理念在实际工作中的运用。在各类会议、学术论坛的讲话中，都能感受到导师对专业学术不断思辨的思想，这些都深深地鞭策、激励我在工作中不断学习。

◎ 沈中伟

1965年10月出生

2005年进入西南交通大学建筑与设计学院建筑专业攻读博士学位

西南交通大学建筑与设计学院教授/原院长、党委书记

国务院特殊津贴专家

四川省教书育人名师

巴渝学者计划讲座教授

四川省有突出贡献的优秀专家

四川省学术与技术带头人

2013年获中国铁道学会科技进步三等奖1项

2010年获及2018年四川省教学成果奖二等奖2项

2018年获四川省科技进步一等奖

主持4项国家自然科学基金（《城市交通综合体空间绩效评价研究》《城市交通综合体安全评价体系研究》《城市交通综合体地下空间绿色建筑设计方法研究》《城市交通综合体形成机制与演变机理研究》）

对专业的感悟：坚持教学与科研相长，一直有积极的目标牵引自己。

师门学习的感想：以人本空间论的思想进行交通建筑的研究和实践，守住安全的底线，践行绿色理念，推动中国交通建筑的健康发展。

◎ 邓　敬

1968年11月出生

2005年进入西南交通大学建筑与设计学院建筑专业攻读博士学位

西南交通大学建筑与设计学院副教授

2017年、2016年、2011年获全国高校建筑学专业建筑设计教案评选竞赛优秀教案奖

2017年、2016年、2011年、2010年、2009年、2006年、2005年、2004年获全国高校建筑学专业大学生建筑设计作业竞赛获奖作业指导奖共24项

2016年、2012年获西南交通大学教学成果二等奖、三等奖

2017年获"铁道科技奖"三等奖（排名10/10）

2018年获四川省第八届高等教育优秀教学成果二等奖（排名9/10），四川省科学技术奖科技进步类一等奖（排名10/10）

2018年至今，任中国建筑学会地下空间学术委员会理事

对专业的感悟：专业追求需要激情，需要热情，但面对人生追求的审视的时候，专业追求只是其中的一部分，甚至只是一个小点，需要去厘清它们的关系。

师门学习的感想：喟叹与感慨颇多，进入师门至今，自己已年过半百，满腹千言万语，属于自省自愧那部分就不一一赘述了，只需对收获的所有的帮助躬身拜谢——我要深深地拜谢导师邱建教授。邱老师为师门塑造了一种精神：身正为范的正直品格，不断进取的探索欲望，严谨不怠的治学态度，以及心怀天下的大家风范。邱老师还时常从人生理想，求学求知的意志和毅力方面对人进行教诲与鼓励，即让我受益，也让我自惭。

在此，我再向邱老师致以最诚挚的敬意和由衷的感谢！

◎ 贾玲利

1978年7月出生
2005年进入西南交通大学建筑与设计学院景观工程专业攻读博士学位
西南交通大学建筑与设计学院副教授
四川省科技厅、住建厅、省传统文化青年专家库成员
成都市公园局专家库成员
成都市风景园林学会理事
获得全国优秀专业硕士论文指导奖、大学生科研训练项目及设计竞赛等多个奖项
主持和参与国家自然科学基金项目"四川传统园林艺术特征及传承研究""静风高密度城市屋顶绿化改善空气质量景观格局及应用研究"、四川省社会科学研究规划项目"四川地震灾后重建的文化遗产空间保护利用研究"、四川省教育厅重点项目"四川传统园林资源保护研究"等多项课题
参与编著"十一五"国家规划教材《景观设计初步》国家重点图书出版项目《四川古建筑》《居家养老AIP技术》

对专业的感悟：从建筑到景观，转变的是专业，不变的是初心。从空间的建造到场景的营造，创造美好人居环境始终是不变的专业追求。

师门学习的感想：有幸入师门，已有十余载。从单纯的醉心于园林艺术，到逐渐进入专业的系统研究，邱老师一直为我指引着方向。从清旷风雅的西蜀园林，到天府蜀韵的公园城市，在我的研究过程中，每一次与邱老师的讨论，都能感受到老师对"生态为先–安全为基–文化为魂"三位一体的人本空间问题有着深刻的思考。邱老师将人本空间设计

论应用于汶川灾后重建、天府新区建等重大实践项目中，作为团队的一员，有幸参与其中，见证了理论用于实践的过程，为邱老师带领团队取得的丰硕成果感到骄傲和自豪。邱老师对待工作严谨、认真，对学生关心、爱护，是我学习的榜样。

◎ 舒　波

1971年10月出生

2005年进入西南交通大学建筑与设计学院景观工程专业攻读博士学位

西华大学土木建筑与环境学院副院长、博士生导师

四川省学术和技术带头人后备人选

四川省土木建筑学会副理事长

四川省海外高层次留学人才

美国密歇根大学安娜堡分校访问学者

中西部地区土木建筑杰出建筑师

中国建筑学会地下空间学术委员会理事

中国医学科学院输血研究所生产基地（行业），一等奖

成都市沙河堡客运站片区规划设计［省（部）级奖］，二等奖

成都市沙河堡客运站片区规划设计（协会），优秀奖

　　对专业的感悟：自20世纪90年代中期进入建筑领域，本人一直致力于建筑学理论研究、建筑创作、建筑教育等工作，其中有角色的转变，也有观念的变化，不变的是对建筑的初衷。自2005年任教以来，紧密结合教学、科研、社会服务不断凝练研究方向，对专业进行深入思考，有以下几点心得；

　　①大建筑学领域兼具自然科学与社会科学属性，需要广泛地吸取各个学科的知识，尤其是人文学科。②在地性设计是建筑创作的本质要求。③建筑学学生的培养大胆创新，更需要因材施教。回想自己从业已经25年了，自己在工作中虽然遇到不少困难，但是依然能够保持对专业的热爱，这也许是邱老师及众多老师榜样力量的作用吧。

　　师门学习的感想：老师国际化的视野、前沿而独到的学术造诣、严谨求实的治学风范深受学生的敬佩，使我受益终身。回想当时求学时，作为在职攻读学位的学生，有着学习、工作、生活的多重压力，老师始终鼓励和鞭策我，使我克服了重重困难，潜心从事学术的研究与论文的写作。尽管导师工作繁忙，他都会亲自指导我反复推敲每一个问题，倾注了大量的心血。每每回忆，颇有感触，致以诚挚的谢意和崇高的敬意。

◎ **贾刘强**

1981年1月出生

2005年进入西南交通大学建筑与设计学院景观工程专业攻读博士学位

四川省城乡建设研究院副院长

省学术和技术带头人后备人选

住建部城乡建设专项规划标准化技术委员会委员

2019年获四川省科技进步一等奖

2018年获金经昌中国城市规划优秀论文奖、省优秀规划设计奖7项；主持和主研国家自然科学基金、国家科技支撑计划、省科技支撑计划和省软课题计划7项；主持完成住建厅课题20余项主研地方标准2项，获软件著作权1项参编专著3部，在核心期刊发表学术论文10余篇；各类城乡规划设计50余项

对专业的感悟：城市的快速发展，给我从事的城市规划工作带来了10年黄金时间，然而随着城镇化的快速推进，城市增量发展模式将难以为继，城乡规划改革中如何发挥专业特长，成为我们面临的重大挑战。在此过程中，发达国家的精细化存量治理、公众参与模式成为可参照的路径，也是我国城市发展的必然趋势。40年形成的城乡规划法规、技术、人才和管理体系，正面临重大转型，是我们专业技术人员需要积极应对的挑战，同时也是重大机遇。无问东西、只争朝夕，把握变化中的不变，坚守以人为本的核心理念，我们必然会迎来更为广阔的专业发展空间。

师门学习的感想：十余年参加师门学习和研究，最为受用的是治学精神——格物致新、慎德致远。以更为严谨的逻辑思维审视和更新已有的专业知识和设计技术，一直是帅门遵循的底层逻辑。在外部条件快速变化的背景下，系统论为发现专业不变的规律提供了基本方法。比如，师门日渐成熟的人本空间设计论，就是把握了人本空间中不变的特质属性：人对安全的基础性需求、生态环境的优先性需求和文化归属的根本性需求，这3类相对不变的需求构成了人本空间设计论的底层价值观，基于此，推演出系统的方法体系，并潜移默化的应用于育人、设计和科研之中，进而不断验证完善，形成既有不变的理论内核，又有开放的技术架构的理论体系。非常有幸能为这一理论的形成贡献绵薄之力，也期望为之进一步完善做出应有贡献。

◎ 余 慧

1980年08月出生

2005年进入西南交通大学建筑与设计学院景观工程专业攻读博士学位

苏州科技大学建筑与城市规划学院讲师

2019年获四川省科技进步一等奖

2018年获苏州科技大学教学成果二等奖

2017年获苏州科技大学教学成果一等奖

2016年获苏州科技大学优秀教师

2015年获江苏省高校微课教学比赛本科组三等奖

对专业的感悟：风景园林是人居环境三大专业之一，关注土地和人类户外空间问题，利用科学和艺术手段协调人与自然的关系，创造人地关系和谐的城市。随着我国进入社会主义新时代，满足人民日益增长的美好生活需要对风景园林提出了新要求，以成都为代表的城市吹响了公园城市的号角，风景园林未来发展大有可期。对自然始终怀有敬畏，对生活充满热情，拥有国际化思维、勤于在实践中获取经验，善于团队协作，做到这些的人，一定最了解风景园林，也是最能发挥专业特长的设计者。

师门学习的感想：我非常幸运能在专业学习成长道路上，遇到良师益友。所谓"一位好老师胜过万卷书""益者三友，友直，友谅，友多闻，益矣"。师门印象最深二事：一是先生曾经说过"博士帽是唯一能带到坟墓里去的"。是啊，知识和学问是真实抓在自己手里的成就，任谁也带不走。每当在学习中犹疑倦怠时，先生的鞭策和鼓励支持我继续前行。二是屡战屡胜的"钢铁侠战队"，无论讨论课题还是做设计项目，用十二分的努力认真对待每一项任务，从顶层设计到分工实施，相互配合、取长补短、相互促进、互为鞭策，过程中既增长知识、开阔视野，又锻炼了意志。感谢师门的培养，几年的学习生涯使我受益至今。

◎ **周遵奎**

1979年11月出生
2005年进入西南交通大学建筑与设计学院建筑专业攻读硕士学位
就职于基准方中贵阳分公司

对专业的感悟：从事建筑设计这么多年以来，曾经迷茫过，徘徊过，但回过头来，对建筑设计还是有份生存工具之外的情怀，也是这份情怀让自己在迷茫之际选择坚持下来。

虽然从事建筑设计有不短的时间，但对行业的敬畏之心反而随着时间的推移越发浓烈，建筑设计是个高度生活化、技术化和社会化的行业，只有沉下心来，用心体验生活、学习技术、并抱着对自己负责、对工作负责、对业主负责的态度才能让自己真正取得进步。

师门学习的感想：在西南交大建筑学院就读研究生的三年，是自己思维方式转变的三年，培养了自己大胆假设，小心求证的思考习惯，特别是在完成研究生毕业论文的过程中，每次在邱老师论文稿件的批注中，都能感受到严谨的思考过程，以及对学术的一丝不苟。

师门气氛活跃，每次聚会都能给自己带来不少感想和帮助，师门同袍之间相互帮助的氛围也深深影响到自己的观念和心态。聚在一起大家不分职位高低，年龄大小均热情分享自己的心得和知识，讨论社会热点问题，多年以来，师门聚会成了我繁重的工作中的一项学习和放松的难得一刻。

◎ **张　莉**

1968年12月出生
2005年进入西南交通大学建筑与设计学院建筑景观专业攻读硕士学位
四川建筑职业技术学院交通与市政工程系党总支书记、建筑系环境艺术教研室兼职教师、副教授
主编科普读本1本，副主编教材2本，参编教材及教辅资料3本
主编省级职业标准1本（在编）、参编省级施工技术规程1本
主持市厅级项目2项、校级项目2项，参与省部级项目2项、市厅级项目5项
获得国家授权发明专利2项、实用新型专利28项、软件著作1项
第九、十、十一、十二届"发明杯"全国高职高专创新创业大赛优秀指导教师
第十四届"挑战杯"四川省大学生课外学术科技作品竞赛优秀指导教师
2015年德阳市"讲理想、比贡献"活动优秀组织者

德阳市2020年优秀科技论文三等奖
公开发表论文5篇
中华职教社（德阳分社）个人社员

对专业的感悟：专业的学习是一个循序渐进、持之以恒的过程，从课程学习到毕业论文，从课题申报到论文撰写，从专业调研到决策建议，均需要团队紧密合作、建立明确和有效的分工、落实进度，在山重水复疑无路时，需要导师和专家指明前进的方向。总之，需要不断努力，做出点点滴滴，为社会进步尽绵薄之力。

师门学习的感想：2005年加入师门，是我人生的重要起点，至今倍感荣幸！

邱老师学风端正、治学严谨、平易近人、学高为师、身正为范，是我终身学习的榜样。多年来，得益于恩师教导，弟子构建了景观（landscape）的概念，顺利完成了硕士学业，持续开展了多项景观课题研究。邱老师教会我正确的学习方法、研究方法和行政管理经验，对顺利完成教科研和行政工作帮助极大，在思想上也得到极大启迪与提升！师门学风严谨、氛围优良，导师严谨治学、弟子奋发向上，相信未来将获得更丰硕的成果！学术研究永无止境！

◎ **魏大平**

1972年12月出生
2005年进入西南交通大学建筑与设计学院建筑专业攻读硕士学位
四川建筑职业技术学院建筑装饰副教授、高级工程师
2010年主编教材《家装方案设计与实现》（建筑工业出版社）
2019年主编教材《顶棚装饰施工》（高等教育出版社）
2010年所负责的建筑装饰工程技术专业为国家示范建设专业
2019年所负责的建筑装饰工程技术专业为国家高水平建设专业
2020年《四川省建筑装饰装修施工工艺规程》主持人
2020年四川省《建筑装饰装修工程施工从业人员职业标准》主持人
2020年"建筑装饰工程技术"专业入选中国职业教育协会典型案例

对专业的感悟：作为教师，长期战斗在教学一线，建筑装饰工程技术专业建设一线。对专业感悟有以下几点，恳请邱老师及各位师兄师姐、师弟师妹们批评：

（1）建筑业是一个为人及人类社会服务的行业，社会需求及需求变化对行业发展有较大的影响。

（2）建筑行业与生态环境、社会环境、政治环境共生，建筑及其使用的材料和技术应该首先与自然共生、与生态环境共生，尽可能地融入自然生态环境，减少对生态的破坏。而现实的建筑开发及设计市场是社会环境、政治环境前置、生态环境靠后，大量的良田及自然生态环境被破坏，谁之过？应该引起大家探讨和思索；邱老师及师门主导的公园城市、宜居城市建设是很好的理论和实践探索。

（3）哑铃型的经济结构和城镇结构现实，为建筑师、规划师、景观设计师、建造师等从业人员留足了能动性、创造性、创新性空间，职业前景依然良好，从人才培养到案例实践、理论研究等维度，师门对社会的贡献会大有可为。

（4）建筑技术、信息技术、建造技术发展对建筑设计与建筑专业教学本身提出了更高要求，理论知识提升、工具应用能力提升及其与固定的教学时间的矛盾客观上需要更高维度的求解。

师门学习的感想：无论在日常教学中，还是在硕士毕业论文的专题指导中，邱老师不论资质高低，对学生都一视同仁。严谨的教学组织、自律的生活作风、兢兢业业的工作态度，求真务实、不辞辛劳、服务为民、探索真理的率先示范，深深地影响着我，激励自己在教学、在实践、在科研中不断进步，也使自己在人生中能淡泊名利，甘于平淡与平常。

跟随老师学习过程中，四川正经历"5·12"大地震和芦山地震，灾后重建任务繁重，邱老师作为四川省负责灾后重建的主要负责人更是忙上加忙……忘不了，老师见缝插针，深夜加班的辅导和教诲；也见证了邱老师对论文要求的严谨，使自己铭记着"正直是一种能力，善良是自我选择；找准自己、不断超越"的成长路径。

进入师门，在邱老师的教诲下，职称上自己从助理讲师提升到了讲师、副教授（如今已有实力参评教授），从工程师提升到了高级工程师；工程硕士毕业后，取得了一级建造师、监理工程师等职业资格；专业建设上，把建筑装饰工程技术专业从四川省重点专业提升到了国家示范专业和国家高水平专业群建设专业；自己也从普通教师成长为职业教育国家工匠之师。

总之，感谢邱老师领我进入科研之门、教学之途、实践之旅，给了我不断提升自我的动力之源！师恩永记。

◎ 张 樟

1979年9月出生

2005年进入西南交通大学建筑与设计学院景观工程专业攻读硕士学位

重庆佳联园林景观设计有限公司总经理

2020年重庆绿城兰园项目获得 IFLA AAPME国际奖社区与公共卫生类荣誉奖

2007年在《城市建筑》发表《城市景观中的缝与槽》

2002年在《中国园林》发表《住区过渡空间的探讨》

对专业的感悟： 景观是一门实践型学科，在小尺度景观中，随着人们生活日益改善，景观的体验性需求被放大，它已经不再停留在原本那些空间用语中阐述。越往后发展，景观设计师只有不断加强对人们行为的观察认知，对新科技使用的了解，对不同人群底层文化的探究，才能使景观得其所用。

师门学习的感想： 学以致用，虽然毕业这十几年间从事的多是商业性质为主的景观设计工作，如住宅、商业、产业景观，但每个项目的设计本底始终不忘邱老师一直强调的生态和人文。

也许是源于邱老师的谆谆教导，我对与"商业美"经常起冲突的绿地率、海绵等规划指标并不反感。因为邱老师给我植入了一个很深的理念，即是生态平衡、可持续性的美才是大美，它比那些"美化运动"带来的感官刺激要更具社会价值。我们经常以破题的想法去寻找它们的平衡点，去架起近期利益与远期发展之间的桥梁。

说到文化二字，也许是民族自信带来的变化使近几年对在地设计的需求越来越强烈。但这一点我们并不被动，因为我们很早就开始建立这一战略资料库。一有空，团队就会去看看当地的城市展览馆，通过照片记录和分析当地人的行为习惯，采风当地的历史遗留地等。而这都得益于读研期间邱老师给我打下的人本观。

感谢邱老师给了我全学科的视角，正确的设计方法论。这些观念和知识使我虽然身处一线设计岗位，参与更多的是小尺度的设计工作，但让我能够正确地对待中国人居环境建设，为这份事业添上自己一份坚实地小瓦片。

◎ 韩 效

1978年6月出生

2006年进入西南交通大学建筑与设计学院建筑专业攻读博士学位

西南交通大学建筑与设计学院教师

2019年获四川省科技进步一等奖

2019年获全国混合式教学设计创新大赛、设计之星

2020年获西南交通大学唐立新优秀教学教师

对专业的感悟：创造带来的痛苦挣扎和喜悦是成正比的。这个专业是无与伦比的，没有一个专业可以融合这么多的学科，因此也没有一个专业会给我带来这么多的成就感和幸福感。建筑是个老年职业，没有什么"二十岁不成国手终生无望"的说法。所有我感兴趣的东西都能和建筑搭上边，我喜欢一切与人和生活相关的事儿，那我为什么不能对它保持始终的热情呢？

师门学习的感想：信息时代的背景下，新的观念、逻辑、审美正在强烈冲击建筑学的本体，对数据的崇拜似乎甚嚣尘上。传统建筑学中的人本原则面临越来越大的挑战。

在师门中一直感受到如沐春风的温暖，同门的友爱互助，导师的悉心教导，都让我的这一段人生充实而难忘。学习和毕业之后的日子里，跟随老师共同研究工作，对人本的关注逐渐从技术层面扩展到了世界观领域。新技术、新方法的确引发了行业的巨大变革，变是永恒不变的主旋律，但营造人性化空间和以人为本这个内核不会变，这是历史长河中真正具有永恒价值、不会被淹没的东西。我相信人类始终如一的追求，也坚信我们可以在人本空间设计中走得更远。

◎ 王 臻

1983年3月出生

2006年进入西南交通大学建筑与设计学院城乡规划专业攻读硕士学位

成都西南交通大学设计研究院有限公司规划分院副总规划师

获2013年度四川省优秀城乡规划设计二等奖

获2013年度成都市优秀城乡规划设计三等奖

获2011年度四川省优秀城乡规划设计二等奖

获2011年度四川省优秀城乡规划设计一等奖

获2011年度四川省优秀城乡规划设计三等奖

获2013年度四川省优秀城乡规划设计表扬奖
获2015年度四川省优秀城乡规划设计三等奖
获2016年度成都市优秀城乡规划设计三等奖
获2017年度四川省优秀城乡规划设计表扬奖
获2017年度四川省优秀城乡规划设计二等奖

对专业的感悟：从事规划设计行业十多年，见证了技术革新不断推动城市发展，同时也颠覆性地对城乡规划专业提出了更新的挑战和要求。在校园里是从微观到中观再到宏观自下而上的进行知识结构搭建，进入工作岗位以后，有幸在第一年就参与多个县级总规，自上而下地对专业知识的空缺逐渐填补，增加实践技能。从中领悟到规划不仅仅是基于问题判断，更多的是目标导向的结果，并且要有实现目标正确的路径和方法。而自己的工作目标就是让每一个规划成果能服务于整个城市的发展，服务于政府战略需求，成为一个有价值、有解决方案、有实施性的综合产品。在这个过程中，不断提升和完善自己的知识结构。

国土空间规划的全面铺开，又将带来一次专业知识的结构重组，要突破传统的"城市规划"思维定式，平衡发展与保护之间的关系，为自己在专业领域的成长开拓更广阔的视野。

师门学习的感想：现今，我国城镇化率已经突破了60%，这意味着每十个国人就有6个生活在城市里，推进以"人"为核心的新型城镇化将是未来城乡规划发展的重要导向。在研究生阶段，是我第一次接触到了无障碍的空间设计课程，在邱老师的引领下，我打开了以人为本的空间设计思维，伴随着我国高速的城镇化，我们也越来越关注人对城市空间需求的转变，人工智能的发展、人口的快速老龄化都促使人口就业向更有人文温度的三产转移，也对城市的空间品质提升提出了更高的要求，这都将是我作为城乡规划师需要树立的时代价值观，也正是邱老师的一直教导我们的人文关怀是一个设计师最近基本价值理念。

城乡规划师这项职业的核心就是需要人人参与、平衡公众的利益，感谢邱老师的教导，奠定了我作为一个城乡规划师基本的价值导向，让我在十年的工作生涯中不忘初心，勇往前行。

◎ 刘晓琦

1982年10月出生

2006年进入西南交通大学建筑与设计学院景观建筑专业攻读硕士学位

澳洲艺普得城市设计咨询有限公司设计总监

2016年黄浦江东岸21公里开放空间贯通概念方案国际征集获胜

2016年芒稻河国际青年设计师创意竞赛最佳创意奖

2020年上海华润时代广场景观设计获全球地产设计大奖佳作奖

对专业的感悟：景观建筑设计是一个集宏大尺度与精小细节为一体的学科，横跨区域规划乃至全球生态，小到人居尺度花园及景观家具的营造；亦是一门集自然生态、历史人文、哲理逻辑、艺术美学为一身的综合性学科。作为21世纪的景观设计师，不仅需要有多方面的基础知识做出合格的设计，更需要有强烈的社会责任心，在生态环境濒临崩溃的今天，能做出有大局观、未来视野的设计更是可贵。

师门学习的感想：2006年从西南交通大学建筑系本科毕业并获得了保送的名额。在考虑研究生专业时，邱老师刚回国作为建筑学院院长创立了景观建筑学专业，这在中国是一个崭新的学科，建筑学院里在建筑、规划之外的另一个专业，于是我抱着满怀的希望加入了景观建筑学的大家庭。后因个人深造的原因去法国学习工作了7年。在研究生的学习中、留学期间以及回国后的迷茫期邱老师都给予了非常多的指引与帮助，让我对景观学科以及中国的景观学现状有了更全面更深刻的认知。在过去的几年中，邱老师带领师门对中国西部大开发背景下的人本空间进行了一系列的研究与探讨，以东西方人本哲学为基础确定了以安全为基、生态为先、文化为魂的核心理念。并以四川灾后重建与天府新区建设为实践提出了一系列指导规划与建设的重要工作框架与体系。另一方面指出中国西部地区的设计技术力量薄弱，而人本空间的实践需要一大批优秀的设计师。特别希望作为师门的一份子也能够参与到西部大建设，为自己的故乡献出一份力。

◎ 黄 河

1983年02月出生

2006年进入西南交通大学建筑与设计学院建筑设计及其理论专业攻读硕士学位

中国电建集团成都勘测设计研究院有限公司水环境与城建工程分公司建筑技术总监

2011年获四川省优秀工程专项设计二等奖

对专业的感悟：如今建筑界外来纷扰严重，媒体的宣传炒作可能对业主产生误导，这一切，使得业主容易做出对自己非常不利的选择。于是建筑师的作用便凸显出来，帮助业主做出最好的选择。理想情况下，建筑师基于自己的观念做出好的设计，创造出高价值的建筑方案，而业主基于对建筑师的信任，相信建筑师的设计对他而言最有价值，因而选择了建筑师的设计，这才是双赢的局面。

然而事实是，建筑师的观念是基于知识经验而不是基于真理形成，建筑的价值没有一个可以称之为真理的标准，而业主的选择更是存在严重的矛盾。

我们也可以顺便理解"建筑设计是个老年人行业"这一现实的逻辑——最长的工作年限往往代表了最充沛的知识，最充沛的知识代表了更大的"正确"的可能性，最丰富的阅历代表了对业主个人价值观的更充分的理解以及建筑师对自己观念的更好的表达。

师门学习的感想：建筑设计首先应该明确为谁而建，一定要把自己当作真正的使用者来思考，想象自己缩成一个小人，在自己设计的房子里穿行想获得什么样的感觉，应该有什么样的想法。譬如学校、大学生活动中心、游艇码头，等等，每一个转角、走道、阶梯都应当是为一定目的而存在的，是为人所使用，有些时候大体的思路一出来，很多细小的地方就自然出来了。

其次建筑的设计应当满足基本的功能需要，包括使用、安全和经济等。人有了经验，就有了表象。设计起步时，会选择表象。经过选择的表象成为意象，随着设计的深入，意象越来越多，也包括理性的。表象与意象呈两条平行线发展，就达成意境，即理性与感性的融合。

建筑设计是一项创造性劳动，一个好的设计，从立意，构思到方案的形成。需要以满腔的热情，全神贯注，发挥自己的综合才能。

当然，建筑设计又是一个多学科综合劳动，这就需要一个团队合作共事。充分发挥自己的主导地位，发挥结构师的保证作用，设备工程师的配套作用。在团队里，彼此尊重，互相体谅，取长补短。处处体现出很强烈的团队精神，是一支凝聚力很强的团队，这对一个建筑设计者来说，是一笔巨大的财富，合作共事的精神会助长设计者的发展。

◎ 张　妍

1982年11月出生

2007年进入西南交通大学建筑与设计学院建筑专业攻读硕士学位

成都大学建筑与土木工程学院讲师

2019年主持省级及以上教改项目

2020年主持厅局级项目3项

2014年度荣获成都大学建筑与土木工程学院青年教师教学竞赛，一等奖

2015年度荣获成都大学建筑与土木工程学院青年教师教学竞赛，一等奖

2011年度荣获成都大学青年教师教学竞赛，二等奖

2019年荣获成都大学第一届课程思政教学设计大赛，三等奖

对专业的感悟： 离开校园已近十年，工作多年之后，自己领悟到建筑设计要考虑双赢：既要考虑社会效益，也要考虑经济效益，而经济效益也并非仅仅局限于造价方面，而是包括了环境效益在内的多个方面。有关建筑设计的方针、政策、规范很多，做设计在自由创作的同时应该是以遵循国家规范为前提的，这也是非常重要的；最近建筑节能、生态建筑、可持续发展等反复被行业领域强调，回首过去，近十多年来，在每一项建筑设计项目中，教学中，也多少做了些这方面的工作，今后应该更加重视。经常和学生们探讨，做方案应该首先提出 idea，只有新的概念才能引导出新的形式。先有形式再找概念，那所谓的概念不就成了自欺欺人的文字游戏？在外人看来，先有概念还是先有形式可能还是分不清，但是设计师心里应该是一清二楚的。比如库哈斯那些新奇而怪诞的形体，除了是概念先行之外，别无他法。在教学中也常常和学生们强调建筑设计应充分尊重地域文化，当下建筑界对地域文化的研究越来越多，建筑创作，尤其是创新也越来越离不开对当地生态、民俗、传统、习惯、民居等各个方面的研究与应用，今后也应该更加重视。

师门学习的感想： 尽管毕业10年了，硕士生阶段的求学过往仍历历在目，非常感谢我的导师邱建教授言传身教对我们进行正能量的教导。老师也一直强调，研究生阶段的学习，不同于本科阶段，不能浅尝辄止、不求甚解，关键在于"研究"二字，即要多思考"为什么"。其次，师门的学习氛围很好，师兄师姐们也对我们很照顾，经常和我们交流，做课题研究最重要的一点是，按照老师的标准要求自己，反复修改、完善，保质保量地完成老师交给的每一项学习任务。从他们那里我学到了很多课堂上没有的知识。不积跬步，无以至千里。进步源于点滴的积累，学习一定要有耐心。建院的教工图书馆对学生也是开放的，大家都可以去那里学习，锻炼了我们很强的独立自学能力。总之，谢谢邱老师的谆谆教诲，谢谢西南交大建筑学院领我入门，给了我3年丰富多彩的硕士生涯。

◎ 周　雅

1983年8月出生
2007年进入西南交通大学建筑与设计学院城市规划专业攻读硕士学位
北方工业大学教师
2014—2015年，主持北工大博士科研启动金项目
2016—2017年，主持北工大"优秀青年教师培养计划"项目
2016—2017年 主持北工大创业行动项目
2020—2021年，主持北京市教委项目
2020年，青年教师基本功大赛获优秀奖

对专业的感悟：当下的快节奏生活更需要建筑师、规划师、室内设计师静下心来好好地思考设计，设计显得更为的重要，改善城市生活品质的要素体系、让城市依然有温度、有诗意，传承历史，传承文化价值，应是每一个设计师的职责所在。

师门学习的感想：2020年初新冠肺炎疫情的突然袭击，给整个世界，给建筑师、规划师、室内设计师等重新思考的空间。在后疫情时代，城市发展迫切需要改变单一追求经济发展的模式，一方面向健康城市的宜居发展模式转型，另一方面向更高质量的经济发展模式转型，真正做到"人本空间设计"。

◎ 蒋 蓉

1973年2月出生

2008年进入西南交通大学建筑与设计学院城乡规划专业攻读博士学位

西南交通大学城乡规划系副教授

2019 年获四川省科技进步奖一等奖

2015年获四川省建设厅优秀规划设计一等奖

2015年获四川省建设厅优秀规划设计三等奖

2015年获四川省建设厅优秀规划设计三等奖

2011年获住房与城乡建设部优秀村镇规划设计三等奖

2010年获住房与城乡建设部优秀村镇规划设计三等奖

参与住房与城乡建设部《中国城乡统筹规划的实践探索》编写工作

参与《震后城乡重建规划理论与实践》专著编写工作

对专业的感悟：在中国城市化快速推进的时代，城乡规划师面临着一个巨大的机遇和挑战，特别在当前重要转型时期，需要学习和创新的工作目不暇接。规划人要了解时代给予的责任，不仅要抬头仰望天空，也要脚踏实地，埋头钻研学习各种新的知识，只有这样，才能适应未来的发展变化。

师门学习的感想：2008年加入师门以来，恰逢四川汶川大地震，在导师悉心指导下，我完成了以灾后重建规划为主的博士论文，后续也参与了导师的灾后重建规划为主的若干课题研究，十年来，见证了汶川及芦山大地震灾后重建给当地社会经济带来的巨大变化。一方面感动于导师对重大事件的敏锐度和十年如一日的坚持精神，带领同门小组完成了一篇篇高质量的论文和科研课题，而同门的兄弟姐妹们在各个专题方面刻苦钻研的精神也让我深受感动。

参与灾后重建规划这个重大历史事件让我也深刻地体会到：科学合理的城乡规划对于一个地区未来发展的至关重要，规划师需要高度的责任心才能不辱使命。在人本空间规划设计过程中，我们不仅需要提前研究，综合分析判断，更需要像十年灾后重建规划研究一样，长期跟踪，及时总结，重视规划后评估，才能为未来的发展提供指引。

◎ **唐由海**

1976年5月出生

2009年进入西南交通大学建筑与设计学院城乡规划专业攻读博士学位

西南交通大学建筑与设计学院副教授

对专业的感悟：改革开放以来，由于中国城市规划学科坚持致力解决问题而不是研究问题，致力向上而不是向下讲述道理，致力于向内否定而不是向外学习，40年来规划学科不断重复一种话语体系和叙事逻辑，终于面临学科何处去的困惑与自身必要性证明的挑战。

师门学习的感想：在职博士之路漫长而坎坷，幸蒙邱老师不弃，从日常学习，到学位论文选题、思路确定，邱老师都一路引领着我。回想起在求学路上，诸多充满回忆和画面的时刻，在洛杉矶的酒店大堂、在大年初一的办公室，甚至在4S店的等候区，都留下邱老师指导学生的身影。求学过程中，如前文所述，感受到城乡规划学科面临诸多根本性挑战，解决之道，或许不应再就事论事，而是回归"人"的需求，回归"人"的逻辑，在邱老师指导下，我做了一些城市历史的研究，体会到人伦理性是中国营城传统中的主线之一。把历史讲清楚，也算是一种解决思路吧。

◎ **胡劲松**

1968年7月出生

2010年进入西南交通大学建筑与设计学院景观工程专业攻读博士学位

西南交通大学城乡规划系讲师

对专业的感悟：刚从事规划专业工作的时候，感觉要做好规划不是一件难事，工作日久，才越来越发现要真正做出好的规划是挺难的——没有扎实的专业基础，没有认真、细致的调查和分析研究，没有对社会与时代的变化的审视与把控，做出来的规划都是浮于形式的废品。规划是一个对知识要求在广度和深度上都很高的学科，一个好的规划的编制，不仅需要规划工作者不断提高自我，较之以往，也需要更多不同专业的技术人员的通力合作。在当今的大变革时代，如果要固步于传统专业知识和经验，没有真诚的合作精神，那要做好规划真是没有可能。

师门学习的感想：我从城乡规划设计院来到西南交通大学规划专业

任教不久，邱建老师也从国外归来，担任学院领导，在他的领导下，通过援建甘孜新龙、结合地方旅游发展等相关规划设计，对于地域自然和人文特征、特色有了不断深入的认知和思考，在邱老师主导的产、学、研一体化的理论与实际结合的综合研究过程中，把理论教学与地域生态、文化、经济的认知研究相结合，使自己感觉在专业上有了更大的提升。在汶川地震之后，在受灾地区的应急与长远发展研究方面也得到了百忙之中的邱老师（此时，邱老师已到四川省建设厅担任总规划师）的悉心指导，在交流中颇受启发，遂产生了师从邱老师，再次求学提升自己的念头，并于2010年9月跨入师门。此后，和邱老师在他的办公室、工作室和家里进行了许多次有关我学习的交流，尤其在关于灾后重建的规划、灾害的应急预防和应对灾害的政府对策等方面，我从中得到很多感悟。在邱老师组织的众多研究讨论会和师门交流会上，我也从各位师门的发言中得到很多启发。总体来说，一个富有研究、探索精神的团队，让我对城规专业及相关领域的认知都有了更好、更高的认识，也在此基础上，能更好地找到自己努力的方向。

◎ 王鹃鹃

1987年1月出生

2010年进入西南交通大学建筑与设计学院建筑专业攻读硕士学位

工作室创业

2014年参与四川省第三届建筑信息模型（BIM）设计大赛（工业建筑组）获三等奖

2015年带队参加四川省第三届建筑信息模型（BIM）设计大赛（民用建筑组）获三等奖

对专业的感悟：本人本科专业为景观建筑设计，研究生专业为建筑设计及其理论，自本科学习阶段就开始接触规划、建筑、景观等多领域的工程项目，对专业的理解也主要来自这些实践过程，具体如下：

（1）一个理想作品的落地过程，是多方博弈与协作的结果，过程中通常会遇到主导方审美意识不足、政策因素、项目资金紧缺等问题，设计方的综合能力及在项目推进过程中的话语权都亟待提高。

（2）政府工程项目追求的公众需求、政治时效、形象效应与民营公司项目追求的客户需求、市场标杆、投资回报的区别，决定了设计方攻

坚的差异。

（3）建筑空间的产出，是时代车轮足迹的见证。近二十年感觉国内的建筑创作意识，逐步由舶来品思维向自主创新、民族文化、人本空间转变，也许这是综合国力提升和互联网变革的力量，也印证了经济基础确定上层建筑的铁律。

（4）建筑学无疑是一门综合性的工程及艺术类学科，美学、视野、环境等多方面因素决定了创新的纯粹性；然而现实是绝大多数的建筑景观设计从业者加班熬夜并做着"搬砖加工"的辅助性工作，仅有极少数人是在思考设计本身。如何将建筑设计行业从人力耗费型转变为人脑智慧型，是我们整个行业面临的难题。

师门学习的感想：本科入校刚接触建筑景观设计学科时，无疑是青涩和懵懂的，最深的感触就是因大学之前的时期，接触了国画、版画、宣传海报之类的领域，所以对建筑美学的感知是建立在二维平面之上的，而对于空间的意义和表现缺乏理解。随着学科在建筑、规划、景观等专业的深入，开始慢慢理解了系统性、规范性、关联性，以及对场所和空间的理解和运用。

2010年9月，很荣幸本科毕业后能成为邱老师的硕士研究生，课题选择了城市综合体与城市公共交通的接驳和规划方向。论文写作期间，实地考察了香港、成都等地的多个综合体项目，同时也参与到城市综合体的设计项目中积累实践素材。硕士学位攻读期间，邱老师多次给予论文课题在系统结构、篇章规划、概念理解、论文发表等全方位的指导意见，最终顺利获得建筑学专业硕士学位。在此，非常感谢邱老师的悉心指导。

◎ 黎 贝

1987年9月出生
2010年进入西南交通大学建筑与设计学院景观建筑设计专业攻读硕士学位
西南民族大学实验师
参与多项国家级及省部级课题研究，主持1项校级课题研究与1项校级教改项目研究
在核心期刊发表论文2篇，在EI、SCI检索杂志发表论文1篇，在A类出版社刊物发表论文2篇
2014年、2015年获西南民大创新创业项目优秀指导教师
2015年获西南民大优秀毕业设计指导教师

对专业的感悟：现在规划建设中生态与文化的重要性日益突出，这令人感到欣慰。伴随对生态与文化的重视而来的是各种新规划理念与新规划模式，这些新理念新模式给学科的从业者与教育工作者带来需要尽快更新知识与技能的挑战，目前更多时候是在边学习边摸索。时代在变化，需求也在变化，作为应用学科的从业者，永远没有停下来的一刻，不断的学习与探索才是常态。

师门学习的感想：刚进入研究生学习阶段的时候对风景园林专业内容的认知还很局限，在与邱老师的一次次交流中慢慢对风景园林的范围与内容有了更宏观与理性的认知，并在邱老师的引领与师兄师姐的帮助下从人本空间的视角出发，对成都绿道建设进行研究。虽然工作以后与现在读博期间并没有延续绿道的研究，但人本空间视角与基于此构建的研究思维仍是对本人现在进行城市雨洪韧性研究与民族地区人居环境研究的基础。

每年师门都有一次聚会，聚会中邱老师与各位师门同袍经常会给大家分享自己一年工作与生活的心得体会，聚会其乐融融，大家都满载收获而归。由于邱老师在人本空间方面的研究广泛而深入，因此本人现在研究中遇到困惑也时常向邱老师请教，受益颇深。

谢谢邱老师带领我走上研究的道路并一直给予帮助与指导，谢谢师门的各位同门对我的帮助。

◎ 曾 帆

1984年1月出生

2011年进入西南交通大学建筑与设计学院景观工程专业攻读博士学位

四川农业大学资源学院讲师

在顶级学术期刊发表论文10余篇，其中CSSCI、CSCD收录4篇，EI收录1篇

参编书著2部、四川省工程建设地方标准1部

主持、参研国家、省、地方项目50余项

获四川省科技进步奖一等奖1项（2019）

全国优秀城乡规划设计三等奖1项（2011），四川省优秀城乡规划设计奖一等奖1项（2013）、表扬奖1项（2013）

金经昌中国城市规划优秀论文奖提名奖1项（2018），2019年中国建筑学会优秀博士论文选登

指导2019、2020年全国大学生土地利用规划技能大赛一等奖2项、二等奖2项

2019年四川省大学生乡村振兴创意设计大赛二等奖1项，三等奖2项；指导国家级大学生创新创业训练计划2项

指导校级本科优秀毕业论文3篇

获2020年四川农业大学本科课堂教学质量奖一等奖

荣获校级2018年优秀班主任荣誉称号

荣获2017年四川农业大学资源学院金土地优秀教师奖

对专业的感悟：城乡规划关注的是人类聚居的系统问题，既古老又现代，既宏大又具体，既浩瀚又微小。从蛮荒时代原始人穴居、树居寻求安全庇护，到中古时代基于防御、简单商品交换的聚落与城镇，再到工业革命具有明确功能分区的现代城市，直至当今信息化、全球化时代城市群、城市连绵带等巨型城乡形态的产生，城乡规划以其固有的学科范式参与了人类社会演化的全过程。从生物演化角度来看，个体人在历史长河的进化中变化甚微，骤变的是人类群体的生产生活方式及聚居形态。人口爆炸与巨型城市，城市病与资源争夺，或许规划师的历史角色就是在这场人、自然、社会的系统演化中为个体人争取一席人性关怀的温存之地。从这个角度出发，现代规划师和古代规划师又站在了同一基点，回到了最初以"人"的基本需求为主导的人本主义价值取向及其设计观。而随着时代变迁以何种价值立场来平衡处于各种权益与矛盾漩涡中心的规划设计并兼顾公平正义，将是我作为一名规划师究其终身孜孜不倦探索的方向。

师门学习的感想：硕士毕业在设计院工作三年之后，我有幸师从邱建教授继续博士研究生学习。邱教授高屋建瓴、治学严谨、求真务实，带领我步入科学研究之路，在与邱教授的日常学习、工作交流中领略了其宽厚谦和、敏锐达观的处事哲理，6年的博士研究生的学习所获使我一生受益。

2008年汶川大地震和2013年芦山大地震突发，邱教授时任四川省住房与城乡建设厅总规划师，他第一时间亲临灾区现场指导救援安置规划，全程把关灾后重建规划工作，心系灾区群众，置生命安危度外。作为一名学者，他敏锐地意识到这两次大地震灾中应对、灾后重建过程中规划技术与组织管理的关键作用，及时组织科研团队持续开展《汶川地震灾后重建规划关键技术集成及规程研究》课题的跟踪研究，我有幸在该项目中担纲主研。在数年跟踪研究中，我直接参与了部分震后重建规划项目，在实地考察、调研、座谈、走访中获得了大量珍贵的一手资

料，在这个过程中逐渐获得了对震后重建过程从直观感性认识、经验认识到理性认识的过渡，并基于系统论方法构建了震后城乡重建规划的思维模型与管理模型，凝练了重建规划的关键技术，初步形成了震后城乡重建规划理论的雏形。

博士阶段的研究成为我科研工作的一个基点，对城乡安全问题的关注和研究是城乡规划学的原点问题，即人类寻求庇护及安全生存需求的问题。师门团队持续开展的震后城乡重建规划相关研究即是这一古老人居安全问题的当下实践。四川两次特大地震再次印证了聚居安全的极其重要性，人居安全是一个复杂的系统工程，涉及宏观层面的空间规划和微观层面的工程建设，四川震后城乡重建规划着重研究聚居选址、用地选择、生命线系统、防灾系统以及无障碍环境等子系统及要素的系统性架构，溯源了古老人居安全规划的人本主义价值取向，探索并推进了当代人本空间设计的方法与技术。在邱建教授师门的博士研究学习生涯启蒙了我的研究道路，探索科学问题犹如西西弗斯推巨石，痛并快乐着，路漫漫其修远兮，吾将上下而求索。

◎ 张　毅

1980年12月出生

2011年进入西南交通大学建筑与设计学院景观专业攻读博士学位

就职于四川省建筑设计研究院地域建筑文化研究中心

参与课题《城乡统筹背景下成都市农村生产方式与聚落形态耦合性研究》（2012—2016）；国家自然科学基金青年项目《四川传统园林艺术特征及传承研究》（2012—2015）；四川省科技厅科技支撑计划项目"汶川地震灾后重建规划关键技术集成及规程研究"（2013—2017）；国家自然科学基金项目"'三生'空间耦合机理及规划方法研究——以四川地震灾区为例"

参与编著书籍：《震后城乡重建规划理论与实践》《天府新区规划——生态理性规划理论与实践探索》

对专业的感悟：单看建筑行业，数字化设计技术的不断革新，已经让设计师不单单是把目光放在外观上了，我们有更多的想象空间让建筑充满多样的功能。在未来科技发展和可持续背景下，越来越多的功能性建筑会走入人们的视野，而不是那些连人工智能都能创造的单纯的外观性质的建筑。而在单个建筑，或者是建筑群体之上的涉及城市规划的框

架性的学科中，为了人居环境的功能性而做设计规划一直都是这个学科的难点，未来智慧城市建设，超算中心广泛应用，城市空间规划将有翻天覆的变化。

师门学习的感想：从迈入师门接受导师教诲第一刻起，就强烈感受到理性思维对我们的引导与指正。严谨科学的研究态度是整个团队基本准则之一，跟着老师一路从汶川灾后重建规划研究到天府新区规划，再到人本空间设计论的思辨与实践过程，生态先行，科学分析，理性谋划贯穿始终，无论是理论产出还是项目成果，都是具有借鉴与学习意义的标杆与示范。人本空间论是在长久孜孜不倦潜心钻研的基础上，结出的与广大民众最根本利益密切相关的福果。

◎ **康川豫**

1985年6月出生

2012年入学西南交通大学建筑与设计学院景观工程专业攻读博士学位

对专业的感悟：中国的城市建设经过了快速的开发阶段，逐渐进入了规模多样、公共服务多元，技术手段多变来适应规划对象的转变，面对人居环境的挑战与问题，其核心是人居环境的建设，解决好人与自然、历史与现代、发展与安全的关系，亟待思路、方法、工具和管理的更新与响应。

社区是人居环境中最基础的构成单元，是居民生活的基本平台，很多服务设施依附街区空间所建立，为实现对各年龄段各种类人群的基本生活要素的全面覆盖和品质提升，不仅仅是要统筹安排好城市社会服务、文化营造、交往关怀、健康生活等多元要求，更是从根本上将城市规划与社区治理的紧密结合。无障碍环境作为人居环境中一个重要的组成部分，以区划合理高效的街区空间为目标，考虑到残疾人士和老年人在内的所有有需求的人在日常活动场所中所受到的物理制约，尽量为他们创造一个便捷易达的环境场所。

师门学习的感想：随着城市的不断发展、进化，我们一直追求更加舒适，更加便捷的生活方式，不光是我们使用的物品、电器，还是居住的房屋、街道，都在日夜不断地提升、改变。生活方式的变化催生了一系列的社会诉求，城市规划设计进入到转型阶段，其核心都放在人上。

每一个人都在期待人性化的城市环境和社区服务带来温暖和鼓舞，也通过对社会的关心，对社会的积极参与来确立自己人生完整性的权利。

身心障碍者的正常化实现绝不仅仅是解决他们在固有环境状态的问题，而是解决人与人之间的共存互助的社会结构和文明结构框架之下，形成一个所有人新的人居环境。这样城市的研究，从理论上，情感上，都是我非常感兴趣的，关注人本身，关注弱势群体，是非常有意义的课题，希望在今后的研究能够为所有社区的居民提供健康且富有文化的社区场所规划，通过无障碍环境等方面的创造来实现真正的通用性，也为满足现代人性化社会的需求贡献力量。

◎ 鲍 方

1984年7月出生

2012年进入西南交通大学建筑与设计学院景观专业攻读博士学位

中铁二院工程集团责任有限公司土建一院景观所所长

2013年获水利部第一届"中水万源杯"水土保持与生态景观设计大赛一等奖

2014年获国际（IDEA-KING）第四届园林景观规划设计大赛年度优秀设计奖

2015年获成都市"美丽天府杯"创意设计大赛，获路铭牌类金奖、公交站牌类银奖

"柳南客专、南黎铁路绿色通道设计"获优秀工程设计三等奖

"南广铁路绿色通道设计"获优秀工程设计三等奖

2018年获成都市五一劳动奖章

2019年获中国中铁劳模

对专业的感悟：从事景观行业，其实是对生命、生存、生活的不断反思，是为了使人们的生活与生活的这个地球和谐共存，我们需要设计的不是场所、不是空间、也不是物体，而是体验，所有走过的路、去过的地方、感受过的喜怒哀乐，最终都成为我们作为设计师的积累，用不断完善的价值观，创造适合的、可持续的、有意思的体验。

师门学习的感想：进入邱老师门下，始于2012年继续求学的愿望，望找到一位严谨、博学的导师为自己的进步开启新的大门，导师对我说的第一句话："博士首先是学会思辨的逻辑，你将受益终身。"刚开始的一两年，其实我很难真正理解这句话，而真正在我参与了师门科研项目，经历了在邱老师带领下，大家日日挑灯夜战的讨论，以及在邱老师不厌其烦的指导下，发表了几篇论文之后，我逐渐感受到，应该如何以辩证的思维看待学术的问题，如何以科研的态度面对工作、生活中遇到的困难，我逐渐开始收获邱老师说的这个"益"，我才明白，邱老师为我开启的这扇门，远不是我还未获取的博士学位，而是全新的认知方式。感谢邱老师师门的接纳，感谢导师在我遇到困难时的不放弃，这几年是我学习生涯收获最大的时期，感谢有导师这样的榜样，丰满我的价值观和人生观，让我更加明白人性的真和生活的美。

◎ 金　涛

1974年11月出生

2013年进入西南交通大学建筑与设计学院工程环境与景观专业攻读博士学位

乐山市自然资源局副局长

对专业的感悟：城乡规划是一张张图文表述的公共政策；是一场场各方利益的博弈；是规划师对发展规律的高瞻远瞩；是实践中的困难重重。翻看前辈们为城市绘制的美好蓝图，环顾破坏性建设对城市刻下的伤痛。美好的环境需要几代能在现实中不忘初心，执着坚持，敢于奉献的规划师的努力。热爱自己的工作、热爱工作的城市、热爱这个城市中的朋友，为这个城市尽微薄之力，才无愧年华！

师门学习的感想：进入师门和一群有志于规划研究的青年学者一起，在邱教授的指导下学习、研究。灾后重建规划、公园城市建设……老师团队的研究始终聚焦城乡发展中的现实问题和需求，力求从科学、技术理论角度寻求解决问题、应对发展需求的规划策略。积极"入世"的科研选题，催发出团队高涨的研究激情。在这个团队中，老师以宽广、深厚的学术造诣对学生热心指导；同学们刻苦工作、研究，彼此鞭策、启发。进入师门，受到老师的教诲和同学的帮助，是自己人生中一大幸事。

◎ **施建鑫**

1990年2月出生

2013年进入西南交通大学建筑与设计学院风景园林专业攻读硕士学位

就职于四川省国土空间规划研究院

参与省级科研课题1项

厅级课题研究3项

发表论文3篇

对专业的感悟：作为一个风景园林专业出身、毕业后从事城乡规划工作的规划人，"变化"是我对专业最大的感悟。虽说风景园林是城乡规划的相近专业，但毕竟隔行如隔山，城乡规划有其相对完善的规划体系，缺乏系统学习的我通过三年的边实践边学习才基本建立了对城乡规划系统的认识，但现在城乡规划又被更复杂、综合性更强的国土空间规划所替代，倒逼自己去学习新知识、新理论。规划是一个政策性极强、充满变化和挑战的行业，只有不断学习，不断吸收新知识提升自己，才能在这个变革的时间节点抓住机遇，在这个充满挑战的时代不被淘汰。

师门学习的感想：2013年本科毕业之际，在机缘巧合之下，我有幸成为邱老师的学生，第一次见邱老师，他和蔼可亲、平易近人的态度给我留下了非常深刻的印象。在与恩师的相处中，最让我敬佩的就是老师认真严谨的治学态度，对学术研究时刻保持着我一个年轻人都望尘莫及的热情，能够连续开一天会讨论学术问题，有"学术"这份精神食粮，老师可以废寝忘食，不知疲倦。

除了学习上，在生活上邱老师还给予学生无微不至的关怀，经常跟我说如果生活上有什么困难一定要告诉他，能够有这样一位老师，真的是我这一生的幸运。邱老师以身作则，全方位地诠释了什么是"以人为本"，不仅把"人本"理念贯穿到教学中，更是把"人本"贯穿到生活上。

◎ 罗　锦

1984年8月出生

2014年进入西南交通大学建筑与设计学院工程环境与景观专业攻读博士学位

就职于四川天府新区管理委员会自然资源和规划建设局

主持开展"基于公园城市理念的规划条件表达研究"工作

牵头组织开展"天府新区总部商务区西区核心区地下空间交通组织研究"工作

牵头组织开展"天府新区独角兽岛交通专项研究"工作

参与《天府新区直管区城市色彩专项规划》编制工作

参与筹办由成都市人民政府主办的2019年"首届公园城市论坛"

参与《天府新区成都直管区国土空间规划》（2019—2035）（在编）工作

参研国家自然科学基金面上项目"'三生'空间耦合机理及规划方法研究——以四川地震灾区为例"

参研四川省科技厅科技支撑计划项目"汶川地震灾后重建规划关键技术集成及规程研究"

　　对专业的感悟：目前我国城市发展面临从量的"扩张"到质的"提升"，城市规划的主战场从"增量"向"存量"转变，面对的利益主体日益多元和复杂化，全国各地城市建设生态园林工程将促进城市绿化发展，实现节约型、生态型和功能性发展。园林绿化产业也将顺应潮流，将资源、技术和市场向生态领域倾斜，并且主要表现在以下三个方面：一是在研究内容上，随着一系列相关政策的出台，进一步促进了森林公园，流域管理，生态湿地恢复，矿山环境管理和生态恢复，边坡恢复，土壤改良和生态环境建设与生态恢复相关的土壤污染恢复。园林产业的新兴部门发展迅速，园林产业呈现出明显的生态趋势。二是在资源保护上，由于城市土地，水资源和生态环境面临巨大压力，自然资源枯竭与生活环境需求不断提高之间的矛盾日益突出，因此以保护为导向的园林生态工程将逐步成为中国园林工程绿化产业未来发展的主要方向之一。三是为了满足人民美好生活需要，设计能力逐渐成为园林绿化企业综合市场竞争力的核心要素，景观原理的设计和创意在整个产业中的位置进一步得到重视。

　　师门学习的感想：入学之初，我怀着各种各样的疑问和对专业深造的理想，开始了在西南交通的大学生活。但是邱老师精心指导我的学习，耐心帮助我制订博士生涯计划，关心我的学习成果。跟着老师做科研，包括做课题、写论文，在科研实践中不断修炼，提高自身的学习研究能力和综合素质。同时在接触和参与项目研究的过程中，师兄师姐们能理解我所遇到的困惑，提供经验指导或起到榜样示范作用，既让我在初期更快地适应了科研工作者的身份，也使我逐渐形成了更加明确、专一的学术方向。

在理论研究中，2013年11月，党的十八届三中全会通过的《中共中央关于全面深化改革若干重大问题的决定》提出："推进国家治理体系和治理能力现代化"，提出着力促进政府行政管理从之前的政府主导、"自上而下"的模式向多元主体共同参与的模式转变，这有助于建立政府引领、市场主导、社会自觉、市民自治"四位一体"的多样化治理格局，进一步提升市民参与城市建设，以及保障人本空间落地。基于此，在邱老师的指导下，我结合天府新区规划建设工作经历，研究了新区公众参与制度构建设施实施，对规划管理中如何深化公众参与、促进实现多主体协同管理机制进行研究，提出了包括增加非政府委员的比例，公众参与全方位和多视角地观察、参与、监督规划管理机构编制、实施和开展规划工作，以及利用信息技术手段提升规委会的社会认同的三个方法，为促进人本空间设计思想在城市规划建设中的落地提出自己的想法。

◎ **毛良河**

1975年2月出生
2015年进入西南交通大学建筑与设计学院建筑专业攻读博士学位
西南交通大学建筑与设计学院讲师
一级注册建筑师
上海某甲级院成都分支结构总建筑师，高级工程师
省住建厅专家库成员

对专业的感悟：以人为本的环境也是以人为本的空间，人的感受是空间的主题和目的。不论是在给建筑学低年级的学生讲解建筑体块的堆砌还是和高年级的学生一起理解剧场观众厅的巨大，都是将同学们代入到一个陌生的环境，让他们理解人这时的感受。我相信人的感受是内、外部空间生成的基础，这种空间与感受的互动，也是我建筑设计创作的理论逻辑。

在从事热、光、声等建筑物理环境的教学和科研工作中，对人的尊重从另外一个维度得以体现。人的冷、热感觉，能否看得见、看得舒

服，是否有噪声、听闻条件如何？都是围绕人这个主题展开的。

师门学习的感想：我出身于建筑学专业，进入研究生学习前进行了多年的施工、设计等的实践，毕业留校任教后从事建筑物理环境和建筑设计课程的教学，同时也从事了大量的建筑设计实践工作，研究工作主要围绕建筑节能、建筑物理环境、"三生"耦合等开展。"人本空间"在我的生活里就是其字面意思，即"以人为本"的设计和研究。

◎ 李　婧

1983年11月出生
2015年进入西南交通大学建筑与设计学院工程环境与景观专业攻读博士学位
就职于西华大学土木建筑与环境学院
主持地厅级科研项目1项
参与国家自然科学基金项目2项
参与省部级科研项目2项
发表学术论文多余篇

对专业的感悟：在生态文明理念上升为国家战略高度的时代背景下，在我国城市发展建设面临快速发展向高质量发展转型的关键时期，在"提供更多优质生态产品以满足人民日益增长的优美生态环境需要"的社会需求下，作为风景园林专业的研究者与教育者，充分认识到这既是时代赋予我们的历史机遇，也是我们面临的艰苦挑战，在科研、工作及教学过程中，将始终牢记以人为本的设计理念，坚持城市安全的底线原则、生态优先的规划路径，努力为城市发展建设添砖加瓦。

师门学习的感想：作为西南交通大学建筑学院本、硕毕业生以及博士在读生，近距离认识邱老师始于画图间隙的一次走廊闲逛，无意识间逛到了邱老师办公室，邱老师当时正在指导学生论文，很热心地把我这个路过者请进了办公室，倾听了他的论文指导过程，邱老师平易近人的态度给我留下了深刻的印象。

2015年进入师门以来，跟着邱老师团队在数次的科研项目和奖项申报、书稿写作、小论文写作及投稿等过程中，收获颇丰：在参与天府新区书稿的写作过程中，逐渐理解"生态优先"的理念、路径与方法；在数次的申报书写作和反复讨论过程中逐步建立起做科研的思维；在小论文写作和反复修改过程中体会到邱老师严谨的治学态度，这些经历都是我的宝贵财富。邱老师将对"人"的尊重和关注从生活中投影到工作上，诠释了"以人为本"的哲学理念和工作方法。同门师兄弟姐妹的专业与敬业是我学习的榜样，很荣幸有机会加入这个积极向上、友好互助的大家庭。

◎ 黄　超

1986年3月出生

2016年进入西南交通大学建筑与设计学院工程环境与景观专业攻读博士学位

2010年台北国际花卉博览会花亭竹编制作（并被当地媒体报道）

2012年德累斯顿工业大学建筑系学生进行空间三维立体构想设计以及休憩景观生态设计

2013—2014年西南交通大学绿色建筑研究中心研究员

2015—2016年参加省科技厅课题"汶川地震灾后重建规划关键技术集成级规程研究（2013FZ0009四川省科技厅科技支撑计划）""地震灾后重建规划技术理论与实践"研究专题

2016—2017年成都市规划设计研究院三所实习

2017—2020年参加国家自然科学基金项目 "'三生'空间耦合机理及规划方法研究——以四川地震灾区为例"

2020年至今 北京市北京城建设计发展集团实习

　　对专业的感悟：作为新一代城市设计师，首当关注在中国城市发展的现阶段，有序实施城市修补和有机更新，解决老城区环境品质下降、空间秩序混乱、历史文化遗产损毁等问题，促进建筑物、街道立面、天际线、色彩和环境更加协调、优美。通过维护加固老建筑、改造利用旧厂房、完善基础设施等措施，恢复老城区功能和活力。加强国家重大文化和自然遗产地、国家考古遗址公园、全国重点文物保护单位、历史文化名城名镇名村保护设施建设，加强城市重要历史建筑和历史文化街区保护，推进非物质文化遗产保护利用设施的建设，对文化遗产保护传承和合理利用，保护古遗址、古建筑、近现代历史建筑，更好地延续历史文脉，展现城市风貌，是现代城市发展中的重中之重。

　　在设计中观察我们一些城市更新改造后的情况可以发现：有的改造在生活或者旅游经济方面取得了很好的效益；有的改造留下隐患导致二次更新；这些现象归根到底就是对城市修补和生态修复这一实践活动中"度"的把握。修补和修复以及更新到什么程度合理呢？如何确定合理

的更新度，是新一代城市设计师需要思考的。

师门学习的感想： 本科和研究生学习的是建筑学专业，刚迈入邱老师的师门，一些建筑设计和城市设计的思维发生了冲击，在邱老师以及师门的其他师兄师姐的引导以及鼓励下，逐渐打开了思路。

纵观我们的城市化历程，将欧美上百年的剧情浓缩在短短三十年间：乡村的凋敝、人口的迁移、园区的圈地、新区的疯狂扩张和老城街区的瓦解等。在不断的失败与成功案例中，要坚持以人为本的人本空间。我们现在的人居环境建设面临的各种问题，其核心是解决好人与自然、历史与现代、发展与安全的关系，其根源也来自人的需求。

所以，城市规划设计确实与每个人的生活息息相关，大家实际上对该领域都挺有兴趣。它是以生态环境安全是基本前提，地域文化传承是灵魂所在，人才队伍建设是根本保障。因此，我们需要从人这一本体认知的思辨视角来探究人居环境建设涉及的空间概念、规划设计理念与方法。

◎ **陈思裕**

1988年11月出生

2018年进入西南交通大学建筑与设计学院建筑专业攻读博士学位

四川旅游学院艺术学院讲师

主持科研及教改课题3项

参与科研课题5项

发表论文5篇

2020年9月获优秀指导教师奖

2017年12月获"国青杯"心艺人生·全国高校艺术与设计作品展评优秀指导教师奖

2017年9月取得"CSIA景观设计师"

2014年5月取得"可持续城市主义认证"

对专业的感悟： 在当今互联网高速发展的今天，建筑行业面临着前所未有的挑战。互联网技术包括大数据、共享平台、5G网络等日新月异，这些技术都将会是建筑行业发展的新手段，为优化城乡空间的资源分配，改善人的生活方式提供无限可能。但不论时代如何发展，建筑相关行业的目的始终是营造一种人和自然环境和谐相处的状态。以人本思想为规划设计理念，是达到这一目的的有效途径。

师门学习的感想：我本科的专业是园林，之后在美国取得景观建筑的硕士学位，掌握的更多是植物和建筑外部空间的设计知识。和一开始就学习建筑或者规划的学生相比，对建筑和规划专业的学习还是有一点陌生，思维方式有所不同。但邱老师因材施教，从我的背景和特长出发，不断鼓励我，引导我，指导我在研究中探索适合自己的研究方向，对我的专业研究和学习帮助巨大。

在师门中工作学习，虽然没有所谓的上课，但和其他优秀的同门以及合作的老师共事，和他们交流，让我无时无刻不在学习。邱老师的言行不仅在无形当中教会了我做研究的方法，更影响着我做人和面对事物的态度，让我受益匪浅。我非常有幸能加入这么一个有活力、有人情味和优秀的团队，感谢邱老师、师母和同门师长对我的帮助与鼓励。

◎ **刘丽娟**

1982年7月出生

2019年进入西南交通大学建筑与设计学院建筑专业攻读博士学位

对专业的感悟：建筑学专业是一个复杂的巨系统，即抓住关键问题的能力影响着建筑创作和落地的结果；而这种抓关键问题的思维和过程，也是建筑学的重要组成部分。在空间维度上，无论科学发生怎样的变化，地域的文化、气候、材料和结构仍然占主导地位，起主要作用；在时间维度上，可以看到每一个时代都有它的科学和艺术，以及与科学、艺术相统一的建筑，历史不断发展与科技不断进步给建筑带来必然的影响，形式与功能的权重发生了变化。建筑不单是草稿纸上的概念构思图，它也包含了建筑的实体，也就是说建筑不仅要有其设计的理念、形式和结构，也应含有建筑的实体空间功能和人的感受。

师门学习的感想：由于是建筑设计专业出身，刚踏进师门时只会运用设计方面的思考方式和思维模式，而对于科研方面的思考完全是零基础，同时也深刻认识到自己理论知识的匮乏。进入师门以后，导师和各位师兄师姐在科研的学习模式和思考方式等都给予了我许多指导和帮助，使我在各方面都有了较大的提高。在参与师门各种基金与奖项的申请、科研学术报告和师门聚会的过程中，我认识到作为一位城市规划设

计者，应以人为本，时刻考虑人的需求：即把安全放在优先地位，对灾害防治和环境保护等领域开展研究，为调控规划技术、建立"安全空间"奠定理论基础，一旦面临洪水、地震、火灾、新冠肺炎疫情等的灾难威胁时，城市能够具有较强的韧性，抵御风险；以可持续发展为目标，强调生态学的基础作用，突出生态的合理性与时效性，按照生态学和空间设计的原理和方法进行规划设计；同时文化作为空间的内在灵魂和外在气质，也是空间保持活力的根脉，需考虑空间与自然环境和谐共生关系，尊重场地的自然要素，进行因地制宜的设计。看到师门的出色成果，我很庆幸自己能够在这样的大家庭里研究学习。